Seewetter

Das Autorenteam des Seewetteramtes

Seewetter

Das Autorenteam des Seewetteramtes

Dipl.-Met. Karl-Heinz Bock
Dipl.-Met. Frank-Ulrich Dentler
Dipl.-Met. Hilger Erdmann
Dipl.-Met. Johanna Günther
Dipl.-Met. Christian Knaack
Dipl.-Phys. Andreas Kresling
Dipl.-Met. Wolfgang Seifert

DSV-Verlag · Hamburg

Die Satellitenbilder auf den Seiten 38 und 119 wurden freundlicherweise vom Institut für Meteorologie der FU Berlin zur Verfügung gestellt.

Das Satellitenbild auf Seite 63, die Wetterkarten auf den Seiten 10, 49 und 50, die Strömungskarten auf den Seiten 51 und 52, die Zugbahnen tropischer Zyklonen Seite 149 sowie die Faksimile-Wetterkarten auf den Seiten 254 bis 261 wurden mit freundlicher Genehmigung des Deutschen Wetterdienstes abgedruckt.

ISBN 3-88412-108-1

Seewetter, Wetterkunde – Wetterpraxis für die Berufs- und Sportschiffahrt
Das Autorenteam des Seewetteramtes

4. Auflage 1989

© Copyright by DSV-VERLAG GmbH, Hamburg

Titellayout:	MachArt, Hamburg
Herstellung, Layout und Computergrafik:	MachArt, Hamburg
Grafik und Zeichnungen:	Dipl.-Designer Robert Hofbauer, Hamburg
Fotos:	D. Bassek, Kiel (S. 235)
	Dr. F. Krügler, Hamburg (S. 80, 115, 201 sowie Wolkenbilderserie S. 262–267)
	Chr. Knnack, Hamburg (S. 28)
	F.-U. Dentler, Elmshorn (S. 45, 200 (2), 247)
	P. Neumann, Yacht Foto Service, Hamburg (S. 59, 85, 91, 131, 167, 219, 243)
Satz:	Utesch Satztechnik GmbH, Hamburg
Druck:	C. H. Wäser, Bad Segeberg

Printed in Germany

Inhaltsverzeichnis

Geleitwort

Seitdem die Menschheit Seefahrt betreibt, ist die Bedeutung von Wind und Wetter für diesen Verkehrszweig bekannt. Ursprünglich bargen die meteorologischen Elemente auf der einen Seite Gefahren für die Schiffahrt, auf der anderen Seite diente bis zum Beginn der Dampfschiffahrt und damit des Maschinenzeitalters die Windkraft als wichtigster Antrieb. Die über Jahrhunderte gewonnenen maritim-meteorologischen Erfahrungen wurden zunächst in klimatologischen Windkarten dargestellt und waren u.a. Basis für die »Segelanweisungen« der Deutschen Seewarte. Aus ihr gingen nach dem 2. Weltkrieg das Seewetteramt – als Dienststelle des Deutschen Wetterdienstes – und das Deutsche Hydrographische Institut hervor. Heutzutage ist der Wind nicht nur als Antriebskraft für Handelsschiffe wieder im Gespräch; auch mit den immer weiter expandierenden Freizeitaktivitäten der Sportbootfahrer sind Wind und Wetter von elementarer Bedeutung. Synoptische Wetterinformationen und Vorhersagen sind mit modernen Kommunikationsmitteln in gesprochener, in digitaler und in graphischer Form auch auf Sportbooten verfügbar. Hunderttausende hören täglich den Seewetterbericht. »Sturmtief 978, Utsira, langsam nordziehend ....« gibt dem Berufs-seefahrer und Sportskipper gleichermaßen wichtige Hinweise – der Unkundige nimmt es kaum zur Kenntnis.

Die Autoren des vorliegenden Werkes sind Meteorologen des Deutschen Wetterdienstes, die seit vielen Jahren im Wetterberatungsdienst für die Schiffahrt, aber auch für die breite Öffentlichkeit tätig sind. In vielen Seminaren haben sie den Nutzern von Seewetterberichten – nicht nur Freizeitskippern – die meteorologischen Grundlagen näher gebracht, um die in den Seewetterberichten enthaltenen Aussagen und Daten besser zu verstehen und für eigene Zwecke optimal nutzen zu können. Das Buch basiert ganz wesentlich auf diesen Seminaren und behandelt daher neben den meteorologischen und maritim-meteorologischen Grundlagen in einem ausführlichen praxisbezogenen Kapitel die Interpretation von Seewetterberichten. Im Interesse der Sicherheit auf See, aber auch zur Vertiefung des Verständnisses für die Probleme der maritimen Meteorologie wünsche ich diesem Fachbuch eine breite Anwendung als Lehrbuch und Nachschlagewerk.

Dr. Heinz Reiser Präsident des Deutschen Wetterdienstes

Offenbach, im Juli 1989

1 Vorwort

Das große Interesse der Leser an »Seewetter« hat den Verlag und uns ermutigt, eine neue Auflage zu erarbeiten.

Durch eine Veränderung der schwierigen Anfangskapitel (Kap. 3 und 4) und durch die inhaltliche Straffung anderer Kapitel wurde Raum für zusätzliche Themenbereiche geschaffen, die dem Buch als Lehr- und Nachschlagewerk für die Praxis zugute gekommen sind.

In vielen wetterkundlichen Seminaren, die seit Erscheinen der ersten Auflage in der bewährten Zusammenarbeit mit der Kreuzer-Abteilung des Deutschen Segler-Verbandes abgehalten wurden, erhielten wir Anregungen, die in der neuen Auflage Berücksichtigung fanden. Von der Berufsschiffahrt kam der Wunsch nach Beschreibung tropischer Wettersysteme, so daß sich ein Kapitel mit konvektiven Wettererscheinungen und mit der Dynamik von Hurrikanen beschäftigt. Damit wendet sich das Buch nicht nur an Sportbootfahrer, sondern auch an Studierende der nautischen Ausbildungsstätten; zusätzliche praktische Hilfsmittel werden aber auch dem gestandenen Nautiker von Nutzen sein.

Die Grundbegriffe der Meteorologie – also die physikalischen Größen und Vorgänge in der Atmosphäre – stehen am Anfang des Buches mit Hinweisen zur praktischen Nutzung (Kap. 3 und 4). Darauf aufbauend befassen sich die folgenden Kapitel mit den Wettersystemen der atmosphärischen Zirkulation – insbesondere mit den wandernden Zyklonen der gemäßigten Breiten – sowie mit klimatologischen Hinweisen über typische Großwetterlagen Mitteleuropas (Kap. 5). Der neu aufgenommene Abschnitt über konvektive Wettersysteme (Kap. 7) widmet sich nicht nur tropischen Zyklonen sondern auch den Gewittern auf See.

Andere Abschnitte wie »Lokale Windsysteme«, »Regionale Windsysteme im Mittelmeer« und »Seegang« wurden überarbeitet und um praxisnahe Beispiele ergänzt. Wie in früheren Auflagen ist den Seewetterberichten, den Prognoseregeln und der Wolkenbestimmung wieder viel Platz eingeräumt worden. Aktuelle Übungswetterlagen und eine neu gestaltete Wolkenbildserie runden das Werk ab. Wir danken für zahlreiche Anregungen aus dem Kollegen- und dem Leserkreis, die aus einem Fachbuch wie diesem auch ein Buch für den praktischen Gebrauch machen.

Der Deutsche Wetterdienst hat es uns ermöglicht, im Hause Seminare durchzuführen, die maßgebend die Form des Buches mitbestimmt haben. Wir danken hierfür dem Leiter des Seewetteramtes des Deutschen Wetterdienstes, Herrn Prof. Dr. G. Duensing.

Hamburg, im Juli 1989   Das Autorenteam

2 Wetterbericht und Wetterkarte

Stellen Sie sich vor, Sie fliegen von Hamburg nach New York, und der Pilot ist über die Windverhältnisse sowie über das Landewetter nicht informiert. Wenn Sie dies vorher wüßten, würden Sie wahrscheinlich nicht mitfliegen. Allerdings tritt dieses Szenarium nie ein. Natürlich wurde der Flug nach der vorhergesagten Wetterentwicklung geplant, und selbstverständlich ist der Pilot über das Landewetter informiert. Dies ist nicht nur im Sinne der Sicherheit unverzichtbar, sondern es ist auch eine Frage ökonomischen Fliegens.

Aber warum nur glauben so viele Schiffsführer, sie könnten das Wetter mit einem Blick aus dem Fenster erfassen und die weitere Entwicklung vorhersagen?
Schauen Sie sich einmal die **Wetterkarte** (Abb. 2.1) an. Sie zeigt eine *typische Sommerlage*. Das berühmte *Azorenhoch* liegt etwas südlicher als sein Name vorgibt, auch das *Islandtief* ist nicht genau an seinem Platz. Dafür reicht eine Art Auswuchs des Azorenhochs – ein *Hochkeil* - nach Mitteleuropa, der sommerliches Wetter verursacht. Über der Nordsee ist es bereits

Abb. 2.1 Wetterlage vom 17.08.1988, 12 UTC

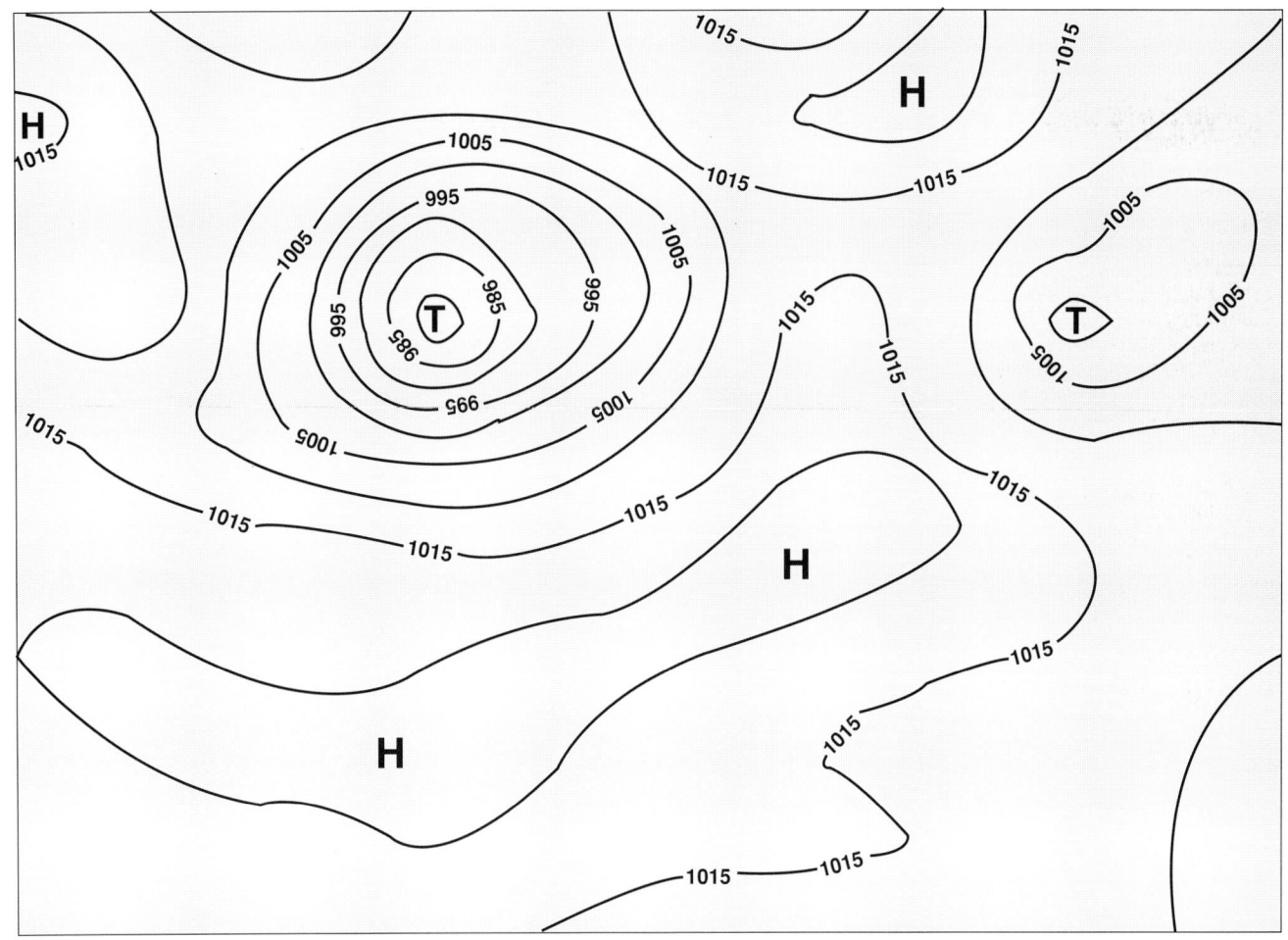

Abb. 2.2 Numerische Analyse des Bodendruckes vom 17.08.1988, 12 UTC

windschwach, über der Ostsee bläst noch ein ziemlich frischer Nordwestwind.

Was meinen Sie: bleibt das Wetter so, oder wird es sich ändern? Müssen Sie mit Böen über der Ostsee rechnen; können Sie morgen von Travemünde zum Kleinen Belt bei günstigeren Winden segeln? Herrscht in der Ägäis ein starker Nordostwind, und gibt es Gewitter im Rhonetal oder übermorgen Mistral?

Die Kenntnis über die Wechselwirkung von Druck, Temperatur, Feuchte und Wind wird Ihnen künftig solche Entscheidungen erleichtern. Sie werden die Zusammenhänge, die den Wetterablauf steuern, besser verstehen und aus Wetterberichten, zusammen mit Ihrer eigenen Wetterbeobachtung, den bestmöglichen Nutzen ziehen.

Am Anfang jeder **Wettervorhersage** steht die **Wetterbeobachtung**. Sie besteht aus **Meßwerten**, zum Beispiel dem **Luftdruck**, dem **Wind**, der **Temperatur** und der **Feuchte**.

Aber es gibt auch Schätzungen, wie die Menge und Art der Wolken, den Seegang, die Sicht im Umkreis. Diese Beobachtungen werden von vielen Stationen auf der Erde alle 3 Stunden (z.T. auch stündlich) erstellt und weltweit ausgetauscht. Auf der Basis dieser Daten werden an den großen meteorologischen Zentren Analysen des Luftdrucks und vieler anderer Parameter vorgenommen und mit aufwendigen mathematischen Modellen Prognosen gerechnet.

Diese »**Basis-Parameter**« sollen in den ersten Kapiteln diskutiert werden, damit Sie die physikalische Grundlage zum Verständnis der späteren Abschnitte besitzen.

Die abgebildete Wetterkarte zeigt die Verteilung des Luftdrucks im Meeresniveau am 17. August 1988 um 12 UTC. Nach einem international festgelegten »Schlüssel« werden die meteorologischen Daten ausgetauscht, eingetragen und – in diesem Fall – manuell analysiert. Die Daten sind unregelmäßig verteilt; über Land gibt es relativ viele Stationen, über dem Meer stehen nur wenige feste Stationen (Wetterschiffe, Bojen) zur Verfügung. Die meisten Meldungen stammen von Schiffen, die überwiegend auf den Hauptschiffahrtsrouten fahren.

Die *Analyse* weist Linien gleichen Luftdrucks auf, die **Isobaren.** Der Abstand zwischen ihnen beträgt 5 Einheiten. Außerdem findet man noch andere, fast quer oder schräg zu den Isobaren verlaufende Linien, die **Fronten**. Sie stellen **Luftmassengrenzen** dar, an denen besonders markante Wettererscheinungen stattfinden.

Die Analyse des Luftdrucks ist die Vorarbeit jedes Wetterberichtes und jeder Wettervorhersage. Eine Hilfe bei der Wettervorhersage bietet seit einiger Zeit die EDV. Die Abb. 2.2 zeigt eine *numerische Analyse* des Luftdrucks, auf deren Basis die numerische Vorhersage aufbaut.

In einem **Seewetterbericht** würden Sie die folgende Beschreibung der Wetterlage hören:

Tief 998 Karelien mit Randtief 1000 Nordwest-Rußland nordostziehend. Subtropen-Hochdruckbrücke 1022 dicht südlich der Azoren und 1023 Niederlande im Nordostteil verstärkend. Keil 1015 Norwegische See nordostausweitend. Sturmtief 974 auf 55 Nord, 31 West wenig ostziehend, abschwächend. Okklusion 1010 Raum Hebriden mit Warmfront 1015 südlich Irlands nordostschwenkend. Kaltfront 1015 dicht südwestlich Irlands nachfolgend. Wellenstörung 1007 auf 45 Nord, 32 West rasch ostnordostziehend. Hoch 1017 dicht östlich Neufundlands südostwandernd.

Sie sehen, daß die Analyse ganz gut wiedergegeben worden ist und daß einige Entwicklungsabläufe beschrieben wurden.

Was bedeuten nun diese Zahlen in der Beschreibung der Wetterlage und in welchem Zusammenhang stehen Islandtief und Subtropenhoch?

Um das zu verstehen, bleibt Ihnen ein bißchen Physik nicht erspart. Sie werden die physikalischen Zusammenhänge am besten verstehen, wenn Sie häufiger Seewetterberichte hören. Versuchen Sie, eine Wetterkarte zu zeichnen. *Markieren Sie die Verlagerung von Druckgebilden und vergleichen Sie am nächsten Tag die Vorhersage mit der eingetroffenen Wetterlage.* Sie hören ständig einen *aktualisierten Seewetterbericht bzw. Mittelfrist-Seewetteberich unter der Rufnummer (0)11509.* Wenn Sie nicht in Nord- oder Westdeutschland wohnen, können Sie den Bericht unter der Hamburger Rufnummer (040)11509 hören.

3 Basis-Parameter

3.1 Druck

3.1.1 Druck und Zirkulation

Das Gasgemisch **Luft** besitzt, wie jedes andere Gas auch, ein Gewicht und hat deshalb auch eine **Masse**. Infolge der unterschiedlichen Ein- und Ausstrahlung auf der Erde besitzen die Luftmassen verschiedene Temperaturen, so daß ihre **Dichte** verschieden ist. *Warme Luft ist leichter als kalte Luft.* Diese horizontalen, aber auch die vertikalen Temperaturunterschiede sind wichtig für die Luftbewegungen. Warme Luft steigt auf, und kalte Luft strömt aus der Umgebung nach. So entsteht eine **Zirkulation**, mit der die Dichte- und Temperaturunterschiede ausgeglichen werden. Solche Zirkulationen können verschiedene Größenordnungen (»Scales«) umfassen. Sie reichen von der Zirkulation im beheizten Zimmer über die Zirkulation Stadt-Umland, die Land-Seewind-Zirkulation, die Berg-Talwind-Zirkulation, die Zirkulation in einem Gewitter, in kleinen Tiefs, in Sturmtiefs und Hurrikans bis hin zur hemisphärischen und globalen Zirkulation.

Die großräumigen Luftbewegungen sind immer mit den Hoch- und Tiefdruckgebieten, die auf Wetterkarten dargestellt werden, verbunden.

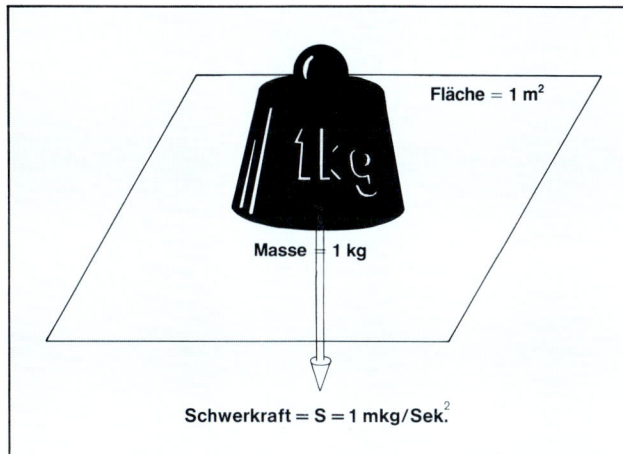

Abb. 3.1 Festlegung der Druckeinheit

3.1.2 Einheiten des Druckes

Eine Luftsäule übt durch ihr Gewicht auf eine unter ihr liegende Fläche eine Kraft aus. In der Physik bezeichnet man die Kraft, die auf eine Flächeneinheit wirkt, als **Druck**. Die Einheit des Druckes, die durch das Gewicht von 1 kg auf 1 m^2 ausgeübt wird, ist das **Pascal** (Pa), benannt nach dem französischen Philosophen Blaise Pascal (1623 – 1662). In der Erdatmosphäre befinden sich über jedem Quadratmeter Erdoberfläche ungefähr 10 000 kg Luft. Die Schwerkraft übt eine Beschleunigung von fast 10 m/s^2 aus; damit herrscht an der Erdoberfläche ein Luftdruck von ca. 100 000 Pascal.

Zum Vergleich: Der Druck, der von einem Wind der Stärke Bft 6 erzeugt wird, beträgt nur etwa 1/1000 des Atmosphärendrukkes. Die Einheit »Pascal« wird seit 1984 verwandt. Sie ist ebenso unhandlich wie das früher benutzte »Bar«. Während das Pascal zur Darstellung atmosphärischer Drucke zu klein ist, war das »Bar« zu groß. Man hatte deshalb als frühere Einheit das Millibar (mbar) benutzt und benutzt nun das Hektopascal (hPa). Damit sind die numerischen Werte, also die Zahlenwerte, gleich geblieben:
1000 mbar = 1000 hPa

Der **Normaldruck** auf der Erdoberfläche beträgt 1013,2 hPa. Neben dem jetzt nicht mehr zulässigen mbar wurde früher der Luftdruck auch durch die Höhe einer Quecksilbersäule in mm angegeben. Da es noch einige dieser Barometerskalen gibt, sollen hier zur Vollständigkeit ihre Einheiten genannt werden.
1013,2 hPa (mbar) = 760 mm Quecksilbersäule (Hg).
1 mm = ⅓ hPa; 1 hPa = ¾ mm.

Eine angelsächsische Einheit, die man noch auf alten Barometern sehen kann und die auch heute noch in den USA verwendet wird, ist die Angabe der Höhe der Quecksilbersäule in »inch« (Zoll).
1013,2 hPa = 29,92 inch
1 inch = 33,9 hPa; 0,1 inch = 3,39 hPa; 1 hPa = 0,0295 inch.

3.1.3 Druckmessung

Das älteste Meßgerät für den Luftdruck ist das **Quecksilberbarometer**. Das Grundprinzip ist das einer Waage. In einem U-förmig gebogenen Rohr befindet sich auf einer Seite, die nach oben luftdicht verschlossen ist, Quecksilber. Die andere Seite ist oben offen, so daß hier auf das Quecksilber der Luftdruck wirken kann. Die Niveaudifferenz der beiden Quecksilbersäulen ist die Ablesegröße. Man kann auch jede andere Flüssigkeit nehmen, aber Quecksilber ist wegen seiner hohen Dichte und wegen seines geringen Dampfdruckes am günstigsten.

Für Registrierungen ist das Quecksilberbarometer allerdings nur sehr umständlich zu handhaben. Daher werden meist **Aneroidbarometer** verwendet. Sie arbeiten nicht mit Flüssigkeiten, sondern mit luftleeren Metalldosen. Der Luftdruck, der von außen auf diese Dosen wirkt, verformt sie; dies wird über einen Zeigermechanismus angezeigt. Solche Aneroidbarometer werden auch für **Barographen** verwendet, die den Luftdruck auf Diagrammpapier aufzeichnen. Das Ende des Zeigers wird mit einer Schreibfeder versehen; das Diagrammpapier liegt auf einem Zylindergehäuse, das ein Uhrwerk dreht. Üblich sind Wochen-Umläufe. Barographen sind auch für Registrierungen auf See geeignet, müssen aber »ölgedämpft« sein. Die durch die Bewegungen des Fahrzeugs auf das Gerät übertragenen Schwingungen und Zeigerausschläge werden durch den Dämpfungsmechanismus weitgehend unterdrückt.

3.1.4 Luftdruckextrema, Luftdruckschwankungen

Auf der Erdoberfläche (Meereshöhe) sind bisher extreme Luftdruckwerte von 873 hPa (in einem Taifun) und 1084 hPa (im sibirischen Winterhoch) gemessen worden. Im Bereich von Nord- und Ostsee sind Werte zwischen etwa 940 hPa und 1060 hPa möglich. Beide Extreme wurden im Winter gemessen. Im Sommer sind die Schwankungsbreiten geringer, etwa zwischen 980 und 1035 hPa. Das Monatsmittel des Luftdrucks in Hamburg beträgt in allen Monaten etwa 1015 hPa; die bisher gemessenen Extreme liegen bei 956 hPa und 1057 hPa. Die mittleren Druckschwankungen von Tag zu Tag in Hamburg betragen im Winter 7 hPa, im Sommer knapp 4 hPa. Die größten Änderungen innerhalb von 24 Std. betrugen 48 hPa im Winter und 23 hPa im Sommer.

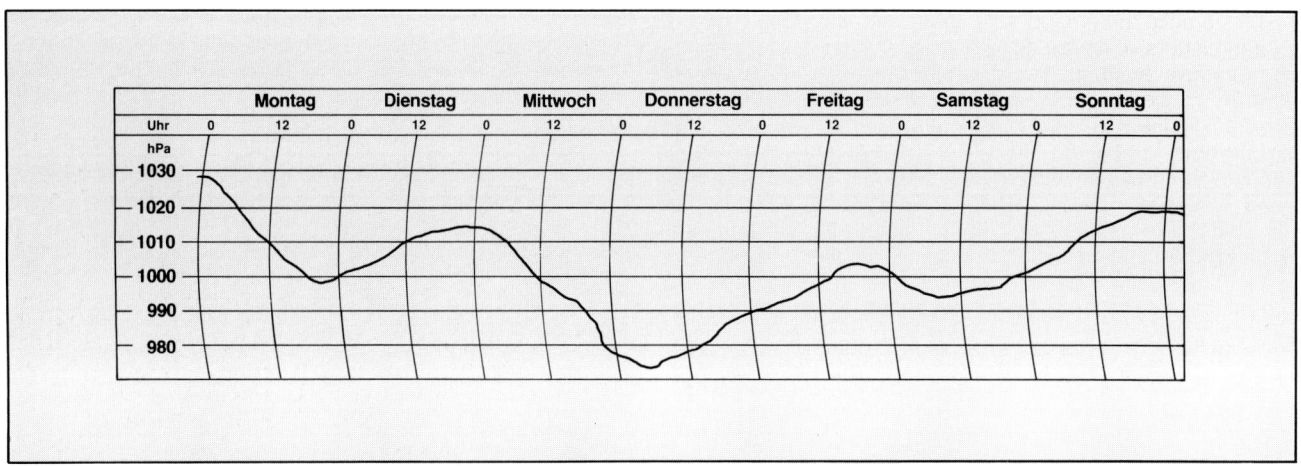

Abb. 3.2a Luftdruckgang während einer winterlichen Westwetterlage

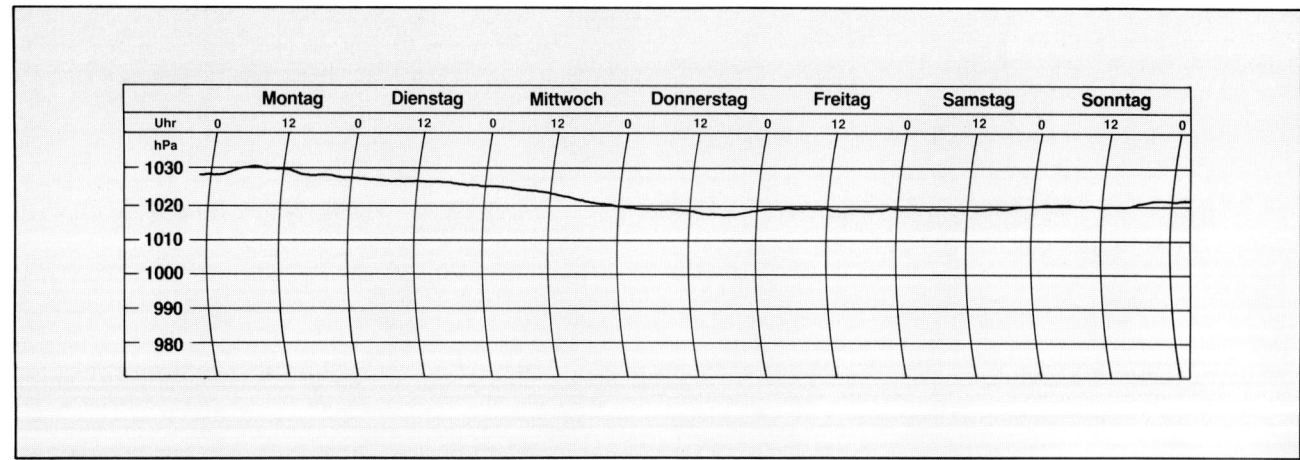

Abb. 3.2b Luftdruckgang während einer sommerlichen Hochdruckwetterlage

In den synoptischen Bodenwettermeldungen wird stets auch die *3- stündige Druckänderung* angegeben. Änderungen über 10 hPa in 3 Stunden sind selten und bedeuten meist schweren Sturm. Im Extremfall wurde in Hamburg eine dreistündige Luftdruckänderung von 20 hPa gemessen.

In den gemäßigten Breiten gibt es zwei verschiedene Formen des täglichen Luftdruckganges. In einem stationären Hoch mit geringen Druckänderungen von Tag zu Tag ist ein von der Tageszeit abhängiger Druckverlauf festzustellen. Es tritt eine Doppelwelle mit Druckmaxima in der ersten Nachthälfte und vormittags sowie mit Minima in der zweiten Nachthälfte und nachmittags auf. Die Amplitude beträgt allerdings nicht einmal 1 hPa. In den Tropen erreicht diese zwölfstündige Druckwelle Amplituden von mehr als dem doppelten Wert. Diese Druckwellen mit ausgeprägter halbtägiger Periode werden von der täglichen stark variierenden Erwärmung und Abkühlung bzw. durch planetarische Eigenschwingungen der Atmosphäre hervorgerufen.

Befindet man sich in einer Wetterlage mit Durchzug von Hoch- und Tiefdruckgebieten, so wird der Luftdruckgang des ungestörten Wetters völlig von den mit den Druckgebilden wandernden Druckwellen überlagert. Jedoch auch hier der *Druckfall früh morgens und nachmittags etwas verstärkt, und der Druckanstieg entsprechend abgeschwächt. Umgekehrt wird der Druckfall vormittags und spät abends abgeschwächt bzw. der Druckanstieg verstärkt.*

3.2 Wind

Wird Luft in Bewegung gesetzt, empfindet man sie als Wind. Der Begriff Wind bezeichnet also jede Bewegung der Luft relativ zur Erdoberfläche. Der Wind ist ein Vektor und wird durch zwei Größen bestimmt: durch seine *Richtung und seine Geschwindigkeit*.

3.2.1 Windrichtung und -geschwindigkeit

In der Meteorologie wird die **Richtung des Windes** nach der Richtung definiert, *aus der er weht*. Ein Südwestwind weht demnach aus Südwesten, ein Ostwind aus Osten. Im Gegensatz dazu meinen die Ozeanographen mit einem östlichen Strom einen nach Osten setzenden Strom.

Die Windrichtung wird nach der 360-teiligen rechtweisenden Skala angegeben (360° = N; 90° = E usw.), wobei in den Wetterdiensten die Auflösung der Windrichtungsmessung in 10°-Stufen erfolgt. Bei den Stationsmeldungen der Seewetterberichte wird eine 16teilige Skala (Auflösung der Windrichtung nur nach 22,5°-Stufen), bei den Vorhersagen allgemein nur eine 8-teilige Skala (Auflösung nach 45°-Stufen) verwendet. Im Inneren der Windtafel (Abb. 3.3) ist zusätzlich eine Stricheinteilung (02,...32) angegeben, die den Vollkreis in 32 Striche unterteilt (1 Strich = 11,25°). Übliches Meßgerät ist die Windfahne, die 10 m über dem Boden (bzw. über der Wasseroberfläche) aufgestellt wird.

Auf Schiffen ist es sinnvoll, die Windrichtung in Bezug zur Schiffsachse zu schätzen, wobei Backbord- und Steuerbord-

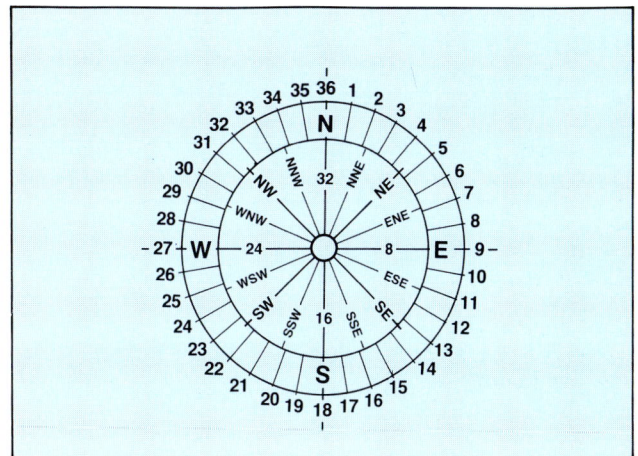

Abb. 3.3 Windtafel

halbkreis jeweils von 0 bis 180° unterteilt sind. Die rechtweisende Windrichtung muß dann mit dem Kompaß ermittelt werden.

Die Windgeschwindigkeit wird in m/s, km/h oder Knoten, teilweise auch in m.p.h. gemessen. Windmesser, die nach dem Staudruckprinzip arbeiten (als Handwindmesser auf Yachten verbreitet), messen die Windgeschwindigkeit.

Auf den meisten Schiffen, die Wettermeldungen an die nächste Küstenfunkstelle absetzen, ist keine Windmeßanlage installiert. Der Wind wird daher *geschätzt* (sowohl Richtung als auch Stärke). Die Schätzung der Windstärke wird nach der 12-teiligen **Beaufortskala** vorgenommen. Ursprünglich diente dabei die Segelführung eines großen Segelschiffes »dicht am Winde« fahrend. Sie reichte von 0 »keine Fahrt« bis 12 »kein Segel kann geführt werden«. Diese Seeskala wurde in der Zwischenzeit nach mehreren Methoden in eine *Äquivalentskala* zu anderen relevanten ozeanographischen und meteorologischen Parametern umgerechnet. Eine wichtige Kopplung erfolgte z.B. *mit dem Aussehen der Meeresoberfläche und später mit den signifikanten Wellenhöhen (s. Kapitel »Seegang«).* Die für die Meteorologie wichtigste Verknüpfung ist natürlich der Vergleich der Beaufortskala (nach dem Aussehen der Meeresoberfläche) mit äquivalenten Windgeschwindigkeiten.

Nach mehrjährigen Vergleichen zwischen gemessenen Windgeschwindigkeiten über der Wasseroberfläche und geschätzten Beaufortstärken nach dem Aussehen der Meeresoberfläche wurde die heute gültige Äquivalentskala international eingeführt (Abb. 3.4). Die Anwendung dieser Äquivalentskala ist nicht ganz unproblematisch, da das Aussehen der Meeresoberfläche nicht nur von der Windgeschwindigkeit sondern auch von anderen Parametern abhängt. Solche Parameter sind z. B. Temperaturdifferenz Luft–Wasser, Wirkdauer und Wirkweg (s. Kapitel »Seegang«).

Die Seewetterberichte des Seewetteramtes enthalten immer **Beaufort-Angaben**. Die Darstellung des Windes in Wetterkarten wird im Kapitel »Zeichnen von Bordwetterkarten« beschrie-

Schlüsseltafel

für die Eintragungen der Wetterbeobachtungen auf See — gültig ab 01. 01. 1982

Windstärke		Auswirkungen der Windstärke auf die See	ff (Knoten)
Windst. (Beaufort)	Bezeichnung		
0	Stille	Spiegelglatte See	00
1	Leiser Zug	Kleine schuppenförmig aussehende Kräuselwellen ohne Schaumkämme	02 01—03
2	Leichte Brise	Kleine Wellen, noch kurz aber ausgeprägter. Die Kämme sehen glasig aus und brechen sich nicht.	05 04—06
3	Schwache Brise	Die Kämme beginnen sich zu brechen. Schaum überwiegend glasig, ganz vereinzelt können kleine weiße Schaumköpfe auftreten.	09 07—10
4	Mäßige Brise	Wellen sind noch klein, werden aber länger. Weiße Schaumköpfe treten schon ziemlich verbreitet auf.	13 11—15
5	Frische Brise	Mäßige Wellen, die eine ausgeprägtere lange Form annehmen. Überall weiße Schaumkämme. (Ganz vereinzelt kann schon Gischt vorkommen.)	18 16—21
6	Starker Wind	Die Bildung großer Wellen beginnt; Kämme brechen und hinterlassen größere weiße Schaumflächen; etwas Gischt.	24 22—27
7	Steifer Wind	See türmt sich; der beim Brechen entstehende weiße Schaum beginnt sich in die Windrichtung zu legen.	30 28—33
8	Stürmischer Wind	Mäßig hohe Wellenberge mit Kämmen von beträchtlicher Länge. Von den Kanten der Kämme beginnt Gischt abzuwehen. Der Schaum legt sich in gut ausgeprägten Streifen in die Windrichtung.	37 34—40
9	Sturm	Hohe Wellenberge; dichte Schaumstreifen in Windrichtung; „Rollen" der See beginnt. Der Gischt kann die Sicht schon beeinträchtigen.	44 41—47
10	Schwerer Sturm	Sehr hohe Wellenberge mit langen überbrechenden Kämmen. See weiß durch Schaum. Rollen der See schwer und stoßartig. Sicht durch Gischt beeinträchtigt.	52 48—55
11	Orkanartiger Sturm	Außergewöhnlich hohe Wellenberge. Die Kanten der Wellenkämme werden überall zu Gischt zerblasen. Die Sicht ist herabgesetzt.	60 56—63
12	Orkan	Luft mit Schaum und Gischt angefüllt. See vollständig weiß. Die Sicht ist sehr stark herabgesetzt; jede Fernsicht hört auf.	64 und mehr

Abb. 3.4 Beaufort-Skala

Beaufort-grad	m/s	km/h	m. p. h.	Knoten	Staudruck in kg/m²
0	0 — 0,2	1	1	1	0
1	0,3— 1,5	1— 5	1— 3	1— 3	0— 0,1
2	1,6— 3,3	6— 11	4— 7	4— 6	0,2— 0,6
3	3,4— 5,4	12— 19	8—12	7—10	0,7— 1,8
4	5,5— 7,9	20— 28	13—18	11—15	1,9— 3,9
5	8,0—10,7	29— 38	19—24	16—21	4,0— 7,2
6	10,8—13,8	39— 49	25—31	22—27	7,3—11,9
7	13,9—17,1	50— 61	32—38	28—33	12,0—18,3
8	17,2—20,7	62— 74	39—46	34—40	18,4—26,8
9	20,8—24,4	75— 88	47—54	41—47	26,9—37,7
10	24,5—28,4	89—102	55—63	48—55	37,4—50,5
11	28,5—32,6	103—117	64—72	56—63	50,6—66,5
12	32,7 und mehr	118 und mehr	73 und mehr	64 und mehr	66,6 und mehr

Untere und obere Grenzen der Geschwindigkeits- und Druckstufen im Vergleich zu Beaufortgraden *)

*)
m/s	=	Meter pro Sekunde
km/h	=	Kilometer pro Stunde
m. p. h.	=	Meilen pro Stunde (1 Meile = 1609 Meter)
Knoten	=	Seemeilen pro Stunde (1 Seemeile = 1852 Meter)
Staudruck	=	Druck des Windes in Kilogramm pro Quadratmeter auf einer ebenen, senkrecht zum Winde stehenden Fläche (entsprechend der Normen im Bauwesen DIN 1055)

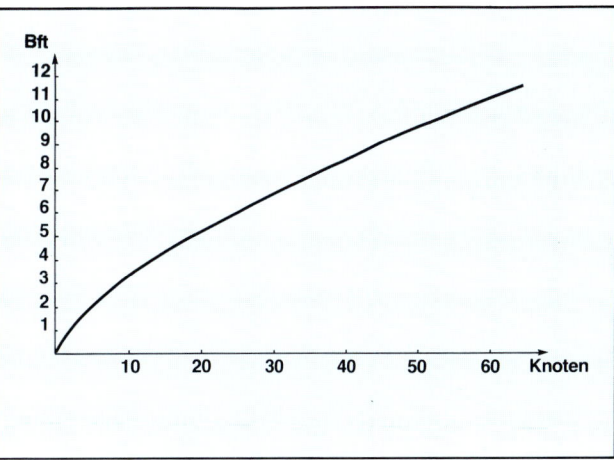

Abb. 3.5 Zusammenhang zwischen Bft-Stufen und Windgeschwindigkeit in Knoten

Stufe	Beauforts Skala	Windgeschwindigkeit in Metern pro Sekunde nach Scott	nach Köppen	Geschwindigkeit und Segelführung eines Schiffes, dicht beim Winde
0	Windstille	1,5	—	keine Fahrt
1	Leiser Zug	3,5	2,1	das Schiff steuert
2	Leichter Wind	6	3,8	1 bis 2 Knoten
3	Schwacher Wind	8	5,4	2 bis 4 Knoten
4	Mäßiger Wind	10	7,2	4 bis 6 Knoten
5	Frischer Wind	12,5	9,0	Oberbrahmsegel
6	Starker Wind	15	11,6	einfach gereefte Marssegel und Brahmsegel
7	Harter steifer Wind	18	15,8	Doppelt gereefte Marssegel
8	Stürmischer Wind	21,5	15,8	Dreifach gereefte Marssegel
9	Sturm	25	—	Dicht gereefte Marssegel
10	Starker Sturm	29	—	Dicht gereefte Großsegel
11	Heftiger starker Sturm	33,5	—	Sturmstagsegel
12	Orkan	40	—	Kein Segel kann geführt werden

Tabelle 3.1 Seeskala von Beaufort

ben. Zu den verschiedenen Beaufort-Stufen gehören unterschiedlich große Intervalle der Windgeschwindigkeit, z.B. Bft 5 von 8,0 bis 10,7 m/s: Differenz 2,7 m/s; Bft 8 von 17,2 bis 20,7 m/s: Differenz 3,5 m/s. Allgemein gilt: Mit zunehmenden Beaufortstufen werden die entsprechenden Intervalle der Windgeschwindigkeit immer größer.

Die Beaufortskala ist also nichtlinear, d.h. der Zusammenhang zwischen Beaufortstufen und Windgeschwindigkeit läßt sich nicht durch eine Gerade darstellen (Abb. 3.5).

Die Bft-Skala beschreibt den Zustand der Seeoberfläche, wie er von den vorherrschenden Windgeschwindigkeiten erzeugt wird. Vom Windfeld wird Energie auf die Wasseroberfläche übertragen, so daß sich Seegang entwickeln kann. Der Seegang wächst allerdings nicht proportional mit zunehmender Windgeschwindigkeit, sondern langsamer. Die doppelte Windgeschwindigkeit erzeugt demnach nicht einen doppelt so hohen Seegang. Dieser Zusammenhang wird von der Beaufortskala berücksichtigt.

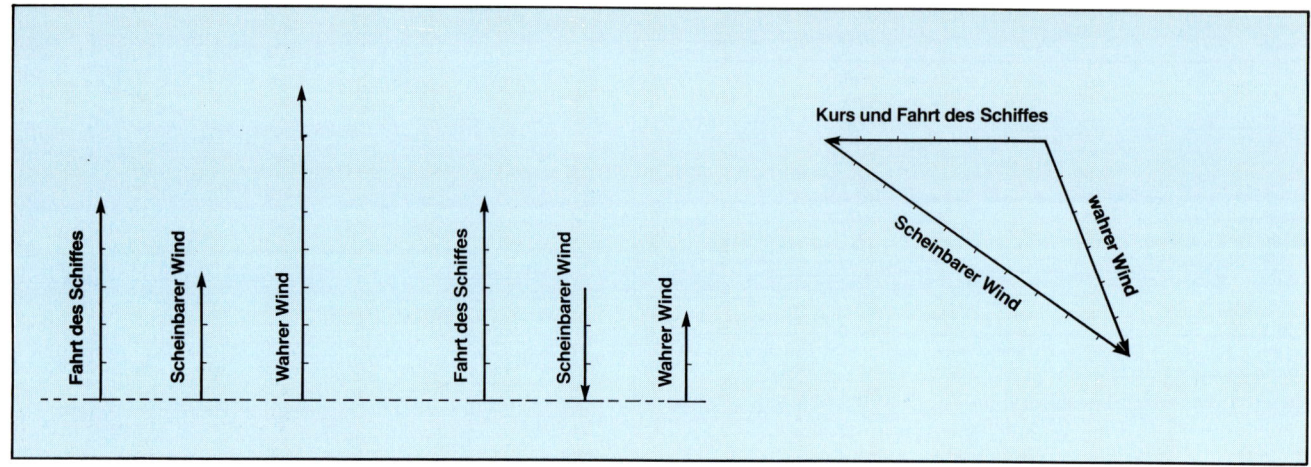

Abb. 3.6 Wahrer und scheinbarer Wind

3.2.2 Wahrer und scheinbarer Wind

Die Windregistrierung auf einem fahrenden Schiff ist verfälscht. Windfahne und Anemometer zeigen einen **scheinbaren Wind** an. Er setzt sich zusammen aus dem **wahren Wind** und aus dem **Fahrtwind**. Der Zusammenhang zwischen dem scheinbaren und dem wahren Wind wird durch das sogenannte **Winddreieck** vektoriell wiedergegeben.

Zwei Fälle sind sofort einzusehen:
- bei genau achterlichem Wind addieren sich der Fahrtwind und der scheinbare wind zum wahren Wind.
- bei genau vorderlichem Wind ist der Fahrtwind vom scheinbaren Wind abzuziehen, um den wahren Wind zu ermitteln.

In allen anderen Fällen läßt sich mit dem Winddreieck der wahre Wind folgendermaßen ermitteln:

Angenommen das Schiff fährt in Richtung 270° mit 6 Knoten und der scheinbare Wind wird mit 10 Knoten aus 300° – entsprechend 30° von Steuerbord – gemessen. Man trägt nun einen Vektor aus 6 Teilstrichen nach Westen auf und von der Spitze des Vektors einen weiteren Vektor aus 300° mit 10 Teilstrichen auf. Der Vektor, der vom Anfangspunkt des Schiffs-Vektors zum Endpunkt des scheinbaren Windvektors zeigt, ist der wahre Windvektor. In unserem Beispiel kommt er aus 332° (62° aus Steuerbord) mit einer Geschwindigkeit von knapp 6 Knoten (Abb. 3.6).

3.2.3 Atmosphärische Bewegungen und ihre Ursachen

Die bewegte Luft in der Atmosphäre ähnelt in vielen Eigenschaften strömenden Flüssigkeiten. Die grundlegenden Gesetze, die die Luftbewegungen beschreiben, stammen daher aus dem Bereich der Strömungslehre, der Hydrodynamik. Ursache jeder horizontalen atmosphärischen Bewegung sind horizontale **Druckunterschiede**. Diese Druckunterschiede erzeugen Kräfte, die proportional zum **Druckgefälle** sind. Das Druckgefälle ergibt sich zum Beispiel aus dem Unterschied zwischen dem Druckwert in einem Hoch und dem Druckwert in einem Tief. In Abb. 3.7 ist die Wetterkarte von Abb. 2.1 dreidimensional dargestellt.

Das Bild ähnelt einem Gebirge mit Höhen und Tiefen; es gibt Gebiete mit steilen Hängen, also mit großem Gefälle und solche mit flacher Neigung, mit geringem Gefälle. Dieses Gefälle können wir uns anschaulich als Neigung in einem Gelände vorstellen. Ein Körper wird wegen der Anziehungskraft der Erde stets vom hohen zum tiefen Gelände streben und zwar umso schneller, je steiler das Gelände ist oder anders ausgedrückt, je größer das Gefälle ist.

Die Neigung dieses »Luftdruckgebirges« wird als **Gradient**, als **Luftdruckgradient** bezeichnet. Die Kraft, die die Luft vom höheren zum tieferen Druck strömen läßt, heißt **Druckgradientkraft**. Sie wirkt vom hohen zum tiefen Druck und sorgt dafür, daß Luftteilchen vom hohen zum tiefen Druck in Bewegung gesetzt werden. Würden keine weiteren Kräfte wirken, käme es schnell zum Ausgleich bestehender Druckunterschiede und zum raschen Erliegen jeglicher Luftbewegung. Offensichtlich ist dies in der Natur nicht der Fall. Ursache ist die *rotierende Erde*; sie bewirkt eine *Richtungsablenkung* aller großräumigen, relativ zur Erdoberfläche erfolgenden Bewegungsvorgänge. Eine korrekte Beschreibung der Luftbewegungen muß daher von einem sich bewegenden, also rotierenden Bezugssystem ausgehen. In den Gleichungen für eine Luftbewegung tritt daher eine zusätzliche Kraft auf, die nach ihrem Entdecker Coriolis als **Corioliskraft** bezeichnet wird.

Eine graphische Ableitung dieser Kraft ist kompliziert. In Abb. 3.9 wird versucht, die ablenkende Kraft für eine Nord-Süd-Bewegung zu verdeutlichen, da dies unmittelbar einleuchtend ist; für eine reine Ost-West-Bewegung wird die Abbildung wesentlich komplizierter. Die horizontalen Pfeile (parallel zu den Breitenkreisen) geben die Zunahme der Umfangsgeschwindigkeit der Erdoberfläche wieder. Ein Luftteilchen, das

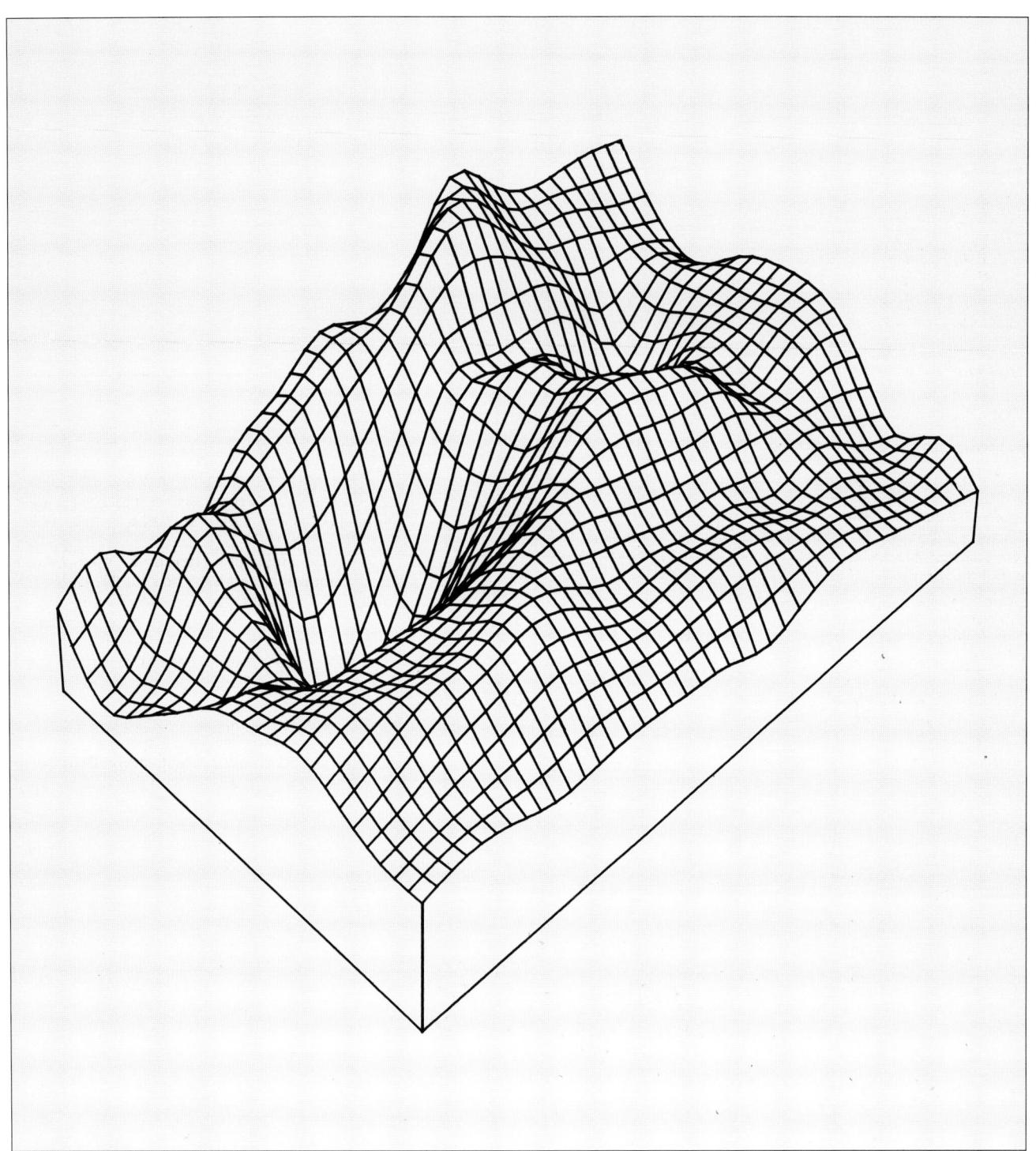

Abb. 3.7 Dreidimensionale Darstellung des Bodendruckfeldes vom 17.08.1989, 12 UTC

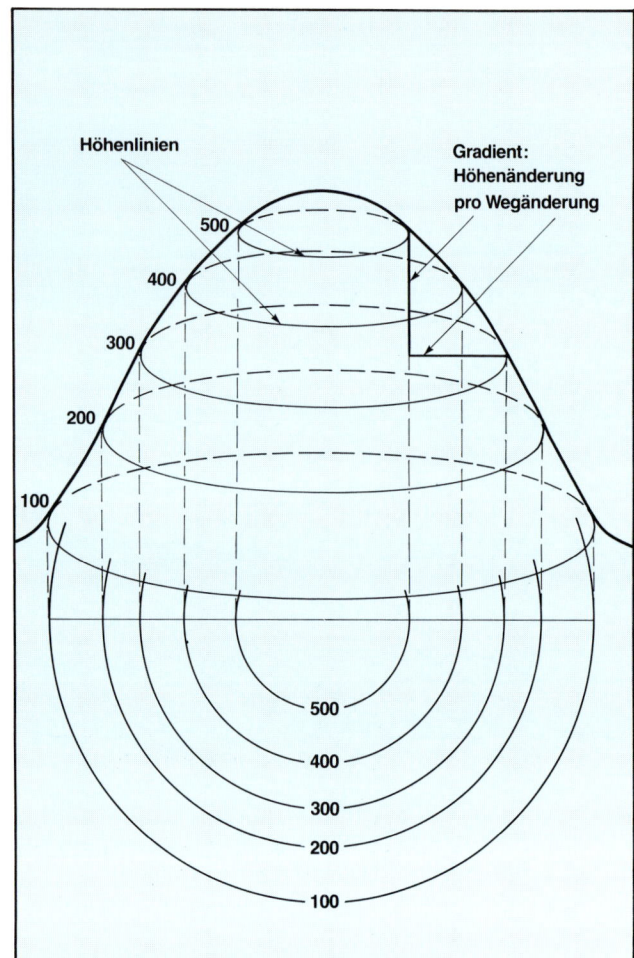

Abb. 3.8 Zum Begriff des Gradienten: In der Meteorologie ist der Gradient (Druckgradient) ein Maß für die Druckänderung entlang einer bestimmten Strecke

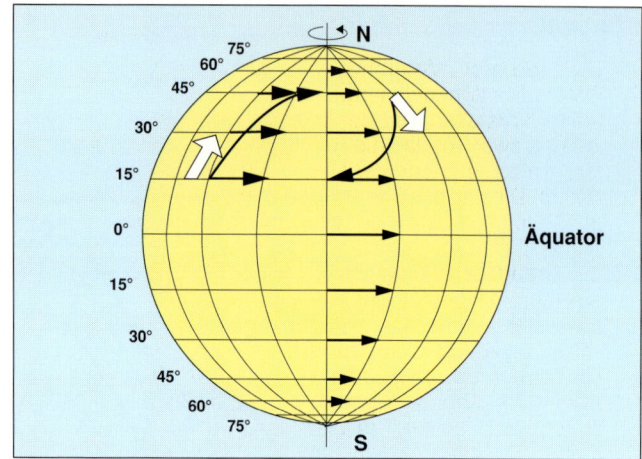

Abb. 3.9 Ablenkende Kraft der Erdrotation

Für die an vektorieller Darstellung interessierten Leser ist die nachfolgende Darstellung gedacht. Wem das zu kompliziert ist, kann dies getrost überschlagen.

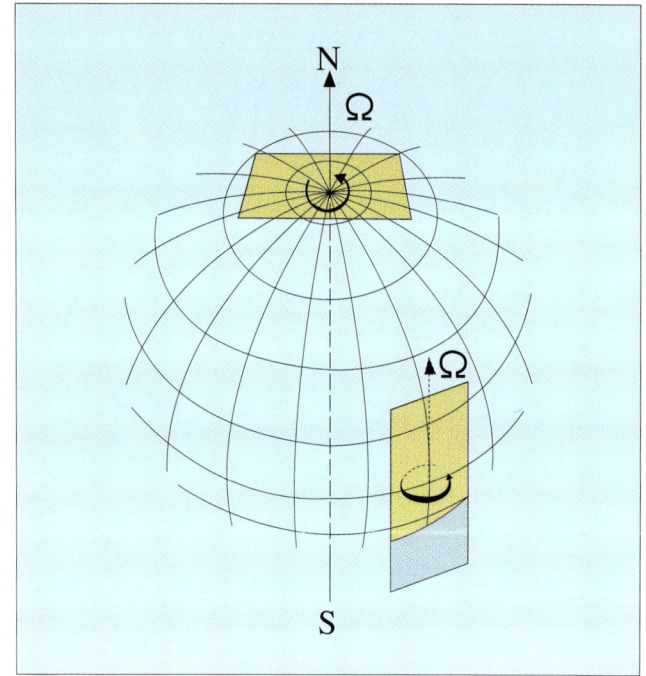

Abb. 3.10 Drehung einer Horizontalebene am Pol und am Äquator

nach Süden bewegt wird, kommt in Breiten mit höherer Umfangsgeschwindigkeit, mit der Folge, daß sich die Erdoberfäche scheinbar unter dem Teilchen nach Osten bewegt. Für den erdfesten Beobachter scheint dagegen das Luftteilchen nach *Westen*, d.h. in Bewegungsrichtung gesehen nach **rechts,** abgelenkt zu werden. Strömt umgekehrt ein Luftteilchen nach Norden, besitzt es am Startort eine größere Umdrehungsgeschwindigkeit als in höheren Breiten, es hat also einen Geschwindigkeitsüberschuß. Es kommt daher auf einem östlicheren Meridian an und ist ebenfalls nach **rechts** abgelenkt worden.

Die Erde dreht sich um ihre Achse von Westen nach Osten. Die Winkelgeschwindigkeit können wir uns als Vektor vorstellen, der der Erdachse entlang gerichtet ist, und zwar so, daß die Rotation vom Ende des Vektors – also von oben gesehen – gegen den Uhrzeiger erfolgt. Diese Achse ist am Pol mit der Rotationsachse der Erde identisch, steht also senkrecht auf der Horizontalebene. Am Äquator fällt sie selbst in die Fläche. Die Drehgeschwindigkeit ist in beiden Fällen Ω. Auch an einem beliebigen Punkt zwischen Äquator und Pol, auf der Breite Φ, wird sich die Fläche mit einer Geschwindigkeit Ω um eine Achse drehen, die aber zur Fläche schräg steht und mit ihr den Winkel Φ einschließt (s. Abb. 3.10 und 3.11). Wir können dann die Drehgeschwindigkeit in zwei aufeinander senkrecht stehende Komponenten zerlegen. Die eine, $\Omega \cdot \cos\Phi$, gilt für die Drehung der Fläche um eine Horizontalachse, die identisch ist mit der Tangente zum Meridian; die andere, $\Omega \cdot \sin\Phi$, gibt die Geschwindigkeit an, mit der sich die Fläche um eine zu ihr senkrechte Achse dreht.

Uns interessiert nun nur die Drehung mit der Geschwindigkeit $\Omega \cdot \sin\Phi$ um die Vertikalachse. Sie erfolgt auf der Nordhalbkugel gegen den Uhrzeiger, auf der Südhalbkugel mit dem Uhrzeiger, am Äquator ist sie Null. Sie wächst mit der geographischen Breite und erreicht am Pol den Wert Ω. Das heißt:

Im Laufe eines Tages macht die Horizontalebene nur am Pol eine volle Umdrehung um die Vertikalachse; in den anderen Breiten wird nur ein Teil der vollen Umdrehung erreicht, der umso kleiner wird, je näher man dem Äquator ist.

Falls sich nun ein (Luft-)Körper von irgendeiner Breite Φ in irgendeine Richtung in Bewegung setzt, so wird er diese Bewegung in Bezug auf den Weltraum beibehalten. Unterdessen wird sich die Horizontalebene um ihre Vertikalachse weiterdrehen, d.h. es wird sich die Erdoberfläche selbst mit ihrem Meridiannetz unter dem bewegten Körper von links nach rechts (auf der Nordhalbkugel) mit einer Winkelgeschwindigkeit $\Omega \cdot \sin\Phi$ hinwegdrehen. In Bezug auf den Meridian wird also der Körper aus seiner ursprünglichen Richtung nach rechts abweichen. Dies ist einzusehen, wenn wir bedenken, daß wir in einem bewegten System das »Kreuzprodukt« $\Omega \times \mathbf{V}$ ($\mathbf{V}$ = Geschwindigkeitsvektor d. Teilchens) zu lösen haben. Der Lösungsvektor steht immer senkrecht auf den beiden Einzelvektoren.

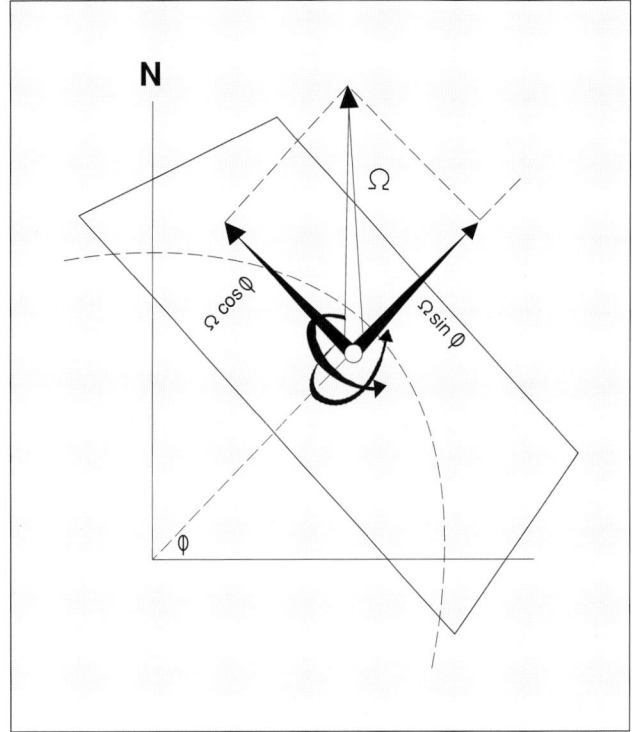

Abb. 3.11 Drehung einer Horizontalebene in der Breite Φ

Das Teilchen erfährt also eine scheinbare Beschleunigung, die auf der Nordhalbkugel stets nach rechts gerichtet ist.
Über die Wirkung der Corioliskraft läßt sich folgendes sagen:

- Sie wächst gleichmäßig mit der Windgeschwindigkeit an,
- sie ist proportional zur Rotationsgeschwindigkeit der Erde,
- sie ist abhängig von der geographischen Breite (am größten am Pol und Null am Äquator), - sie wirkt senkrecht zur Windrichtung (in Strömungsrichtung gesehen) und zwar nach rechts auf der Nordhalbkugel und nach links auf der Südhalbkugel. Alle Bewegungen auf der Nordhalbkugel werden nach rechts abgelenkt.

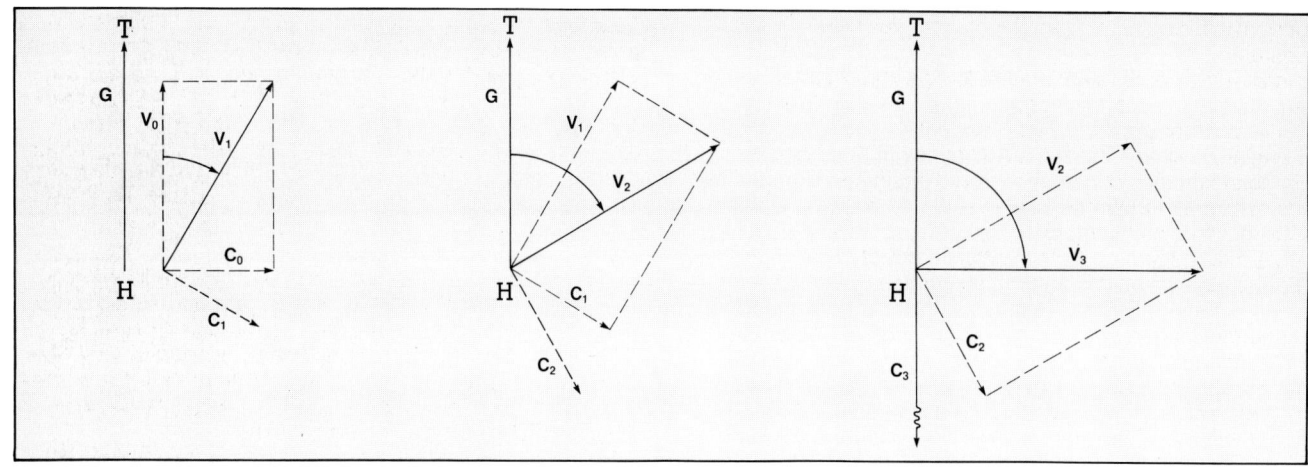

Abb. 3.12 Zur Ableitung des geostrophischen Windes

Betrachten wir nun die Abb. (3.12). Bei einem Druckunterschied zwischen einem Hoch H und einem Tief T wirkt zunächst die Druckgradientkraft, die die Luftteilchen zum tiefen Druck beschleunigt in Bewegung setzt (V_0). Die einsetzende Corioliskraft C_0 bewirkt eine Ablenkung der Teilchen in Richtung V_1. Zu dieser neuen Geschwindigkeit stellt sich die weiter wirkende Corioliskraft C_1 ein mit der daraus resultierenden Geschwindigkeit V_2 usw. Mit zunehmender Geschwindigkeit V nimmt die Corioliskraft C zu, allerdings nicht beliebig lange. In dem Augenblick, wo C die Druckgradientkraft G in Richtung und Betrag genau balanciert (in gemäßigten Breiten nach einigen Stunden), hat sich ein stabiles Gleichgewicht eingestellt (Abb. 3.13).

Den resultierenden Wind nennen wir **Geostrophischen Wind** **Vg** (von griechisch geo = Erde und strephein = drehen, s. Abbildung). Er weht auf der Nordhalbkugel so, daß der tiefe Druck zur Linken (Rücken zum Wind) und der hohe Druck zur

Rechten liegt. Auf der Südhalbkugel ist es umgekehrt. Man nennt diesen Zusammenhang das **barische Windgesetz**. Bei der Eintragung von Wetterkarten wird diese Regel berücksichtigt: Die Fiedern zur Kennzeichnung von Stärke oder Geschwindigkeit des Windes werden stets in Richtung des tiefen Druckes gezeichnet; also auf der Nordhalbkugel zur

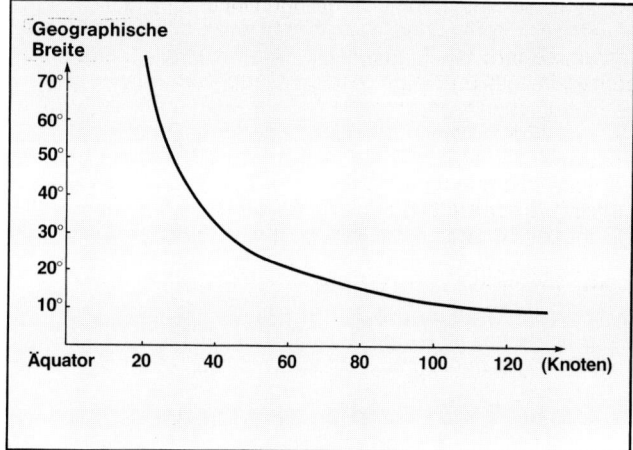

Abb. 3.14 Abhängigkeit des geostrophischen Windes von der geographischen Breite bei einem Gradienten von 5 hPa auf 250 km

linken, auf der Südhalbkugel zur rechten Seite des Windpfeils. Der Betrag des geostrophischen Windes kann mit dem sog. geostrophischen Windlineal aus den Wetterkarten abgelesen oder aus Tabellen entnommen werden (s. Kapitel »Zeichnen von Bordwetterkarten«). Die Abb. 3.14 zeigt die Abhängigkeit des geostrophischen Windes von der geographischen Breite bei einem Druckunterschied von 5 hPa auf 250 km.

Bei kleinräumigen Bewegungen *(Land-Seewind, Berg-Talwind)* kann der Einfluß der Corioliskraft vernachlässigt werden,

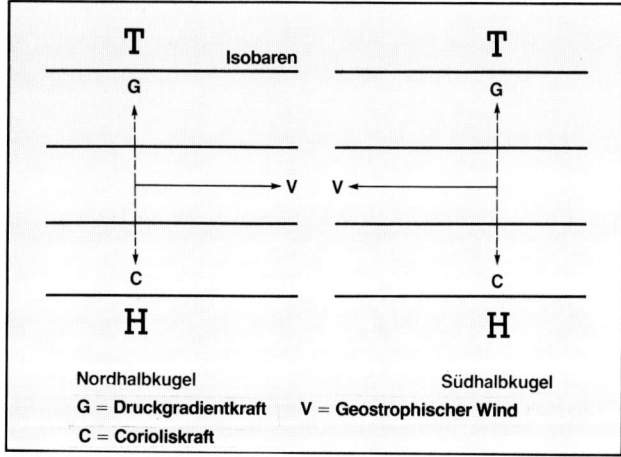

Abb. 3.13 Geostrophisches Kräftegleichgewicht

Nordhalbkugel   Südhalbkugel

G = Druckgradientkraft   V = Geostrophischer Wind

C = Corioliskraft

22

da sich aufgrund der kurzen Dauer kein Gleichgewichtszustand einstellt.

In der Atmosphäre treten innerhalb bewegter Luftmassen weitere Kräfte auf, die zusätzlich zur Druckgradientkraft und zur Corioliskraft balanciert werden müssen.

Betrachten wir eine Wetterkarte (Abb.2.1), dann sehen wir, daß die Windrichtung nicht genau parallel zu den Isobaren verläuft; vielmehr weht der Wind etwas zum tiefen Druck hin. Außerdem ändern sich die Druckgebilde räumlich und zeitlich, so daß es Abweichungen vom geostrophischen Gleichgewicht gibt.

Die wichtigsten Abweichungen enstehen dadurch, daß

- die Isobaren meistens *gekrümmt* sind und nicht geradlinig verlaufen,
- die Druckfelder sich *verlagern und verändern,*
- in bodennahen Schichten **Reibung** herrscht.

Diese Effekte erzeugen Kräfte, die Richtungsänderungen zum tiefen, selten zum hohen Druck hin bewirken. Die Bewegungsänderungen haben eine besondere Bedeutung. Rein geostrophische Bewegungen verlaufen, wie wir sahen, exakt parallel zu den Isobaren. Massentransporte vom hohen zum tiefen Druck wären dann nicht möglich. Dies bedeutete, daß einmal vorhandene Drucksysteme sich zeitlich nicht ändern würden, sondern nur noch in einer übergeordneten Strömung wandern. Verfolgt man die Wetterkarten von Tag zu Tag, sieht man, daß dies offenbar nicht der Fall ist. Vielmehr beobachten wir *Intensitätsänderungen* von Tief- und Hochdruckgebieten. Verantwortlich dafür sind die nicht-geostrophischen **(ageostrophischen)** Windkomponenten. Obwohl sie betragsmäßig sehr klein sind und in der Beobachtungsroutine nicht gemessen werden können, sind sie für die zeitliche Änderung von Druckgebilden bedeutsam, sie »machen das Wetter«.

Werden Luftteilchen auf gekrümmte Bahnen gezwungen, muß bei der Beschreibung des Bewegungsvorganges die **Zentrifugalkraft (Fliehkraft)** berücksichtigt werden. Aus dem Kräftegleichgewicht zwischen Druckgradientkraft, Corioliskraft und Zentrifugalkraft ergibt sich ein Wind, der **Gradientwind** genannt wird. Die Abb. 3.15 zeigt die Änderung des Gradientwindes bei gekrümmtem Strömungsverlauf. Die Zentrifugalkraft wirkt immer vom Drehzentrum weg. Im Falle **zyklonaler Krümmung** (Bewegung um ein Tief, in Trögen oder an Fronten) muß die Gradientkraft das Gleichgewicht halten mit der *Corioliskraft plus Zentrifugalkraft* (**G = C + Z** oder **C = G – Z**), d.h. der resultierende Gleichgewichtswind bei gleichem Druckgradienten ist geringer als im geradlinigen geostrophischen Fall: er ist *subgeostrophisch.*

Im Falle von Hochdruckgebieten, Hochkeilen oder Rücken durchlaufen die Partikel **antizyklonale Bahnen**. Nun sind Gradientkraft und Zentrifugalkraft gleichgerichtet (**G = C – Z** oder **C = G + Z**), d.h. die Teilchen werden *zusätzlich zum hohen Druck hin beschleunigt,* und der resultierende Gleichgewichtswind ist bei gleichem Druckgradienten größer als im geostrophischen Fall: er ist *supergeostrophisch* .

Diese sich aus den Krümmungsänderungen ergebenden Beschleunigungen bewirken einen Massentransport zwischen den Druckgebilden.

Im allgemeinen sind Druckgebilde nicht stationär, sondern verlagern sich meist langsamer als die Windgeschwindigkeit, manchmal auch schneller. Diese *Nichtstationarität der Druckfelder* erzeugt ebenfalls Windkomponenten, die vom geostrophischen Gleichgewicht abweichen. In der Abb. 3.16 sehen wir ein nach Osten ziehendes Tief, wobei die ageostrophischen Effekte vergrößert dargestellt wurden.

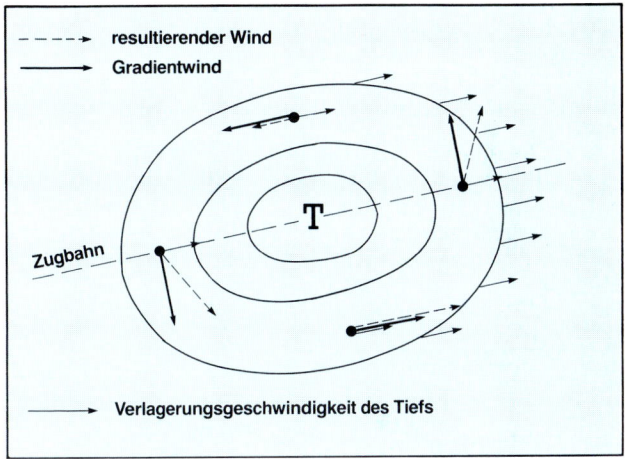

Abb. 3.16 Ageostrophische Windkomponenten bei wandernden Druckgebilden

Bei schnell ziehenden Tiefs sind rechts der Zugbahn höhere Windgeschwindigkeiten zu erwarten als sie dem Druckgradienten entsprechen; auf der gegenüberliegenden Seite sind sie schwächer als der Gradientwind. Bei Hochdruckgebieten treten links der Zugbahn die höheren Winde auf, rechts die schwächeren. Auf der Südhalbkugel verhält sich dieser Sachverhalt umgekehrt.

Die größte ageostrophische Windkomponente liefert die **Reibung** in den untersten Luftschichten. Reibung ist eine *mecha-*

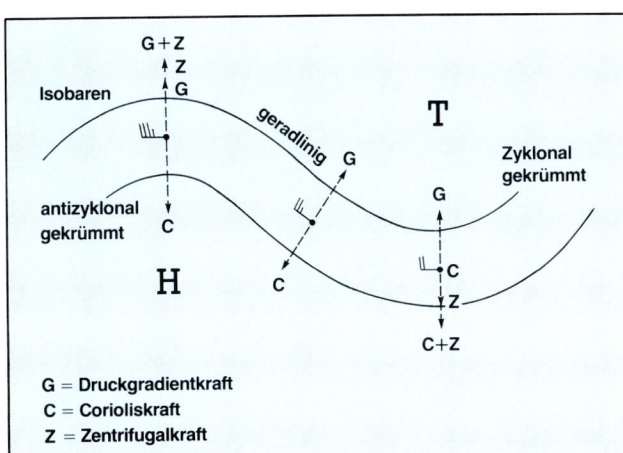

Abb. 3.15 Wirkung der Zentrifugalkraft

G = Druckgradientkraft
C = Corioliskraft
Z = Zentrifugalkraft

nische Widerstandskraft, die immer dann wirkt, wenn Luft über die Erd- oder Wasseroberfläche bewegt wird. Die Reibungskräfte in den bodennahen Schichten wirken *bremsend* auf die Windgeschwindigkeit, was durch eine entgegengesetzt zum Wind wirkende Kraft, die **Reibungskraft**, dargestellt werden kann. Aber auch oberhalb der bodennahen Schichten wird nicht abrupt die volle reibungsfreie Windgeschwindigkeit erreicht, sondern der Übergang ist stetig. Die Strömung paßt sich allmählich der reibungsfreien Geschwindigkeit an.

Wie in der Abbildung angedeutet, wird die Reibungskraft R als neue Größe so angesetzt, daß sie der Windgeschwindigkeit entgegenwirkt; sie verringert die Windgeschwindigkeit. Damit nimmt auch die Corioliskraft ab. In diesem Zustand (Abb. 3.17 a) sind die beteiligten Kräfte nicht mehr im Gleichgewicht, da die abnehmende Corioliskraft die Druckgradientkraft G nicht mehr ausbalancieren kann. Der Windvektor **V** dreht daher zum tiefen Druck in Richtung **G**, und zwar solange, bis die Resultierende aus **R** und **C** dem Gradienten entgegengerichtet ist. Im neuen Gleichgewicht müssen nun Corioliskraft und Reibungskraft die Druckgradientkraft ausbalancieren. Die Corioliskraft ist daher geringer als die Druckgradientkraft und dreht ebenfalls in Richtung zum tiefen Druck (Abb. 3.17 b). Dieser Vorgang ist von fundamentaler Bedeutung für die atmosphärische Dynamik, denn das *Einströmen in das Tief* bzw. das *Ausströmen aus dem Hoch* gewährleisten, daß sich Tiefs abschwächen und Hochs zerfallen können.

Der theoretische *Winkel zwischen Bodenwind und reibungsfreiem Wind* beträgt 45°. Er wird jedoch durch die starke zeitliche Variabilität der meisten meteorologischen Parameter, Inhomogenitäten der **Oberflächenrauhigkeit** und lokale Zirkulationssysteme so stark modifiziert, daß man nur von einem mittleren Ablenkungswinkel sprechen kann. Die anschauliche **Windspirale** wird deswegen durch Messungen meist nur in Teilen der **planetarischen Grenzschicht** gefunden. Typische Mittelwerte über der freien Seeoberfläche sind: Die Windgeschwindigkeit beträgt etwa ⅔ des Gradientwindes bei einem Ablenkungswinkel von etwa 20°.

3.3 Temperatur

3.3.1 Strahlung und Temperatur

Die Energie für das Wettergeschehen wird von der Sonne geliefert. Zwei Effekte sind zusätzlich von wesentlicher Bedeutung:

1. die Bahn der Erde um die Sonne und die Neigung von 23,5° der Erdachse gegen die Bahnebene *(jahreszeitliche Strahlungsänderung)*.
2. die Drehung der Erde um sich selbst *(tägliche Strahlungsänderung und Ablenkung von Bewegungen auf der Erde durch die Erdrotation)*.

In der Sonne wird durch Kernverschmelzung (Kernfusion) Wasserstoff in Helium umgewandelt. Die dabei freiwerdende

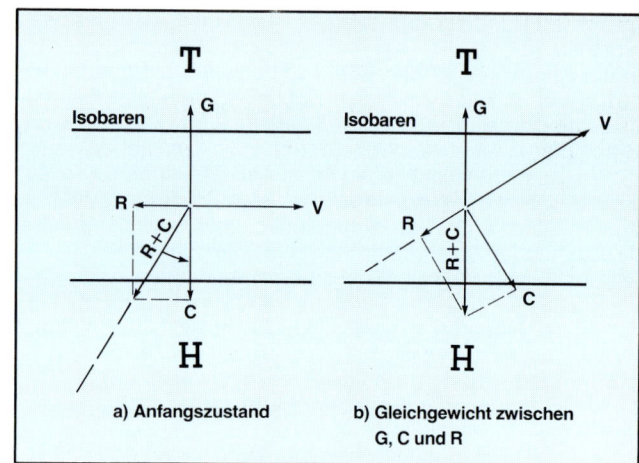

Abb. 3.17 Wirkung der Reibung: G = Druckgradientkraft, V = Windvektor, R = Reibungskraft

Energie gibt die Sonne als **Strahlungsenergie** in den Weltraum ab. Die Erde erhält am Rand der Atmosphäre weniger als 0,5 Milliardstel dieser Energie. Dennoch entspricht die täglich eingestrahlte Energiemenge dem 400000-fachen der täglich weltweit erzeugten elektrischen Energie. Man nennt die am Außenrand der Atmosphäre pro m^2 auftreffende Bestrahlungsstärke **»Solarkonstante«**. Ihr Wert beträgt etwa 1,4 kW/m^2.

Die Abb. 3.19 zeigt schematisch, wie die einfallende Sonnenstrahlung innerhalb der Atmosphäre verbraucht wird und wie die langwellige Ausstrahlung ebenfalls energetisch verändert wird. Von den 100% einfallender Strahlungsmenge erreichen etwa 31% direkt den Erdboden. Die restlichen 69% werden reflektiert, absorbiert und gestreut.

Der in den Wolken umgewandelte Anteil beträgt 43%, in der wolkenfreien Atmosphäre werden 26% verändert. In der

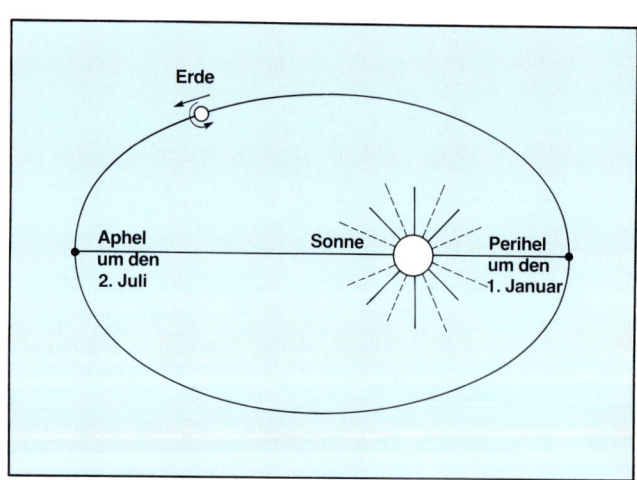

Abb. 3.18 Bahn der Erde um die Sonne

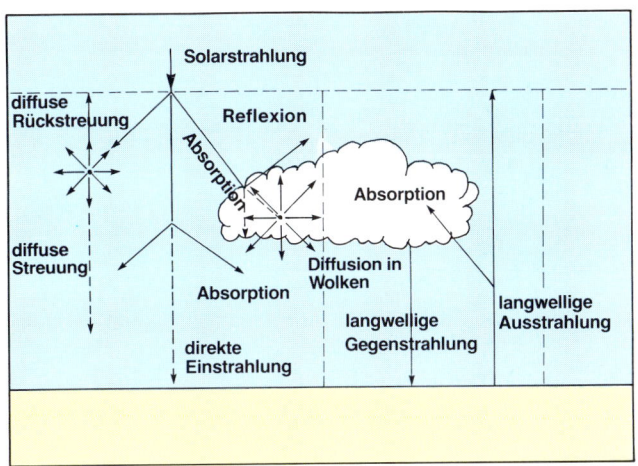

Abb. 3.19 Strahlungsverhältnisse in der Atmosphäre

gesamten Atmosphäre ergeben sich 30% **Reflexion**, 17% **Absorption** und 22% **Streuung** der diffusen Himmelsstrahlung. Von der Erdoberfläche werden nochmals 6% reflektiert, so daß als gesamte Reflexion, **Albedo** genannt, 36% der Energie verloren sind.
Die Bewölkung wirkt wie ein *Thermostat*. 91% der **langwelligen Ausstrahlung** der Erdoberfläche werden durch die Wolken absorbiert und gleichzeitig 78% als **atmosphärische Gegenstrahlung** zurückgestrahlt. Ohne Atmosphäre würde die unveränderte Sonnenstrahlung am Äquator tagsüber Temperaturen bis +82 °C erzeugen, während nachts wegen ungehinderter Ausstrahlung die Temperatur auf -140 °C absinken würde.
Die in einem Körper enthaltene Wärme und seine Temperatur sind von der Bewegungsenergie, der kinetischen Energie seiner Moleküle, abhängig. Unter **Wärme** versteht man die

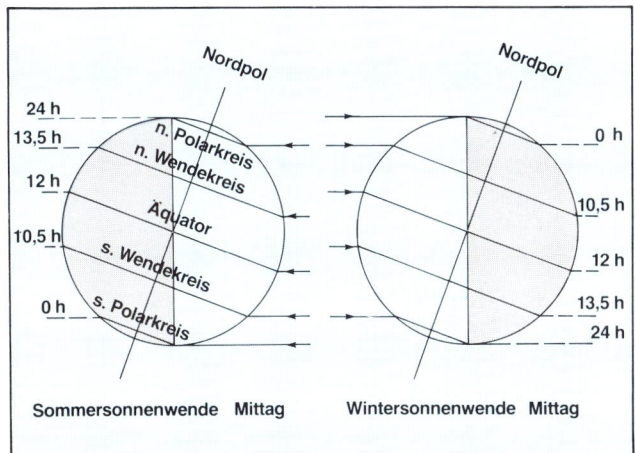

Abb. 3.20 Astronomische Sonnenscheindauer

gesamte kinetische Energie der Moleküle, während die **Temperatur** ein Maß ist für die mittlere kinetische Energie, die die einzelnen Moleküle haben. Je schneller sich die Moleküle eines Körpers bewegen, um so höher ist die Temperatur. Die Temperatur auf der Erde ist an verschiedenen Orten unterschiedlich. Das hängt mit dem Sonnenstand zusammen sowie mit der geographischen Breite, der Land-See-Verteilung, der Orographie und dem Bewuchs. Andererseits werden durch die großen Zirkulationssysteme (Hoch- und Tiefdruckgebiete) warme und kalte Luftmassen transportiert, die die Temperatur an einem Ort ebenfalls beeinflussen. Gleichzeitig ist aber die unterschiedliche Temperaturverteilung auf der Erde auch wieder der Anlaß, daß sich Zirkulationen einstellen. Es liegt also ein komplizierter **Wechselwirkungsprozess** vor, der unser Wetter steuert.

3.3.2 Festlegung der Temperaturskala

Kommt die Molekularbewegung vollständig zur Ruhe, ist der sogenannte **absolute Nullpunkt** erreicht. Er wird mit Null Kelvin (0 K) bezeichnet. Die **Kelvin-Skala** hat den Vorteil, daß sie keine negativen Temperaturen besitzt. In der praktischen meteorologischen Arbeit erweist sie sich aber als umständlich, da sie mit großen Zahlen arbeitet (s.u.). Man ist daher übereingekommen, in der praktischen Anwendung die **Celsius-Skala** weiter zu verwenden; in angelsächsischen Ländern wird zum Teil noch die **Fahrenheit- Skala** benutzt.
Die Celsius-Skala hat als *Fixpunkte die Temperatur schmelzenden Eises und den Siedepunkt von Wasser* bei einem Luftdruck von 1013,2 hPa. Die Temperatur des Schmelzpunktes bezeichnet man mit 0°C, die des siedenden Wassers mit 100°C. Der hundertste Teil des Temperaturunterschiedes zwischen den beiden Fixpunkten ist dann 1°C. Der absolute Nullpunkt ist bei -273,15°C erreicht. Zwischen den verschiedenen Temperatur-Skalen besteht folgender Zusammenhang:
$$T(K) = t(°C) + 273,15$$
$$t(°F) = (9/5 \cdot t(°C)) + 32$$
$$t(°C) = 5/9 \cdot (t(°F) - 32)$$
Führt man einem Körper Wärme zu, steigt seine Temperatur; wird dem Körper Wärme entzogen, sinkt sie. Das festgelegte Maß für die **Wärmemenge** ist das Joule (J), wobei 1 J einer Wattsekunde (1 WS) entspricht. Gelegentlich taucht noch die alte Maßeinheit Kalorie (cal) auf. 1 cal ist die nötige Wärmemenge, um 1 g Wasser bei 1013,2 hPa von 14,5 °C auf 15,5 °C zu erwärmen. Als Umrechnung gilt: 1 cal = 4,18 J.

Der stärkste Anteil an der *Erwärmung der Atmosphäre* vollzieht sich über die Erdoberfläche durch:

a) langwellige Wärmestrahlung durch Absorption
b) Wärmeleitung von der Erdoberfläche zu Luftmolekülen
c) Turbulenz
d) Konvektion

3.3.3 Tägliche und jährliche Temperaturschwankung

Die unterschiedlichen Strahlungsverhältnisse führen zum **täglichen** und **jährlichen** Temperaturgang. Bei der täglichen Temperaturkurve ergeben sich ein *Minimum kurz nach Sonnenaufgang* und ein *Maximum ca. 2 Stunden nach Sonnenhöchststand*. Die Abb. 3.21 und 3.22 zeigen den mittleren täglichen Temperaturverlauf gültig für Nordwestdeutschland bei sonnigem Himmel (2-4 Achtel Bedeckung) und bei bewölktem Himmel (6-8 Achtel Bedeckung). Man erkennt, wie sowohl die tägliche als auch die jahreszeitliche Amplitude von der Bewölkungsmenge abhängig sind. In der Abb. 3.23 ist der mittlere jährliche Verlauf der Höchsttemperatur dargestellt, und zwar für eine Station im Nord-Ostseebereich (Hamburg), für eine Station im Mittelmeer (Naxos) und für eine Station an der Grenze zwischen Tropen und Subtropen (Nassau). Auffallend

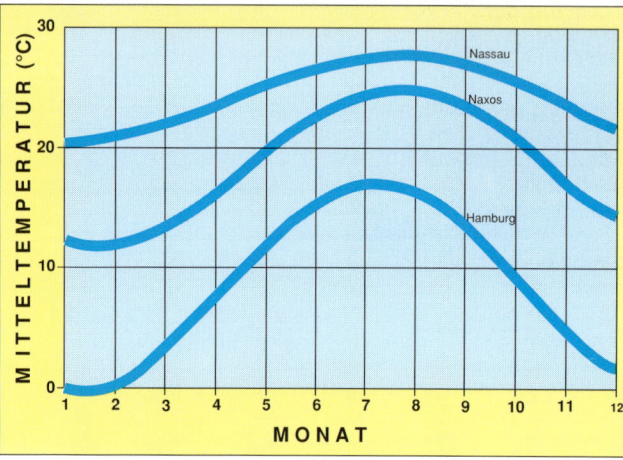

Abb. 3.23 Mittlerer Jahresgang der Temperatur

ist die *geringe Schwankung in den Tropen* und die *stärkere Schwankung in mittleren und höheren Breiten*. Dies liegt an den unterschiedlichen Strahlungsverhältnissen aufgrund der geographischen Breite und der Land-See-Verteilung.

3.3.4 Meßmethoden

In der Meteorologie werden verschiedene Thermometerarten zur Temperaturmessung verwendet. Ihre Funktion beruht auf einem der drei Prinzipien:

a) Längen- und Volumenänderung eines Körpers durch Temperaturänderung (Flüssigkeitsthermometer, Bimetallthermometer)
b) elektrische Spannungsdifferenz an der Kontaktstelle zweier Metalle und deren Änderung mit der Temperatur (Thermoelement)
c) Änderung des elektrischen Widerstandes mit der Temperatur (Widerstandsthermometer, Thermistor)

Von wissenschaftlichen Untersuchungen abgesehen reicht in der Praxis eine Meßgenauigkeit von $\frac{1}{10}$ Grad und ein Meßbereich von -35 °C bis +60 °C. Man verwendet daher gewöhnlich ein Quecksilberthermometer. Bei Temperaturen unter -38 °C wird Quecksilber fest, so daß bei diesen Temperaturen mit einem Alkoholthermometer gearbeitet oder auf andere Meßverfahren ausgewichen wird. Um den Strahlungseinfluß der Sonne auszuschalten, schattet man das Thermometer ab. Auch bei eigenen Messungen, etwa an Bord eines Schiffes, ist dies zu berücksichtigen. Da aber auch im Schatten der wärmewirksame Anteil der Streustrahlung bei ruhender Luft größer ist als in bewegter Luft, *mißt man an Bord die Lufttemperatur in Luv.* Zu beachten ist dabei, daß keine Feuchtigkeit oder Spritzwasser das Thermometer benetzen, da sonst durch den Verdunstungsvorgang dem Quecksilber Wärme entzogen und eine niedrigere Temperatur als die wahre Lufttemperatur angezeigt wird (s. Kap. 3.4).

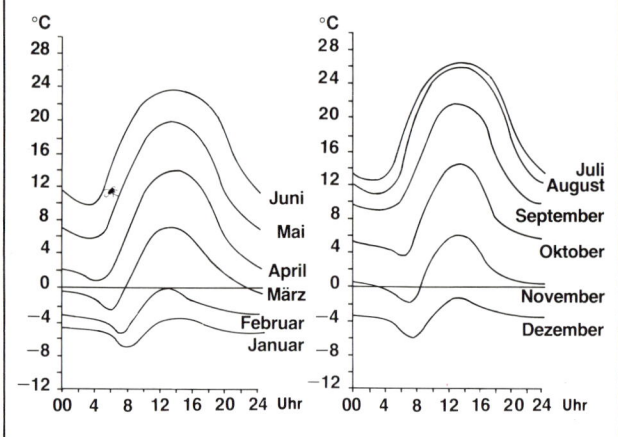

Abb. 3.21 Mittlerer Tagesgang der Temperatur bei wolkenlosem bzw. gering bewölktem Himmel

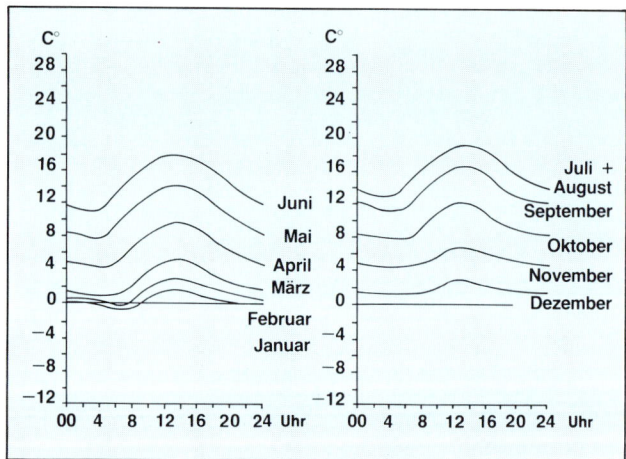

Abb. 3.22 Mittlerer Tagesgang der Temperatur bei bewölktem Himmel

3.3.5 Temperaturvorhersage

Die Lufttemperatur an einem Ort ist von den Strahlungsverhältnissen und von der **Advektion** (Heranführung) unterschiedlich temperierter Luftmassen abhängig. Eine exakte Temperaturvorhersage für 12 bis 24 Stunden zu erstellen, ist daher wegen des Zusammenwirkens verschiedener Parameter sehr schwierig. Findet keine Luftmassenänderung statt (wenn keine Änderung der Wetterlage zu erwarten ist), wird die Lufttemperatur praktisch nur von den Strahlungsverhältnissen bestimmt. An Land können daher mit Hilfe der täglichen Temperaturkurven die Minimum- und Maximumtemperatur abgeschätzt werden, wenn ein eigener Meßwert zu irgendeiner Zeit vorliegt. Man trägt den Meßwert zu dieser Uhrzeit (MEZ) in das Diagramm ein (Abb. 3.21/3.22) und zeichnet (unter Berücksichtigung der Bewölkung) im gleichen Abstand zur entsprechenden Monatskurve eine Parallelkurve. Die Kurven gelten allerdings nur für Bedingungen über Land. Auf See ist das Verhalten der Lufttemperatur weitgehend durch die Wassertemperatur bestimmt, deren Schwankung wegen des hohen Wärmespeichervermögens des Wassers stark gedämpft ist.

Das o.a. Verfahren ist zwar sehr grob; es ergibt aber – besonders bei geringer Bewölkung – ausreichend gute Vorhersagen.

3.4 Feuchte

3.4.1 Wasserdampf, Meßgrößen der Luftfeuchte

Die **Atmosphäre** besteht aus einer Gasmischung, deren prozentuale Anteile bis etwa 80 km Höhe in gleichem Verhältnis auftreten. Diese Mischung wird Luft genannt; Luft besteht im wesentlichen aus 78 Vol% **Stickstoff**, 21 Vol% **Sauerstoff** und etwa 1 Vol% **Edelgasen.**

Die wichtigste Beimengung der Luft ist neben Kohlendioxid **Wasserdampf**, ein durchsichtiges und farbloses Gas. Wasserdampf ist ein spezieller »**Aggregatzustand**« von Wasser, eben der gasförmige. Es treten folgende Zustände auf:
1. fest: Hagel- und Graupelkörner, Schneeflocken
2. flüssig: Regentropfen, Nebeltröpfchen
3. gasförmig: Wasserdampf

Beim Übergang von einem Aggregatzustand in einen anderen wird Wärme verbraucht oder gewonnen:
fest -> flüssig: um 1 g Eis zu schmelzen werden ca. 334 Joule als **Schmelzwärme** benötigt.
flüssig -> gasförmig: um 1 g Wasser zu verdampfen werden ca. 2500 Joule als **Verdampfungswärme** benötigt.
fest -> gasförmig: um 1 g Eis zu sublimieren werden ca. 2834 Joule als **Sublimationswärme** benötigt.

Sublimation, also der direkte Übergang von der festen zur gasförmigen Phase, findet z.B. statt, wenn bei trockenem Frostwetter eine dünne Schneedecke verschwindet. Bei der Sublimation wird soviel Wärme verbraucht, wie beim Schmelzen und Verdampfen zusammen. Man bezeichnet übrigens auch den umgekehrten Vorgang, den Übergang von der gasförmigen zur festen Phase, als Sublimation. Diese Erscheinung findet statt, wenn bei Frostwetter aus der feuchten Luft Eisnadeln ausfallen. Bei den umgekehrten Vorgängen **Gefrieren** (flüssig -> fest), **Kondensation** (gasförmig -> flüssig) und **Sublimation** (gasförmig -> fest) werden die gleichen Energiebeträge als Wärme frei. Dies macht man sich zu Nutze, wenn man bei Frost Blüten künstlich beregnet. Durch die beim Gefrieren des Wassers freiwerdende Wärme können Fostschäden verhindert oder gemildert werden.

Der maximal mögliche Wasserdampfgehalt (Sättigung) in der Luft hängt allein von der Temperatur ab. Je wärmer die Luft ist, desto mehr Wasserdampf kann sie aufnehmen. In der Abb. 3.25 wird die maximale **absolute Feuchte** (g Wasser/Kubik-

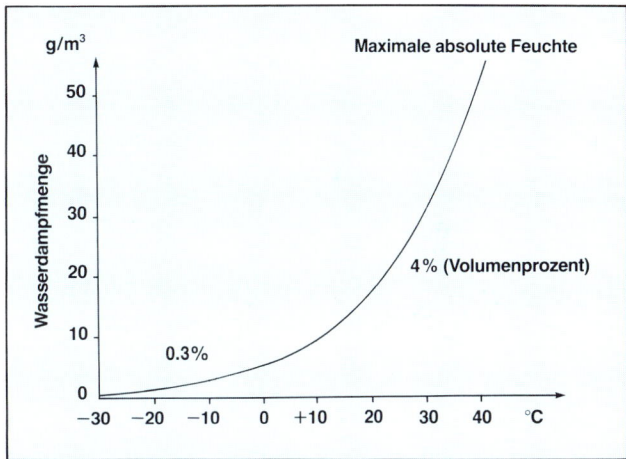

Abb. 3.24 Wärmeübertragung bei Zustandsänderungen von Wasser

Abb. 3.25 Maximale Wasserdampfmenge in Abhängigkeit von der Temperatur

meter Luft) in Abhängigkeit von der Temperatur dargestellt. Man erkennt z.B., daß Luft bei einer Temperatur von +30 °C über 10 mal mehr Wasserdampf aufnehmen kann als bei −10 °C.

In der Praxis wird als Maß für den Wasserdampfgehalt der Luft die **relative Feuchte** gebraucht. Sie gibt das Verhältnis des augenblicklichen Wasserdampfgehaltes zum möglichen Höchstwert bei derselben Temperatur an.

Beispiel: Bei einer Lufttemperatur von 25 °C betrage die aktuelle absolute Feuchte 11,5 g Wasser pro Kubikmeter Luft. Der Sättigungswert bei 25 °C ergibt sich aus dem Diagramm zu 23 g Wasser pro Kubikmeter Luft. Demnach beträgt die relative Feuchte 100 · (11.5/23) % = 50 %.

Durch Abkühlung oder Erwärmung der Luft verändert sich die absolute Feuchte nicht. Da aber kalte Luft weniger Wasserdampf aufnehmen kann als warme Luft, ist der **Sättigungswert** niedriger als bei warmer Luft. Das heißt bei unserem Beispiel: Wenn die Luft mit 25 °C Temperatur und 11,5 g/m^3 absoluter Feuchte auf 13 °C abgekühlt würde, dann wäre gerade der Sättigungswert erreicht und wir hätten 100 % Luftfeuchte. Bei weiterer Abkühlung würde der in der Luft enthaltene Wasserdampf kondensieren und als Wasser ausfallen (Tau, Nebel, Wolken).

Die Temperatur, auf die die Luft abgekühlt werden muß, damit der Sättigungswert des Wasserdampfes erreicht wird, wird mit **Taupunkt** bezeichnet. Es ist die Temperatur, bei der sich durch Abkühlung Tau infolge Kondensation niederschlägt.

Die höchsten gemessenen Taupunkte werden in den Tropen angetroffen; sie liegen bei maximal 25 bis 27 °C. In unseren Breiten erreicht der Taupunkt höchstens 20 bis 22 °C. *Überschreitet der Taupunkt 16 °C, wird dies als Schwüle empfunden.*

Je größer der Unterschied zwischen tatsächlicher und maximaler absoluter Feuchte in einer Luftmasse ist, desto mehr Feuchtigkeit kann diese Luft aufnehmen bzw. desto mehr Wasser kann über See verdunsten. Für die **Verdunstung** oder **Verdampfung** wird Energie benötigt.

Diese Verdunstungswärme wird der Umgebung entzogen, die sich entsprechend abkühlt: es entsteht Verdunstungskälte. Sie kennen diesen Effekt, wenn Sie einen nassen Finger in die Luft strecken, um aus der sich abkühlenden Fingerseite auf die Windrichtung zu schließen. Auf dieser Erscheinung beruht die psychrometrische Methode, die Luftfeuchte bzw. den Taupunkt zu bestimmen.

Das Gefäß eines Flüssigkeitsthermometers wird mit einem Leinengewebe überzogen und mit Wasser angefeuchtet. Dieses Thermometer wird der umgebenden Luft ausgesetzt. Zur schnelleren Abkühlung wird es in ventilierte Luft gehalten oder durch Schleudern in der Luft abgekühlt. Man nennt dieses Thermometer »Schleuderpsychrometer« (s. Abb. 3.26). Wegen der entstehenden Verdunstungskälte zeigt dieses »feuchte« Thermometer eine im Vergleich zum »trockenen« Thermometer niedrigere Temperatur. Wenn sich nach etwa 2 Minuten Ventilation die Verdunstungskälte am Thermometer und die Wärmezufuhr durch die vorbeiströmende Luft im Gleichgewicht befinden, sinkt die Temperatur nicht weiter, sondern bleibt konstant. Mit Hilfe dieser **Feuchttemperatur** und

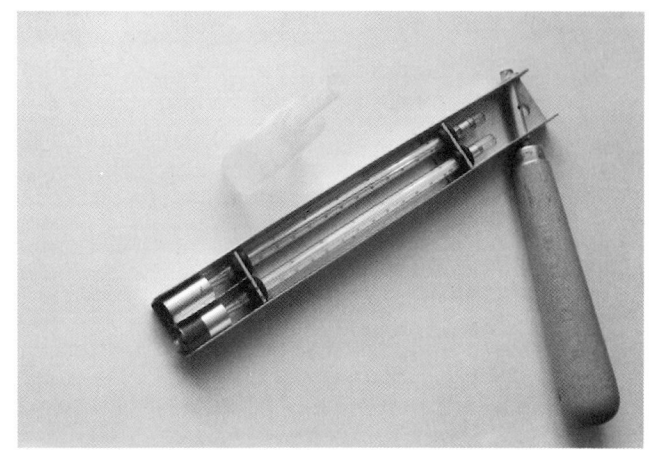

Abb. 3.26 Schleuderpsychrometer

der tatsächlichen Lufttemperatur, der **Trockentemperatur**, können Taupunkt und relative Feuchte der Luft bestimmt werden (s. Tabelle).

Beispiel: »Trockenes« Thermometer : 23 °C
»Feuchtes« Thermometer : 18 °C

Es ergibt sich eine Temperaturdifferenz von 5 °C. Aus der Tabelle entnimmt man die Werte: Taupunkt = 15 °C; relative Feuchte = 62 %.

Mit dieser Methode läßt sich die Luftfeuchte genauer, aber mit etwas mehr Aufwand bestimmen als durch das bekannte **Haarhygrometer**. Die Messung mit dem Haarhygrometer beruht darauf, daß sich Haare bei Feuchtigkeitszunahme ausdehnen und bei Abtrocknung zusammenziehen. Die Längenänderung eines präparierten Haarbüschels wird im Hygrometer über einen Hebelmechanismus auf einen Zeiger übertragen, der auf der geeichten Skala direkt die relative Feuchte anzeigt.

Auf See ist dieses Verfahren aber ungeeignet, da nach einiger Zeit zu hohe Werte der relativen Feuchte angezeigt werden. Die in der Luft befindlichen Salzkristalle sammeln sich auf den Haaren und entziehen der Luft mehr Feuchtigkeit als es dem Gleichgewichtszustand entspricht.

Sind Temperatur und Taupunkt bekannt, läßt sich für mittlere Temperaturverhältnisse (etwa zwischen +10 und +30 °C) die relative Feuchte mit folgender Faustformel bestimmen: Relative Feuchte (in %) ~ 100 − 5·(Temperatur[°C]-Taupunkt[°C])
Beispiel: T = 20 °C, Taupunkt = 15 °C -> rel. Feuchte ~ 75 %.

Die der Verdunstung entgegengesetzte Zustandsänderung des Wassers, die Kondensation, findet statt, wenn die mit Feuchtigkeit gesättigte Luft abgekühlt, d.h. die Taupunktstemperatur unterschritten wird. Bei der *Kondensation* wird die gleiche Wärmemenge frei, die zur Verdampfung verbraucht wurde: also 2500 Joule/g. Mit dieser Energie, die durch die Kondensation von 1 g Wasser entsteht, kann die Temperatur von 1 m^3 Luft um ca. 2,5 °C erhöht werden. Daraus ist ersichtlich, daß feuchte Luft mehr Energie enthält als trockene Luft bei gleicher Temperatur. Man nennt diese Energie **latente Wärme**, im Unterschied zur **fühlbaren Wärme**, die allein durch die Lufttemperatur bestimmt ist.

Temperaturdifferenz zwischen dem trockenen und dem feuchten Thermometer (°C)		Lufttemperatur (trocknes Thermometer) in °C																									
		5	6	7	8	9	10	11	12	13	14	15	16	17	18	19	20	21	22	23	24	25	26	27	28	29	30
1	Taupunkt (°C)	3	4	5	6	7	8	9	10	11	12	13	14	15	16	17	19	20	21	22	23	24	25	26	27	28	29
	% rel. Feuchte	86	86	87	87	88	88	88	89	89	90	90	90	90	91	91	91	91	92	92	92	92	92	93	93	93	93
2		0	1	3	4	5	6	7	8	9	11	12	13	14	15	16	17	18	19	20	21	22	23	24	25	26	27
		72	73	75	75	76	77	77	78	79	79	80	81	81	82	82	83	83	83	84	84	85	85	85	86	86	86
3		-2	-1	0	1	3	4	5	6	7	9	10	11	12	13	14	15	16	18	19	20	21	22	23	24	25	26
		58	60	61	62	64	65	66	68	69	70	71	71	72	73	74	74	75	75	76	77	77	78	78	79	79	79
4		-5	-4	-3	-1	0	1	3	4	5	6	8	9	10	11	12	14	15	16	17	18	19	20	21	22	24	25
		45	47	49	51	53	55	56	57	59	60	61	62	63	64	65	66	67	68	69	70	70	71	71	72	72	73
5		-9	-8	-6	-4	-3	-2	0	1	3	4	5	7	8	9	10	12	13	14	15	16	18	19	20	21	22	23
		32	35	37	40	42	44	46	48	49	51	53	54	55	56	58	59	60	61	62	62	63	64	65	65	66	67
6		-15	-13	-10	-8	-7	-5	-3	-2	0	1	3	4	6	7	8	10	11	12	13	15	16	17	18	19	20	22
		19	23	26	29	31	34	36	38	40	42	44	46	47	49	50	51	52	54	55	56	57	58	59	59	60	61
7			-21	-17	-14	-11	-9	-7	-5	-3	-2	0	2	3	5	6	7	9	10	11	13	14	15	16	18	19	20
			11	14	18	21	24	26	29	31	33	35	37	39	41	43	44	45	47	48	49	51	51	53	53	54	55
8					-18	-15	-12	-9	-7	-5	-3	-2	0	2	3	5	6	8	9	11	12	13	15	16	17	18
					11	14	17	20	23	25	27	30	32	34	36	37	39	40	42	43	44	45	47	48	49	49
9									-16	-12	-10	-7	-5	-3	-1	0	2	4	5	7	8	10	11	13	14	15	16
									11	14	17	20	22	24	27	29	31	32	34	36	37	39	40	41	42	43	44

Tabelle 3.2 Tabelle zur Ermittlung des Taupunktes und der relativen Feuchte

3.4.2 Sichttrübung

Unter meteorologischer **Sicht** versteht man die horizontale Entfernung in einer vorgegebenen Richtung, in der es gerade noch möglich ist, ein dunkles Objekt vor einem hellen Hintergrund (Horizont oder Himmel) mit bloßem Auge zu erkennen. Die aktuelle Sicht wird mit Hilfe von Sichtmarken ermittelt, deren Entfernung zum eigenen Objekt bekannt ist. Auf freier See sind meistens keine Sichtziele vorhanden, so daß zur Bestimmung der Sichtweite die Trübung bzw. die Klarheit der Luft herangezogen werden müssen; man kann sich dann die *Kimmsichtigkeit* zu Nutze machen. Aus 5 m Augenhöhe ist die Kimm etwa 4,5 sm entfernt und als deutliche Trennlinie zwischen Himmel und Wasser auszumachen. Ist die Kimm undeutlich oder verschwommen, beträgt die Sicht weniger als 4,5 sm, aber noch mehr als 2 sm (s. Abb. 3.27).

Unter *Feuersicht* versteht man die Entfernung, in der eine Lampe mit einer vorgegebenen Lichtstärke noch erkennbar ist. Da die Sicht nach den verschiedenen Himmelsrichtungen gleichzeitig unterschiedlich sein kann, wird aus *Sicherheitsgründen* immer die *schlechteste Sicht* und damit die geringste Sichtweite angegeben.

Eine Zusammenfassung zwischen horizontaler Sichtweite und der Intensität von Trübungsphänomenen ist der Tabelle in Kap. 8 zu entnehmen.

In der Atmoshäre gibt es genügend viele Partikel, die als Ansatz für die Kondensation dienen, die **Kondensationskerne**. Sie bestehen aus kleinen Tröpfchen löslicher Substanzen, Salzen oder Säuren, zum Teil aber auch aus wasserunlöslichen Substanzen. Die Kondensationskerne sind **hygroskopisch**, sie ziehen also Wasser an. An ihnen kondensiert der Wasserdampf bereits bei einer relativen Feuchte unter 100%, es bilden sich Wassertröpfchen mit einem Radius von 0,1 µm bis 1 µm (1 µm = 1/1000 mm). Bei zunehmender Feuchte vergrößert sich der Tröpfchenradius. Vollzieht sich dieser Mechanismus in den untersten atmosphärischen Schichten der Atmosphäre, ergibt sich durch die *Streuung des Lichtes* an den Wassertröpfchen eine *Sichttrübung*. Geht die Sichtweite ohne Ausfallen von Regen unter 5 Seemeilen zurück, wird dieser Zustand **diesig** genannt. Gemeint ist **feuchter Dunst**. Im Gegensatz dazu nennt man die Sichttrübung, durch *trockenen Dunst* hervorgerufen, *dunstig*. Dem entsprechen die englischen Begriffe:

mist = feuchter Dunst
misty = diesig
haze = trockener Dunst
hazy = dunstig

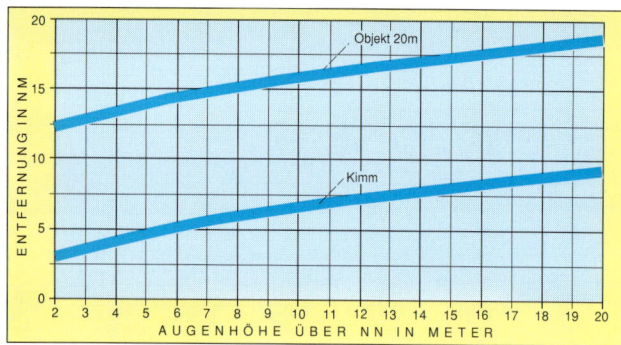

Abb. 3.27 Kimmsicht und Objektsicht

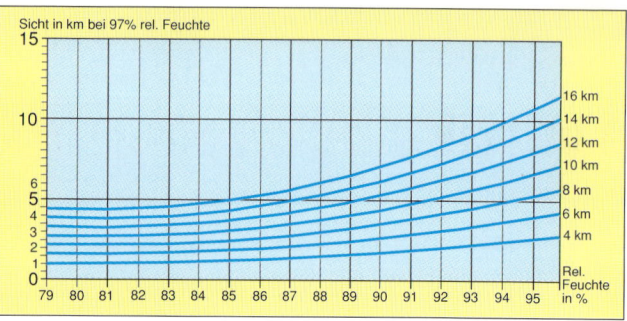

Abb. 3.28 Veränderlichkeit der Sichtweite bei vorgegebener Normsicht

Geht die Sichtweite unter 1 km zurück, spricht man von **Nebel.** Über die verschiedenen Nebelarten, ihre Verbreitung und ihren Entstehungsmechanismus wird in Kap. 4.5 gesprochen.

Die *Sichtweite ist also einerseits von der relativen Feuchte abhängig, aber andererseits auch von der Zahl der Kondensationskerne.* Da sich bei niedrigen Windgeschwindigkeiten die Zahl der Teilchen kaum ändert, kann man die aktuelle Sichtweite bei vorgegebener relativer Feuchte als Maß für eine künftige Sichtweite bei höherer relativer Feuchte nutzen. Durch Messungen wurde ermittelt, daß bei Nebel der häufigste Wert der relativen Feuchte bereits bei 95 bis 97% auftrat.

Die Abb. 3.28 weist auf der X-Achse Werte der relativen Feuchte von 79 bis 95% auf, während auf der Y-Achse die wahrscheinliche Sicht bei 97% relativer Feuchte aufgetragen ist. Die Kurven gelten für verschiedene aktuelle Sichtweiten.

Beispiel 1: Bei einer aktuellen relativen Feuchte von 87% und einer gleichzeitig geschätzten Sichtweite von 14 km ist bei 97% relativer Feuchte mit 5 km Sichtweite zu rechnen.

Beispiel 2: Bei einer aktuellen relativen Feuchte von 91% und einer Sichtweite von 8 km ist bei 97% relativer Feuchte mit 3,8 km Sichtweite zu rechnen.

4 Vertikalbewegung in der Atmosphäre

Bisher haben wir die atmosphärischen Parameter weitgehend in ihrer *horizontalen Verteilung* besprochen. In diesem Kapitel soll nun der *vertikale Aufbau der Atmosphäre* diskutiert werden. Erst mit dieser dreidimensionalen Betrachtung sind die **Vertikalbewegungen**, die zur **Wolkenbildung** führen, verständlich.

4.1 Hydrostatische Grundgleichung, Druckhöhenkurve

Wenn Sie in den Alpen sind, merken Sie in größerer Höhe, daß das Atmen schwerer fällt. Das liegt daran, daß nunmehr über einer Fläche von 1 m² weniger Masse Luft liegt als z.B. in 100 m Höhe. Infolgedessen ist auch der *Luftdruck geringer* und im gleichen Verhältnis auch der Anteil von Sauerstoff.
Betrachten wir hierzu einen kleinen Luftquader und die an ihm auftretenden Drucke und Kräfte (Abb. 4.1). Zunächst ist verständlich, daß der von außen auf den Quader wirkende Luftdruck genauso groß sein muß, wie der im Innern des Quaders wirkende (Gas-) Druck, andernfalls würde der Quader solange komprimiert bzw. sich ausdehnen, bis ein Druckausgleich erfolgt wäre.
An Kräften wirkt auf den gedachten Quader zunächst die **Schwerkraft**. Sie versucht, den Quader zur Erdoberfläche hin zu beschleunigen. Da im Mittel in der gesamten Erdatmosphäre genau so viel Luftmasse von oben nach unten wie von unten nach oben strömen kann, muß diese nach unten wirkende Schwerkraft durch eine andere nach oben wirkenden Gegenkraft kompensiert werden, damit die Summe der beschleunigenden Kräfte (im Mittel) Null ist. Diese Gegenkraft zur Schwerkraft stellt die sogenannte **Druckgradientkraft** dar. Heben sich die Kräfte auf, spricht man vom **hydrostatischen Gleichgewicht**. Heben sie sich nicht auf, dann treten Beschleunigungen auf. Wie kommt diese Druckgradientkraft zustande?
Da der Druck eine allseitig wirkende (skalare) Größe ist (und keine gerichtete wie ein Vektor, z.B. die Federkraft), können nur dann Kräfte auf einen Körper beschleunigend wirken, wenn der Druck an verschiedenen Oberflächen eines Körpers auch verschieden groß ist, wenn also ein *Druckgefälle* auftritt. Der Körper wird dann in Richtung des stärksten Gefälles (in Richtung des stärksten Druckgradienten) beschleunigt. Diese durch den Druckgradienten hervorgerufene Kraft ist die Druckgradientkraft. Hydrostatisches Gleichgewicht besteht im beschleunigungsfreien Zustand in allen Flüssigkeiten und Gasen, die der Schwerkraft unterliegen. Der Gleichgewichtszustand wird durch die **hydrostatische Grundgleichung** beschrieben: *sie verknüpft den vertikalen Luftdruckgradienten neben der Schwerkraft mit der Dichte* (und damit auch der Temperatur) der Luft.
Die hydrostatische Grundgleichung sagt aus (s. Abb. 4.2):

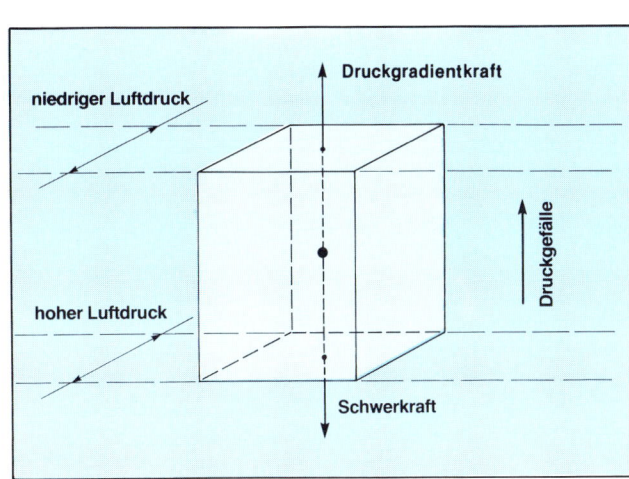

Abb. 4.1 Hydrostatisches Kräftegleichgewicht

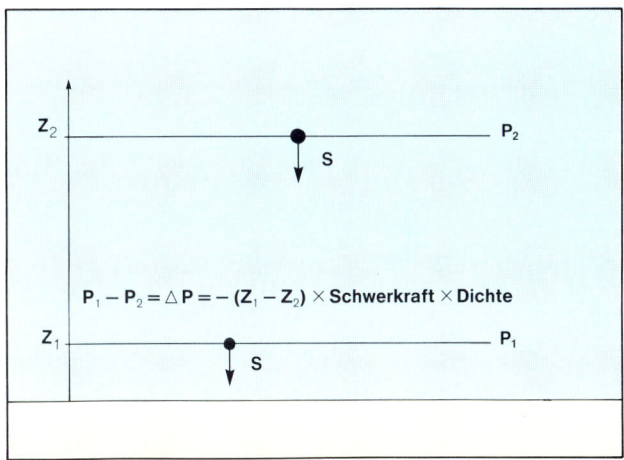

$$P_1 - P_2 = \triangle P = -(Z_1 - Z_2) \times \text{Schwerkraft} \times \text{Dichte}$$

Abb. 4.2 Hydrostatische Grundgleichung

Die Druckdifferenz P1 – P2 ist proportional **zum vertikalen Abstand Z1 – Z2 der beiden Druckflächen, zur Luftdichte** zwischen beiden Niveaus und zur **Schwerkraft** S.
Da sich die Luftdichte umgekehrt proportional zur Temperatur verhält (warme Luft ist leichter als kalte Luft), folgen aus diesen Zusammenhängen wichtige Gesetzmäßigkeiten für die Druckabnahme mit der Höhe:

1. Je größer der Druckunterschied, desto größer der Höhenunterschied (bei konstanter Dichte ϱ bzw. Temperatur T).
2. Je größer die Dichte bzw. je niedriger die Temperatur, desto geringer ist der vertikale Abstand zwischen zwei Druckniveaus.
3. Je geringer die Dichte bzw. je höher die Temperatur, desto größer ist der Abstand zwischen zwei Druckniveaus.

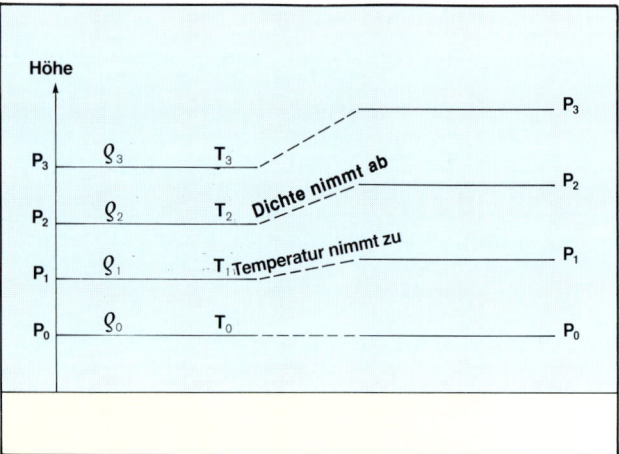

Abb. 4.3 Zusammenhang Druck / Temperatur / Dichte

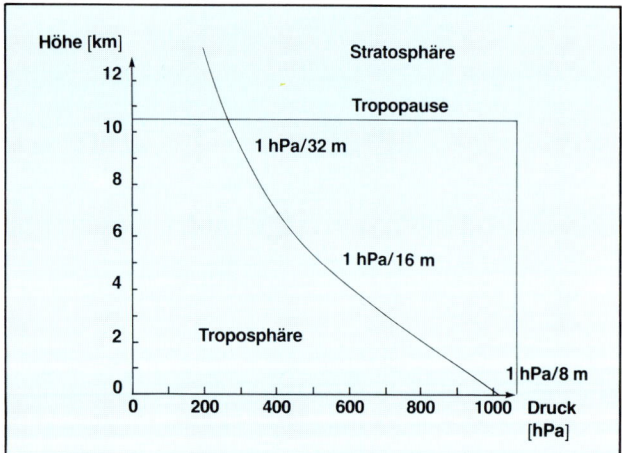

Abb. 4.4 Druckhöhenkurve

4. Der Druck nimmt mit der Höhe logrithmisch ab (sog. **barometrische Höhenformel).**

In der Abb. 4.4 ist erkennbar, daß die Druckabnahme mit der Höhe immer geringer wird. An der Erdoberfläche beträgt die Druckabnahme im Mittel 1 hPa/8 m, im 500 hPa-Niveau nur noch die Hälfte, also 0,5 hPa/8 m, bzw. 1 hPa/16 m, in 250 hPa 1 hPa/32 m, im 125 hPa-Niveau 1 hPa/64 m.

4.2 Temperaturschichtung in der Atmosphäre

Wenn wir von »Wetter« sprechen, meinen wir die Vorgänge, die sich in den unteren 10 km der Atmosphäre abspielen. Verglichen mit den Ausmaßen der Erdkugel ist dies eine sehr dünne Hülle. Wäre die Erde eine Kugel mit einem Durchmesser von 2 m, wäre diese Hülle maßstabsgerecht nur 1,5 mm dick.
Durch Messungen weiß man, daß sich die Temperatur vertikal nicht gleichmäßig, sondern zum Teil sogar abrupt ändert. Nach diesem Temperaturverhalten kann man die Atmosphäre in verschiedene *Stockwerke* einteilen. Die Abb. 4.5 zeigt den vertikalen Aufbau der Atmosphäre.
Die untere Schicht, in der sich unser Wetter abspielt, wird **Troposphäre** genannt. In ihr nimmt die Temperatur mit der Höhe – von kleinen Schwankungen abgesehen – im Mittel um etwa 0,65 °C/100 m ab. Hier ist auch der größte Teil des atmosphärischen Wasserdampfes enthalten. Die unterste Schicht (hier nicht eingezeichnet) mit Obergrenzen zwischen 1000 m und 1500 m ist die **Reibungsschicht,** in der Reibungskräfte auf den Wind wirken (s. Kap. 3.2).
Oberhalb der Troposphäre wird die Temperaturabnahme gestoppt, und es läßt sich meist eine **Isothermie** (gleichbleibende Temperatur mit der Höhe) beobachten. Die Grenzfläche zwischen der Troposphäre und der darüberliegenden Schicht, der **Stratosphäre**, nennt man **Tropopause.** Sie ist über dem *Äquator in etwa 16 km Höhe, in mittleren Breiten bei 12 km und an den Polen bei 8 km Höhe* zu finden; allerdings schwankt ihre Höhe jahreszeitlich bedingt. Außerdem wird ihre Höhe durch die wandernden Tief- und Hochdruckgebiete beeinflußt, so daß Höhenänderungen von einigen Kilometern in mittleren Breiten als Folge der unterschiedlich temperierten Luftmassen auftreten können.
Die unterste isotherme Schicht der Stratosphäre, für die im Mittel -56,5 °C angegeben wird, nennt man »kalte Stratosphäre«. Sie reicht gewöhnlich bis 30 km Höhe. Danach steigt die Temperatur, bis sie in etwa 50 km Höhe Werte um 0 °C annimmt. Man spricht hier von der »warmen Stratosphäre«. Diese starke Erwärmung steht in Zusammenhang mit der hier existierenden **Ozonschicht**, in der ein wesentlicher Teil der kurzwelligen Sonnenstrahlung absorbiert wird und damit zur Erwärmung der Umgebung beiträgt.
Von der Obergrenze der Stratosphäre, der **Stratopause,** nimmt die Temperatur wieder stark ab und erreicht in 80 km Höhe den niedrigsten Wert von etwa -90 °C. Diese Schicht

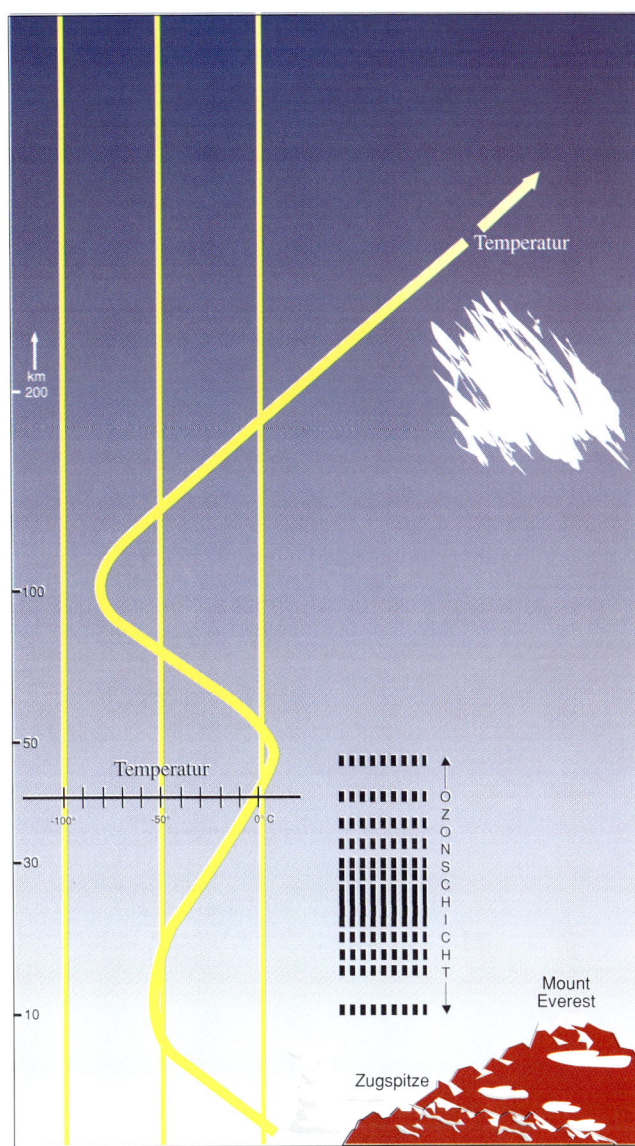

Abb. 4.5 Vertikaler Aufbau der Atmosphäre

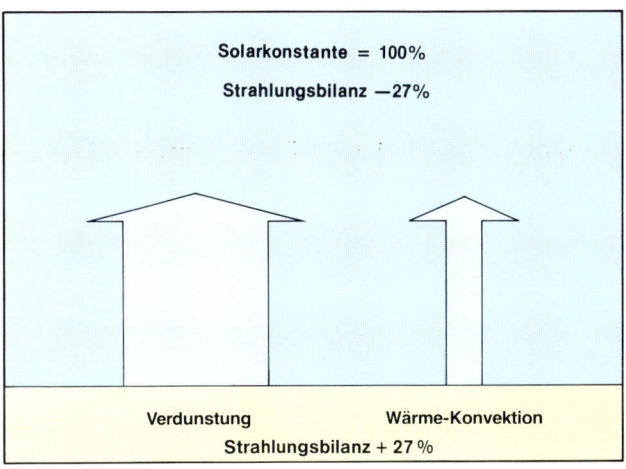

Abb. 4.6 Wärmebilanz Erde – Atmosphäre

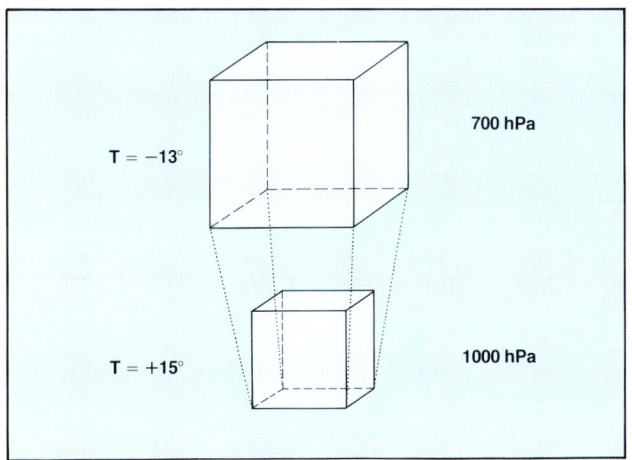

Abb. 4.7 Adiabatische Zustandsänderung

heißt **Mesosphäre**, die durch die **Mesopause** zur darüberliegenden **Thermosphäre** begrenzt wird. Da die Anzahl der Moleküle in dieser Höhe gering ist, haben die einzelnen Moleküle eine hohe Geschwindigkeit und damit eine hohe kinetische Energie. Dieser kinetischen Energie entspricht eine theoretische Temperatur von 1000 °C.

Am Wärmeumsatz der Lufthülle ist die Erdoberfläche maßgeblich beteiligt. Die Atmosphäre selbst ist nicht in der Lage, zur Aufrechterhaltung der Zirkulation ihren Wärmebedarf aus Strahlungsprozessen zu decken. Dagegen besitzt die Erdoberfläche einen Überschuß an Wärme. Diesen Überschuß gibt sie durch **Wärmekonvektion** und durch **Verdunstung** von Wasser an die Luft ab (Abb. 4.6).

Die nahe am Erdboden liegende unterste Luftschicht wird stark erwärmt und damit leichter. Aufgrund des Dichteunterschiedes erhält sie einen Auftrieb (Archimedisches Prinzip) und steigt auf. Wegen der Druckabnahme mit der Höhe kommt sie dabei unter einen niedrigeren Umgebungsluftdruck und dehnt sich aus. Diese Ausdehnungsarbeit vollzieht sich auf Kosten der inneren (oder Wärme-)Energie des aufsteigenden Luftquantums: Es kühlt sich ab. Wenn es dabei von der Umgebung weder Wärme aufnimmt noch an die Umgebung abgibt, sprechen wir von einem **adiabatischen Prozess** . Die *Abkühlungsrate beim Aufsteigen beträgt fast genau 1 °C/100m Höhenunterschied*. Um den gleichen Betrag erwärmen sich Luftpartikel, die durch Absinken aus höheren Niveaus von niedrigem zu hohem Druck gelangen und dadurch komprimiert werden. Läßt man z.B. ein Luftpaket vom Meeresniveau (ca. 1000 hPa) auf

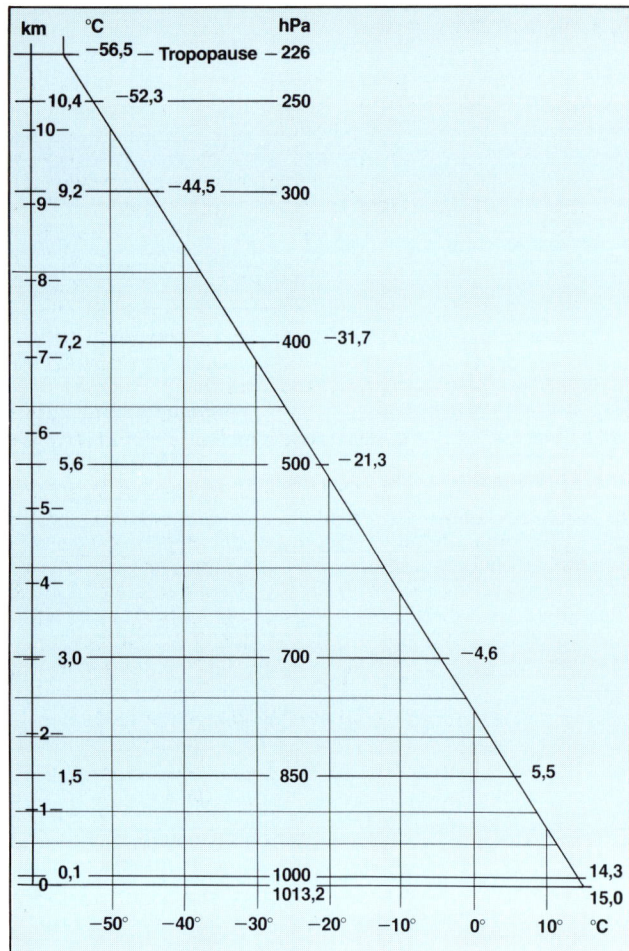

Abb. 4.8 Standardatmosphäre

ordnet (Abb. 4.8). Sie findet vornehmlich in der Flugmeteorologie Anwendung.

Wie schon angedeutet, beobachtet man die angegebenen Temperaturgradienten nur im Mittel. Im einzelnen kommen in der Troposphäre stark abweichende Raten der vertikalen Temperaturabnahme vor. Allerdings überschreitet die Temperaturabnahme mit der Höhe nur selten den Wert von 1 °C/100m. Ist die Temperatur innerhalb einer Schicht *konstant*, so spricht man von **Isothermie**; nimmt die Temperatur *mit der Höhe streckenweise zu* - was besonders typisch ist für die gemäßigten Breiten im Winter und für die Polargebiete – so spricht man von einer Temperaturumkehrschicht oder **Inversion** .

Inversionen stellen bezüglich des vertikalen Luftaustausches eine Sperrschicht dar, weil die Vertikalbewegung von Luftquanten verhindert wird (Abb. 4.9). Ein aufsteigendes Luftpaket kühlt sich *adiabatisch* ab (entlang der durchgezogenen Linie). Sobald es die Inversion durchstößt (gestrichelte Linie), gelangt es in eine wärmere Umgebung. Da es kälter und somit schwe-

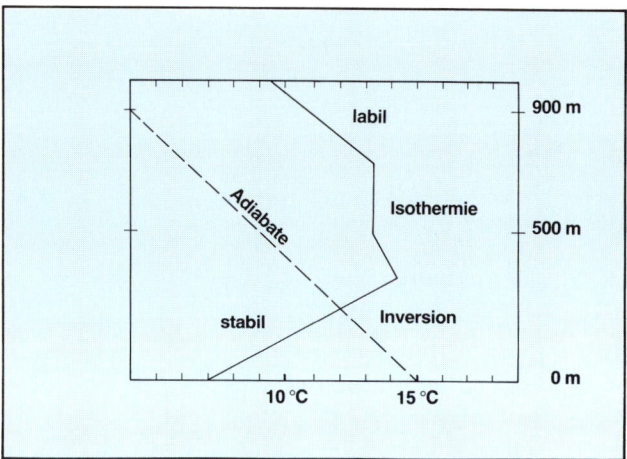

Abb. 4.9 Unterschiedliche Schichtungsverhältnisse

etwa 3 km Höhe (ca. 700 hPa) aufsteigen (Abb. 4.7), dann nimmt sein Volumen um etwa 29% zu, während es sich gleichzeitig um 28 °C (von +15 °C auf -13 °C) abkühlt.

Sobald die Temperatur des aufsteigenden Luftquantums den Taupunkt (s. Kap. 3.4) unterschreitet, beginnt der in der Luft enthaltene Wasserdampf zu kondensieren. Die dabei freiwerdende **Kondensationswärme** wirkt der adiabatischen Abkühlung entgegen; die Abkühlungsrate wird von 1 °C/100m Höhenunterschied auf etwa 0,6 °C/100m verringert. Da die Heizflächenwirkung der Erdoberfläche für den atmosphärischen Wärmehaushalt eine wichtige Rolle spielt, ist ihr Einfluß meßbar. Im mehrjährigen globalen Mittel beobachtet man eine Temperaturabnahme mit der Höhe von etwa 0,65 °C/100m Höhenunterschied. Dieser Wert wird bei der sogenannten **Standard-Atmosphäre** berücksichtigt. Mit Hilfe dieser Standard-Atmosphäre werden bestimmten Druckflächen feste Temperaturwerte und Höhen über dem Meeresniveau zuge-

rer ist als die Umgebungsluft, hört der Auftrieb auf, und das Luftpaket sinkt wieder ab. Dabei durchstößt es wieder die Inversion, ist nun aber infolge der adiabatischen Temperaturzunahme wärmer als die Umgebungsluft. Es pendelt also um die Gleichgewichtslage (strichpunktierte Linie). Solche Inversionen sind oft sehr langlebig und führen bei gleichzeitig schwachem Bodenwind und damit vermindertem horizontalen Luftaustausch zu den berüchtigten **Smoglagen** (Abb. 4.10).

Ist die Schichtung dagegen adiabatisch, d.h. nimmt die Lufttemperatur mit der Höhe um 1 °C/100m ab, so wird ein Luftpaket, das wärmer als seine Umgebung ist (Abb.4.11), aufgrund seines Auftriebes solange aufsteigen, bis seine Temperatur (gestrichelte Linie) auf die Umgebungstemperatur abgesunken ist (durchgezogene Linie).

Ebenso wird ein Luftquantum, das sich gegenüber der Umgebung (z.B. durch Ausstrahlung an der Wolkenobergrenze) abgekühlt hat, bei adiabatischer oder labiler Schichtung immer weiter absinken, bis es eine Schicht erreicht, die ihrerseits kälter ist als das sich erwärmende Luftpaket.

> Eine Schichtung heißt labil, wenn sich ein Luftteilchen bei Auslenkung aus seiner Gleichgewichtslage immer weiter von dieser entfernt; eine Schichtung heißt stabil, wenn ein Teilchen immer wieder in seine Gleichgewichtslage zurückkehrt.

Eine sehr beständige Inversion ist die **Tropopause**. Sie verhindert weitgehend den Luftaustausch zwischen Troposphäre und Stratosphäre.

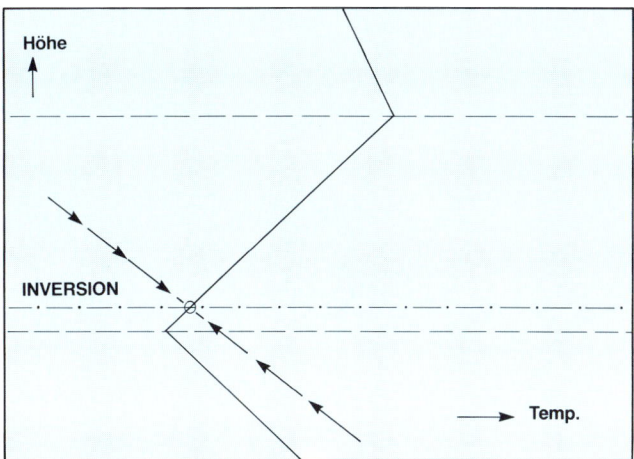

Abb. 4.10 **Stabile Schichtung mit Inversion**

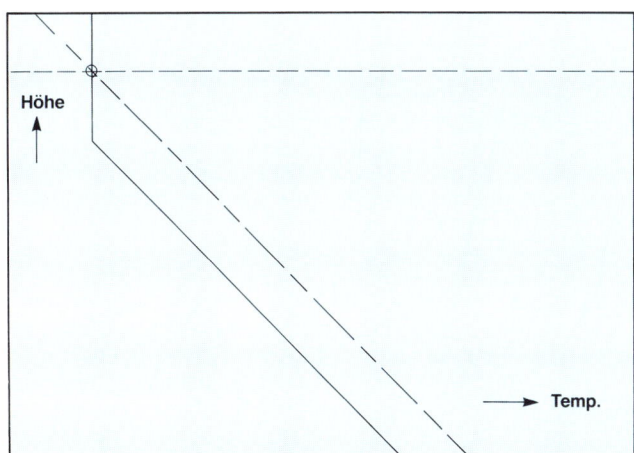

Abb. 4.11 **Adiabatische oder labile Schichtung**

4.3 Höhenwetterkarten

Die meteorologischen Daten der Atmosphäre oberhalb der bodennahen Schicht werden überwiegend durch Radiosondenaufstiege gewonnen. **Radiosonden** sind meteorologische Meßgeräte, die an einem Ballon hängend bis in große Höhen aufsteigen (etwa 30 km) und somit die gesamte Troposphäre und Teile der Stratosphäre erfassen. Die Daten werden über einen kleinen Ultrakurzwellensender zur Bodenstation gefunkt. Es sind dies: Lufttemperatur, Luftfeuchte und Luftdruck. Mit Hilfe der Radarvermessung der Bahn oder durch Funknavigationsverfahren läßt sich auch der Höhenwind nach Richtung und Geschwindigkeit bestimmen. Die Zuordnung der Höhe zu den Druckflächen geschieht bei der Auswertung der Daten mit Hilfe der **barometrischen Höhenformel**.

Weltweit werden an etwa 500 solcher aerologischer Stationen täglich wenigstens zwei Radiosondenaufstiege um 00 und 12 UTC durchgeführt. Eine Ergänzung zu diesen Daten bilden die von Flugzeugen und Wettersatelliten gemessenen asynoptischen Daten. Sie werden meistens zwischen den beiden synoptischen Terminen gewonnen, daher der Begriff asynoptisch.

In den **Bodenwetterkarten** wird das in Bodennähe beobachtete und gemessene »Wetter« zweidimensional dargestellt. Niederschläge und Fronten zeigen jedoch, daß es auch »Wetter« in der dritten Dimension gibt. Für eine umfassende Wetterdiagnose ist also eine dreidimensionale Betrachtungsweise erforderlich. Die Daten aus höheren Troposphärenschichten werden in sogenannten **Höhenwetterkarten** dargestellt.

In ihnen werden nicht **Isobaren** wie in den Bodenwetterkarten analysiert, sondern **Höhenlinien** (Isohypsen) einer bestimmten Hauptdruckfläche. Sie verbinden Orte gleicher Höhe über NN in einer bestimmten Druckfläche. Ein Schnitt durch die 1000-hPa-Druckfläche (Abb. 4.12) verdeutlicht dies.

In einem Tief liegt auch die Druckfläche niedrig, d.h. die Isohypsen weisen einen tiefen Wert auf. Umgekehrt liegt im Hoch die Druckfläche hoch, die Topographie der Druckfläche besitzt

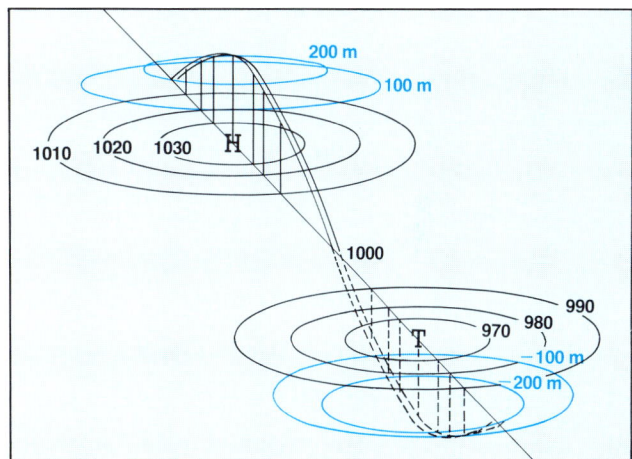

Abb. 4.12 **Isohypsendarstellung von Druckfeldern**

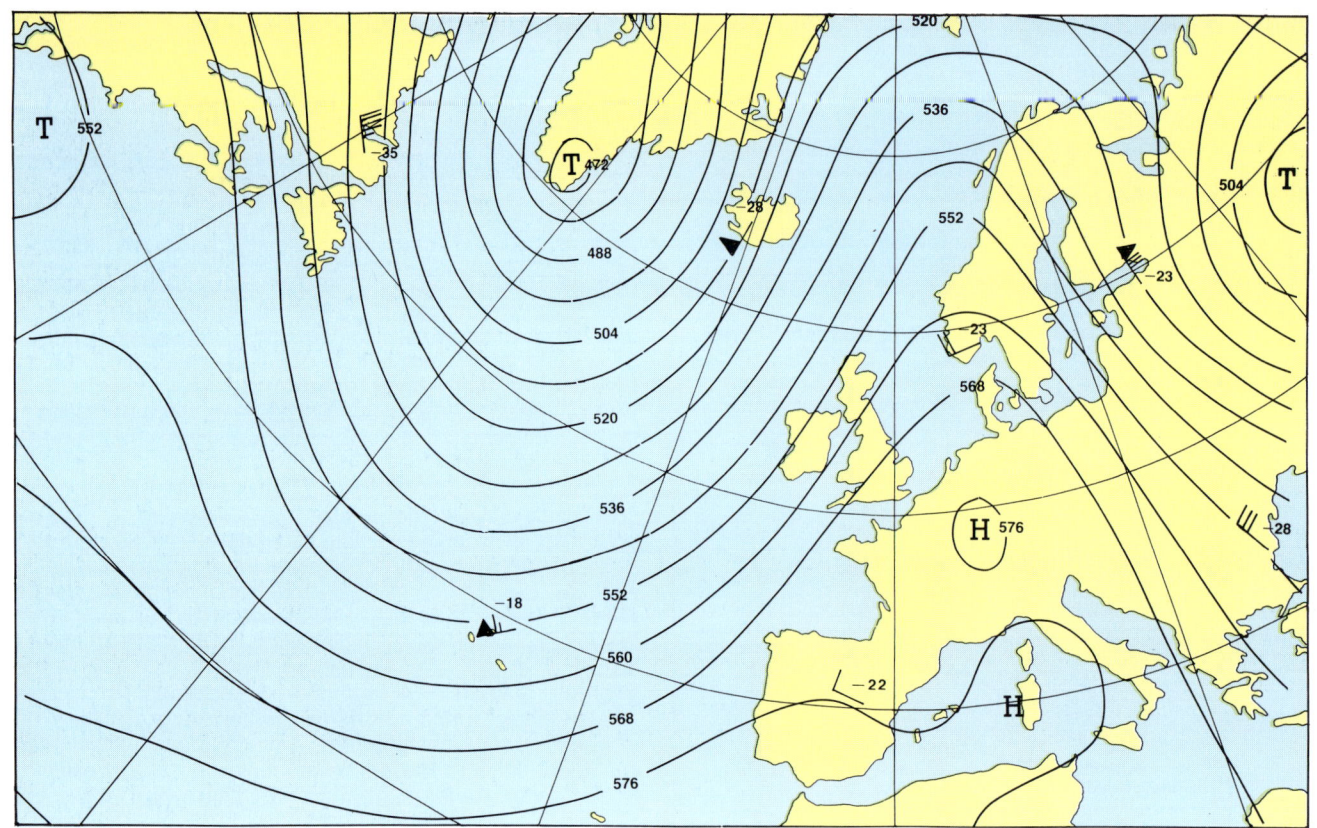

Abb. 4.13 Ausschnitt aus einer Höhenwetterkarte

hohe Werte. *Isohypsendarstellung* und *Isobarendarstellung* von Druckfeldern sind also **äquivalent.**
Ein Grund für die *Isohypsendarstellung* von Druckflächen ist, daß einem bestimmten Isohypsengefälle in jeder Druckfläche der gleiche Wind entspricht.
Die wichtigste Höhenwetterkarte ist die des 500-hPa-Niveaus. Die Druckfläche 500 hPa teilt die Atmosphäre – hinsichtlich der Masse - in zwei Hälften. Nach der *Standard-Atmosphäre* liegt sie in etwa 5,6 km Höhe. Ihre tatsächliche Höhe schwankt in den gemäßigten Breiten zwischen Werten unter 5 km bis zu 6 km über dem Meeresniveau. Dabei werden die Extreme in winterlichen, hochreichenden Tiefdruckgebieten bzw. in sommerlichen, warmen Hochdruckgebieten erreicht.

Wie aus der *barometrischen Höhenformel* zu erkennen war, liegt die 500-hPa-Fläche tief, wenn die Luftmasse unter ihr kalt ist, und sie liegt hoch, wenn sie warm ist. Zusammen mit der Bodenwetterkarte gibt die Höhenwetterkarte der 500-hPa-Fläche (s. Abb. 4.13) dem synoptisch arbeitenden Meteorologen ein umfassendes Bild der horizontalen und vertikalen Struktur des troposphärischen Wettergeschehens.
Da die Druckverteilung der mittleren Troposphäre stärker die Temperaturverteilung in der unteren Atmospärenhälfte widerspiegelt als die Bodendruckverteilung, darf man aus den Höhenwetterkarten auf keinen Fall auf die Bodenströmung schließen; es sei denn, die Verteilung der Mitteltemperatur in der unteren Atmosphärenhälfte ist bekannt.

4.4 Entstehung und Einteilung von Wolken

Dieses Kapitel steht in engem Zusammenhang mit dem Kapitel 3.4 über die Feuchte. Wie schon beschrieben, dehnt sich aufsteigende Luft aus und kühlt sich dabei ab. Wenn sie genügend feucht ist und das Aufsteigen nicht unterbunden wird, erreicht sie irgendwann die Höhe, in der sie bis auf den Taupunkt abgekühlt ist. Die Luft ist dann mit Wasserdampf gesättigt, und bei weiterem Aufsteigen kondensiert der überschüssige Wasserdampf zu Wassertröpfchen, die immer größer werden. Schließlich sind sie in ihrer Gesamtheit als Wolke sichtbar. Man nennt die Höhe, in der die Kondensation einsetzt, das **Kondensationsniveau**. Nahezu alle Wolken bilden sich in aufsteigender Luft. Es gibt verschiedene Ursachen, weshalb Luft aufsteigen kann:

1. Luft strömt über unebenes Gelände. Sie wird z.B. durch einen Hügel oder einen Gebirgszug zum Aufsteigen gezwungen und erreicht dabei, wenn genügend Feuchte vorhanden ist, das Kondensationsniveau. Es entstehen orographische Wolken (Abb. 4.14).

In den Abb. 4.14 und 4.15 sind schematisch die vertikale Temperatur- und Taupunktverteilung dargestellt. Die strichlierte Linie gibt zum Vergleich die indifferente (adiabatische) Schichtung der Atmosphäre an. Sie entspricht dem Gleichgewichtszustand. Liegt die Temperaturkurve links davon, ist die Schichtung labil, d.h. ein Luftteilchen, das gehoben wird, ist wärmer als seine Umgebung und steigt daher auf. Rechts davon ist die Schichtung stabil. Ein Teilchen, das gehoben wird, ist bzgl. des Gleichgewichtszustands zu kalt und sinkt in seine Ausgangslage zurück.

2. Luft strömt über einen relativ warmen Untergrund oder über warmes Wasser. Dann wird sie in der unteren Schicht erwärmt, wird dadurch leichter und steigt auf. Es bilden sich die sogenannten Thermals, Warmluftblasen, die sich vom Untergrund lösen (vgl. Kap. 7.1 über Böigkeit).

Auch in diesem Fall wird der Feuchteverteilung entsprechend irgendwann das Kondensationsniveau erreicht. Es entstehen

die **Konvektionswolken** vom Typ Cumulus. Sie haben klare Konturen (»Blumenkohl«-Form). Sie treten in einer Luftmasse auf, die ausreichend feucht, verhältnismäßig kühl ist und von unten her aufgeheizt wird. Am häufigsten sind diese Bedingungen auf der Rückseite von Tiefdruckgebieten erfüllt. In diesem Bereich der Zyklonen wird Kaltluft, oft polaren Ursprungs, in südlichere Breiten gelenkt. Sie streicht dabei über einen Untergrund, der i.a. wärmer ist als sie selbst, und der anfangs beschriebene Prozeß setzt ein. Kommen noch orographische Hindernisse wie steile Küsten oder Gebirge hinzu, wird die Entwicklung verstärkt. Ein rasch nachfolgender Hochkeil unterdrückt die Wolkenbildung, da in seinem Bereich die Luft wieder absinkt, wobei sie sich erwärmt und austrocknet. Die Atmosphäre wird von oben her zunehmend stabilisiert, was an immer flacher werdenden Cumulus-Wolken sichtbar wird.

Auch die Jahreszeit und Tageszeit beeinflussen die Wolkenbildung. Im Frühjahr und Sommer, wenn der Erdboden durch die intensive Sonnenstrahlung stark aufgeheizt wird, ist die Cumulus-Entwicklung über Land am intensivsten, über See dagegen im Herbst und Winter, wenn das Wasser noch relativ warm ist. Die Tageszeit wirkt sich folgendermaßen aus: wie schon beschrieben, bilden sich im Tagesverlauf durch Erwärmung über Land Warmluftblasen; die ersten **Cumulus-Wolken** sind dann am späten Vormittag zu sehen, verschwinden jedoch mit einsetzender Abkühlung gegen Abend häufig ganz. Anders ist es über See. Die Sonneneinstrahlung bewirkt tagsüber nur eine geringe Erwärmung der Wasseroberfläche, da die Wassermoleküle die Wärme in größere Tiefen transportieren. Als Folge bleibt die Luftschichtung stabil. Nachts ist die Wassertemperatur nahezu unverändert; die Luft kühlt sich aber ab, und die Wolkenbildung beginnt. In der 2. Nachthälfte ist eine weitere Intensivierung möglich, da durch Abstrahlung (= Abkühlung) an der Wolkenobergrenze vorhandener Wolken die Labilität zunimmt. Wenn Labilität und Feuchte ausreichen, sind sogar Gewitter möglich.

Kräftige Sturmwirbel über Skandinavien bei gleichzeitig hohem Druck über dem mittleren Nordatlantik und Grönland repräsen-

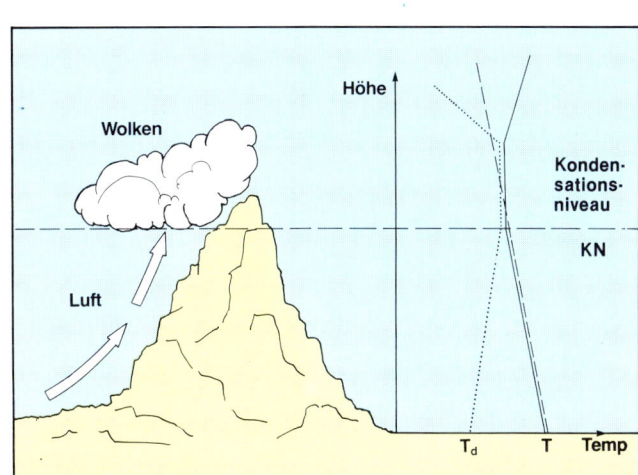

Abb. 4.14 Orographische Wolke

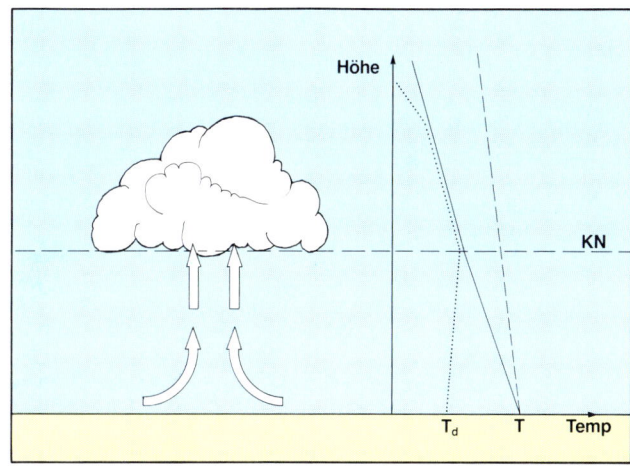

Abb. 4.15 Konvektionswolke

tieren eine Druckverteilung, bei der die intensivsten Quellwolkenentwicklungen auftreten. Hier wird auf kürzestem Weg Polarluft nach West- und Mitteleuropa geführt; das bedeutet, daß in diesem Fall die stärksten Temperaturgegensätze überhaupt auftreten. Das Satellitenbild (Abb. 4.16) vom 08.04.1982 (NOAA 7, sichtbarer Bereich) ist ein Beispiel für starke **Quellbewölkung** über der Nordsee.

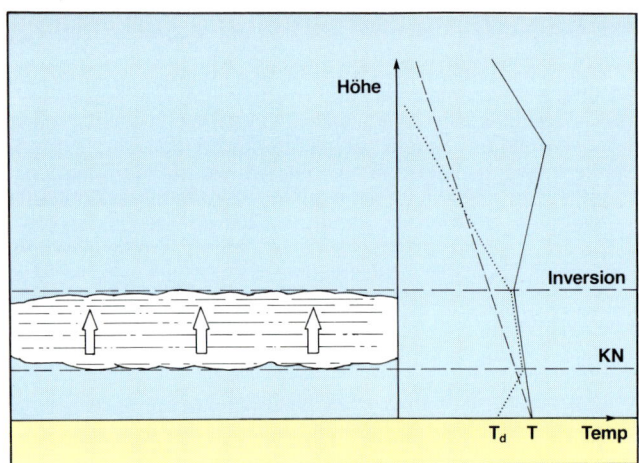

Abb. 4.17 Schichtwolke (Stratus)

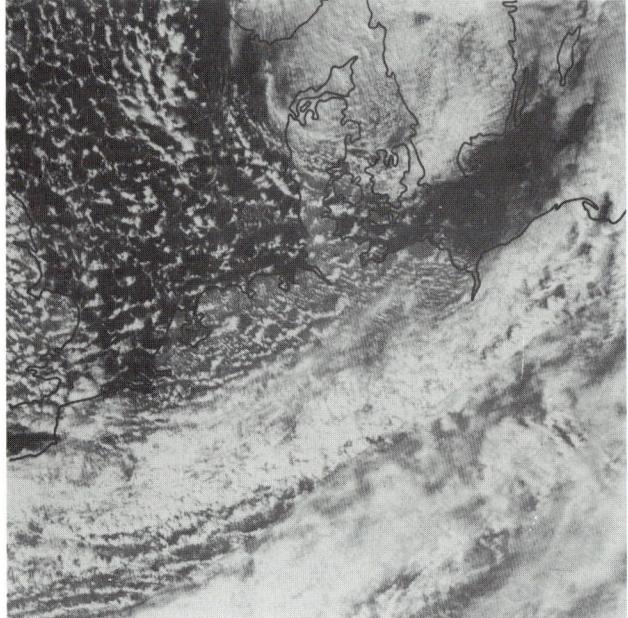

Abb. 4.16 NOAA 7 von 08.04.1982

Die Verteilung und Größe der Quellwolken variieren beträchtlich. Sie können Höhen bis etwa 10 km erreichen.
Konvektionswolken müssen aber nicht notwendigerweise durch Erwärmung des Untergrundes ausgelöst werden; auch wärmere Luftschichten oberhalb der Land- oder Meeresoberfläche können die Ursache sein. *Dort, wo Konvektionswolken auftreten, ist die Atmosphäre labil geschichtet.*
3. Ein weiterer Prozeß, bei dem Luft zum Aufsteigen gezwungen wird, spielt sich an Wettersystemen wie Fronten ab. Hier wird Luft großräumig und langsam gehoben.
Anders ausgedrückt: eine warme Luftmasse wird gegen eine kältere geführt und gleitet, da sie leichter ist, an ihr auf. Dabei entstehen, genügend Feuchtigkeit vorausgesetzt, die ausgedehnten Schichtwolken (Abb. 4.17). Sie repräsentieren den Typ **Stratus,** der als nahezu strukturlose, einheitlich graue Wolkenschicht bekannt ist. *In diesem Fall ist die Atmosphäre stabil geschichtet.*
Stratus kann auch durch nächtliche Abstrahlung einer feuchten Schicht, insbesondere unterhalb einer Inversion, entstehen. Feuchte Luft kann nämlich mehr Energie in Form von langwelliger Strahlung abgeben (wobei sie sich abkühlt) als trockene. Tagsüber wird dieser Effekt durch die kurzwellige Einstrahlung

der Sonne kompensiert, nachts dagegen überwiegt die Abstrahlung.
4. Auch durch turbulente Bewegungen kann die Luft bis zum Kondensationsniveau gehoben werden.
Ursache ist die durch Reibung (Rauhigkeit des Untergrundes) hervorgerufene Vertikalbewegung, die bei schwachen Winden vom Boden bis in 100 m oder 200 m Höhe wirksam ist, bei starken Winden bis 1 000 m oder 2 000 m.
Die Rauhigkeit ist abhängig vom Bewuchs (Abb. 4.18), der Bebauung und Topographie oder über dem Meer vom Wellenspektrum. Über Land ist die Reibung größer als über See, über dem Bergland größer als über dem Flachland, in Bodennähe größer als in der Höhe. In der Turbulenzschicht wird ein Teil der Luft gehoben, und wenn sie dabei das Kondensationsniveau erreicht, können sich Wolken bilden. Der entstehende Wolkentyp enthält Merkmale vom Typ Stratus und Cumulus und

Abb. 4.18 Vertikalbewegung durch Rauhigkeit des Untergrundes

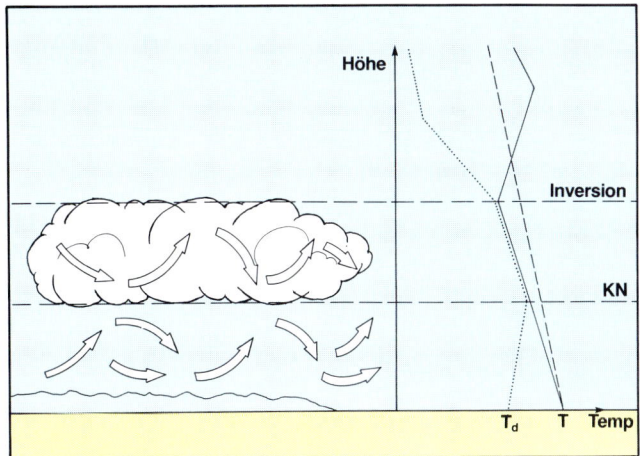

Abb. 4.19 Stratocumulus

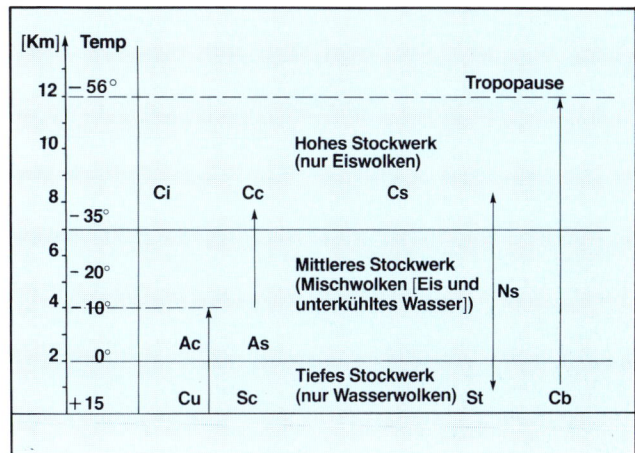

Abb. 4.20 Wolkenstockwerke und Bezeichnung der Wolken

wird daher Stratocumulus genannt. An der Obergrenze dieser Wolken ist die Atmosphäre stabil, darunter labil geschichtet. Sie treten daher bevorzugt unterhalb von Inversionen auf. Typische **Stratocumulus-** Bewölkung wird in den Passatgebieten angetroffen unterhalb der dort stark ausgeprägten »**Passat-Inversion«,** aber auch in den Seegebieten der mittleren Breiten sind diese Wolken sehr häufig (Abb. 4.19).

Bei den vorstehenden Betrachtungen blieb der sehr komplizierte Prozeß der Tröpfchenbildung unberücksichtigt. Voraussetzung für jede Wolkenbildung ist Wasserdampf. Damit Kondensation aber überhaupt einsetzen kann, muß der Sättigungswert überschritten werden.

Der Sättigungswert stellt einen Gleichgewichtszustand zwischen dem Wasserdampf und der flüssigen Phase des Wassers dar. Es gilt: *der Sättigungswert über einer ebenen Wasserfläche ist bei 100 % relativer Feuchte erreicht, über Eis bereits bei Werten unter 100%.* Letzteres gilt auch für Lösungen: die Erniedrigung der Sättigungsfeuchte nimmt mit der Konzentration der Lösung zu und beruht auf der hygroskopischen Wirkung. Der Sättigungswert liegt jedoch bei kleinen Tröpfchen (kleiner als 0,001 cm) über 100 % relativer Feuchte und nimmt bei molekularer Größe erheblich zu (mehrere 100 %).

Eine Wolke ist definitionsgemäß sichtbar, im Gegensatz zum nicht sichtbaren Wasserdampf. Tröpfchen sind aber erst zu sehen, wenn ihre Größe die Wellenlänge des Lichtes überschreitet. Das ist bei einem Radius ab etwa 0,0001 cm der Fall. Demnach und entsprechend der Tatsache, daß Sättigungswerte von mehr als 110 % in der Atmosphäre nicht vorkommen, ist ein Tröpfchenwachstum durch Kondensation, das bei molo-

kularer Größe beginnt, nicht möglich. Das Tröpfchenwachstum beginnt tatsächlich an bereits vorhandenen Teilchen makromolekularer Größe, den **Kondensationskernen.** Hierzu zählen in der Luft schwebende Salz- und Säurekerne, die durch Versprühen von Meerwasser und durch Verbrennungsprozesse in die Atmosphäre gelangen. In den höheren Schichten mit Temperaturen unter dem Gefrierpunkt gefrieren die Wolkentröpfchen. Dieser Prozeß ist abhängig von vorhandenen **Gefrierkernen;** das sind Teilchen, die bereits eine bestimmte kristalline Struktur aufweisen. Bis zu Temperaturen von minus 10 °C gefrieren Wolkentröpfchen kaum. Unter minus 35 °C ist dagegen die Existenz von Wassertröpfchen nicht mehr möglich. Hier treten nur noch Eiskristalle auf.

Wolken können aus Wassertröpfchen, Eiskristallen oder aus einer Mischung von beiden bestehen. Reine **Wasserwolken** kommen im Temperaturbereich oberhalb von minus 10 °C vor, **Mischwolken** im Temperaturbereich von minus 10 °C bis minus 35 °C, reine **Eiswolken** unterhalb von minus 35 °C. Daraus ergeben sich drei **Wolkenstockwerke.** Entsprechend der mittleren Temperaturverteilung der Erde lassen sich folgende Höhen zuordnen:

	Polare Zone km	Gemäßigte Zone km	Tropische Zone km
Hohes Stockwerk	3 - 8	5 - 13	6 - 18
Mittleres Stockwerk	2 - 4	2 - 7	2 - 8
Tiefes Stockwerk	0 - 2	0 - 2	0 - 2

Tabelle 4.1 Wolkenstockwerke

Wasserwolken haben von allen Wolken die größte Anzahl an Wolkenelementen (sichtbare Wassertröpfchen). Die Sicht ist in diesen Wolken gering (z.B. Nebel), ebenso die Lichtdurchläs-

Wolkenklassifikation

Name/Abkürzung	Symbol	Beschreibung
Cirrus (Ci)	⌐⌐	isolierte, weiße oder überwiegend weiße Wolken in Form zarter Fäden, Flecken oder schmaler Bänder.
Cirrocumulus (Cc)	⌇	dünne, weiße Flecken, Felder oder Schichten von Wolken ohne Eigenschatten, zusammengesetzt aus sehr kleinen Elementen in Form von Körnern, Rippeln, mehr oder weniger regelmäßig angeordnet. Die meisten Wolkenteile haben eine Breite von weniger als 1°.
Cirrostratus (Cs)	∠	durchscheinender, weißlicher Wolkenschleier von faserigem, haarähnlichem oder glattem Aussehen. Ruft i. a. Haloerscheinungen hervor.
Altocumulus (Ac)	ᴗᴗ	weiße oder graue Flecken, Felder oder Schichten von Wolken, in Form von schuppenartigen Teilen, Ballen oder Walzen. Die mehr oder weniger regelmäßig angeordneten Wolkenteile haben gewöhnlich eine Breite von 1° bis 5°.
Altostratus (As)	∠	graue Wolkenfelder oder -schichten, stellenweise so dünn, daß die Sonne schwach wie durch Mattglas zu erkennen ist. Es treten keine Haloerscheinungen auf.
Nimbostratus (Ns)	∠	graue Wolkenschicht, so dicht, daß die Sonne nicht durchscheinen kann.
Stratocumulus (Sc)	∿	graue und/oder weißliche Flecken, Felder oder Schichten von Wolken, aus mosaikförmigen Schollen, Ballen oder Walzen bestehend von nichtfaseriger Struktur. Die mehr oder weniger regelmäßig angeordneten kleineren Wolkenteile haben eine Breite von mehr als 5°.
Stratus (St)	—	eine durchgehend graue Wolkenschicht mit ziemlich einheitlicher Untergrenze, aus der Sprühregen oder Schneegriesel fallen können.
Cumulus (Cu)	⌒	isolierte, dichte und scharf abgegrenzte Wolken. Entwickeln sich in der Vertikalen in Form von Kuppeln oder Türmen, im oberen Teil oft wie Blumenkohl aussehend. Von der Sonne beschienene Teile meist leuchtend weiß, Untergrenze dagegen verhältnismäßig dunkel.
Cumulonimbus (Cb)	⊠	dichte Wolke von beträchtlicher Ausdehnung in Form eines hohen Berges oder mächtigen Turmes. Wenigstens der oberste Abschnitt weist glatte Formen auf, oder ist faserig und fast immer abgeflacht. Dieser Teil breitet sich vielfach amboßförmig oder wie ein großer Federbusch aus.

Tabelle 4.2 Wolkenklassifikation

sigkeit. Daher gibt es Eigenschatten und je nach Mächtigkeit der Wolke Grauabstufungen. Bei schneller Wolkenbildung sind die Wolkenränder scharf, da das Licht an den vielen Tropfen wie an einem Spiegel reflektiert wird. Kränze und Höfe (Außenrand rötlich) unmittelbar um Sonne und Mond sind Anzeichen für Wasserwolken. In Eiswolken ist die Anzahl der Wolkenelemente gering. Daher haben sie große Lichtdurchlässigkeit, die Sichten sind recht gut. Die Farbe ist weiß, da kein Eigenschat-ten auftritt, die Ränder sind unscharf, diffus, die Struktur ist oft faserig. *Haloerscheinungen* wie z.B. helle oder farbige Ringe (Innenrand rötlich) um Sonne und Mond oder *Nebensonnen* sind sichere Zeichen für reine Eiswolken. In Mischwolken sind die Sichten schlecht, die Lichtdurchlässigkeit ist gering, die Farbe hell- bis dunkelgrau, die Wolkenränder sind diffus. Mischwolken sind in der gemäßigten Zone die wesentlichen *niederschlagsbildenden Wolken*.

Wolkenklassifikation

Gemäß internationaler Übereinkunft sind nach weltweiten Beobachtungen die Wolken in 10 Haupttypen eingeteilt worden. Es sind die lateinischen Bezeichnungen **Cirrus** (Haar), **Cumulus** (Haufen), **Stratus** (ausgebreitet), **Nimbus** (Regen) und **Alto** (hoch) gebräuchlich. In der Tabelle sind die 10 Typen sowie ihre Abkürzungen aufgeführt.
Die 10 Haupttypen sind den Stockwerken folgendermaßen zugeordnet (Abb. 4.20):
– hohes Stockwerk   Ci, Cc, Cs
– mittleres Stockwerk   Ac, As, Ns
– tiefes Stockwerk   Cu, Cb, Sc, St
Abweichungen ergeben sich für folgende Typen:
– *As* erstreckt sich oft über das mittlere Niveau hinaus.
– *Ns*, im mittleren Niveau angesiedelt, erstreckt sich gewöhnlich sowohl ins tiefe als auch ins hohe Niveau.
– *Cu* und *Cb* haben ihre Basis i.a. im tiefen Niveau, die Obergrenzen reichen oft ins mittlere oder hohe Niveau.
Beobachtete Besonderheiten der Gestalt der Wolken und Unterschiede in der Struktur haben zu zahlreichen Unterteilungen der Wolkentypen geführt. Drei wichtige sind nachfolgend genannt:
Ac castellanus zeigt eine Reihe von »Türmchen«, die aus gemeinsamer Basis herauswachsen. Sie sind Anzeichen für zunehmende Labilität, die eventuell zu Gewittern führen kann.
Ac lenticularis sind linsen- oder mandelförmige Ac, oft ausgedehnt und gewöhnlich mit scharf ausgeprägten Umrissen. Sie treten bei stabiler Schichtung besonders häufig in Lee von Gebirgen auf (Leewellenwolken).
Stratus fractus sind Stratus-Fetzen.
Weitere Wolkenarten und Unterarten sind in der Wolkentafel im Anhang aufgeführt.

Zusammenfassung

Nahezu alle Wolken bilden sich in aufsteigender Luft.
Ursachen für das Aufsteigen von Luft und daraus resultierende Wolkentypen sind:
– erzwungene Hebung (Gebirge) mit orographischen Wolken
– Hebung infolge labiler Luftschichtung (kalte Luft über warmem Untergrund) mit Konvektionswolken vom Typ Cumulus
– Hebung von warmer Luft an Frontalzonen mit Schichtwolken vom Typ Stratus
– Hebung durch turbulente Bewegung mit Wolken vom Typ Stratocumulus, der Merkmale von Konvektions- und Schichtwolken enthält.
Zwingende Voraussetzung für die Bildung von Wolken ist die Sättigung der Luft mit Wasserdampf. Sättigung und damit Wolkenbildung kann erreicht werden, wenn
– der Wasserdampfgehalt durch Verdunstung zunimmt
– eine Abkühlung auf Werte unter dem Taupunkt erfolgt
– eine Mischung mit feuchter Luft stattfindet
Ist die Umgebung einer Wolke nicht mit Wasserdampf gesättigt, setzt Verdunstung ein, und die Wolke beginnt sich aufzulösen.
Wolken lösen sich auf, wenn
– der Wasserdampfgehalt durch Sublimation des Wasserdampfes und durch Ausregnen abnimmt

– eine Erwärmung auf Werte über den Taupunkt erfolgt
– eine Mischung von Wolkenluft mit trockener Luft stattfindet, wobei dann ebenfalls die Taupunktstemperatur überschritten wird.
Wolken treten auf als
– reine Wasserwolken im Temperaturbereich oberhalb von minus 10 °C
– Mischwolken zwischen minus 10 °C und minus 35 °C
– reine Eiswolken unterhalb von minus 35 °C.

4.5 Nebelentstehung und Nebelarten

Erreicht die relative Luftfeuchte Werte nahe 100%, kann sich **Nebel** bilden. Nach der Definition von Nebel ist die *Sichtweite dann geringer als 1 km* und nimmt u.U. auf wenig Meter ab. Der Tropfenradius von Nebeltröpfchen liegt bei 5 µm bis 10 µm, in dickem Nebel über 20 µm. In nässendem Nebel, also wenn ganz feiner Sprühregen ausfällt, erreicht der Tropfenradius bis zu 50 µm.
Bei hochstehender Sonne und wolkenlosem Himmel trifft das Sonnenlicht auf sehr kleine Partikel, die eine starke Streuung des kurzwelligen Anteils des Spektrums bewirken: das »blaue Ende« des Spektrums wird 10mal stärker gestreut als das rote (daher die blaue Himmelsfarbe). Steht die Sonne tief über dem

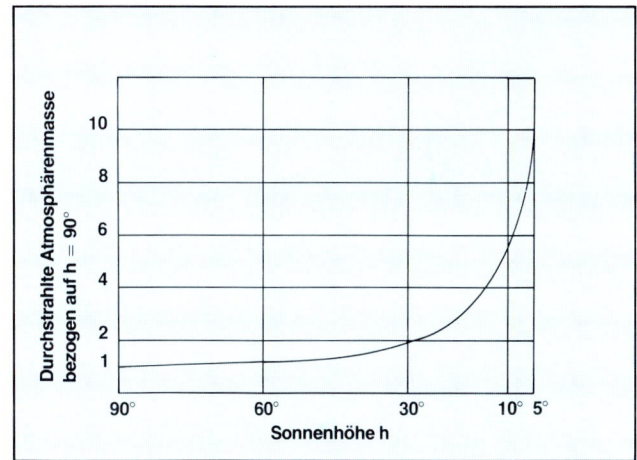

Abb. 4.21 Abhängigkeit der durchstrahlten Atmosphärenmasse vom Sonnenstand

Horizont , wie zum Sonnenaufgang und -untergang, durchqueren die Lichtstrahlen eine erheblich größere Atmosphärenmasse als bei senkrechtem Lichteinfall; bei den direkt einfallenden Lichtstrahlen verschwindet der blaue Anteil daher völlig, und die Sonne erscheint rot.
Sehr große Tröpfchen, wie sie im Nebel vorkommen, streuen das Licht gleichmäßig in allen Frequenzen, so daß auch nach der Streuung das Licht weiß bleibt.

Es gibt drei nebelbildende Faktoren, die zu den verschiedenen Nebelarten führen:

a) Zuführung von Feuchte	Warmwassernebel, Arktischer Seerauch, Verdunstungs- und Frontnebel
b) Mischung von zwei Luftmassen verschiedener Temperatur und hohem Wasserdampfgehalt	Mischungsnebel
c) Abkühlung der Luft durch – Ausstrahlung – kalten Untergrund – Ausdehnung aufsteigender Luft	Strahlungsnebel, Hochnebel, Advektionsnebel

Gelegentlich können auch mehrere Faktoren gemeinsam zu Nebel führen. So entsteht z.B. Frontnebel häufig durch Feuchtezufuhr infolge *Regen und Mischung* zweier Luftmassen *und/oder* durch Abkühlung der Luft in unteren Schichten.

Die verschiedenen Nebelarten werden aufgrund folgender Vorgänge gebildet.

a1) Warmwassernebel

Wenn kalte Luft über relativ warmes Wasser strömt, führt die Verdunstung an der Wasseroberfläche allmählich zu einer Feuchtesättigung der Luft. Es setzt dann Kondensation mit großer Tropfenbildung ein; die Sichttrübung geht in Nebel über. Beispiel: *Im Herbst und Frühwinter führt kontinentale Kaltluft oft zu ausgedehnten Nebelfeldern über der Ostsee.*

a2) Arktischer Seerauch

Es liegt der gleiche Bildungsmechanismus wie beim Warmwassernebel vor. Diese Nebelform tritt bevorzugt über arktischen oder subarktischen Gewässern auf; sie wird aber auch in unseren Breiten in strengen Wintern beobachtet. *Voraussetzung ist eine Temperaturdifferenz zwischen der Wasser- und der Lufttemperatur von über 10 °C* . Die Abb. 4.22 gibt in Abhängigkeit von der Differenz Lufttemperatur minus Wassertemperatur (T_L-T_W) die Zunahme der relativen Feuchte bei unterschiedlicher Entfernung zur Küste wieder.

a3) Front- und Verdunstungsnebel

An einer Luftmassengrenze (s. Kap. 5.5) liegt die kältere Luft keilförmig unter der wärmeren Luftmasse. Fällt aus der aufgleitenden Warmluft Regen in eine darunter liegende kalte, nicht gesättigte Schicht, verdunstet ein Teil der zunächst wärmeren Regentropfen und bewirkt dadurch eine Feuchteanreicherung in der Kaltluft. An der Grenze beider Luftmassen wird daher die Vermischung gefördert, so daß ziemlich rasch Sättigung eintritt. Unter der vorhandenen Wolkenschicht bilden sich Wolkenfetzen aus, die bei niedriger Wolkenuntergrenze den Boden erreichen können: hier liegt dann Front- oder Verdunstungsnebel vor. Diese Nebelform kommt allerdings nicht sehr häufig vor, da es oftmals an Warmfronten länger regnet, wobei die Regentropfen die schwebenden Wolken- und Nebeltröpfchen gleichsam auffangen und zum Boden mitnehmen. Immerhin ist eine *Sichtverschlechterung an Warmfronten* typisch.

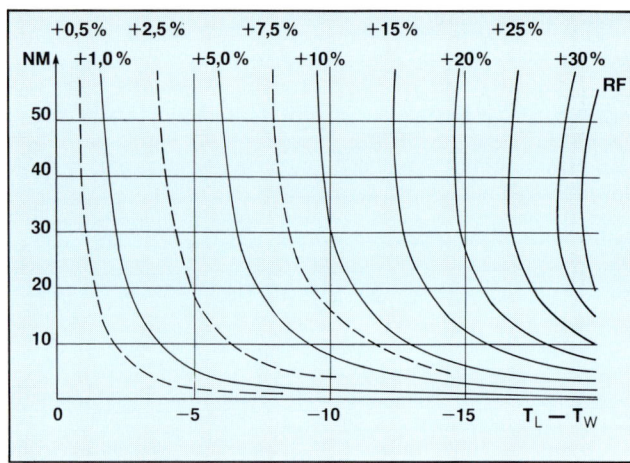

Abb. 4.22 Änderung der relativen Feuchte in Abhängigkeit vom Küstenabstand

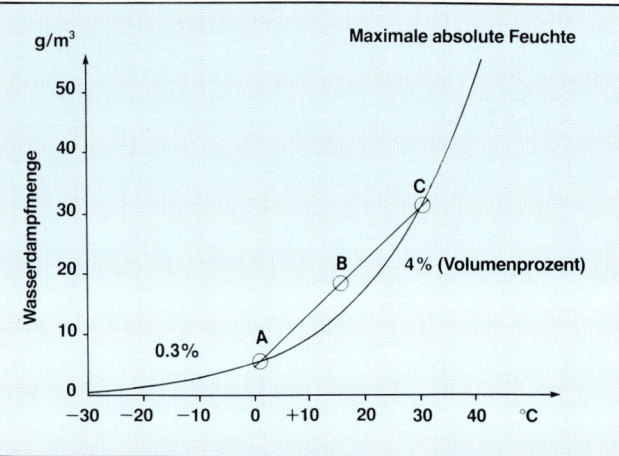

Abb. 4.23 Absolute Feuchte in Abhängigkeit von der Temperatur

b1) Mischungsnebel

Mischen sich zwei unterschiedliche Luftmassen verschiedener Temperaturen und mit hohem Wasserdampfgehalt, kann die relative Feuchte in der Mischluft theoretisch über 100% ansteigen. Die absolute Feuchte in der Mischluft liegt demnach über der Sättigungsfeuchte der Mischungstemperatur (Abb. 4.23). Typischer Mischungsnebel tritt an der Küste auf, wenn sich die kältere Luft über Wasser mit der wärmeren Luft über dem Land mischt. Auch der Warmfrontnebel ist eine Art Mischungsnebel, allerdings tragen andere Vorgänge (s.o.) stärker zu seiner Entwicklung bei. Die Entstehung von Wolkenschichten an der Obergrenze nächtlicher Inversionen ist ebenfalls auf diesen Mischungseffekt zurückzuführen. Bei einsetzender Erwärmung in den Morgenstunden mischt sich die kältere Luft unterhalb der Inversion infolge Turbulenz, Wogen- und Wirbelbildung mit der darüberliegenden wärmeren Luft (Abb. 4.24).

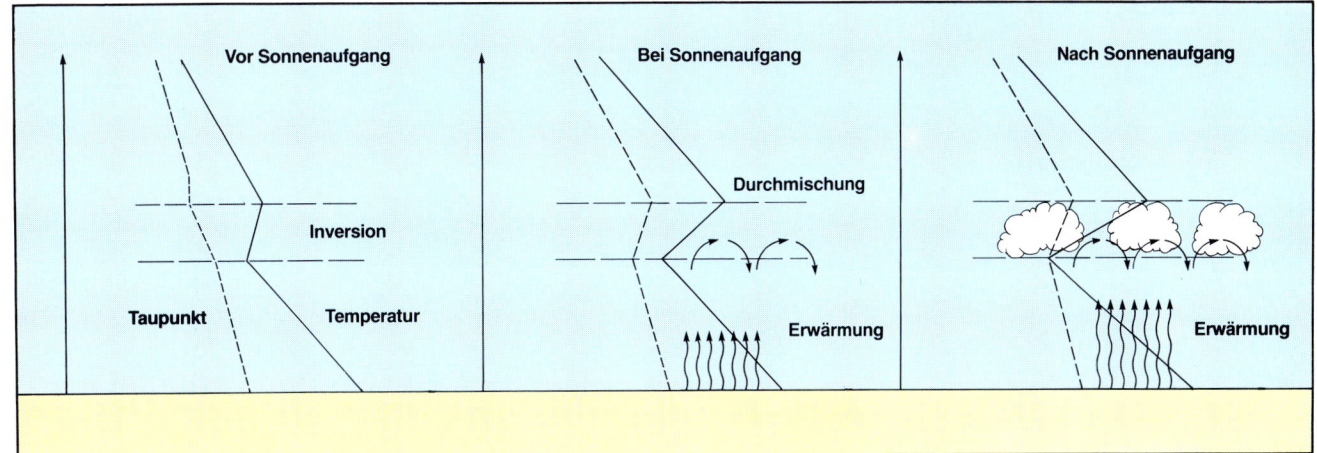

Abb. 4.24 Wolkenbildung an nächtlichen Inversionen

c1) Strahlungsnebel

Strahlungsnebel bildet sich überwiegend nachts bei klarem oder nur gering bewölktem Himmel. Er tritt bevorzugt in den Jahreszeiten auf, in denen ein großer Unterschied zwischen den Tages- und Nachttemperaturen herrscht. Der Erdboden, aber auch die Atmosphäre selbst geben durch Ausstrahlung Wärme an obere Luftschichten ab, wobei sich die bereits erwähnte *Inversion* einstellt. Die Lufttemperatur der bodennahen Schichten nimmt ab und erreicht ihren Taupunkt, wenn die relative Feuchte vorher nicht zu gering war. Bei Wasserdampfsättigung setzt nun Kondensation und Nebelbildung ein. Weiter notwendige Voraussetzung für diese Nebelbildung ist allerdings eine *schwachwindige Wettersituation*, sonst fallen die feinen Nebeltröpfchen als Tau oder Sprühregen aus. Bei absoluter Windstille tritt häufig nur Bodennebel auf. Eine Windgeschwindigkeit bis zu 5 kn fördert infolge mikroturbulenter Prozesse den Verdunstungsvorgang, so daß sich der Bodennebel weiter nach oben ausdehnen kann. Die Obergrenze ist im Sommer nur einige 100 m hoch, und der Nebel wird in dieser Jahreszeit durch stärkere Sonneneinstrahlung rasch aufgelöst. Im Winter beobachtet man allerdings häufig eine vertikal mächtige Nebelschicht, die durch die jahreszeitlich bedingte geringere Sonneneinstrahlung nur langsam aufgelöst wird. Strahlungsnebel bildet sich über See selten, da der Tagesgang der Lufttemperatur hier gering ist. Oftmals kann aber der über Land gebildete Strahlungsnebel seewärts verdriften. Dies gilt besonders für die südlichen Küsten der Nord- und Ostsee bei Winden aus dem Südwest- bis Südostsektor. Typische Wetterlage mit Strahlungsnebel ist eine Hochdrucklage mit geringer Bewölkung und wenig Luftbewegung.

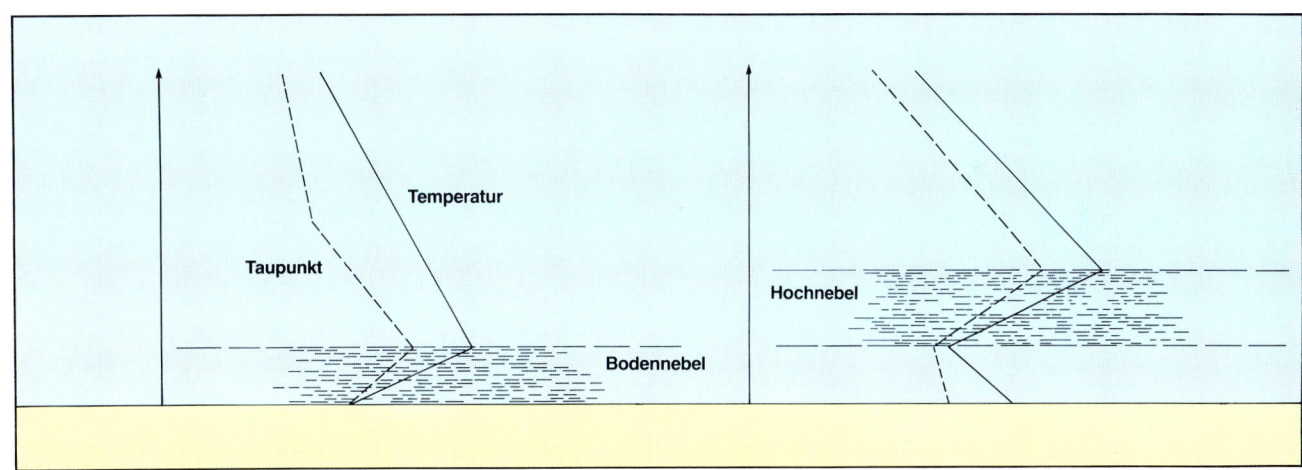

Abb. 4.25 Vertikale Verteilung von Temperatur und Taupunkt bei Boden- und Hochnebel

c2) Hochnebel durch Ausstrahlung

Infolge nächtlicher Ausstrahlung kühlen sich die untersten Luftschichten stärker ab als die darüber liegenden. An der sich bildenden Inversionsuntergrenze, die zudem als Ausstrahlungsfläche wirkt, ensteht Nebel, unterstützt durch den vorher beschriebenen Mischungseffekt. Vom Boden aus erscheint er als strukturlose graue Wolkenschicht. Wenn die Abkühlung weiter fortschreitet, wächst der Nebel von oben nach unten und kann auch die bodennahen Luftschichten erfassen. Hochnebellagen können lange andauern und werden oft erst durch eine Änderung der Großwetterlage beendet. Gelegentlich fällt aus Hochnebel feiner Sprühregen.

c3) Advektionsnebel

Wird feuchte Luft beim Überströmen einer kälteren Unterlage abgekühlt, kann die Temperatur auf die Taupunktstemperatur absinken, so daß Wasserdampfsättigung und Kondensation eintreten. Bei weiterer Abkühlung bildet sich Nebel. Er wird *Advektionsnebel* genannt und kommt besonders im Winter vor, wenn feuchte Warmluft aus niederen Breiten gegen höhere Breiten strömt. Besonders gefördert wird die Nebelbildung über Schneeflächen. Man spricht dann von »**Tauwetternebel**«. Ähnlich typisch wie die Abkühlung durch Schneeflächen ist für das Enstehen von Advektionsnebel eine *Abkühlung durch eine kalte Wasseroberfläche*. Im Frühjahr und Frühsommer ist das Meer meist kälter als die nahen Landgebiete. Die Luft, die vom Land seewärts geführt (advehiert) wird, kühlt sich daher ab und kann unter bestimmten Voraussetzungen Nebel bilden. Der **Kaltwassernebel** ist typisch für die küstennahen Gebiete der Nord- und Ostsee im Spätfrühling. Bekannt ist auch der **Neufundland-Nebel**, der sich im Grenzbereich zwischen dem kalten Labradorstrom und dem warmen Golfstrom entwickelt. Der Kaltwassernebel tritt ebenfalls auf in Gebieten *mit kaltem Auftriebswasser, z.B. im Bereich des Humboldstromes vor der chilenischen Küste.*

Die Enstehung von Kaltwassernebel ist zumindest im küstenbereich der Nord- und Ostsee grob abschätzbar:

1. Bestimme Lufttemperatur (T) und Taupunkt (T_d) an der Küste (z.B. im letzten Hafen)
2. Bestimme die Wassertemperatur auf See (T_w)
3. In Näherung gilt: $T_W > T_d \rightarrow$ kein Nebel
   $T_W <\ = T_d \rightarrow$ Nebel möglich

Die Tabelle gibt eine Überblick über die prozentuale Häufigkeit von Tagen mit Nebel auf den Weltmeeren. Bemerkenswert ist die große Zahl an Nebeltagen im westlichen Nordpazifik und im westlichen Nordatlantik.

Die Abb. 4.26 zeigt die prozentuale Häufigkeit der Nebeltage für alle Monate auf dem Nordatlantik entlang der Strecke Englischer Kanal – New York. Vor Neufundland ist im Hochsommer an über 40% aller Tage mit Nebel zu rechnen, während im Nordostatlantik und im Englischen Kanal die Zahlen zwischen 2% und 10% liegen. Im Winter treten allgemein Häufigkeiten zwischen 2% und 10% auf.

Häufigkeit von Nebeltagen in Prozent aller Tage

Seegebiet	Januar	April	Juli	Oktober
Nordatlantik	2-5 %	5 -10%, im Westen 10-20%	5%, im Westen 20-50%	2%, im Westen 5-10%
Südatlantik	2-5% im Süden 10%	2-5%	2-5% im Südw. 5-10%	2-5% im Südosten 10%
Nordpazifik	2-5% im Osten >10%	>10%	Im Osten 20-40%, im Westen 30-50%	um 10%
Südpazifik	2-5%	2%	Im Süden 2%, sonst >5%	2-5%
Indik	im Süden 2-5% im Südwesten 10%	2-5% im Südwesten >10%	im Südwesten 5-10%	im Südwesten 5-10%

Tabelle 4.3 Häufigkeit von Nebeltagen

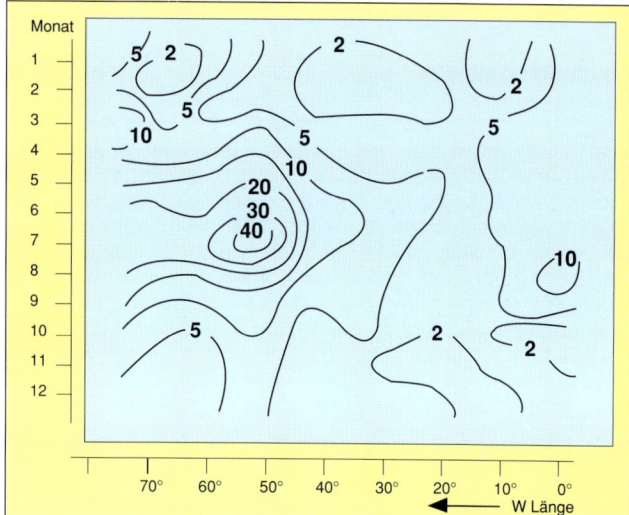

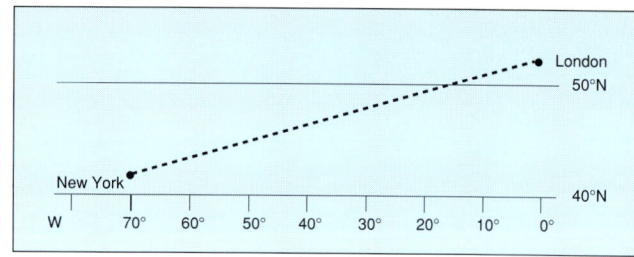

Abb. 4.26 Häufigkeit von Nebeltagen auf der Route Englischer Kanal – New York

Im Englischen Kanal: Südost 3 — 4, Sicht unter 2 sm, tiefer Stratus.

5 Atmosphärische Zirkulation

5.1 Allgemeine Zirkulation

Die großräumigen Windsysteme in der Atmosphäre faßt man unter dem Begriff »Allgemeine Zirkulation« zusammen. Ursache dieser Bewegungsvorgänge ist der Temperaturunterschied zwischen niederen und hohen Breiten, der in den unterschiedlichen Strahlungsverhältnissen begründet ist. In den äquatornahen Zonen nehmen Erde und Atmosphäre stets mehr Energie aus der Sonneneinstrahlung ein, als sie durch Ausstrahlung in den Weltraum wieder verlieren, die **Strahlungsbilanz** ist *positiv*. Polwärts des 40. Breitengrades wechselt die jährliche Strahlungsbilanz ihr Vorzeichen: An der Nordseite der Subtropen, in den gemäßigten und hohen Breiten verlieren Erde und Atmosphäre durch Infrarotstrahlung (Wärmestrahlung) im Jahresmittel mehr Energie, als sie durch Einstrahlung im sichtbaren Wellenlängenbereich (Sonnenlicht) erhalten (Abb. 5.1).

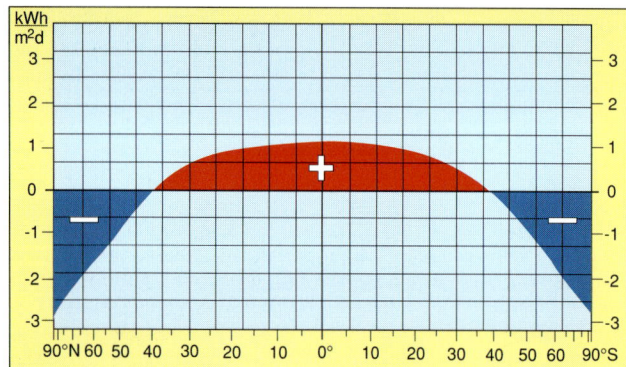

Abb. 5.1 Meridionales Profil der Gesamtstrahlungsbilanz Erde – Atmosphäre

Es muß also neben den vorwiegend vertikal gerichteten **Strahlungsflüssen** sehr wirksame meridionale Transportmechanismen für Wärmeenergie in der Atmosphäre und auf der Erdoberfläche geben, damit die beobachteten Temperaturverhältnisse aufrechterhalten bleiben. Diese vorwiegend horizontalen Transporte sind mit den großräumigen Bewegungsvorgängen in der Atmosphäre, aber auch in den Ozeanen verknüpft.
Die atmosphärische Zirkulation hängt eng mit dem meridionalen Temperaturprofil in der Atmosphäre zusammen: Da der Druck mit zunehmender Höhe in warmer Luft langsamer abnimmt als in kalter, liegen die Flächen gleichen Luftdrucks in der Höhe am Äquator höher als an den Polen (Abb. 5.2), mit

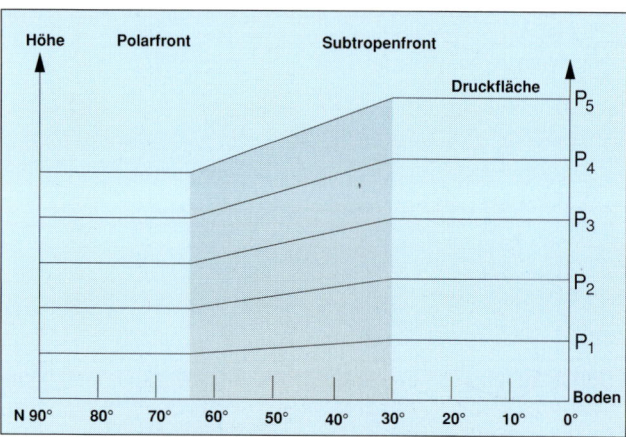

Abb. 5.2 Schematischer Verlauf der Druckflächen auf einem Meridianschnitt

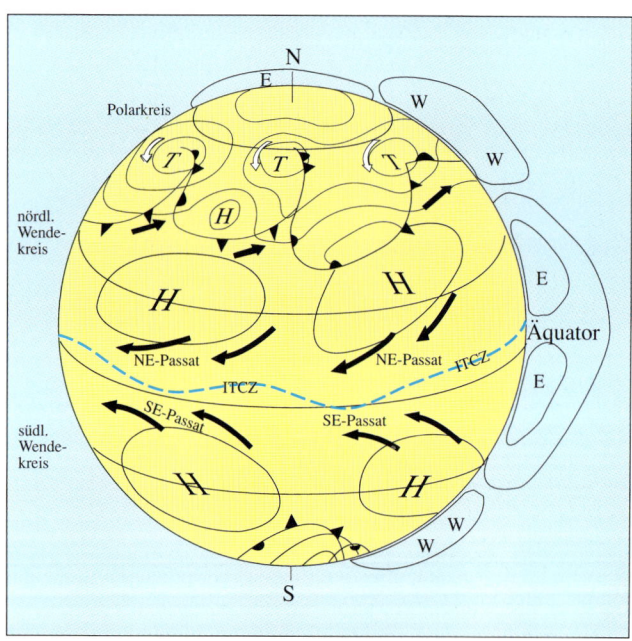

Abb. 5.3 Schema der allgemeinen Zirkulation in Bodennähe

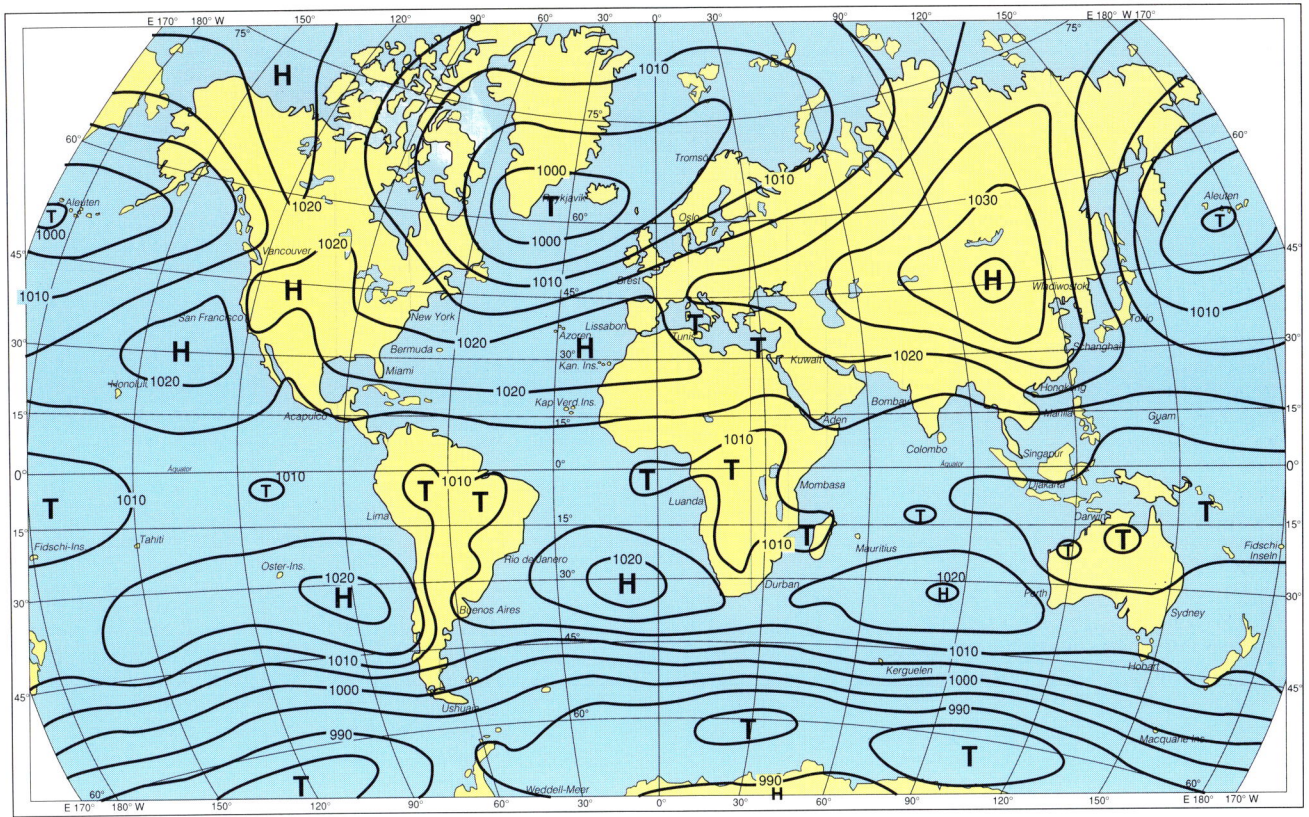

Abb. 5.4 Mittlere globale Luftdruckverteilung im Meeresniveau im Januar

anderen Worten: Über den Polen herrscht in der Höhe tiefer Luftdruck, im Bereich der Tropen und Subtropen liegt ein Höhenhoch. Dieses mit der Höhe zunehmende Druckgefälle ist die Antriebsquelle für die großräumige atmosphärische Zirkulation.

Aufgrund der ablenkenden Kraft der Erdrotation stellt sich jedoch keine vom Äquator zu den Polen gerichtete direkte thermische Zirkulation ein – wie man es erwarten könnte. Die globale Zirkulation zerfällt in mehrere Regime, die untereinander Energie austauschen (Abb. 5.3).

Die sehr intensive Sonneneinstrahlung in den **Tropen** erzeugt hochreichende Konvektion mit mächtiger Quellbewölkung und heftigen Schauern. Die hohe Temperatur der Luftmassen dort läßt im Meeresniveau eine **Tiefdruckrinne** entstehen, in die von beiden Seiten des Äquators Luftmassen zusammenströmen, konvergieren. Daher wird dieses Gebiet auch als **Intertropische Konvergenzzone**, kurz **ITCZ** bezeichnet. Wie bei anderen thermisch direkten Zirkulationen sorgt die Wärmezufuhr vom Erdboden her dafür, daß sich dieses langgestreckte Tiefdruckgebilde nicht auffüllt. Die ITCZ ist ein Gebiet mit überwiegend schwachen Winden, die nur in Nähe von Schauern und Gewittern böig auffrischen.

Polwärts an die Intertropische Konvergenzzone schließen sich

die **Passate** als beständige Windsysteme an (Abb. 5.3). Sie haben ihre Wurzel in den Hochdruckgebieten der **Subtropen (Roßbreiten).** Diese verhältnismäßig stabilen Druckgebilde sind verbunden mit einem weiteren Gürtel schwacher Winde in den warmen Klimazonen der Erde. Aus dem subtropischen Hochdruckgürtel fließt bodennah unter Absinken Luft in Richtung Äquator aus. Die globalen Luftdruckverteilungen (Abb. 5.4 und Abb. 5.5) zeigen, daß im Sommer und Herbst das Subtropenhoch - im Bereich des Nordatlantiks allgemein als **Azorenhoch** bekannt – stärker ausgeprägt ist als in den übrigen Jahreszeiten. Daher hat in dieser Zeit auf dem Nordatlantik der **Nordostpassat** auch seine stärkste Ausprägung. Er kann dann vor der Küste Westafrikas durchaus Windstärke 7 Bft erreichen. An der Nordseite (auf der Nordhalbkugel!) des Subtropenhochs läßt das meridionale Temperatur- und Druckgefälle zwischen etwa 35°und 65° Breite einen *breiten Gürtel westlicher Winde* entstehen (Abb. 5.4 und Abb. 5.5). Er ist am stärksten in der mittleren und oberen Troposphäre ausgeprägt und wird als planetarische **Frontalzone** bezeichnet, weil sich in diesem **Westwindgürtel** die meridionalen Temperatur- und Luftdruckgegensätze der **gemäßigten Breiten** konzentrieren.

Allerdings handelt es sich genaugenommen um zwei Zonen mit starkem Temperaturgefälle (Frontalzonen). Die polwärtige von

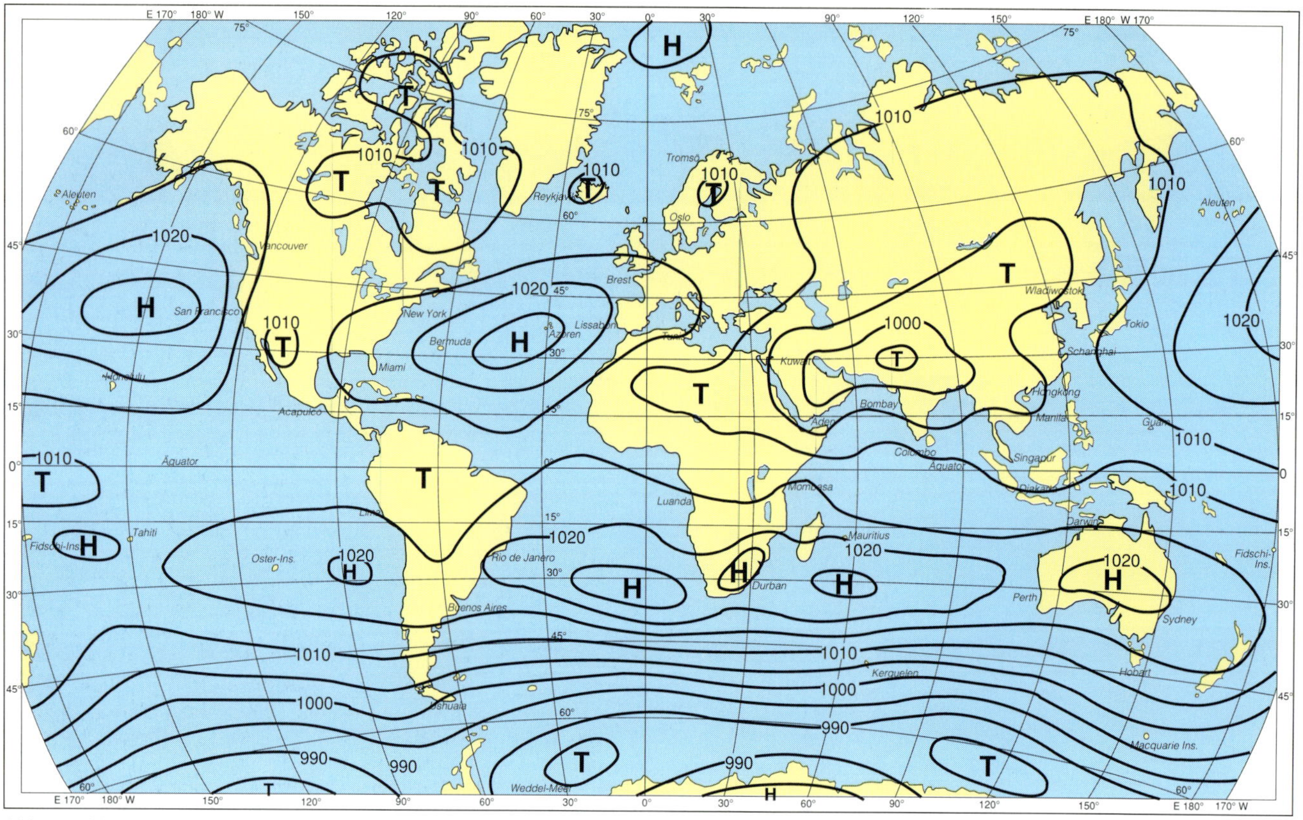

Abb. 5.5 Mittlere globale Luftdruckverteilung im Meeresniveau im Juli

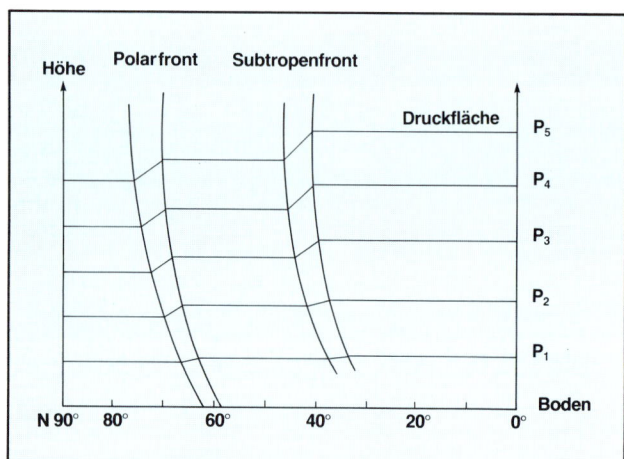

Abb. 5.6 Lage von Polar- und Subtropenfront auf einem Meridianschnitt

ihnen – die **Polarfront** – bewegt sich zwischen etwa 50° und 65° Breite, während sich die andere – die **Subtropenfront** – bei etwa 35° Breite befindet (Abb. 5.6).

Im Westwindgürtel ist die Strömung nicht im strengen Sinne breitenkreisparallel (zonal); vielmehr verläuft das Westwindband in mehr oder weniger stark ausgeprägten Mäandern (**planetarische Wellen**) um den Globus. Mit diesen Wellen verknüpft sind in der unteren Atmosphäre großräumige Wirbel (Abb. 5.7 und 5.8). Die Ausprägung solcher Wellen und Wirbel ist eine direkte Folge eines starken meridionalen Temperaturgefälles und der Änderung der Corioliskraft mit der geographischen Breite. Sie stellen nicht – wie früher angenommen – *Störungen* eines zonal gerichteten Grundstromes in der Atmosphäre dar, sondern sind vielmehr Lieferant der Strömungsenergie des Westwindbandes der gemäßigten Breiten. Die großräumigen atmosphärischen Wirbel entnehmen also der mittleren Strömung keine Energie, wie das beispielsweise Wirbel in einem fließenden Gewässer tun.

Während die Polarfront in der unteren Atmosphäre in einer zonalen Tiefdruckrinne verläuft und daher im allgemeinen bis zum Boden als Temperaturdiskontinuität ausgebildet ist, prägt sich die Subtropenfront nur in der oberen Atmosphäre aus, da sie im Bereich hohen Luftdrucks – des Subtropenhochs – liegt. Daher spielt die Polarfront für das Wettergeschehen der gemäßigten Breiten eine wichtige Rolle und wird uns im folgenden noch beschäftigen.

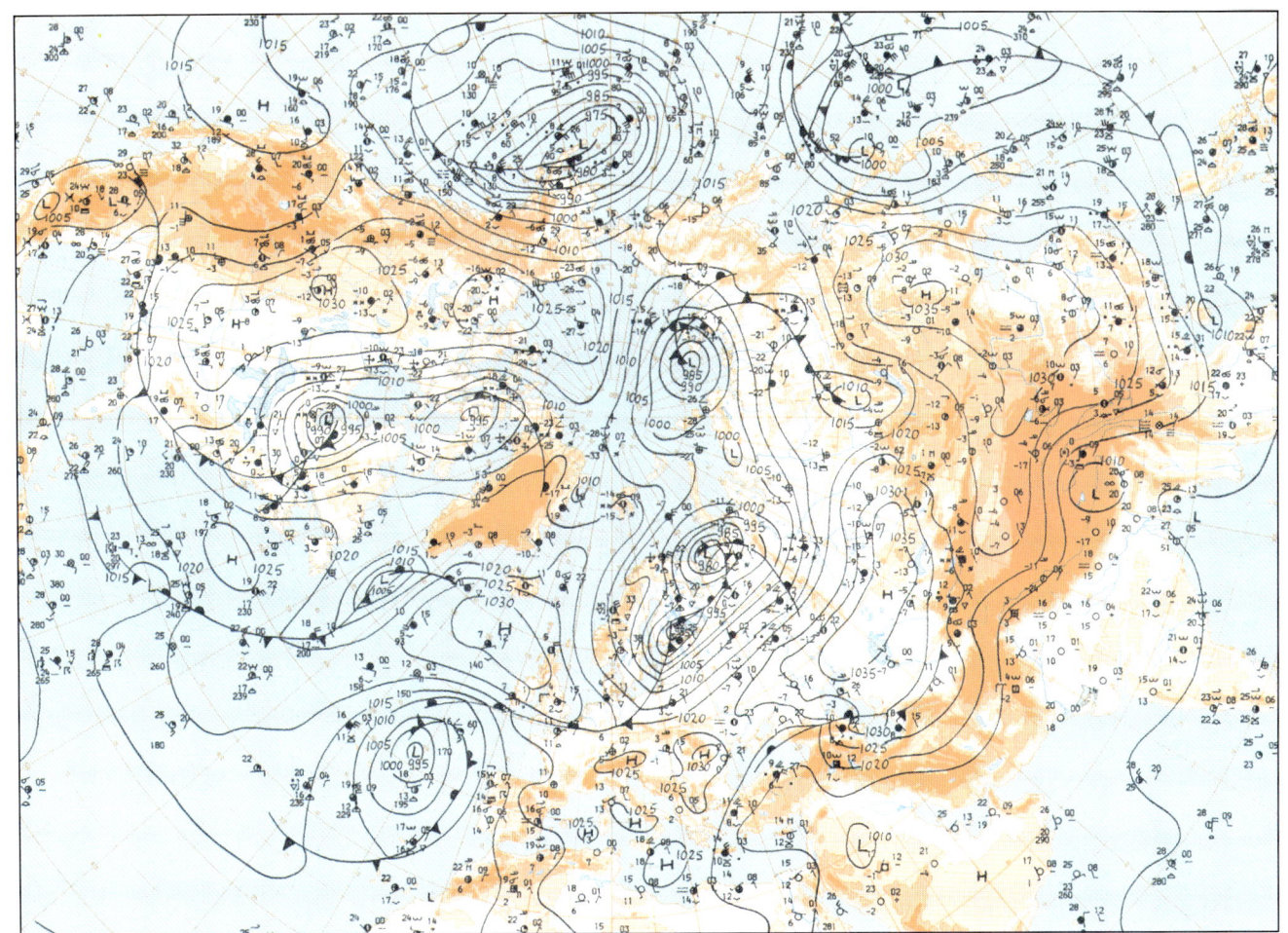

Abb. 5.7 Zirkumpolarkarte (Boden) vom 29.10.1988, 00 UTC

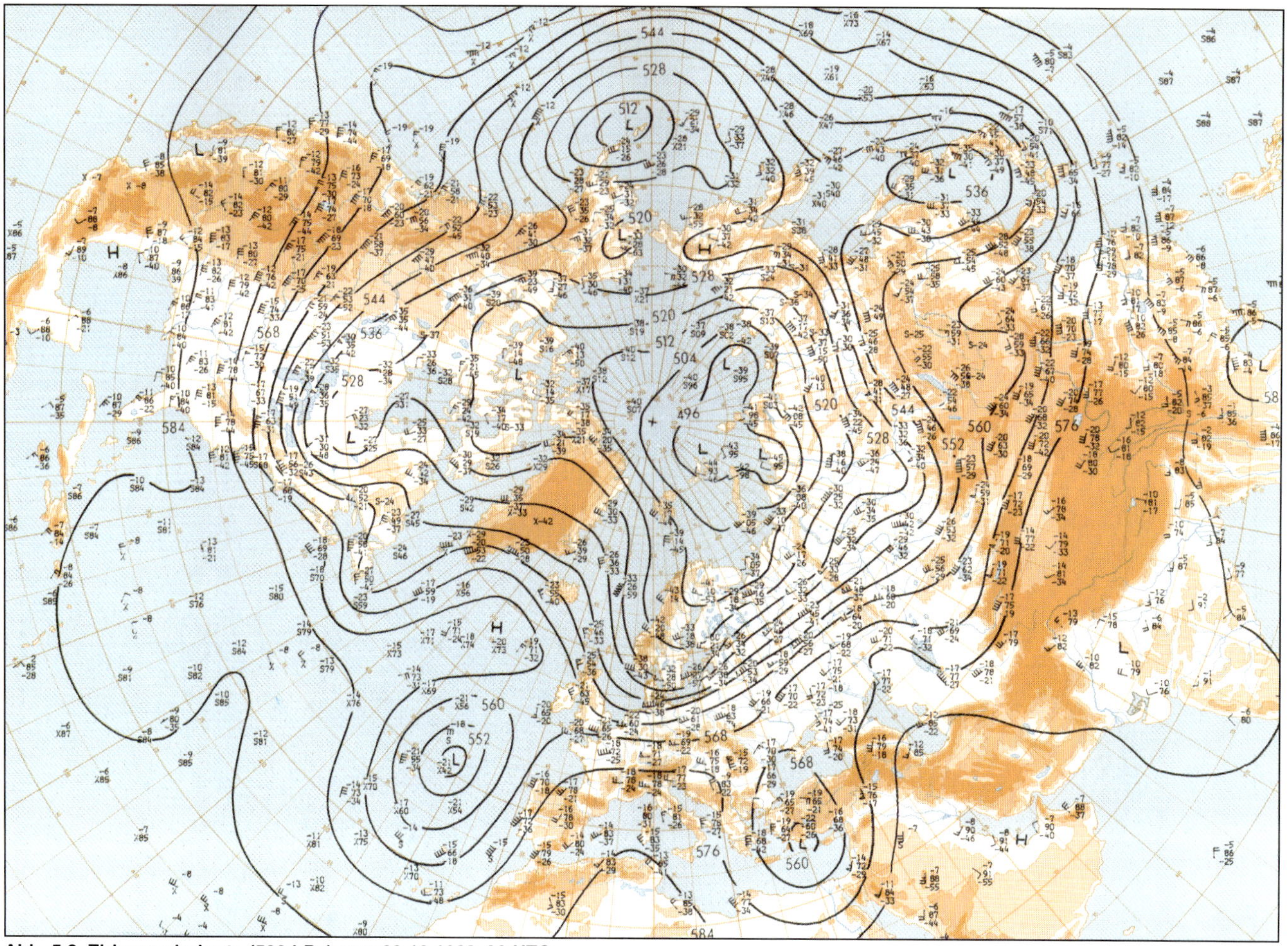

Abb. 5.8 Zirkumpolarkarte (500 hPa) vom 29.10.1988, 00 UTC

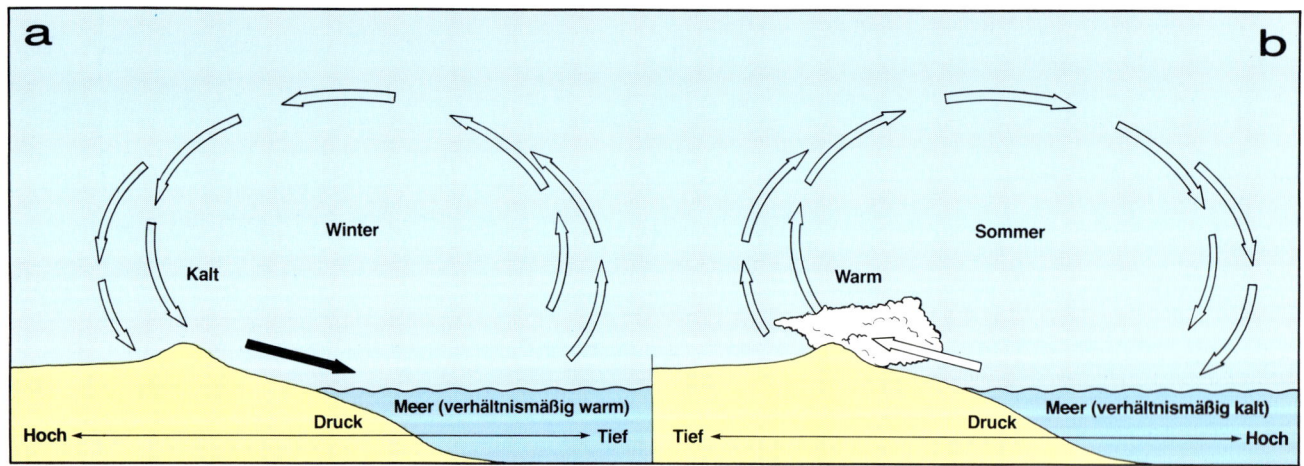

Abb. 5.9 Schema des Monsunkreislaufs : (a) Winter, (b) Sommer

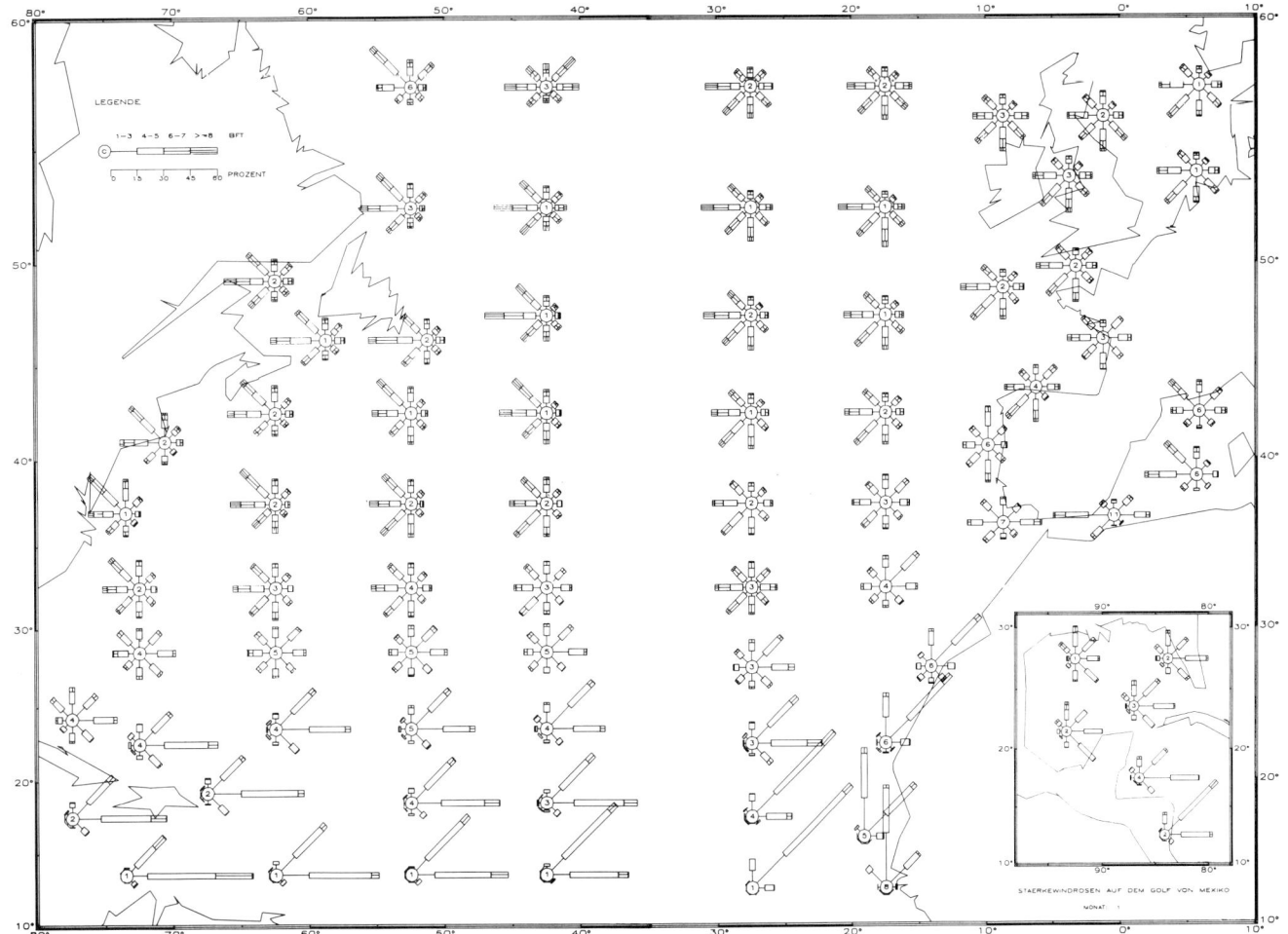

Abb. 5.10 Mittlere Strömungsverhältnisse im Meeresniveau auf dem Nordatlantik im Januar, dargestellt durch Stärkewindrosen im 5 x 5 Grad-Raster

Die sich aus den jahreszeitlich wechselnden mittleren Luftdruckverhältnissen im Meeresniveau über dem Atlantik einstellenden mittleren Windrichtungsverteilungen sind in Abb. 5.10 (für den Monat Januar) und Abb. 5.11 (für den Monat Juli) dargestellt.

Bislang blieb noch eine wesentliche Einflußgröße der globalen Zirkulation unberücksichtigt: Die Erdoberfläche ist nicht homogen; einer Wasserbedeckung von etwa 70 % stehen Landmassen gegenüber, deren Flächenanteil etwa 30 % ausmacht. Die ungleichmäßige Land-Meer-Verteilung beeinflußt die Windverhältnisse auf der Erde ganz erheblich. Sie ruft **monsunale Zirkulationen** - gleichsam großräumige, jahreszeitlich wechselnde Land-See-Winde – hervor, die sich der planetarischen Zirkulation überlagern (Abb. 5.9). Wichtigste Auswirkung der monsunalen Zirkulation ist die sommerliche Verlagerung des thermischen Äquators und mit ihm der Intertropischen Konver-

genzzone – besonders über dem asiatischen Kontinent – nach Norden.

Als **Monsune** bezeichnet man jahreszeitlich sich umkehrende, dazwischen aber sehr beständige Windsysteme im indischen und asiatischen Raum, die sich aufgrund der Temperatur- und damit der Druckunterschiede über den großen Land- und Wassermassen in Asien im Jahresverlauf ausbilden. Während der warme und feuchte **Sommermonsun** für den Niederschlagsreichtum großer Teile des asiatischen Kontinents verantwortlich ist, fließen mit dem **Wintermonsun** trocken-kalte Festlandsluftmassen aus dem zentralasiatischen winterlichen Kältehoch aus.

Die mittleren Druckverteilungen in der unteren Atmosphäre zeigen daher auch insbesondere über Innerasien im Sommer tiefen Luftdruck, der im Winter einem **Kältehoch** weicht (Abb. 5.4 und 5.5).

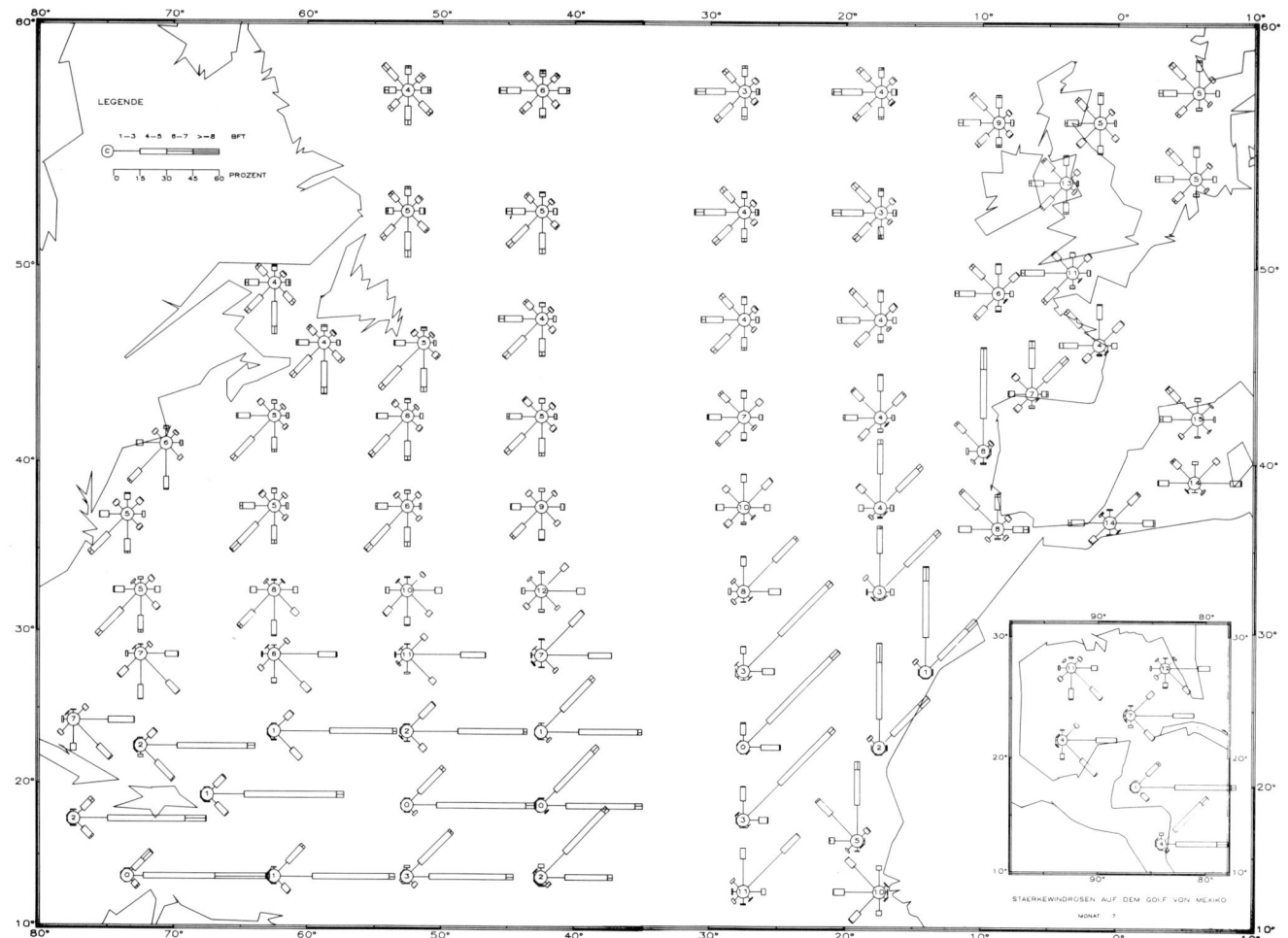

Abb. 5.11 Mittlere Strömungsverhältnisse im Meeresniveau auf dem Nordatlantik im Juli, dargestellt durch Stärkewindrosen im 5 x 5 Grad-Raster

5.2 Die Frontalzone

Die Frontalzone umspannt den Erdball in den mittleren Breiten (der Nord- wie der Südhalbkugel) als geschlossener Wellenzug mit einer zeitlich veränderlichen Zahl von **Trögen** und **Keilen** (Abb. 5.12). Diese Wellen sind im allgemeinen nicht stationär. Wie der Vergleich mehrerer aufeinander folgender Höhenwetterkarten zeigt, schwenken die Tröge und Keile um so schneller ostwärts, je kleiner ihre Wellenlänge ist. Man kann sich die Frontalzone durch Überlagerung einer großen Zahl von Wellen unterschiedlicher Länge, Amplitude und Phase vorstellen, wobei sich die einzelnen Wellenanteile in Abhängigkeit von ihrer Wellenlänge verlagern, so daß sich das großräumige Wellenmuster der Frontalzone ständig verändert. Allerdings sind nur Wellen mit mehreren Hundert bis einigen Tausend Kilometern Wellenlänge für die großräumige atmosphärische Zirkulation von Bedeutung.

Die sehr langen Wellen, die **planetarischen Wellen**, mit Wellenlängen von etwa 5000 km und mehr verlagern sich nur noch sehr langsam ostwärts, Wellen von etwa 6000 km Länge sind stationär; sie sind Ursache für die sogenannten **blockierenden** Wetterlagen, die zwar zeitlich stabile Druck- und Strömungsverhältnisse, nicht aber unbedingt stabile Wetterverhältnisse zur Folge haben.

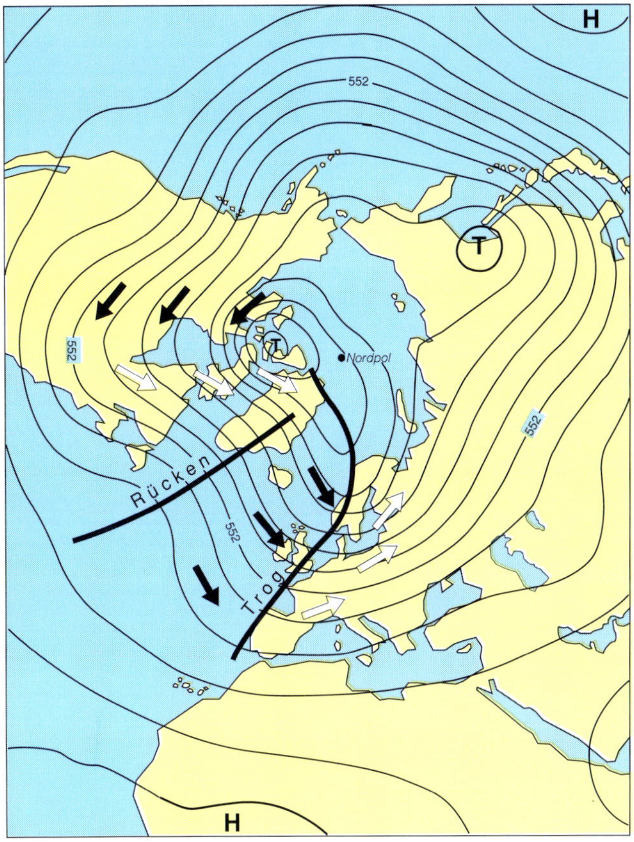

In den Höhentrögen stößt Luft äquatorwärts vor, während in den Höhenhochkeilen Luft aus niederen Breiten polwärts transportiert wird. Je nach Ursprungsgebiet unterscheiden sich diese Luftmassen natürlich hinsichtlich ihrer physikalischen Eigenschaften: Luftmassen aus höheren Breiten sind kalt, solche aus niederen Breiten warm.

Durch Kaltluftvorstöße in den Trögen konzentrieren sich Temperatur- und Druckgradient auf der äquatorialen Seite des Höhentroges. Dies hat natürlich auch eine Zunahme der Windgeschwindigkeit in diesem Bereich zur Folge. Auf der Westflanke des Höhentroges, auf seiner Rückseite, laufen die Isobaren zusammen, sie **konvergieren;** auf seiner Ostseite, der Vorderseite, **divergieren** sie – immer in Richtung der Luftströmung gesehen.

Im Konfluenzbereich – auch **Einzugsgebiet** des Troges genannt – nimmt die Druckgradientkraft nach Osten hin zu. Da eine Kraft eine gewisse Zeit benötigt, um eine entsprechende Geschwindigkeitsänderung herbeizuführen, ist im Einzugsgebiet das geostrophische Gleichgewicht gestört: Die Druckgradientkraft überwiegt die Corioliskraft, so daß sich die Luftteilchen auf den tieferen Druck zu bewegen. Damit kommt es auf der *kalten Seite* der Frontalzone im Einzugsgebiet zu einem *Massengewinn,* auf der *warmen Seite* dagegen zu einem *Massenverlust.* Umgekehrt findet man im Diffluenzbereich – dem sogenannten **Delta** des Troges – auf der *kalten Seite* einen *Massenverlust,* auf der *warmen Seite Massengewinn* (Abb. 5.13).

Verliert aber eine vertikale Luftsäule Masse, so muß wegen der **hydrostatischen Beziehung** (Kap. 3.1) der *Luftdruck* am Boden fallen; Massenzufluß hingegen führt zu Druckanstieg am Boden. Somit kommt es im Delta auf der *kalten Seite* der **Frontalzone** zur Entstehung oder Vertiefung von **Tiefdruckgebieten** (durch Druckfall), auf der warmen Seite dagegen

![Abb. 5.12]

Abb. 5.12 Schema einer Langwellenstruktur in der mittleren Troposphäre

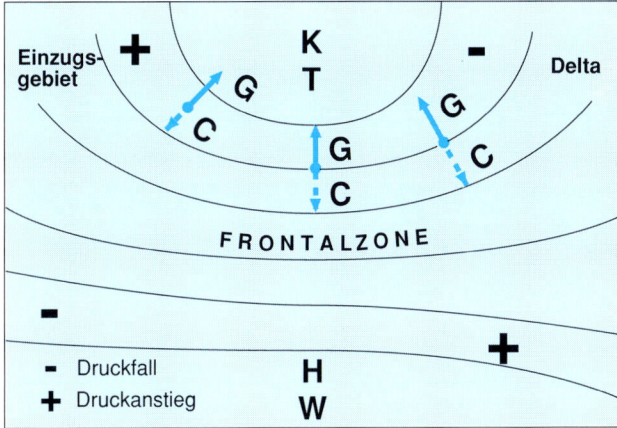

Abb. 5.13 Kräfteverhältnisse und Massenbilanzen im Bereich der Frontalzone

durch Druckanstieg zur *Verstärkung* beziehungsweise *Neubildung* von **Hochdruckgebieten.** Im **Einzugsgebiet** der Frontalzone verhält es sich umgekehrt: Auf der kalten Seite besteht steigende (Bildung oder Verstärkung von **Hochdruckgebieten),** auf der warmen Seite hingegen fallende Drucktendenz (Bildung oder Vertiefung von **Tiefdruckgebieten).**

Die in den Trog – Rückensystemen auftretenden Krümmungen der Luftbahnen verstärken einige dieser Entwicklungstendenzen noch.

Daher ist die Höhendivergenz besonders stark ausgeprägt auf der Vorderseite eines Höhentroges (kalte Seite der Frontalzone) die Konvergenz auf der Ostflanke eines Höhenhochkeils (kalte Seite der Frontalzone) (s.Abb. 5.13).

Die durch Divergenzen und Konvergenzen in der mittleren und oberen Troposphäre in Bodennähe verursachten räumlichen und zeitlichen Druckänderungen erzeugen Druckgradienten und damit Luftbewegungen, wobei die Luft aufgrund der Rei-

bungskraft in Bodennähe in das Tief hineinströmt (konvergiert), während sie aus dem Hoch herausströmt (divergiert).

Im stationären Zustand (keine zeitlichen Änderungen) steigt über einem Bodentief daher Luft auf (Abb. 5.14), während umgekehrt über einem Bodenhoch Absinken herrscht (Abb. 5.15). Zur Höhenkonvergenz gehört eine Bodendivergenz und zur Höhendivergenz eine Bodenkonvergenz.

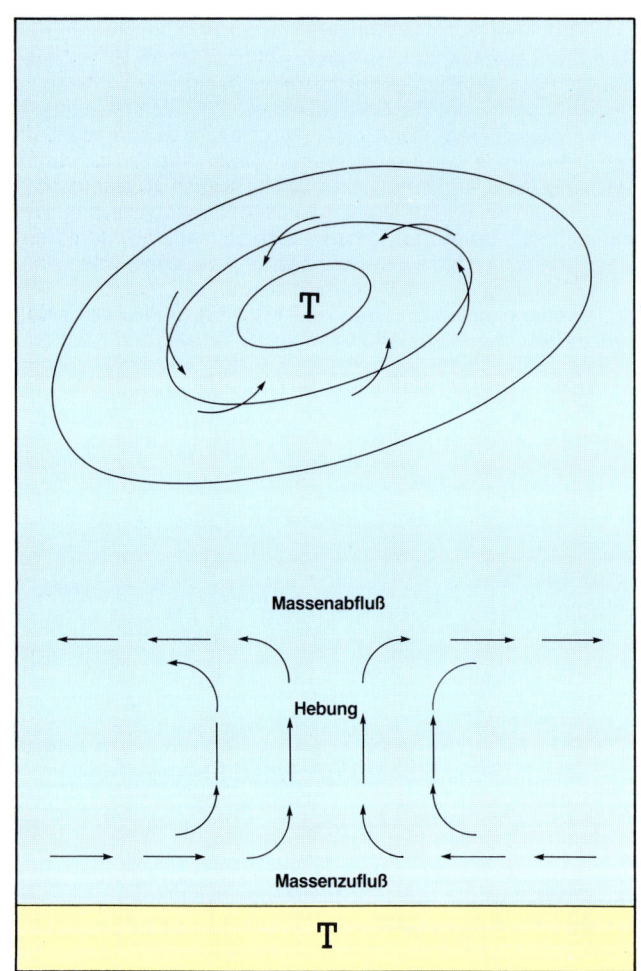

Abb. 5.14 Massenflüsse in einem Tief

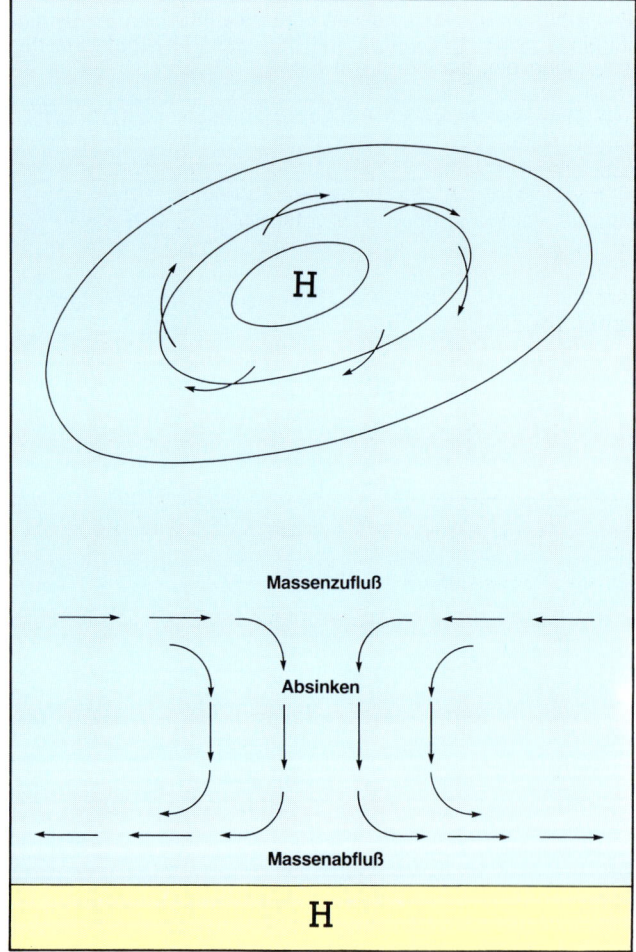

Abb. 5.15 Massenflüsse in einem Hoch

5.3 Luftmassen

Wenn sich das vom Äquator zu den Polen gerichtete Temperaturgefälle aufgrund der Erdrotation nicht gleichmäßig über die geographische Breite verteilt, sondern in den **Frontalzonen** konzentriert ist, muß es – gestützt durch *abgeschlossene Zirkulationssysteme* – in der Atmosphäre Gebiete mit relativ einheitlichen Eigenschaften der Luft geben. Luftvolumina mit geringen Unterschieden hinsichtlich

– Temperatur
– Feuchte
– Schwebstoffgehalt

nennt man **Luftmassen.** Sie werden hauptsächlich im Bereich der großen, subtropischen bzw. polaren Hochdruckgebiete gebildet.

Man unterscheidet daher auch zwei *Hauptluftmassen* :

– **T r o p i k l u f t**
– **P o l a r l u f t**

Häufig wird auch die **Luft der gemäßigten Breiten** zu den Hauptluftmassen gezählt; sie nimmt jedoch insofern eine Sonderstellung ein, als sie in der Regel eine Alterungsform der Tropik- oder der Polarluft ist.

Eine Luftmasse verweilt meist nur einige Tage unter annähernd gleichen Umweltbedingungen. In dieser Zeit werden die Luftmasseneigenschaften durch Strahlung und durch den Kontakt mit der Unterlage (Land, Meer, Eis) geprägt. Sobald sie durch die großräumige Zirkulation ihr Entstehungsgebiet verläßt, wird sie durch die gleichen atmosphärischen Vorgänge, die bei ihrer Entstehung wirksam waren, modifiziert oder – wie man sagt – transformiert. Die wesentlichen Prozesse der **Luftmassentransformation** sind (Abb. 5.16) :

– **Turbulenz**
– **Konvektion und Austausch**
– **Verdunstung und Kondensation von Wasser**
– **großräumige Vertikalbewegungen**
– **lang- und kurzwellige Strahlungsflüsse**

Die wichtigsten Ergebnisse der **Luftmassenbildung** bzw. der -transformation sind die Erwärmung oder Abkühlung von der Unterlage (Land, Meer, Eis) her sowie die Feuchteanreicherung. Dabei kommt den Ozeanen wegen ihrer Speichereigenschaften und ihrer großräumigen Stromsysteme eine besondere Bedeutung als Energiespender der Atmosphäre zu.

Die Intensität des Wärmeaustauschs zwischen Ozean und Atmosphäre ist stark vom vertikalen Temperaturverlauf in der Atmosphäre unmittelbar oberhalb der Grenzfläche abhängig (s.a. Kap. 4.1):

Ist das Wasser wärmer als die darüber hinweg strömende Luft (Luft kälter als Wasser: **Kaltluft**) wird die Schichtung **labil,** wodurch ein sehr intensiver und hochreichender Transport von **fühlbarer** und **latenter Wärme** angeregt wird (Abb. 5.17). Daher beobachtet man in frischer Kaltluft hochreichende, **konvektive Bewölkung (Quellbewölkung),** die sich meistens durch schauerartige Niederschläge bemerkbar macht.

Ist das Wasser kälter als die darüber hinweg strömende Luft (Luft wärmer als Wasser: **Warmluft**) wird die Schichtung **stabil;** dadurch wird die thermische Turbulenz (**Konvektion**) fast vollständig unterdrückt. Der Austausch von Energie zwischen Ozean und Atmosphäre geschieht im wesentlichen durch die mechanische Turbulenz des Windfeldes. Er beschränkt sich auf eine flache wassernahe Luftschicht, die sich entsprechend stark abkühlt und eine **Inversion** bildet (Abb. 5.18).

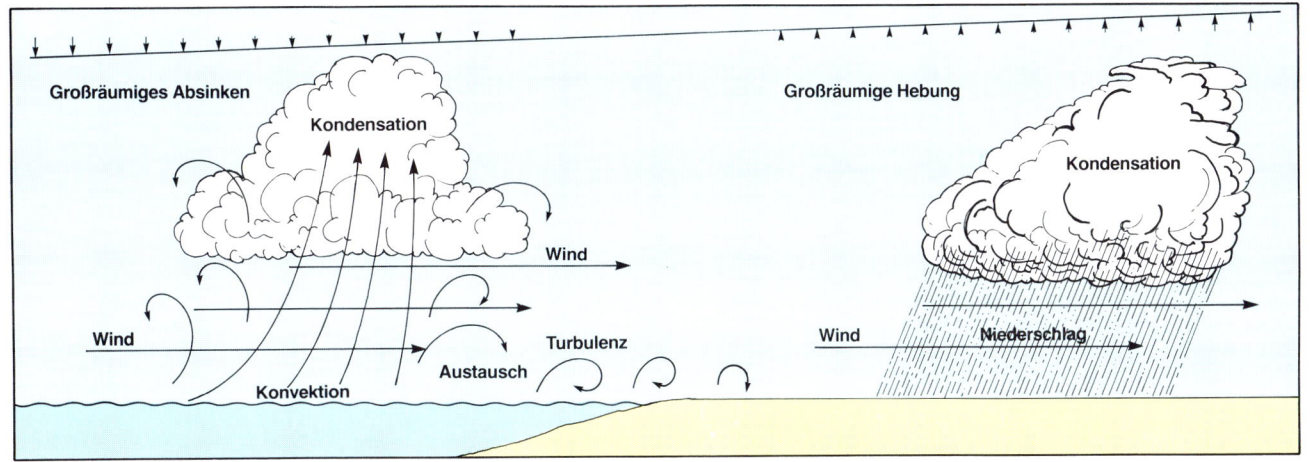

Abb. 5.16 Schema der Luftmassenbildung

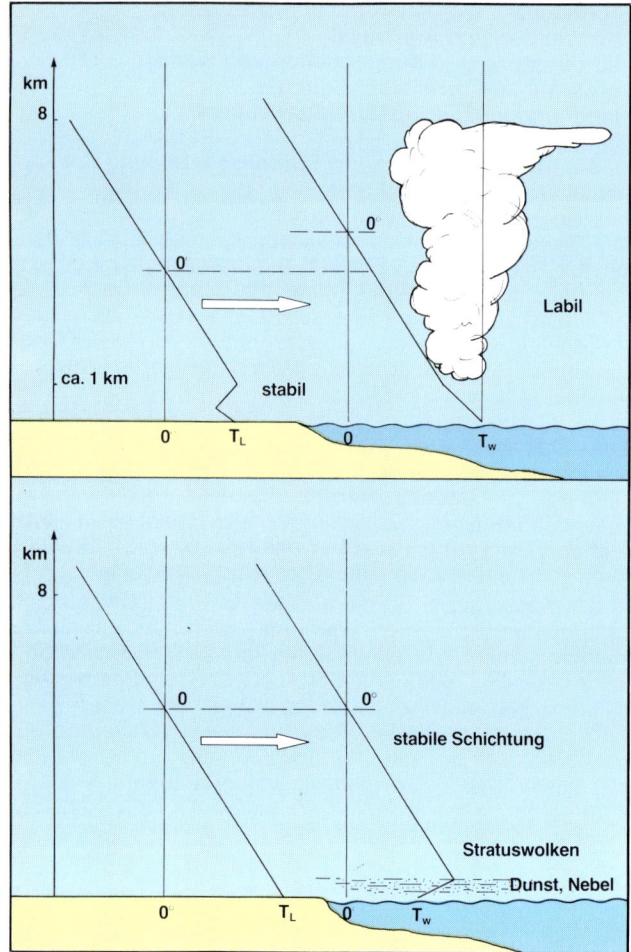

Abb. 5.17 Entstehung einer Kaltluftmasse
Abb. 5.18 Entstehung einer Warmluftmasse

Luftmassen, die aus höheren Breiten äquatorwärts ausfließen, haben normalerweise den Charakter von Kaltluftmassen mit guten Sichten, Quellbewölkung und einem böigen Bodenwind.

Luftmassen, die aus niederen Breiten in höhere vorstoßen, haben meist den Charakter von Warmluftmassen mit stark eingeschränkter Sichtweite – z.T. diesig oder neblig, Schichtbewölkung und einem stetigen Bodenwind.

Tiefblaue Farbe des Himmels zeigt reine, meist arktische Polarluft an, blasse Färbung deutet dagegen auf eine Luftmasse subtropischen Ursprungs hin.

Tritt eine Luftmasse vom Festland auf das Meer über, so wird sie im Herbst und Winter von der Unterlage her *labilisiert* (das Meer ist zu dieser Jahreszeit meistens noch wärmer als das angrenzende Festland).

Demgegenüber wird eine Luftmasse im Frühjahr und Frühsommer beim Übertritt vom Land auf das Meer *stabilisiert (das Land erwärmt sich infolge geringerer Wärmekapazität und schlechteren Wärmeleitvermögens schneller als das Wasser), daher sind die typischen Jahreszeiten für Seenebel das Frühjahr und der Frühsommer.*

Die über Mitteleuropa wirksam werdenden Luftmassen haben ihren Ursprungsort fast immer außerhalb Europas. Sie besitzen also nicht mehr ihre ursprünglichen Eigenschaften, sondern sind auf dem Wege zu uns modifiziert, transformiert worden.

Luft, die große Strecken über das Meer (Atlantik, Nordmeer) zurückgelegt hat, bezeichnen wir als **maritim** (Abb. 5.19). Typisch für eine **maritime Luftmasse** sind ein hoher Feuchtigkeitsgehalt und damit verbunden Wolken- und Niederschlagsreichtum.

Demgegenüber zeichnen sich Luftmassen, die über das Festland heranströmen, durch geringe Feuchte und auch geringere Bewölkung, aber durch einen höheren Schwebstoffgehalt **(Aerosol)** aus. Daher ist es in **Luftmassen kontinentalen Ursprungs** vielfach dunstig.

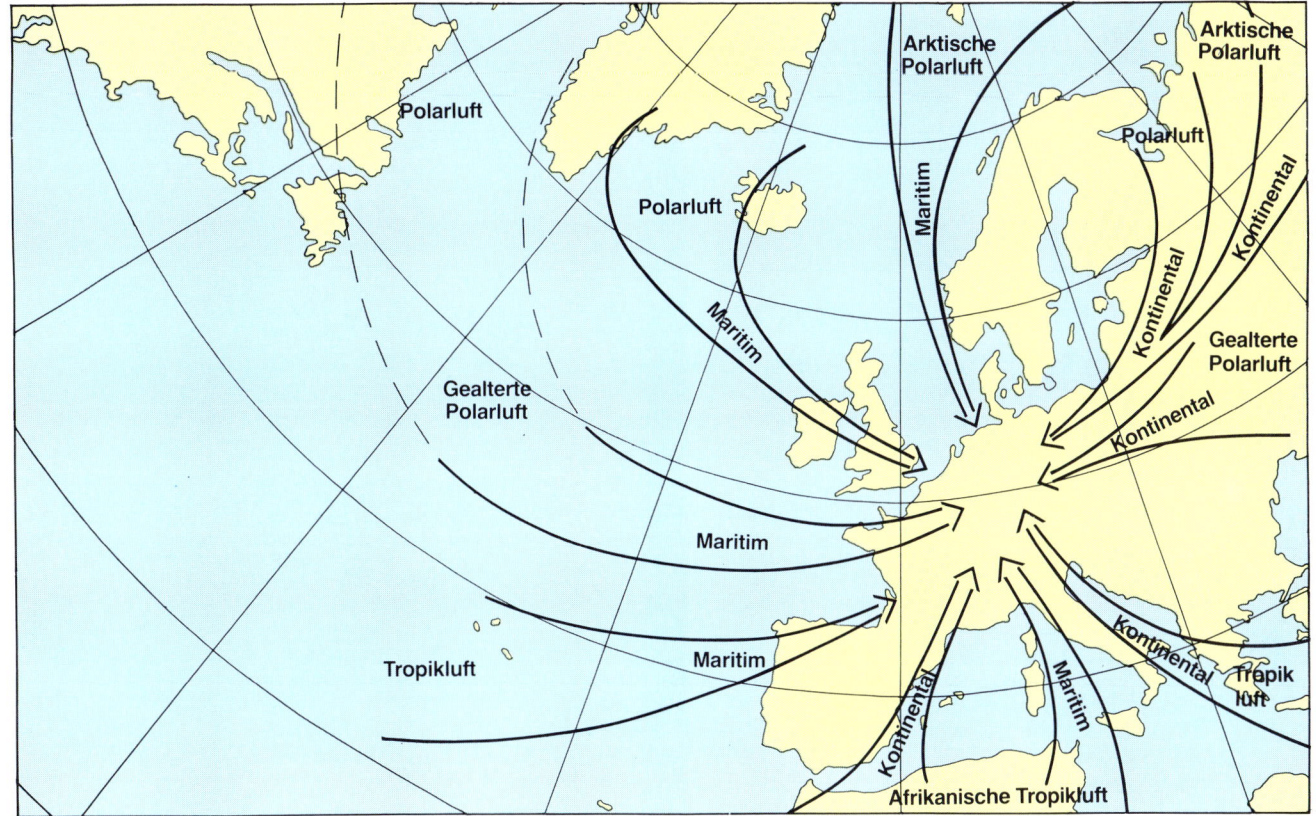

Abb. 5.19 Luftmassen über Europa und ihre Entstehungsgebiete

5.4 Die Entstehung von Zyklonen an der Polarfront

Die Entwicklung und Wanderung von Tief- und Hochdruckgebieten der gemäßigten Breiten sind eng mit den oben beschriebenen Strömungsverhältnissen in der mittleren und oberen Troposphäre verbunden.

Dabei kommt es sowohl der Diagnose als auch der daraus abzuleitenden Prognose des Wettergeschehens zugute, daß die Entwicklung dieser wandernden Druckgebilde nach bestimmten Regeln abläuft. Zwar liegen auch dieser Dynamik physikalische Gesetzmäßigkeiten zugrunde; doch da an den atmosphärischen Prozessen eine unübersehbare Zahl von Teilchen beteiligt sind, muß man zu vereinfachenden Modellen greifen, um die komplizierten Zusammenhänge wenigstens näherungsweise anschaulich machen zu können.

5.4.1 Die Idealzyklone

Obwohl die **Zyklogenese** - wie der Prozeß der **Tiefbildung** an der Polarfront in der Meteorologie auch bezeichnet wird – nicht

nach einem starren Schema abläuft, zeigt der Lebensweg der meisten Zyklonen doch einige typische, gemeinsame Merkmale.

Auf den engen Zusammenhang zwischen Entstehung und Entwicklung von Druckgebilden der gemäßigten Breiten und der planetarischen Frontalzone wurde schon hingewiesen (Kap. 5.1). Die Kenntnis über den Verlauf der Frontalzone setzt allerdings Karten der höheren Atmosphäre voraus, die nur über spezielle Faksimile-Ausstrahlungen zu beschaffen sind (Kap. 13). Es gibt jedoch Vorstellungen von der **Zyklonenentwicklung**, die sich nur auf die in den Bodenwetterkarten enthaltenen Informationen stützen.

Die Frontalzone bildet sich im Temperaturfeld im Meeresniveau als eine über weite Strecken zusammenhängende **Luftmassengrenze** ab, die Luftmassen polaren Ursprungs von Luftmassen der gemäßigten Breiten oder subtropischer Luft trennt. Dort, wo Warmluft gegen kältere Luft vorstößt, wandelt sich diese Grenze in eine **Warmfront** um; dort, wo kältere Luft die Warmluft verdrängt, bildet sich dagegen eine **Kaltfront.**

Die Entstehung von Warm- und Kaltfronten ist eng mit der Entwicklung der wandernden Zyklonen verknüpft. Es gilt zunächst herauszufinden, wo sich im Luftdruckfeld im Meeres-

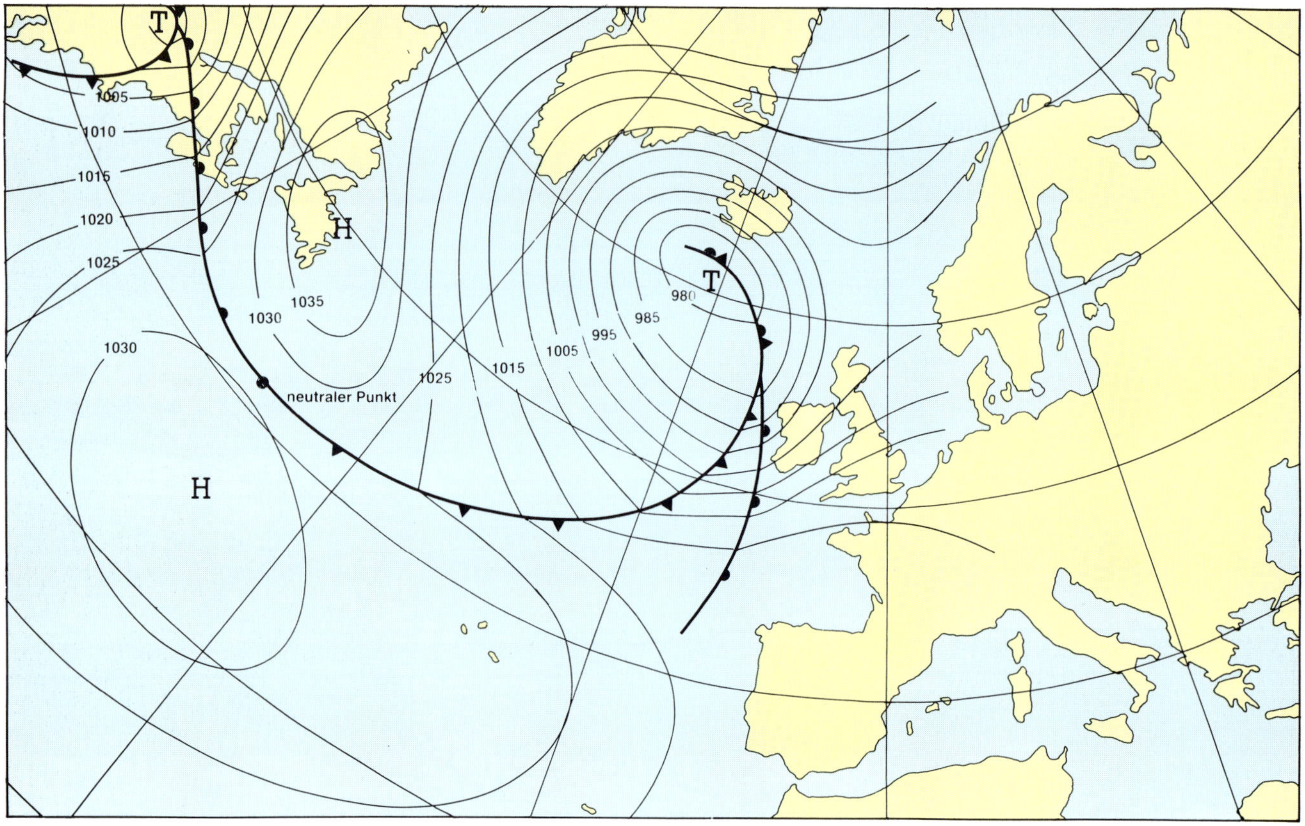

Abb. 5.20 Typische, großräumige Druckverteilung, die zu einer Zyklonenentwicklung führt

niveau entwicklungsgünstige Gebiete befinden, wo also in der mittleren und oberen Troposphäre Divergenz herrscht. Eine typische, für die Bildung von Zyklonen günstige Druckvertei- lung ist das sogenannte »Viererdruckfeld«, eine schachbrett- förmige Anordnung von Hoch- und Tiefdruckgebilden zu bei- den Seiten einer stationären (oder aber nur noch langsam schwenkenden) Front am Boden (Abb. 5.20). An der Ostflanke des polaren Hochkeils (H_p) fließt Kaltluft südwestwärts aus, während an der Westseite des Subtropenhochs (H_s) Warmluft nordostwärts vorstößt. Im Bereich des **Sattelpunktes** (S) kommt es zu einer Verschärfung der Temperaturgegensätze und damit zur Aktivierung der Bodenfronten (Abb. 5.21).
Der nun beginnende Prozeß der Zyklonenentwicklung führt zu einer wellenartigen Verbiegung der Bodenfront mit immer grö- ßer werdender Amplitude (Auslenkung); daher ist für das Anfangsstadium der Zyklonenentwicklung auch der Begriff **Wellenbildung (Welle, Frontalwelle,** gelegentlich auch **Wel- lenstörung)** gebräuchlich.
Deutliches Anzeichen für die einsetzende Wellenbildung ist die Ausweitung des frontalen Niederschlagsbandes auf der *kalten*

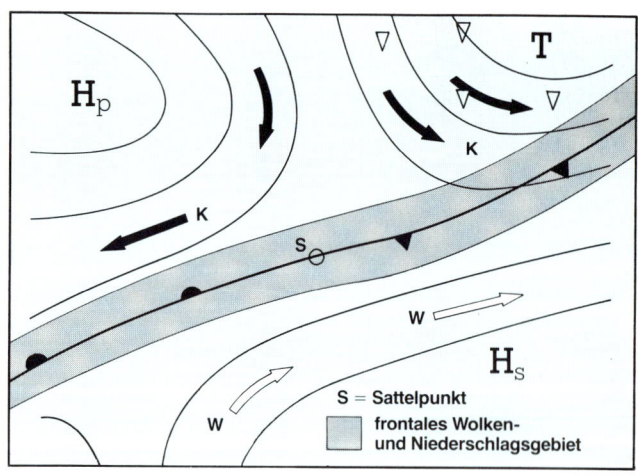

S = Sattelpunkt
frontales Wolken- und Niederschlagsgebiet

Abb. 5.21 Luftströmungen in der Umgebung des »neutralen Punktes« (Sattelpunkt)

Anfangsphase eines Aufzuges: Cirrostratus nebulosus mit Halo (siehe Anhang, Abb. 21) mit Altostratus translucidus (Abb. 13).

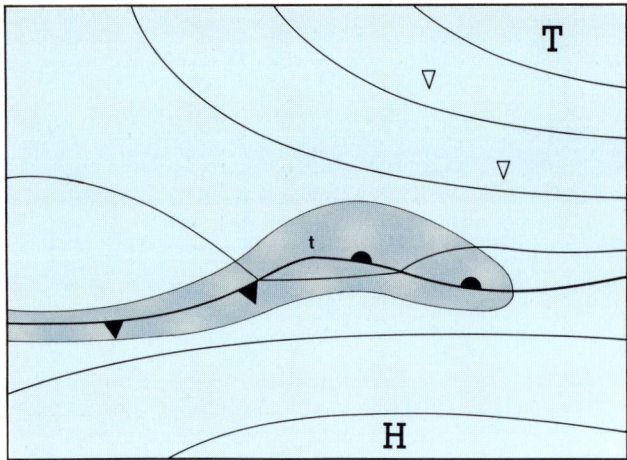

Abb. 5.22 Fortschreitende Wellenentwicklung

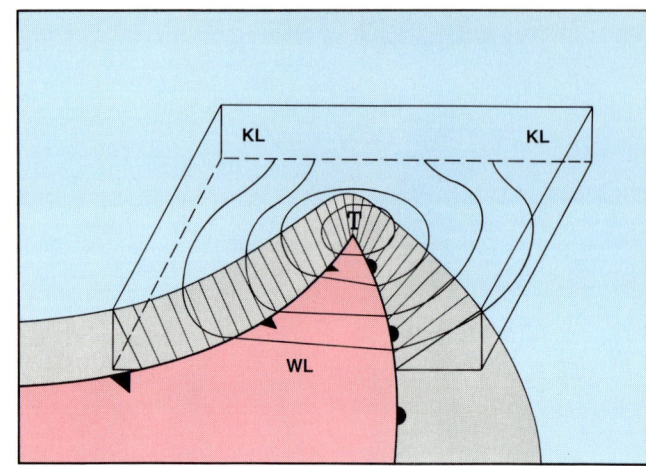

Abb. 5.24 Lage von Warm- und Kaltluft bei der Zyklonenbildung

Abb. 5.23 Satellitenbild (NOAA) vom 27.08.1988 mit alternder Zyklone bei Schottland und Wellenbildung westlich der Biskaya

Seite der Bodenfront. Verbunden mit *Druckfall* östlich des **Wellenscheitels** in der Warmluft oder *Druckanstieg* westlich davon in der Kaltluft entsteht nach einigen Stunden eine schwache zyklonale Zirkulation um den Wellenscheitel (Abb. 5.22). Östlich des Wellenscheitels – auf der Vorderseite der jungen Frontalwelle - dringt durch die eingeleitete Zirkulation Warmluft

gegen die Kaltluft nordöstlich des Scheitels vor; daher nimmt hier die Bodenfront den Charakter einer **Warmfront** an. Westlich des Wellenscheitels kommt die Kaltluft gegen die südlich der Luftmassengrenze fließende Warmluft voran; daher nimmt die Bodenfront hier den Charakter einer **Kaltfront** an. Ganz deutlich bildet sich diese beginnende Zyklonenbildung in Satellitenaufnahmen ab (Abb. 5.23: Im Satellitenbild vom 27.8.1988 westlich der Biskaya).

Im Laufe der weiteren Entwicklung der Welle wandert der Wellenscheitel rasch an der Bodenfront – meist in nordöstlicher Richtung – entlang. Die Verlagerungsgeschwindigkeit kann in einer winterlichen, kräftigen Frontalzone durchaus 50 Knoten erreichen. Infolge Reibungswirkung und der mit dem Vertiefungsprozess verbundenen Vertikalbewegungen schwenkt die Kaltfront wesentlich schneller um den Scheitelpunkt herum als die Warmfront. Dadurch nimmt die Warmluftmasse an der Südseite der Zyklone die typische Form eines in die Kaltluft ragenden Keils an (Abb. 5.24), es entsteht der sogenannte **Warmsektor.** In diesem Entwicklungsstadium wird das Tief daher auch als **Warmsektorzyklone** bezeichnet (Abb. 5.25).

Die auf der Vorderseite der Zyklone gehobene Warmluft (man kann sich die resultierende Bewegung auch als Aufgleiten der Warmluft auf die Kaltluft vorstellen) bildet ein mehrere hundert Kilometer breites **präfrontales** Wolkengebiet **(Aufgleitschirm)** mit einem ausgedehnten Niederschlagsfeld (Abb. 5.26: Satellitenbild vom 27.05.1984 südwestlich von Grönland). An der Kaltfront bleibt häufig nur ein schmales Wolkenband bestehen, da die nachfolgende Kaltluft großräumig langsam absinkt. Daher reißt nach Kaltfrontpassage – also auf der Rückseite der Kaltfront **(postfrontal)** - die Bewölkung meist rasch auf.

Bei der Warmsektorzyklone wird der Kern von mehreren Isobaren umschlossen. Kräftiger Druckfall vor der Warmfront und im Kernbereich signalisieren eine immer weitere Vertiefung der Zyklone, die mit einer Intensivierung der Zirkulation verbunden ist. Mit dem Vertiefungsprozess verlangsamt sich die Zyklone

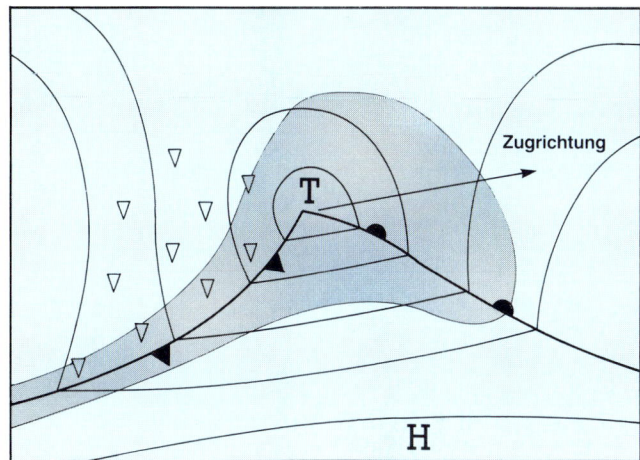

Abb. 5.25 Warmsektorzyklone

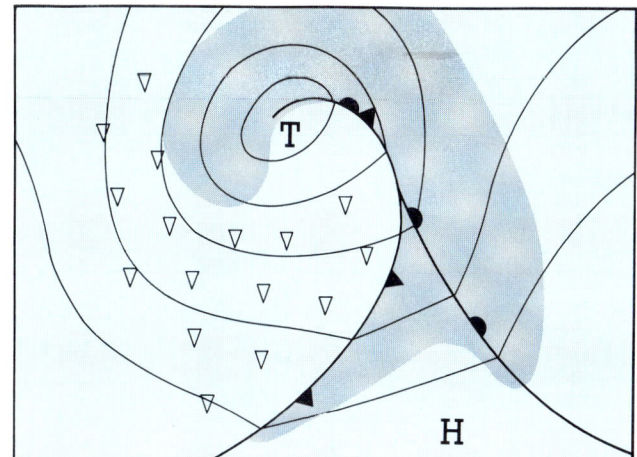

Abb. 5.27 Beginn des Okklusionsprozesses

Abb. 5.26 Satellitenbild (NOAA) vom 27.05.1984 mit Zyklonenentwicklung (Warmsektorzyklone) über der Labradorsee

kernnahen Bereich – ein. Dieser Vorgang wird **Okklusion** genannt. Physikalisch bedeutet er, daß die Kaltluft – die sich ja wie ein Keil unter die Warmluft schiebt – beginnt, die leichtere Warmluft in die Höhe abzudrängen. Der »Verzweigungspunkt« von Warm- und Kaltfront in der Bodenwetterkarte wird als **Okklusionspunkt** bezeichnet. Im Laufe der weiteren Entwicklung der Zyklone wird auch in weiter außen liegenden Bereichen die Warmluft angehoben, d.h der Okklusionspunkt wandert an der Kaltfront entlang nach außen. Dort, wo in der Höhe die Warmluft als schmale Zunge lagert, bleibt ein Schlechtwettergebiet mit allen Eigenschaften einer Bodenfront erhalten; man bezeichnet diesen Frontabschnitt als **Okklusionsfront**, oder kurz ebenfalls als **Okklusion** ▲▲ (Abb. 5.27).

Auch im folgenden Satellitenbild vom 27.05.1984 (Abb. 5.28) ist der mächtige Aufgleitschirm vor der Okklusion und der Warmfront deutlich zu erkennen.

Mit einsetzendem Okklusionsprozeß beginnt der Energievorrat, aus dem die Zyklone ihre Bewegungsenergie schöpft, allmählich zu versiegen. Dennoch kann sich der Vertiefungsprozeß noch eine Weile erhalten. Die Zyklone steuert auf den Höhepunkt ihrer Entwicklung zu: Während in einem meist kleinen Kernbereich schwache, umlaufende Winde beobachtet werden, erreicht die Windgeschwindigkeit im Randbereich des Kerns bei gut entwickelten Zyklonen schon Sturmesstärke. Erst in größerem Abstand vom Kern fällt die Windgeschwindigkeit allmählich ab.

Durch Überlagerung des radialen Profils der Windgeschwindigkeit in einer Zyklone mit ihrer Verlagerungsgeschwindigkeit erhalten die Bodenfronten ihre typische Form (Abb. 5.29). Während die Fronten im Kern mit dessen Geschwindigkeit vorankommen, nimmt ihre Verlagerungsgeschwindigkeit mit zunehmendem Kernabstand zunächst stark zu, und nimmt weiter außen allmählich wieder ab.

Während des Okklusionsprozesses umrundet die Kaltluft in den unteren Atmosphärenschichten den Kern. Dadurch schwenkt auch die Okklusion zyklonal um den Kern herum, der

allmählich; die häufigste Verlagerungsgeschwindigkeit beträgt 25 bis 30 kn. Die Verlagerungsrichtung läßt sich gut aus der analysierten Bodenwetterkarte vorhersagen: Die Warmsektorzyklone verlagert sich in Richtung der Isobaren des Warmsektors **(Warmsektorregel)**.

Da die Kaltfront den Kern der Zyklone erheblich schneller als die Warmluft umrundet, holt sie die Warmfront – zunächst im

Abb. 5.28 Satellitenbild (NOAA) vom 27.05.1984 mit okkludierender Zyklone über der Labradorsee

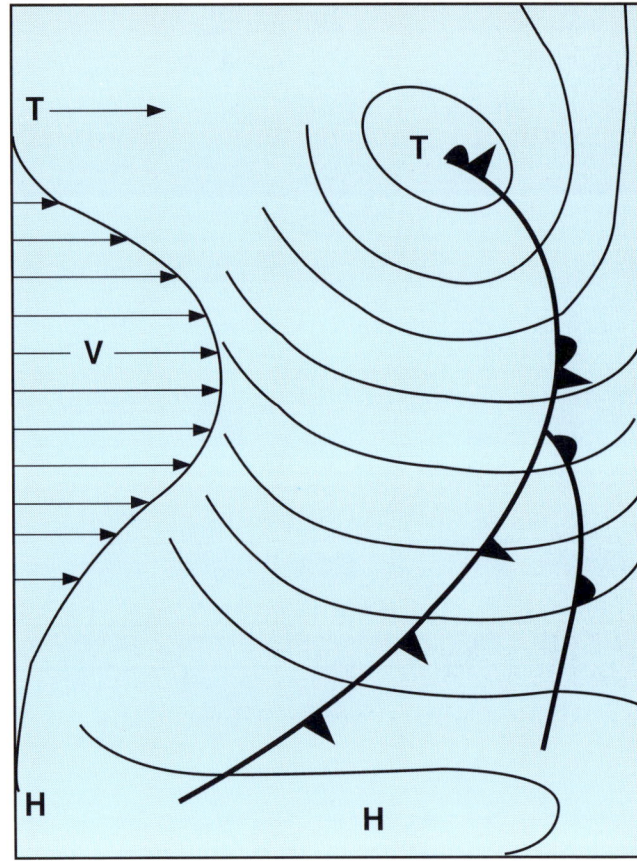

Abb. 5.29 Das meridionale Windprofil und seine Auswirkungen auf den Frontverlauf

dann häufig in einem *wolkenarmen* Gebiet liegt (Abb. 5.30, Abb. 5.23: Im Satellitenbild vom 27.8.1988 nordwestlich von Schottland).

Insbesondere bei kräftigen Sturmzyklonen setzt häufig auf der Rückseite des Kerns erneut Druckfall ein. Dies ist ein Indiz dafür, daß die Warmluft aufgrund der intensiven Zirkulation den Tiefkern an seiner Nordseite umrundet hat. Druckfall in der herumgeführten Warmluft und Druckanstieg in der nach Süden vorstoßenden Kaltluft lassen eine schmale Zone starker Isobarendrängung mit heftigen Niederschlägen und besonders hohen Windstärken entstehen (Kap. 5.8: Entwicklung von Sturmzyklonen). Als Folge der Luftdrucktendenzen verlagert sich auch der Kern in den rückwärtigen Bereich des Tiefs.

Da die zyklonale Zirkulation – die ja anfangs im wesentlichen das Strömungsmuster in der bodennahen Reibungsschicht bestimmte – allmählich auch die mittlere Troposphäre erfaßt, verwirbeln Warm- und Kaltluft miteinander um eine vertikale Rotationsachse: Es entsteht in der Höhe die für den okkludierten Zustand einer Zyklone typische Wolkenspirale (Abb. 5.31). Das Tief besitzt nun mehrere, unter Umständen 10 und mehr geschlossene Isobaren. Es verlagert sich jetzt nur noch verhältnismäßig langsam. Oft wandelt sich es sich in ein stationäres **Steuerungszentrum** um, wobei an seiner Kaltfront neue Wellen entstehen, die dann als Randtief prinzipiell die gleiche Entwicklung durchmachen wie die ursprüngliche Zyklone.

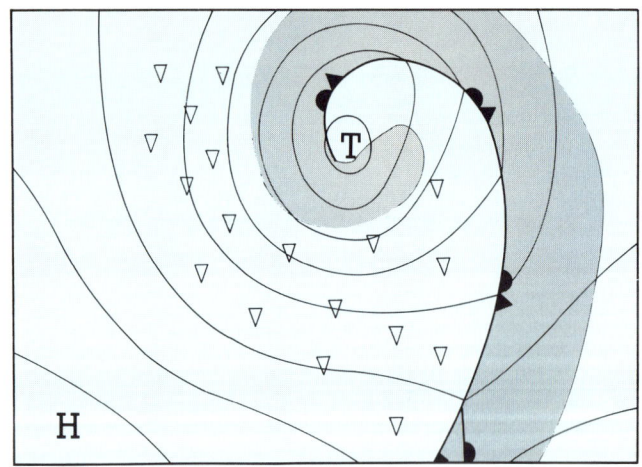

Abb. 5.30 Steuerndes Tief mit Wolkenspirale

Abb. 5.31 Satellitenbild (METEOSAT) vom 08.10.1982 mit Steuerungszentrum

Ob eine Zyklone den gesamten, hier aufgezeigten Lebensweg bis hin zum steuernden Tief durchläuft, hängt von verschiedenen thermischen und dynamischen Bedingungen ab. Ausschlaggebend ist die Intensität der Frontalzone, mit anderen Worten der Temperaturunterschied zwischen den beteiligten Luftmassen.

Als Zyklonen bezeichnet man die wandernden Tiefdruckgebilde der gemäßigten Breiten. Zyklonen bilden sich aus Wellen an der Polarfront, die in den mittleren Breiten den Erdball umspannt.
Zyklonen im Anfangsstadium ihrer Entwicklung verlagern sich häufig sehr rasch. In einer kräftigen Frontalzone erreichen sie bis zu 50 kn.
Eine Warmsektorzyklone verlagert sich in Richtung der Strömung im Warmsektor. Ihre Zuggschwindigkeit beträgt im Mittel etwa 25 bis 30 kn.
Tiefdruckgebilde mit vielen abgeschlossenen Isobaren oder mit starken Luftdruckgradienten an allen Seiten verlagern sich nur noch langsam oder werden stationär.

5.4.2 Energetik der Zyklonenbildung

Anders als die *tropischen Zyklonen* (Kap. 7.3), in denen latente und sensible Wärme der wassernahen Luftschicht die Quelle der Bewegungsenergie sind, schöpft die **außertropische Zyklone** ihre Energie aus dem Nebeneinander unterschiedlich temperierter Luftmassen.

Das Prinzip dieser Energieumwandlung läßt sich an einem einfachen Modell verständlich machen:

In einem Gefäß befinden sich zwei nicht mischbare Flüssigkeiten unterschiedlicher Dichte, durch eine Wand getrennt, nebeneinander (Abb. 5.32 a). Die spezifisch schwerere repräsentiert eine kalte, die leichtere eine warme Luftmasse. Zieht man nun die Trennwand langsam heraus, so setzt in dem Gefäß eine Zirkulation ein. Die dichtere Flüssigkeit breitet sich am Boden aus und schiebt sich unter die leichtere. Durch Reibung an den Gefäßwänden stellt sich nach kurzer Zeit wieder Ruhe ein, aber die Grenzfläche zwischen beiden Flüssigkeiten ist nicht mehr vertikal sondern horizontal (b).

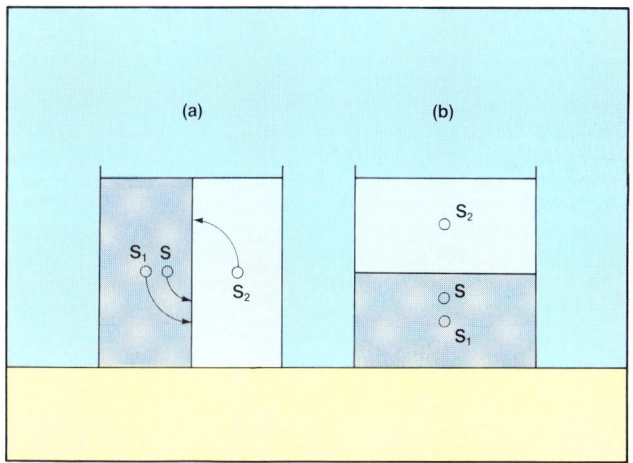

Abb. 5.32 Modell zur Energieumwandlung in der Zyklone: (a) Anfangszustand, (b) Endzustand

Betrachtet man die Wanderung des Gesamtschwerpunkts (S) beider Massen, so sieht man rasch, daß er im Endzustand *niedriger* liegt als zu Beginn unseres Experiments. Daher besitzen die Flüssigkeiten in der neuen Ruhelage eine geringere **potentielle Energie** als im Ausgangszustand. Die Differenz wurde in Strömungsenergie also **kinetische Energie** umgewandelt.

Auch in einer außertropischen Zyklone wird kinetische Energie aus potentieller Energie gewonnen. Je größer daher der Dichteunterschied – der Temperaturunterschied – zwischen den beteiligten Luftmassen einer Zyklone ist, desto mehr kinetische Energie kann erzeugt werden. Wegen der Erdrotation überlagert sich allerdings der Vertikalzirkulation (um eine horizontale Achse) eine um Größenordnungen stärkere Horizontalzirkulation: Es bildet sich ein Wirbel mit einer *geneigten Achse*.
Die Vertikalzirkulation findet ihren Ausdruck in der Hebung der Warmluft in Tiefkernnähe und auf der *Vorderseite* sowie in den

Absinkprozessen im Bereich der **Rückseitenkaltluft.** Die Hebungsprozesse spielen sich im wesentlichen im Bereich der Frontflächen ab.

Die schon erwähnte (rückwärtige) Neigung der Rotationsachse hat zur Folge, daß während der **Zyklogenese** das Höhentief nicht über dem Tief, sondern halbwegs zwischen nachfolgendem Bodenhochkeil und Tief am Boden liegt. Wie schon im Rahmen der Zirkulation beschrieben, entstehen Zyklonen vorzugsweise auf der kalten Seite im Delta der Frontalzone; dort, wo die Luftbahnen aus dynamischen Gründen divergieren, herrscht Massenabfluß, der in der Entwicklungsphase einer Zyklone durch das bodennahe Einströmen **(Konvergenz)** nicht kompensiert wird (Abb. 5.14). Es kommt daher in der Luftsäule über dem Bodentief zu einem Netto-Massenabfluß, der zur Vertiefung der Zyklone führt.

Der Alterungsprozeß der Zyklone besteht in einem Abheben der Warmluft und der Bildung einer bodennahen Kaltluftschicht. Mit dem Abbau der horizontalen Temperaturgegensätze erschöpft sich der umwandelbare Energievorrat der Zyklone. Zwar bleibt aufgrund der Trägheit die Zirkulation noch eine Weile aufrechterhalten; da jedoch der Antrieb fehlt, gewinnen die Reibungskräfte allmählich die Oberhand.

Im Endstadium der Zyklonenentwicklung hat sich das Tief in der unteren Atmosphäre vollständig mit Kaltluft gefüllt, während die Warmluft aufgrund ihrer geringeren Dichte in die Höhe abgedrängt wurde. Da in der kalten Luftmasse der Luftdruck mit zunehmender Höhe rascher abnimmt als in wärmerer Luft, liegt am Ende über dem Tiefdruckgebiet am Boden ein Höhentief.

Dynamisch gesehen verlagert sich der Kern der Zyklone allmählich unter das Zentrum des Höhentiefs. Dadurch gerät das Bodentief unter ein dynamisch wenig aktives Gebiet. Da die Divergenz in der Höhe fehlt, kommt es durch das bodennahe Einströmen von Luft in das Tief zu einem Netto-Massenzufluß in der Luftsäule darüber und damit zur Auffüllung.

Die Zyklonen besitzen also eine Doppelnatur: Einerseits sind sie Gebilde tiefen Luftdrucks (relativ zu ihrer Umgebung), also Tiefdruckgebiete, andererseits atmosphärische Wirbel, die Luftmassen in ihrem Bereich auf zyklonale Bahnen zwingen.

Die Achsenneigung während der Zyklonenentwicklung ist Ausdruck unterschiedlich temperierter Luftmassen im Bereich des Tiefs. Als Folge stellen sich in den verschiedenen Atmosphärenschichten unterschiedliche Strömungsverhältnisse ein.

Da in warmer Luft der Druck mit der Höhe langsamer abnimmt als in kalter Luft, ist die Dicke einer Schicht, die von zwei Druckflächen eingeschlossen wird, um so größer, je wärmer die Luftschicht ist (Abb. 5.33). Mit anderen Worten: Die **Schichtdicke** ist proportional zur **Schichtmitteltemperatur.** Vermindert sich beispielsweise die Mitteltemperatur der Schicht zwischen der 1000-hPa- und der 500hPa-Fläche um 1°C, so verringert sich der Abstand zwischen beiden Flächen

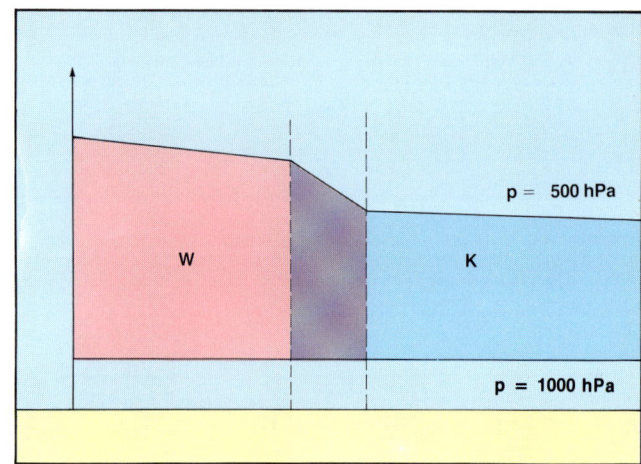

Abb. 5.33 Verlauf der Druckflächen in unterschiedlich temperierten Luftmassen

um 20 m. Nach der Standardatmosphäre beträgt die Dicke dieser Schicht etwa 5500 m.

Während der Zyklonenentwicklung wird nicht nur das Strömungsfeld wellenförmig deformiert; diese Deformation des Druckfeldes in 500 hPa ist vielmehr die Folge einer Deformation des Temperaturfeldes in der unteren Atmosphärenhälfte (Abb. 5.34). Auf der *Vorderseite* des Bodentiefs, also vor der Warmfront, weht der Wind von höheren Werten der Schichtmitteltemperatur zu niedrigeren. Auf der *Rückseite* des Tiefs, hinter der Kaltfront, ist es umgekehrt, hier weht der Wind von niedrigen zu hohen Werten der Schichtmitteltemperatur. Im Warmsektor verlaufen Isobaren im Meeresniveau und Isothermen annähernd parallel.

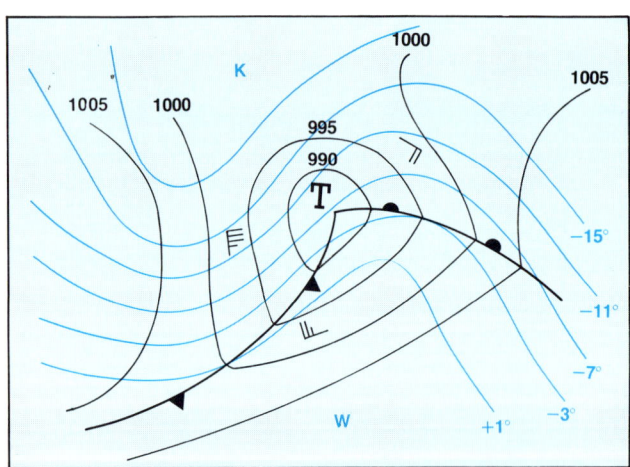

Abb. 5.34 Strömungsfeld in Bodennähe und Isothermen der Schichtmitteltemperatur einer sich entwickelnden Zyklone

Wir entnehmen daraus, daß vor dem Tief Kaltluft durch Warmluft ersetzt wird, daher **Warmluftadvektion** herrscht. Auf der Rückseite des Tiefs wird dagegen Warmluft durch Kaltluft ersetzt, was **Kaltluftadvektion** entspricht.

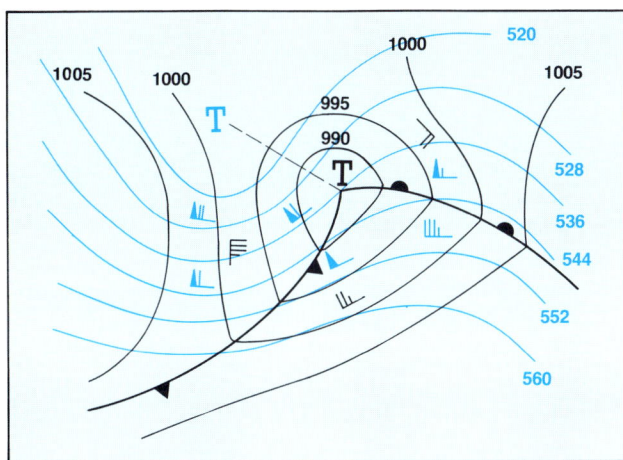

Abb. 5.35 Strömungsfeld in Bodennähe und im 500-hPa-Niveau einer sich entwickelnden Zyklone

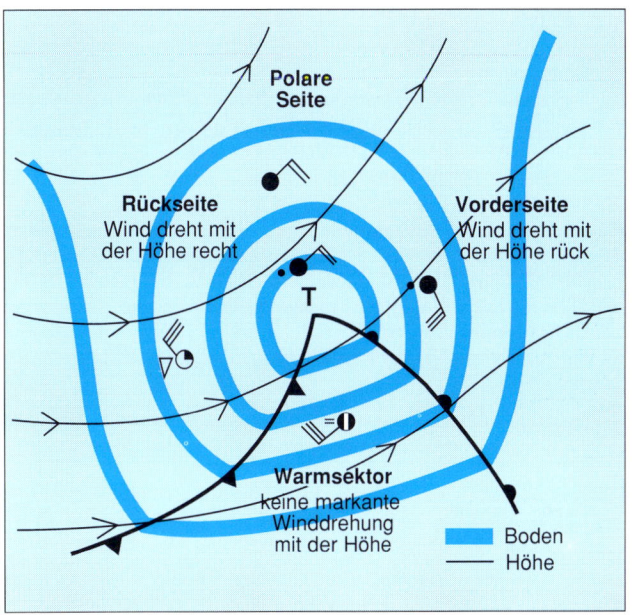

Abb. 5.36 »Querwindregel«

Da die Schichtmitteltemperaturen nur stellvertretend für die entsprechenden Dicken der Schicht 500 über 1000 hPa stehen, kann man aus der Höhe der 1000-hPa-Fläche über NN und Schichtdicke sofort die Höhe der 500-hPa-Fläche berechnen. Es ergibt sich das schon bekannte Strömungsmuster eines Höhentroges, auf dessen Vorderseite das Tief in der 1000-hPa-Fläche liegt (Abb. 5.35). Verbindet man Bodentief und Zentrum des Höhentroges, so ergibt sich die beschriebene rückwärtige Neigung der Wirbelachse.

Im Lauf der Entwicklung der Zyklone werden Temperatur- und Strömungsfeld immer stärker deformiert. Sowohl der Höhentrog als auch das Tief im Meeresniveau schwenken ostwärts. Allerdings verlagert sich das Bodentief relativ zum Höhentrog: Es wandert zur kalten Seite und liegt am Ende der Entwicklung unter dem Höhentrog. Dadurch geht die dynamische Steuerung der Zyklonenentwicklung durch die Höhenströmung verloren und das Tief verlangsamt sich.

Doch kommen wir zurück zur Praxis: Die recht komplizierten Strömungsverhältnisse in den verschiedenen Schichten lassen sich in einer einfachen Regel (in der Literatur bisweilen auch als »**Querwindregel**« bezeichnet) zusammenfassen:

Auf der Vorderseite eines Tiefs dreht der Wind mit der Höhe recht; er führt wärmere Luft heran.
Auf der Rückseite eines Tiefs dreht der Wind mit der Höhe rück; er führt kältere Luft heran.

Dem aufmerksamen Beobachter erschließt sich die Winddrehung mit der Höhe aus dem Bewegungsbild der Wolken, die – soweit es sich nicht um die massive frontnahe Bewölkung handelt – sich mit den herrschenden Winden verlagern. Ziehen beispielsweise die Wolken des tiefen Stockwerks aus Süd heran, während die hohe Bewölkung (Cirren) auf eine Südwestströmung schließen läßt (Rechtdrehen des Windes), so befindet man sich auf der Ostseite eines heranziehenden Tiefdruckgebietes und man muß in den nächsten Stunden mit (weiterer) Bewölkungszunahme und der Annäherung einer Warmfront oder Okklusion rechnen (Abb. 5.36).

Dreht der Wind dagegen von Nordwest in unteren Schichten auf West oder Südwest in der Höhe, so herrscht Kaltluftadvektion, wir befinden uns auf der Rückseite des Tiefs in Kaltluft. Bei weiterer Kaltluftzufuhr ist mit einer Verstärkung der Quellbewölkung und mit Schauern sowie Windböen (s. Kap. 7.1) zu rechnen. Auf keinen Fall sollte man den Wind im Meeresniveau als Bezugsrichtung verwenden. Durch die Reibung des Windes an der Erdoberfläche entsteht ein Rechtdrehen des Windes mit der Höhe von 20 bis 45° – je nach Entfernung zur Küste (s. Kap. 3.2). Selbst die Zugrichtung sehr tiefer Wolken kann noch durch die Bodenreibung beeinflußt sein, so daß es sich empfiehlt, die vorstehende Regel nur bei markanten Windrichtungsunterschieden (> 45 °) anzuwenden.

Selbstverständlich ist die Beobachtung des Wolkenzuges nur *ein* Hinweis auf bevorstehende Wetteränderungen; zusätzlich sind auch die anderen Wetterelemente (Druck, Temperatur) sorgfältig zu beobachten.

5.5 Fronten

Die Fronten – das wurde schon gesagt – stellen schmale Übergangszonen dar, die unterschiedlich temperierte Luftmassen trennen (Abb.5.37 – 5.39). Sie sind deutlich ausgeprägt im Einflußbereich von Tiefdruckgebieten, während sie sich in Hochdruckgebieten häufig auflösen. Innerhalb der Zyklone treten die stärksten Wetteraktivitäten in der Nähe der Bodenfronten auf. Art und Intensität der frontgebundenen Wettererscheinungen sind vielfältig und hängen wesentlich von der Temperaturdifferenz der beteiligten Luftmassen ab. Zusätzlich spielen die Bodenbeschaffenheit (Land, Meer, Eis, Schnee, Gebirge u.a.m.) sowie die solaren Strahlungsverhältnisse (Jahreszeit) eine große Rolle.

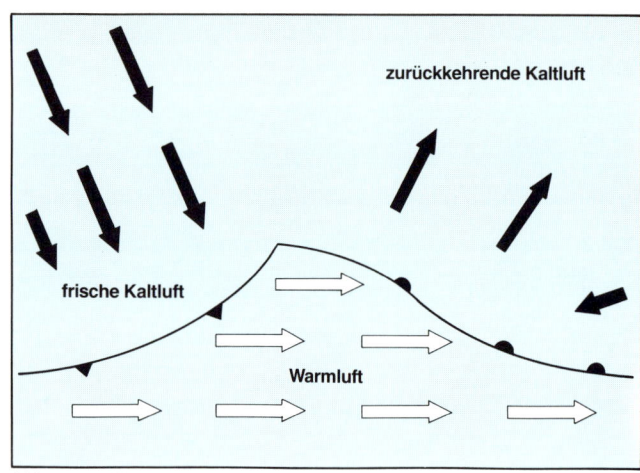

Abb. 5.39 Warmsektor

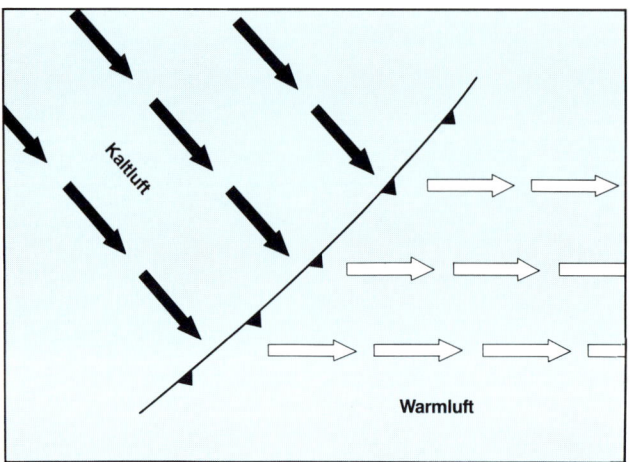

Abb. 5.37 Kaltfront

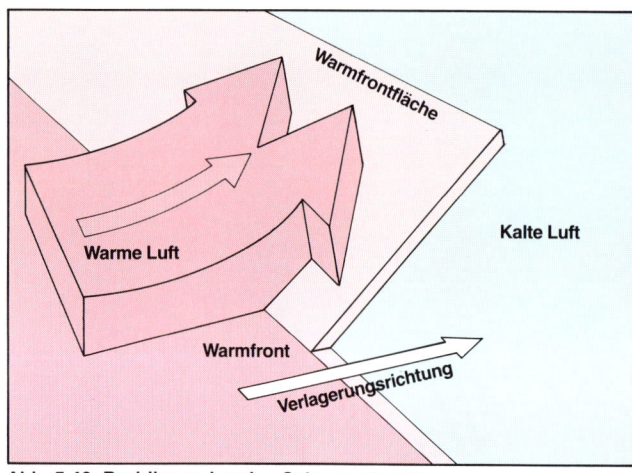

Abb. 5.40 Dreidimensionales Schema einer Warmfront

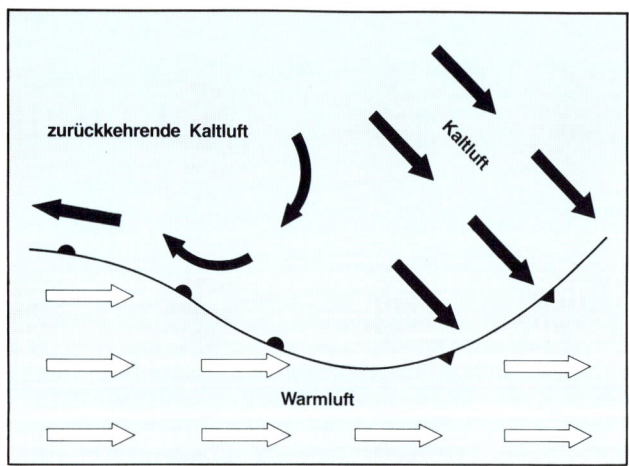

Abb. 5.38 Kaltfront, in eine Warmfront übergehend

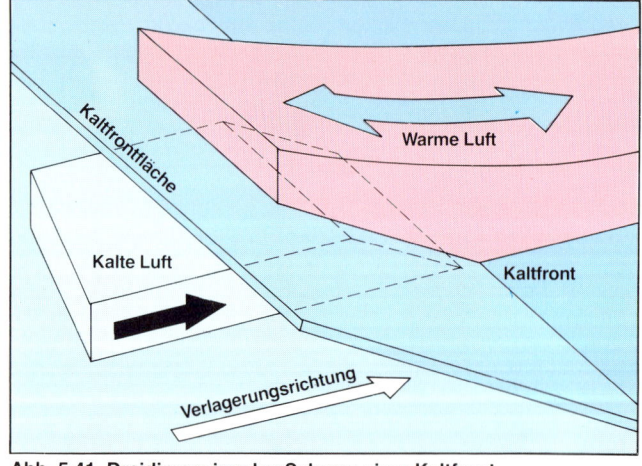

Abb. 5.41 Dreidimensionales Schema einer Kaltfront

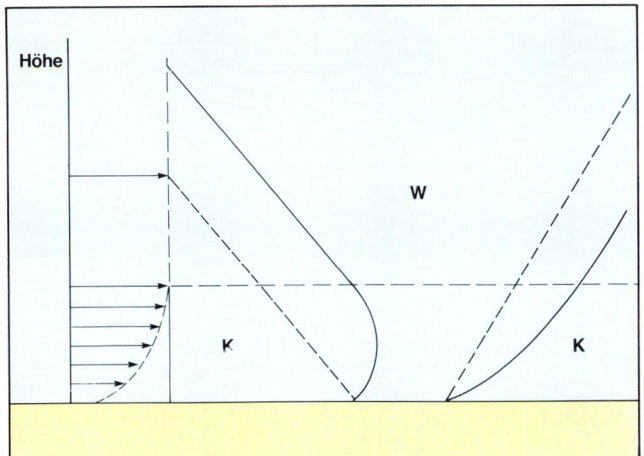

Abb. 5.42 Krümmung der Frontflächen im Querschnitt

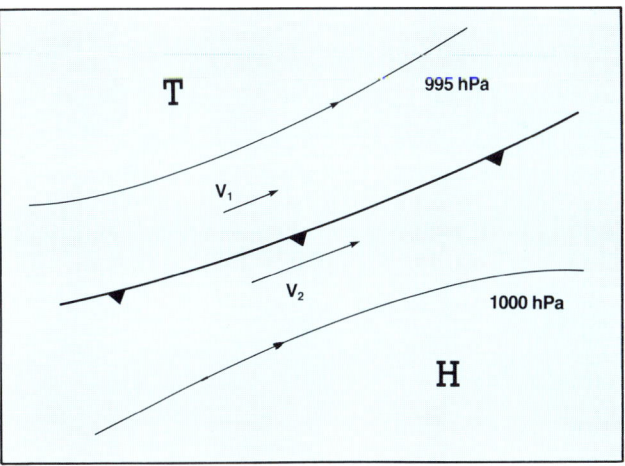

Abb. 5.44 Zyklonale Windscherung

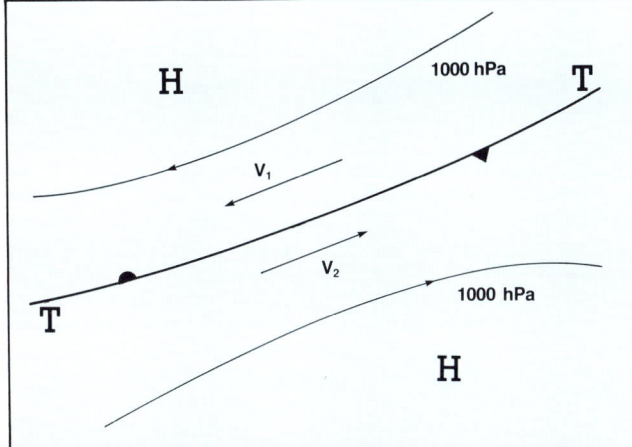

Abb. 5.43 Tiefdruckrinne mit stationärer Bodenfront

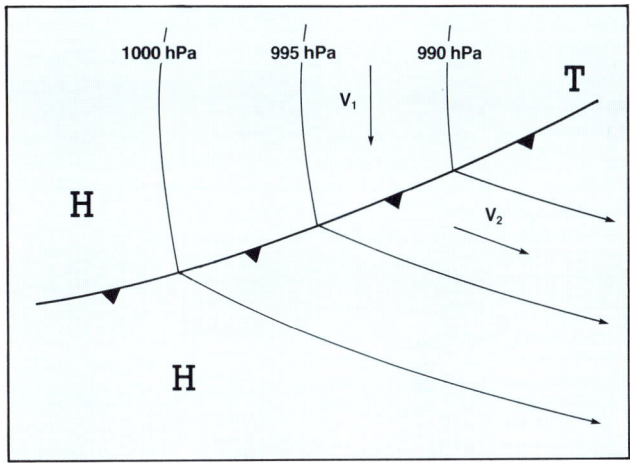

Abb. 5.45 Zyklonale Isobarenkrümmung

5.5.1 Verlagerung von Fronten

Bisher wurde die Front in der horizontalen Ebene betrachtet. Im Raum stellt sie sich idealisiert als Fläche, tatsächlich als mehr oder weniger breite Übergangszone dar, die gegen den Untergrund geneigt ist (Abb. 5.40, Abb. 5.41). Dabei liegt die kältere Luft aufgrund der größeren Dichte (d.h. sie ist schwerer als die warme Luft) keilförmig unter der wärmeren Luft. Die **Frontfläche** hat eine mittlere **Neigung** von 1:150 mit einer Bandbreite von 1:50 (steil) und 1:300 (flach). Wegen der Wirkung der Reibung und des damit verbundenen Windprofils ist die Frontfläche nicht eben, sondern gekrümmt (Abb. 5.42). Die Warmfront hat im Vergleich zur Kaltfront eine geringere Neigung.

Im Druckfeld findet man die Front
 – in einer **Tiefdruckrinne** (Abb. 5.43)
 – im Bereich zyklonaler Scherung bei gleichgerichteter Strömung (das ist dort der Fall, wo der Wind zum tiefen Druck hin abnimmt (Abb. 5.44)
 – im Bereich zyklonaler Krümmung mit einer Ausbuchtung der Isobaren zum hohen Druck hin (Abb. 5.45).
Eine Front verlagert sich mit der frontsenkrechten Komponente des Bodenwindes.

Da der wahre Bodenwind oft nicht genau bekannt ist, benutzt man zur Bestimmung der Verlagerungsrichtung und -geschwindigkeit den *geostrophischen Wind* an der Front (Abb.

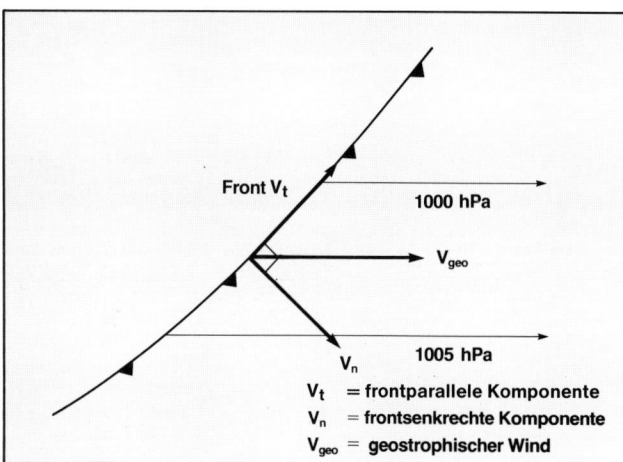

Abb. 5.46 Schema der Verlagerung von Fronten

Die Verlagerungsgeschwindigkeit ist außerdem vom Abstand zum Tiefzentrum abhängig: Sie ist nahe dem Zentrum geringer, da hier wegen starker zyklonaler Krümmung der Isobaren der Wind subgeostrophisch ist. Wenn dagegen die Strömung stärker antizyklonal gekrümmt ist, kann sich die Kaltfront schneller verlagern, da der Wind supergeostrophisch ist (s.a. Kap. 5.4.1). Insbesondere bei langsam schwenkenden Fronten, die nur wenige Isobaren schneiden, die also nur eine geringe frontsenkrechte Geschwindigkeit besitzen, kann man die Verlagerungstendenz auch aus dem Drucktendenzfeld abschätzen. Die **Drucktendenz** gibt an, um wieviel hPa der Druck in einem bestimmten Zeitintervall gefallen oder gestiegen ist. In den Wetterkarten sind die Druckänderungen *(Drucktendenzen)* immer auf die vergangenen *drei Stunden* bezogen und in zehntel hPa angegeben. Ihre Darstellung in Kartenform läßt qualitative Aussagen über die Verlagerungsrichtung und -geschwindigkeit zu.

5.46). Man kann ihn in zwei Komponenten derart zerlegen, daß die eine senkrecht auf der Front steht **(frontsenkrechte Komponente)** und die andere frontparallel **(frontparallele Komponente)** verläuft.

Für die Praxis sind **geostrophische Windlineale** berechnet worden, die es ermöglichen, die frontsenkrechte Verlagerungsgeschwindigkeit direkt aus der Wetterkarte zu entnehmen (Abb. 5.47).

Die so ermittelte Geschwindigkeit muß noch wegen der Bodenreibung und der Zirkulationen an der Frontfläche korrigiert werden:

> Kaltfronten verlagern sich mit etwa 80% bis 100% der frontsenkrechten Komponente, Warmfronten nur mit 50% bis 70%.

> Die Front verlagert sich in Richtung des stärksten Druckfalls, und die Geschwindigkeit ist um so größer, je stärker der Unterschied im Tendenzfeld vor und hinter der Front ist.

Starker Druckfall vor der Front und starker Druckanstieg hinter der Front bedeuten also eine hohe Geschwindigkeit. Wenn sich ein Tief sehr stark vertieft, verlangsamt sich allmählich seine Zuggeschwindigkeit und damit auch das zugehörige Frontensystem.

An den Fronten entstehen Zirkulationen, die man als Aufgleit- und Abgleitbewegungen beschreiben kann. Das **Aufgleiten** wird besonders deutlich an der Warmfront. Hier gleitet die warme Luft an der kalten auf, weil die wärmere Luft leichter ist. Im folgenden Abschnitt sind mögliche Bewegungen von Warm- und Kaltluft in den Bildern von Frontenmodellen dargestellt.

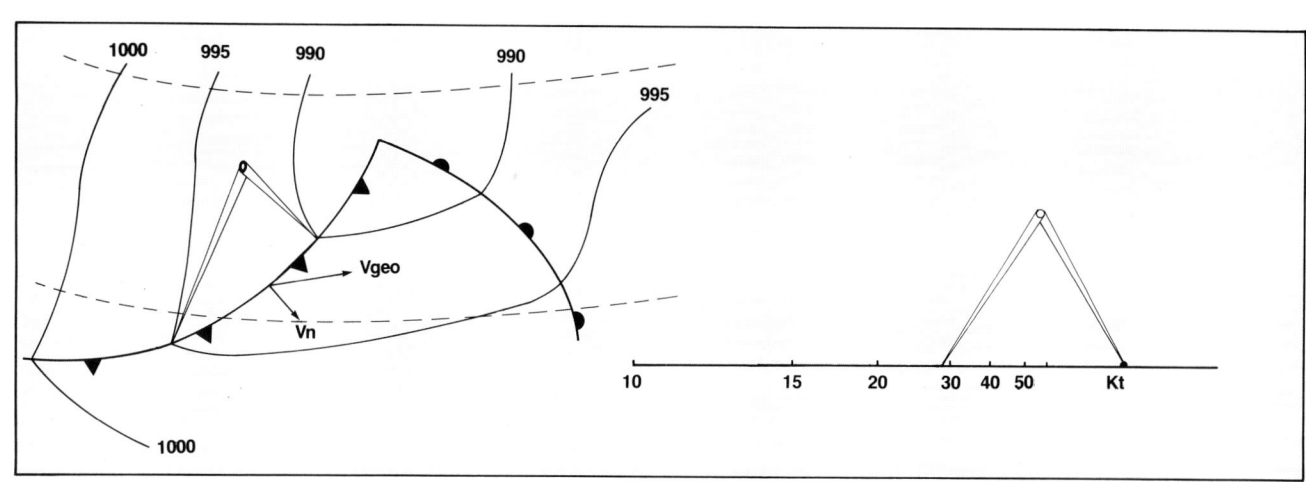

Abb. 5.47 Bestimmung der Verlagerungsgeschwindigkeit von Fronten mit Hilfe des geostrophischen Windlineals

5.5.2 Modellbilder von Fronten

Wie schon angedeutet wurde, sind mit Fronten häufig ausgeprägte Wetteraktivitäten verbunden. In der Praxis möchte der Leser seine theoretischen Kenntnisse von Fronten nutzen, um sich aufgrund von Wetter- und Wolkenbeobachtungen ein Bild von der allgemeinen Wettersituation und einer möglichen Entwicklung zu machen. Hierzu können Modellvorstellungen dienen, die die Verteilung und Veränderung der meteorologischen Parameter (Wind, Feuchte, Temperatur, Druck, Sicht, Wolken und Niederschlag) im Bereich der Front wiedergeben. Es muß aber betont werden, daß es sich um Modelle handelt, die der wirklichen Struktur nur näherungsweise gerecht werden. Es sind viele Zwischenformen möglich. Das Erfassen und Extrapolieren einer bestimmten Wetterlage mit Hilfe der Wetterbeobachtung und ihre Interpretation durch die nachfolgend erläuterten Modelle sind aber ein zusätzliches und oft gutes Hilfsmittel zur eigenen Kurzprognose.

Die nebenstehende Abbildung (Abb. 5.48) zeigt des Idealbild einer Zyklone in mehreren Ansichten. Es ist geeignet, den idealen Wetterablauf im Bereich Westeuropa/Nordatlantik zu vermitteln.

Man erkennt zunächst im oberen Teil die weit vorgreifende Aufgleitbewölkung (sie kann ca. 600 bis 800 km vor der Warmfront beginnen). Es schließt sich kompakte Bewölkung (ab etwa 500 km) mit Niederschlägen (Regen oder Schnee) an. Im Warmsektor wird die Bewölkung dünner und lockert auf. Hier fällt häufig noch Sprühregen (,). In der Umgebung der Kaltfront verdichtet sich die Bewölkung nochmals innerhalb eines schmalen Bandes. Auch hier gibt es Niederschlag. Auf der Rückseite des Tiefs folgt der Bereich mit aufgelockerter Quellbewölkung, aus der die Schauer – bei hochreichender Kaltluft aus Graupel oder Hagel bestehend, eventuell begleitet von Blitz und Donner – fallen. Unterhalb der Idealzyklone ist der typische Verlauf von Druck (Barogramm) und Temperatur (Thermogramm) sowie die Änderung des Windes in Richtung und Stärke aufgetragen.

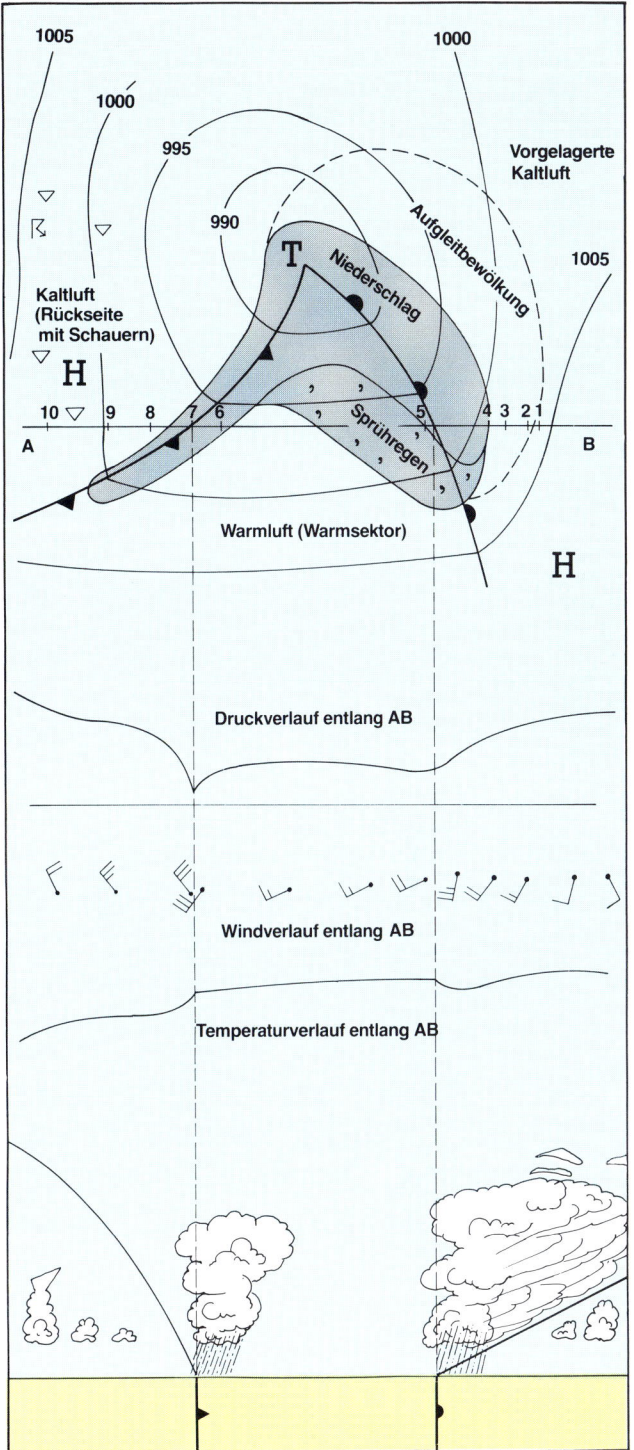

Abb. 5.48 Aufsicht (oben) und Schnitt durch eine Idealzyklone (unten)

69

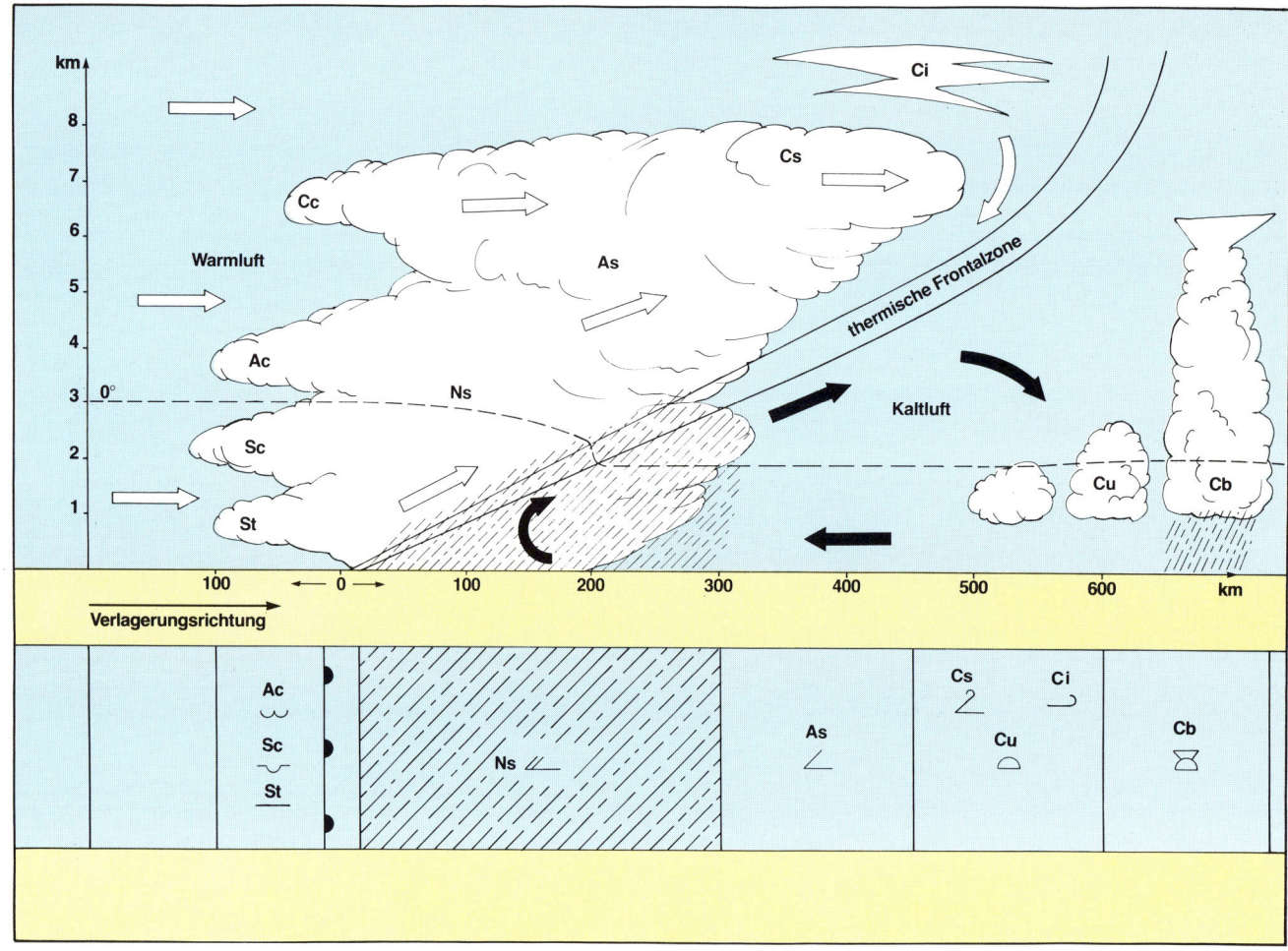

Abb. 5.49 Bewölkung an der Warmfront

Bildbeschriftungen (oberer Teil, Vertikalschnitt):

km
8
7
6
5
4
3 — 0°
2
1

Ci, Cs, Cc, As, Ac, Ns, Sc, St — Warmluft

thermische Frontalzone — Kaltluft — Cu — Cb

100 ← 0 → 100 200 300 400 500 600 km

Verlagerungsrichtung

Ac, Sc, St — Ns — As — Cs, Ci, Cu — Cb

5.5.2.1 Warmfront

Die Abb. 5.49 zeigt im oberen Teil den Vertikalschnitt durch das Modell einer Warmfront, im unteren Teil die Aufsicht, die die Bodenwetterkarte liefert, mit den entsprechenden Symbolen. Die gestrichelt eingezeichnete Nullgradgrenze entspricht den Bedingungen in der Übergangsjahreszeit.

Die Warmluft – meist maritime Subtropikluft, die stabil geschichtet ist – gleitet an der Frontfläche auf (durch die weißen Pfeile angedeutet, schwarze Pfeile geben Luftbewegungen innerhalb der Kaltluft wieder). Die charakteristische Neigung der Frontfläche ist 1:100. Durch die Hebung (die mittlere Vertikalgeschwindigkeit in der unteren Troposphäre beträgt ca. 10 cm/s) bildet sich bei ausreichender Feuchte ein ausgedehntes

Wolkensystem, das aus Schichtwolken besteht, beginnend mit **Cirrus** (Ci) (s. Wolken-Abb. 19), **Cirrostratus** (Cs) (s. Wolken-Abb. 20), übergehend in **Altostratus** (As) (s. Wolken-Abb. 12). In der Spitze des Kaltluftkeils wird sogar die Kaltluft zur Hebung gezwungen, wodurch auch hier ein ausgedehntes Wolkensystem entsteht. Es bildet sich der Wolkentyp **Nimbostratus** (Ns), der in die darüberliegende Warmluft hineinragt und mit ihr verschmilzt (vgl. Kap. 4.4 : »Wolken«). Es ist die ausgesprochene Schlechtwetterwolke, aus der gewöhnlich lang dauernde und kräftige Niederschläge fallen. Im Extremfall ist eine geschlossene stratiforme Wolkenmasse möglich, die bis in Höhen von 6 bis 9 km reicht. Die horizontale Ausdehnung beträgt meist 200 bis 300 km. In einer etwa gleich breiten Zone vor diesem Schlechtwettergebiet befindet sich der hohe Wolkentyp Cirrostratus und darunter im mittelhohen Niveau der Altostratus. Beide entstehen in der Warmluft.

Unterhalb der Frontfläche in der Kaltluft wird die Wolkenbildung durch Absinkvorgänge weitgehend unterdrückt. Anfangs treten in der vorgelagerten Kaltluft noch **Cumulonimben** (Cb) (s. Wolken-Abb. 5) auf, dann folgen **Cumuli** (Cu) (s. Wolken-Abb. 2), die immer flacher werden. Die hohe und mittelhohe Warmluftbewölkung endet meist deutlich vor der thermischen Frontalzone. Denn wie in der Abb. 5.49 angedeutet ist, gleitet die Warmluft in größeren Höhen wieder an der Frontfläche ab. Die hohe Bewölkung endet dort, wo in der Höhe auf engem Raum starke Winde angetroffen werden. Im Satellitenbild ist dieser Bereich oft als markante Wolkengrenze zu sehen. Je nach vertikaler Feuchteverteilung und nach Intensität der Vertikalbewegung reicht die Warmfrontbewölkung kompakt bis ins hohe Niveau oder sie ist mehr oder weniger stark ausgeschichtet, wobei dann die Wolkenschichten und wolkenfreien Räume miteinander abwechseln.

Für den Beobachter am Boden stellt sich die ideale Warmfront folgendermaßen dar: Zunächst sieht er **Cirrus**-Bewölkung (Ci, Cs) heraufziehen, die allmählich dichter wird. Bei geeignetem Sonnenstand ist ein **Halo** (s. Wolken-Abb. 21) zu sehen. Dann erkennt er im mittelhohen Niveau **Altostratus** (As), durch den anfangs noch die Sonne zu erkennen ist, der aber später in den kompakten **Nimbostratus** (Ns) mit länger andauerndem Regen übergeht. Nach Durchgang der Front geht die Frontbewölkung meist in **Stratocumulus** (Sc) (s. Wolken-Abb. 9) und **Altocumulus** (Ac) (s. Wolken-Abb. 14) über und lockert dabei auf. Auf See entsteht besonders im Frühjahr und Frühsommer häufig Nebel oder tiefer **Stratus** (Hochnebel) im Warmsektor (s. Wolken-Abb. 10). Häufig fällt dann auch hier noch Sprühregen.

Gelegentlich – fast ausschließlich im Sommer – ist die Warmluft feuchtlabil geschichtet. Das ist der Fall, wenn auf kurzem Wege Luft von Afrika über das warme Mittelmeer geführt wird. Hier entfällt die Stabilisierung, die die maritime Subtropikluft auf ihrem langen Weg über den verhältnismäßig kühlen Atlantik erfährt. Beim feuchtlabilen Typ der Warmfront sind in dem **Nimbostratus** Cumulonimben eingelagert, von unten häufig nur durch den Schauercharakter, bzw. durch das Auftreten von Gewittern zu erkennen. Typischer Fall ist die mediterrane Scirocco-Wetterlage (s. Kap. 10.4: »Scirocco«).

Eine weitere Sonderform stellt die Höhenwarmfront dar. Sie tritt im Winter auf. Die Bodenfront verlagerte sich dann meist langsam, besonders wenn sie über schneebedecktem Grund streicht. Hier bildet sich eine dünne Kaltluftschicht, die infolge der *stabilen Schichtung* nur sehr langsam weggeräumt wird. Als Folge davon eilt die Warmluft in der Höhe voraus und mit ihr die Wetteraktivität, d.h. die Niederschläge fallen weit vor der Bodenfront.

Als Sonderfall muß man auch die sogenannte **maskierte Warmfront** betrachten. Der Durchgang einer Warmfront kann am Boden statt einer Erwärmung auch eine Abkühlung bewirken. Das ist der Fall, wenn wolkenarme und daher in Bodennähe stark aufgeheizte Polarluft durch wolkenreiche, maritime Warmluft ersetzt wird. Dieser Warmfronttyp kommt praktisch nur im Sommer vor.

Typischer Gang der meteorologischen Parameter an einer gut ausgeprägten Warmfront (vgl. Abb. 5.48):

1. *Bodenwind*
Mit Frontannäherung auffrischender, in frontparallele Richtung drehender Wind (rückdrehender Wind). Kurz vor Frontpassage Geschwindigkeitsmaximum. Bei Frontdurchgang rechtdrehender Wind und vorübergehend abnehmend.

2. *Drucktendenz*
Ausgedehntes Fallgebiet vor der Front mit den stärksten Tendenzen in Frontnähe. Bei Frontpassage gleichbleibende Tendenz oder schwächerer Fall.

3. *Temperatur*
Vor der Front langsam ansteigende Temperatur. Im Winter und nachts häufig sprunghafte Temperaturzunahme weit vor der Front infolge Zerstörung der Bodeninversion. Im präfrontalen Regengebiet Abkühlung infolge Verdunstung bei gleichzeitigem Ansteigen des Taupunktes. Bei Frontpassage Erwärmung, anschließend etwa gleichbleibende Temperatur.

4. *Taupunkt*
Vor der Front langsam ansteigend, im Niederschlagsgebiet meist sprunghafte Zunahme. Nach Frontpassage gleichbleibend.

5. *Sicht*
Unter dem Cs- und As-Schirm häufig sehr gute Sicht. Schlagartig Sichtverschlechterung im Niederschlagsgebiet. Dort nicht selten Nebelbildung durch Verdunstung.

6. *Wolken und Niederschlag*
Die typische Verteilung wurde bereits angesprochen und ist der Abb. 5.49 zu entnehmen. Direkt an und hinter der Front geht der Niederschlag häufig in Sprühregen über.

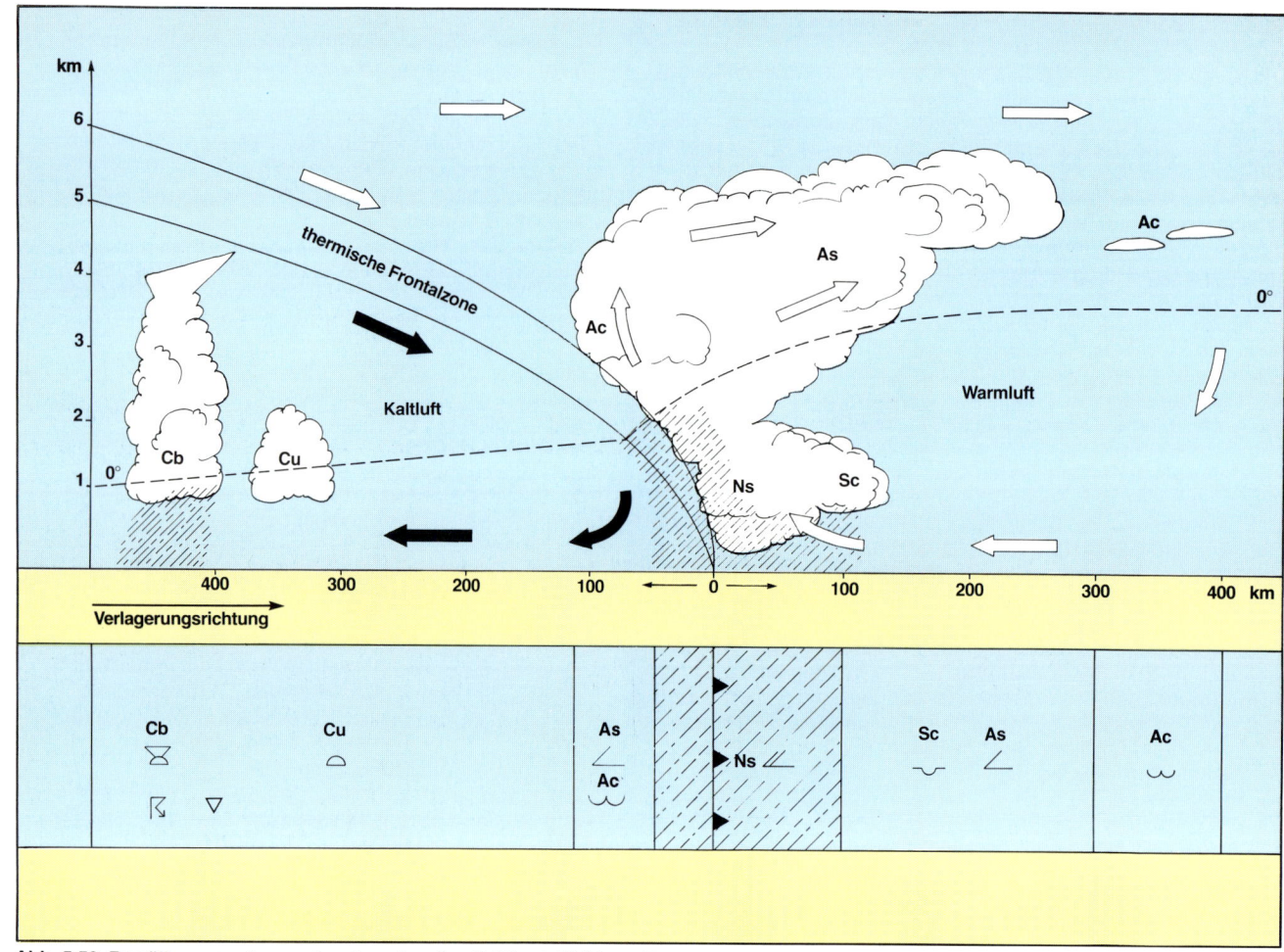

Abb. 5.50 Bewölkung an der rasch schwenkenden Kaltfront; Kaltfront Typ A

5.5.2.2 Kaltfront

Man unterscheidet zwei Arten von Kaltfronten: *Typ A* repräsentiert die typische Kaltfront der voll entwickelten Zyklone, *Typ B* die langsam ziehende oder fast stationäre Bodenfront im äußeren Bereich von Zyklonen.

Kaltfront Typ A

Die Kaltfront – Typ A – verlagert sich rasch. Das Wolkenband ist meist schmal und reicht nur 3 bis 5 km hoch (Abb. 5.50). In größeren Höhen gleitet die Warmluft an der hier sehr flach geneigten Frontalzone ab. Das bedeutet in diesem Bereich Absinken, wodurch die mittlere Troposphäre sehr trocken wird. Die frontsenkrechte Komponente des Windes nimmt mit der Höhe zu. Daher entwickeln sich die Wolken präfrontal (hauptsächlich Ns, in das Niveau von Ac und As hineinwachsend). Dementsprechend fallen die *Niederschläge vor der Front*. Innerhalb der planetarischen Grenzschicht (bis ca. 2 km Höhe) ist die Front sehr steil. Vor und über dem Kaltluftkeil ist die Hebung sehr stark, und die Niederschläge sind daher meist schauerartig. Nach Durchgang der Kaltfront herrscht in der Kaltluft zunächst Absinken. Daher klart es rasch auf. Dieser Zustand kann sich über Stunden erstrecken, bevor dann in der hochreichenden Kaltluft (sie ist labil geschichtet) die vertikalen Umlagerungen (Cu-Konvektion mit Schauern oder Gewittern) stattfinden. Ein rasch nachfolgender Hochkeil wirkt diesen Prozessen jedoch entgegen.

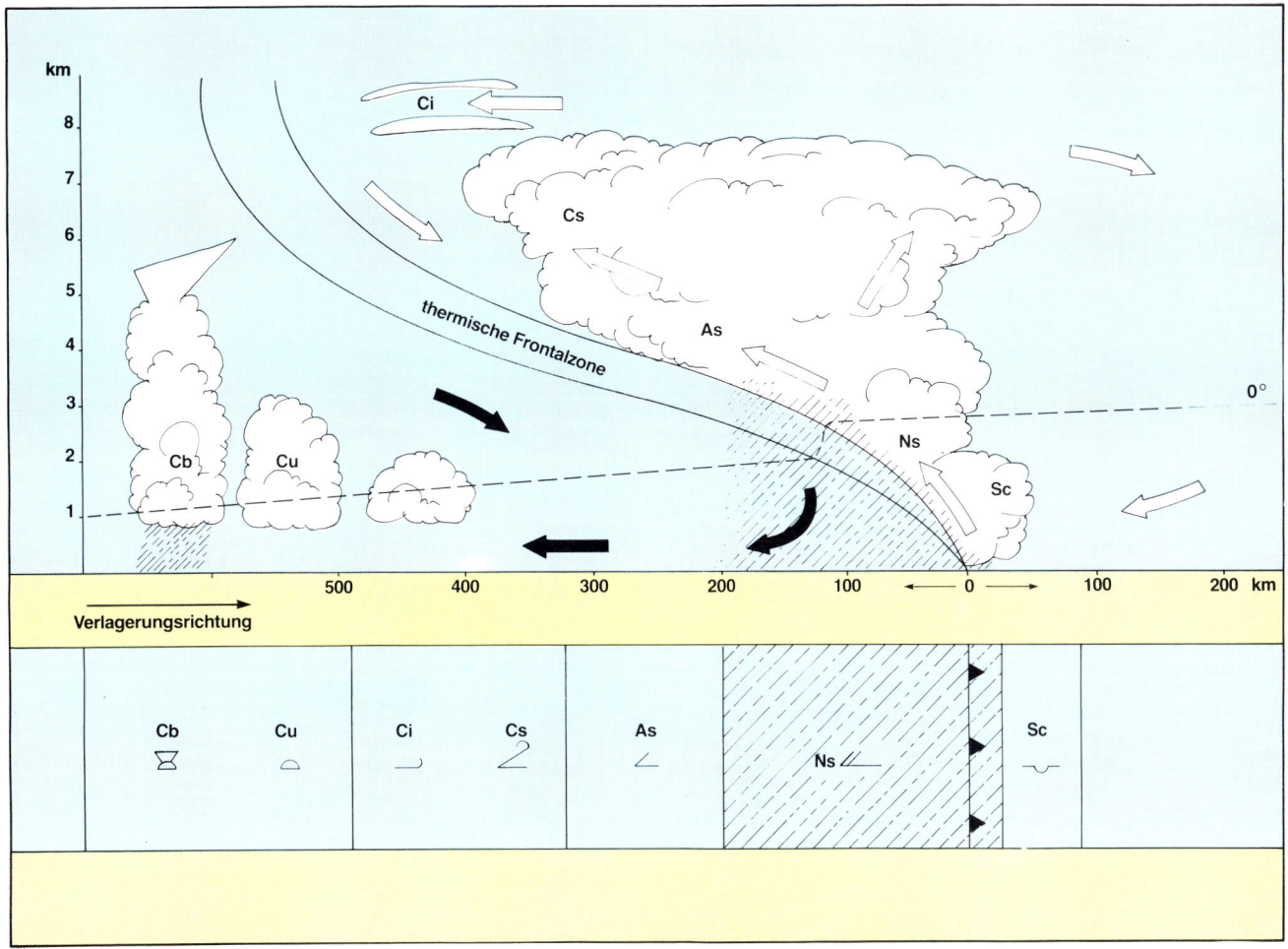

Abb. 5.51 Bewölkung an der langsam schwenkenden Kaltfront; Kaltfront Typ B

Eine Sonderform stellt die **»maskierte Kaltfront«** dar. Beim Übergang vom Meer zum Land erfolgt im Winter häufig eine Temperaturzunahme im Bodenfeld (wegen der im Winter relativ hohen Wassertemperaturen), während in der Höhe eine markante Abkühlung erfolgt.

Kaltfront Typ B

Im Randbereich oder außerhalb von Zyklonen nimmt die Kaltfront die Ausprägung nach Typ B an. Sie verlagert sich nur langsam und neigt – da sie in einem Gebiet mit geringen Luftdruckgegensätzen liegt – zur Wellenbildung (Kap. 5.6: »Randtief, Teiltief«).

Die Art der Bewölkung ähnelt der der Warmfront, nur sind hier Bewölkung und Niederschlag postfrontal angeordnet (Abb.

5.51). Auch bei dieser Kaltfront ist der untere Teil der Front sehr steil. Dadurch wird die Hebung begünstigt und konvektive Umlagerungen (Schauer und Gewitter) sind möglich, bevor gleichförmiger Niederschlag einsetzt. In der nachfolgenden Kaltluft herrscht Absinken. Der in die Kaltluft fallende Niederschlag kühlt die Luft stark ab, die Feuchte nimmt zu, und die Sicht geht zurück. In einiger Entfernung macht sich das Absinken in Form einer markanten Wetterbesserung bemerkbar. In der daran anschließenden hochreichenden Kaltluft setzt später Cu-Konvektion ein.

> Eine langsam schwenkende oder fast stationäre Kaltfront neigt zur Wellenbildung. Deutlichstes Anzeichen dafür ist der *postfrontale Niederschlag*.

73

Typischer Gang der meteorologischen Parameter an den beiden Kaltfronttypen:

Typ A	Typ B

1. *Bodenwind*
— Rückdrehen vor der Front bis etwa in frontparallele Richtung und Auffrischen;
— bei Frontdurchgang meist markante Rechtdrehung, in Kernnähe der Zyklonen allerdings weniger deutlich;
— böiger Wind, häufig Sturmböen bei Passage;
— hinter der Front bleibt der Wind häufig stark;

1. *Bodenwind*
— wie Typ A

— wie Typ A

— wie Typ A

— hinter der Front flaut der Wind ab;

2. *Drucktendenz*
— vor der Front meist Druckfall, hinter ihr unterschiedlich starker Druckanstieg, in Kernnähe der Zyklonen allerdings auch hinter der Kaltfront häufig weiterer (schwächerer) Druckfall;

2. *Drucktendenz*
— wie Typ A

3. *Temperatur*
— vor der Front Temperaturabnahme durch Niederschlag möglich, hinter ihr infolge Absinkens häufig nur geringer Rückgang, in der kalten Jahreszeit sogar meist Zunahme der Temperatur, bevor weiter von der Front entfernt die Abkühlung einsetzt (Scheinfront);

3. *Temperatur*
— vor der Front Temperatur unterschiedlich nach Tages- und Jahreszeit, hinter ihr markanter Temperaturrückgang

4. *Taupunkt*
— hinter der Front meist deutlicher Rückgang

4. *Taupunkt*
— vor der Front unterschiedlich analog Temperatur, hinter ihr wegen Niederschlag nur langsam zurückgehend;

5. *Sicht*
— hinter der Front auffallende Sichtbesserung

.5. *Sicht*
— meist deutliche Sichtverschlechterung hinter der Front, Nebelbildung möglich;

6. *Bewölkung und Niederschlag*
— das Wolkenband kann sehr schmal sein, die Niederschlagstätigkeit an ihr kann sehr gering sein, Niederschlag überwiegend präfrontal;

6. *Bewölkung und Niederschlag*
— Wolkenband schmaler als bei einer Warmfront, Niederschlag fällt postfrontal. Hebungsvorgänge stärker als bei einer Warmfront, daher häufig Schauer oder Gewitter, bevor gleichförmiger Regen einsetzt.

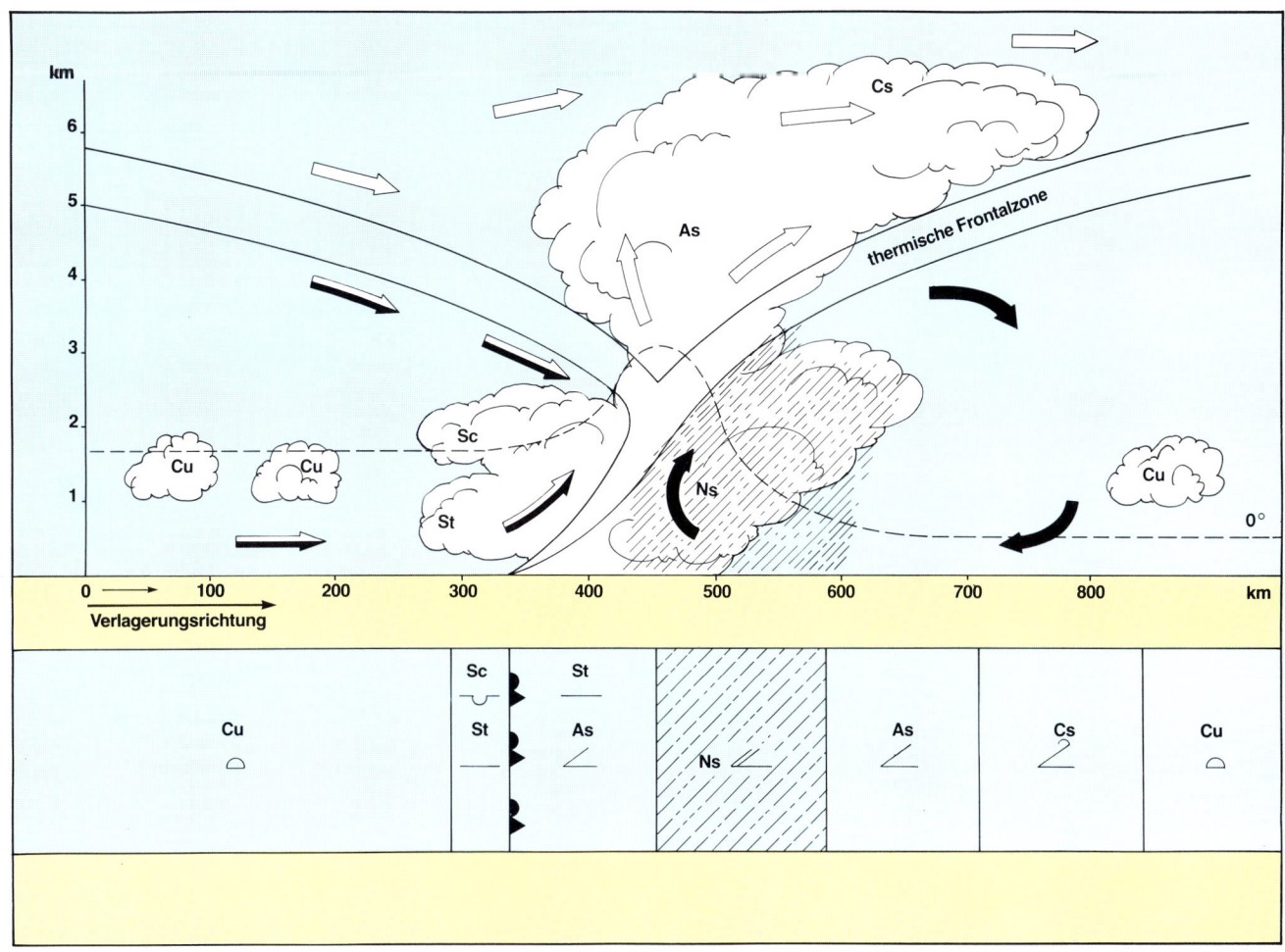

km
6
5
4
3
2
1

Cs

As

thermische Frontalzone

Sc

Cu   Cu   St   Ns   Cu   0°

0   100   200   300   400   500   600   700   800   km

Verlagerungsrichtung

Cu	Sc St	St As	Ns	As	Cs	Cu

Abb. 5.52 Bewölkung an der Okklusionsfront (Warmfrontokklusion)

5.5.2.3 Okklusionsfronten

Aufgrund ihrer größeren Verlagerungsgeschwindigkeit holt die Kaltfront die Warmfront allmählich ein. Dabei wird die Warmluft vom Boden abgehoben. Daher gehören Okklusionsfronten zu gealterten Zyklonen. Man unterscheidet **Warmfront- und Kaltfrontokklusionen**.

Ist die vorgelagerte Kaltluft kälter als die mit der Kaltfront folgende Kaltluft, so nimmt die Okklusion *Warmfrontcharakter* an (Abb. 5.52). Im Gegensatz zur Warmfront wird hier die Bewölkung durch das Absinken der Kaltluft von hinten her abgebaut. Dadurch entfernt sich der Niederschlag immer weiter von der Bodenfront und hört schließlich ganz auf. Dieser Typ kommt hauptsächlich im Winter vor, wenn sich das Festland stark abgekühlt hat und mit der Kaltfront maritime Polarluft herangeführt wird. Es setzt nach Durchgang der Front Erwärmung ein. Befindet sich dagegen die kältere Luft hinter der ursprünglichen Kaltfront, nimmt die Okklusion *Kaltfrontcharakter* an (Abb. 5.53). Sie ähnelt dem Typ der schnell ziehenden Kaltfront, aber das Wolkensystem reicht bis ins hohe Niveau, und die präfrontale Ausdehnung ist größer.

Kommen wir noch einmal auf die Abbildung der Idealzyklone zurück (Abb. 5.48). Entlang der eingezeichneten Linie AB läßt sich veranschaulichen, wie der Beobachter am Boden den Durchzug einer idealen Zyklone mit Warm- und Kaltfront wahrnimmt:

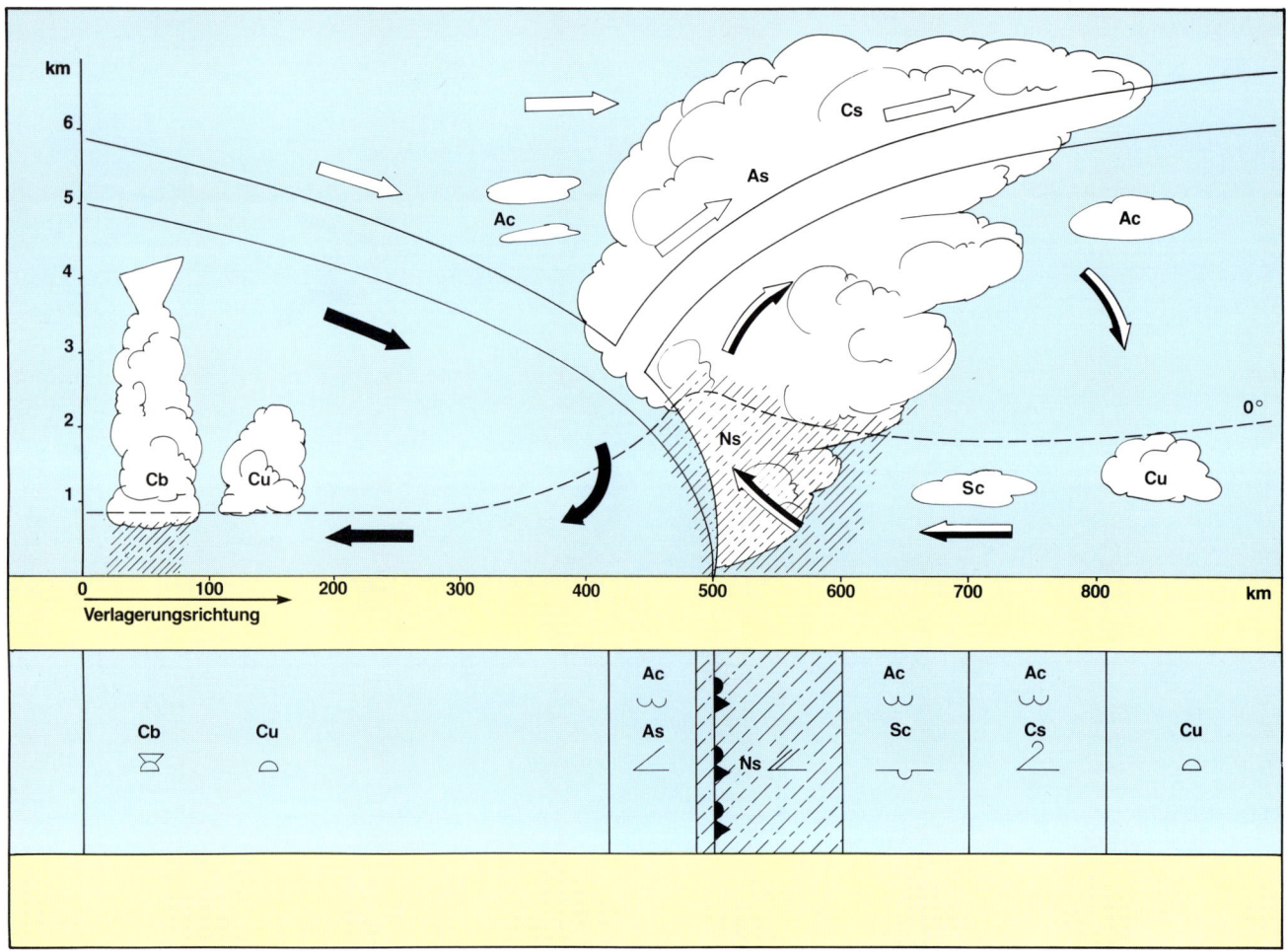

Abb. 5.53 Bewölkung an der Okklusionsfront (Kaltfrontokklusion)

Pos. 1 – Er sieht die hohe Cirrus-Bewölkung (Ci), der Aufzug beginnt (ca. 600 km vor der Warmfront).

Pos. 2 – Der Ci wird stratiform, also Cirrostratus (Cs), (eventuell ist ein Halo zu sehen).

Pos. 3 – Mittelhohe Bewölkung kommt hinzu, Altostratus (As), (ca. 400 km vor der Front). Anfangs scheint die Sonne noch durch.

Pos. 4 – Die Bewölkung verdichtet sich (ca. 300 km vor der Front) und wird sehr dunkel, Nimbostratus (Ns). Es beginnt zu regnen, meist für längere Zeit und intensiv.

Pos. 5 – Die Bewölkung wird dünner und beginnt aufzulockern (kurz nach Durchgang der Warmfront),

man sieht Stratus (St), meist nur noch Fetzen, Stratocumulus (Sc) und Altocumulus (Ac), eventuell fällt Sprühregen.

Pos. 6 – Bewölkung verdichtet sich wieder und besteht aus Sc und As.

Pos. 7 – in einem Streifen von 100 bis 200 km Breite tritt nochmals kompakter Ns mit Regen auf.

Pos. 8 – Rasche Auflockerung nach Kaltfront-Passage, zu sehen sind Ac und As.

Pos. 9 – Cumulus-Konvektion mit Schauern setzt ein.

Pos. 10 – in der hochreichenden Kaltluft können die Cu zu Cb anwachsen, nun sind auch Graupel, Hagel und Gewitter möglich.

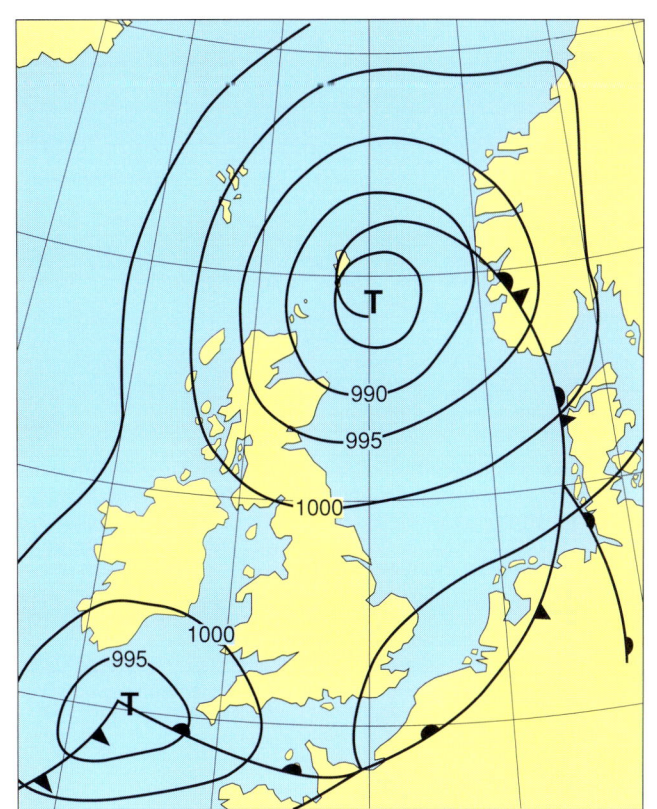
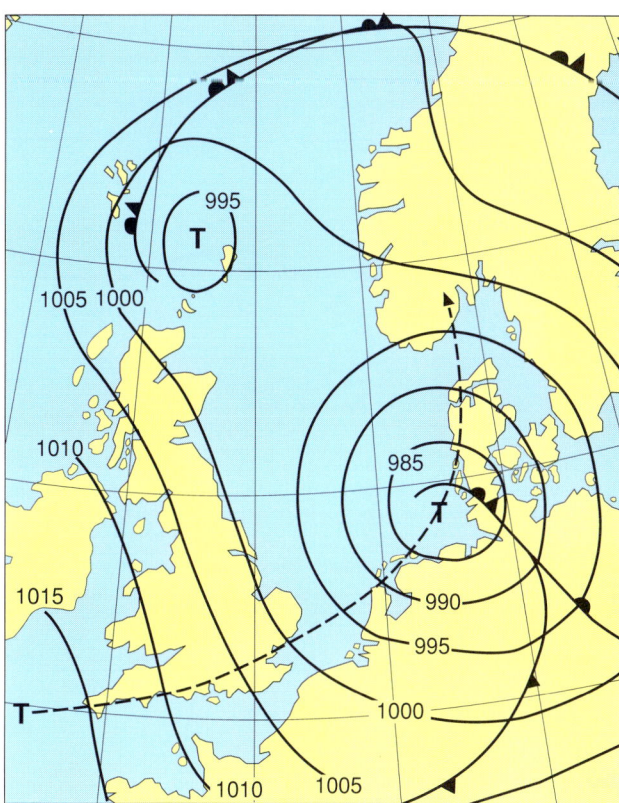

Abb. 5.54 und Abb. 5.55 Verlagerung eines Randtiefs um ein Zentraltief

5.6 Rand- und Teiltief

An der langgestreckten Kaltfront eines umfangreichen Tiefs bilden sich in aller Regel Wellen. Ausgangspunkt einer Wellenentwicklung ist – wie schon beschrieben – ein Gebiet starker Auffächerung der Isobaren, also mit geringen Druckgradienten – im Idealfall das schon erwähnte Viererdruckfeld. Ob sich eine zunächst flache Welle intensiviert, hängt von den Temperaturunterschieden der beteiligten Luftmassen ab. Eine stärkere Entwicklung ist dann zu erwarten, wenn durch kräftigen Druckanstieg nordwestlich des Wellenscheitels frische Kaltluft in die Rückseite der Welle beschleunigt wird. Dann wird die Welle zu einem **Randtief** der alten Zyklone und zieht *zyklonal* (auf der Nordhalbkugel: entgegen dem Uhrzeigersinn) um das Haupttief herum (Abb. 5.54 u. 5.55). Je stärker sich das Randtief vertieft, um so größer ist seine Tendenz, von einer anfänglich eher geradlinigen Zugbahn polwärts einzudrehen. Häufig schwächt sich die alte, steuernde Zyklone ab und das Randtief nimmt ihren Platz ein. Die Entwicklung eines Randtief verkörpert also die typische Zyklonenentwicklung an der Polarfront.

Häufig wiederholt sich der Vorgang der Randtiefbildung mehrfach nacheinander. Es bilden sich Zyklonenserien, sogenannte **Zyklonenfamilien.** Diese bestehen aus mehreren Einzelzy-

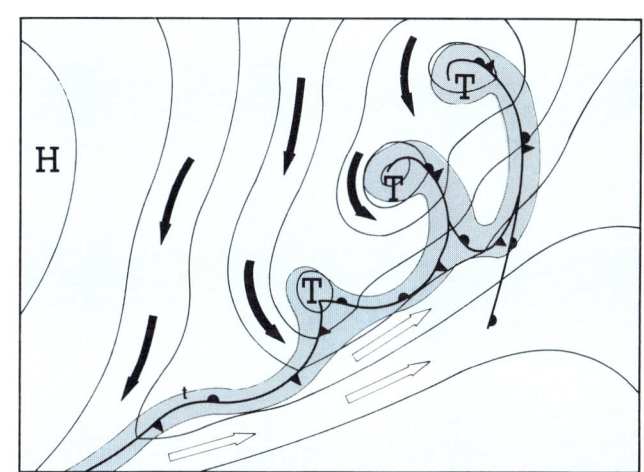

Abb. 5.56 »Zyklonenfamilie«

klonen, die in unterschiedlichen Entwicklungsstadien an einem durchgehenden Frontenzug der Polarfront angeordnet sind (Abb. 5.56).

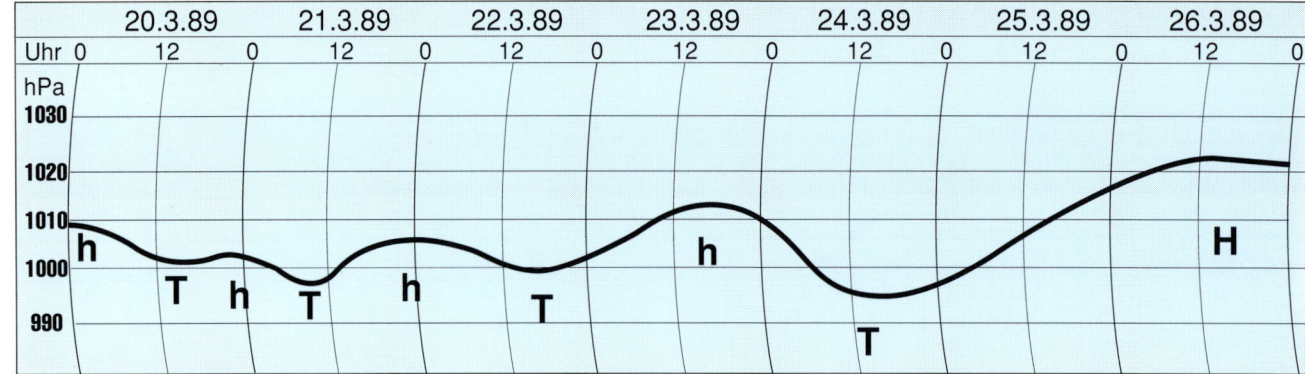

Abb. 5.57 Barogramm einer Zyklonenserie

Ihre Verlagerungsrichtung ist vorzugsweise von Südwest nach Nordost gerichtet, wobei die Bahn einer nachfolgenden Zyklone in der Regel weiter südlich ansetzt als die der vorangehenden. Auf der Westseite jeder der Zyklonen kommt es zu einem begrenzten Kaltluftvorstoß. Der Abschluß wird durch einen Ausbruch hochreichender polarer Kaltluft weit nach Süden gebildet, in der sich dann eine umfangreiche, meist meridional angeordnete Hochdruckzone bildet. Der Durchzug einer Zyklonenserie am festen Ort erzeugt eine wellenförmige Druckregistrierung (Abb. 5.57).

Die Zeit, die zwischen der Passage zweier Zyklonen einer Familie vergeht, hängt von der Intensität der Zirkulation in der Atmosphäre ab. Im allgemeinen beträgt die Periode etwa zwei Tage, so daß dort, wo ein Tiefzentrum war, 24 Stunden später

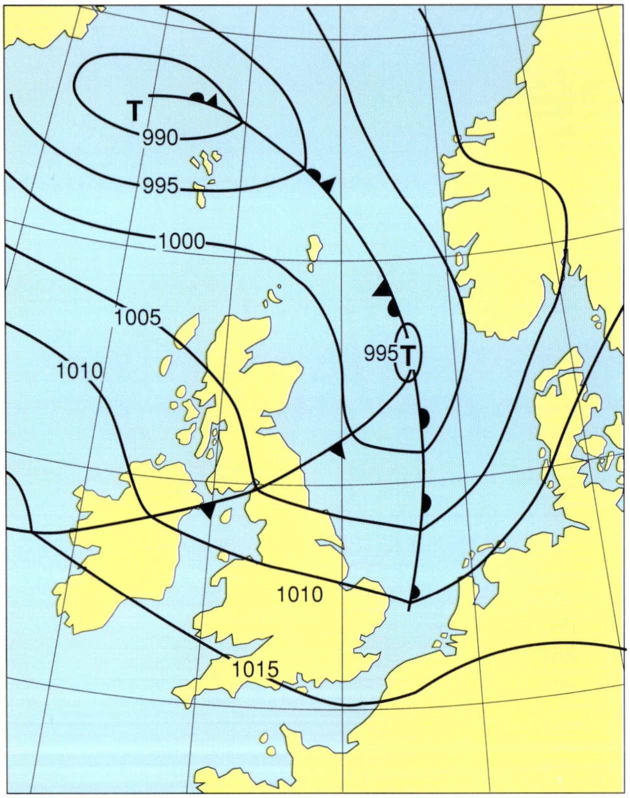

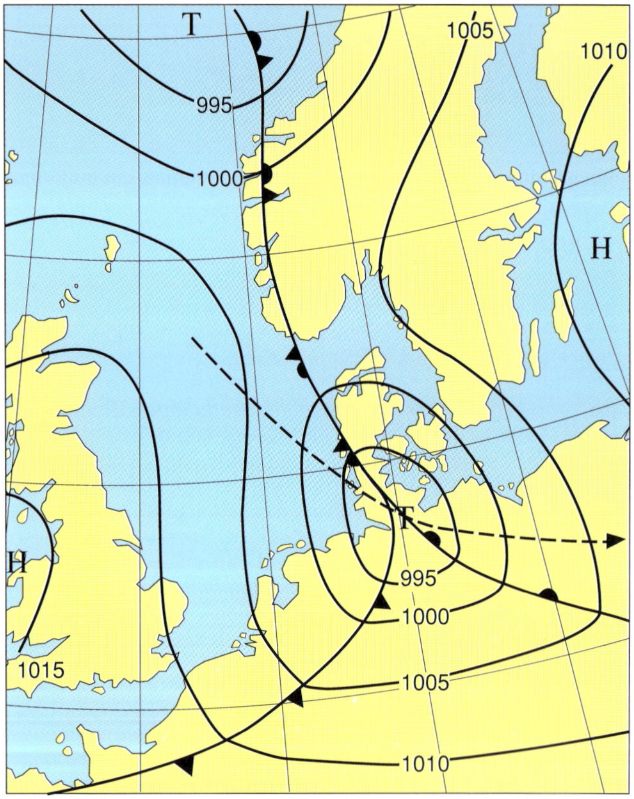

Abb. 5.58 und Abb. 5.59 Bildung eines Teiltiefs bei Südgrönland und seine Verlagerung innerhalb von 48 Stunden

ein Zwischenhochkeil angelangt ist **(Guilbert-Grossmann-Regel).** In einer intensiven winterlichen Zyklonenserie kann sich der *zeitliche Abstand* allerdings erheblich verringern. Der Zyklus kann sich dann bis auf etwa 24 Stunden verringern.

Im Laufe des Okklusionsprozesses verlagert sich der Kern des Tiefs auf die kalte (nördliche) Seite der Frontalzone und entfernt sich von dieser. Ist die Frontalzone weiterhin kräftig ausgebildet, kann sich am Okklusionspunkt ein **Teiltief** bilden. Anzeichen für eine Teiltiefbildung ist eine starke Austrogung der Isobaren an der Okklusion bzw. die Bildung eines schmalen Hochkeils auf der Rückseite der Kaltfront (Abb. 5.58). Das Teiltief zieht nicht wie das Randtief zyklonal um das Haupttief herum, sondern es folgt – da es bereits auf die Ostseite eines Höhenhochkeils gelangt ist – der Frontalzone nach Osten oder Südosten (Abb. 5.59).

Eine Welle an einer Kaltfront entsteht dort, wo sich der Druckgradient vorübergehend abschwächt.

Die Welle vertieft sich zum Randtief, wenn östlich des Wellenscheitels Druckfall und westlich davon Druckanstieg erscheint.

Starker Druckanstieg in der Rückseitenkaltluft fördert die Entwicklung des Randtiefs.

Ein Randtief umrundet das Haupttief auf einer zyklonalen Bahn und dreht um so stärker polwärts ein, je intensiver es sich entwickelt.

Ein Teiltief bildet sich am Okklusionspunkt.

Es bildet sich dann, wenn sich das zugehörige Haupttief weit von der Frontalzone nach Norden entfernt hat.

Das Teiltief zieht ost- oder sogar südostwärts; es entfernt sich vom Haupttief.

Zyklonenfamilien bestehen aus einer Folge von Randtiefs.

Den Abschluß einer Zyklonenfamilie bildet meistens ein hochreichender, nach Süden gerichteter Kaltluftausbruch.

Eisberg vor Südgrönland

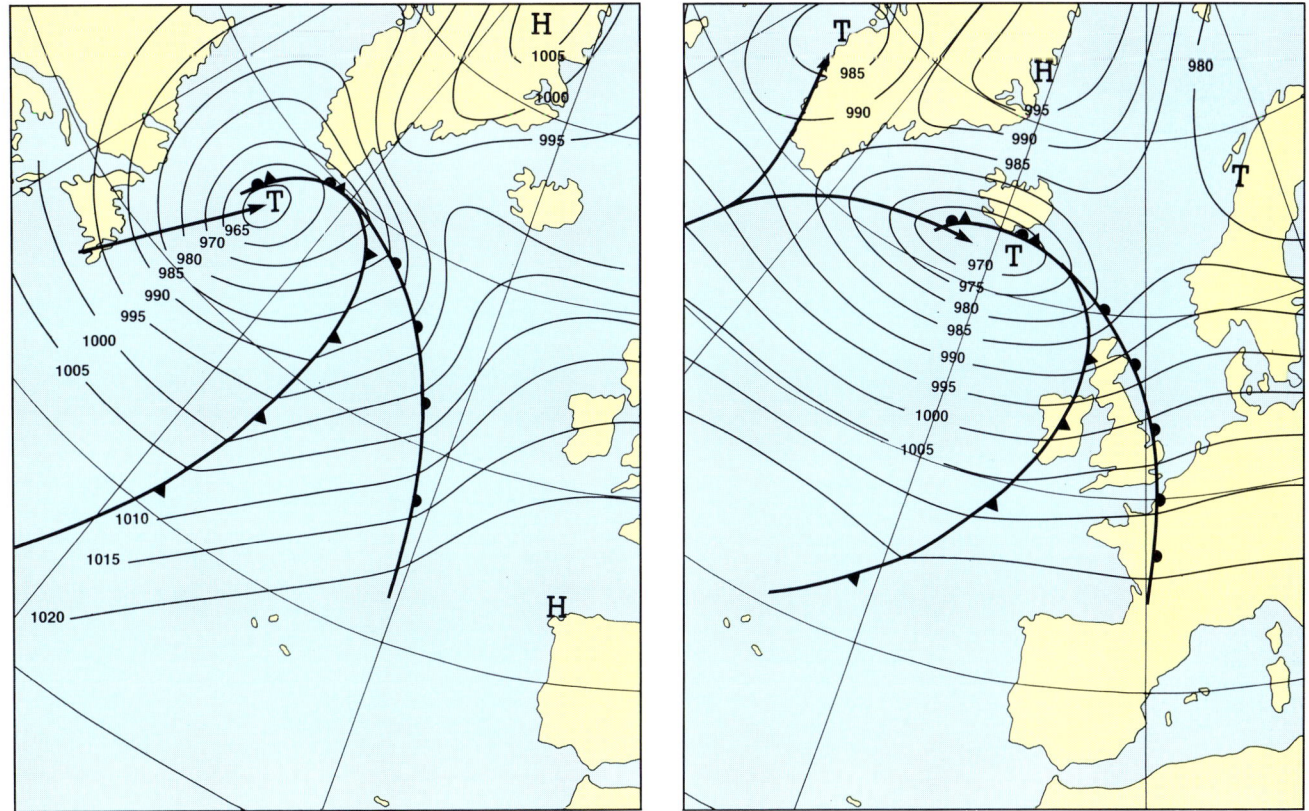

Abb. 5.60 und Abb. 5.61 Bildung eines Teiltiefs bei Südgrönland und seine Verlagerung innerhalb von 48 Stunden

5.7 Orographisch bedingte Teiltiefbildung

Während die vorher beschriebene Teiltiefbildung auf dem Meer (Nordatlantik) nicht sehr oft vorkommt, geschieht sie über Land häufiger. Ursache ist im wesentlichen die Bildung ageostrophischer Windkomponenten infolge Reibung (s. Kapitel 3.2: »Wind«). Gestützt werden ageostrophische Windrichtungsänderungen durch Orographie. Ein Gebiet häufiger Teiltiefbildung stellt die Südspitze Grönlands dar. Da Tiefdruckgebiete, die von Neufundland in die Labrador-See ziehen, das Grönlandmassiv nicht einfach überqueren können, kommt es infolge von Deformationen im Boden- und Höhendruckfeld zur Teiltiefbildung über der Irminger See. Unterstützt wird dieser Vorgang

häufig durch den einsetzenden Okklusionsvorgang. Das Teiltief zieht dann nach Island, wo es sich häufig zum Orkantief vertieft (Abb. 5.61).

Eine andere bekannte **Teiltiefbildung** ist die **Skagerrak-Zyklone**. Hier gilt im wesentlichen das gleiche wie für die Südgrönlandküste, wenn auch das Gebirge nicht annähernd die Ausdehnung und Höhe hat wie bei Grönland. Eingeleitet wird die Teiltiefbildung, wenn arktische Kaltluft auf kurzem Weg über die Norwegische See südwärts in Verbindung mit einem Trog vordringt, auf dessen Vorderseite ja in Bodennähe Druckfall herrscht (Kap. 5.2: »Frontalzone«). Dabei kann ein orographisches Lee-Tief entstehen. Mit Frontensystem und Okklusionspunkt ist die Tiefbildung stärker, wobei die Kaltluft zusätz-

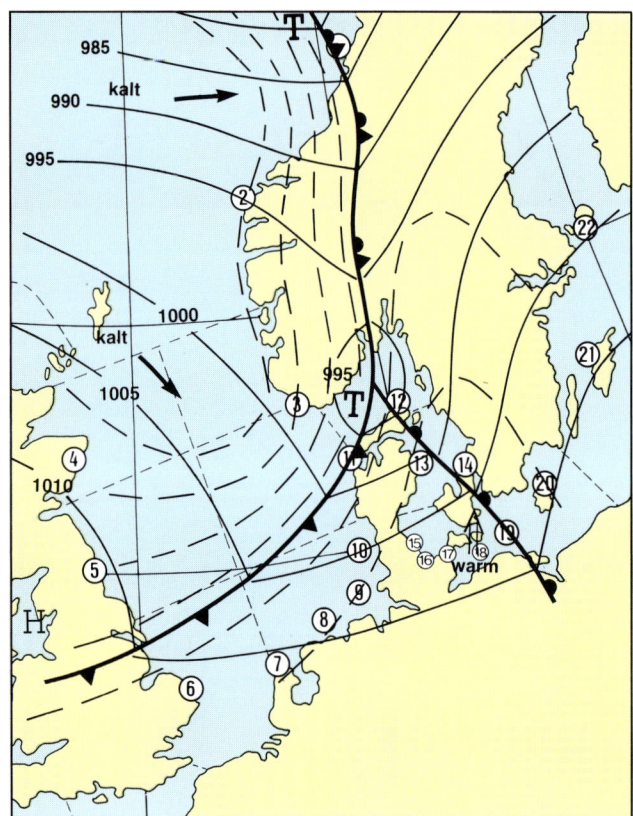

Abb. 5.62 Skagerrak-Zyklone

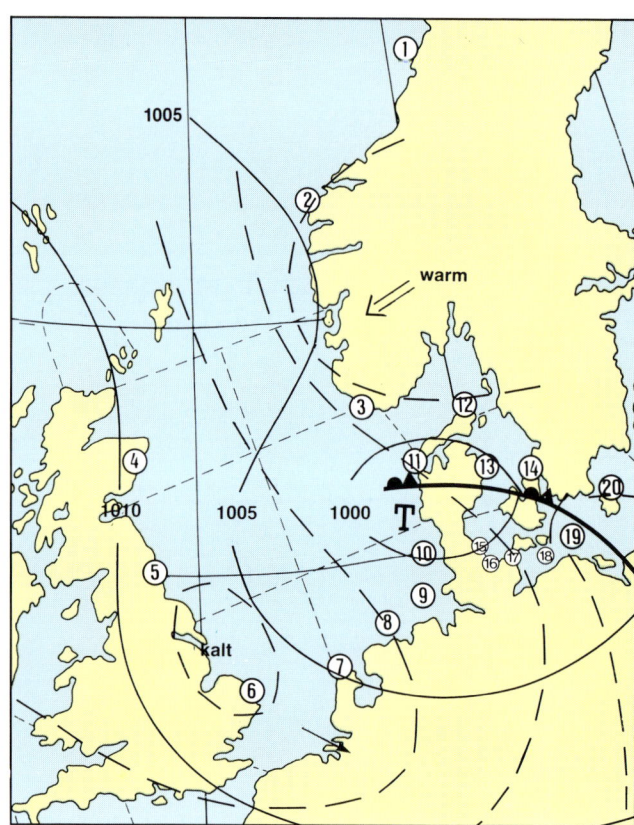

Abb. 5.63 Sommerliche Skagerrak-Zyklone

lich durch das norwegische Gebirge südwärts abgelenkt wird (Abb. 5.62). Es bildet sich dann eine zweite Frontalzone, so daß die Regeln des vorigen Abschnittes ebenfalls Anwendung finden.

Eine Variante stellt die sommerliche Skagerrak-Zyklone dar. Hat sie sich gebildet und vom Haupttief über der Norwegischen See oder dem Eismeer gelöst, kann sie sich kurzzeitig stark

vertiefen, wenn sich die Temperaturgegensätze in ihrem Nordwestsektor verstärken. Dies geschieht, sobald die Kaltluft weit nach Süden ausgeflossen ist, so daß auf der Nordflanke der Zyklone warme skandinavische Luftmassen einbezogen werden (Abb. 5.63). Über dem Westausgang des Skagerraks und über der Mittleren Nordsee kann dann für 6 bis 12 Stunden Nordweststurm herrschen, südlich der Zyklone vorübergehend starke bis steife Westwinde mit starken Niederschlägen.

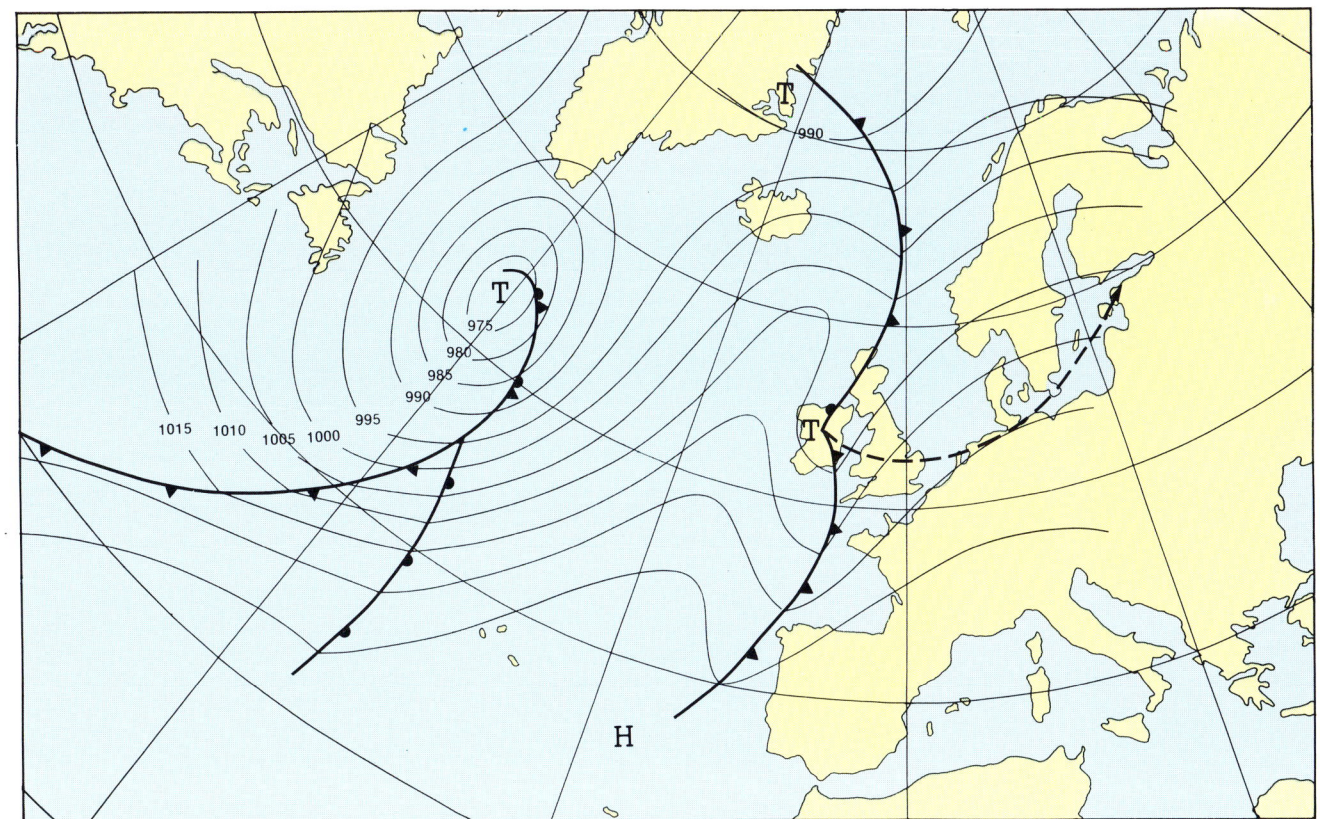

Abb. 5.64 Induzierte Zyklogenese

5.8 Entwicklung von Sturmzyklonen

Die bisher aufgezeigten Bedingungen für die Zyklonenbildung gelten natürlich auch für **Sturmzyklonen**. Diese unterscheiden sich allerdings von den »normalen« Zyklonen durch die Heftigkeit ihrer Entwicklung als Folge starker thermischer Gegensätze und damit dynamischer Prozesse in der Höhe. Demgemäß vollzieht sich auch der Witterungsverlauf in gesteigerter Form:

- sehr tiefer Kerndruck bis unter 940 hPa,
- Entwicklung zum Orkantief in weniger als 24 Stunden,
- Sturm- und Orkanfelder mit Windgeschwindigkeiten über 100 Knoten in Böen,
- max. Wellenhöhen im freien Atlantik bis zu 20 m,
- 24stündige Niederschlagsmengen über 100 mm.

Die Entstehung einer Sturmzyklone beginnt meist als flache Welle, wie sie bei der Randtiefbildung beschrieben wurde. Günstige Bedingungen zur Verschärfung der Temperaturge-

gensätze beiderseits der Luftmassengrenze sind besonders dann gegeben, wenn die Welle sich im »**Neutralen Punkt**« bildet. Sie wird dann im Süden von einem warmen, im Norden von einem kalten Hoch flankiert. Stromab befindet sich ein altes Tief, stromauf ein schwächeres subtropisches Tief. Während von Südwesten warme und feuchte Subtropik-Luft zur Welle fließt, strömt aus Nordosten Polarluft in ihre Rückseite. Gemäß unserer Vorstellungen über die Entwicklung von Zyklonen vertieft sich die Welle und zieht als Randtief um das alte Zentraltief. Gelangt sie dann auf die Vorderseite der zugehörigen Höhenströmung, setzt rapide Vertiefung ein. Entwicklungsgünstig sind also folgende Bedingungen:

- Wellenbildung am Neutralen Punkt,
- feuchte Subtropikluft strömt gegen Polarluft,
- südwärts auf der Rückseite der Welle vorstoßender Höhentrog,
- Entwicklung einer Zyklone weit stromaufwärts (westwärts) und Verstärkung eines Hochdruckkeils zwischen dieser Zyklone und dem Randtief.

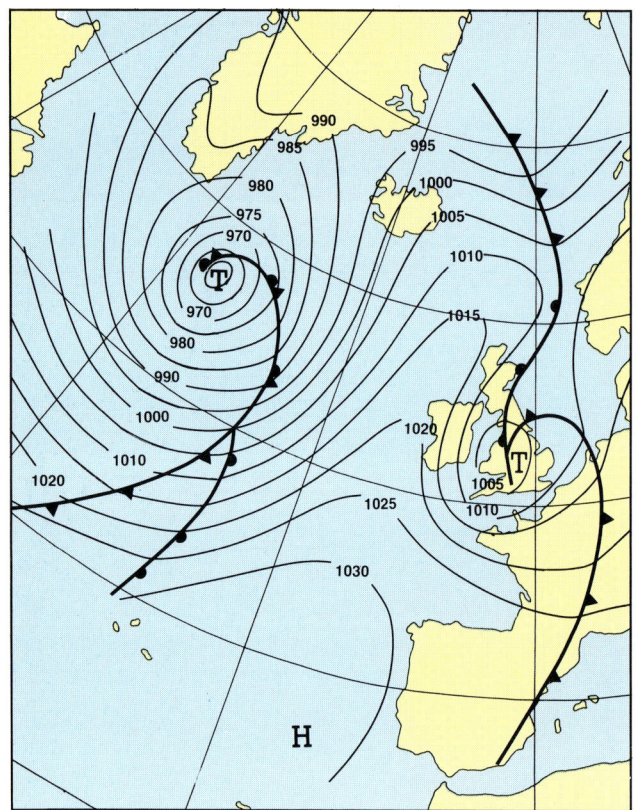

Abb. 5.65 Induzierte Zyklogenese

Die Verstärkung des Hochkeils auf der Westseite des Randtiefs beschleunigt zusätzlich die Kaltluft in seiner Rückseite südwärts. Das stromaufwärts gelegene Tief induziert diesen Kaltluftvorstoß, weshalb man auch von **induzierter Zyklogenese** spricht. Die beiden Abbildungen 5.64 und 5.65 zeigen als Beispiel eine Randtiefbildung über den Britischen Inseln durch induzierte Zyklogenese.

Dieser Effekt ist häufig an einer Sturmtiefentwicklung beteiligt. Die meisten Sturmzyklonen, die nach diesem Entwicklungsschema ablaufen, finden ihren Neutralen Punkt zwischen 30° und 50° Nord auf dem Nordatlantik, im Gebiet nahe der Azoren oder bei den Bermuda-Inseln. In den Übergangsjahreszeiten kann bei ausgeprägter Meridional-Zirkulation der Neutrale Punkt bis nach Südwesteuropa verschoben sein, so daß die Sturmzyklonen die Seegebiete Biskaya, Englischer Kanal und die Nordsee beeinflussen können.

Aufzug: Im Vordergrund Cirrus (siehe Anhang, Abb. 19 und 20), übergehend in Cirrostratus. Im Hintergrund Altostratus (Abb. 12).

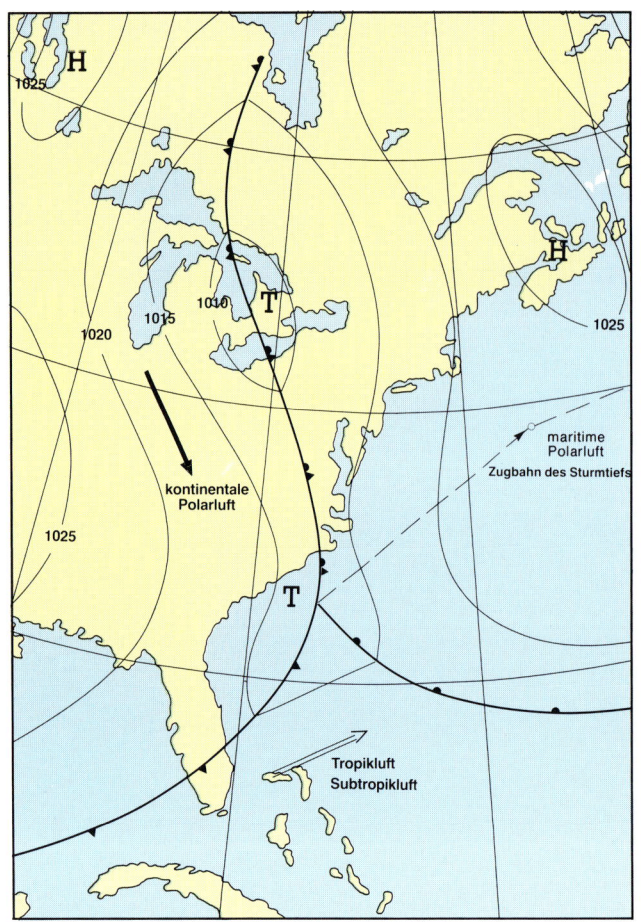

Abb. 5.66 Drei-Masseneck-Situation

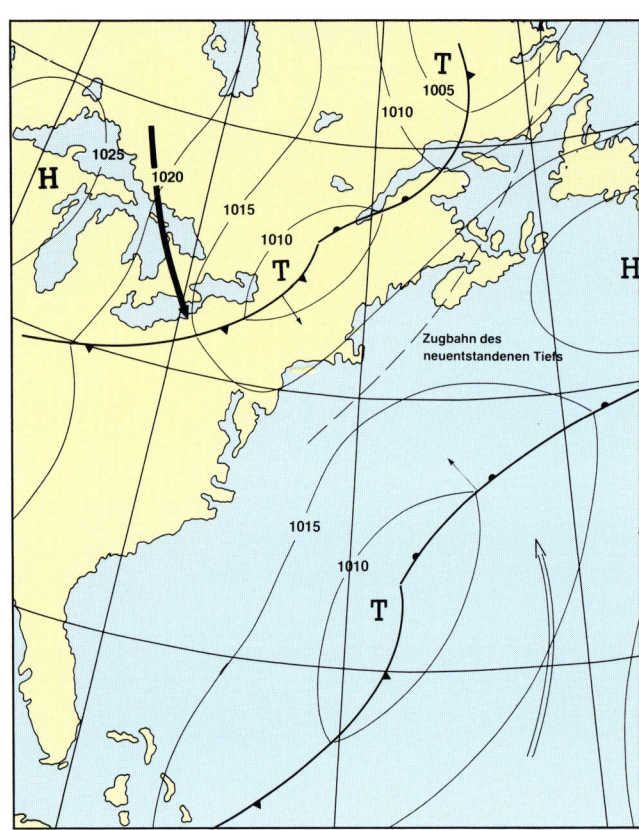

Abb. 5.67 Drei-Masseneck-Situation mit subtropischer und polarer Welle

Eine Situation mit besonders großen Temperaturgegensätzen, die zur Sturmtiefbildung führt, ist die sogenannte **Drei-Masseneck-Lage.** Wie der Name schon aussagt, sind hier drei Luftmassen beteiligt. Bevorzugtes Gebiet solcher Drei-Massen-Zyklonen ist die Ostküste Nordamerikas zwischen Florida und Neufundland, mit größter Häufigkeit nahe Kap Hatteras. Beteiligt sind folgende Luftmassen (s. Abb. 5.66 und 5.67):

1. Tropikluft im Sektor Kuba – Florida als wärmste Luft
2. Kontinentale Polarluft westlich der Großen Seen bis zum Mexiko-Golf als kälteste Luft
3. Gealterte maritime Polarluft im Seegebiet östlich von Kap Hatteras als »neutrale Luft«.

Das Tief am Drei-Masseneck ist eine Neubildung. Es zieht gewöhnlich unter sehr starker und rascher Vertiefung in das Gebiet der gemäßigten Luftmasse.

Drei-Masseneck ähnliche Zyklogenesen treten auch auf, wenn sich eine **subtropische Welle** einer **Polarfrontwelle** von Süden her nähert. Solche Situationen kommen außer an der Nordamerikanischen Ostküste im Frühjahr auch im Seegebiet zwischen den Azoren und der Biskaya vor.

Gelegentlich treten innerhalb einer Zyklone nur in einem sehr begrenzten Gebiet Sturm oder Orkan auf. Die besondere Gefahr für die Schiffahrt liegt in der oft raschen Entwicklung solcher Sturmfelder und ihrer geringen räumlichen Ausdehnung. Typisch für diese Art von Stürmen oder Orkanen sind die **postfrontalen Tiefdrucktröge** okkludierender Zyklonen (s. Kap. 5.4.1: »Die Idealzyklone«) Diese Stürme kommen auf

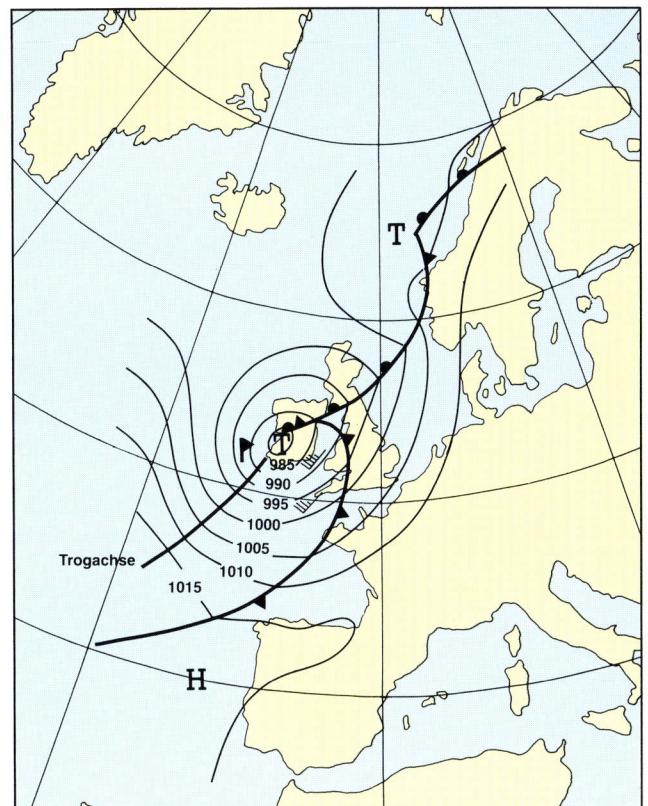

Abb. 5.68 Trogorkan (Fastnet-Race-Orkan)

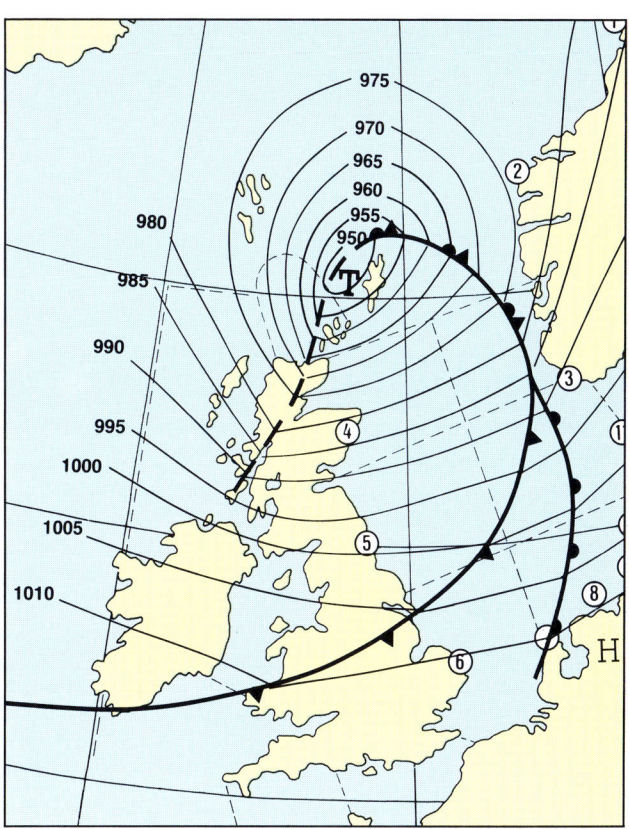

Abb. 5.69 Trogorkan bei den Pentlands

dem gesamten Nordatlantik vor, aber auch auf den Rand- und Nebenmeeren wie Nord- und Ostsee.

Der postfrontale Tiefdrucktrog (in Seewetterberichten häufig nur als **Trog** bezeichnet) entsteht – wie schon beschrieben – in der Rückseite einer okkludierenden Zyklone, wenn die Warmluft das Tief an seiner Nordseite bereits umrundet hat und westlich um den Kern herumgeführt wird. Aufgrund des Druckfalls in der Warmluft und des Druckanstiegs in der ebenfalls südwärts strömenden Kaltluft bildet sich westlich und südwestlich des Kerns ein starker Druckgradient aus.

Bei Sturmtiefs in den gemäßigten Breiten entstehen häufig Rückseitentröge, wenn ein kräftiger Kaltluftausbruch nach Süden beteiligt ist. Nur wenn die o.a. Warmluft aktiv beteiligt ist, kann sich ein schwerer **Trogsturm** oder ein **Trogorkan** entwickeln.

Der postfrontale Trog folgt der Kaltfront oder der Okklusion in einem zeitlichen Abstand von etwa 12 Stunden. Der Trog ist neben der Windzunahme gekennzeichnet durch ein erneutes

Rückdrehen des Windes in der Kaltluft mit einer anschließenden Rechtdrehung von südwestliche auf nordwestliche Richtungen. Das schwerste Wetter tritt oft nur in einer Breite von ca. 100 sm auf. Es beginnt in einem Abstand von 100 sm, gemessen vom Tiefkern, und läßt in einem Abstand von ca. 200 sm bereits wieder nach. Im Gebiet des schwersten Wetter bilden sich häufig Kreuzseen durch Überlagerung von Windsee und Dünung.

Anzeichen einer Trogentwicklung sind:

- erneuter Druckfall nach Kaltfrontpassage
- erneutes Rückdrehen des Windes.

Die Abbildungen 5.68 und 5.69 zeigen zwei Beispiele für Trogorkanentwicklungen über Westeuropa.

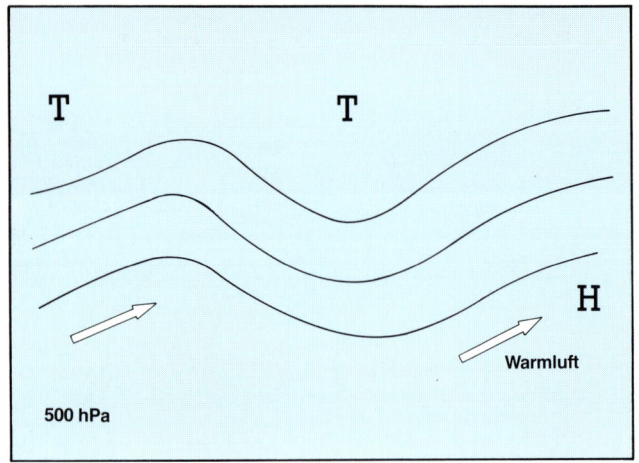

Abb. 5.70a

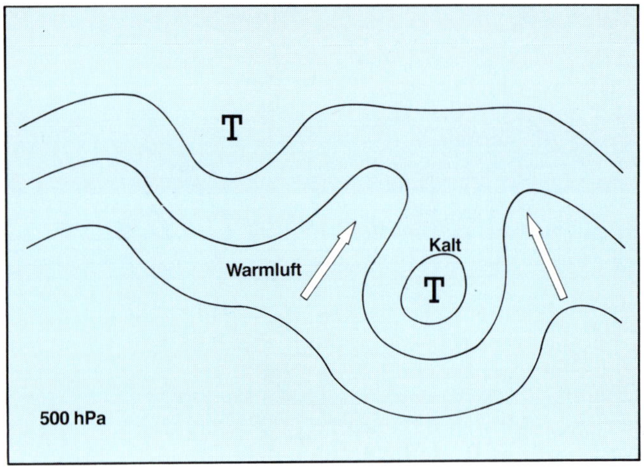

Abb. 5.70c

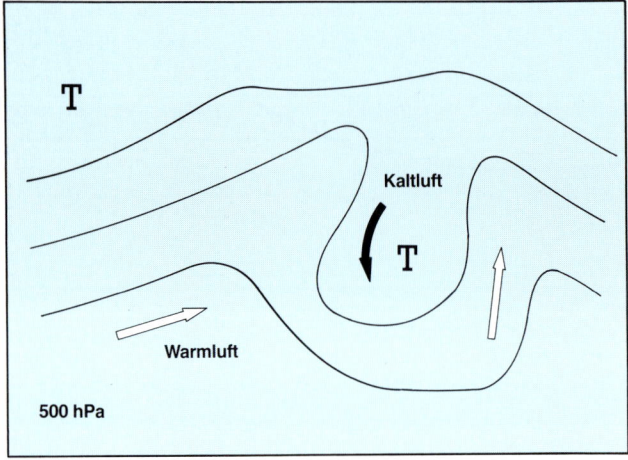

Abb.5.70b

1Abb. 5.70a – 5.70c **Bildung eines Kaltlufttropfens aus einem flachen Höhentrog (a), Abschnürung (b) und »Cut-off« (c)**

5.9. Kaltlufttropfen

In einer mäandrierenden Höhenströmung wird die Verlagerung eines Höhentroges oftmals verzögert durch kräftige Warmluftzufuhr an den Flanken (Abb. 5.70a). Die beiden sich bildenden Hochkeile bewirken einen »Abtropfvorgang« (Abb. 5.70b), der abhängig ist von der Intensität der Warmluftadvektion einerseits und der Kälte der Luftmasse im Trog andererseits. Schließlich bildet sich ein abgeschlossenes **Höhentief** als Kältezentrum, während sich die Frontalzone im Norden glättet (Abb. 5.70c). Dieser **Cut-off**-Effekt« läßt einen **Kaltlufttropfen** entstehen, dessen weitere Entwicklung und Verlagerung nur schwer vorhersagbar sind. Da er nunmehr ein eigenständiges Gebilde darstellt, wird der Kaltlufttropfen nicht mehr von der Höhenströmung (z.B. 500 hPa) gesteuert, sondern er bewegt sich dorthin, wo die geringste Wahrscheinlichkeit für seine Auffüllung besteht, also weg von starker Warmluftadvektion. In grober Näherung verlagert er sich mit einer Strömung in den unteren 1000 m der Atmosphäre, aber auch hier nicht immer strömungsgerichtet wie Fronten, sondern teilweise auf ausweichenden Bahnen. Da auf seiner Rückseite wärmere Luftmassen in Richtung zum kalten Zentrum fließen, können sie auf die zentrumsnahe Kaltluft aufgleiten und zu langanhaltenden Niederschlägen führen. In seinem Zentrum herrscht feuchtlabile Schichtung, die besonders im Sommer Schauer und Gewitter auslöst. Dagegen fließen auf seiner Vorderseite relativ kältere Luftmassen aus, so daß hier häufig gutes Wetter mit Absinken herrscht; gelegentlich treten einzelne Schauer auf (Abb. 5.71).

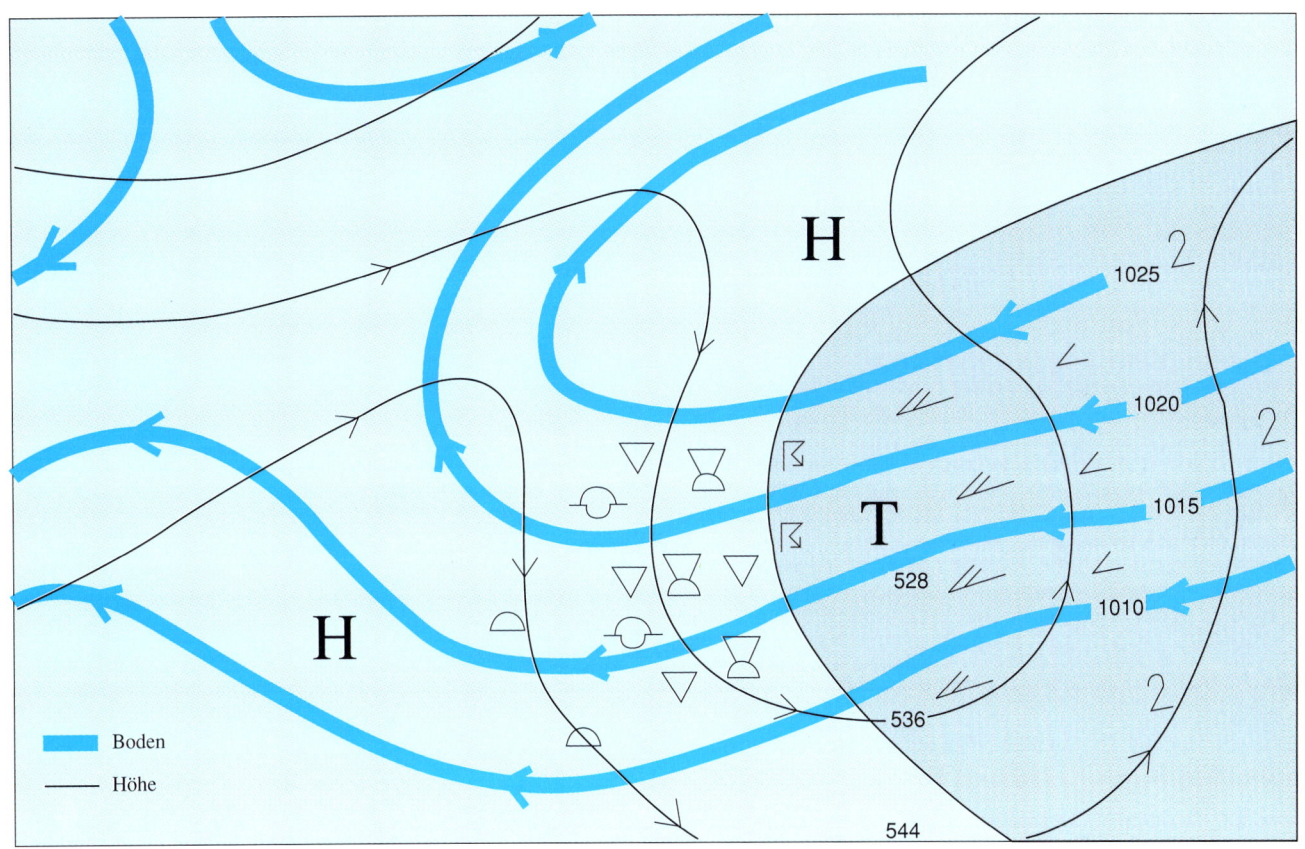

H

H

T

528

536

544

1025

1020

1015

1010

2

2

2

Boden

Höhe

Abb. 5.71 Strömungsverhältnisse, Bewölkung und Niederschlagsfelder im Bereich eines Kaltlufttropfens

5.10 Hochdruckgebiete

Das mit einer Zyklone verbundene Massendefizit tritt nie isoliert auf. Vielmehr muß es in der Atmosphäre Gebiete geben, die – wenigstens zeitweise – einen Massenüberschuß besitzen. Da der Luftdruck in einem bestimmten Niveau, z.B. in Meereshöhe, proportional zur Masse der darüber befindlichen Luftsäule ist, müssen solche Gebiete mit relativ hohem Druck verbunden sein.

Aufgrund der früher abgeleiteten Beziehung über die Luftbewegungen ist ein derartiges **Hochdruckgebiet** mit einem bestimmten Strömungssystem in der Atmosphäre verknüpft. Ein Hoch wird antizyklonal umströmt. Man bezeichnet Hochdruckgebiete daher auch als **Antizyklonen.**

Infolge der Bodenreibung bildet die Windrichtung einen Winkel mit der Isobarenrichtung in dem Sinne, daß der Wind aus dem Hoch herausweht. Der dadurch in der unteren Troposphäre eintretende Massenverlust wird durch Zufluß in höheren Atmosphärenschichten ausgeglichen. Überwiegt der Massenabfluß aus dem Hoch, fällt der Druck, ist der Massenzufluß stärker, steigt der Druck (Abb. 5.15).

Massenverlust in unteren, Massenzufluß in höheren Troposphärenschichten bewirken eine Absinkbewegung im Hoch (allerdings in der Größenordnung von cm/sec.). Ohne äußere Wärmezufuhr erwärmt sich die Atmosphäre dadurch um etwa 0.6 °C pro 100 m Höhenabnahme innerhalb von Wolkenschichten und um 1 °C pro 100 m Höhenabnahme im wolkenfreien Luftraum.

Während sich die Temperatur einer Luftmasse beim adiabatischen Absteigen erhöht, bleibt die absolute Feuchte konstant. Da die Luft bei Erwärmung eine größere Menge Wasserdampfes enthalten kann, verringert sich durch die Absinkbewegung die relative Feuchte. Es kommt daher im Hoch normalerweise zur *Wolkenauflösung.*

Nicht immer setzt sich das Absinken in einem Hochdruckgebiet bis in Bodennähe durch. Häufig endet die abwärts gerichtete Bewegung in beträchtlicher Höhe über dem Boden. In der Höhe, in der die Erwärmung aufhört, bildet sich eine Temperaturinversion, die als Sperrschicht für Konvektion und Austausch auftritt. Die Höhe der Absinkinversion kann im Tagesverlauf beträchtlich schwanken, je nachdem, welcher der Prozesse Absinken oder Austausch mit der Unterlage stärker ist.

Unmittelbar unterhalb der Inversion bildet sich eine Schicht mit starker Feuchteanreicherung. Hier wird insbesondere in der kälteren Jahreszeit über Land durch Strahlungsabkühlung häufig die Sättigungsfeuchte erreicht, so daß sich eine geschlossene Hochnebeldecke bilden kann. Ihre Mächtigkeit kann bis zum Boden anwachsen, was tagelange Nebellagen zur Folge hat (Abb. 5.72).

Die Entstehung einer Hochnebeldecke beobachtet man im Winterhalbjahr insbesondere an der West- und Nordflanke von Hochdruckgebieten über Mitteleuropa, wo sich im allgemeinen maritime, also feuchte Luftmassen befinden. Demgegenüber reicht die Festlandsluft meist nicht zur Bildung einer Stratusdecke aus.

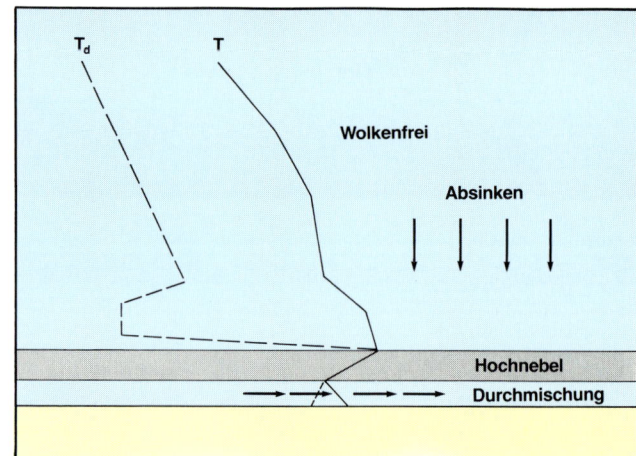

Abb. 5.72 Vertikale Temperaturschichtung unter Hochdruckeinfluß

Man kann also nicht von einem hohen Barometerstand grundsätzlich auf trockenes, sonniges Wetter schließen.

Aufgrund der noch relativ hohen Wassertemperaturen, verbunden mit labiler Luftschichtung, sind die Bedingungen über den Seegebieten im Winter besser. Hier kommen die Nebel- und

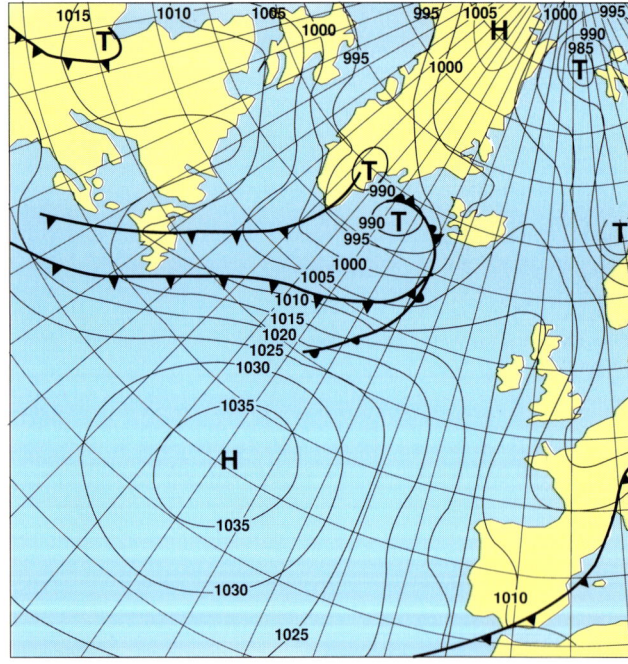

Abb. 5.73 Wetterlage mit einer warmen, steuernden Antizyklone

Klassischer Cumulonimbus capillatus mit Amboß (s. Anhang, Abb. 4). Rückseite nach Kaltfrontpassage. NW 4 – 5, See 1,5 m, noch nicht ausgereift.

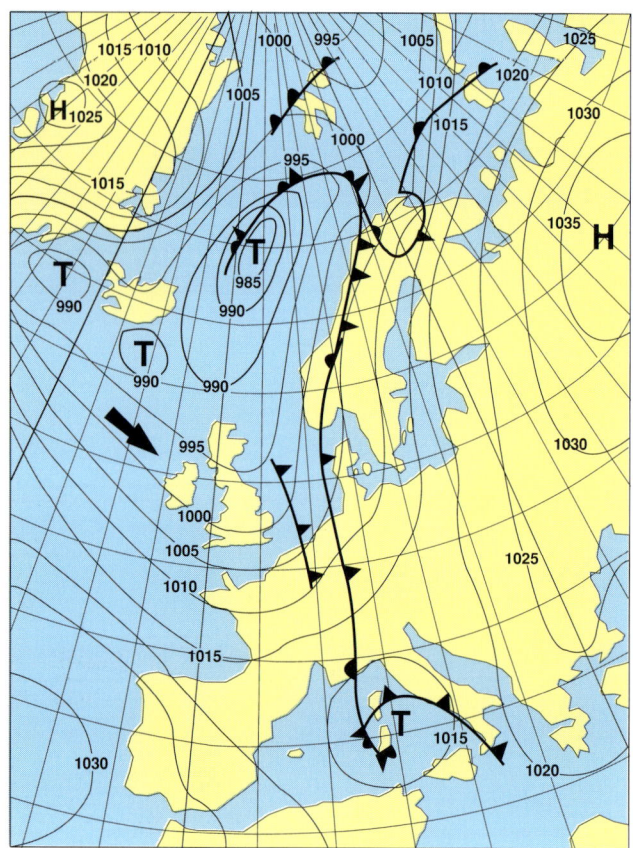

Abb. 5.74 Wetterlage mit einer kalten, steuernden Antizyklone

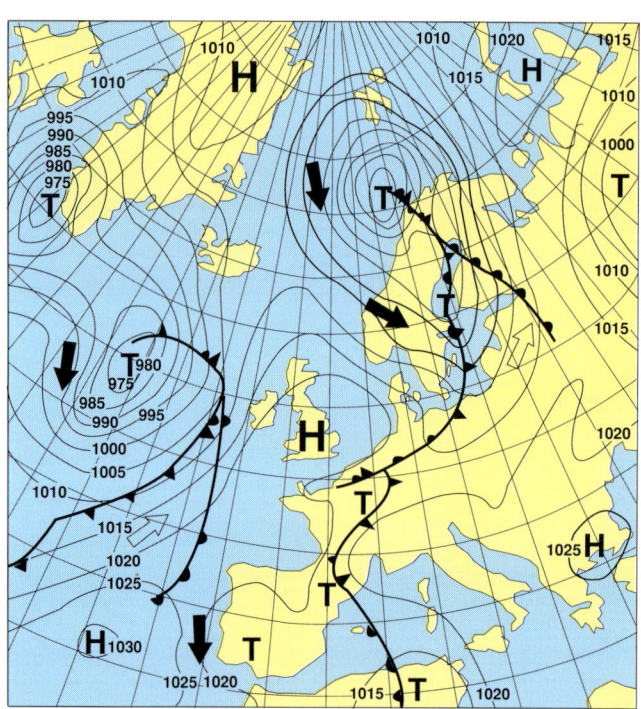

Abb. 5.75 Wetterlage mit einem wandernden Zwischenhoch

Hochnebeleinbrüche hauptsächlich im Frühjahr und Frühsommer vor, wenn im Mittel die Temperaturdifferenz zwischen Luft und Wasser am größten ist.

Entsprechend ihrem Temperaturaufbau und ihrer geographischen Entstehung lassen sich drei Hochdrucktypen unterscheiden:

1. warme steuernde Antizyklonen

Sie sind normalerweise in den Subtropen zu finden oder wenigstens jedoch subtropischen Ursprungs. Sie sind umfangreich, warm und daher hochreichend. Sie verlagern sich nur sehr langsam und wirken als troposphärische Steuerungszentren. Im Bodendruckfeld weisen die Isobaren häufig eine ausgeprägte elliptische Form auf, wobei die größte Ausdehnung normalerweise von Westsüdwest nach Ostnordost reicht. Sie bilden im Winter einen nahezu geschlossenen Hochdruckgürtel, etwa entlang des 30. Breitenkreises. Im Sommer findet man sie nur über den Ozeanen, während sie über den Kontinenten durch ausgedehnte Hitzetiefs abgelöst werden (Abb. 5.73).

2. kalte steuernde Antizyklonen

Diese zum Teil ebenfalls sehr umfangreichen Hochdruckge-

biete bilden sich im Winter über den großen Landmassen der nördlichen Breiten. Sie sind außerordentlich kalte und daher flache Druckgebilde. Ihre vertikale Erstreckung reicht kaum über 2 km hinaus. Sie sind ebenfalls nahezu stationär. Am stärksten ausgebildet ist das winterliche sibirische Hoch, das sich durch Strahlungsabkühlung über dem weiten Schneeflächen Nordasiens bildet (Abb. 5.74).

3. wandernde Zwischenhochdruckgebiete

Diese Hochdruckgebiete haben meistens die Form eines Keiles, der von einer subtropischen Antizyklone ausgeht. Sie bilden sich auf der kalten Seite der Frontalzone zwischen zwei Mitgliedern einer Zyklonenfamilie. Ihre Ostflanke reicht noch in die Rückseitenkaltluft der vorhergehenden Zyklone, während auf der Westflanke schon Warmluftadvektion vor dem nächsten Tiefdruckgebiet einsetzt. Ihre Verlagerung entspricht der Zuggeschwindigkeit der flankierenden Zyklonen. Wird der warme Teil eines Zwischenhochkeils durch Warmluftzufuhr bis in hohe Breiten dauerhaft gestützt, kann er sich – verstärkt durch die Absinkerwärmung – in eine warme steuernde Antizyklone umwandeln (Abb. 5.75).

Abb. 5.76 Zugbahnen von Tiefdruckgebieten im Januar

5.11 Typische Zugbahnen von Druckgebilden

Die folgenden Karten (Abb. 5.76 bis 5.79) zeigen die charakteristischen Unterschiede zwischen den typischen »Bahnen« der Hoch- und Tiefdruckgebiete in den gemäßigten Breiten. Während die außertropischen Zyklonen überwiegend Nordostkurs einschlagen, bewegen sich die Hochdruckzellen (nicht die wandernden Zwischenhochkeile!) eher auf Ost- bis Südostbahnen. Allerdings sollte sich der Betrachter darüber klar sein, daß solche statistischen Angaben im Einzelfall nur eine Wahrscheinlichkeitsaussage erlauben; mit anderen Worten: Unter einer großen Zahl von Fällen gibt es eine Anzahl von Druckgebilden, die den dargestellten »Bahnen« folgen. Im Einzelfall kann jedoch die Bahn erheblich abweichen. Im Bereich des Nordatlantiks und der angrenzenden Meere und Kontinente werden folgende Zugbahnen mit relativ großer Häufigkeit von den Hoch- und Tiefdruckgebieten »benutzt«:

Tiefs im Winter:
Im Winter bilden sich Tiefdruckgebiete bevorzugt im Bereich der US-Ostküste im Grenzgebiet zwischen warmem Ozeanwasser und den kalten Festlandmassen. Sie schlagen dann sehr häufig einen Ostnordostkurs ein, der sie südlich an Island vorbei ins nördliche Nordmeer führt.

Ist die Zyklonenentwicklung über dem Westatlantik schon sehr weit fortgeschritten, zieht der Wirbel meistens über die Labrador-See zur Davis-Straße, während sich östlich von Kap Farvel ein Teiltief bildet, das unter starker Vertiefung durch die Dänemark-Straße zum nördlichen Nordmeer zieht (s. Kap. 5.7: Orographische Teiltiefbildung).

Winterliche Sturmlagen in der Nordsee sind überwiegend mit Zyklonen verbunden, die auf südlicherer Bahn über Schottland hinweg zur Ostsee und dann weiter nach Nordrußland ziehen. Wird eine Zyklone über dem westlichen Europa stationär, so ziehen Randtiefs über den Golf von Biskaya ins Mittelmeer. Bei einem stationären Tief über Mitteleuropa werden vielfach Zyklonen im Golf von Genua (»Genua-Zyklone«) gebildet, die über die nördliche Adria, Ostösterreich nach Polen oder Rußland ziehen (Abb. 5.76).

Abb. 5.77 Zugbahnen von Tiefdruckgebieten im Juli

Tiefs im Sommer:
Im Sommer bilden sich Zyklonen häufig im kanadischen Raum.
Sie ziehen dann entweder über Grönland hinweg zum Eismeer
oder südlich Grönlands vorbei über Island zum Nordmeer. Bei
einem nach Norden verschobenen Azorenhoch zweigt bei
Island eine Bahn nach Südskandinavien ab.
Bei nach Osten verschobener Lage des Subtropenhochs zie-
hen Zyklonen aus dem mittleren Nordatlantik häufig über
Schottland hinweg nach Skandinavien (Abb. 5.77).

Abb. 5.78 Zugbahnen von Hochdruckgebieten im Januar

Hochs im Winter:
Eine typische winterliche Bahn verläuft von Nordgrönland über das Nordmeer nach Südrußland, eine andere vom Nordkap zum Kaspischen Meer.
Hochs, die den Atlantik überqueren, entstehen häufig über dem nördlichen Nordamerika und wandern über die Azoren ins Mittelmeer (Abb. 5.78).

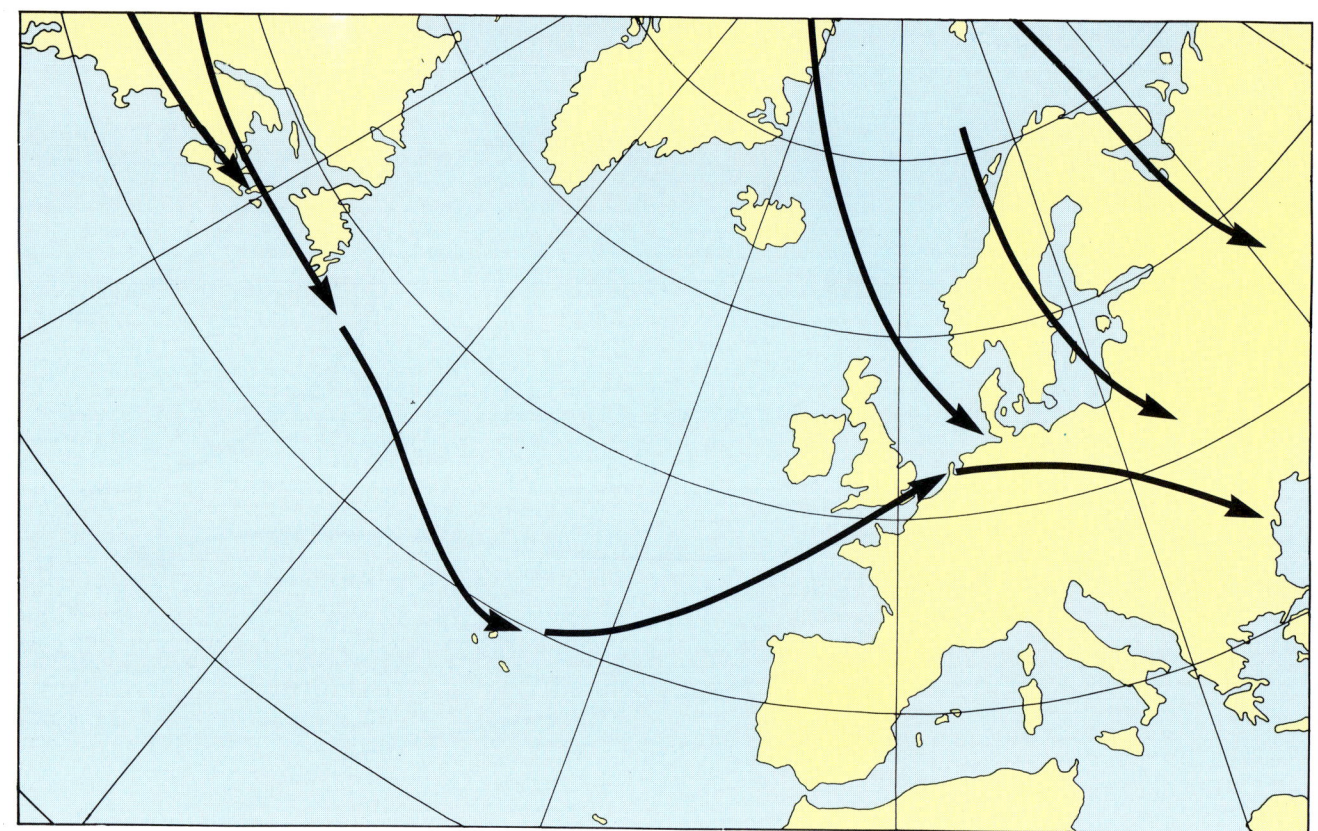

Abb. 5.79 Zugbahnen von Hochdruckgebieten im Juli

Hochs im Sommer:
Die Zugbahnen verlaufen ähnlich wie im Winter, jedoch ist der
Subtropenhochdruckgürtel etwas nach Norden verschoben
(Abb. 5.79).

5.12 Großwetterlagen

Den meisten Hörern von Wetterberichten sind das berühmte Island-Tief oder das Azorenhoch ein Begriff. Formulierungen wie » … in einer lebhaften westlichen Strömung ziehen Tiefausläufer nach Mitteleuropa… « oder » … der Keil eines Azorenhochs schwenkt über die Britischen Inseln ostwärts…« tauchen immer wieder in Wetterberichten auf, und jeder verbindet damit wohl im einen Fall unbeständiges, im anderen Fall gutes Wetter. Diese einfache Zuordnung von Druckgebilden und Wetterablauf ist leider nicht immer zutreffend, aber häufig wird damit der Trend einer Wetterentwicklung erfaßt. Dahinter steckt die Vermutung, daß ähnliche Wetterlagen auch zu ähnlichem Wetterablauf führen. Dieser Denkansatz ist grundsätzlich nicht falsch, solange wir uns bei der Bewertung von Ähnlichkeiten auf die Lage der Druckzentren und den Verlauf der Frontalzone beschränken. Zusätzlich unterscheiden wir nun noch, ob die Frontalzone zyklonal oder antizyklonal gekrümmt ist, und erhalten dann bei der Betrachtung der Wetterlagen der letzten 30 oder 40 Jahre eine Reihe ähnlicher Wetterlagen, die wir **Großwetterlagen** nennen.

5.12.1 Zirkulationsformen

Eine grobe Einteilung der Großwetterlagen bezieht sich auf die Zirkulationsform. Wir unterscheiden (Abb. 5.80a-c):

    a) zonale Zirkulation
    b) meridionale Zirkulation
    c) gemischte Zirkulation

a) zonale Zirkulation

Zwischen einem *Azorenhoch* und einem Tiefdrucksystem in nördlichen Breiten erstreckt sich eine überwiegend west-ost-gerichtete hochreichende Strömung. Mit ihr werden Tiefdruckgebiete und deren Fronten vom Atlantik nach West- und Mitteleuropa gesteuert. Dies ist der Normalfall in der bereits angesprochenen Westwinddrift der mittleren Breiten. Alle Westlagen zählen zur **zonalen Zirkulation.**

b) meridionale Zirkulation

Diese Form entsteht durch eine kräftige Mäandrierung der ehemals zonalen Strömung. Häufig führt ein intensiver Kaltluftausbruch nach Süden zur Bildung eines kräftigen Troges mit nordsüdlicher Achsenrichtung. Korrespondierend bilden sich an den Flanken des Troges Hochdruckgebiete aus. Sie werden oftmals stationär und wirken auf die Verlagerung des Troges blockierend. Dementsprechend bestimmt die Lage der steuernden Druckzentren, ob sich Mitteleuropa in einer Nord-, Ost- oder Südströmung befindet. Auch die Zwischenrichtungen Nordost oder Südost sind typisch für **meridionale Zirkulationen.**

c) gemischte Zirkulation

Sind die zonalen und meridionalen Strömungsanteile etwa gleich, spricht man von gemischter Zirkulation. Gegenüber der zonalen Zirkulation sind die antizyklonalen Steuerungszentren nach Norden verschoben bis etwa 50° Nord. Nordwestlagen

ergeben sich dann über Mitteleuropa, wenn das steuernde Hoch über dem Ostatlantik liegt. Bei der Großwetterlage Hoch Mitteleuropa liegt das steuernde Hoch über Mitteleuropa, und zu den Südwestlagen gehört ein osteuropäisches Hochzentrum. Auch die Großwetterlage Tief Mitteleuropa wird wegen der häufig wechselnden Strömungsrichtung zu der **gemischten Zirkulation** gerechnet.

5.12.2 Beschreibung von Großwetterlagen

Es werden im Folgenden 12 Großwetterlagen diskutiert, die in den letzten 40 Jahren besonders häufig während der Zeit zwischen Frühjahr und Herbst, also in der üblichen mitteleuropäischen Segelsaison, aufgetreten sind. Sicherlich sind alle Großwetterlagen – auch die hier nicht diskutierten, auf die z.T. nur kurz hingewiesen wird – auch zu anderen Zeiten aufgetreten. Bevorzugt traten sie jedoch in der fraglichen Zeit zwischen Frühjahr und Herbst auf.

Zunächst geben wir zu jeder Großwetterlage eine Beschreibung der Zirkulationsform mit Druckzentren und Verlauf der Frontalzone. Anschließend erfolgt ein kurzer Hinweis auf die Witterung (mittlerer typischer Witterungsablauf; Einzelfälle können davon abweichen) für den Bereich von Nord- und Ostsee und schließlich noch eine Angabe von typischen mittleren Windstärken in den Vorhersagegebieten von Nord- und Ostsee. Zu jeder Großwetterlage werden die Monate der größten und geringsten Häufigkeit genannt.

Die folgende Einteilung gilt nur für Mitteleuorpa. Für die Nord- und Ostseegebiete ist sie in statistischer Hinsicht repräsentativ, sie läßt sich aber nicht auf das Mittelmeer anwenden. Hier können bei gleicher mitteleuropäischer Großwetterlage andere Folgeentwicklungen entstehen.

Noch ein wichtiger Hinweis:

Diese Großwetterlagen-Statistik eignet sich nur dazu, langfristig einen Törn zu planen. Sie kann niemals eine Wind- und Wettervorhersage ersetzen. Denken Sie auch daran, daß nur Wahrscheinlichkeiten aufgrund statistischer Auswertungen vergangener Zeiträume angegeben werden können. Eine Garantie, daß die angegebenen mittleren Verhältnisse auch für ein Einzeljahr zutreffen, gibt es nicht!

Folgende Großwetterlagen werden diskutiert:

– *antizyklonale Westlage (Wa)*
– *zyklonale Westlage (Wz)*
– *antizyklonale Südwestlage (SWa)*
– *zyklonale Südwestlage (SWz)*
– *antizyklonale Nordwestlage (NWa)*
– *zyklonale Nordwestlage (NWz)*
– *antizyklonale Nordlage (Na)*
– *zyklonale Nordlage (Nz)*
– *Hoch Nordmeer-Fennoskandien (HNFa)*
– *Tief Mitteleuropa (TM)*
– *Hoch Mitteleuropa (HM)*
– *Tief Britische Inseln (TB)*

Hinweis:
In den folgenden Großwetterlagen-Beschreibungen umfaßt die *Südwestliche Nordsee* die Seegebiete *Humber* und *Themse,* die *mittlere Nordsee* die Gebiete *Fisher* und *Forties.*

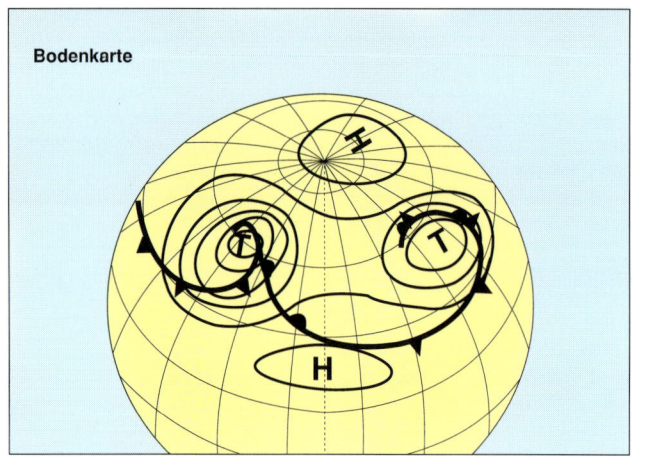

Abb. 5.80a Zonale Zirkulation

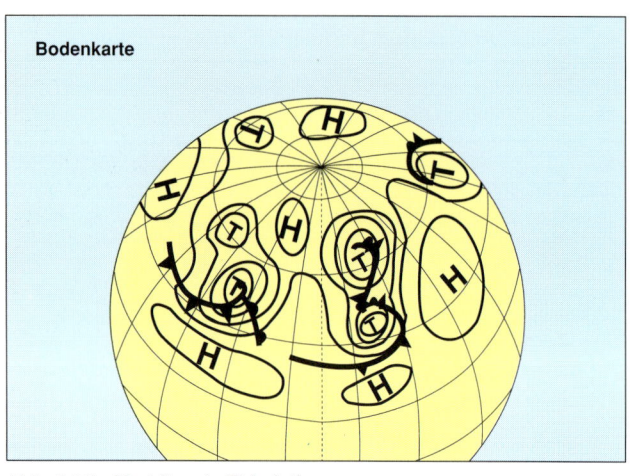

Abb. 5.80b Meridionale Zirkulation

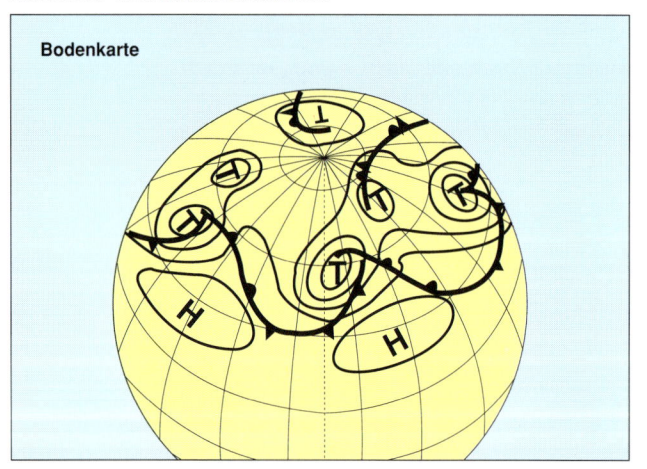

Abb. 5.80c Gemischte Zirkulation

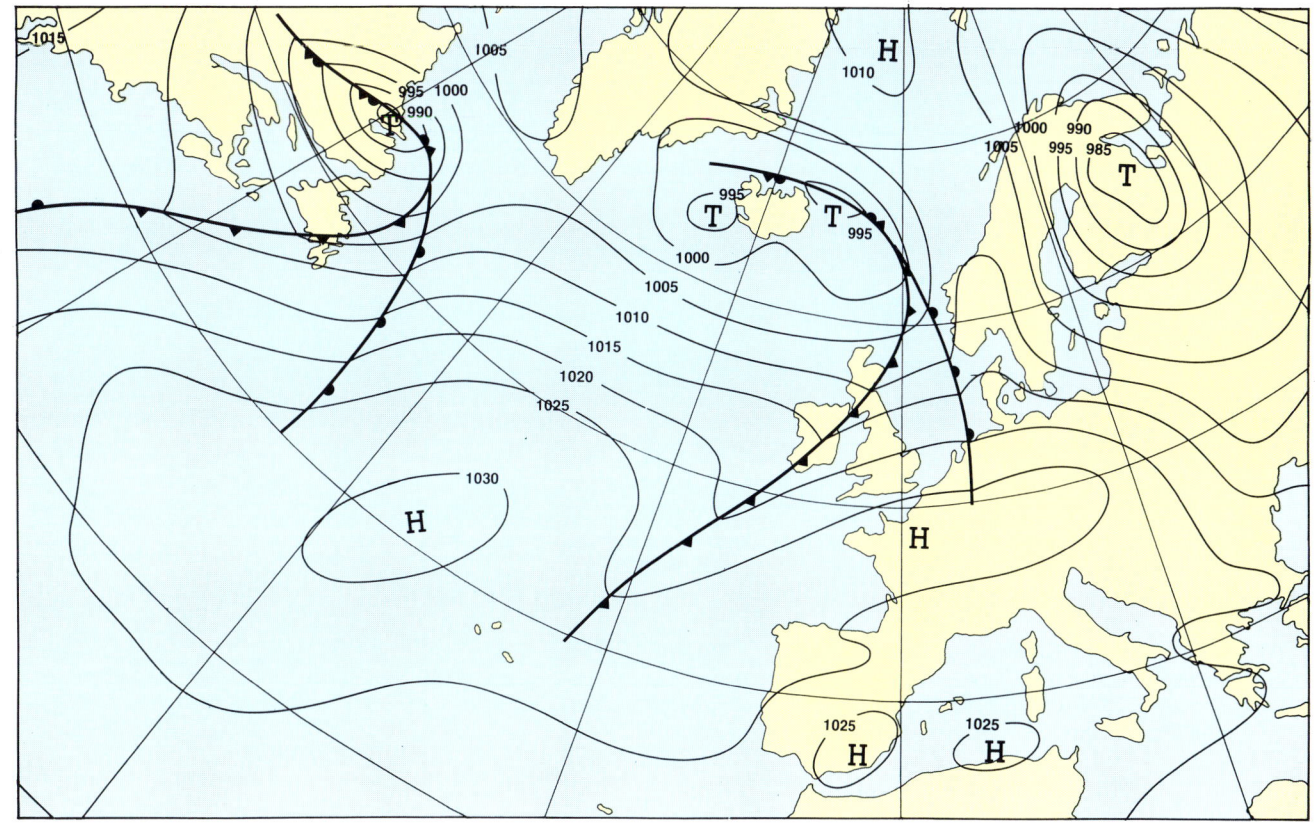

Abb. 5.81 Westlage, antizyklonal (Wa)

5.12.2.1 Westlagen

a) antizyklonale Westlage: Wa

Die nordatlantische Frontalzone verläuft zwischen 55° Nord und 60° Nord. Das steuernde Bodentief liegt bei etwa 65° Nord im Raum Island. Ein zweites, meist schwächeres Steuerungszentrum befindet sich häufig im Bereich Nordmeer-Nordskandinavien. Das Subtropenhoch liegt nordwestlich der Azoren mit einem nach Süddeutschland reichenden Hochkeil. Daher haben die Fronten der wandernden Tiefdruckgebiete nur eine abgeschwächte Wetterwirksamkeit.
Witterung:
Stark bewölkt, bei Frontnäherung (Warmfront, Kaltfront) leichter Niederschlag. Mittlere Sichtverhältnisse, im Frühjahr Seenebel häufig.

Typische Windstärken:

Südwestliche Nordsee:	Bft 4–6
Deutsche Bucht:	5–7
Mittlere Nordsee:	6–8
Skagerrak:	6–8
Kattegat:	5–7
Westliche Ostsee:	4–6
Südliche Ostsee:	4–6
Max.: August, September	
Min.: Dezember, März	

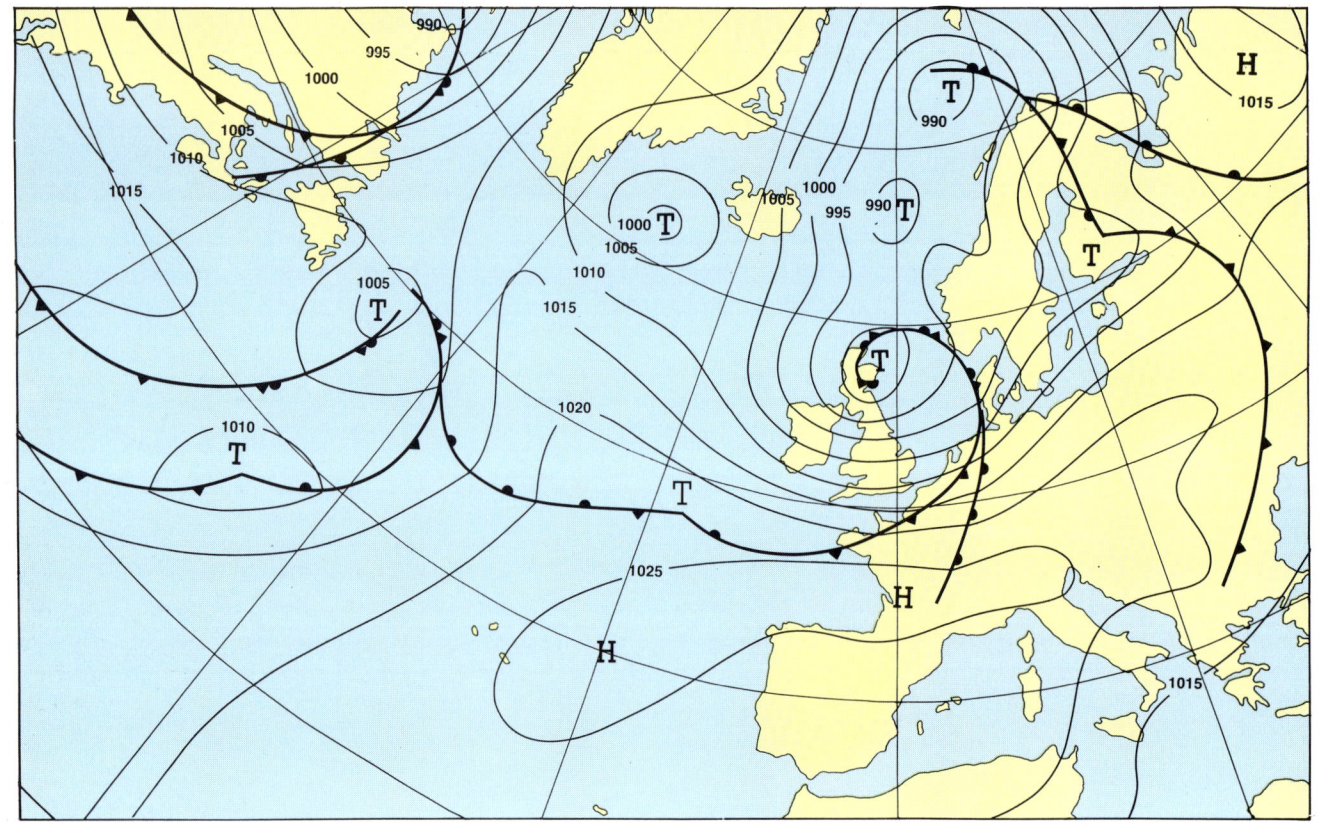

Abb. 5.82 Westlage, zyklonal (Wz)

b) zyklonale Westlage: Wz

Die Frontalzone verläuft zwischen 50° Nord und 60° Nord, am Nordrand des Subtropenhochs. Dessen Schwerpunkt liegt östlich der Azoren, und sein Keil reicht nach Südeuropa bis zu den Alpen, nur gelegentlich nach Süddeutschland. Einzelne Tiefs können sich in der Frontalzone stark vertiefen. Sie ziehen von Irland über Schottland und die Nordsee nach Skandinavien. Ihren Entwicklungshöhepunkt erreichen sie über Schottland, der nördlichen Nordsee oder Südskandinavien; danach drehen sie meist nordostwärts ein. Auf ihrer Rückseite entstehen Zwischenhochkeile, die die Kaltfronten südostwärts nach Mitteleuropa beschleunigen.

Witterung:

Im ein- bis zweitägigen Rhythmus Wechsel zwischen Regen/Schauern und Aufheitungsphasen. Im Sommer kühl mit eingelagerten Kaltfront-Gewittern. Vor der Warmfront und im Warmsektor mittlere Sichten, nach Kaltfrontdurchgang merkbare Sichtbesserung.

Typische Windstärken:

Südwestliche Nordsee:	Bft 6−8
Deutsche Bucht:	6−8
Mittlere Nordsee:	7−9
Skagerrak:	7−9
Kattegat:	6−8
Westliche Ostsee:	6−8
Südliche Ostsee:	5−7

Max.: August, Juli
Min.: März, April

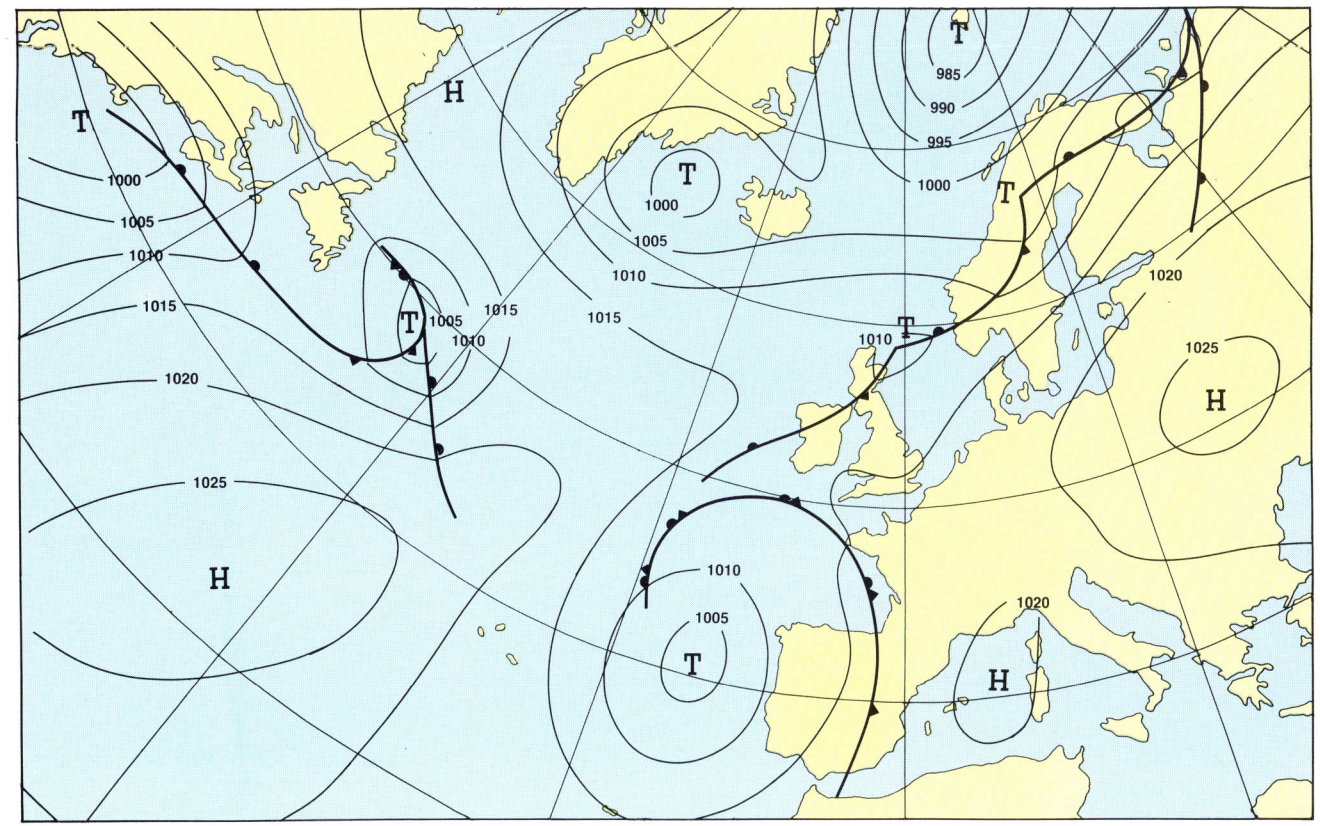

Abb. 5.83 Südwestlage, antizyklonal (SWa)

5.12.2.2 Südwestlagen

a) antizyklonale Südwestlage: SWa

Steuerungszentren sind ein umfangreiches Tiefdrucksystem über dem östlichen Nordatlantik und dem Nordmeer sowie eine Hochdruckzelle über Südeuropa und dem Balkan bzw. Westrußland. Die zugehörige Frontalzone erstreckt sich von Südwest nach Nordost und reicht von der Biskaya bis nach Nordwestrußland. Einzelstörungen streifen die westeuropäischen Küsten. Wegen der antizyklonalen Krümmung der Isobaren sind starke Randtiefentwicklungen selten. Das kann sich ändern, wenn der Kern des steuernden Tiefs bei Nordirland liegt (»südliche Westlage«, Ws). Dann kommt es gelegentlich zu kräftigen Zyklonenentwicklungen über dem Englischen Kanal, Frankreich und der südlichen Nordsee.

Witterung:

Im Nordseeraum stark bewölkt und etwas Sprühregen. Über der südlichen Ostsee zum Teil sonnige Phasen. Allgemein diesig, über der Nordsee und den Küsten häufig Nebel oder Hochnebel. Zu allen Jahreszeiten übernormal warm.

Typische Windstärken:

Südwestliche Nordsee:	Bft 4−6
Deutsche Bucht:	3−5
Mittlere Nordsee:	5−7
Skagerrak:	4−6
Kattegat:	4−6
Westliche Ostsee:	3−5
Südliche Ostsee:	3−5

Max.: Februar, Oktober
Min.: Juni, Juli

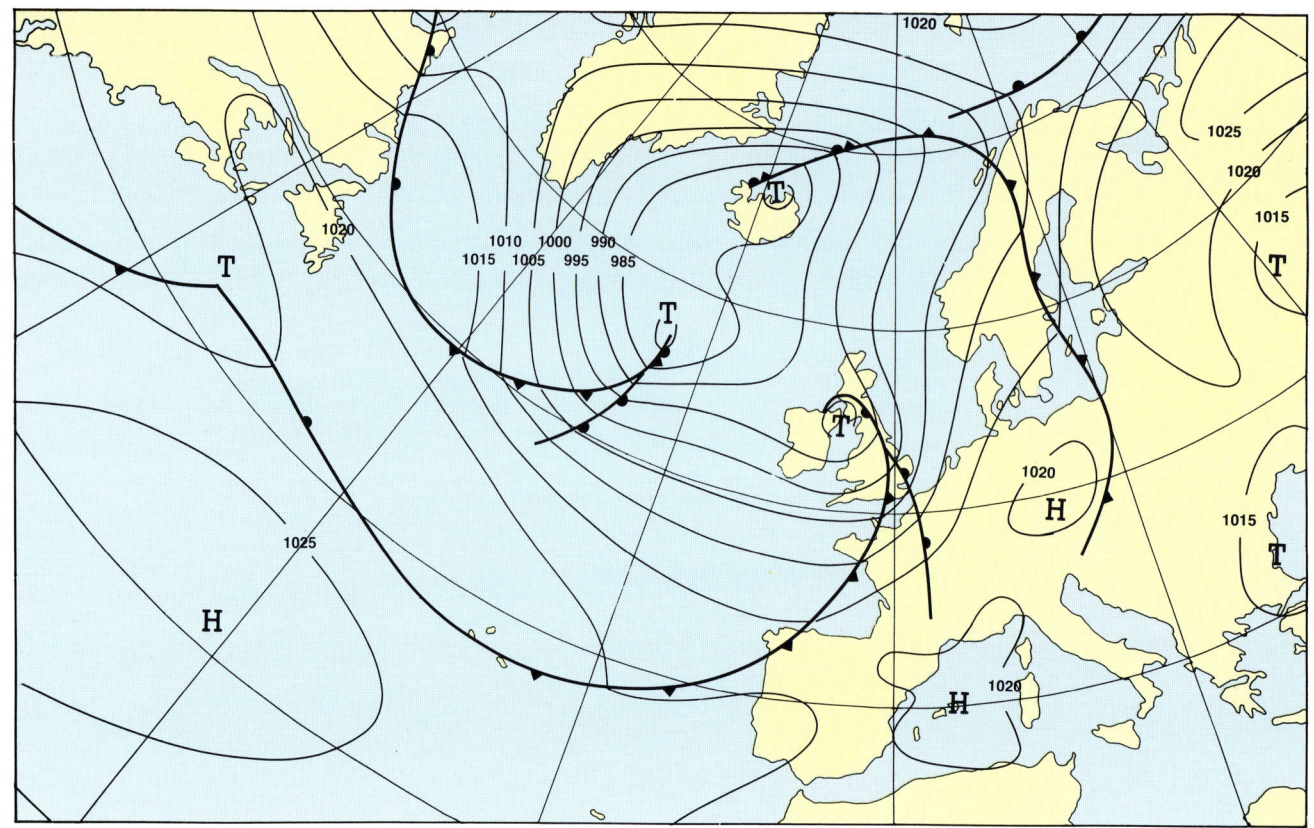

Abb. 5.84 Südwestlage, zyklonal (SWz)

b) zyklonale Südwestlage: SWz

Zwischen hohem Luftdruck über dem östlichen Mitteleuropa und dem Mittelmeerraum sowie tiefem Druck über dem mittleren und nördlichen Nordatlantik erstreckt sich eine nordostwärts gerichtete Frontalzone von den Azoren über den Englischen Kanal in das südliche Nordmeer und Nordskandinavien. In der zyklonal gekrümmten Strömung ziehen Einzelstörungen über die Biskaya und die Britischen Inseln nach Südskandinavien und nordwärts.
Witterung:
Unbeständiges, niederschlagreiches Wetter, im Sommer nur mäßig warm, in den anderen Jahreszeiten wärmer als normal. Mittlere, bei stärkerem Niederschlag schlechte Sichten.

Typische Windstärken:

Südwestliche Nordsee:	Bft 6–7	(bei Randtiefs > 8)
Deutsche Bucht:	6–7	(bei Randtiefs > 8)
Mittlere Nordsee:	6–8	
Skagerrak:	6–8	
Kattegat:	6–7	
Westliche Ostsee:	6–7	
Südliche Ostsee:	5–7	

Max.: Januar, November
Min.: Juli, Juni

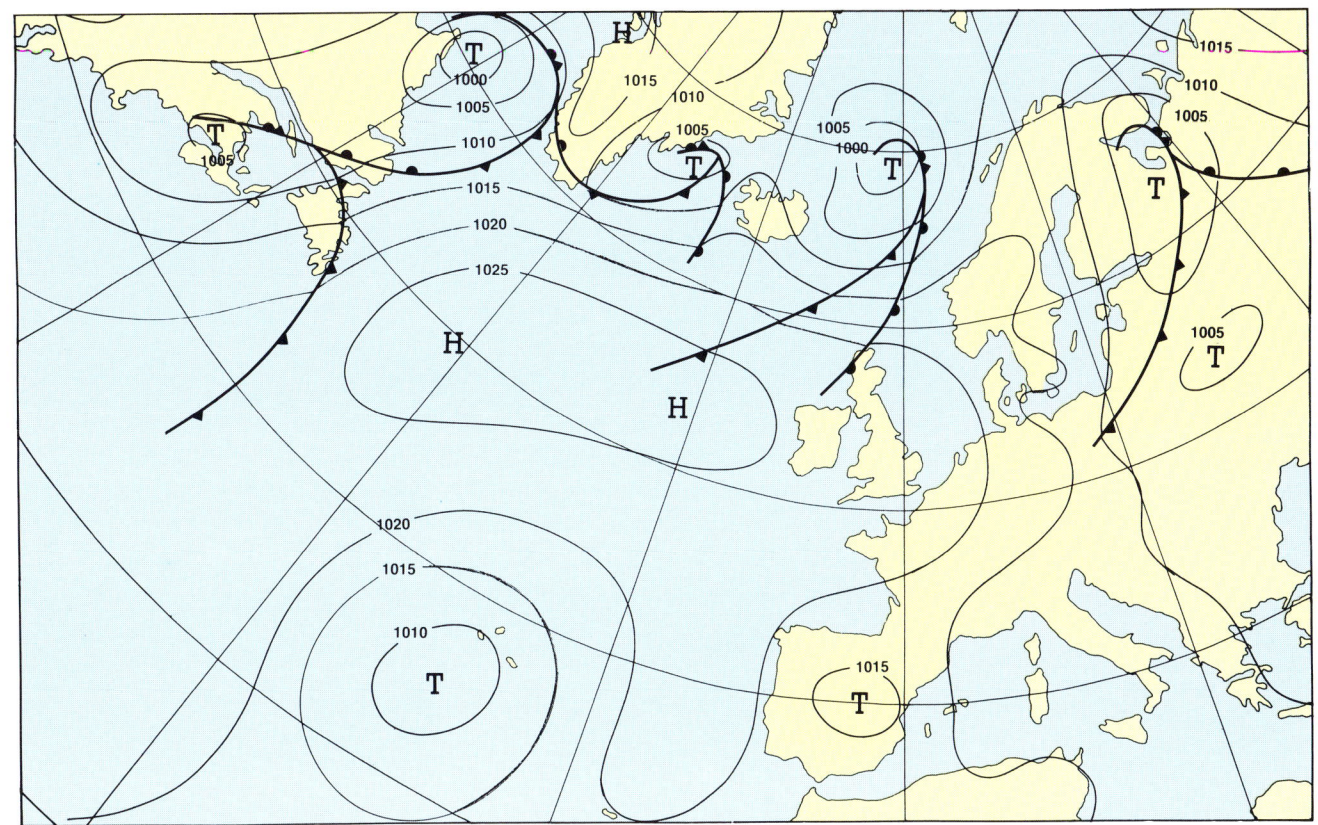

Abb. 5.85 Nordwestlage, antizyklonal (NWa)

5.12.2.3 Nordwest- und Nordlagen

a) antizyklonale Nordwestlage: NWa

Das nicht stationäre Subtropenhoch liegt vor Westeuropa, südlich oder westlich von Irland. Gleichzeitig befinden sich die ebenfalls nicht stationären, aber steuernden Tiefdruckgebiete bei Island und über dem Nordmeer. Damit erstreckt sich die kräftige Frontalzone von Labrador über Südgrönland, Island hinweg nach Skandinavien und weiter südostwärts. Die Fronten der steuernden Tiefdruckgebiete schwenken über die Nordsee nach Skandinavien und biegen dann in der Frontalzone nach Südwest-Rußland ab. Diese Großwetterlage stellt sich meist nur kurzfristig ein. Sie geht oft in die »antizyklonale Westlage« (Wa) und später in die »zyklonale West- bzw. Nordwestlage« (Wz, NWz) über. Wandert die vor Irland liegende Hochzelle ostwärts in Richtung England und findet gleichzeitig eine kräftige Tiefdruckentwicklung vor Südost-Grönland statt, kann das Hoch über England stationär werden und blockierend wirken. Diese Lage nennt man »Hoch Britische Inseln« (HB). Sie tritt bevorzugt im Spätwinter und Frühherbst auf.

Witterung:
Über dem westeuropäischen Festland aufgeheitert. Über der Nordsee verbreitet tiefe Bewölkung, aus der bei abgeschwächten Fronten gelegentlich Regen fällt. Über der Ostsee treten bei guten Sichten einzelne Schauer auf, sonst herrschen mittlere Sichten. Die Temperaturen liegen unter dem Normalwert.
Typische Windstärken:

Südwestliche Nordsee:	Bft 2–4
Deutsche Bucht:	3–5
Mittlere Nordsee:	3–5
Skagerrak:	4–6
Kattegat:	4–6
Westliche Ostsee:	3–5
Südliche Ostsee:	4–6
Max.: Juli, Juni	
Min.: Okt., Dezember	

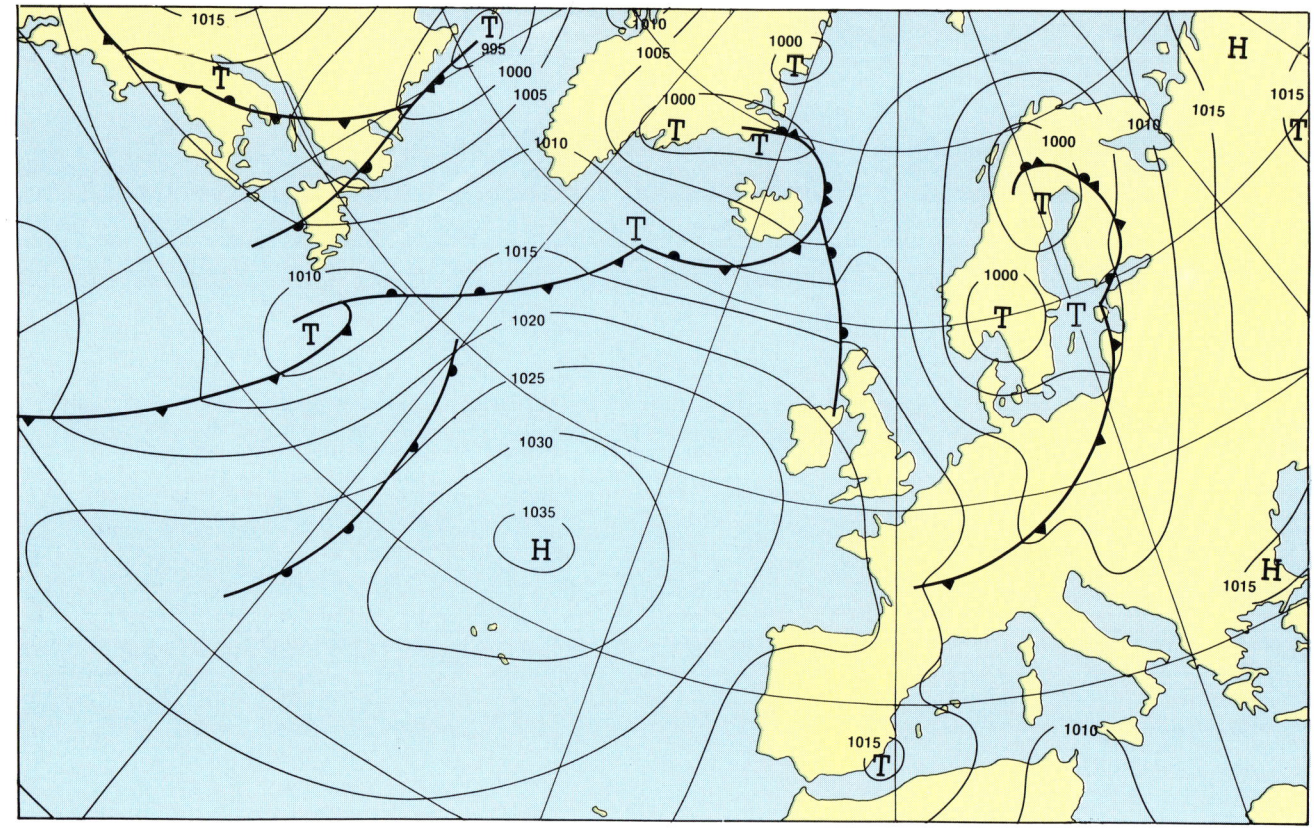

Abb. 5.86 Nordwestlage, zyklonal (NWz)

b) zyklonale Nordwestlage: NWz

Zwischen einer bis zur Biskaya vorgeschobenen Hochdruckzelle und einem umfangreichen Tiedrucksystem bei Island,
über dem Nordmeer und Skandinavien, erstreckt sich eine sehr
starke Frontalzone über die Britischen Inseln und die Nordsee
in das östliche und südöstliche Mitteleuropa. In ihr ziehen Einzelstörungen zum Teil unter starker Vertiefung über die Nordsee. Wenn die Kaltfronten Mitteleuropa südostwärts überquert
haben, entwickeln sich häufig Randtiefs über Oberitalien, die im
Rhônetal starken Mistral verursachen. Neue Störungen ziehen
in der Frontalzone jeweils südlicher, so daß diese Großwetterlage oft beendet wird durch ein abgeschwächtes Tief über der
Nordsee mit einem »Trog über Mitteleuropa« (TrM).
Witterung:
Wechselhafte Witterung mit typischem Frontalwetter: Warmfront, Warmsektor, Kaltfront. Danach Rückseitenwetter mit kräftigen Schauern, oft starke Gewitter. Sehr windiges Wetter über
Mitteleuropa, über Nord- und Ostsee West- bis Nordweststurm; in den Übergangsjahreszeiten typisch für Sturmlagen.

Typische Windstärken:	
Südwestliche Nordsee:	Bft 5−6
Deutsche Bucht:	6−8
Mittlere Nordsee:	um 8
Skagerrak:	7−9
Kattegat:	6−8
Westliche Ostsee:	6−8
Südliche Ostsee:	6−8
Max.: Juli, August	
Min.: Mai, Oktober	

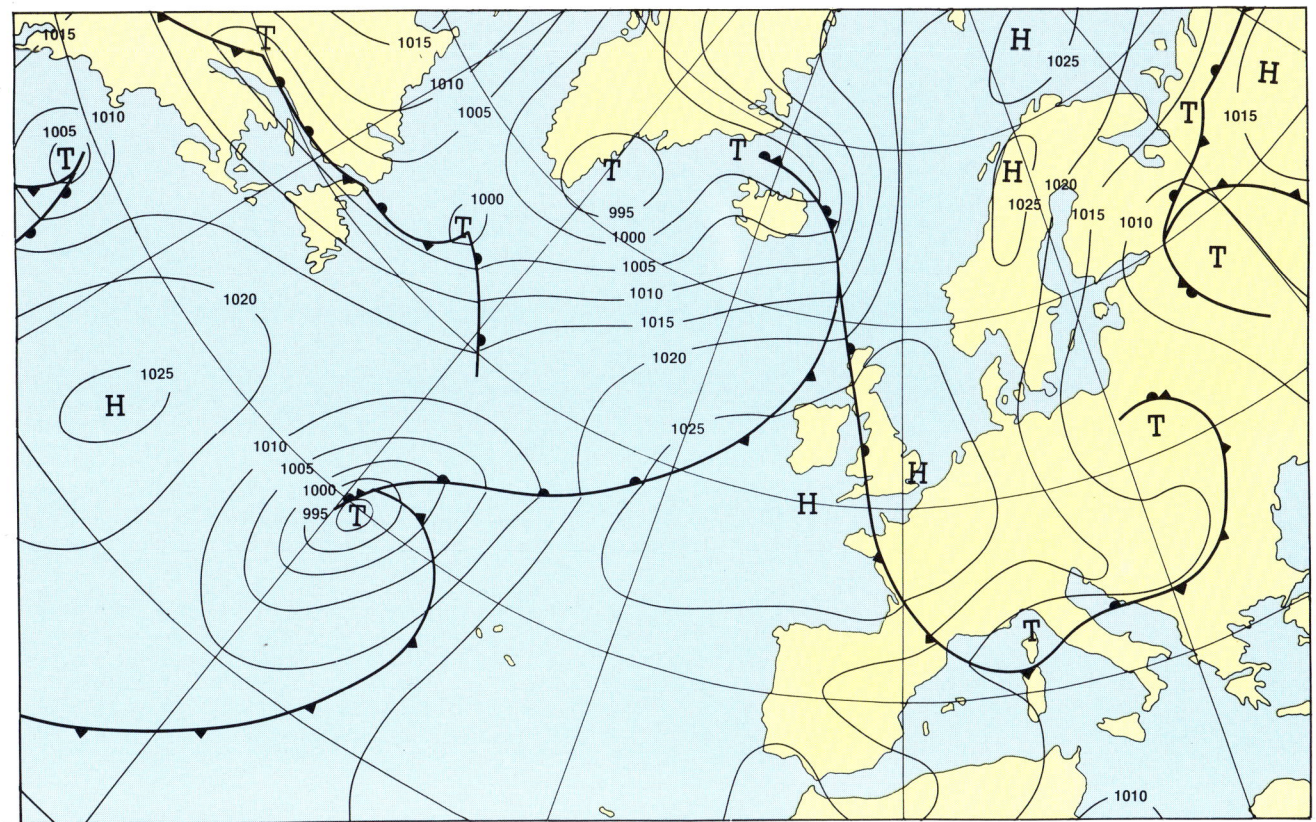

Abb. 5.87 Nordlage, antizyklonal (Na)

c) antizyklonale Nordlage: Na

Bei dieser, Nz verwandten, Lage ist der Kern des ost- oder nordosteuropäischen Tiefs in Richtung Polen verlagert. Eine Hochdruckzone erstreckt sich vom westeuropäischen Hoch über Skandinavien hinweg bis zur Barentssee. Während die Windstärken über der Nordsee geringer sind, beobachtet man im gesamten Ostsee-Bereich häufig höhere Windstärken als bei Nz. Auch im Sommer treten nicht selten Windstärken zwischen Bft 7 und Bft 8 auf.

Weitere ähnliche Großwetterlagen sind »Hoch Nordmeer-Island« (HNz/HNa). An der Ostflanke dieses Hochs verläuft die Frontalzone von Fennoskandien über die Ostsee zum östlichen Mitteleuropa. Sie wird nach Osten begrenzt durch ein osteuropäisches Tief – wie in den vorher besprochenen Fällen. Über dem Ostsee-Raum können stärkere Niederschläge auftreten; die Windverhältnisse verhalten sich ähnlich wie bei den Nord-lagen.

Stellt sich eine Hochdruckbrücke zwischen den Britischen Inseln und Nordskandinavien ein, spricht man von »Nordostlagen« – je nach Krümmung der Isobaren über Mitteleuropa von zyklonaler (NEz) oder antizyklonaler (NEa) Nordostlage. *In beiden Fällen sind stürmische Nordostwinde über die Ostsee zu erwarten.*

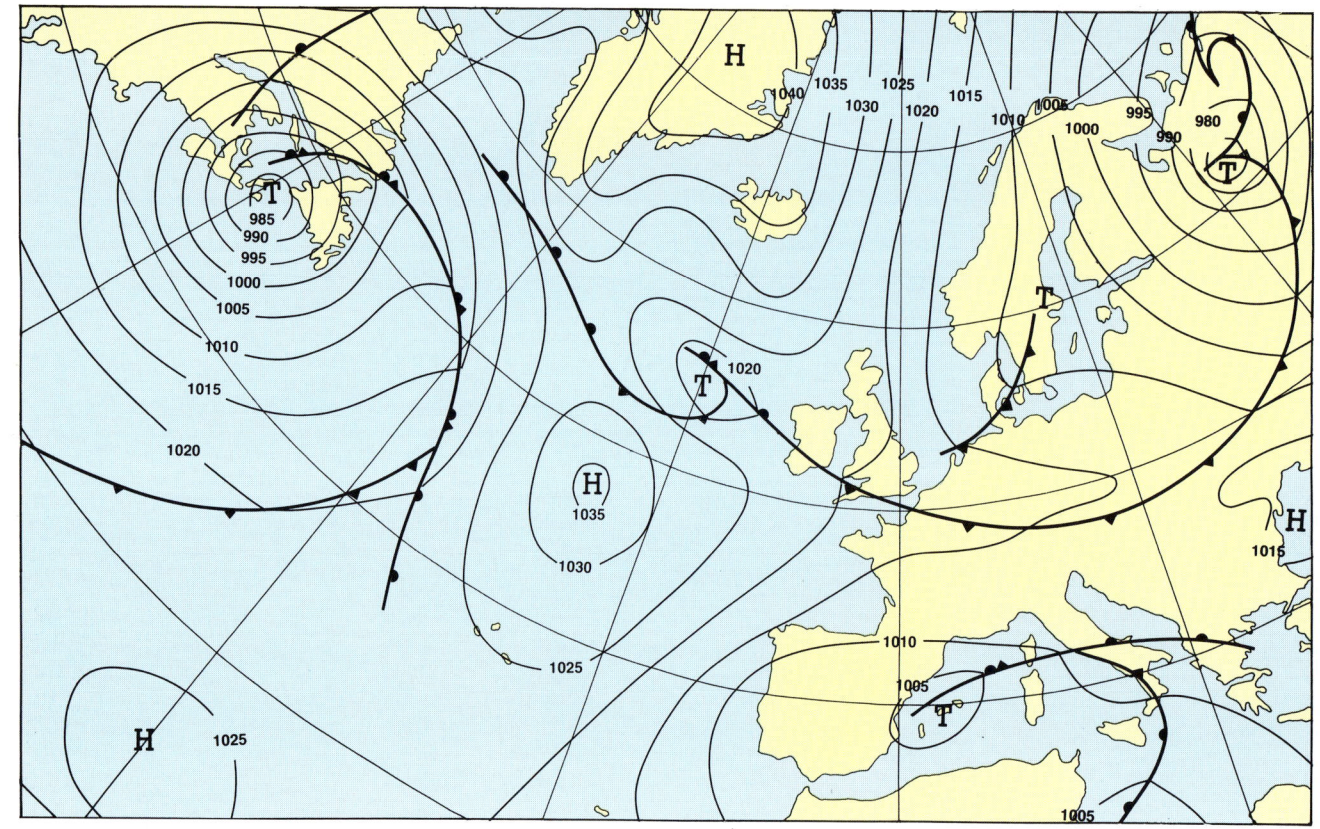

Abb. 5.88 Nordlage, zyklonal (Nz)

d) zyklonale Nordlage: Nz

Blockierende Hochdruckgebiete liegen über dem östlichen Nordatlantik und Grönland. Die Frontalzone ist von Spitzbergen nach Mitteleuropa gerichtet. Einzelstörungen ziehen vom Nordmeer oder vom Raum Island über die Nordsee südsüdostwärts mit zyklonaler Witterung. Wenn die Kaltluft einer Störung das westliche Mittelmeer erreicht hat, bilden sich oft kräftige Randtiefs, häufig über Oberitalien, die in Richtung Polen und zur Ostsee ziehen. Im angeführten Beispiel »mogelt« sich zwischen den Hochs eine Störung westlich von Irland auf Ostsüdostkurs hindurch.

Witterung:

Im Bereich einer Randstörung zum Teil starke Niederschläge, sonst häufig Schauer. Die Sichten sind außerhalb der Niederschlagsfelder gut. Ziehen Randtiefs über die westliche Nordsee nach Frankreich, stellt sich häufig »Norwegen-Föhn« mit sonnigem Wetter über Jütland, Norddeutschland und den westlichen Ostsee-Gebieten ein.

Typische Windstärken:

	ohne Störung	mit Störung
Südwestliche Nordsee:	Bft 4–6	Bft 5–7
Deutsche Bucht:	4–6	5–7
Mittlere Nordsee:	4–6	5–7
Skagerrak:	5–7	6–8
Kattegat:	5–7	6–8
Westliche Ostsee:	4–6	5–7
Südliche Ostsee:	5–7	6–8
Max.: Mai, Juni		
Min.: Dezember, November		

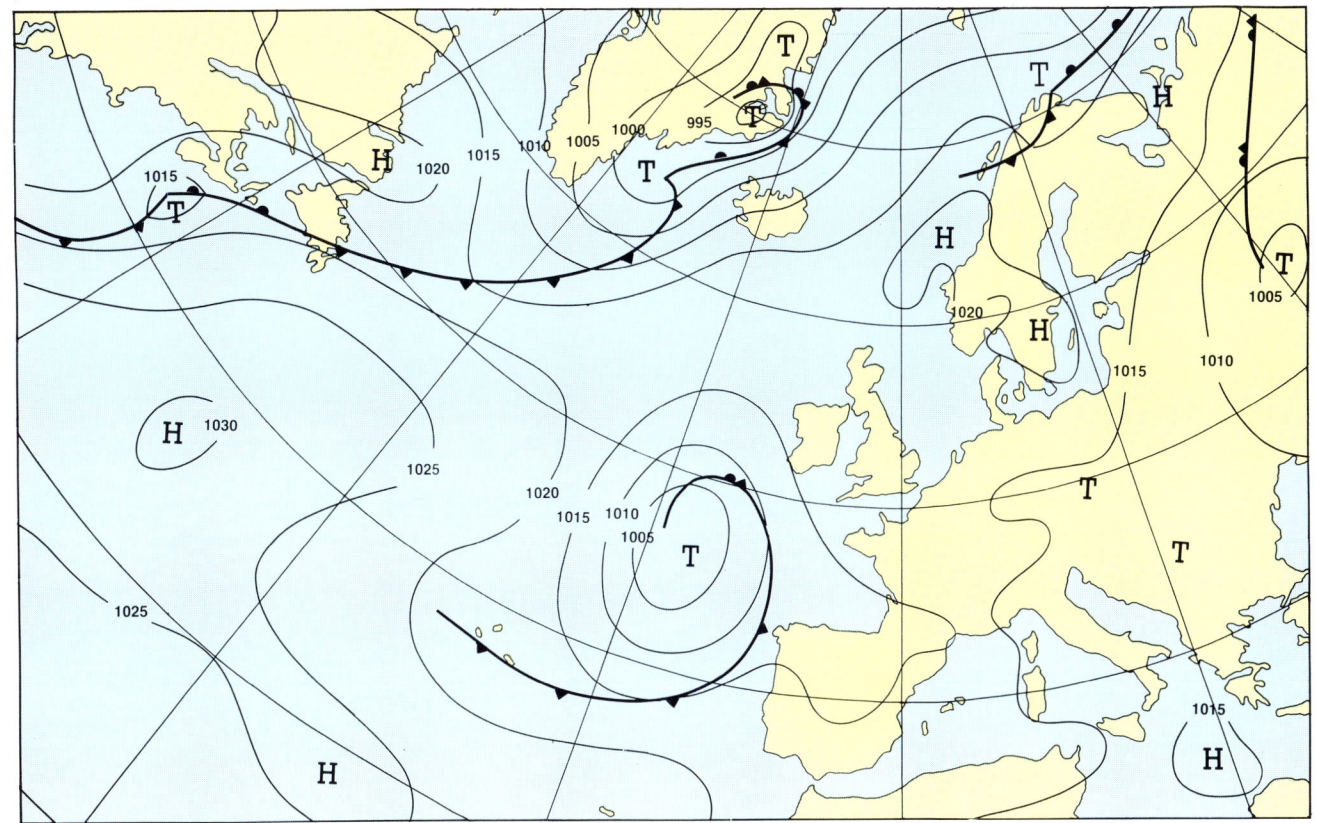

Abb. 5.89 Hoch Nordmeer – Fennoskandien (HNFa)

e) Hoch Nordmeer-Fennoskandien antizyklonal: (HNFa)

Vom Seeraum südlich Islands erstreckt sich eine Hochdruck-brücke über das Nordmeer nach Mittelskandinavien und Finn-land. Der südliche Keil reicht bis in das nördliche Mitteleuropa. Weiter südlich herrscht tiefer Luftdruck vor – besonders im westlichen Mittelmeer. Zur Ausbildung einer blockierenden Hochdruckbrücke ist über dem östlichen und mittleren Nordat-lantik ein kräftiges Tief notwendig, das mit seiner vorderseitig warmen Südströmung die Stützung des Hochs bewirkt. Die nordatlantische Frontalzone ist daher unterbrochen: Während über dem West- und Mittelatlantik eine meridionale Zirkulation vorherrscht, verläuft der zonale Teil der Frontalzone weit nörd-lich, von Nordgrönland zum Eismeer. Verlagert sich der Nord-meerteil dieser Hochzelle auch nach Skandinavien und Finn-land, liegt die ähnliche Großwetterlage »Hoch Fennoskan-dien«, antizyklonal (HFa) vor. Weitere ähnliche Lagen sind die zyklonalen Varianten. Sie führen zu länger andauernden Auf-gleitniederschlägen über Mitteleuropa – häufig in Verbindung mit *Kaltlufttropfen* (s. Kap. 5.9: Kaltlufttropfen) und Gewittern.
Witterung:
Heiteres und trockenes Wetter, im Sommer warm, im Winter sehr kalt. Im Spätsommer Bildung von Warmwassernebel über

der Ostsee sowie Verdriftung von Strahlungsnebel über der Nordsee. Im Frühjahr Bildung von Kaltwassernebel, wenn vor-her starke Erwärmung über Fennoskandien stattfand.
Typische Windstärken:

	schwach antizykl.	stark antizykl.
Südwestliche Nordsee:	Bft 2–4	Bft 3–5
Deutsche Bucht:	3–5	5–7
Mittlere Nordsee:	3–5	4–6
Skagerrak:	3–5	4–6
Kattegat:	3–5	5–7
Westliche Ostsee:	4–6	6–8
Südliche Ostsee:	4–6	6–8

Max.: Mai, Juni
Min.: August, Juli

Die zugehörigen zyklonalen Lagen weisen meist geringere Windstärken auf. Allerdings hängt das sehr vom Einzelfall ab; eine Faustregel kann daher nicht angegeben werden.
Beachte:
Antizyklonale Strömung erzeugt bei gleichem Isobarenabstand höhere Windstärken als zyklonale Strömung (s. Kap 3.2: »Wind«). Bildet sich über Südosteuropa bis Richtung Polen ein

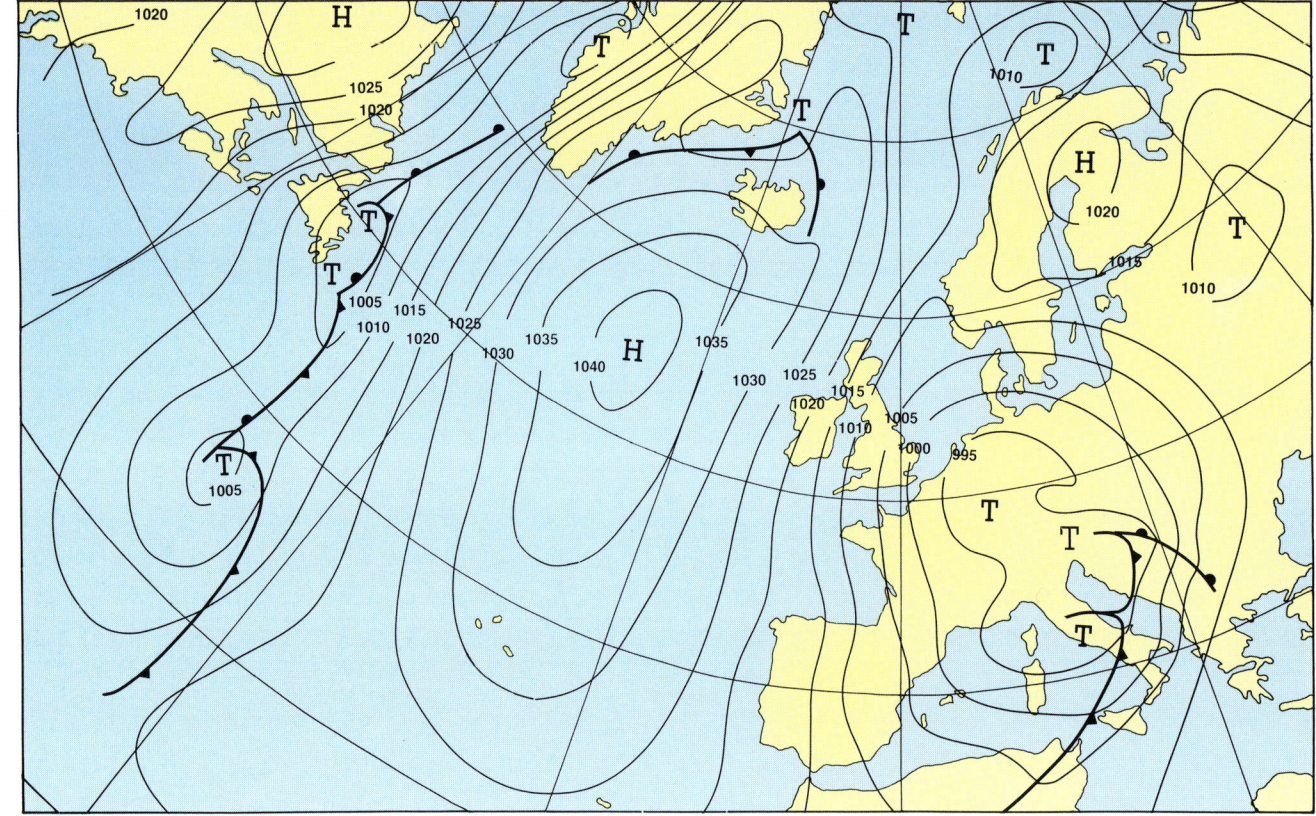

Abb. 5.90 Tief Mitteleuropa (TM)

starkes Tief, können zwischen dem fennoskandischen Hoch und diesem Tief sehr hohe Windstärken auftreten; *in Einzelfällen wurden bei solchen Situationen über der mittleren Ostsee schon Bft 10 beobachtet, auch im Frühsommer!!*
Bei allen Ostlagen ergibt sich ein langer Windweg (fetch) über der Ostsee, so daß sich relativ hoher Seegang entwickelt.

5.12.2.4 Zentrallagen

a) Tief Mitteleuropa: TM

Ein bis in große Höhen reichendes Tief liegt mit seinem Kern über Mitteleuropa. Es wird von einer Hochdruckbrücke im nördlichen Sektor flankiert, die sich vom Ostatlantik über die Norwegische See bis nach Skandinavien erstreckt. Über dem nördlichen Mitteleuropa bis nach Südskandinavien herrscht damit eine östliche Strömung – im Ostseegebiet eher Ostsüdost, im Nordseeraum mehr Ostnordost. Diese Großwetterlage entsteht häufig nach einer Aufspaltung der Frontalzone, die bereits im Westatlantik zwei Äste bildet: einen über Grönland nach Nordosten zum Eismeer reichenden Ast und einen schwächeren, der über Spanien zum Mittelmeer gerichtet ist. Zur Ausbildung des hochreichenden mitteleuropäischen Tiefs

führt die Abspaltung (cut off) eines mitteleuropäischen Troges (s. Kap. 5.9: »*Kaltlufttropfen*«). Es herrscht dann eine zyklonale Kreisbewegung vor, in der oft Störungen von Oberitalien nordwärts ziehen und weiter über Polen nach Westen gesteuert werden.
Witterung:
Ergiebige und länger andauernde Niederschläge. Im Sommer – besonders über dem östlichen Mitteleuropa bis zur Ostsee – Schwüle und Gewitter. Über den westeuropäischen Küsten und der Nordsee kühles Schauerwetter.

Typische Windstärken:

	Tief östl. Mitteleur.	westl. Mitteleur.
Südwestliche Nordsee:	Bft 2–4	Bft 4–6
Deutsche Bucht:	3–5	4–6
Mittlere Nordsee:	3–5	3–5
Skagerrak:	4–6	3–5
Kattegat:	4–6	3–5
Westliche Ostsee:	4–6	3–5
Südliche Ostsee:	4–7	3–5

Max.: Juni, Mai
Min.: August, September

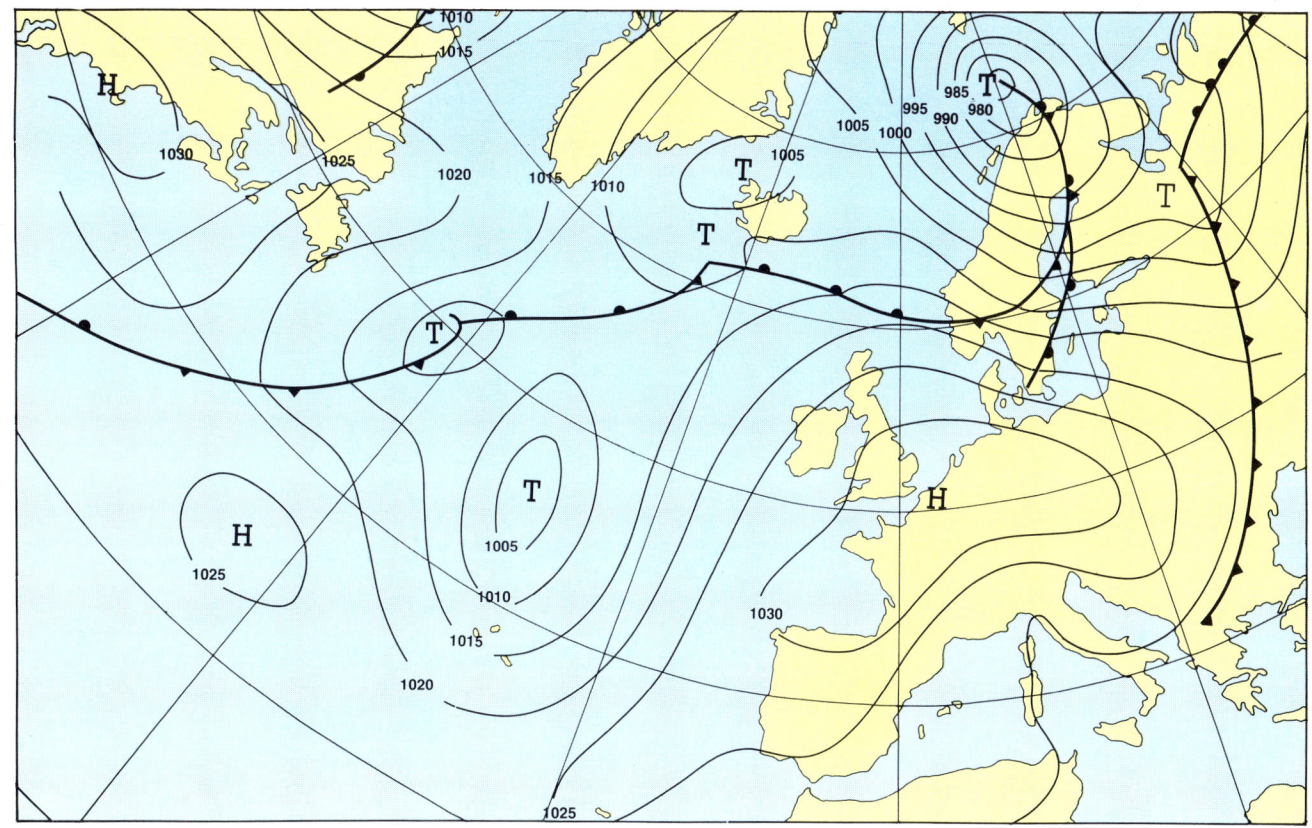

Abb. 5.91 Hoch Mitteleuropa (HM)

b) Hoch Mitteleuropa: HM

Über Mitteleuropa liegt eine umfangreiche Hochzelle, über der sich in größeren Höhen ebenfalls ein abgeschlossenes Hoch, mindestens aber ein kräftiger Hochkeil, befindet. An den Flanken erstrecken sich Tröge – über dem Mittelatlantik und über Rußland. Die Frontalzone verläuft mit leicht antizyklonaler Krümmung zwischen 55° Nord und 60° Nord; sie wird nach Norden hin durch ein kräftiges Island- und Nordmeertief begrenzt. Der Luftdruckgradient über Mitteleuropa ist schwach und nimmt nach Norden – bereits in Höhe der mittleren Nordsee – zu.

Diese Lage ist ähnlich mit Wa und SWa, allerdings liegen die Windstärken bei HM niedriger; im Bereich der südlichen Nordsee sind sie deutlich niedriger.

Witterung:

Im Sommer heiter und trocken. Die stark abgeschwächten Fronten können in der Deutschen Bucht und Schleswig-Holstein zwar stärkere Bewölkung, aber kaum Niederschlag hervorrufen. Häufig schlechte Sichten, im Frühjahr Kaltwassernebel über der Nord- und Ostsee, im Herbst Hochnebel und Warmwassernebel mit verdriftendem Strahlungsnebel.

Typische Windstärken:

Südwestliche Nordsee:	Bft 1–3	
Deutsche Bucht:	2–4	bei Seewind 4–6
Mittlere Nordsee:	4–6	
Skagerrak:	4–6	
Kattegat:	3–5	
Westliche Ostsee:	3–5	
Südliche Ostsee:	3–5	

Max.: September, Januar
Min.: April, November

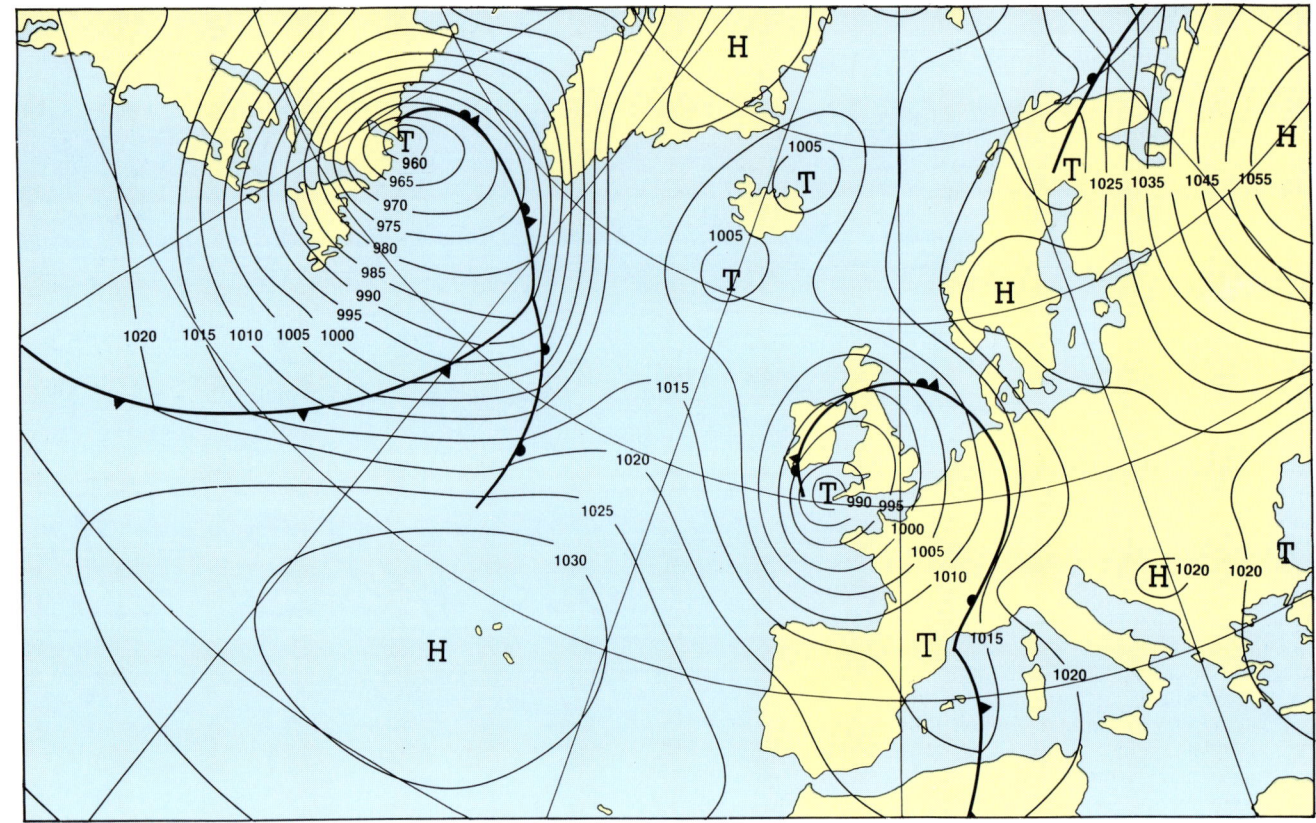

Abb. 5.92 Tief Britische Inseln (TB)

c) Tief Britische Inseln: TB

Ein steuerndes hochreichendes Zentraltief liegt über den Britischen Inseln. In seiner zyklonalen Strömung werden Randtiefs mit ihren Fronten kreisförmig vom Mittelatlantik über die Biskaya und Frankreich nordwärts gelenkt. Im Gegensatz zur »Südlichen Westlage«(Ws), bei der das Bodentief nach Nordwesten, Richtung Irland, verschoben ist, tritt eine starke Vertiefung von Randtiefs hier selten auf. Diese Wetterlage ist durch ein abgeschlossenes Boden- und Höhentief gekennzeichnet, das weitgehend mit Kaltluft angefüllt ist.

Eine geringfügig höhere Wahrscheinlichkeit für Randtiefentwicklungen ist über der Mittleren Nordsee und dem Skagerrak gegeben, wenn ein Warmluftschub von Südosten der Randstörung neue Entwicklungsenergie verschafft. Vergleichbare Lagen sind die Süd- und Südostlagen.

Witterung:

Im Ostseeraum zeitweise aufgeheitert; im Nordseeraum stärker bewölkt und gelegentlich – jeweils mit Frontannäherung – Regen. Vor den Fronten auffrischender Südostwind, nach Frontdurchgang abflauende Süd- bis Südwestwinde. Über den Ostseegebieten überwiegend Südost- bis Südwind.

Im Sommer häufig schwül mit Gewittern, die über der Ostsee noch stärker ausgebildet sind als über der Nordsee (im Küstenbereich).

Typische Windstärken:

	vor Fronten	nach Fronten
Südwestliche Nordsee:	Bft 4–6	Bft 3–5
Deutsche Bucht:	4–6	3–5
Mittlere Nordsee:	5–7	4–6
Skagerrak:	5–7	4–6
Kattegat:	4–6	3–5
Westliche Ostsee:	4–6	3–5
Südliche Ostsee:	3–5	um 4

Max.: August, Mai
Min.: Januar, März

5.12.3 Singularitäten

Nachdem zunächst die atmosphärische Zirkulation im globalen Maßstab betrachtet worden war, wurde in den letzten Kapiteln schon versucht, raum-zeitliche Zusammenhänge des Wetterablaufs in kleineren Gebieten zu beschreiben. Bevor auf den Begriff der **kalendergebundenen Witterungen (Singularitäten)** näher eingegangen wird, müssen noch drei Begriffe, die den Zeitscale des Wetterablaufs an einem Ort oder in einer Region beschreiben, kurz erläutert werden.

Unter **Wetter** versteht man den physikalischen Zustand der Atmosphäre an einem bestimmten Ort zu einer bestimmten Zeit;

Witterung hingegen beschreibt die Summe der Wettererscheinungen an einem Ort oder in einer Region über einen mehrtägigen Zeitraum;

Klima ist der durchschnittliche Zustand der Witterung an einem bestimmten Ort oder in einer Region über einen vieljährigen Zeitraum (meist 30 Jahre oder mehr) hinweg.

Im Bereich der Westwinddrift, die ja im mittel- und nordeuropäischen Raum den Wetterverlauf in der überwiegenden Zeit des Jahres dominiert, treten zu bestimmten Zeiten im Jahr bestimmte Witterungen mit unterschiedlicher Häufigkeit auf. Solche, überzufällig häufig in bestimmten Wochen im Jahr wiederkehrende Witterungsabschnitte bezeichnet man als Singularitäten.

Aufgrund ihrer statistischen Begründung liefern sie allerdings nur Wahrscheinlichkeitsaussagen, können daher für eine Prognose in einem bestimmten Fall nicht herangezogen werden. Da aber auch in den Medien diesen kalendergebundenen Witterungen (oft auch mit sogenannten »Bauernregeln« in einen Topf geworfen) immer wieder breiter Raum gewidmet ist, stellen wir im folgenden eine Liste der am häufigsten zitierten Singularitäten Mitteleuropas vor:

05.01.–15.01.	Januar-Stürme; häufig mild und regnerisch.
16.01.–26.01.	Hochwinter mit strenger Kälte; häufig tiefste Temperaturen des Jahres.
19.02.–24.02.	Spätwinter; oft strenge Kälte.
02.03.–11.03.	Märzwinter; Kälterückfall mit Schneedecke
11.05.–15.05.	»Eisheilige«; Kaltlufteinbruch mit Spätfrösten.
01.06.–07.06.	»Schafskälte«; später Kälterückfall im Juni mit Bodenfrösten.
23.07.–23.08.	»Hundstage«; hochsommerliche Witterung.
20.09.–25.09.	Äquinoktialstürme; erste Herbststürme an den Küsten.
25.09.–10.10.	»Altweibersommer«; ruhiges, zu Nebel neigendes Hochdruckwetter.
01.12.–15.12.	Frühwinter; erste Kälteeinbrüche mit meist nur dünnen Schneedecken.
16.12.–24.12.	»Weihnachtstauwetter«; milde Westwetterlagen.
28.12.–04.01.	»Neujahrs-Kälte«; Kälteeinbruch mit Schneedecke und z.T. strengem Frost.

6 Lokale Windsysteme

Nicht nur thermisch aufgrund der unterschiedlichen Wärmeka-
pazitäten von Land und Wasser wird das Windfeld in der Segelschicht modifiziert, sondern auch rein mechanisch durch Hindernisse. Dichtbebaute oder -bewachsene Ufer, Steilküsten
oder Inseln sind Barrieren für den Wind. Neben der Quer-
schnittsänderung, die eine Geschwindigkeitsänderung
erzeugt, werden durch die schlagartig vergrößerte Reibung
dem Windfeld turbulente Zusatzkomponenten aufgeprägt, die
sich als Böigkeit oft unangenehm bemerkbar machen.
Es ist schwierig, hier eine Systematisierung vorzunehmen.
Eine Einteilung der Barriere-Formen nach der Dichte der Hindernisse in

- **offene** Barrieren: weniger als 40 % der Begrenzungslinien
  sind undurchlässig,
- **halboffene** Barrieren: zwischen 40 % und 80 % sind undurchlässig,
- **dichte** Barrieren: mehr als 80 % sind undurchlässig

liefert die in Abb. 6. 1 gezeigte Windverteilung im Lee eines
solchen Hindernisses. Der Abstand vom Hindernis ist dabei in
Einheiten H der Höhe der Barriere angegeben, die Windgeschwindigkeit ist als prozentualer Anteil der ungestörten Strömung (= 100 %) aufgetragen. Allgemein gilt: in einer Entfernung von 30 bis 40 H vom Hindernis ist dessen störender
Einfluß verschwunden. Bei stabiler Schichtung der Atmosphäre
wird dieser Abstand eher etwas größer, bei labiler Schichtung
etwas geringer sein.
Interessanterweise stellt eine halboffene Barriere das größte
Hindernis für eine homogenes Windfeld dar: im Abstand von
etwa 20 H werden erst 60 % der ungestörten Strömung
erreicht. Ferner fällt auf, daß bei den offenen und halboffenen
Barrieren das Windminimum um 5 H bis 10 H leewärts verschoben ist, während nur die dichte Barriere das erwartete Bild der
Windverteilung zeigt.
Bei den beiden ersten Barriere-Typen wird ein Teil des Windes
aus dem ungestörten Feld herausgefiltert, so daß auf der Lee-
Seite der Wind zunächst eine bestimmte Stärke hat. Zusätzlich
erzeugt ein Hindernis im Lee einen Wirbel, der im unteren Ast
eine gegenüber dem ungestörten Feld entgegengesetzte
Komponente hat, die den von der Barriere gefilterten Wind
weiter reduziert. Beim Segeln dicht unter bewachsenen Ufern
oder unter stark gegliederten Küsten (Wechsel zwischen Bergen und Einschnitten), die einer halboffenen Barriere sehr nahe
kommen, ist die Kenntnis dieser Windverhältnisse nützlich.

6.1 Düsen- und Eckeneffekte

Lücken im Hindernis verursachen eine starke Windzunahme.
Dabei gilt folgender Zusammenhang:
Länge der Lücke mal Windzunahme = konstant
oder: Je kleiner die Lücke, um so stärker die Windzunahme.
Beim Durchströmen einer solchen »Düse« werden die Luft-
massen durch eine Querschnittsverengung gedrückt. Über die
Hindernisse (z. B. Inseln) fließt weniger Masse, so daß die
Transporte durch die Öffnung entsprechend größer sein müs-
sen. Da sich die Dichte nicht ändert, kann dies nur durch eine

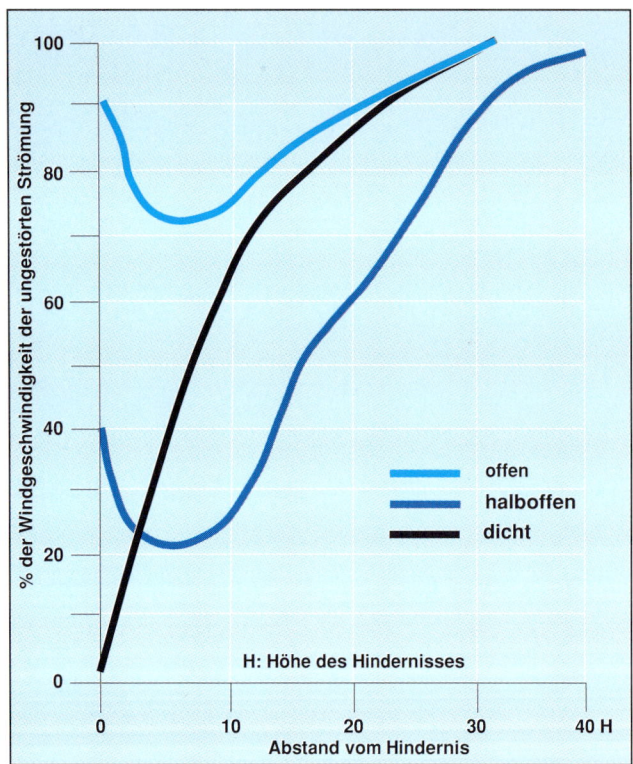

Abb. 6.1 Windverteilung in Lee eines Hindernisses

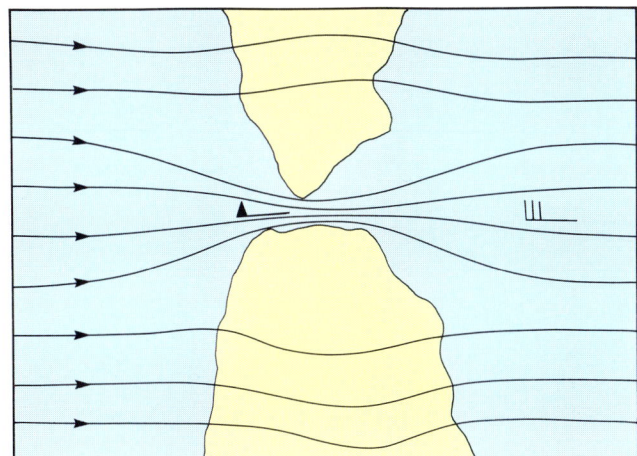

Abb. 6.2 Düsenwirkung von Meerengen

erhöhte Windgeschwindigkeit im Bereich der Verengung realisiert werden. Extremste Beispiele solcher halboffenen Barrieren sind Meerengen zwischen Inseln, wo die Windrichtung gemäß Abb. 6. 1 vollständig vom Düseneffekt überdeckt wird (Abb. 6. 2).

Bekannt sind: Straße von Messina, Straße von Bonifacio, Straße von Gibraltar, Rhône-Tal und Rhône-Mündung, Doro-Kanal, Meerenge zwischen Paros und Naxos (s. Kap. 10, Mittelmeer).

Auch die Umströmung von gebirgigen Ecken, hohen Landzungen und ähnlichen Vorsprüngen modifizieren das Windfeld stark. Es treten Windsprünge auf, die auf kurze Entfernungen 10 Knoten oder mehr ausmachen. Am Beispiel der halboffenen Barriere werden solche **Eckeneffekte** in Abb. 6. 3 gezeigt. In Abhängigkeit von der Anströmrichtung tritt an den Ecken der halboffenen Barriere eine mehr oder weniger starke Drängung der Isotachen auf. Hervorzuheben ist, daß bei einer Windrichtung von 75 Grad die stärkste Böigkeit hinter der Barriere beobachtet wird.

Ein weiterer Effekt an Hindernissen, z. B. an Steilküsten, wird mit **Küstenführung** bezeichnet. Werden solche Küsten nicht senkrecht angeströmt, sondern nur mit einem geringen Winkel, wird ein Teil der Luftmassen im Luv parallel zur Steilküste abgelenkt, was zu einer Erhöhung der Windgeschwindigkeit führt.

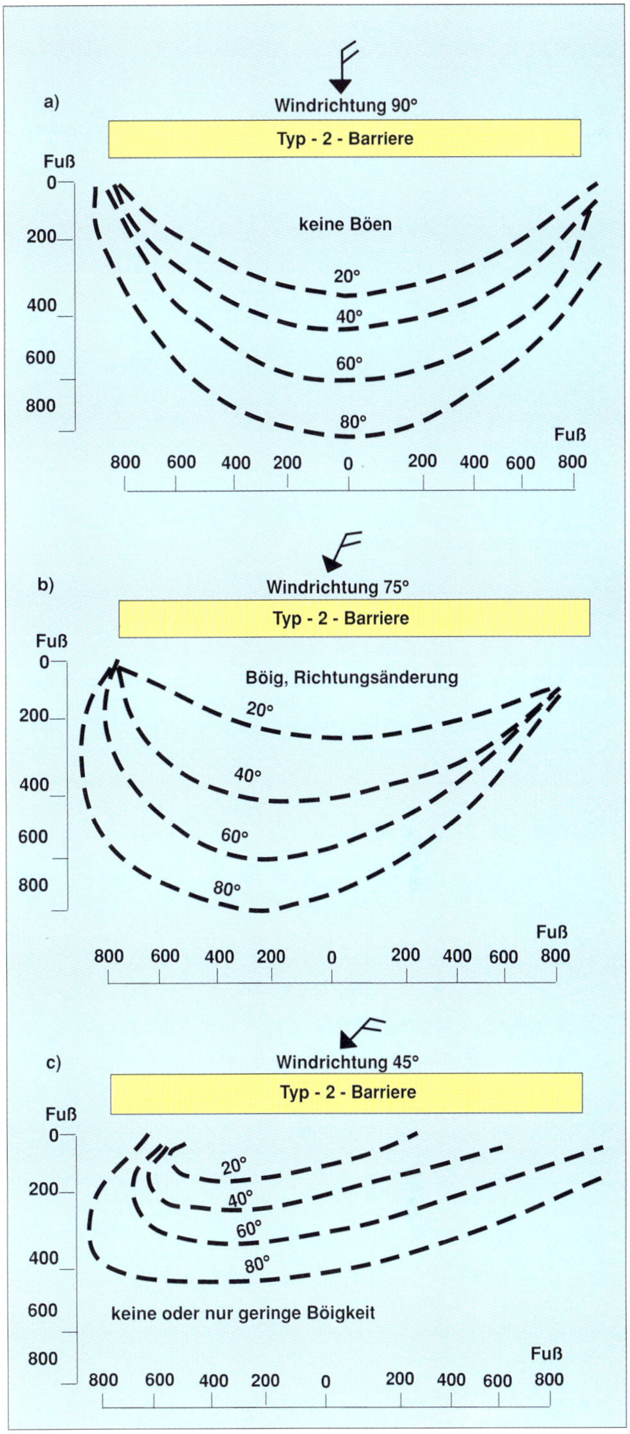

Abb. 6.3 Windänderungen an Ecken einer halboffenen Barriere

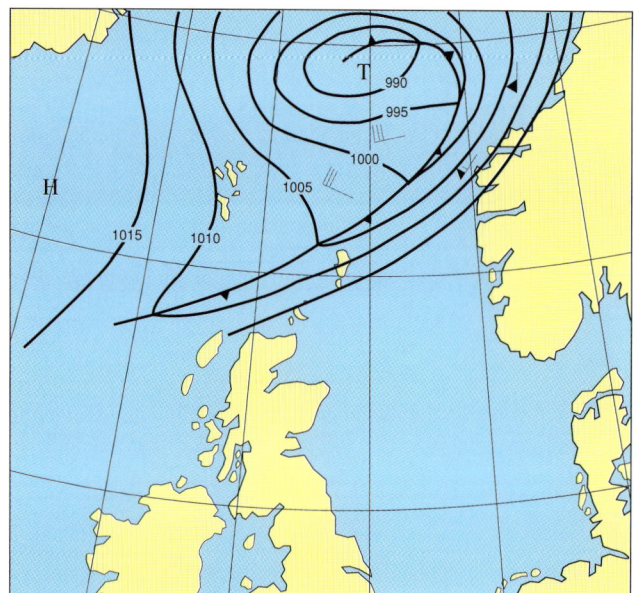

Abb. 6.4 Windverstärkung durch Küstenführung

Beispiel: Westküste Südnorwegens bei Winden aus Süd bis West. Der Windstau wird hier weiter verstärkt, da die rechtsablenkende Corioliskraft unmittelbar gegen die Küste führt und ebenfalls in zusätzliche Geschwindigkeitskomponenten umgesetzt wird (Abb. 6.4).

6.2 Küstenkonvergenzen und -divergenzen

Konvergente, d. h. zusammenströmende Luftmassen treten mehr oder weniger ausgeprägt an allen Küsten auf. Infolge der sprunghaft zunehmenden Bodenreibung beim Übertritt von See auf Land vergrößert sich auch der Winkel zwischen Wind- und Isobarenrichtung (s. Kap. 3.2, »Wind«). Wird die Luftmasse aufgrund der Druckverteilung in Richtung Küste geführt, entsteht ein küstenparalleler Streifen mit konvergenten Windrichtungen, wobei aufgrund des Massenüberschusses Vertikalbewegung mit verstärkter Wolkenbildung einsetzt. In labiler Schichtung kann diese Hebung Schauerniederschläge auslösen, vor allem bei Nord- und Nordwestlagen an der deutschen Nordseeküste. Bei Südwestlagen kommt es dagegen häufig zur Ausbildung von Schichtbewölkung mit tiefem Stratus, der mit Sprühregenfällen landeinwärts driftet. Aufgrund der gegeneinander geführten Luftmassen treten auf der Seeseite der

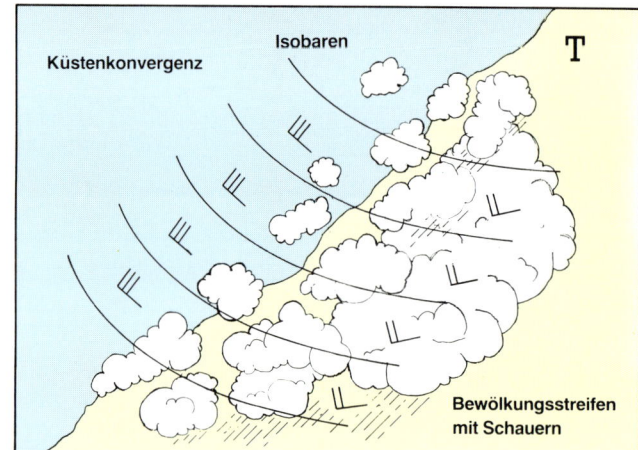

Abb. 6.5a Divergenz an Küsten

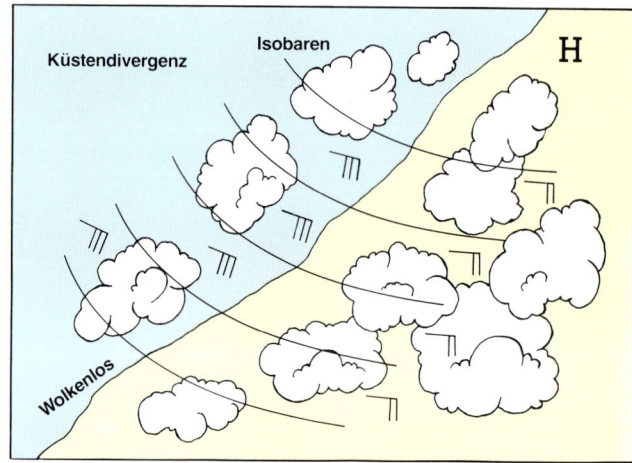

Abb. 6.5b Konvergenz an Küsten

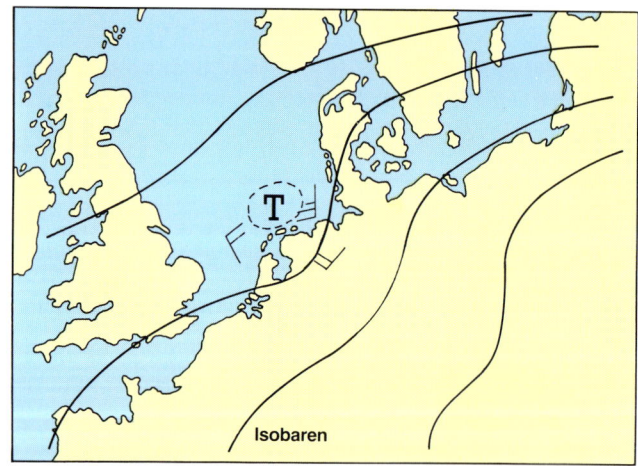

Abb. 6.6 Zyklonale Zirkulation, induziert durch Küstenführung

Konvektionsbewölkung über einer Insel als Folge eines konvergenten Strömungsfeldes in der bodennahen Atmosphäre

Konvergenzzone auch geringfügig erhöhe Windgeschwindigkeiten auf.

Bei umgekehrter Druckverteilung – Hoch über See, Tief über Land – tritt allerdings der entgegengesetzte Effekt, nämlich **Strömungsdivergenz** im Küstenbereich auf. Dieser antizyklonale Landwind wirkt divergent, also im Sinne eines Massenabtransportes. Hier beobachtet man oft Wolkenauflösung seewärts bei absinkender Luftbewegung. Typische Wetterlage ist ein mitteleuropäisches Hochdruckgebiet, das sich langsam nord- oder nordostwärts bewegt. Mit südlichen, später südöstli-

chen Winden macht sich dann besonders im Sommer die **Küstenkonvergenz** bemerkbar (s. Abb. 6. 5 a, b).

Bei zyklonaler Isobarenkrümmung im Küstenbereich kann es hier durch überlagerte **Küstenkonvergenz** kurzzeitig sogar zu einer abgeschlossenen Zirkulation gemäß Abb. 6. 6 kommen. Bei sonst gradientschwacher Lage kann sich eine solche eigenständige Zirkulation vor allem in der warmen Jahreszeit (bei warmer Wasseroberfläche) während der Nachtstunden einstellen und damit die Angaben im Seewetterbericht für den Küstenbereich erheblich »modifizieren«.

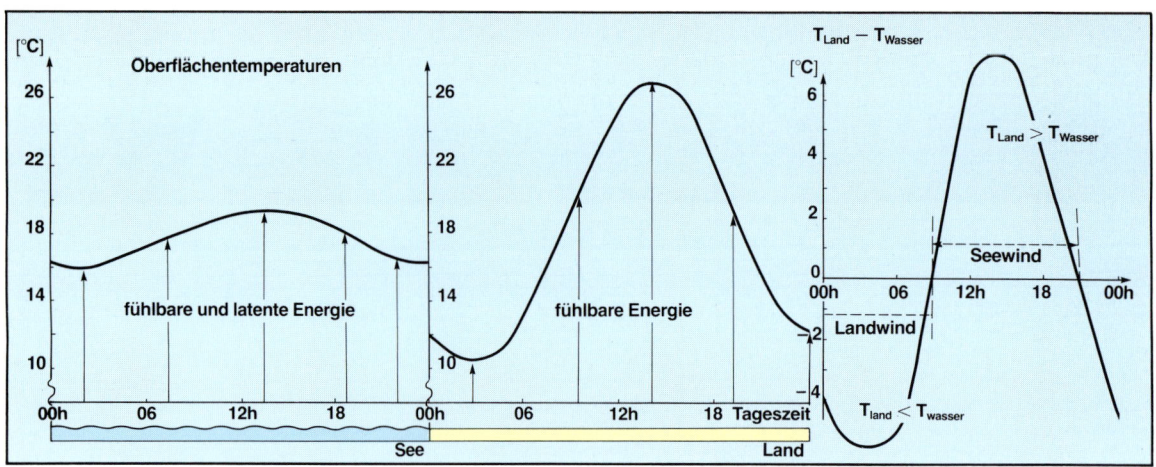

Abb. 6.7 Tagesperiodische Änderungen der Oberflächentemperaturen von Land und Wasser an einem ungestörten Sommertag sowie die daraus resultierenden vertikalen Energietransporte (die Pfeillänge stellt ein relatives Maß für die Energiebeträge dar)

6.3 Land-Seewind-Zirkulation

Im Gegensatz zur – großräumigen – atmosphärischen Zirkulation, die im vorigen Kapitel beschrieben wurde, handelt es sich hier um ein lokales Windsystem, das nur dann ungestört auftritt, wenn die großräumigen Druckunterschiede gering sind. Für das Zustandekommen dieser Luftbewegung sind horizontal unterschiedliche Erwärmungen ausreichend. Im Bereich von Nord- und Ostsee tritt Land-Seewind nur bei Hochdruckwetterlagen mit intensiver Sonneneinstrahlung auf. Die unterschiedliche Reaktion von Land und Wasser auf die Sonneneinstrahlung bewirkt folgende Prozesse:

– Die Energiespeicherung im Wasser ist erheblich größer als im festen Erdboden. Daraus resultiert:
– die Oberflächentemperaturen haben über Wasser nur einen geringen Tagesgang, während sie über Land stark mit der Einstrahlung schwanken (Maximum am Tag, Minimum nachts). Das hat die wichtige Konsequenz, daß
– der vertikale Transport von fühlbarer Wärme (s. Kapitel 3 und 4) über der Meeresoberfläche nur geringe tagesperiodische Schwankungen aufweist, *über Land am Tage jedoch erheblich größer und nachts etwas geringer ist als über dem Wasser.*

Ein weiterer Unterschied:
Der größere Teil der in der Wasseroberfläche gespeicherten Engergie wird sofort durch Verdunstung in Form von **latenter Wärme** an die Atmosphäre abgegeben und bewirkt hier zunächst keine Temperaturänderungen. Nur ein geringer Anteil

ist **fühlbare Wärme,** während über Land – je nach der Beschaffenheit des Untergrundes – fast die gesamte eingestrahlte Energie als fühlbare Wärme wieder abgegeben wird. Das hat zur Folge, daß bei fehlender Einstrahlung nachts die horizontalen Temperaturunterschiede Land – Wasser geringer sind als am Tage: über Land geht der vertikale Transport fühlbarer Wärme gegen null, über dem Wasser bleibt der auch tagsüber relativ geringe Anteil fühlbarer Wärme erhalten. Dadurch hat der nächtliche Landwind geringere Intensität als der Seewind tagsüber.
Die Konsequenzen dieser vertikalen Energieflüsse für die planetarische Grenzschicht sind in Abb. 6. 8 für den Seewind dargestellt:

1. Starke Erwärmung der untersten Luftschichten über Land durch den von der Sonne aufgeheizten Erdboden.
2. Ablösen von *Thermals,* beginnende *thermische Konvektion.*
3. Durch vertikalen *Massenfluß* leichter *Druckanstieg in der Höhe, Druckfall am Boden* (»Hitzetief«).
4. Neigung der Druckflächen in der dargestellten Weise. Die Luftbewegungen erfolgen fast direkt vom höheren zum tieferen Druck, da die Coriolis-Kraft bei diesen kleinräumigen Bewegungen keine Rolle spielt.
5. Ausbildung eines »Tiefs« über Land und eines »Hochs« über Wasser an der Oberfläche; entgegengesetzte Druckverteilung in der Höhe.
6. Entwicklung einer »geordneten« Zirkulation, wobei sich der oberflächennahe Seewind zeitlich nach der Luftbewegung in der Höhe einstellt.

Küstenkonvergenz im Frühjahr. Im Vordergrund flacher Cumulus humilis (siehe Anhang Abb. 1) über See, im Hintergrund über Land Cumulus conge-stus und Cumulonimbus (Abb. 3 und 4), dazwischen etwas Stratocumulus (Abb. 8).

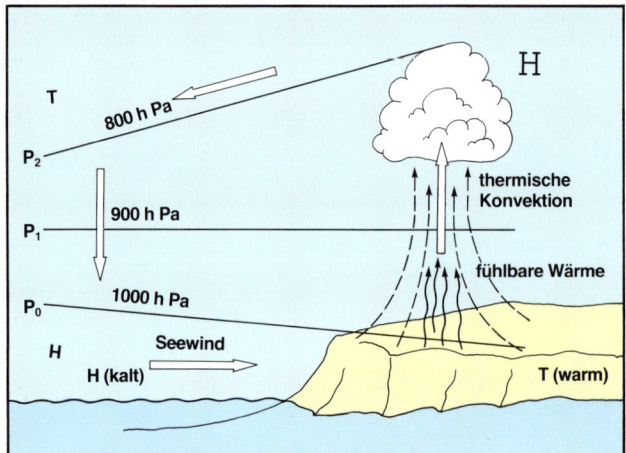

Abb. 6.8 Land-Seewind-Zirkulation : Temperatur- und Druckverhältnisse bei maximaler Einstrahlung

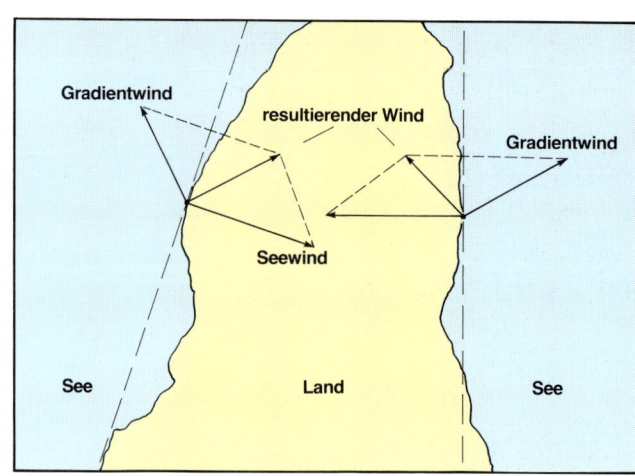

Abb. 6.10 Resultierender Wind bei unterschiedlichen Richtungen von Gradient- und Seewind

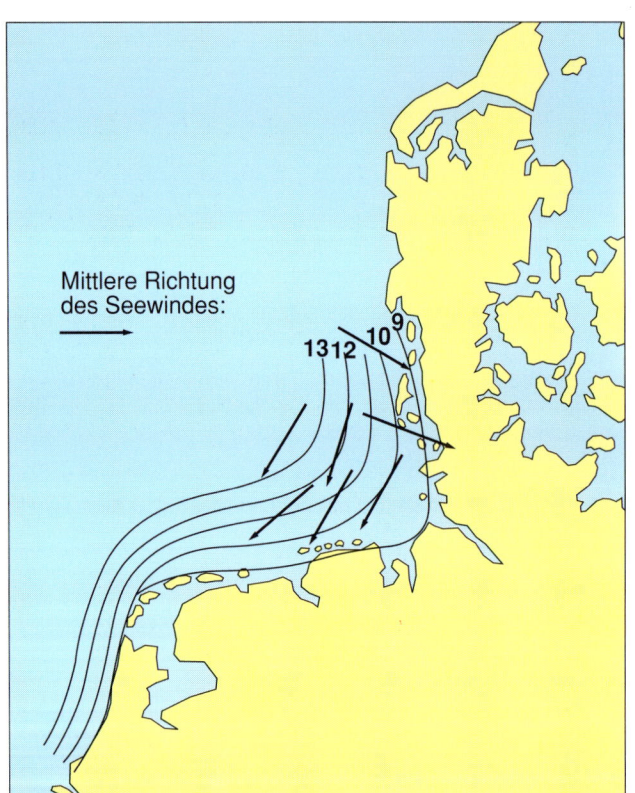

Abb. 6.9 Mittlere Zeiten für das Einsetzen des Seewindes (UTC)

Die im Zusammenhang mit dieser Zirkulation auftretenden Wettererscheinungen werden jetzt klar. Das Maximum des Seewindes wird etwa 2 Stunden nach Sonnenhöchststand erreicht, erlischt nach Sonnenuntergang und geht allmählich in die schwächere **Landbrise** über, die ihrerseits zwischen 1 und 3 Uhr Ortszeit maximale Windstärken hat. Bei geringen großräumigen Luftbewegungen werden im Seewind 2-4 Bft gemessen, im Landwind 1-3 Bft. Im Mittelmeer können diese Werte häufig überschritten werden, da Wetterlagen mit intensiver Sonneneinstrahlung und schwachen Druckgegensätzen dort häufiger auftreten als in Nord- und Ostsee.

Die horizontalen Zirkulationsäste haben Ausdehnungen zwischen 50 und 100 km, gerechnet zwischen den vertikalen Bewegungen, die etwa 1500 m hoch reichen. Mit der **Seewindbrise** wird kühlere und feuchtere Seeluft landeinwärts gegen die trockenere und wärmere Landluft transportiert, so daß diese zum Aufsteigen gezwungen wird. In einer Entfernung zwischen 20 und 30 km hinter der Küste entsteht daher häufig am späten Vormittag die sog. **Seewindfront,** erkennbar an einem bis zu 500 m breiten Cumulus-Wolkenband. In diesem Bereich wird die rein thermische Konvektion durch aktive Hebungsprozesse überlagert, so daß *Aufwinde > 5 m/s und gelegentliche Schauer* anzutreffen sind.

Da in unseren Breiten auch im Sommer windschwache Hochdrucklagen relativ selten sind, macht sich die Land-Seewind-Zirkulation meistens in einer *Modifizierung der großräumigen Luftbewegung* bemerkbar. Je nach der vorherrschenden Windrichtung kann diese durch den Land-Seewind erheblich verstärkt oder abgeschwächt werden.

Der reine Seewind wird zuerst unmittelbar an der Küste beobachtet und breitet sich danach seewärts aus. Die Abb. 6.9 zeigt Isochronen des mittleren Einsetzens des Seewindes in der Deutschen Bucht und an der niederländischen Küste; in der westlichen Ostsee sind die Verhältnisse leider nicht so übersichtlich.

Ostteil der Nordsee, im Skagerrak, Kattegat, westlicher und mittlerer Ostsee ist es schwachwindig: eine günstige Voraussetzung für das Auftreten von Seewind. Für die Windprognose an gradientschwachen Sommertagen ist daher die Frage zu beantworten, ob Seewind einsetzt. Dies ist eine Frage nach der zu erwartenden Sonneneinstrahlung, nach den thermischen Unterschieden zwischen Land und küstennahem Wasser sowie nach dem Bodenwind.

Genauere Aussagen über das Auftreten von Seewind kann man machen, wenn folgende Größen abschätzbar sind: die vom Seewind noch *unbeeinflußte Windgeschwindigkeit V* (möglichst Küstenstation), die *maximal zu erwartende Tagestemperatur* an dieser Station (s. Kap. 3.3 und 4.1) sowie die *küstennahe Wassertemperatur* (selbst messen!). Mit der Temperaturdifferenz $T_{land}-T_{wasser} = \Delta T$ wird der Quotient $V^2/\Delta T$ gebildet (V in m/s). Allgemein gilt: je größer $V^2/\Delta T$, umso geringer ist die Wahrscheinlichkeit für Seewind.

$V^2/\Delta T > 5$: Kein Seewind

$V^2/\Delta T < 1$: Seewindwahrscheinlichkeit bei mittlerer bis guter Sonneneinstrahlung > 60 %

$V^2/\Delta T < 0{,}5$: Seewindwahrscheinlichkeit > 80 %.

Die folgende Tabelle liefert noch detailliertere Wahrscheinlichkeitsaussagen über das Auftreten von Seewind, wenn Annahmen über die Sonnenscheindauer in dem betreffenden Seegebiet möglich sind.

Sonnenscheindauer in % der max. möglichen	0 %	30 %	40 %	60 %	80 %	100 %
$\geqq$ 0 %	>6,0	≦1,5	≦0,7	≦0,3		
> 50 %	>4,3	≦2,6	≦1,5	≦0,5	≦0,3	≦0,3
> 60 %	>4,3	≦3,0	≦1,9	≦0,8	≦0,4	≦0,3
> 80 %	>4,3	≦4,3	≦2,5	≦1,1	≦0,6	≦0,4

Hat man z. B. für $V^2/\Delta T = 0{,}9$ errechnet und nimmt man eine Sonnenscheindauer von mehr als 80 % an, so liegt die Seewindwahrscheinlichkeit etwa bei 70 %. Mit anderen Worten: der Seewind wird sich mit hoher Wahrscheinlichkeit gegen den Gradientwind durchsetzen. Bei bedecktem Himmel dagegen wird, unabhängig vom Quotienten, die Seewindwahrscheinlichkeit nie größer als 80 % sein.

Prüfen wir jetzt mit diesem Hilfsmittel die Verhältnisse am 22. 06. 1982. Im 12.30-DLF-Bericht meldet Fornaes NNE 1, 14 °C. Die Wassertemperaturen im Kattegat lagen etwa bei 13 °C. Außerhalb des Bereiches der Seewindfront ist es wolkenlos, so daß eine Sonnenscheindauer von mehr als 80 % angenommen werden kann. Die maximalen Temperaturen über Land werden daher auf 16 bis 18 °C ansteigen. Das ergibt eine Temperaturdifferenz von 3 bis 5 °C. 1 Bft entspricht etwa 2 Knoten = 1,0 m/s. Damit schwankt $V^2/\Delta T$ zwischen 0,25 und 0,3. Das bedeutet mit Sicherheit Seewindeinfluß: bei Winden aus dem nördlichen Quadranten und nach Westen setzendem Seewind resultiert Rechtdrehen des Windes und Zunahme der Windgeschwindigkeit. Tatsächlich dreht im Verlauf des Nachmittags bei Fornaes der Wind von NNE auf SE bis S und nimmt von 1 Bft auf 3 Bft zu.

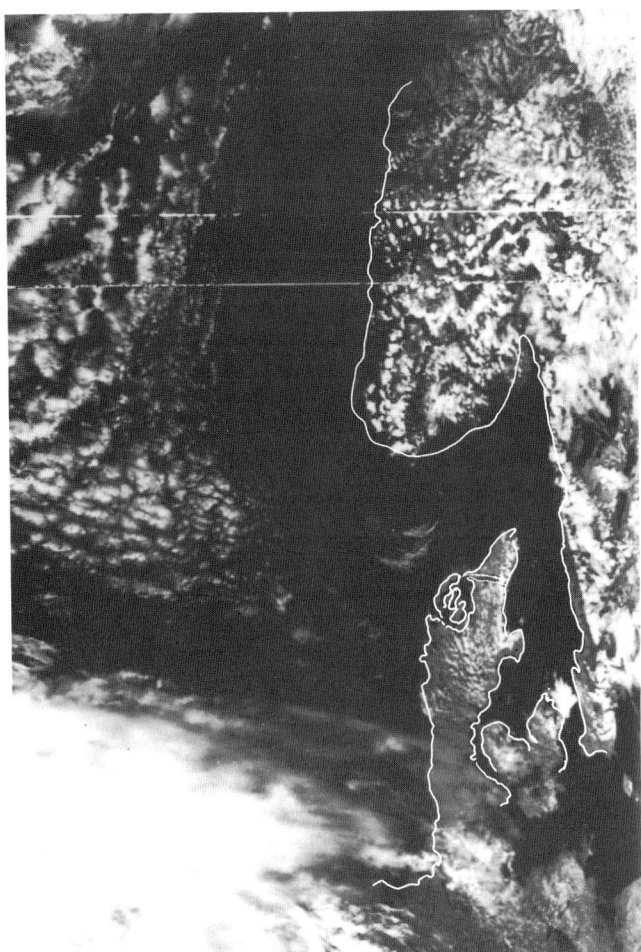

Abb. 6.11 Satellitenbild (NOAA) vom 22.06.1982, 14.00 UTC

Im inneren Teil der Deutschen Bucht hat der Seewind westlich von Cuxhaven eine Nord- bis Nordostrichtung, nördlich von Cuxhaven dagegen Nordwestrichtung. Auch an der holländischen Küste, die über weite Strecken nordsüdwärts gerichtet ist, kommt der Seewind überwiegend aus Westen bis Nordwesten. Interessant sind Fälle, in denen bei einer schwachen Ostwindlage an der Nordsee (Nordost- oder Südostwinde unter 10 Knoten) oder einer schwachen Westwindlage im Kattegat der Seewind überwiegt und es dadurch zu einer starken Winddrehung kommt, wie es die Skizze (Abb. 6. 10) zeigt.

Das Satelliten-Bild vom 22. 06. 1982 zeigt eine **Seewindfront** über Nordjütland und an der schwedischen Kattegat-Küste. Ebenso ist an der südnorwegischen Küste die landeinwärts versetzte Grenze der Cumulus-Bewölkung gut zu erkennen. Die Bodenanalyse vom 22. 06. 1982, 12.00 UTC (Abb. 6. 12) zeigt hohen Druck zwischen Island und Schottland und einen schwachen Keil, der sich bis nach Südschweden erstreckt. Im

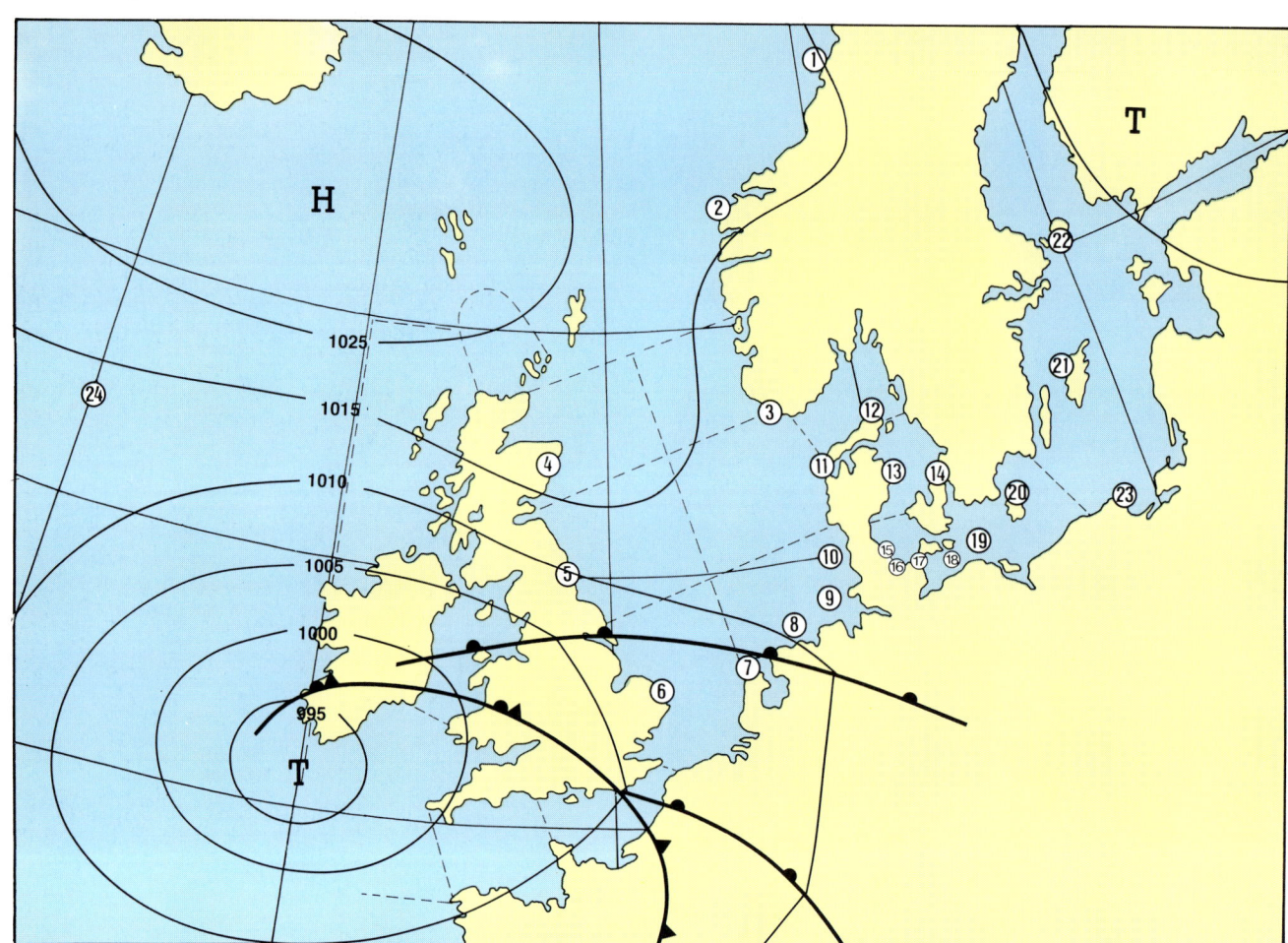

Abb. 6.12 Wetterlage vom 22.06.1982, 12.00 UTC

Zusammenfassung:

Land-Seewinde sind lokale Zirkulationen, die nur während der Sommermonate bei Wetterlagen mit ungestörter Sonneneinstrahlung auftreten. Wesentliche Ursachen dieser küstennahen Erscheinung sind:
- die unterschiedlichen tagesperiodischen Änderungen der Oberflächentemperaturen von Land und Wasser und
- die damit einhergehenden unterschiedlichen vertikalen Transporte fühlbarer Energie zwischen Tag und Nacht.

Mittlere Zahlenwerte:
Windgeschwindigkeiten im Seewind: 5 bis 15 Knoten, im Mittelmeer bis 25 Knoten. Im Landwind: 3 bis 10 Knoten. Der Seewindbereich überdeckt Küstenstreifen bis zu 100 km. Reiner Seewind tritt in Nord- und Ostsee seltener als im Mittelmeer auf. Meist überlagern sich großräumige Strömung und Seewind.

Bei einer W- bis NW-Lage werden durch zusätzlichen Seewind die Windstärken in der Deutschen Buch erhöht, gegensätzliche Effekte an der Ostseeküste Schleswig-Holsteins sind meistens sehr gering. Bei Ostwind-Lagen wird dagegen durch überlagerten ablandigen Wind der Mittelwind in der Deutschen Buch während der Nachtstunden verstärkt.

Ableitung der Windgeschwindigkeit aus dem Isobarenabstand:

Noch einfacher als mit dem sog. *Windnomogramm* kann man mit folgender Formel die Windgeschwindigkeit aus dem Isobarenabstand ermitteln: Der geostrophische Wind errechnet sich aus

$$V_g = \frac{1}{\varrho \cdot f} \frac{\Delta P}{\Delta n}$$

wobei ϱ die Luftdichte, f der Coriolisparameter und Δp die Druckdifferenz entlang der Strecke Δn (=Gradient) ist. Setzt man die Luftdichte $\varrho = 1,209 \, kg/m^3$ (bei 15 °C und 1000 hPa), in f die Winkelgeschwindigkeit der Erde und für $\Delta p/\Delta n$ eine praktisch zu handhabende Größe, z.B. hPa/Breitengrad ein, dann ergibt sich bei 5 hPa/1 Breitengrad:

$V_g = 25,4/\sin\Phi$ (m/s) $= 49,7/\sin\Phi$ (kn), Φ:geographische Breite. Dieser geostrophische Wind wird durch die *Bodenreibung* reduziert, bis in die Höhe von 10 m auf etwa ¾ seines Wertes. Nun muß noch die atmosphärische Schichtung berücksichtigt werden: in labiler Kaltluft ist die vertikale Windabnahme geringer als in stabiler Warmluft. In unseren Breiten kann im Mittel angenommen werden:

labil: $V_{10\,m} = 0,75 \, V_g$;
stabil: $V_{10\,m} = 0,60 \, V_g$.

Auch die mittlere *Böen-Windstärke* läßt sich mit V_g ausdrücken:

labil: $B_{10\,m} = 0,98 \, V_g$;
stabil : $B_{10\,m} = 0,75 \, V_g$

Wird V_g nach obiger Formel eingesetzt, kann die Windgeschwindigkeit und die Böenstärke (in 10 m Höhe) für die verschiedenen geographischen Breiten und 5-hPa-Isobarenabstände berechnet werden. In den folgenden Tabellen ist die Isobarenkrümmung nicht berücksichtigt!

Windgeschwindigkeit (10 m) in Knoten

Abstand der Isobaren in Breitengraden	labil					stabil				
	60°	55°	50°	45°	40°	60°	55°	50°	45°	40°
0,5	86,1	91,1	97,4	105,5	116,1	68,8	72,8	77,8	84,3	92,7
1,0	43,1	45,5	48,7	52,8	58,0	34,4	36,4	38,9	42,1	46,4
1,5	28,7	30,4	32,5	35,2	38,7	22,9	24,3	25,9	28,1	30,9
2,0	21,5	22,8	24,3	26,4	29,0	17,2	18,2	19,5	21,1	23,2
2,5	17,2	18,2	19,5	21,1	23,2	13,8	14,6	15,6	16,9	18,5
3,0	14,4	15,2	16,2	17,6	19,3	11,5	12,1	13,0	14,0	15,5
3,5	12,3	13,0	13,9	15,1	16,6	9,8	10,4	11,1	12,0	13,3
4,0	10,8	11,4	12,2	13,2	14,5	8,6	9,1	9,7	10,5	11,6
4,5	9,6	10,1	10,8	11,7	12,9	7,7	8,1	8,6	9,4	10,3
5,0	8,6	9,1	9,7	10,6	11,6	6,9	7,3	7,8	8,4	9,3

Böen (10 m) in Knoten

Abstand der Isobaren in Breitengraden	labil					stabil				
	60°	55°	50°	45°	40°	60°	55°	50°	45°	40°
0,5	112,5	118,9	127,1	137,7	151,5	86,1	91,1	97,4	105,5	116,1
1,0	56,2	59,4	63,6	68,9	75,7	43,1	45,5	48,7	52,8	58,0
1,5	37,5	39,6	42,4	45,9	50,5	28,7	30,4	32,5	35,2	38,7
2,0	28,1	29,7	31,8	34,4	37,9	21,5	22,8	24,4	26,4	29,0
2,5	22,5	23,8	25,4	27,6	30,3	17,2	18,2	19,5	21,1	23,2
3,0	18,7	19,8	21,2	23,0	25,3	14,4	15,2	16,2	17,6	19,3
3,5	16,1	17,0	18,2	19,7	21,7	12,3	13,0	13,9	15,1	16,6
4,0	14,1	14,9	15,9	17,2	18,9	10,8	11,4	12,2	13,2	14,5
4,5	12,5	13,2	14,1	15,3	16,8	9,6	10,1	10,8	11,7	12,9
5,0	11,3	11,9	12,7	13,8	15,2	8,6	9,1	9,7	10,6	11,6

7 Konvektive Wettererscheinungen

Im Kapitel 4 sind eine Reihe von Mechanismen beschrieben worden, die zu Vertikalbewegungen führen. Aufsteigen erwärmter Luft sowie Absinken kälterer Luft in der Umgebung sind stets gekoppelte Prozesse und erzeugen ihrerseits kompensatorisch horizontale Luftströme. Die damit verbundenen Wettererscheinungen hängen stark von der Intensität der Konvektion ab und sollen hier klassifiziert werden.

Wie ändert sich im Mittel – *in vertikaler* Richtung gesehen - die Windgeschwindigkeit? Hier muß sich, von oben nach unten, ein vertikales Geschwindigkeitsgefälle bilden, da die Windgeschwindigkeit mit Annäherung an Erdboden/Seeoberfläche rasch abnimmt. Die so entstehende vertikale Windabnahme bezeichnet man als *Windprofil* (Abb. 7.1).
Der Einfluß der Bodenreibung reicht in der Atmosphäre nicht beliebig hoch, sondern beschränkt sich auf die **Reibungsschicht** (planetarische Grenzschicht), deren Obergrenze so definiert wird, daß dort der Wind den reibungsfreien Gradientwind (bzw. geostrophischen Wind) erreicht. Die Existenz dieser Reibungsschicht ist für das Verständnis böiger Windverhältnisse aufgrund konvektiver Umlagerungen wichtig.
Die Effekte der Bodenreibung und die Ausbildung des vertikalen Windprofils hängen neben anderen Faktoren von der **Oberflächenrauhigkeit** (über See: Wellenhöhe) ab. In Abbildung 7.2 ist die vertikale Einteilung der Reibungsschicht für mittlere atmosphärische Verhältnisse dargestellt. Je größer beispielsweise die Oberflächenrauhigkeit ist, um so rascher nimmt in den untersten Schichten die Windgeschwindigkeit vertikal zu, umgekehrt sind die Verhältnisse bei aerodynamisch glatter Unterlage.
Im Mittel finden wir innerhalb der Reibungsschicht folgende Verhältnisse:

- rasche Windzunahme innerhalb der Segel-Schicht
- in der Prandtl-Schicht (ca. 60 – 100 m in der Abbildung) erreicht die Windgeschwindigkeit 70 bis 80 % der reibungsfreien Geschwindigkeit
- Richtungsänderung des Windes in Segel- und Prandtl- Schicht ist gering
- in der äußeren Schicht erfolgt ein starkes *Rechtdrehen des Windes mit der Höhe* aus der Richtung des »Reibungswindes« in die Richtung des reibungsfreien (geostrophischen) Windes
- geringe Zunahme der Windgeschwindigkeit in der äußeren Schicht.

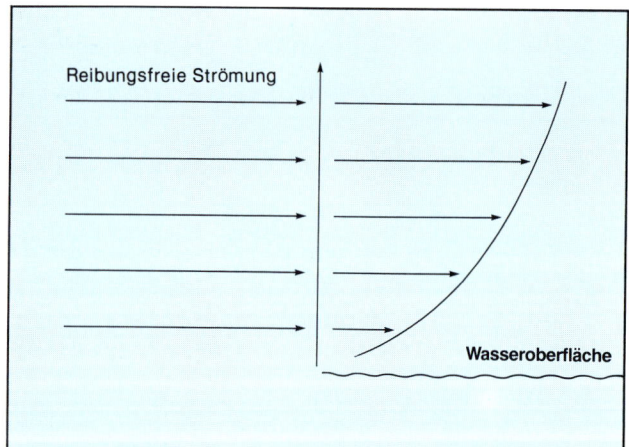

Abb. 7.1 Reibungsbedingte Windabnahme in Nähe der Wasseroberfläche

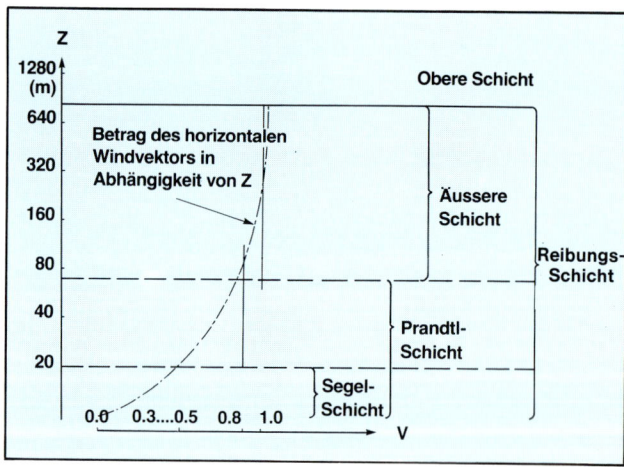

Abb. 7.2 Schematischer vertikaler Aufbau der Reibungsschicht

Bei Windgeschwindigkeiten < 12 Kn nimmt innerhalb der Segelschicht der Wind nennenswert nur innerhalb der ersten 3 m zu. Bei höheren Windgeschwindigkeiten (d. h. auch Wellenhöhen) erfolgt eine starke Windzunahme mit der Höhe: am oberen Ende der Segelschicht wird dann oft die *doppelte* Windgeschwindigkeit gegenüber derjenigen unmittelbar über der Wasseroberfläche gemessen. Die Wirkung des Reffens bei starkem Wind liegt daher neben der Verkleinerung der Segelfläche auch in der Absenkung des Segelschwerpunktes.

Beispiel: Werden in 20 m Höhe 40 Knoten Windgeschwindigkeit gemessen, so beträgt in 2 m Höhe die Windgeschwindigkeit nur noch ca. 29 Knoten. Bei Windmessern, die üblicherweise im Masttop angebracht sind, sollte die Windabnahme berücksichtigt werden. Die folgende Tabelle gibt an, um welchen Betrag (in % des gemessenen Wertes) die Windge-

schwindigkeit reduziert werden muß, wobei eine mittlere Oberflächenrauhigkeit zugrunde gelegt wurde.

Anemometerhöhe (m)	6	8	10	12	14	16	18	20
Reduktion (%)	15	18	21	23	25	26	27	28

Neben der Oberflächenrauhigkeit spielt bei der Ausbildung des Windprofils die *vertikale Temperaturverteilung* eine große Rolle. Bei stabiler Schichtung, d. h. bei verschwindendem Vertikalaustausch tritt eine starke vertikale Windzunahme auf: in 1 m Höhe beträgt die Windgeschwindigkeit nur etwa ³/₁₀ des Wertes in 10 m Höhe. Dagegen erfolgt bei labiler Schichtung in der Segelschicht oberhalb von 2 bis 3 m nur eine relativ geringe Windzunahme, da durch intensiven Vertikalaustausch die Reibungsschicht gut durchmischt ist.

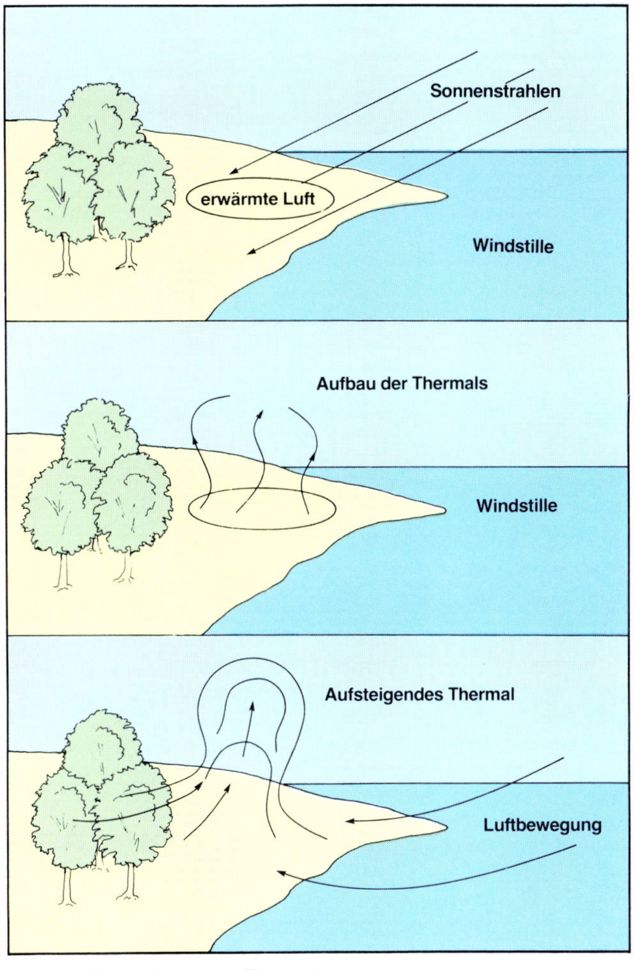

Abb. 7.3 Entstehung von Thermals

7.1 Böigkeit und Turbulenz

In der Atmosphäre gibt es nur **turbulente Strömungen,** d.h. die mittlere Bewegung eines Luftteilchens ist von zufälligen, kleinräumigen Schwankungen überlagert, die zu irregulären Bewegungen des Teilchens führen. Die Turbulenz in der planetarischen Grenzschicht ist, verglichen mit höheren Schichten der Atmosphäre, besonders hoch. Es gibt in der Atmosphäre zwei Turbulenzformen:
– die **mechanisch** durch Reibung verursachte und
– die **thermische** oder **konvektive Turbulenz.**
Eine für den Segelsportler praktischere Unterteilung der Turbulenzformen wird nach deren räumlicher Ausdehnung und Wiederholungsfrequenz vorgenommen. Die *kleinräumige Turbulenz* (im Falle stabiler Luftschichtung ohne vertikalen Austausch) umfaßt Luftbewegungen mit *charakteristischen Längenausdehnungen um 10 m und zeitlicher Dauer von weniger als 30 Sekunden.* Obwohl sie die Umströmung der Segel stark beeinflußt, kann der Segler aufgrund der kurzen Dauer kaum darauf reagieren. Wir rechnen sie daher nicht zur Böigkeit.
In labiler Schichtung mit vertikalen Umlagerungen überwiegt die konvektive Turbulenz, d. h. Thermik-Bewegungen, die sich in mehreren Größenordnungen abspielen:
1. **Thermals** (Warmluftblasen) über Land mit horizontalen Ausdehnungen kaum über 50 m, die infolge ihrer langen Dauer (bis zu 10 Minuten) in vertikaler Richtung jedoch charakteristische Längen von 250 m erreichen. An der Oberfläche entstehen entsprechende horizontale Kompensationsbewegungen, die vom Segler nicht mehr vernachlässigt werden sollten (Abb. 7.3).
2. **Schwache Kumuluskonvektion** hat horizontale Erstreckungen bis zu 500 m und Wiederholungsfrequenzen zwischen 10 und 30 Minuten.
3. **Mäßige Kumuluskonvektion,** Ausdehnung im 1-km-Bereich, Dauer noch um 30 Minuten. An einem sonnigen Sommertag nimmt die Intensität der Einstrahlung und damit die der Thermals zu. Die aufsteigenden Luftpakete durchbrechen zunehmend die normalerweise vorhandene **Absinkinversion,**

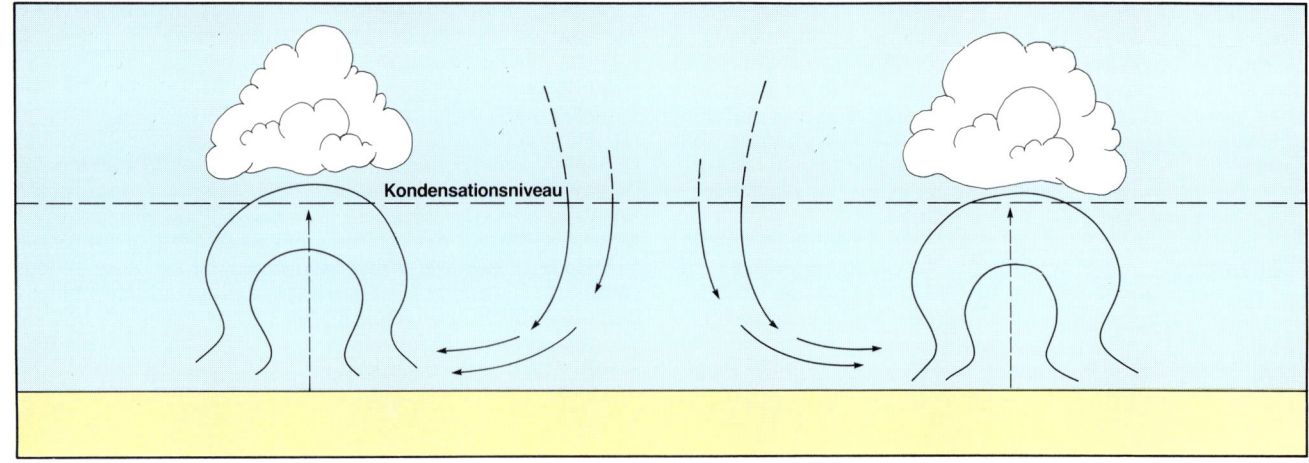

Abb. 7.4 Schwache Cumulus-Konvektion

lösen diese auf und gelangen bis zum **Kondensationsniveau.** Es setzt ein Vertikalaustausch ein, wodurch Komponenten des Höhenwindes bis an die Erdoberfläche transportiert werden (Abb 7.4).

4. **Starke Kumuluskonvektion** reicht vom starken Schauer und Gewitter *mit horizontalen Dimensionen bis 20 km* und Wiederholungsfrequenzen 30 Minuten bis 3 Stunden bis zum Wolkencluster, einem Gebiet bis zu *500 km Durchmesser* mit zahlreichen eingelagerten Konvektionszellen (typische Dauer bis zu einem Tag). Diese treten meist nur in tropischen Breiten auf. In den Abb. 7.6a und b ist eine voll entwickelte Gewitterzelle schematisch dargestellt, sie wird im folgenden Kapitel ausführlicher behandelt.

Verantwortlich für die Böen sind *vertikale Umlagerungen* (vertikale Transporte), wobei man sich durchaus vorstellen kann, daß ganze Luftpakete vertikal ausgetauscht werden und dabei ihre Eigenschaften bezüglich Windrichtung und Windstärke behalten. Betrachtet man das mittlere Windprofil in der Reibungsschicht, sind folgende Aussagen jetzt unmittelbar verständlich:

1. Böen sind *Teile des Höhenwindes,* die von »oben«, wo der Wind stärker ist, zur Erdoberfläche transportiert werden. Da der Wind oberhalb der Reibungsschicht gegenüber dem Bodenwind rechtgedreht ist, folgt:
2. *Allgemein dreht der Wind in der Bö recht* (bezüglich des Boden-Mittelwindes) und dreht rück beim Abflauen. Ausnahme: Gewitter und Wolkencluster!
   Daraus läßt sich eine praktische Regatta-Regel ableiten:
3. Befindet man sich auf einem Kreuzkurs gegen die mittlere Windrichtung, so werden die gegen den mittleren Wind gutgemachten Strecken größer, wenn man die *Böe von Steuerbord* einfallen läßt (man kann dann höher am Mittelwind segeln) und beim *Abflauen* (Rückdrehen des Windes) *auf Steuerbordbug* geht (Wind von Backbord), (s. Abb. 7.5).

4. Böenzellen bewegen sich im Windfeld etwa mit der Richtung und Geschwindigkeit des mittleren Bodenwindes. Daraus folgt:
5. Segelt man am Wind (vor dem Wind), nimmt die Größe der Böenzellen scheinbar ab (zu), deren Wiederholungsfrequenz nimmt zu (ab).

Bei schwacher bis mäßiger Konvektion und nicht zu schwachen mittleren Winden treten erfahrungsgemäß Böen auf, die sich in kurzen Zeitabständen (Minuten) wiederholen und etwa um *2 Bft über der mittleren Windgeschwindigkeit* liegen. Bei starker Konvektion gibt es solche klaren Aussagen nicht. Die Böen treten hier zusammen mit Schauern und Gewittern auf, am Himmelsbild oft erkennbar durch eine sogenannte **Böenwalze** (siehe Wolkenbilder). Wenn es zuvor schwachwindig war, kommt die Bö meistens aus der Richtung, aus der die Wolken heranziehen.

7.2 Gewitter

Die Entwicklung von Cumulonimbus-Wolken mit Gewittern stellt den Höhepunkt der starken Kumuluskonvektion dar. Durch die Intensität der vertikalen Umlagerungen und der damit verbundenen Erscheinungen wie Turbulenz, stärkste Böen, Graupel, Hagel, Starkniederschlag und Blitzschlag sind sie eine besondere Gefährdung für Sportfahrzeuge.

Zusätzlich zu den bereits erwähnten Konvektionsauslösern ist zur Gewitterbildung das Zusammenwirken weiterer Umgebungsbedingungen notwendig:
– die Atmosphäre muß hochreichend labil oder *feuchtlabil* geschichtet sein (s. auch Kap. 4). In vielen Fällen genügt auch **potentielle Labilität:** bei bisherigen Labilitätsüberle-

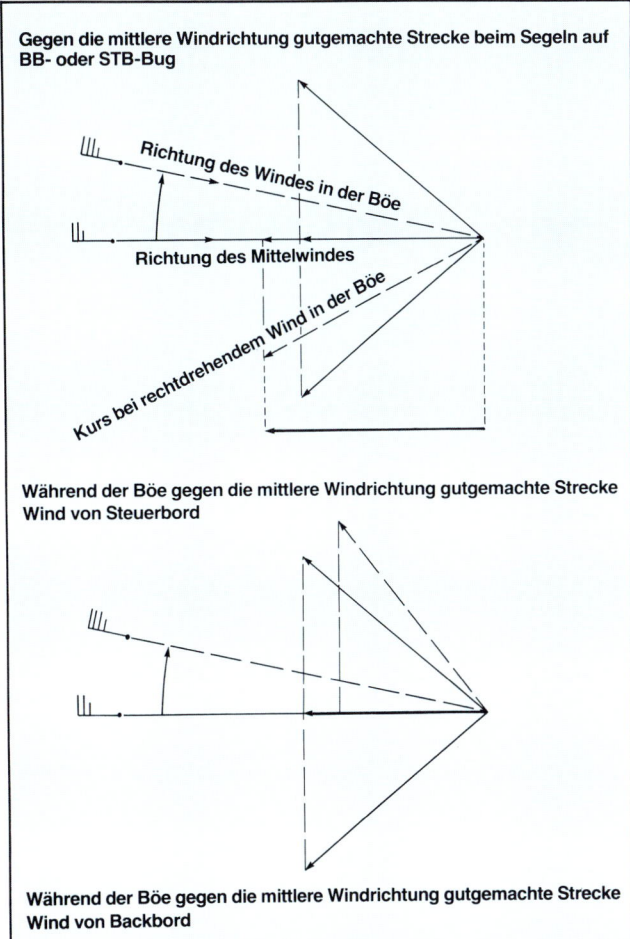

Gegen die mittlere Windrichtung gutgemachte Strecke beim Segeln auf BB- oder STB-Bug

Richtung des Windes in der Böe

Richtung des Mittelwindes

Kurs bei rechtdrehendem Wind in der Böe

Während der Böe gegen die mittlere Windrichtung gutgemachte Strecke
Wind von Steuerbord

Während der Böe gegen die mittlere Windrichtung gutgemachte Strecke
Wind von Backbord

Abb. 7.5 Aufkreuzen bei böigem Wind

gungen haben wir stets *aufsteigende Luftquanten in ruhender Umgebungsluft* betrachtet. Werden jedoch ganze Luftschichten gehoben, verändert sich der vertikale Temperatur- und Feuchteverlauf. Diese Veränderungen können *eine vor der Hebung stabile Schichtung* in eine *labile Luftmasse* umwandeln. Damit sich Gewitter entwickeln können, muß die Schichtdicke, in der diese (latente) Labilität besteht, mindestens 3000 m betragen, so daß sich die Wolke genügend weit in Gebiete mit Temperaturen unter 0 °C hinein entwickeln kann. Zur Ausbildung eines ersten Blitzes müssen die Temperaturen im Wolkengipfel unter minus 25 °C liegen.

– Zur Aufrechterhaltung der latenten Labilität muß ein genügender Feuchtenachschub von unten her gewährleistet sein, was gerade über See bei entsprechenden Wetterlagen gegeben ist.

– Die Feuchtlabilität wird wirksam, wenn der vorhandene Wasserdampf in der Luftschicht zur Sättigung kommt. In den meisten Fällen wird das durch Hebung der Luft erreicht. Der Hebungsantrieb kann *thermisch, dynamisch, advektiv oder auch mechanisch* erzeugt werden:

thermisch durch starke Erwärmung der bodennahen Luftschicht (Überhitzung, Wärmegewitter);

dynamisch durch Hebungsvorgänge im Bereich von Fronten oder durch konvergente Luftströmungen in der unteren Troposphäre (Druckfall am Boden);

advektiv dadurch, daß in größeren Höhen Kaltluft und/oder in tieferen Schichten Warmluft herangeführt wird, was gerade über See eine häufige Gewitterursache ist,

mechanisch, indem Luftmassen gegen ansteigendes Terrain geführt und zum Aufsteigen gezwungen werden.

Gewitter sind wegen der Vielzahl der gleichzeitig ablaufenden atmosphärischen Prozesse stets Gegenstand intensiver meteorologischer Untersuchungen gewesen. Obwohl – insbesondere nach dem amerikanischen Thunderstorm-Projekt – die bewegungs- und elektrodynamischen Vorgänge im wesentlichen verstanden werden, gestaltet sich bereits die Vorhersage der mittleren Böengeschwindigkeit eines Gewitters bei bekannter Wetterlage als so schwierig, daß deren »Trefferzahl« deutlich geringer ist als die anderer meteorologischer Parameter. Das liegt u. a. daran, daß sich die Auf- und Abwindbereiche in den Cumulonimben nicht in regelmäßig angeordneten vertikalen Luftsäulen ausbilden, sondern vielmehr aus einer Serie großer auf- und absteigender Luftpakete bestehen, die zusätzlich von vertikalen und horizontalen Wirbeln überlagert sind (s. Abb. 7.6).

Die Folgerungen daraus für den Segelsportler sind so einfach, wie sie alt sind: die Gewitterzelle nach Möglichkeit großräumig zu umfahren. Um Anhaltspunkte dafür zu geben, ist es sinnvoll, die Vielzahl möglicher Gewitterlagen zu »sortieren«.

7.2.1 Gewittertypen

Trotz der sehr unterschiedlichen Entstehungsbedingungen hat sich bei der Unterscheidung von Gewittertypen vor allem über See die Einteilung in **Luftmassengewitter** und **Frontgewitter** durchgesetzt.

7.2.1.1 Luftmassengewitter

Bei *thermischer* oder *orographischer* Gewitterauslösung ist die Labilität meistens durch Eigenschaften der betreffenden Luftmasse bestimmt. Solche **Luftmassengewitter** bilden sich dann häufig in großen Gebieten aus, die Ausdehnung der einzelnen Gewitterzellen ist aber relativ gering.

Die bereits angesprochenen **Wärmegewitter** bilden sich über See vornehmlich nachts, wobei die warme Seeoberfläche und Wärmeabstrahlung an den Obergrenzen bereits vorhandener Wolken die notwendige Labilisierung produzieren. Im Spätherbst und Frühwinter sind solche Wärmegewitter über der noch sehr warmen Adria und Ägäis in Kaltluftmassen häufig zu beobachten.

Ideale Voraussetzungen für die Entstehung von Wärmegewittern sind also:

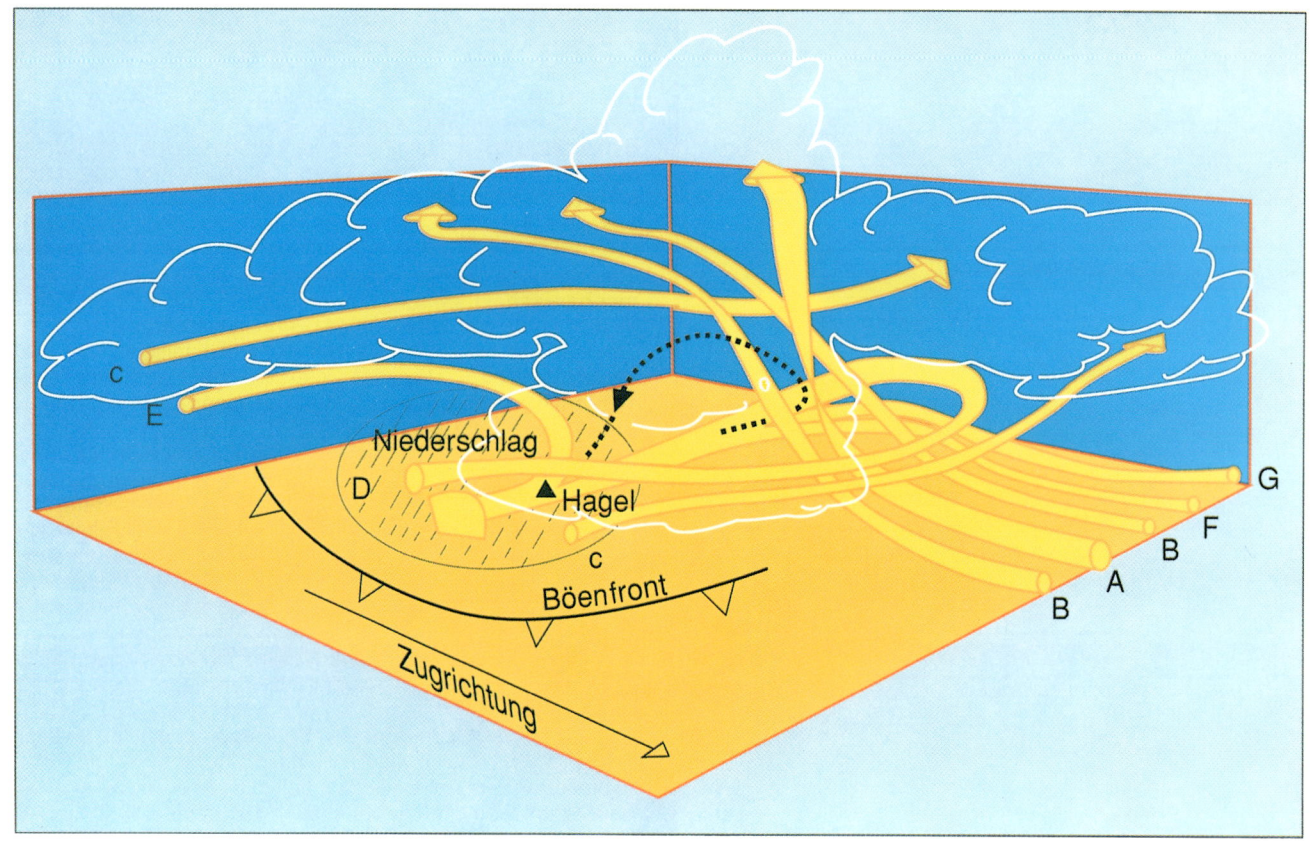

Abb. 7.6a Hauptkomponenten der Luftbewegungen in einer Gewitterzelle

– feuchtwarme Luftmassen,
– geringer Druckgradient,
– zyklonal gekrümmte Isobaren, in deren Bereich die Reibung zu Bodenkonvergenz führt.

Kräftige Höhenwinde dagegen zerstören die konvektiven Vorgänge, verhindern also bei sonst günstigen Bedingungen die Enstehung von Wärmegewittern.
Konvergente Bodenströmungen sind grundsätzlich, wenn die übrigen Kriterien erfüllt sind, Ort bevorzugter Gewitterbildung, da durch die bodennah zusammenfließenden Luftmassen Vertkalbewegungen ausgelöst werden. Konvergenzen entstehen regelmäßig im Küstenbereich infolge sprunghaft ansteigender **Bodenreibung** (s. Kap. 6, Küstenkonvergenz). Zu ausgeprägten Konvergenzlinien kommt es oft zwischen zwei Hockdruckgebieten, deren ausfließende Luftmassen an

A: Die stärksten Aufwinde starten in unteren Niveaus, weit vor dem Aufwindschlauch der herannahenden Zelle, biegen im Inneren des Cb sehr scharf nach oben und verlassen das Gewitter – fast entgegen der Zugrichtung – im Cirrusniveau. Sie erzeugen die »Amboß«wolke.
B: An den Flanken der stärksten Aufwinde steigt die Luft etwas langsamer, gelangt auf die Rückseite des Gewitters und verläßt die Gewitterzelle – in Zugrichtung gesehen – »hinten links«.
C: Der – im Mittel – westliche Wind in den mittleren Atmosphärenschichten wird größtenteils um die Gewitterzelle herumgeführt.
E: Teile dieser Strömung werden auch in die Gewitterzelle einbezogen.
F,G: Teile des Abwindes entstammen der bodennahen Luftströmung, die »vorn links« in das Gewitter einströmt, zunächst einige Kilometer aufsteigt und im Zentrum des Gewitters absinkt.
D: Repräsentiert den stärksten Beitrag zum Abwind
Die Strömungsbänder stellen Stromlinien in einem Koordinatensystem dar, das mit dem Gewitter driftet.

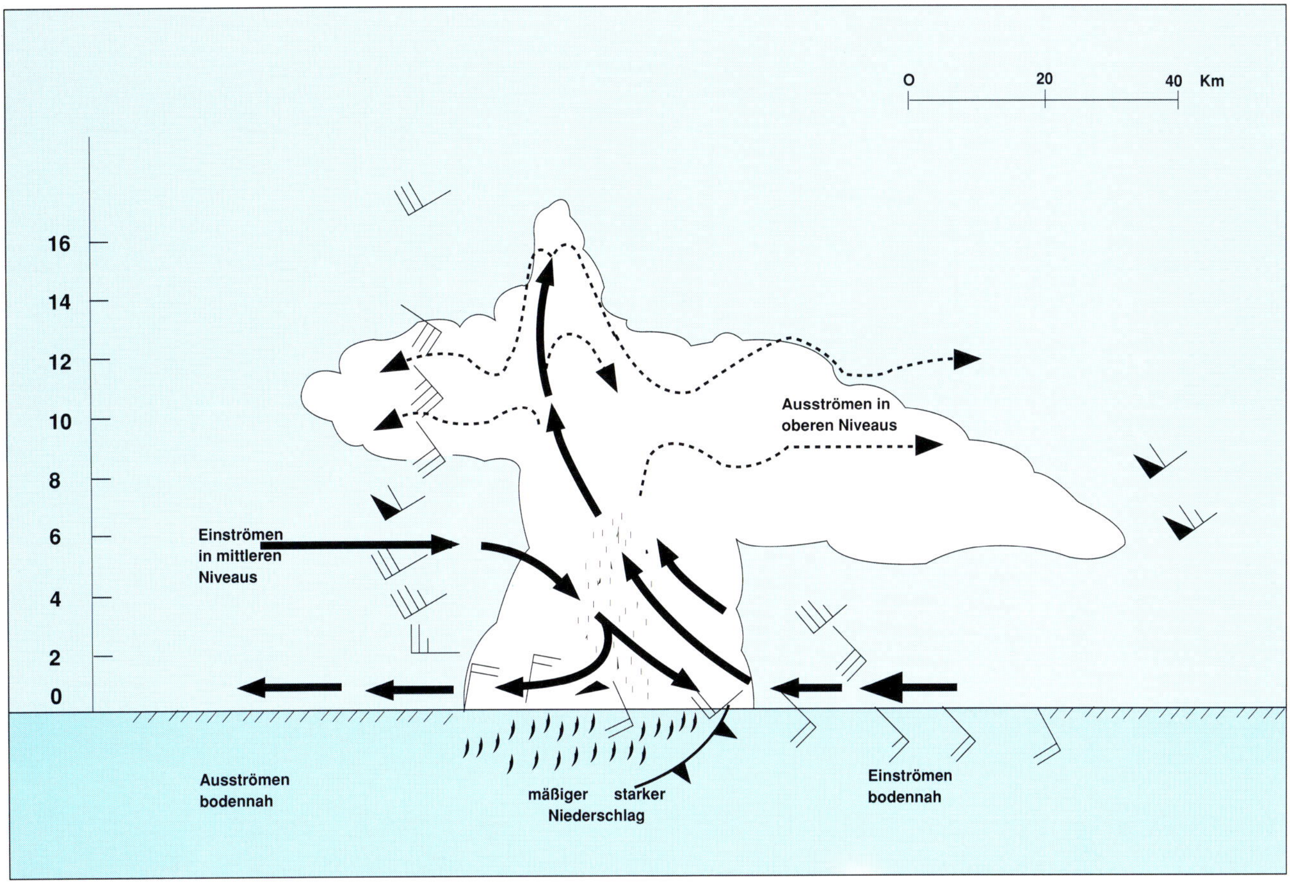

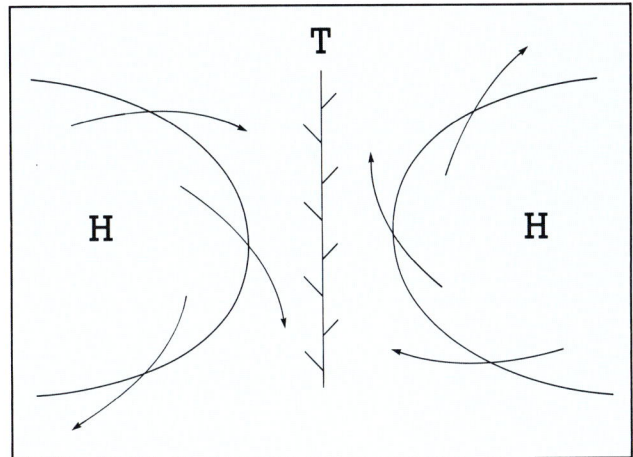

Abb. 7.6b Querschnitt durch eine voll entwickelte Gewitterzelle.
Zugrichtung der Zelle von links nach rechts. Alle Windangaben wurden relativ zur Zugrichtung gezeichnet.
Auch die schematischen Luftbewegungen in der Gewitterwolke (Ein- und Ausströmen) sind relativ zur Zugrichtung gesehen.

der Tiefdruckrinne konvergieren (Abb. 7.7). Der damit verbundene Massenzuwachs wird in einer Aufwärtsbewegung abtransportiert. Diese Hebung führt bei feuchtlabiler Schichtung im Sommer zu Schauern und Gewittern. Konvergenzlinien im weiteren Sinne mit erhöhter Gewitterneigung sind aber auch Fronten und Troglinien.

Typisch für Luftmassengewitter ist die Ausbildung von **Labilitätszonen,** also größeren Gebieten mit feuchtlabiler Schichtung in einer einheitlichen Luftmasse. Durch den Tagesgang der Strahlung bedingt tritt vor allem im Sommer zur Nachmittagszeit bodennah Überhitzung auf. So erreicht die dann einsetzende Hebung der warmen Luft wegen der Labilität der Luftmasse große Höhen. Dadurch entstehen Cumulonimbus-Wolken, aus denen sich Schauer und häufig auch Gewitter entwickeln können. Typisch für Labilitätszonen ist, daß sich eingelagerte Konvergenzlinien bilden, an denen sich Gewitterzellen entwickeln (s. Abb. 7.8 a/b). Ihre Wetterwirksamkeit ist sehr groß; nicht selten treten *Hagelschauer in Verbindung mit schweren Böen* auf. Diese Gewitterlinien schwächen sich

Abb. 7.7 Konvergenzlinie

127

nachts oftmals ab, weil nun die Überhitzung von unten fehlt und der nächtliche Abkühlungseffekt am Boden stabilisierend wirkt. Haben die Gewitterwolken sich bis in das Cirrus-Niveau erstreckt, wird allerdings eine *Labilisierung von oben her* ausgelöst infolge der Eisteilchen und der niedrigen Temperaturen im Cirrus-Bereich. Gegen Morgen läßt dann insgesamt die Gewittertätigkeit über Land nach. *Man muß nun aber über den küstennahen Seegebieten wieder mit auflebenden Gewittern rechnen, da im Sommer die relativ warme See als nächtliche Wärmequelle labilisierend wirkt.*

Während sommerliche Kaltfronten mit Gewittern durch das synoptische Beobachtungsnetz gut erfaßt werden, können sich Labilitätszonen innerhalb weniger Stunden scheinbar aus dem Nichts bilden. Ihre *Entstehung* ist zwar durch die Wetterdienste prognostizierbar, die eigene Vorhersage ist aber ohne zusätzliche Informationen nicht möglich. Als typische sommerliche Gewitterlage kennt man ausgedehnte mitteleuropäische Hochdruckgebiete mit schwachem Luftdruckgradienten, an deren Westflanke feuchtwarme Mittelmeerluft über Frankreich nordwärts geführt wird (s. Abb. 7.8). *Anzeichen nachmittäglicher Gewitter sind mittelhohe Wolken mit zinnenartigen Formen* (Altocumulus Castellanus) am Morgen. Ein weiteres Indiz für die starke Labilität der Luftmasse ist ein Taupunktswert um die Mittagszeit von über 16 °C.

Steilküsten und Inseln zwingen den über sie hinweggeführten Luftmassen neben horizontalen auch vertikale Bewegungskomponenten auf. Ist die Luftmasse bedingt labil oder potentiell labil geschichtet, reicht die erzwungene Hebung oft zur Bildung **orographischer Gewitter** aus.

7.2.1.2 Frontgewitter

Werden feuchtlabile oder potentiell labile Luftmassen in frontale Prozesse einbezogen, kommt es auch hier häufig zu Gewitterbildung. Da jedoch die Bewegungsvorgänge im Zusammenhang mit der Front überwiegen, werden sie als **Frontgewitter** bezeichnet. Hebungen der beteiligten Luftmassen kommen zustande durch:

- Aufgleiten feuchtlabiler Warmluft an der Frontfläche
- aktives Heben von Warmluft durch vordringende Kaltluft
- Labilisierung der Bodenwarmluft durch in der Höhe voreilende Kaltluft.

Typisch für alle Frontgewitter ist ihre wesentlich größere Ausdehnung im Vergleich zu den Wärmegewittern. Senkrecht zur Front sind Ausdehnungen bis zu 20 km, entlang der Front mehrere 100 km keine Seltenheit. Ursache dafür ist eine Art Kettenreaktion: die im Abwindbereich einer Gewitterzelle ausfließende sehr kalte Luft führt durch aktives Heben davorlagernder Warmluft sofort zu neuer Labilisierung und zum Aufbau einer weiteren Gewitterzelle, so daß auf diese Weise ganze Gruppen von Zellen entstehen, wo jede zusammenfallende

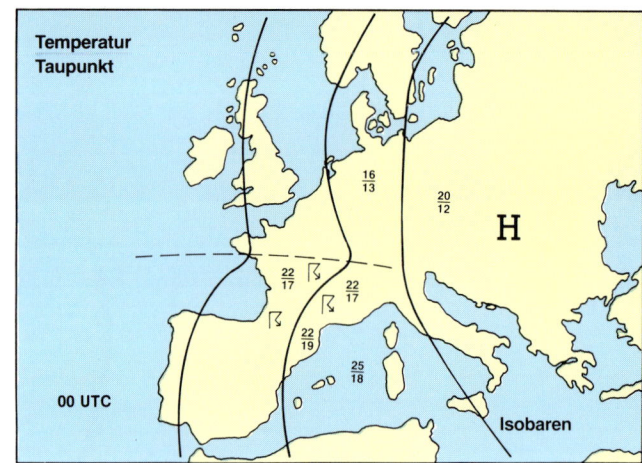

Abb. 7.8a Labilitätsgebiet mit eingelagerten Konvergenzlinien zum Nachttermin

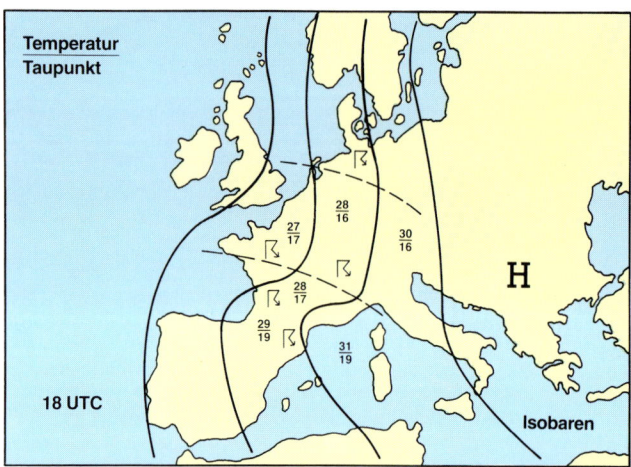

Abb. 7.8b Labilitätsgebiet mit eingelagerten Konvergenzlinien am nächsten Abend

Gewitterwolke quasi einen neuen »Nachbarn« erzeugt. Vor diesem Gewittertyp ist ein Ausweichen kaum möglich.

Die Lokalisierung insbesondere von **Warmfrontgewittern** wird dadurch erschwert, daß die in ihnen eingelagerten Cumulonimben durch die an der Frontfläche gebildeten stratiformen Wolken verdeckt werden. Das Herannahen einer labilen Warmfront kündigt sich dem Beobachter häufig durch Ac flo oder Ac cas (s. Wolkenbilder) an, oft auch mit Fallstreifen verbunden. Die einzelnen Cumulonimben liegen in labilen Warmfronten weiter auseinander, die zu erwartenden Böen sind schwächer als z. B. in Gewittern an Kaltfronten. **Kaltfrontgewitter** bilden sich bevorzugt im Gebiet stärkster Frontneigung im vorderen Bereich der Front. Meistens erreichen die einzelnen Zellen höhere Ober- und niedrigere Untergrenzen als in Warmfrontgewittern. Da die Hebungsvorgänge rascher verlaufen als an Warmfronten, sind Kaltfrontgewitter intensiver als Gewitter an

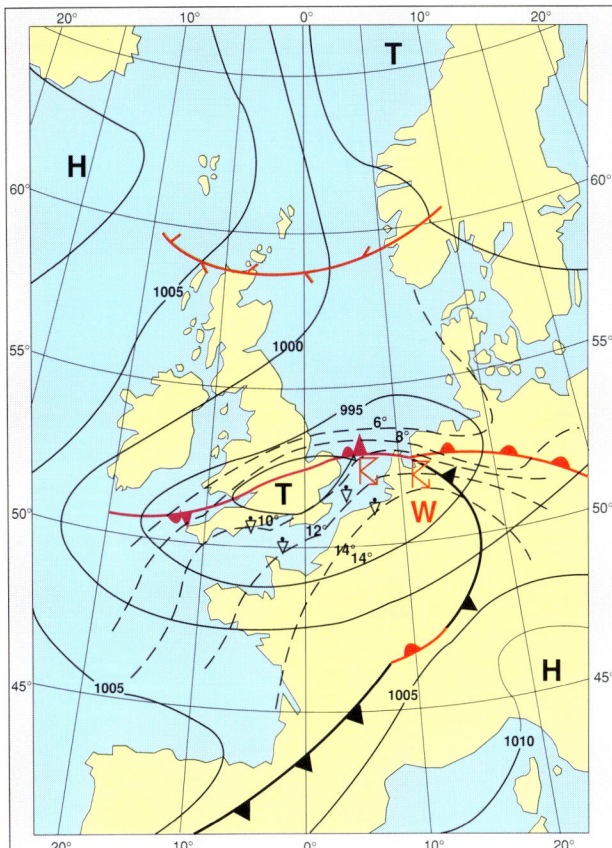

Abb. 7.9 Beispiel einer Wetterlage mit Frontgewittern (im März)

den Kaltluft. Demgegenüber steigen *am Boden* die Temperaturen sogar noch an, da mit der südwestlichen Bodenströmung feuchte und sehr warme Mittelmeerluft herangeführt wird. Beide Prozesse führen im Frontbereich zu einer erheblichen Labilisierung, die durch dynamische Hebungsvorgänge an der Trogvorderseite noch verstärkt wird. Über Belgien, Holland und der südwestlichen Nordsee entwickeln sich daher an der Front starke Gewitter mit Böen, die volle Orkanstärke erreichen.

7.2.2 Struktur einer Gewitterzelle und das begleitende Windfeld

Die Entwicklung einer Gewitterzelle durchläuft verschiedene Stadien: **Cumulus- oder Aufbaustadium, Reifestadium, Auflösestadium.** Die einzelnen Stadien zeigen eine unterschiedliche Verteilung von Auf- und Abwinden, ihre Dauer erstreckt sich über eine bis eineinhalb Stunden. Der stärkste Kaltluftausbruch (Downrush) mit maximalen Böen an der Wasseroberfläche wird im Reife- und Auflösestadium beobachtet. Eine solche Gewitterzelle ist in Abbildung 7.6 a/b perspektivisch und im Schnitt dargestellt. Die angegebenen Strömungsverhältnisse resultieren aus der Auswertung vieler Doppler-Radar-Aufnahmen von Gewitterzellen.
An der Basis des Gewitters fließt Kaltluft nach vorn und seitwärts aus, hebt die davorliegende Warmluft an und führt so zu weiterer Vertikalbewegung. Dieses Ausströmen ist mit stärksten Böen verbunden. Der Bodenwind vor dem Gewitter ist meist schwach und darauf zugerichtet: durch die starken Aufwinde innerhalb der Zelle werden die Luftmassen von außen in die Zelle angesaugt. Die Böen im Bereich der Kaltluftmasse sind dem Wind vor der Gewitterzelle fast entgegengesetzt. *In der Gewitterbö erfolgt daher meist ein* **Rückdrehen** *des Windes.* Dies ist ein wesentlicher Unterschied gegenüber den bisher besprochenen Böenzellen. Im Bereich des Starkregens treten ebenfalls kräftige Böen auf. Beim weiteren Passieren der Zelle erfolgt eine rasche Windabnahme, verbunden mit **rechtdrehendem Wind.** Der gefährlichste Teil einer Gewitterzelle ist – unabhängig von der Blitzschlaggefahr – wohl das Hagelgebiet, das sich in den meisten Fällen auf der *linken Rückseite eines entgegenkommenden Gewitters* befindet. Es sollte auf jeden Fall gemieden werden, indem man versucht, das Zentrum der Zelle an Backbord zu lassen. Begünstigt wird ein solches Manöver, indem man das bodennahe Einströmen in die Gewitterzelle (Strömungen A, B, F, G in Abbildung 7.6 a) ausnutzt.
Die Zugrichtung einer Gewitterzelle sollte mit Hilfe der Bewegungsrichtung der mittelhohen Wolken bestimmt werden, denn die tiefen Wolken werden in Gewitternähe bereits durch die Einströmvorgänge abgelenkt. Besteht die Gefahr, daß das Zentrum einer entgegenkommenden Gewitterzelle den eigenen Kurs kreuzt, so ist frühzeitiges, starkes Ausweichen nach Steuerbord die einzige Möglichkeit, dem schweren Wetter zu entgehen.
Es gibt nur wenig Anhaltspunkte auf See für die mögliche Stärke von Böen in Gewittern. Einer ist die Abschätzung des

Warmfronten. Wie diese sind sie in stratiforme Bewölkung eingelagert.
Besonders auf See zu fürchtende Wettererscheinungen sind **Böenfronten** oder **Böenlinien** (Squall lines). Sie entstehen, wenn in der Höhe voreilende Kaltluft weit in den Warmsektor hineinreicht und hier zu heftigen vertikalen Umlagerungen führt. Die entstehenden Cb's ordnen sich dann oft durch die schon erwähnte Kettenreaktion linienhaft an. Diese Böenlinien sind meistens mit wesentlich stärkeren Gewittern verbunden als die nachfolgende Kaltluft.
Eine hierfür typische Wetterlage ist in Abbildung 7.9 dargestellt: Auf der Vorderseite eines kräftigen Höhentroges über dem Ostatlantik (hier nicht dargestellt) hat sich über der Irischen See ein Bodentief gebildet, das nach Südwestengland weitergezogen ist. Die Kaltfront über Westeuropa markiert die Vordergrenze der in der Höhe sehr rasch nach Nordosten vorstoßen-

sog. **Downrush.** Bei einem gut entwickelten Wärmegewitter besteht eine Beziehung zwischen der Stärke der auftretenden Spitzenbö und der Differenz der Lufttemperatur der überhitzten Warmluft vor dem Gewitter und der Lufttemperatur der absteigenden Kaltluft (»down rush temperature«) nach dem Gewitter:

$$V_{max} = 4 \cdot \Delta T$$
V_{max}: Geschwindigkeit der Spitzenbö in Knoten ΔT: Unterschied der Lufttemperatur vor und nach dem Gewitter, ersatzweise: Differenz Temperatur – Taupunkt vor dem Gewitter.

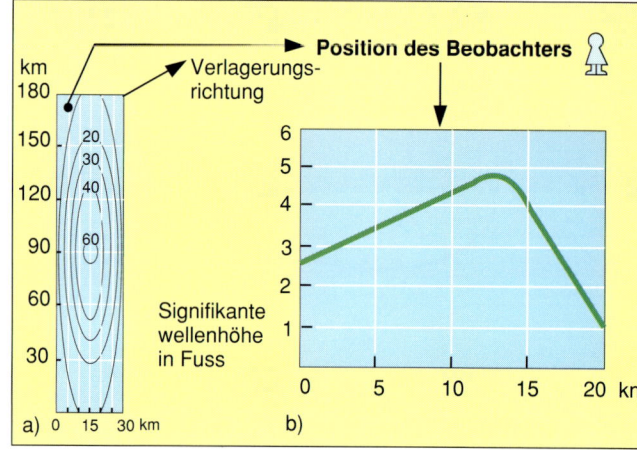

Abb. 7.10 Diagramm zur Bestimmung der im Bereich eines Gewitters erzeugten signifikanten Wellenhöhen

Die Abschätzung gilt nicht bei Frontgewittern. Die so ermittelte Höchstgeschwindigkeit für Spitzenböen tritt in einem Gewitter nur relativ kurzzeitig auf (Reifestadium des Gewitters etwa eine halbe Stunde). Die Böen erreichen nur direkt unter dem Gewitter die errechneten Maximalwerte. Hier stimmt die Windrichtung in der Bö mit der Zugrichtung des Gewitters überein.
Ein weiteres Problem im Zusammenhang mit der **Böenfront** und dem **Downrush** ist die Abschätzung der hier sich entwickelnden Wellenhöhen. Im Kapitel 9 (Seegang) werden Verfahren besprochen, mit deren Hilfe aus Windgeschwindigkeit, Windwirkungsdauer und Fetch auf die Wellenhöhe geschlossen werden kann. Das ist hier aus zweierlei Gründen nicht möglich:
– die dort dargestellten Seegangsdiagramme setzen in der Regel *stationäre Windfelder* voraus. Die an eine sich *verlagernde Böenfront* gekoppelten Wellen sind höher, da bestimmte Wellenkomponenten, abhängig von der Verlagerungsgeschwindigkeit des Windsystems, längere Zeit diesem Windfeld ausgesetzt sind.
– die Vertikalkomponente im Downrush ist sehr viel größer als in einem großräumigen Windfeld. Damit wird auch die Impulsübertragung in die Wasseroberfläche größer.
In Abbildung 7.10 a ist ein kleinräumiges Windfeld, wie es etwa von einer Böenlinie erzeugt wird, dargestellt. Es verlagert sich in Pfeilrichtung. Abhängig von der Verlagerungsgeschwindigkeit wird an der linken oberen Ecke dieses Windfeldes eine **signifikante Wellenhöhe** gemäß Abb. 7.10 b beobachtet. In diesem Falle würden bei einer Verlagerungsgeschwindigkeit von ca. 13 Knoten an dieser Position die höchsten Wellen auftreten.

7.2.3 Räumliches und zeitliches Auftreten

Die Wahrscheinlichkeit, als Sportbootfahrer in Nord- oder Ostsee von einem Gewitter überrascht zu werden, ist zwar größer als ein Treffer im Lotto, glücklicherweise treten jedoch beispielsweise an der deutschen Nord- und Ostseeküste (im langjährigen Mittel) Gewitter nur an weniger als 20 Tagen im Jahr auf.
An den Beobachtungsstationen der Wetterdienste werden Gewitter verschlüsselt, wenn Blitz und Donner oder auch nur

Donner allein festgestellt wird. Bei Beobachtungen auf See muß eingeräumt werden, daß ein entferntes Donnern u. U. vom Maschinenlärm überdeckt wird. Gewitterhäufigkeiten auf der Basis dieser Beobachtungen sind daher möglicherweise etwas geringer als die von Küstenstationen oder Feuerschiffen.
Die Abbildungen 7.11 und 7.12 enthalten prozentuale Angaben zur mittleren Gewitterhäufigkeit einzelner Gebiete der Nord- und Ostsee. Die Prozentangaben bedeuten Gewitterstunden pro Monat, 1 % entsprechen also 7,2 Stunden mit Gewittern im Monat. Die *mittlere jährliche* Gewitterhäufigkeit erreicht in allen Gebieten kaum 0,5 %, in der nördlichen und nordwestlichen Nordsee (Gebiete A, B, C) werden im Jahresmittel nur 1 bis 1,5 Gewitterstunden pro Monat beobachtet.
Aufschlußreicher sind die Monatsmittelwerte, die erwartungsgemäß für fast alle Seegebiete hohe Gewitterhäufigkeit im Sommer und geringste Gewittertätigkeit während der Wintermonate zeigen. In der Nordsee werden die meisten Gewitter im Juli, August und September in der Deutschen Bucht, an der dänischen und holländischen Nordseeküste sowie in der mittleren Nordsee (Gebiet E) beobachtet. In der Ostsee ist das sommerliche Maximum deutlicher ausgeprägt. Hier werden im Gebiet der polnischen Ostseeküste, aber auch in den Belten, im Sund und in der Westlichen Ostsee die meisten Gewitter beobachtet. Von hier aus nimmt die Gewitterhäufigkeit nach Westen, Norden und Osten hin ab. In den Belten, im Sund und in der Westlichen Ostsee sind im Juni/Juli/August immerhin noch an 6 Stunden im Monat Gewitter zu erwarten. Im Kattegat fehlen Gewitterbeobachtungen im Winter vollständig, das Sommermaximum wird erst im August erreicht.
Maximale Gewittertätigkeit im Sommer deutet darauf hin, daß in Nord- und Ostsee vornehmlich **Luftmassengewitter** auftreten, in erster Linie also Wärmegewitter, die im Küstenbereich entstehen und dann auf die Seegebiete übergreifen.

Vor dem heranziehenden Schauer ist der Wind auf Bft 3 abgeflaut. Aufgrund der sich entwickelnden Böenwalze werden in den Böen — kurzzeitig — Bft 8 erreicht.

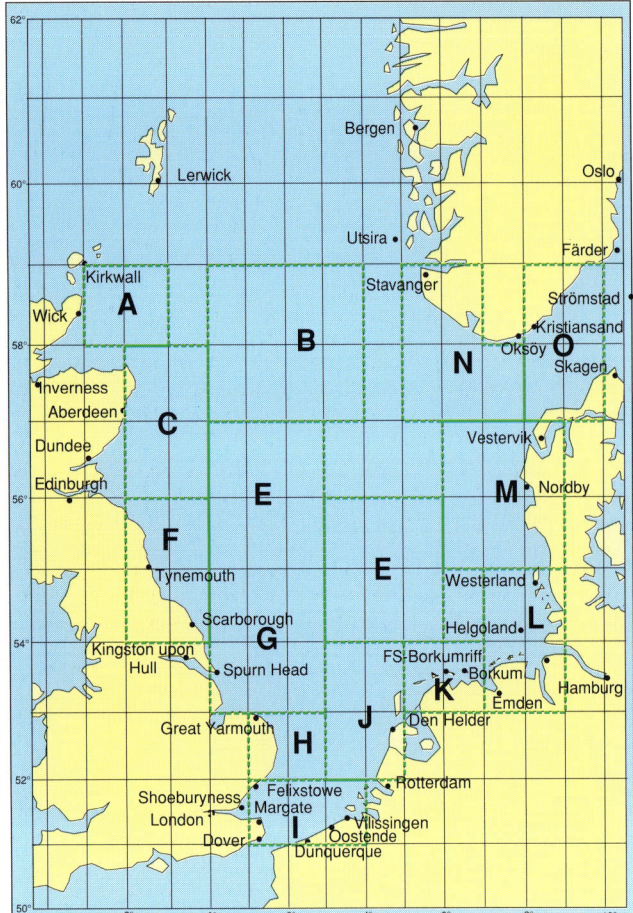

Abb. 7.11 Gewitterhäufigkeit in der Nordsee in Prozent aller Wetterbeobachtungen
(1 % entsprechen 7.2 Gewitterstunden pro Monat)
a) räumliche Verteilung

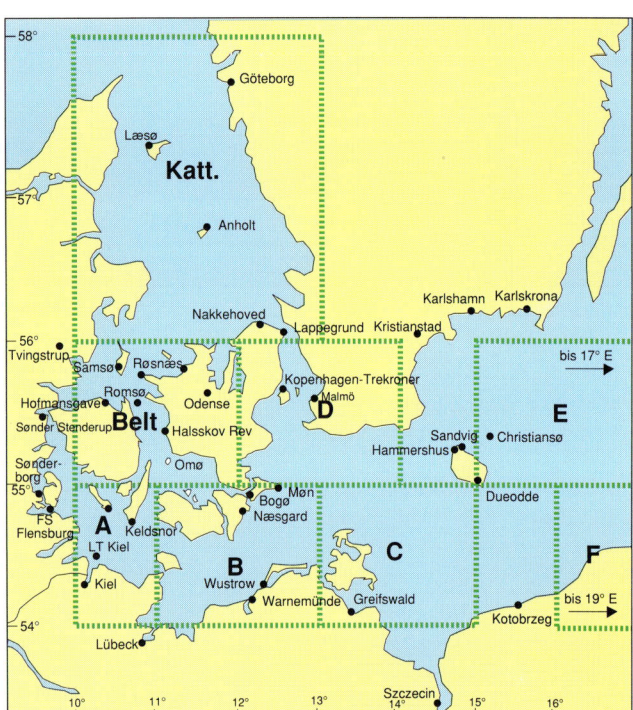

Abb. 7.12 Gewitterhäufigkeit über der Ostsee und den dänischen Gewässern in Prozent aller Wetterbeobachtungen
(1 % entsprechen 7.2 Gewitterstunden pro Monat)
a) räumliche Verteilung

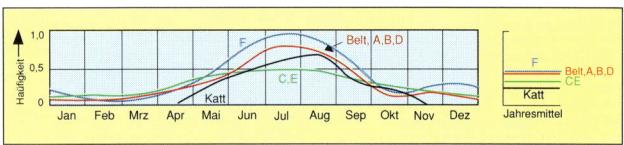

b) jahreszeitliche Verteilung

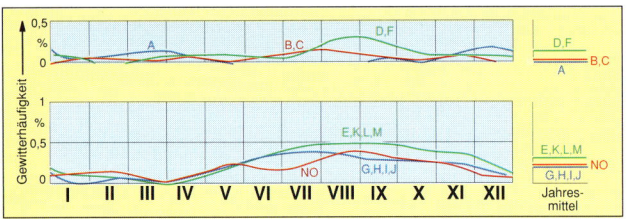

b) jahreszeitliche Verteilung

Im Mittelmeer bilden sich Gewitter hauptsächlich an Kaltfronten und in den dahinter einströmenden Kaltluftmassen. Labilisierung von der Seeoberfläche wirkt zunächst gewitterauslösend,

so daß im Herbst, wenn der Temperaturunterschied Wasser – Luft am größten ist, die Gewitter am häufigsten auftreten. Da die Kaltluftausbrüche im nordwestlichen Mittelmeer am intensivsten sind, werden hier im Jahresmittel die meisten Gewitter beobachtet (Abbildung 7.13). In der nördlichen Adria enthalten 5 % aller Wetterbeobachtungen Gewitter. In Pula (Station 16) werden an 43 Tagen im Jahr Gewitter beobachtet (höchster Wert für das Mittelmeer), Triest: 26, Tunis: 21, Barcelona: 19 Tage.
Mittelt man alle Seegebiete, so erhält man einen Jahresgang mit einem *Minimum von 0,7 % von Mai bis Juli* und einem *Maximum von 3,7 % im Oktober*.

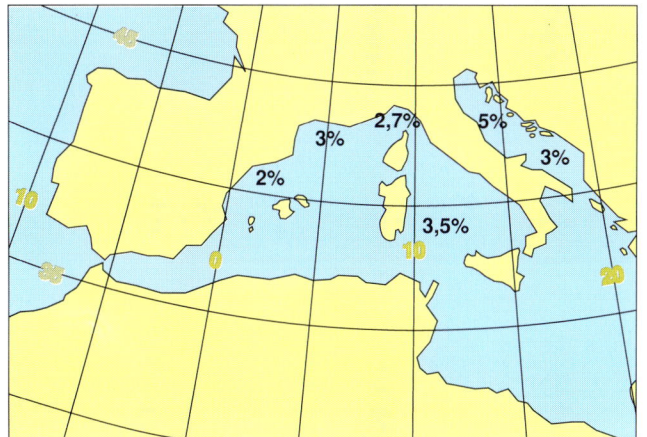

Abb. 7.13 Gewitterhäufigkeit im Mittelmeer in Prozent aller Wetterbeobachtungen
(1 % entsprechen 7,2 Gewitterstunden pro Monat)

eingeteilt und die Gewitterhäufigkeit für die Jahreszeiten Winter, Frühling, Sommer, Herbst ermittelt.

Polwärts von 30 Grad, im Bereich der subtropischen Hochdruckzonen, wird – mit wenigen Ausnahmen – das Gewittermaximum im Winter oder Herbst beobachtet, im Gegensatz zur typischen jahreszeitlichen Schwankung über Land. Ausnahmen sind die Westküsten des Nordatlantiks und des Nordpazifiks. Das Sommermaximum ist hier durch den Einfluß der benachbarten Kontinente bedingt.

Synoptische Daten lassen den Schluß zu, daß die Maxima der Gewitterhäufigkeit während der kalten Jahreszeit ihre Ursache in modifizierter Polarluft haben, die durch ihre lange Passage über relativ warmem Wasser labilisiert und mit Feuchte angereichert wird. Da diese Kaltluftausbrüche meist an markante Höhentröge gekoppelt sind, wird zusätzlich Hebungsantrieb wirksam. Im äußersten Westen des Nordatlantiks und Nordpazifiks finden zwar auch Kaltluftausbrüche vom Kontinent seewärts statt, wobei eine sehr intensive Heizung durch die Wasseroberfläche erfolgt. Die instabile Schichtung ist jedoch in den meisten Fällen zu niedrig, um hochreichende Konvektion mit Gewitterbildung zu produzieren. Das Herbst-Maximum im östlichen Pazifik, Atlantik und im Mittelmeer ist eine Folge der intensiven zyklonalen Aktivität in diesen Gebieten. Im Winter bilden sich hier häufig Höhenhochkeile aus, die hochreichende Konvektion verhindern.

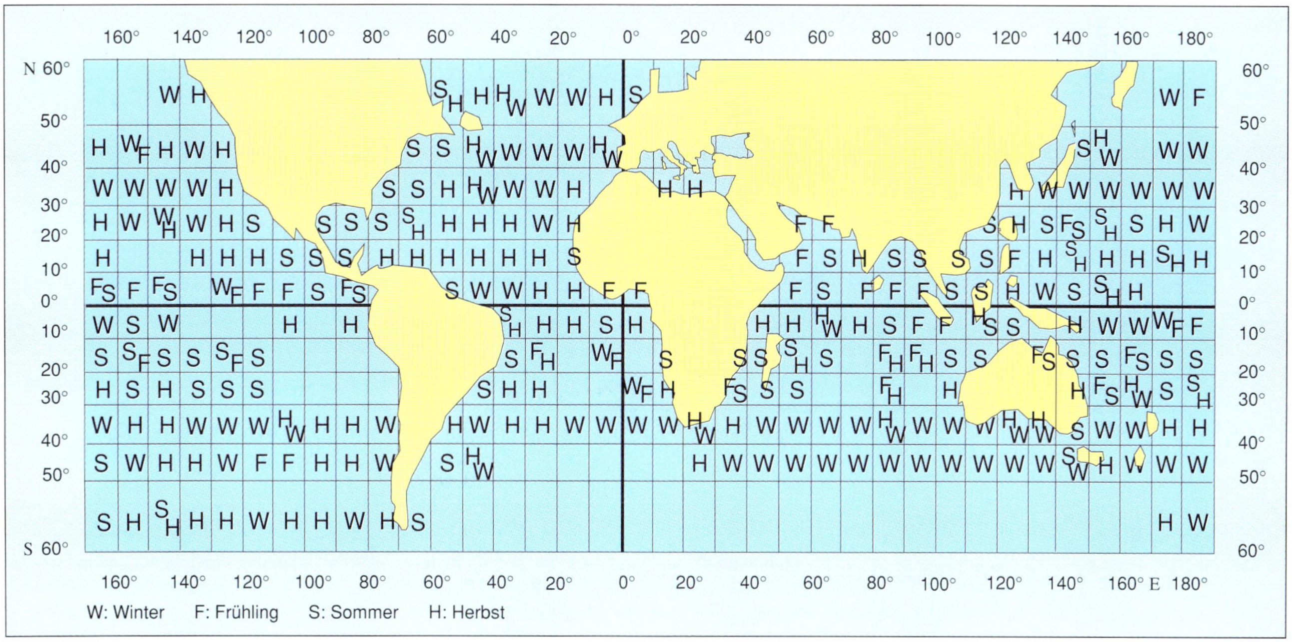

Eine globale jahreszeitliche Gewitterhäufigkeit wird in Abbildung 7.14 wiedergegeben. Alle bei der WMO vorliegenden maritimen Wetterbeobachtungen wurden in 10-Grad-Felder

Abb. 7.14 Jahreszeitliche Gewittermaxima auf den Ozeanen (W: Winter, F: Frühjahr, S: Sommer, H: Herbst)

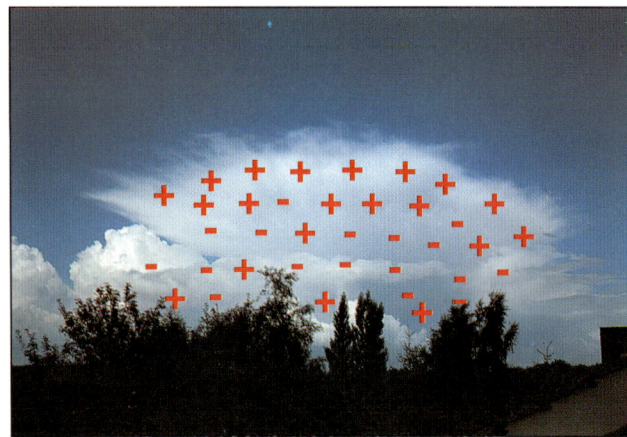

Abb. 7.15a **Gewitterwolke mit Ladungsverteilung.** (Über dem aus mächtig aufgetürmten Haufenwolken bestehenden Schichten hat sich – in hohe Schichten hinaufreichend – ein Wolkenfächer gebildet, der häufig das Aussehen eines Amboß hat.)

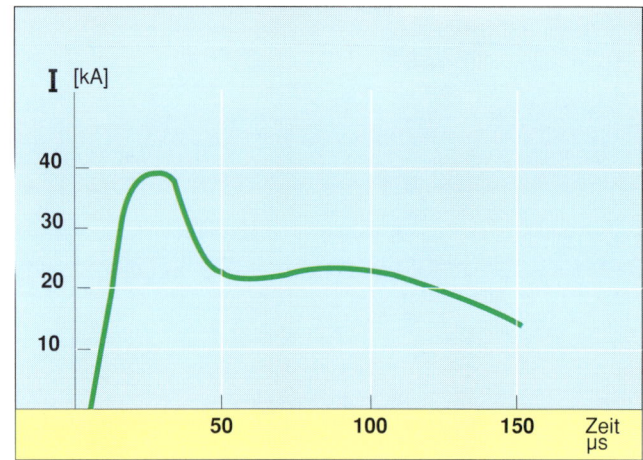

Abb. 7.15b **Zeitlicher Verlauf des Blitzstromes während einer Entladung**

7.2.4 Blitzschutz auf See

In Abbildung 7.15 ist die großräumige Ladungsverteilung skizziert, wie sie im Mittel in Cumulonimben im Reife- und Auflösungsstadium angetroffen wird. Über die Prozesse der Ladungstrennung und der Gewitterelektrizität wurden im Laufe der Gewitterforschung eine Reihe von Hypothesen aufgestellt, die unterschiedliche physikalische Prozesse für die Ladungsbildung benutzen. Wirkungsvolle Ladungstrennungen finden beim Gefriervorgang, z. B. von unterkühlten Wassertropfen, statt: Eis positiv, flüssiges Restwasser negativ. Temperaturgradienten im Eis (also z. B. im Hagel) führen zu Ladungsverschiebungen: die wärmere Seite wird negativ, die kältere positiv. Brechen die beteiligten Partikel auseinander, können auch die Ladungen getrennt werden. Alle Erklärungen zur großräumigen Ladungstrennung in Cumulonimben setzen Aufwindfelder mit Vertikalgeschwindigkeiten um 30 m/s voraus, wie sie auch durchaus gemessen werden.

Die zur Entladung notwendige Potentialdifferenz zwischen der oberen positiven und der unteren negativen Ladungswolke im Cb ist recht unterschiedlich und kann zwischen 1500 und 100 000 V/m (*Durchbruchfeldstärke*) liegen. Ein Erd- (oder »See«-) Blitz breitet sich von oben nach unten in »Rückstufen« aus. Es wird zunächst ein schwacher Blitz beobachtet, der nach kurzer Wegstrecke endet. Der nachfolgende Blitz verlängert den *Entladungskanal,* wobei jedes Verlängerungsstück lichtstärker als das vorhergehende ist. Die Dauer der ersten Kanalbildung bis zum Erdboden (Vorentladung) beträgt etwa 10^{-2} Sekunden. Anschließend erfolgt in diesem Kanal die Hauptentladung von *unten nach oben.*

Einige Blitzdaten:
- Bei der Hauptentladung erreicht die Blitzstromstärke schon nach ca. 20 μs ihren Maximalwert. Mittlere Stromscheitelwerte liegen bei 15 kA, Maximalwerte bei 400 kA (s. auch Abbildung 16). Bei 50 % aller Blitzeinschläge wurden Strom-

stärken < 20 kA und bei 5 % Stromstärken > 160 kA gemessen.
- Mitteltemperaturen im Entladungskanal während der Hauptentladungsphase: 25 000 bis 30 000 °C, Spitzentemperaturen können noch um einige 1000 Grad höher liegen.
- Die Blitzenergie ist mit rund 250 kWh relativ gering. Wegen der kurzen Entladungszeit ist die elektrische Leistung mit $3 \cdot 10^9$ bis $4 \cdot 10^9$ kW jedoch sehr hoch.

Die Beobachtungsdaten zeigen, daß die Gewitterhäufigkeit in Nord- und Ostsse gering, im Mittelmeer allerdings höher ist. Da die Hauptsegelsaison jedoch meistens mit dem Maximum der Gewitterhäufigkeit zusammenfällt, sollten **Blitzschutzeinrichtungen** - zumindest auf größeren Yachten – in Erwägung gezogen werden.

Blitzschutzanlagen bestehen aus der **Auffangvorrichtung,** den **Ableitungen** und der **Erdungsanlage.** Die Auffangvorrichtung erfüllt ihre Aufgabe umso besser, je mehr sie in der Lage ist, sog. *Fangentladungen* einzuleiten und somit *unkontrollierte Blitzschläge zu vermeiden.* Wichtig ist hierfür eine starke Spitzenwirkung, damit hohe Feldstärken entstehen und die Luft ionisiert wird.

Im Folgenden werden einige wichtige Richtlinien, die bei der Konzeption einer Blitzschutzanlage berücksichtigt werden sollten (in Anlehnung an den internationalen ISO-NM/HNA-Normenausschuß), wiedergegeben:
- Die erste Spitze der **Auffangvorrichtung** soll mindestens 150 mm über den Masttopbeschlag bzw. über die Antennenspitze hinausragen.
- **Antennenanlagen** können als Blitzfänger wirken, wenn sie bei Gewittergefahr automatisch (durch Schutzfunkenstrekken) oder von Hand (über Erdungsschalter) auf Erde gelegt werden. Ferrit-Antennen oder Stab-Antennen sind nicht in Blitzableitersystemen geeignet.
- Das vom Top bis zur »Erde« reichende **Blitzableitersystem,** das auch das Mastrigg einschließen kann, soll an

jeder Stelle einen wirksamen Mindestquerschnitt von 8 mm^2 bei Kupfer, 16 mm^2 bei Aluminium oder 35 mm^2 bei Stahl haben. Kontakt-Metallbänder sollen mehr als 1 mm dick sein.

- Alle **Ableiter** sollen möglichst geradlinig, d. h. ohne schärfere Biegungen geführt werden.
- Als **Blitzerdungspunkt** ist jedes *seewasserbeständige* und *ständig im Wasser befindliche Metall* geeignet, das eine Mindestfläche von 1000 cm^2 hat.
- Ein weiterer Blitzschutz wird durch Einrichtung einer **Betriebs-Erde** erreicht: alle größeren Metallteile, die weiter als 2 m von blitzstromführenden Leitungen entfernt liegen, werden untereinander mit elektrischen Leitungen verbunden und an einen separaten Erdungspunkt mit einer Fläche von etwa 500 cm^2 gelegt, der auch als HF Erde/Funkerde dienen kann. Alle größeren Metallteile, die weniger als 2 m Abstand von einer Blitzableitung haben, werden *direkt mit der Blitzerde* verbunden (Kompaßanlagen, Uhren, Gasherde werden nicht geerdet!).
- Bei getrenntem Blitz- und Betriebserdungssystem ist eine elektrische Verbindung unter Zwischenschaltung einer Schutzfunkstrecke herzustellen, damit beide bei Blitzschlag kurzzeitig zusammengeschaltet werden.
- Die Maschine erhält an der Propellerwellenkupplung eine Isolierstelle, um eine Blitzstromführung vom Motorblock über den Propeller ins Wasser zu verhindern.
- Das Blitzableitersystem soll in Bezug zur Schiffsmittellinie möglichst seitensymmetrisch installiert sein.

Diese technischen Maßnahmen sollen vor allem Blitzschäden am Boot (und damit indirekt auch an der Mannschaft) verhindern. Die folgenden – vielfach selbstverständlichen – Verhaltensregeln bei Gewitter sind unbedingt einzuhalten:

- Aufenthalt im Wasser bei Gewittergefahr ist ein recht sicherer Ort für Selbstmordkandidaten.
- Auch jede Exposition über die Bordwand hinaus (Hinaushängenlassen von Armen und Beinen) ist lebensbedrohlich, weil es den Schutzbereich durchbricht.
- Der sicherste Aufenthalt für die Mannschaft ist unter Deck.
- Der meist im Freien stehende Rudergänger hat isolierende Bekleidung (Gummistiefel und -handschuhe) zu tragen. Er sollte keine umliegenden Metallteile berühren (Gefahrenquellen: ungeschütztes, metallenes, meist noch feuchtes Ruderrad, Seereling, Winschen etc.).
- Besatzungsmitglieder, die sich an Deck aufhalten müssen, haben gegen blitzstromführende Metallteile einen Mindestabstand von zwei Metern einzuhalten. Das gilt vor allem für den Rudergänger in der Nähe des Achterstags und der Großbaumnock. Das Segeln raumschots kann günstig sein, weil damit der Großbaum in größerem Abstand vom Rudergänger gefahren wird und leeseitig der »Schutzraum« vergrößert wird.
- Ankermanöver sollten wegen der dabei notwendigen Personen-Nähe zu blitzstromführenden Leitern unterbleiben.
- Im Hafen müssen elektrische Landanschlüsse sowie elektrisch leitende Festmacherleinen eingeholt werden.
- Nach einem direkten Einschlag oder auch Blitzeinschlägen in unmittelbarer Schiffsnähe sind wichtige Einrichtungen wie Kompaß, Maschinenanlagen, Ruderanlage, weitere elektrische Navigationsanlagen auf Funktionsfähigkeit zu überprüfen.

7.3 Tropische Zyklonen

Der subtropische Hochdruckgürtel mit den beständigen Passatwinden (s. a. Kap. 5) läßt nicht vermuten, daß an seiner Äquatorseite Zyklonen mit verheerenden Auswirkungen entstehen können. Man unterscheidet in den Tropen vier Arten von Tiefdruckgebieten, von denen die **tropische Störung** mit einem Wolkenfeld (cloud cluster) die unterste Entwicklungsstufe darstellt und am häufigsten auftritt. Sie entsteht bevorzugt im Bereich einer »easterly wave«, die in Form eines schwachen Troges von Ost nach West wandert. Sie kann sich zu einer **tropischen Depression** mit geschlossener Zirkulation weiterentwickeln. Hier treten Winde in Bodennähe bis Stärke Bft 7 auf. Die nächste Entwicklungsstufe ist der **tropische Sturm** mit Windstärken Bft 8 bis einschließlich 11. Dieser Sturm kann sich zum **tropischen Orkan** mit Windgeschwindigkeiten bis zu etwa 120 kn (in Böen noch darüber) intensivieren mit einem ausgedehnten Cirrus-Schirm und spiralförmig angeordneten Wolkenbändern darunter. Im Vergleich zur Anzahl außertropischer Zyklonen ist dies jedoch ein seltenes Ereignis. Die tropischen Zyklonen weisen keine Fronten auf, wie wir sie von den Zyklonen der Westwindzone kennen.

Der tropische Orkan – in der westlichen Hemisphäre **Hurrikan** genannt – wurde schon sehr früh intensiv beobachtet und untersucht. Dennoch konnte der Auslösemechanismus für seine Entstehung bis heute nicht vollständig geklärt werden.

7.3.1 Entstehung tropischer Orkane

Vieljährige Beobachtungen haben gezeigt, das eine Reihe von Bedingungen erfüllt sein müssen, damit ein tropischer Orkan entstehen kann:

- Wassertemperatur ca. 27 °C oder höher
- feuchtlabil geschichtete Atmosphäre
- konvergentes Windfeld in Bodennähe
- divergentes Windfeld in der Höhe
- geographische Breite > 5 Grad Nord (oder Süd)
- geringe vertikale Windscherung

Die hohen Wassertemperaturen sind erforderlich, damit ausreichend Energie zur Verfügung steht. Sie wird hauptsächlich in Form von latenter Wärme, die im Wasserdampf enthalten ist, geliefert. Die wasserdampfreiche Luft über der Meeresoberfläche wird im konvergenten Windfeld zum tiefen Druck bewegt und dort zum Aufsteigen gezwungen. In der feuchtlabil geschichteten Atmosphäre (Temperaturabnahme mit der Höhe in feuchter und warmer Luft 0,4 bis 0,5 °C pro 100 m) wird die

Energie durch Cumulus-Konvektion freigesetzt. Sie bewirkt eine Erwärmung der mittleren und oberen Troposphäre, wodurch hier der Druck ansteigt. Das divergente Windfeld in der Höhe sorgt für einen seitlichen Massenabfluß. Dadurch wird der weitere nach oben gerichtete Energietransport begünstigt und hochreichende Konvektion, die bis in die Tropopause reichen kann, ermöglicht.

Durch die Kondensationsprozesse wird latente Energie von erheblichem Ausmaß freigesetzt, wodurch starke Vertikalbewegungen ausgelöst werden, die wiederum eine Verstärkung der bodennahen Luftströmung in das Tief und starken Druckfall am Boden nachsichziehen. Somit intensiviert sich eine anfänglich geringe Störung. Es muß jedoch ein gewisser Abstand zum Äquator gegeben sein, damit der reibungsbedingte Massenfluß (s. a. Kap. 3.2) in das Tief erfolgen kann. Ist die Corioliskraft zu gering, ist eine geschlossene Zirkulation nicht möglich.

Die vertikale Windscherung muß gering sein, damit sich die vertikale Konvektion entwickeln kann und nicht zu früh abstirbt. Starke vertikale Windscherung dagegen unterdrückt die Entwicklung tropischer Stürme. Dies ist z. B. während der Monsune der Fall. Im Gegensatz zur Sturmzyklone der Westwindzone ist der tropische Sturm/Orkan ein warmes Tief mit senkrechter Achse, das seine Energie unmittelbar aus seiner Unterlage – dem warmen Wasser – bezieht. Der Energieachschub ist gewährleistet, solange sich der Wirbel über dem sehr warmen Wasser befindet. Über Land und kälterem Wasser sind solche Entwicklungen nicht möglich. Beim Übertritt auf Land hört der Entwicklungsprozeß sofort auf.

Die genannten Bedingungen weisen auf die möglichen Entstehungsgebiete und Jahreszeiten hin (s. Kap. 7.3.3). So sind die tropischen Weltmeere an der Äquatorseite des subtropischen Hochdruckgürtels ein ideales Entstehungsgebiet. Jahreszeitlich treten sie auf der jeweiligen Sommerhalbkugel (Ausnahme: Südatlantik) auf.

7.3.2 Struktur und Wirkung

Die Abbildung 7.16 zeigt schematisch einen Vertikalschnitt durch vier Entwicklungsstufen eines Hurrikans, sowie die zugehörige Druck- und Windverteilung in der oberen Troposphäre.

Durch die Freisetzung latenter Energie, wie in Kap. 7.3.1 beschrieben, wird der Entwicklungsprozeß in Gang gesetzt (Abb. 7.16 I,Ia). Der Druckgradient nimmt um das Bodentief zu, die zyklonale Rotation wächst an. Gleichzeitig organisieren sich die Cumulonimben in spiralförmigen Bändern. Darüber dehnt sich ein dichter Cirrus-Schirm nach allen Seiten aus. Im weiteren Verlauf öffnet sich dieser Schirm in der Mitte (Abb. 7.16 II); ein wolkenfreies, kreisförmiges Gebiet, das Auge, entsteht. Dies hängt mit der starken zyklonalen Rotation der aufsteigenden Luftteilchen zusammen. In der Höhe gelangen sie in ein Gebiet mit schwach zyklonaler oder sogar antizyklonaler Drehbewegung. Da sie sich den veränderten Bedingungen nicht sofort anpassen können, werden sie durch die Coriolis- und Zentrifugalkraft nach außen gelenkt, wodurch die Horizontaldivergenz in der Höhe zunimmt. Das Bodentief verstärkt sich rascher und in der Höhe entsteht nun ebenfalls ein Tief, das

ringförmig von hohem Druck umgeben ist (Abb. 7.16 IIa). Das Auge dehnt sich horizontal und nach unten aus (Abb. 7.16 III, IIIa). Als Folge sinkt Luft von oben nach, die eine zusätzliche adiabatische Erwärmung bewirkt. Auf dem Höhepunkt der Entwicklung (Abb. 7.16 IV, IVa) ist die zyklonale Rotation so stark, daß Coriolis- und die nach außen gerichtete Zentrifugalkraft verhindern, daß die Luftteilchen bis zum Zentrum vordringen. Das Auge hat sich dann bis zum Boden durchgesetzt.

In der horizontalen Ausdehnung lassen sich vier Regionen unterscheiden:

- **äußere Region** – etwa 80 bis 220 sm vom Zentrum – , in der die Windgeschwindigkeit nach innen hin zunimmt.
- **innere Region** – etwa 20 bis 80 sm vom Zentrum mit spiralförmigen Wolkenbändern. Die Konvektion ist gut ausgeprägt. Hier treten Böenlinien auf. Die Tangentialgeschwindigkeit beträgt 100 bis 130 kn, die radiale 10 bis 20 kn.
- **Wolkenmauer** – etwa 30 bis 40 sm breit – , das Gebiet stärkster Konvektion, ringförmig bis in die Tropopause reichend, und Zone maximaler Winde. Die Neigung der Druckflächen erreicht hier Werte bis zu 1:100 (zehn- bis hundertmal steiler als üblich). Die Vertikalgeschwindigkeit beträgt 10 bis 20 m/s.
- **Auge** – 15 bis etwa 25 sm Ausdehnung – . Der Übergang zum Auge ist durch plötzliche Windabnahme von z. B. 120 kn auf 10 kn gekennzeichnet. Es ist meist oval, manchmal zweigeteilt und im wesentlichen wolkenlos. Die Temperaturen sind bis zu 20 K höher als die Umgebung, auch in 10 km Höhe werden noch positive Abweichungen bis zu 10 K beobachtet.

Das Gebiet mit Windgeschwindigkeiten > 64 kn und Böen bis ca. 150 kn hat eine Breite von mindestens 80 sm, vereinzelt bis 200 sm. In einem Bereich von 300 bis 500 sm Durchmesser treten Sturmstärken (ab Bft 8) auf.

In der Aufsicht zeigt der Hurrikan eine gewisse Asymmetrie. Sein stärkster Druckgradient und damit auch die höchsten Windgeschwindigkeiten werden in Zugrichtung gesehen auf der rechten Seite (Abb. 7.17), der Seite des steuernden Subtropenhochs, angetroffen. Hier addiert sich die zyklonale Rotation mit der östlichen Grundströmung des Hochs. Das stärkste Einströmen in das Tief erfolgt ebenfalls auf der rechten Vorderseite. Die Konvergenz ist auf der linken Rückseite maximal, was sich i. a. in der typischen Wolkenkommastruktur zeigt.

Durch die Konvektion werden in einem Hurrikan nach Schätzungen aus den gefallenen Niederschlägen zwischen $6 \cdot 10^{12}$ und $18 \cdot 10^{12}$ kWh pro Tag latente Energie freigesetzt. Glücklicherweise werden davon nur ca. 3 % in kinetische Energie (Bewegungsenergie) umgesetzt (zum Vergleich: der Wirkungsgrad des Systems Sonne-Erde beträgt nur 0,7 %).

Das Satellitenfoto vom 12.09.1988 (Abb. 7.18) zeigt den **Hurrikan GILBERT**, der zu den stärksten zählt. In den Abb. 7.19 und 7.20 sind die Boden- und Höhenkarte 18 Stunden später – nach weiterer Intensivierung – dargestellt. Am Südrand des Subtropenhochs wurde er west-/nordwestwärts auf ziemlich geradliniger Bahn über die Karibik nach Mexiko gesteuert, wo er auf Land übertrat (landfall) und sich abschwächte. Beim Überqueren der Halbinsel Yucatan traten Windgeschwindigkeiten von 140 kn auf. Gut erkennbar sind auf dem Satellitenbild Auge und

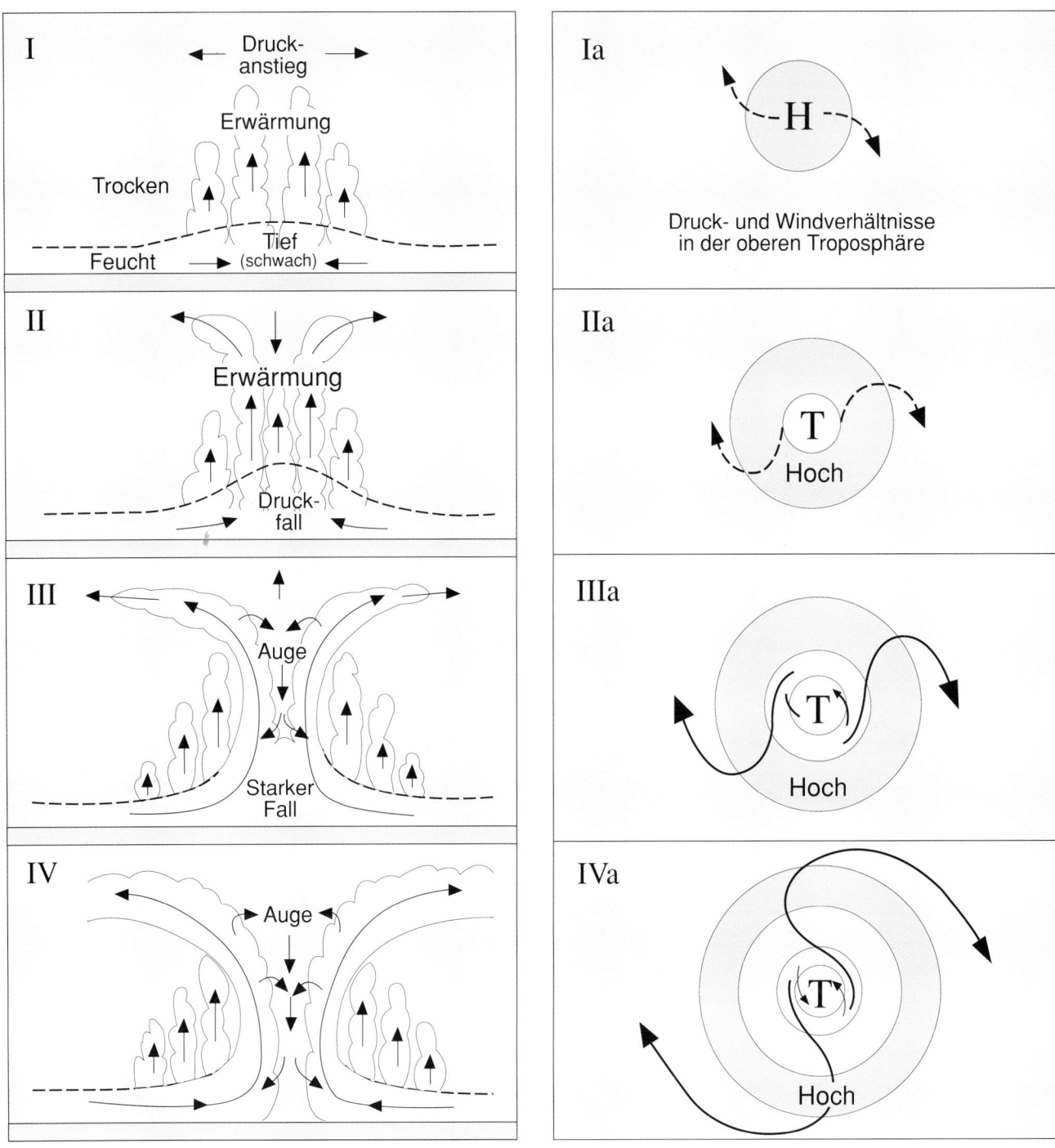

Abb. 7.16 I-IV Vertikalschnitt durch vier Entwicklungsstufen eines tropischen Orkans (schematisch)
Ia-IVa Druck- und Windverhältnisse in der oberen Troposphäre (schematisch)

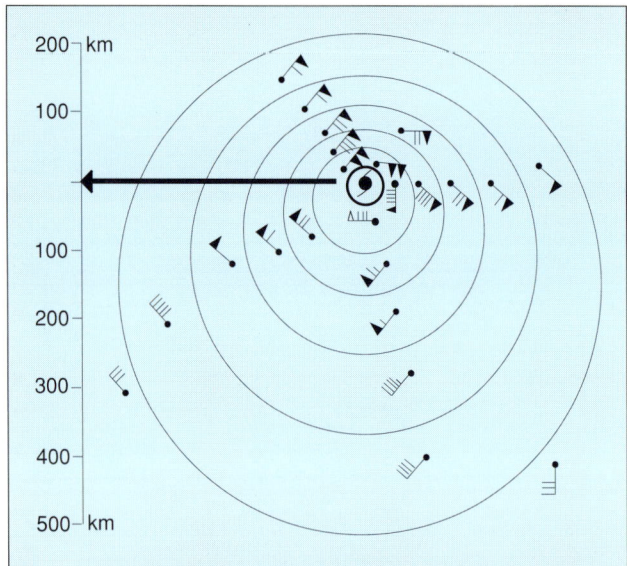

Abb. 7.17 Windverteilung in einem Hurrikan (schematisch) mit maximalen Geschwindigkeiten von 100 Knoten

die spiralförmig angeordneten Wolkenbänder. Da die Zirkulation am Boden mit den eng beieinanderliegenden Isobaren nicht dargestellt werden kann, hat man das in der Bodenkarte angewandte Symbol für Hurrikans vereinbart. Meist ist der Kerndruck ohnehin nicht bekannt. Am 12.09. wurden in Kingston Bodenwinde von 101 kn und Böen bis 122 kn registriert. Vom 12. auf den 13. fiel der Druck innerhalb von 24 Stunden um 75 hPa auf 885 hPa. Aus Flugzeugaufnahmen wurde auch Seegang geschätzt. Die vermutete Wellenhöhe lag bei 15 bis 18 m, von Gischt überdeckte Gebiete hatten Durchmesser von ca. 180 m.

Infolge der Wirkung der hohen Windstärken und Turbulenzen ist der Zustand der Meeresoberfläche im Bereich tropischer Orkane nur schwer zu beschreiben. Gischt läßt die Grenze zwischen Ozean und Atmosphäre verschwimmen. Die kennzeichnende Wellenhöhe (s. Kap. 9) liegt bei etwa 12 m, Einzelwellen können gut doppelt so hoch sein. Bedingt durch den längeren Fetch treten im Bereich außertropischer Orkanwirbel oft höhere Wellen auf; im Bereich des tropischen Orkans ist jedoch vor allem die Kreuzsee gefürchtet. Sie entsteht in Kernnähe, wenn beispielsweise die nach Westen laufende Dünung von der Windsee aus dem nördlichen Windfeld überlagert wird. Wegen der extremen Windgeschwindigkeiten nimmt die Meeresoberfläche chaotische Formen an. Aus dem Zentrum laufen die Wellen mit etwa dem 5-fachen Wert der Verlagerungsgeschwindikeit des Hurrikans heraus, so daß für Seefahrt und

Abb. 7.18 Satellitenaufnahme vom 12.09.88: Hurrikan »GILBERT«

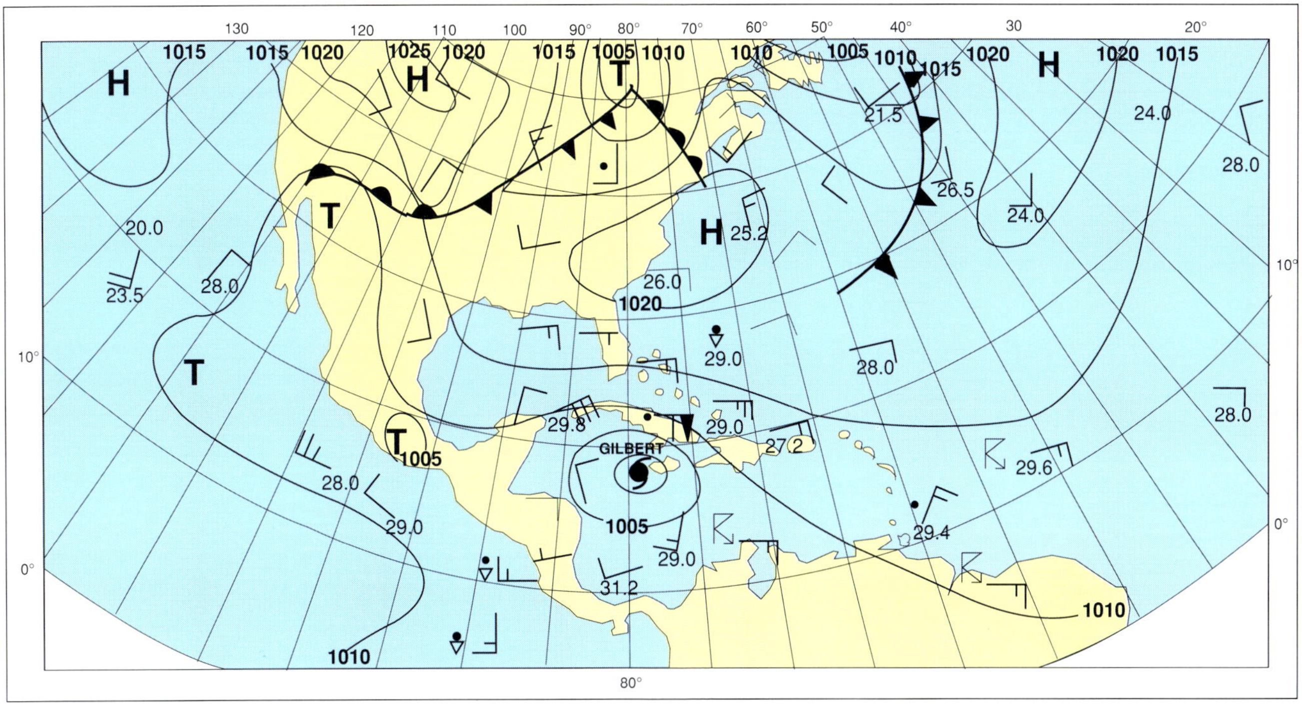

Abb. 7.19 Ausschnitt der Bodenanalyse vom 13.09.88, 00 UTC mit Wassertemperaturen (°C) und Windgeschwindigkeit in Knoten

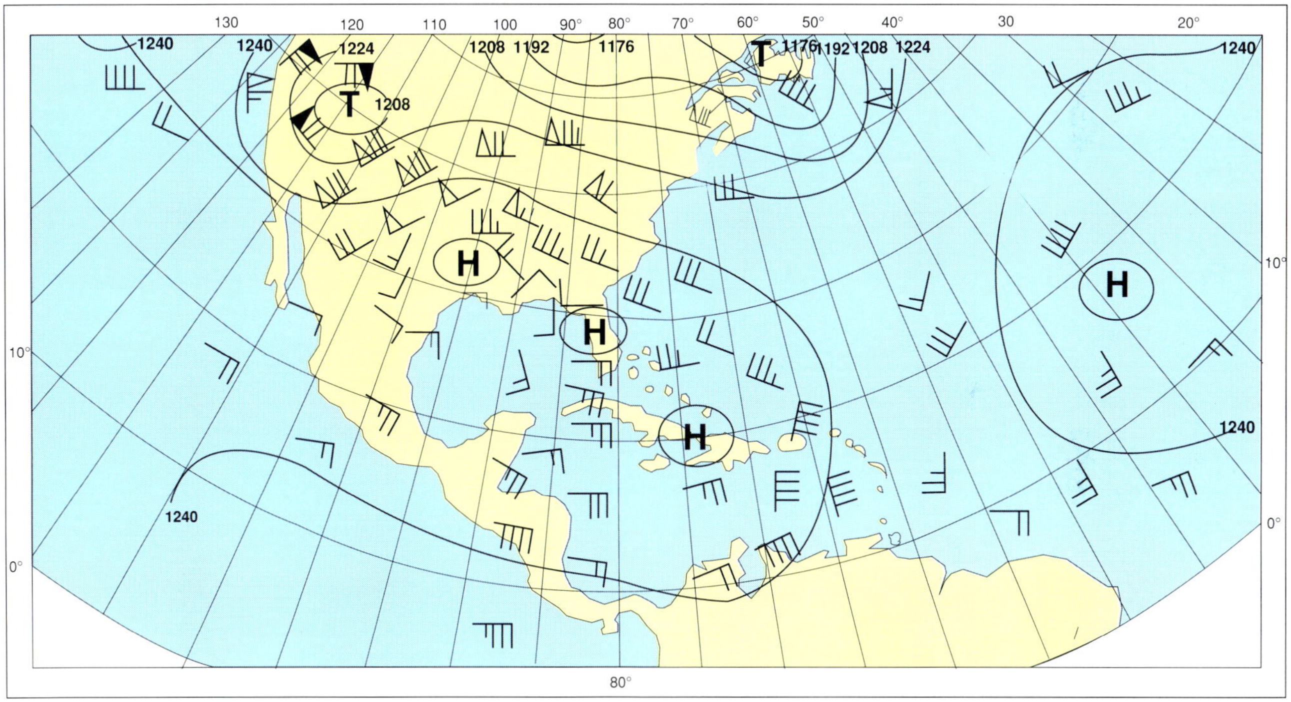

Abb. 7.20 Ausschnitt Analyse 200 hPa-Fläche vom 13.09.88, 00 UTC; Windgeschwindigkeit in Knoten

Küste schon in einem weiten Vorfeld Gefahr besteht. An den Küsten treten Flutwellen auf, die mit erheblichen Wasserstandserhöhungen verbunden sind. Die auf stark gegliederte Küsten (Buchten usw.) treffende Dünung und Windsee unterliegen Modifikationen, die kaum vorherzusagen sind.

7.3.3 Klimatologie

Tropische Stürme und Orkane entstehen vorzugsweise im jeweiligen Sommerhalbjahr in den niederen Breiten. Wie weiter oben schon erläutert wurde, ist ihre Bildung u.a. an folgende

Kriterien gebunden:

1.) Temperatur der Meeresoberfläche mindestens 27° C
2.) Geographische Breite über 5 Grad
3.) Entwicklung überwiegend aus westwärts wandernden tropischen Störungen (»Easterly waves« oder »Easterlies«)
4.) Entstehung ausschließlich über den Ozeanen.

Das Vorkommen tropischer Stürme und Orkane verteilt sich wie folgt auf die verschiedenen Seegebiete und Monate:

Seegebiet	Jan	Feb	Mrz	Apr	Mai	Jun	Jul	Aug	Sep	Okt	Nov	Dez	Jahr
Nordatlantik													
Tropische Stürme					0.1	0.4	0.3	1.0	**1.5**	1.2	0.4		4.2
Tropische Orkane						0.3	0.4	1.5	**2.7**	1.3	0.3		5.2
Gesamt					0.2	0.7	0.8	2.5	**4.3**	2.5	0.7	0.1	9.4
Östl. Nordpazifik													
Tropische Stürme						1.5	**2.8**	2.3	2.3	1.2	0.3		9.3
Tropische Orkane					0.3	0.6	0.9	**2.0**	1.8	1.0			5.8
Gesamt					0.3	2.0	3.6	**4.5**	4.1	2.2	0.3		15.2
Westl. Nordpazifik													
Tropische Stürme	0.2	0.3	0.3	0.2	0.4	0.5	1.2	**1.8**	1.5	1.0	0.8	0.6	7.5
Tropische Orkane	0.3	0.2	0.2	0.7	0.9	1.2	2.7	4.0	**4.1**	3.3	2.1	0.7	17.8
Gesamt	0.4	0.4	0.5	0.9	1.3	1.8	3.9	**5.8**	5.6	4.3	2.9	1.3	25.3
Südwestl. Pazifik/ Australien													
Tropische Stürme	2.7	**2.8**	2.4	1.3	0.3	0.2				0.1	0.4	1.5	10.9
Tropische Orkane	0.7	1.1	**1.3**	0.3			0.1	0.1			0.3	0.5	3.8
Gesamt	3.4	**4.1**	3.7	1.7	0.3	0.2	0.1	0.1		0.1	0.7	2.0	14.8
Südwestlicher Indischer Ozean													
Tropische Stürme	2.0	**2.2**	1.7	0.6	0.2					0.3	0.3	0.8	7.4
Tropische Orkane	**1.3**	1.1	0.8	0.4								0.5	3.8
Gesamt	3.2	**3.3**	2.5	1.1	0.2					0.3	0.4	1.4	11.2
Nördlicher Indischer Ozean													
Tropische Stürme	0.1				0.1	0.3	0.5	0.5	0.4	0.4	**0.6**	0.5	0.3	3.5
Tropische Orkane					0.1	0.5	0.2	0.1		0.1	0.4	**0.6**	0.2	2.2
Gesamt	0.1		0.1		0.3	0.7	0.7	0.6	0.4	0.5	1.0	**1.1**	0.5	5.7

Tabelle 7.1 Monatliche und jährliche Zahl von tropischen Stürmen und Orkanen für jedes größere Seegebiet
Bemerkungen: Keine Angabe bedeutet: Häufigkeit weniger als 0,05 (weniger als 1 mal in 20 Jahren). Die Jahreswerte sind nicht gleich der Summe der Monatswerte, weil tropische Stürme und Orkane, die über den Monatswechsel hinaus auftreten, nur als ein Ereignis gezählt werden.

a) Entstehungsgebiete

Der Vergleich mit den globalen Bodenluftdruckverteilungen (siehe Abb. 5.4 und 5.5) zeigt, daß die Entstehungsgebiete überwiegend im Bereich geringer Luftdruckgegensätze liegen, innerhalb der sogenannten »ITCZ« (Intertropischen Konvergenzzone), auch »Mallungen« genannt.

Etwa 1 % der westwärts wandernden *tropischen Störungen* (»Easterlies«) entwickeln sich zu *tropischen Stürmen und Orkanen*. Weltweit treten jährlich etwa 82 tropische Stürme und Orkane auf , wobei etwa 39, das sind rund 47 %, Orkanstärke erreichen.

Über dem Südatlantik und dem östlichen Südpazifik ist die ITCZ auch im Südsommer und -herbst bis zum Äquator oder sogar in die nördliche Hemisphäre hinein verschoben. Dies dürfte der Grund dafür sein, daß sich in diesen Seegebieten überhaupt *keine tropischen Zyklonen* entwickeln.

b) Auftreten

Wie aus der Tab. 7.1 hervorgeht, entwickeln sich *die meisten tropischen Zyklonen über dem westlichen Nordpazifik*, 2½ mal soviele wie über dem Nordatlantik. In diesem Seegebiet ist auch kein Monat frei von tropischen Zyklonen, während auf dem Nordatlantik in den Monaten Januar bis April keine tropischen Stürme auftreten. Die niedrigste Zahl von tropischen Zyklonen wird im Bereich des nördlichen Indischen Ozean beobachtet. Dort treten durchschnittlich nur 5,7 tropische Zyklonen im Jahr auf, es ist aber nur ein Monat (Februar) frei von tropischen Zyklonen.

Die Zahl der tropischen Stürme und Orkane in den einzelnen Seegebieten ist von Jahr zu Jahr sehr unterschiedlich. *Auf dem Nordatlantik werden* beispielsweise jährlich durchschnittlich *9,7 tropische Stürme und Hurrikans gezählt*, die Streuung beträgt hierbei 3,2. Dies bedeutet, daß in rund 15 % aller Jahre mehr als 12, in ca. 15 % aber nur höchstens 6 tropische Stürme und Hurrikans auftreten. *Im Zeitraum 1931-1988 schwankte diese Zahl zwischen 4 (1983) und 21 (1933). Die durchschnittliche Zahl von Hurrikans beträgt 5,6*, die Streuung 2,1. In den Jahren 1931 und 1982 traten nur 2, dagegen *12 Hurrikans 1969* auf.

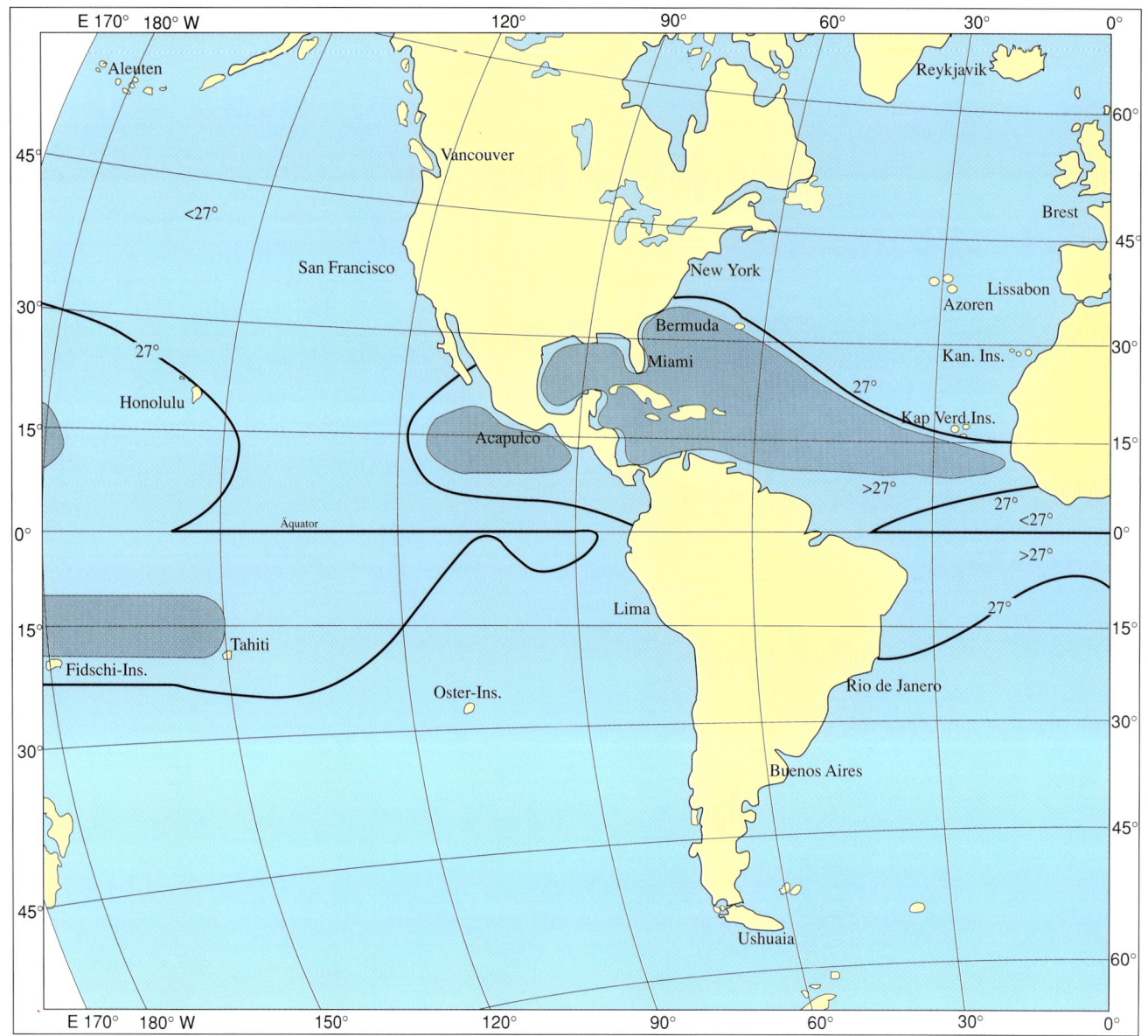

Abb. 7.21 Entstehungsgebiete tropischer Zyklonen (Westliche Halbkugel) und Wassertemperaturbereiche mindestens 27° C für September (Nordhemisphäre) bzw. März (Südhemisphäre)

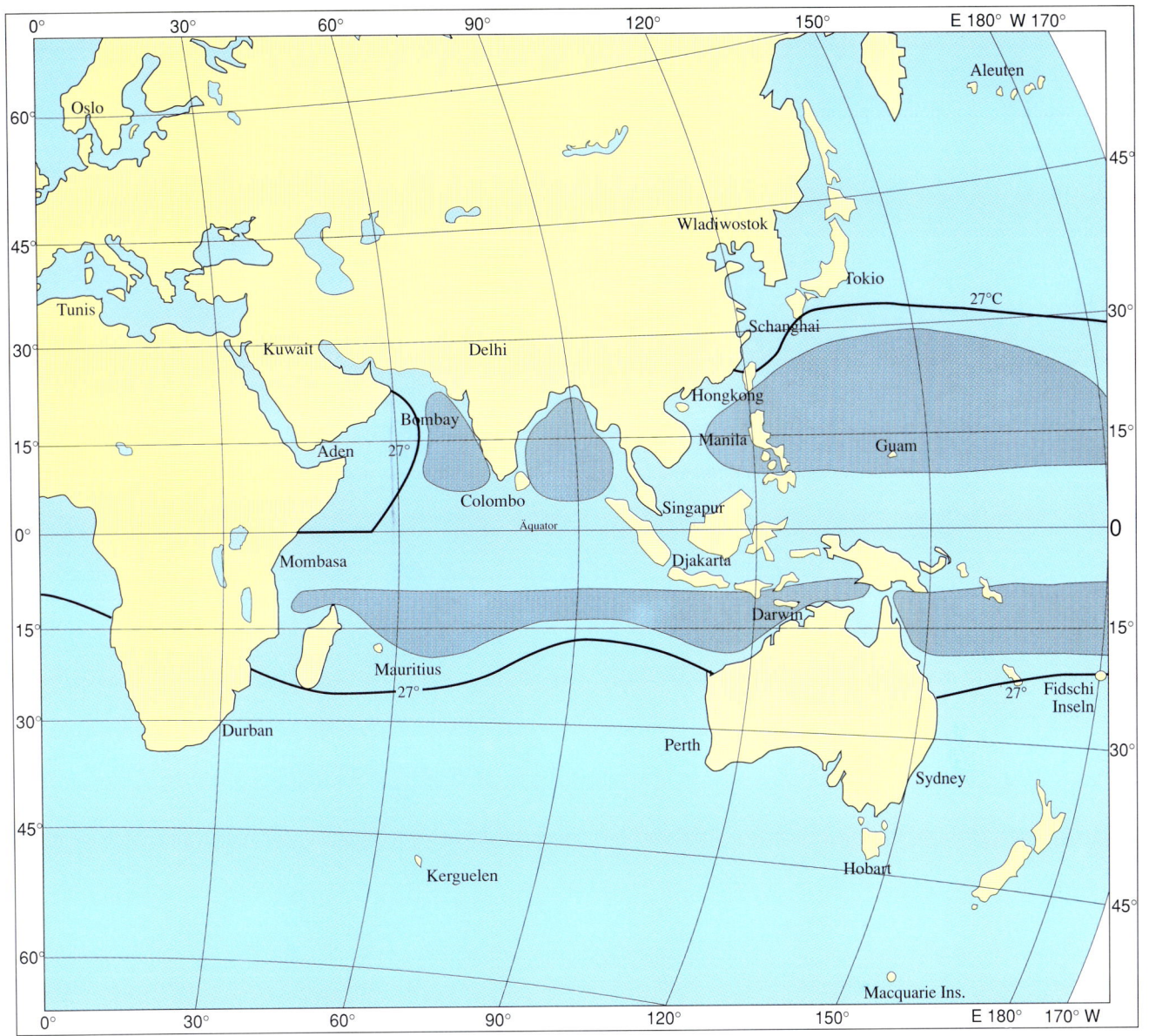

Abb. 7.22 Entstehungsgebiete tropischer Zyklonen (Östliche Halbkugel) und Wassertemperaturbereiche mindestens 27° C für September (Nordhemisphäre) bzw. März (Südhemisphäre)

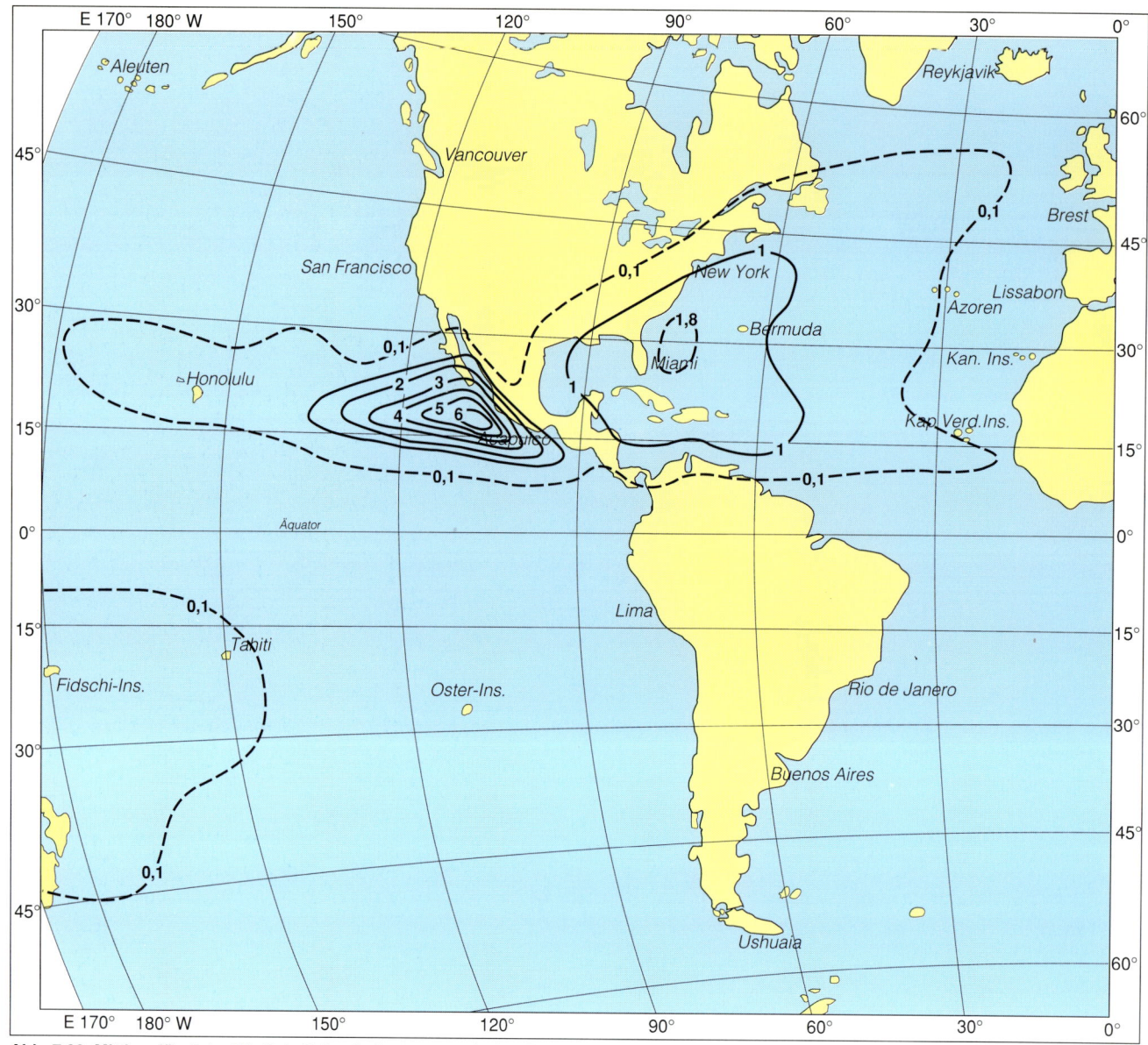

Abb. 7.23 Mittlere jährliche Häufigkeit des Auftretens tropischer Zyklonen westliche Halbkugel (0,1 = 1mal in 10 Jahren, 0,4 = 4mal in 10 Jahren, 2 = 2mal im Jahr)

Während in der Tab. 7.1 die durchschnittliche Zahl tropischer Zyklonen für große Seegebiete zusammengefaßt ist, geben die Abb. 7.23 und 7.24 die regional differenzierte Verteilung wieder.

c) Zugbahnen

Die meisten tropischen Zyklonen entstehen auf der *Äquator-*

seite der subtropischen Hochdruckgebiete. Nach ihrer Entstehung *ziehen sie mit der Hauptströmung westwärts*. Gelangen sie an die Westflanke dieser Hochs, so *scheren sie polwärts aus*. Da an diesen **Umbiegestellen** die Hauptströmung relativ schwach ist, *verringert sich die Verlagerungsgeschwindigkeit*. Häufig wird die Zugbahn sogar erratisch, d.h. *ständig wechseln*

144

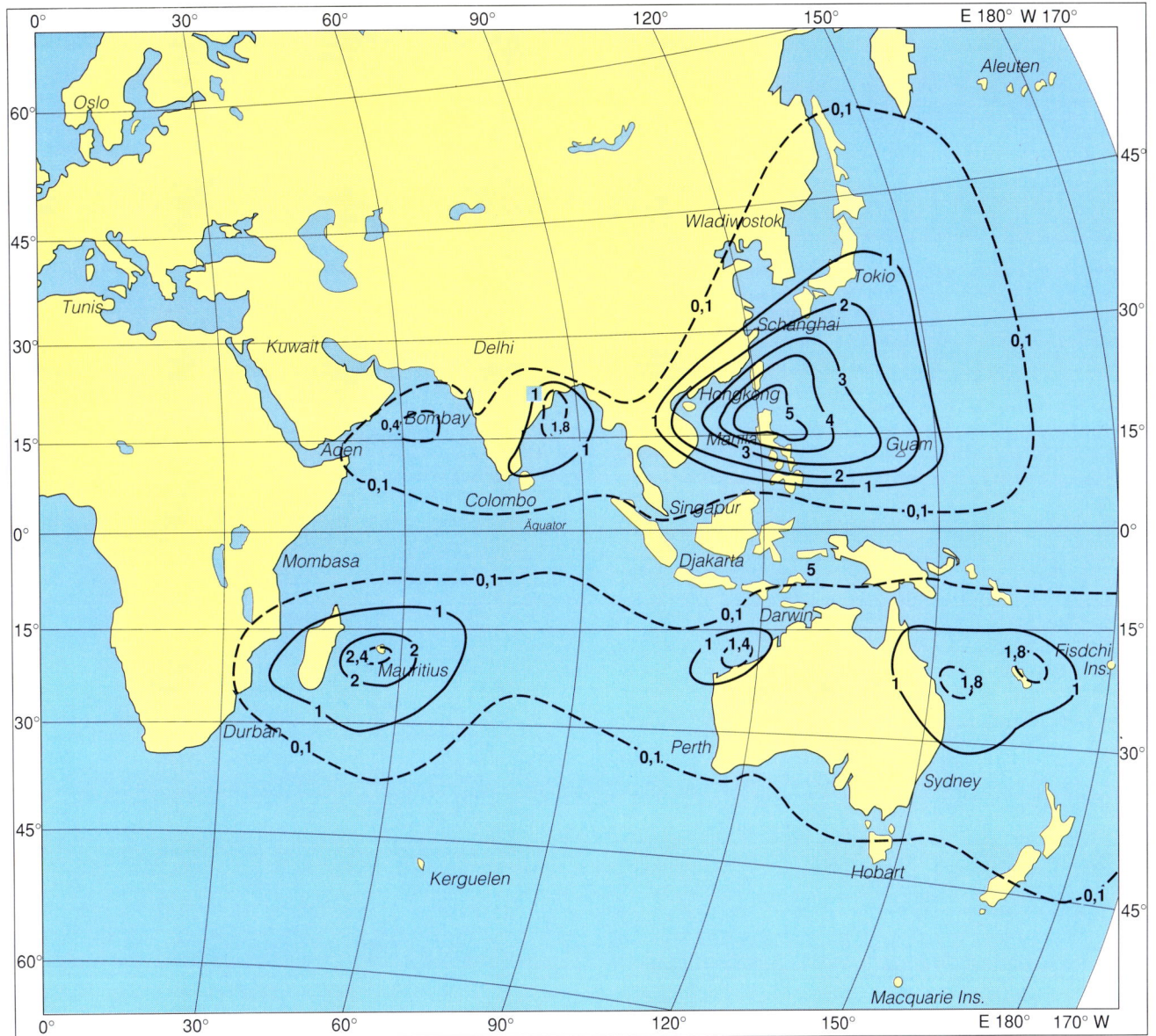

Abb. 7.24 Mittlere jährliche Häufigkeit des Auftretens tropischer Zyklonen östliche Halbkugel (0,1 = 1mal in 10 Jahren, 0,4 = 4mal in 10 Jahren, 2 = 2mal im Jahr)

Zugrichtung und Zuggeschwindigkeit. Ziehen die tropischen Zyklonen dann allmählich in die Westwinddrift hinein, so nehmen sie Fahrt auf und wandeln sich in »gewöhnliche« Sturmtiefs – also in außertropische Zyklonen – um, die mit den für junge Zyklonen typischen Verlagerungsgeschwindigkeiten nordost- bis ostwärts weiterziehen. Sie verlieren zwar ihre typischen Merkmale wie hohe Windgeschwindigkeiten und das Auge, andere Eigenschaften bleiben jedoch erhalten. Durch den hohen Wasserdampfgehalt, den sie mitführen, treten dann selbst in Europa noch Starkregenfälle im Bereich solcher **»extropischen Zyklonen« (»Ex-Hurrikans«)** auf.

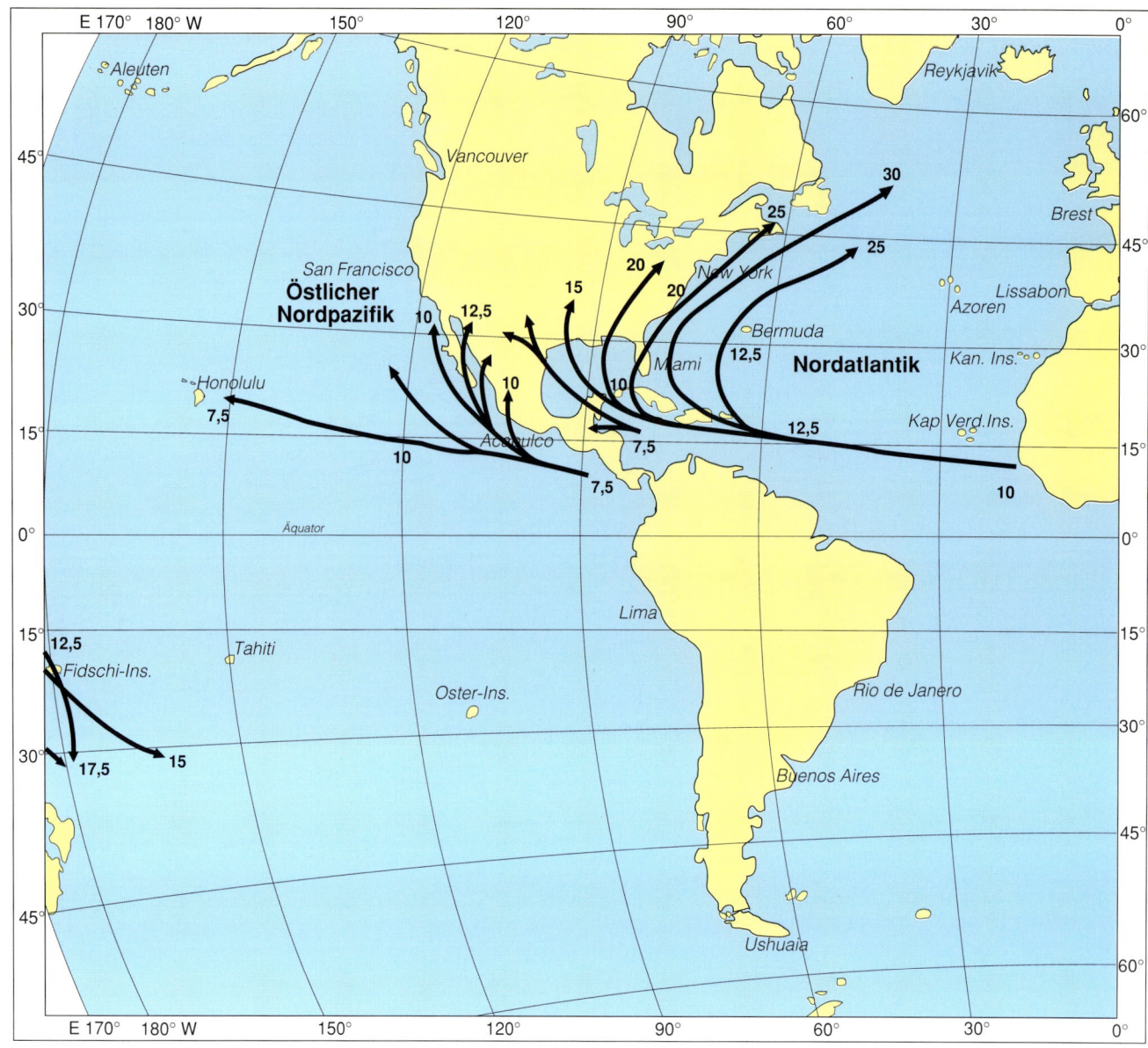

Abb. 7.25 Typische Bahnen von tropischen Zyklonen westliche Halbkugel, die Zahlen an den Bahnen geben die mittlere Verlagerungsgeschwindigkeit (kn) an.

Eine detaillierte Darstellung der **Zuggeschwindigkeit** ist in Abb. 7.27 für nordatlantische tropische Zyklonen Anfang September wiedergegeben. Man sieht deutlich die niedrigere Verlagerungsgeschwindigkeit an der Umbiegestelle und die markante Zunahme der Zugbahngeschwindigkeit im Bereich der Westwinddrift. Auf der Südseite der typischen Bahn im Bereich der Westwindzone nimmt die Verlagerungsgeschwindigkeit rasch ab; dies ist für die Vorhersage von Positionen tropischer Zyklonen und die Navigation im Bereich tropischer Wirbelstürme von Bedeutung.

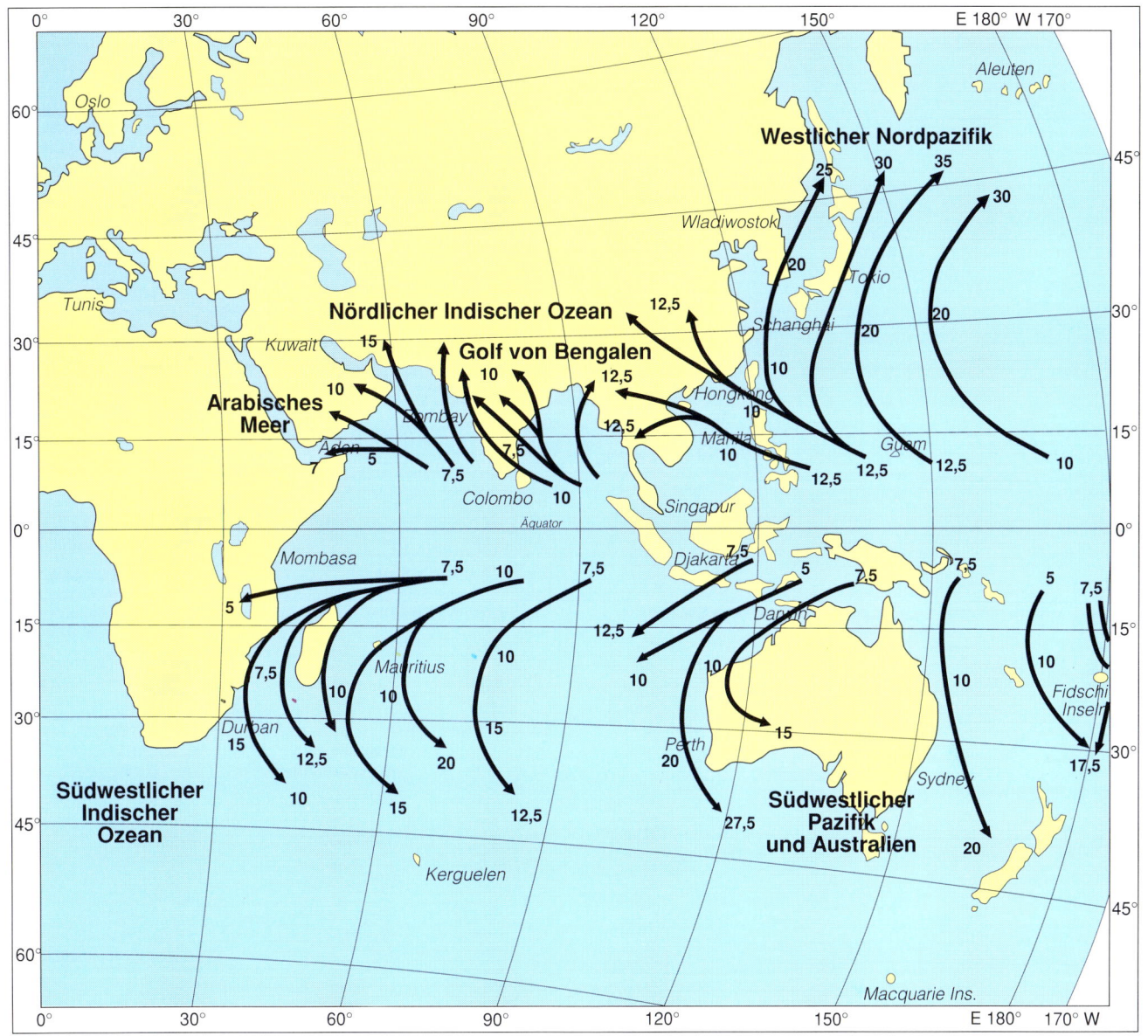

Abb. 7.26 Typische Bahnen von tropischen Zyklonen östliche Halbkugel, die Zahlen an den Bahnen geben die mittlere Verlagerungsgeschwindigkeit (kn) an.

Während in den Abb. 7.25 und 7.26 die *typischen Bahnen und Verlagerungsgeschwindigkeiten – die eine Art mittleres Verhalten dieser tropischen Zyklonen widerspiegeln –* dargestellt sind, zeigt die Abb. 7.28 die *Zugbahnen tropischer Stürme und Hurrikans des Jahres 1967 im Nordatlantik.* Hier werden das *erratische Verhalten im Bereich der Westflanke des Azorenhochs* und die einigermaßen »typische« Verlagerung auf der Südseite des subtropischen Hochs und im Bereich der Westwinddrift deutlich.

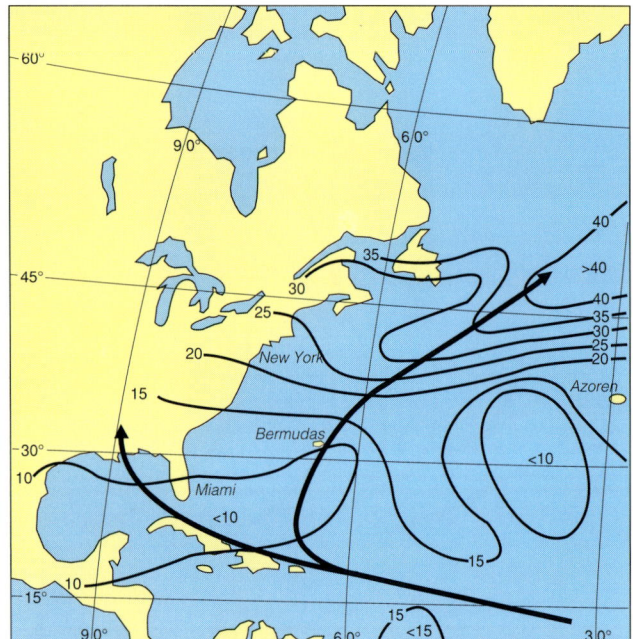

Abb. 7.27 Mittlere Verlagerungsgeschwindigkeit (kn) und bevorzugte Bahnen nordatlantischer tropischer Zyklonen Anfang September

7.3.4 Hurrikan-Warnungen

Für die Navigation in Gebieten mit tropischen Zyklonen sind die Warnungen vor tropischen Stürmen und Orkanen die wichtigste Informationsquelle.

Auf Grund der modernen Beobachtungsmethoden, insbesondere durch die Wettersatelliten, wird heute jeder tropische Sturm und jeder Wirbelsturm erkannt. Dennoch sollen im nächsten Kapitel auch *Warnzeichen* für die Bildung oder das Herannahen einer tropischen Zyklone angesprochen werden. Im Detail werden im folgenden die Warnungen der **National Hurricane Centers (NHC)** des US-Wetterdienstes besprochen. Die Warnungen in anderen Gebieten sind ähnlich aufgebaut.

Zunächst seien jedoch einige Bemerkungen zur *Bezeichnungsweise tropischer Windsysteme* gemacht. Sie ist je nach Seegebiet und Nation verschieden. Zwar gibt es internationale Empfehlungen zur Standardisierung, doch werden in den Warnungen für die Schiffahrt die national gebräuchlichen Bezeichnungen verwendet, damit diese für die Schiffahrt und die Bevölkerung der betroffenen Nation gleichlautend und verständlich sind.

Die tropischen Zyklonen erhalten Vornamen in alphabetischer Reihenfolge. Ursprünglich waren es nur weibliche Vornamen.

Proteste der Frauenbewegungen haben zur Benutzung weiblicher *und männlicher* Vornamen geführt. Im nördlichen Indischen Ozean erhalten die tropischen Zyklonen übrigens keine Vornamen.

Die folgende Tabelle 7.2 enthält die Standardbezeichnungen nach den Empfehlungen der Weltorganisation für Meteorologie (WMO) und die unterschiedlichen Begriffe für jedes größere Seegebiet sowie die nationalen Bezeichnungen (in englischer Sprache):

| Windgeschwindigkeit | | **WMO-Standard** | |
Bft	kn	*englisch*	*deutsch*
bis 7	bis 33	Tropical depression	Tropisches Tief
8–9	34–47	Moderate tropical storm	(Mäßiger) tropischer Sturm
10–11	48–63	Severe tropical storm	(Schwerer) tropischer Sturm
12	64 und mehr	Hurricane (or local synonym)	Hurrikan (oder Synonym)

| Windgeschwindigkeit | | *Seegebiet* | |
Bft	kn	**Nordatlantik/ östl. Nordpazifik**	**westl. Nordpazifik**
bis 7	bis 33	Tropical depression	Tropical depression
8–9	34–47	Tropical storm	Tropical storm
10–11	48–63	Tropical storm	Severe tropical storm (China: tropical storm)
12	64 und mehr	Hurricane	Typhoon (Taifun)

| Windgeschwindigkeit | | *Seegebiet* | |
Bft	kn	**Seegebiete bei Australien**	**südwestlich. Ind. Ozean**
bis 7	bis 33	Tropical low	Tropical depression (15–33 kn)
8–9	34–47	Tropical cyclone	Moderate tropical depression/storm
10–11	48–63	Tropical cyclone	Severe tropical depression/storm
12	64 und mehr	Severe tropical cyclone (Willy-Willy)	Tropical cyclone (64–90 kn) Intense tropical cyclone (90–115 kn) Very intense tropical cyclone (über 115 kn)

| Windgeschwindigkeit | | **Nördlicher Indischer Ozean** | |
Bft	kn	**Indien/Bangladesh**	**Srilanka**
6	22–27	Depression	Depression
7	28–33	Deep depression	Depression
8–9	34–47	Cyclonic storm	Cyclonic storm
10–11	48–63	Severe cyclonic storm	Cyclonic storm
12	64 und mehr	Severe cyclonic storm of hurricane intensity	Severe cyclone

Tabelle 7.2 Nomenklatur tropischer Windsysteme

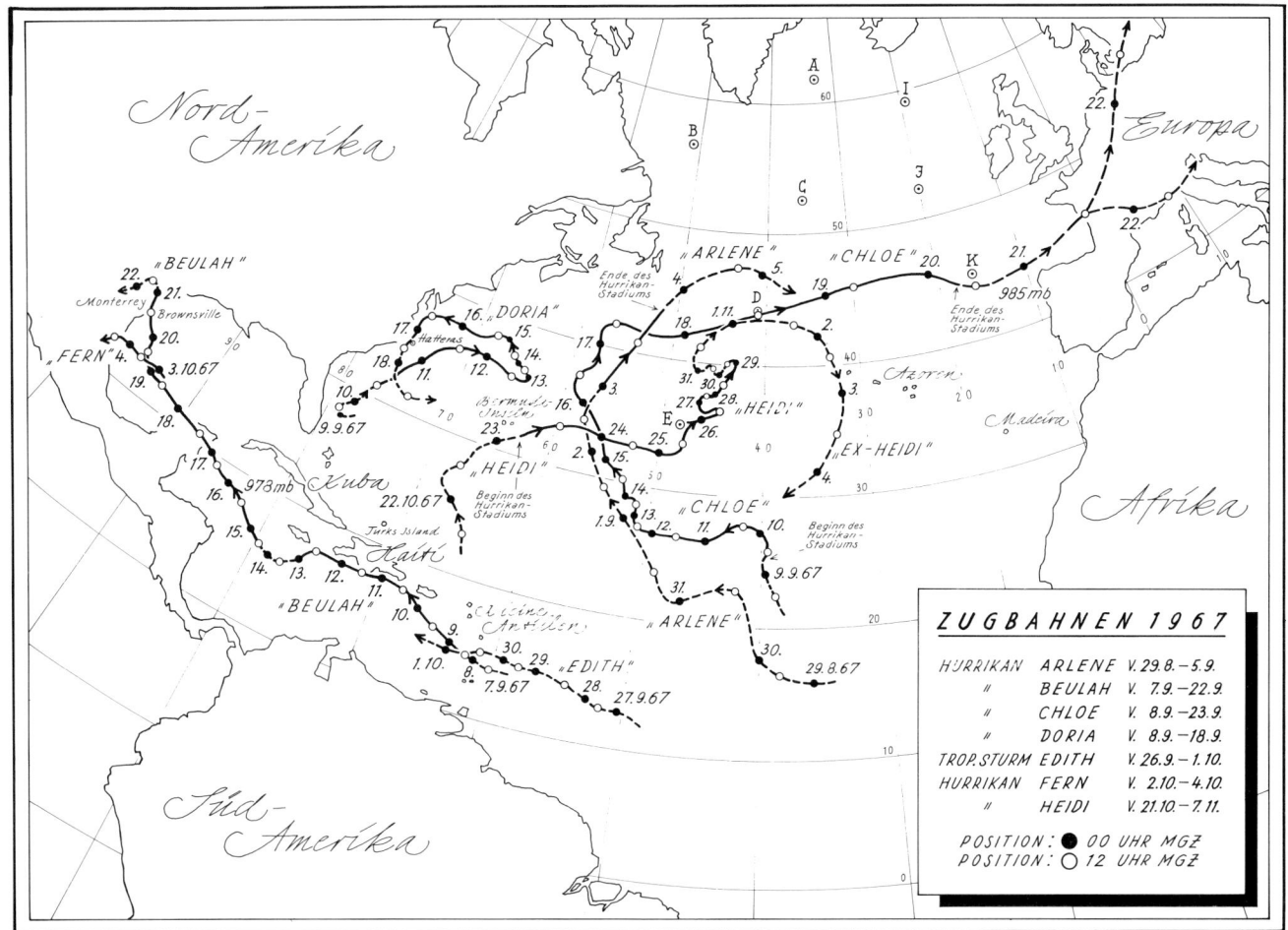

Abb. 7.28 Zugbahnen nordatlantischer tropischer Zyklonen im Jahr 1967 nach Unterlagen des Seewetteramtes

Über die Grenzen der USA hinaus bekannt ist eine dort gebräuchliche *Intensitätsskala*, auch **Saffir-Simpson-Scale** (Tab. 7.3) genannt, welche die Hurrikan-Stärke nach Windgeschwindigkeit oder Höhe der Sturmflut (und deren Auswirkungen) beschreibt:

Stärke	Wind		Sturmflut	
	[mph]	[kn]	[ft]	[m]
1	74 – 95	64 – 82	4 – 5	ca. 1.5
2	96 – 110	83 – 95	6 – 8	2 – 2.5
3	111 – 130	96 – 112	9 – 12	2.6 – 3.7
4	131 – 155	113 – 134	13 – 18	4 – 5.5
5	über 155	über 134	über 18	über 5.5

Tabelle 7.3 Saffir-Simpson-Scala für Hurrikans

Die von den NHC's herausgegebenen Warnungen für die Schiffahrt werden als »**marine advisories**« bezeichnet und haben folgenden standardisierten Inhalt:

(I) Zeit der Ausgabe
(II) Warnungsnummer, Namen des Sturms/Hurrikans, Uhrzeit und Tag
(III) Warnungen, die in Kraft sind
(IV) Position in Grad oder Zehntelgrad
(V) Uhrzeit der angegebenen Position in UTC
(VI) Genauigkeit der Position
(VII) Gegenwärtige Zugrichtung- und Geschwindigkeit
(VIII) Gegenwärtige Windverhältnisse
   – Maximale geschätzte Windgeschwindigkeit und Böen
   – Radius von 64-,50- und 34-kn Winden, ggf. nach Quadranten
   – Radius des Gebiets mit Seegang über 12 ft (3.7m)
(IX) Radius des Gebiets mit Seegang über 15 ft (4.6 m)
(X) Wiederholung von Lage des Zentrums und Zeit
(XI) Vorhersagen
   – für 12, 24 und 48 Stunden
     ● Maximum der erwarteten maximalen Windgeschwindigkeit und Böen
     ● Radius des Bereichs (ggf. der Bereiche) mit mind. 50 kn
     ● Radius des Bereichs (ggf. der Bereiche) mit mind. 34 kn
   – Aussichten für 72 Stunden
     (Unterteilung wie für 12,24,48 Stunden)
(XII) Sturmflut-Vorhersagen
(XIII) Starkniederschlagsvorhersage
(XIV) Hinweis auf Vertrauensgrad der Vorhersagen

Diese »marine advisories« werden jeweils 30 Minuten vor den Terminen
– 04, 10, 16, 22 UTC für den Nordatlantik (einschl. Golf v. Mexiko und Karibik) und
– 03, 09, 15, 21 UTC für den östlichen Nordpazifik herausgegeben.

Zu der in Kapitel 7.3.2 gezeigten Wetterlage vom 12./13.9.1988 mit Hurrikane GILBERT sei als Beispiel die **Warnung des NHC Miami vom 12.9.1988 von 0400 UTC** abgedruckt:

```
nnnn
zczc 316 55555
wtnt22 kmia 120329
hurricane gilbert marine advisory number 8
national weather service miami fl
0400z mon sep 12 1988

hurricane warning in effect for jamaica and south coast of haiti.
hurricane warning in effect for barahona peninsula and tropical storm warning for remainder of south coast of dominican republic.

hurricane watch in effect for cayman islands and south coast of cuba east of cabo cruz.

hurricane center located near 16.9n 72.9w at 12/0400z.
position accurate within 25 miles based on aircraft and satellite.

present movement towards the west or 280 degrees at 13 kt.

diameter of eye 40 nm.
max sustained winds 90 kt with gusts to 105 kt.
radius of 64 kt winds 75ne 25se 25sw 75nw.
radius of 50 kt winds 150ne 75se 75sw 150nw.
radius of 34 kt winds 200ne 100se 100sw 250nw.
radius of 12 ft seas or higher 200ne 100se 100sw 250nw.

repeat center located at 16.9n 72.9w at 12/0400z.

forecast valid 12/1200z 17.3n 74.7w.
max sustained winds 95 kt with gusts to 110 kt.
radius of 50 kt winds 150ne 75se 75sw 150nw.
radius of 34 kt winds 200ne 100se 100sw 250nw.

forecast valid 13/0000z 17.8n 77.3w.
max sustained winds 100 kt with gusts to 120 kt.
radius of 50 kt winds 150ne 75se 75sw 150nw.
radius of 34 kt winds 200ne 100se 100sw 250nw.

forecast valid 13/1200z 18.5n 80.0w
max sustained winds 100 kt with gusts to 120 kt.
radius of 50 kt winds 150ne 75se 75sw 150nw.
radius of 34 kt winds 200ne 100se 100sw 250nw.
rainfall totals of up to 5 to 10 inches accompany this hurricane.

extended outlook
the following forecasts should be used only for guidance purposes because errors may exceed a few hundred miles.

forecast valid 14/0000z 19.5n 82.5w.
max sustained winds 100 kt with gusts to 120 kt.
```

radius of 50 kt winds 150ne 75se 75sw 150nw.

forecast valid 15/0000z 22.5n 87.0w.
max sustained winds 100 kt with gusts to 120 kt.
radius of 50 kt winds 150ne 75se 75sw 150nw.

request for 3 hourly ship reports within 300 miles of 16.9n 72.9w.
next advisory at 12/1000z.
note ...probabilities of hurricane/tropical storm conditions are available in the public hurricane advisory. see afos header ccctcpat2 or wmo header wtnt32 kmia.

Sendestationen, Frequenzen und Zeiten solcher Warnungen, auch die anderer Wetterdienste, können im *Nautischen Funkdienst Band III* , herausgegeben vom DHI, nachgelesen werden.

7.3.5 Praktische Hinweise zur Navigation

Im Kap. 7.3 wurde die Wirkung von tropischen Zyklonen beschrieben. Insbesondere wurde die *asymmetrische Windverteilung dargestellt, die für navigatorische Entscheidungen von Bedeutung ist.*
Das in Zugrichtung gesehene vordere rechte Viertel wird als sogenanntes **»gefährliches Viertel«** (Abb. 7.29) bezeichnet.
In diesem »gefährlichen Viertel« haben nicht nur das Orkan- und Sturmfeld ihre größte Ausdehnung, sondern es ist auch der

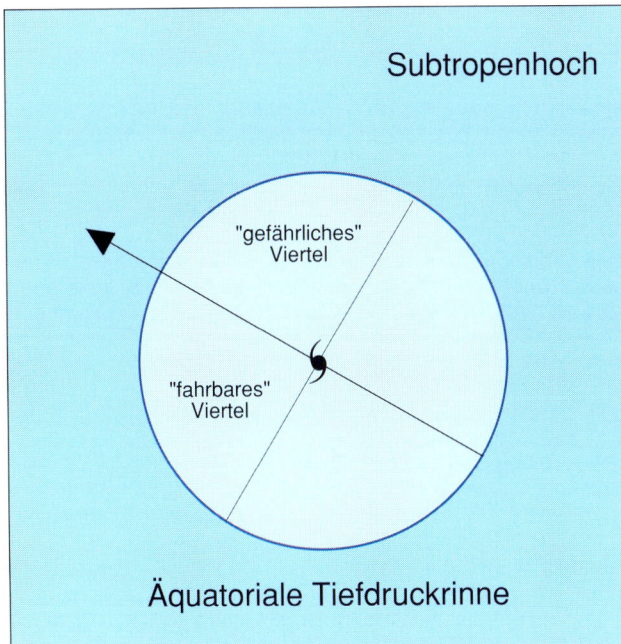

Abb. 7.29 Gefährliches und befahrbares Viertel in der tropischen Zyklone

Seegang am höchsten. Denn in diesem Sektor läuft die Wellenenergie aus dem achterlichen rechten Sektor mithinein, da im allg. die Geschwindigkeit der Wellen merklich größer ist als die Zuggeschwindigkeit der Zyklone. Das linke vordere Viertel wird **»fahrbares Viertel«** genannt, nicht weil es harmlos ist, sondern weil es im vorderen Bereich der Zyklone nicht ganz so große Gefahren birgt wie das »gefährliche Viertel«.

> Als Grundsatz sollte gelten, tropische Zyklonen zu meiden. Am sichersten ist es deshalb, man meidet die gefährdeten Gebiete je nach Saison überhaupt.

Wenn man diese Zonen dennoch befährt, ist es ratsam, sich auf tropische Zyklonen einzustellen, d.h. ständig die *Warnungen der Wetterdienste abzuhören* und aufmerksam die *meteorologischen Bedingungen zu beobachten.* Mit den heutigen Mitteln, wie Wettersatelliten und Wetterradar, entgeht praktisch keine tropische Zyklone mehr der Aufspürung. Dennoch werden am Schluß dieses Unterkapitels noch einige Warnzeichen aufgeführt, die in früheren Zeiten die einzigen Vorboten von tropischen Zyklonen in den sonst meist ruhigen Wetterzonen auf den Ozeanen waren.
Während für ein schnell fahrendes Motorschiff im allgemeinen eine gute Chance besteht, die tropische Zyklone nicht nur sicher, sondern auch möglichst ökonomisch zu umgehen, ist die *Navigation für langsam fahrende Schiffe erschwert, da die tropischen Zyklonen meist schneller ziehen als diese Schiffe fahren können.*
Was die Navigation im Gefahrenbereich tropischer Zyklonen so schwierig macht, sind ihre *oft unberechenbare Bahn und Verlagerungsgeschwindigkeit,* dies gilt *insbesondere in Gebieten mit geringer Zuggeschwindigkeit* , z.B. an den *Umbiegestellen vor den Ostküsten* von Afrika, Asien, Australien sowie Nord- und Mittelamerika.
Nach den neuesten Statistiken des US-Wetterdienstes beträgt die mittlere Ungenauigkeit für Positionsvorhersagen von tropischen Zyklonen:
– ca. 110 sm nach 24 Stunden
– ca. 230 sm nach 48 Stunden
– ca. 350 sm nach 72 Stunden.
Einige Wetterdienste veröffentlichen **Wahrscheinlichkeitsvorhersagen,** die *Aussagen darüber machen, mit welcher Wahrscheinlichkeit die tropische Zyklone nach 24 und 48 Stunden in welchem Gebiet auftreten dürfte.* Diese Wahrscheinlichkeitsbereiche (meist aufgeteilt in 5%Felder) sind mehr oder weniger elliptisch mit der längeren Achse in der erwarteten Zugrichtung der Zyklone. Je langsamer die Zyklone ist, um so kreisförmiger werden diese Wahrscheinlichkeitsbereiche. Diese Bulletins mit Wahrscheinlichkeitsvorhersagen werden – soweit bekannt ist – noch nicht für die allgemeine Schiffahrt ausgestrahlt, so daß man zur Abschätzung der eigenen Gefahr die Aussagen in den Warnungen und die o.a. Prognosefehler der zukünftigen Positionen heranziehen sollte. Um diese eigene Gefährdung abzuschätzen, muß man noch die Bereiche hinzuzählen, die gefährliche Wettererscheinungen bergen und

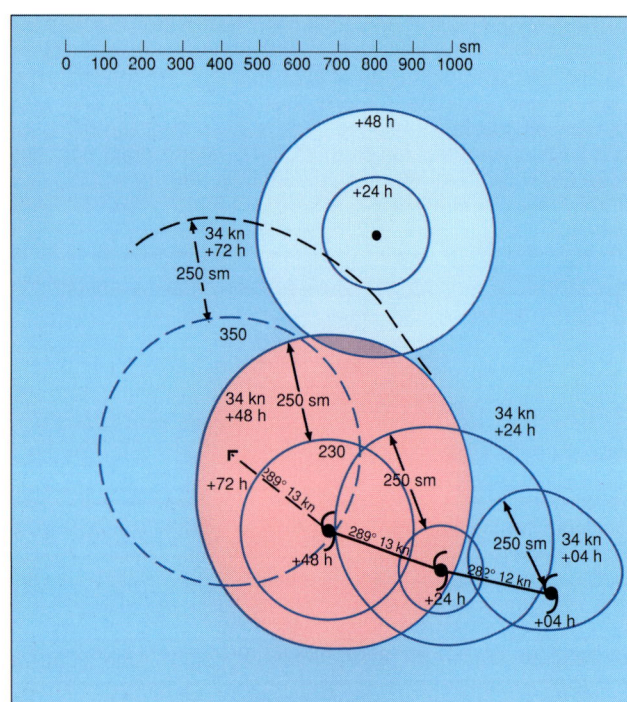

Abb. 7.30 Abschätzung des Gefahrengebietes (Sturm und Orkan) bei höherer Risikobereitschaft

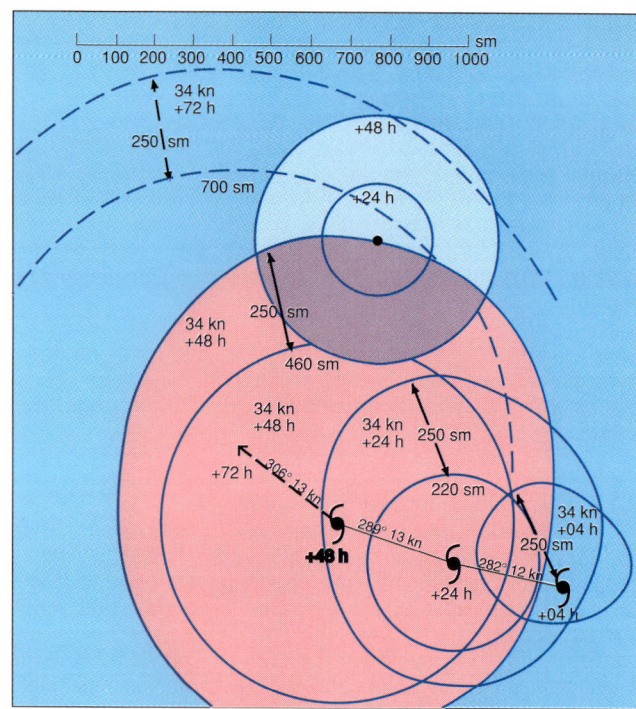

Abb. 7.31 Abschätzung des Gefahrengebietes (Sturm und Orkan) bei niedrigerer Risikobereitschaft

vermieden werden sollen, z.B. Bereiche mit Orkanwinden oder Bereiche mit schwerem Sturm.

In der Literatur (Prügel, Berth/Keller/Scharnow, Schultz, Naatz) sind einige graphische Verfahren aufgezeigt, die als Unterlage für navigatorische Entscheidungen dienen. Im allgemeinen wird hierbei von der Erfordernis ausgegangen, den unmittelbaren Orkanbereich oder den Bereich schweren Sturms zu meiden. Da Sportboote fast immer wesentlich langsamer fahren und ihnen möglicherweise schon Wind der Stärke 8 Bft mit entsprechendem Seegang zum Verhängnis werden kann, erscheint es angeraten, die **Gefahrenabschätzung** in Richtung auf ein noch geringeres Risiko hin vorzunehmen.

Die o.a. Vorhersagefehler beziehen sich auf ein Risiko von 50%, d.h. man muß damit rechnen, daß die Position der tropischen Zyklone mit einer Wahrscheinlichkeit von 50 % noch außerhalb der angegebenen Bereiche liegt, mit jeweils rund 25% Wahrscheinlichkeit rechts und mit 25% Wahrscheinlichkeit links von der vorausberechneten Bahn. Will man das Restrisiko vermindern, so müssen die Bereiche vergrößert werden. Soll beispielsweise der Bereich abgegrenzt werden, in dem die vorhergesagte Position mit einer Wahrscheinlichkeit von 90 % liegt, müssen die o.a. Bereiche verdoppelt werden.

In Abb. 7.30 und 7.31 sind jeweils zwei *Abschätzungen der Gefahrensituation* dargestellt. Im ersten Fall soll eine höhere Risikobereitschaft eingegangen werden, im zweiten Fall eine merklich niedrigere. In beiden Fällen soll davon ausgegangen

werden, daß Bereiche mit Windgeschwindigkeiten von Bft 8 und mehr zu meiden sind. Ausgangssituation für die folgenden Betrachtungen sei der 12.9.1988 nachts mit Hurrikan Gilbert, den der Leser schon kennt (Wetterlage und Satellitenbild (Abb. 7.18 und 7.19) sowie die Warnung des NHC Miami im Kap. 7.3.4: »Hurrikan-Warnungen«). Auf Grund der Asymmetrie des Windfeldes Radius mit Winden mindestens 34 kn: NW 250, NE 200, SE und SW 100 sm ergeben sich für die zu meidenden Zonen ziemlich verzerrte elliptische Gebilde. Für die Gefahrenabschätzung und die Entscheidung für etwa einzuleitende Manöver sind die momentane und die möglichen zukünftigen Schiffspositionen bei einer angenommenen Schiffsgeschwindigkeit von 7 kn im oberen Bildteil eingezeichnet (Um das Prinzip deutlich zu machen wird angenommen, daß sich GILBERT auf hoher See und nicht – wie in Wirklichkeit – in der karibischen Inselwelt befindet).

1. Fall, höhere Risikobereitschaft:
   Bei geplanten Kursen nach W,NW,N,NE,E und SE würde man die Fahrt fortsetzen, da lediglich damit zu rechnen ist, daß der Gefahrenbereich näherkommt. Bei Kursen nach S und SW wäre es empfehlenswert, die Fahrt zu mindern, um so die weitere Entwicklung abzuwarten.

2. Fall, niedrigere Risikobereitschaft: Geplante Kurse nach NW,N,NE und E könnten fortgesetzt werden. Ein geplanter Kurs nach SE sollte – wenigstens vorübergehend – in E geändert werden. Ein vorgesehener Kurs nach W sollte

zunächst in einen nordwestlichen Kurs geändert werden. Kurse nach S und SW wären nicht mehr möglich, ein Abwarten auf der augenblicklichen Position wäre dringend angeraten.

Da die Vorhersagefehler sehr schnell anwachsen, sollte man nach Empfang jeder neuen Warnung die Gefahrenabschätzung überdenken. Auf der anderen Seite würde man in Hektik geraten, wenn man daraufhin alle 6 Stunden Kurs und Fahrt ändert. Es ist besser, nach Möglichkeit längere Zeit bei der einmal eingeschlagenen Strategie zu bleiben. Wie aus der Warnung des NHC Miami hervorgeht, sind die zukünftigen Positionen nach mehr als 36 Stunden als »guidance«, also als Hinweis zu verstehen.

> Eine neue Strategie etwa alle 1 bis 1½ Tage und stets erhöhte Wachsamkeit scheinen bei solchen Gefahren vernünftig zu sein.

Befindet man sich *näher an einer tropischen Zyklone* als im angegebenen Beispiel, so ist es angeraten, u.U. einen *Kurs 90 Grad zur vorhergesagten Bahn* einzuschlagen, aber *auf keinen Fall zu versuchen, noch »schnell« die Bahn der Zyklone zu kreuzen.*

Gerät man in den Orkanbereich einer tropischen Zyklone, so sollte versucht werden, nach Möglichkeit in das »befahrbare Viertel« zu gelangen. Gelangt man in den Gefahrenbereich mehrerer tropischer Zyklonen, was durchaus vorkommen kann, sieht man sich möglicherweise gezwungen, ein höheres Risiko einzugehen und die Gefahrenschwelle (im beschriebenen Fall 34 kn) heraufzusetzen.

> Unter allen Umständen sollte man jedoch das »gefährliche Viertel« zu vermeiden suchen.

Zum Schluß dieses Kapitels seien noch kurz einige **Warnzeichen** beschrieben, die ein *Hinweis auf die Bildung oder die Existenz einer tropischen Zyklone* sein können. (In jedem Fall dürfte es aber besser sein, sich auf die Warnungen der Wetterdienste zu verlassen!):

Die *Witterung in den Tropen* zeichnet sich durch *geringe Druckänderungen von Tag zu Tag* aus. Der tägliche Gang des Luftdrucks ist weitaus markanter. Es treten Luftdruckminima um ca. 4 und 16 Uhr Ortszeit auf, sowie Luftdruckmaxima um ca. 10 und 22 Uhr Ortszeit. *Ist die 24Stunden Druckänderung (Druckfall wie -anstieg!) mindestens etwa 4 hPa groß oder bleibt der beschriebene Tagesgang aus, so kann dies ein Warnzeichen für die Bildung einer Zyklone sein.* Ebenso kann ein Warnzeichen eine größere Abweichung des Luftdrucks vom langjährigen Mittelwert sein, sowohl nach unten wie nach oben hin! Obwohl die Windgeschwindigkeiten in den Tropen im Mittel gering sind, so wird doch, verursacht durch die Passatwinde, meist eine *höhere Dünung* beobachtet. Ist diese plötzlich stärker als an den Vortagen oder kommt sie gar aus einer anderen Richtung, so kann dies ebenfalls ein Warnzeichen sein. Änderungen im Himmels- und Wolkenbild sind als Warnzeichen weniger geeignet, da auch tropische Störungen (»Cluster«, »Easterly waves«) ein ähnliches Himmels- und Wolkenbild aufweisen.

8 Seewetterberichte

Das bisher vermittelte Grundwissen über die atmosphärische Zirkulation, Hoch- und Tiefdruckgebiete sowie Fronten und Wolken ermöglicht es, in einigen Fällen, aus der eigenen Wetterbeobachtung Schlüsse auf die weitere Wetterentwicklung zu ziehen. Es bleibt aber immer eine Unsicherheit bestehen, welche Großwetterlage die angetroffenen Wettererscheinungen verursacht; *denn nicht immer lassen sich gleiche Wirkungen* (Wetterzustände) *auf gleiche Ursachen zurückführen.* Hat man einen Kaltfrontdurchgang mit Schauerwetter, steigendem Luftdruck und rechtgedrehtem Wind erkannt, wird man nicht ohne weitere Information auf eine etwa nachfolgende Welle mit Wetterverschlechterung, rückdrehendem und zunehmendem Wind schließen.

Diese Informationslücke wird durch die **Seewetterberichte** geschlossen. Sie bilden zudem die Grundlage zur Anfertigung eigener **Bordwetterkarten**, mit deren Hilfe die Verlagerungen von Druckgebilden und die künftige Windentwicklung besser abgeschätzt werden können. *Mit Hilfe der Bordwetterkarte, der Windvorhersage und der eigenen Beobachtung können nun Törnentscheidungen für die nächsten 24 Stunden getroffen werden.* In diesem Kapitel werden Interpretationshilfen für Seewetterberichte aufgeführt; in den letzten Abschnitten wird dann ausführlich an Hand von Beispielen die Anlage einer Bordwetterkarte diskutiert.

8.1 Interpretation von Seewetterberichten

Um Seewetterberichte richtig zu verstehen, ist es notwendig, sie zu interpretieren, also das herauszuhören, was der Verfasser dieser Berichte aussagen will. Wegen der relativ kurzen Übertragungszeit sind die Berichte knapp gehalten, ohne Nebensätze und Begründungen. *Ihr Wortschatz ist gering, um der häufig unzureichenden Übertragungsqualität zu begegnen.* Es besteht zwar im wesentlichen eine Standardisierung des Ausdrucks, dennoch können kleine individuelle Freiheiten bei der Abfassung der Berichte vorkommen. Die folgenden Abschnitte stellen eine Zusammenfassung der gebräuchlichen Begriffe und üblichen Berichtsformen dar.

8.1.1 Art und Aufbau von Seewetterberichten

Das *Seewetteramt* des Deutschen Wetterdienstes erstellt zum Teil mehrmals täglich Seewetterberichte, die an verschiedene

Medien übermittelt werden. Über Küstenfunkstellen bzw. Rundfunksender werden verbreitet:
- Seewetterbericht über *Norddeich Radio*,
- Seewetterbericht über *Kiel Radio*,
- Seewetterbericht über den *Deutschlandfunk (DLF)*, den *Norddeutschen Rundfunk (NDR)* und *Radio Bremen (RB)*,
- Mittelmeerwetterbericht über die *Deutsche Welle (DW)*,
- Seewetterberichte über die Sender des Deutschen Wetterdienstes (Offenbach/Pinneberg) – nur Morsefunk (A1) und Funk Fernschreibausstrahlung (F1).

- In Norddeutschland sowie in vielen Bereichen Westdeutschlands ist über den Postansagedienst (Rufnummer 11509 bzw. (0) 11509) ein Seewetterbericht abrufbar;
- Im BTX-Dienst der Bundespost bietet der Deutsche Wetterdienst für die Küsten- und Sportschiffahrt ebenfalls einen Seewetterbericht an.

Genauere Angaben über die Vorhersagegebiete, die Sendefrequenzen und Sendezeiten können dem »Nautischen Funkdienst«, Band III und IV, dem »Sprechfunk für Küstenschiffahrt« oder dem »Yachtfunkdienst« (Herausgeber: Deutsches Hydrographisches Institut) entnommen werden. Diese Publikationen können im Fachhandel erworben werden.

Alle Seewetterberichte haben den gleichen Aufbau. Sie unterscheiden sich in den Vorhersagegebieten, in der Reihenfolge der Einzelteile und im Umfang. Speziell für die Sportschiffahrt werden die Berichte über Deutschlandfunk, NDR, Radio Bremen und Deutsche Welle erstellt. Generell bestehen die Berichte aus:

1. Wetterlage	*Norddeich*: gesamter Nordatlantik u. Nordsee *Kiel*: Nord- und Ostsee, *Deutschlandfunk*: Nordostatlantik, Nord-Ostsee, *NDR, Radio Bremen*: wie Deutschlandfunk, *Deutsche Welle*: Biskaya, gesamtes Mittelmeer
2. Vorhersage	jeweils für 12 Stunden ab Sendebeginn, Teilgebiete, Windentwicklung und signifikantes Wetter
3. Aussichten	jeweils für für weitere 12 Stunden, Windentwicklung, Teilgebiete
4. Stationsmeldungen	Stationsname, Wind (Richtung, Stärke), Wettererscheinung, Sicht, Temperatur, Luftdruck

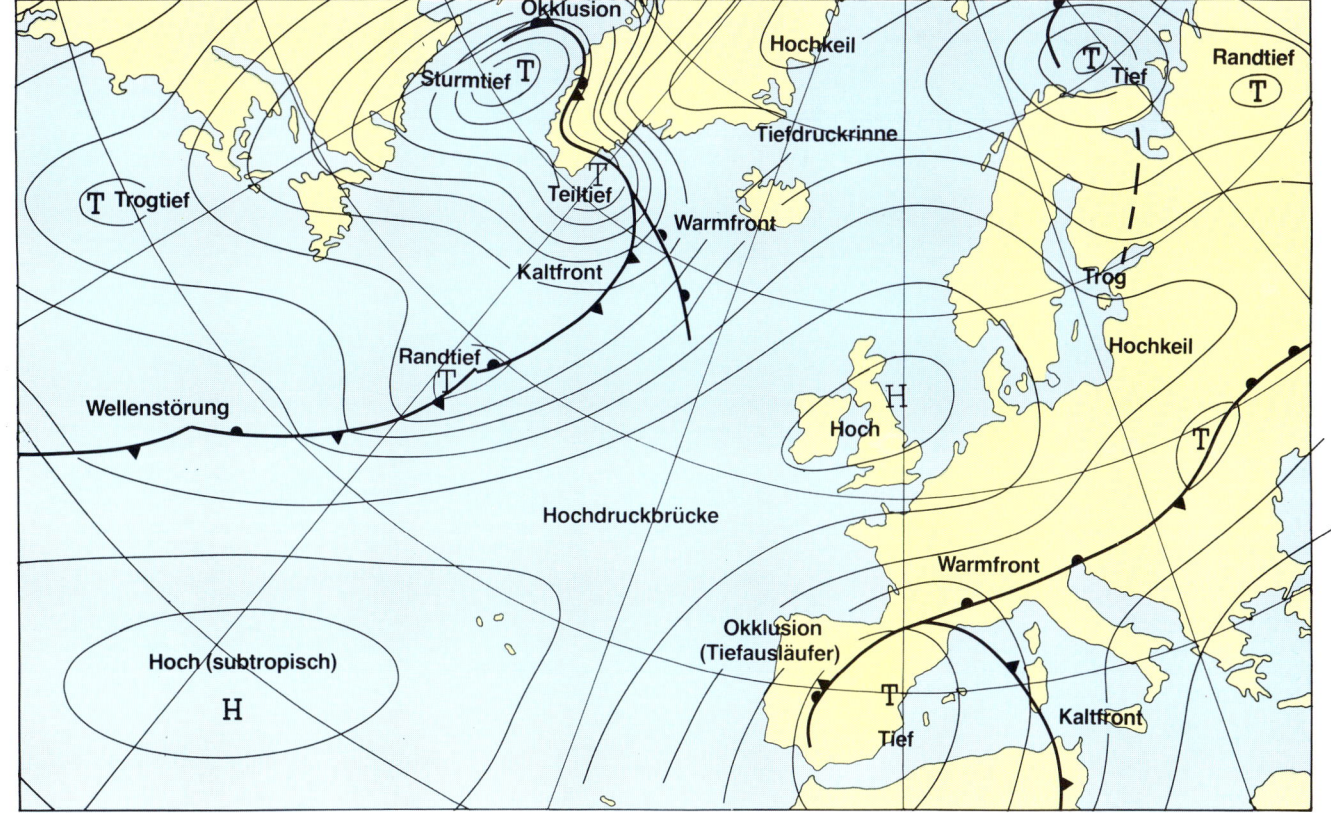

Abb. 8.1 Begriffe in Seewetterberichten

8.1.2. Begriffe für Druckzentren, Hochkeile und Fronten sowie Entwicklungsangaben

Hoch	Druckwert im Schwerpunkt	verlagernd, wandernd, festliegend, abschwächend (fallender Druck), verstärkend (steigender Druck), ausweitend (mit Richtungsangabe)
Tief, Teiltief, Randtief Trogtief	Druckwert im Kern	ziehend (ca. 20 kn), rasch ziehend (ca. 30–40 kn), langsam ziehend (ca. 10 kn), festliegend, abschwächend (steigender Druck), rasch abschwächend (Druckanstieg mindestens 4 hPa/3 Std), vertiefend (fallender Druck), stark vertiefend (Druckfall mind. 4 hPa/3 Std), auffüllend (innerhalb 12 Std keine geschlossene Isobare mehr vorh.)
Hochkeil/Keil	Angabe eines oder mehrerer Druckwerte entlang der Keilachse	schwenkend, verlagernd, festliegend; abschwächend (Druckfall), verstärkend (Druckanstieg)
Kaltfront, Warmfront, Trog	Druckangabe entlang der Front	schwenkend, ziehend, festliegend; abschwächend (Wetterwirksamkeit läßt nach, Winddrehung schwächer), verstärkend (Wetterwirksamkeit nimmt zu, Winddrehung stärker)
Ausläufer	oft für Okklusion benutzt, analog zu Kaltfront und Warmfront	s. o.

Abb. 8.2 Geographische Begriffe in Seewetterberichten

Positionen werden durch geographische Begriffe (s. Abb. 8.2) oder durch Koordinaten angegeben. Die Angabe »dicht westlich Irland« oder »vor Westirland« bedeutet etwa 100 Seemeilen westlich von Irland. Dagegen ist die Angabe »westlich von Irland« nicht näher lokalisierbar, sie bedeutet aber sinngemäß nicht weiter als 400 Seemeilen westlich von Irland. Bei der Aussage über die Verlagerung wird die neue Position nach 24 Stunden, soweit dieses für die Vorhersagen und Aussichten relevant erscheint, genannt, so daß eine Kopplung leichter fällt. Beispiel: Sturmtief 978 hPa dicht westlich von Irland, rasch nordostziehend, morgen (früh, mittag, abend) Mittelskandinavien, noch vertiefend.

8.1.3 Windvorhersage

Die **Windvorhersage** enthält eine *mittlere Windrichtungs- und Stärkeangabe*. Als Schwankung der Windrichtung wird ein Winkel von 45 Grad nicht überschritten (Süd bis Südwest, *nicht* Süd bis West).Ist eine Richtungsänderung von mehr als 45 Grad zu erwarten, wird die spätere Richtung zusätzlich angegeben (Süd bis Südwest, nordwestdrehend). Bei schwer abschätzbarer Windrichtung, die über 45 Grad schwanken kann, wird z.B. »Südliche Winde« angegeben; hier ist eine *Schwankung zwischen Südost und Südwest* gemeint. In der Vorhersage der Windstärke werden Spannen von 2 Bft nicht überschritten, abgesehen von Windstärken bis 4 Bft. Ist während der Vorhersagezeit eine Windzunahme bzw. -abnahme zu erwarten, wird dies durch »zunehmend« bzw. »abnehmend« gekennzeichnet. (Südwest 4 – 5, zunehmend 6; bzw. Südwest 8, abnehmend 7). Angaben zwischen 2 Stärken (z.B. 4-5) können bedeuten:

a) Mittel über Zeit und Gebiet
b) Wind örtlich schwankend zwischen 4 Bft und 5 Bft im gesamten Zeitraum
c) zeitliche Zunahme von 4 Bft auf 5 Bft für das ganze Gebiet
d) Wind zeitlich schwankend zwischen 4 Bft und 5 Bft im gesamten Gebiet.

Für die Fälle b) bis d) wird daher, falls prognostisch möglich, differenziert in:

4, zunehmend 5 (langsam, rasch, später, vorübergehend)
4, zeitweise 5
4, strichweise 5
4, im Westteil 5, o.ä.

Auf eine quantitative Böenangabe zusätzlich zum Mittelwind wird verzichtet. Nach Kap 7.1: »Böigkeit und Turbulenz« ist bekannt, daß in labiler Luftmasse (in unseren Breiten meist aus dem West- bis Nordsektor) Böen etwa 2 Bft höher, in stabiler Luftmasse etwa 1 Bft höher als der Mittelwind auftreten. Allerdings wird gelegentlich der Zusatz »böig« verwendet. Er soll auf höhere Böigkeit, als nach der Faustformel zu erwarten wäre, hinweisen. Objektiv erhöht sich dadurch auch der Mittelwind, so daß der Hörer diese Angabe als Zunahme des Mittelwindes interpretieren kann. Südwest 6, böig, bedeutet demnach, daß für kürzere Zeitabschnitte auch Südwest 7 als Mittelwind auftreten kann. Der Zusatz »Schauerböen«, »Gewitterböen«, »schwere Sturmböen« oder »Orkanböen« stellt eine Warnung vor Böen dar, *die wesentlich über der zu erwartenden Böenstärke liegen.* Der Wind oberer Luftschichten kann infolge starker Turbulenz und Konvektion zusätzlich zum Mittelwind bis zum Boden durchgreifen, so daß im Sommer beispielsweise bei Windstärke 4 Bft in Gewittern leicht Böen von Stärke 8 Bft oder sogar noch höher auftreten können.

8.1.4 Sicht

Der Vorhersageteil von Seewetterberichten enthält neben der Windvorhersage auch Angaben über die Sichtverhältnisse. Hierbei wird nicht unterschieden zwischen »meteorologischer Sicht« bei Tag und »Feuersicht« bei Nacht (s. Kap. 3.4.2: »Sichttrübung«).

Nicht nur Dunst und Nebel führen zu Sichtrückgang, auch *fallender Niederschlag* kann je nach Intensität eine Sichtverschlechterung verursachen. Eine grobe Übersicht über die bei verschiedenen Wettererscheinungen zu erwartenden Sichtweiten gibt die nachstehende Tabelle (Tab. 8.1) wieder.

Sichtweiten		Regen	Schnee	Sprühregen	Nebel/Dunst	Schneetreiben, Staub/Sandsturm
von	bis					
0 m	50 m	sehr stark	sehr stark	stark	sehr dicht	sehr stark
50 m	200 m					stark
200 m	500 m		stark		mäßig	mäßig
500 m	1 km				leicht	leicht
0,5 sm / 1 km	1 sm / 2 km	stark	mäßig		stark diesig	leicht
1 sm / 2 km	2 sm / 4 km			mäßig		
2 sm / 4 km	5—6 sm / 10 km	mäßig	leicht	leicht	diesig	
5—6 sm / 10 km	11 sm / 20 km	leicht			mittlere Sicht	
11 sm / 20 km	27 sm / 50 km	sehr leicht	sehr leicht	sehr leicht	gute Sicht	
ab 30 sm (50 km)						

Tabelle 8.1 Sicht und Wetter

8.1.5 Warnungen

Neben den zu festen Zeiten ausgestrahlten Seewetterberichten werden **Wind- und Sturmwarnungen** von Norddeich Radio und Kiel Radio verbreitet. Diese Warnungen nennen das gefährdete Seegebiet unter Angabe von Windrichtung und -stärke. Zum Beispiel: Deutsche Bucht Gefahr Südwest 7. Außerdem wird vom DLF im Anschluß an die Nachrichten zu jeder vollen Stunde die letzte gültige Warnung für die deutsche Nord- und Ostseeküste verlesen. *Die Warnungen werden 6 bis 8 Stunden vor dem erwarteten Ereignis übermittelt* und sind so lange gültig, bis sie verändert oder zurückgenommen werden. Bei sehr schnellen Entwicklungen kann die Vorlaufzeit allerdings auch kürzer sein!

8.2 Zeichnen von Bordwetterkarten

8.2.1 Eintragungen in die Bordwetterkarte

Entsprechend der Unterteilung des Vordruckes Bordwetterkarte, die im Seewetteramt erhältlich ist, werden Wetterlage, Stationsmeldungen und Vorhersagen des Seewetterberichtes für Nord- und Ostsee sowie für das Mittelmeer und die Biskaya in die betreffenden Spalten übernommen. Wetterlage und Stationsmeldungen werden in die Wetterkarte eingetragen, wobei auf einige Vereinbarungen zu achten ist.

Wetterlage

Alle im Teil »Wetterlage« angeprochenen meteorologischen Gebilde sind, sofern sie nicht weit außerhalb des Kartenausschnittes liegen, mit den dazugehörigen Druckwerten einzutragen. *Hochs* und *Tiefs* werden in der gewohnten Weise, z.B. H 1030, T 990, abgekürzt. Bei nicht ortsfesten Druckzentren wird eine Bewegungsrichtung angegeben, die in der Wetterkarte mit einem Pfeil angedeutet wird. Die Länge des Pfeiles soll ein Maß für die Zuggeschwindigkeit sein. Bei Tiefdruckgebieten werden in der Regel drei Fälle unterschieden:

– es zieht schnell(rasch), entsprechend 30 bis 40 Knoten oder 700 bis 950 sm in 24 Stunden,
– es zieht langsam, entsprechend 5 bis 10 Knoten oder 120 bis 240 sm in 24 Stunden,
– es zieht (ohne Geschwindigkeitangabe), entsprechend etwa 20 Knoten oder 400 bis 500 sm in 24 Stunden (s.auch Kap. 8.1: »Interpretation von Seewetterberichten«).

Für den Bereich Nord- und Ostsee werden auch vorhergesagte Positionen der Druckzentren nach 24 Stunden angegeben. *Fronten* und *Ausläufer* sind stets in Verbindung mit dem zuvor genannten Tief zu sehen (und auch zu zeichnen). In der Wetterlage wird der Verlauf von Fronten durch mehrere Positionen und des dort herrschenden Druckwertes beschrieben, z.B.: Kaltfront 990 hPa Skagerrak, 1000 hPa Deutsche Bucht, 1010 hPa Englischer Kanal.

Das bedeutet: *an den angegebenen Positionen wird die Kaltfront von den Isobaren der Druckwerte 990, 1000 und 1010 hPa geschnitten.* Für das Zeichnen der Wetterkarte sind dies wertvolle Hilfspunkte. Auch die Position von *Trögen* wird gegebenenfalls mit Hilfe von 2 oder 3 Druckwerten angegeben. Bei der Bewegungsrichtung von Fronten und Trögen hat sich der Begriff »schwenken« eingebürgert, womit zum Ausdruck gebracht werden soll, daß Fronten und Tröge zusätzlich zu der Veränderung des Tiefkerns Bewegungen ausführen. Falls Geschwindigkeitangaben gemacht werden, gelten obige Werte. *Randtiefs, Teiltiefs und Wellen »ziehen«* ebenfalls.
Bei *nichtstationären Hockdruckgebieten* ist von »verlagernden« oder »wandernden« Hochs die Rede, um anzudeuten, daß die Bewegung umfangreicher Hochs meist sehr viel langsamer erfolgt als bei Tiefs. Die Spitze des Pfeiles für die Zugrichtung sollte nach 24 Stunden eine Distanz von 100 bis 150 sm markieren.
Bei »rasch wandernden« Hochs ist allerdings die doppelte bis dreifache Strecke zugrunde zu legen. Häufig wird auch hier die für den Folgetag zu erwartende Position der Druckgebilde angegeben. Auch *Hochkeile*, manchmal auch nur als *Keile* bezeichnet, deren Position ebenfalls durch Druckwerte fixiert wird, »schwenken«. Hochkeile, die (oft) zwischen zwei Tiefdruckgebieten liegen, schwenken ebenso schnell, wie die betreffenden Tiefs ziehen.

Stationsmeldungen

Der unmittelbare Zweck einer Wetterkarte besteht darin, den *allgemeinen Zustand der Atmosphäre* in einem *gegebenen Augenblick* darzustellen. Aus prognostischer Sicht spricht man vom sogenannten Anfangszustand. Voraussetzung dazu ist eine große Anzahl von Wetterbeobachtungen, die *gleichzeitig* in einem Gebiet durchzuführen sind. Diese *synoptischen Wetterbeobachtungen* vermitteln eine *Gesamtschau* des Wetters zu einem *festen Zeitpunkt*.
Trägt man die von einer Vielzahl sogenannter synoptischer Stationen gewonnenen Wetterbeobachtungen in eine Karte ein, erhält man eine **synoptische Karte**. International wurde vereinbart, die synoptischen Termine nach UTC festzulegen. Die Haupttermine sind: 00, 06, 12, 18 UTC. Eine solche Stationsmeldung enthält eine Reihe gemessener und beobachteter meteorologischer Größen, die nach einem festen Schema (sog. Stationsmodell) als Zahl oder Symbol in die Wetterkarte eingetragen werden.
Im Seewetterbericht für Nord- und Ostsee sowie im Seewetterbericht für Mittelmeer und Biskaya werden nur eine Auswahl der wichtigsten meteorologischen Größen verbreitet:

– Windrichtung und -stärke,
– Luftdruck,
– Temperatur,
– besondere Wettererscheinungen.

Trotz dieser geringen Auswahl geht man beim Eintragen der Wettermeldungen in die Bordwetterkarte nach einem Stationsmodell vor (s.u.). Durch die Ziffern im jeweiligen Stationskreis der Bordwetterkarte ist die Zuordnung von Wettermeldung und Station eindeutig. Beispiel einer Wettermeldung:

SE 5, diesig, 5 Grad, 1008 hPa.

Die Windrichtung wird entsprechend den Richtungen der 16-teiligen Windrose angegeben; die Darstellung der Windstärke erfolgt nach der Beaufort -Skala (s.Kapitel 3.2: »Wind«). Die Windrichtung wird durch einen Pfeil an den Stationskreis gezeichnet, der symbolisch die Spitze des Pfeiles sein soll. Der Windpfeil zeigt immer in die Richtung, in die der Wind weht (*der Pfeil fliegt mit dem Wind*): bei SE-Wind weist die Spitze des Pfeiles nach NW.

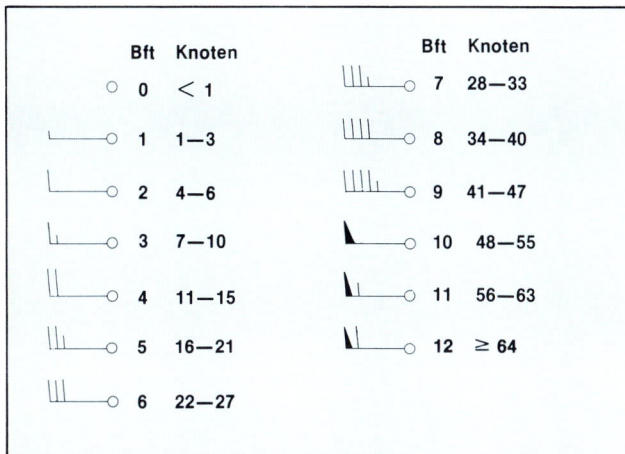

Abb. 8.3 Windfieder, Beaufortstufen und Knoten

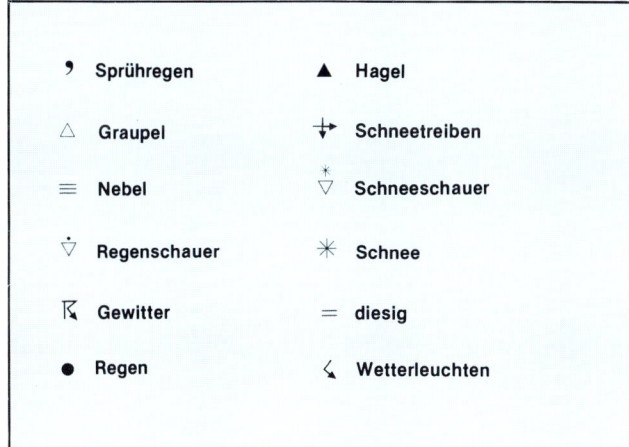

Abb. 8.4 Wettersymbole

Die Windstärke wird durch Fiedern und Wimpel gekennzeichnet. Ein Strich des Fiederblattes repräsentiert 2 Bft-Stärken, ein halber entspricht 1 Bft. Für 10 Bft wird ein ausgefüllter Wimpel gezeichnet. Bei den Fiedern ist darauf zu achten, daß sie stets an Richtung zum tiefen Druck eingetragen werden. Auf der Nordhalbkugel bedeutet dies, daß die Fiedern auf die linke Seite des Windpfeiles gezeichnet werden (*barisches Windgesetz*, s. Kap. 3.2: »Wind«).
Eine andere Formulierung des barischen Windgesetzes ist:
Bei genau achterlichem Wind befindet sich das Tief zwei Strich vorderlicher als querab Backbord (auf der Nordhalbkugel).
Für die Eintragung des aktuellen Wetters zur Zeit der Beobachtung wird das betreffende Symbol verwendet. Die Temperatur (ganze Grad Celsius) erscheint links neben dem Stationskreis über dem Wettersymbol. Der Luftdruck (ganze Hektopascal) steht rechts oben neben dem Stationskreis.

8.2.2 Die Analyse des Druckfeldes

In Kap. 5.1: »Atmosphärische Zirkulation« wurden die Hoch- und Tiefdruckgebiete als die primär winderzeugenden Systeme dargestellt. Der atmosphärische Luftdruck ist daher die entscheidende meteorologische Größe, seine Analyse muß sehr sorgfältig durchgeführt werden. Jede atmosphärische Bewegung ist ein Luftmassentransport, der stets mit einer Änderung des Druckfeldes verknüpft ist. Diesen *zeitlichen Druckänderungen* wird daher in der meteorologischen Prognosepraxis größte Aufmerksamkeit geschenkt. Das gleiche sollte auf See zur Selbstverständlichkeit werden.
Zur Darstellung des Luftdruckes werden *Isobaren* gezeichnet, *Linien, die Punkte gleichen Luftdruckes miteinander verbinden*. Entlang einer Isobare ändert sich der Luftdruck nicht, *zwischen zwei Isobaren ist der Druckunterschied überall gleich, ihr Abstand variiert*. Durch mehrere solcher Linien lassen sich Gebiete mit höherem und niedrigerem Luftdruck herausarbeiten.
Isobaren in einer Wetterkarte werden oft mit Höhenlinien in einer topographischen Karte verglichen, auf denen Erhebungen und Täler dargestellt werden (s. Kap. 3.2: »Wind«). Von größtem praktischen Nutzen ist die Tatsache, daß Richtung und Geschwindigkeit des Windes in enger Beziehung zu den Isobaren stehen:

– um die Zentren der Hochdruckgebiete weht der Wind im Uhrzeigersinn, um die Zentren der Tiefdruckgebiete entgegengesetzt (jeweils auf der Nordhalbkugel),
– die Windrichtung verläuft über der freien See nahezu parallel zur Isobarenrichtung mit einer geringen Strömungskomponente zum tiefen Luftdruck hin,
– je enger der Isobarenabstand wird (zunehmender Druckgradient), um so größer wird die Windgeschwindigkeit (objektive Methoden zur Bestimmung der Windgeschwindigkeit aus dem Isobarenabstand am Ende dieses Kapitels).

Da die Stationsmeldungen auf der Bordwetterkarte willkürlich verteilt sind, ist eine **Interpolation** zwischen den eingetragenen Druckwerten notwendig, um den Druck zu erhalten, für den eine Isobare gezeichnet werden soll. Üblicherweise werden Isobaren gezeichnet, die durch 5 teilbar sind, d.h. für die Werte ....995, 1000, 1005, ... hPa usw. Die *Analyse der Druckwerte einer Wetterkarte ist somit eine flächenhafte (zweidimensionale) Interpolation*. Um eine Wetterkarte zu vervollständigen, ist es erforderlich, Isobaren auch außerhalb der Gebiete mit gemeldeten Druckwerten zu zeichnen (Extrapolation). Einige einfache Beispiele sollen zunächst das Verfahren von Interpolation und Extrapolation deutlich machen. Gleichzeitig erkennt man auch, daß eine solche manuelle Analyse der Druckwerte stets mit individuellen Ungenauigkeiten behaftet sein muß.

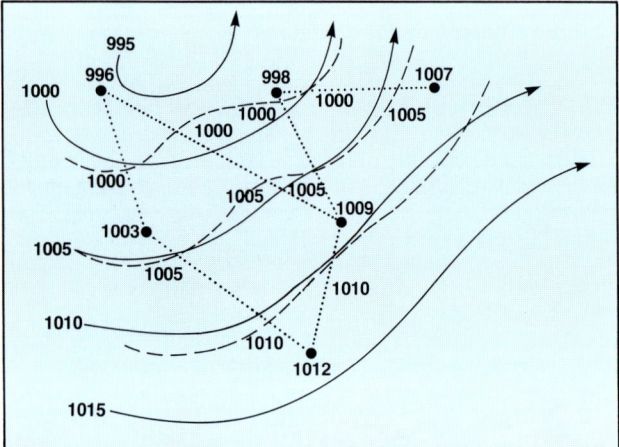

Abb. 8.5 Lineare und flächenbezogene Interpolation

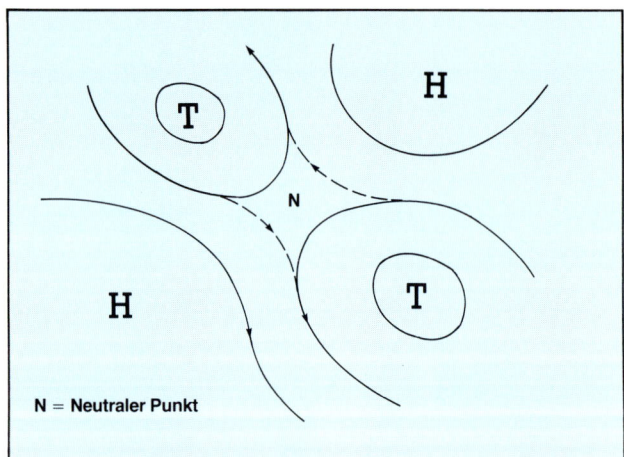

Abb. 8.6 Isobarenverlauf in der Nähe eines neutralen Punktes

Interpolieren

Da die Zentren der Hochs und Tiefs sowie die Fronten im Abschnitt »Wetterlage« der Seewetterberichte bereits angegeben sind, kommt es zunächst darauf an, den Isobarenverlauf dazwischen zu konstruieren.

In Abb. 8.5 sind 6 Druckwerte angegeben. Man erkennt, daß der Druck von »Norden« nach »Süden« zunimmt. Da sich der Druck stets *gleichmäßig* ändert, kann man durch *Interpolation* zwischen gemessenen Druckwerten ermitteln, wo etwa die Druckwerte liegen, für die Isobaren zu zeichnen sind. Im einfachsten Fall benutzt man die **lineare Interpolation** als Hilfsmittel: man verbindet einzelne Druckwerte durch Hilfslinien und teilt die Strecken im Verhältnis der Druckunterschiede auf. Man markiert die Punkte, an denen der Luftdruck z.B. 1000, 1005, …... hPa beträgt. Die gestrichelten Linien verbinden alle auf diese Weise gewonnenen Schnittpunkte und stellen eine erste Annäherung an den tatsächlichen Isobarenverlauf dar.

Da mit diesen Hilfslinien immer nur zwischen Paaren von Druckwerten interpoliert wird, ist der Verlauf dieser Isobaren noch ungenau und repräsentiert nicht das wahre Druckfeld. Geht man von der Interpolation entlang einer Linie zu einer mehr flächenhaften Interpolation über und bezieht auch benachbarte Punkte mit ein, so erhält man einen geglätteten Verlauf der Isobaren, wie er ungefähr durch die ausgezogenen Linien dargestellt wird. Die Isobaren 995 und 1015 hPa erhält man, wenn man das Druckfeld zu niedrigeren und höheren Druckwerten vervollständigt und die Isobaren an bereits vorhandene angleicht. Bei einiger Übung im Zeichnen von Wetterkarten kann später auf die Hilfslinien verzichtet werden.

In Abb. 8.6 wird zwischen *vier Druckzentren* interpoliert. Eine solche Anordnung erzeugt in der Mitte des Gebietes bei *N* einen sogenannten *neutralen oder Sattelpunkt*: nach zwei Seiten nimmt der Luftdruck zu, nach den beiden anderen nimmt er ab. Entsprechend sind hier zwei Isobarenführungen möglich. Durch die ausgezogenen Linien wird eine *Hochdruckbrücke* zwischen den beiden Hochs analysiert, während die gestrichelten Isobaren eine *Tiefdruckrinne* zwischen den beiden Tiefs entstehen lassen. Lediglich mit Hilfe der Windrichtung bei vorhandenen Wettermeldungen kann in solchen Fällen ein eindeutiger Isobarenverlauf gefunden werden.

Über das Zeichnen von Isobaren können wir festhalten:

Isobaren
- sind glatte oder stetig verlaufende Linien, auch ihr gegenseitiger Abstand kann sich nur stetig ändern;
- verschiedener Druckwerte dürfen sich nicht berühren oder kreuzen (sie verlaufen im allgemeinen gleichgerichtet nebeneinander her);
- sind entweder in sich geschlossen oder beginnen und enden am Kartenrand;
- haben auf der Nordhalbkugel in Windrichtung gesehen den tieferen Luftdruck stets auf der linken Seite;
- in deren Verlauf eine plötzliche Umkehr der Windrichtung stattfindet, sind falsch.

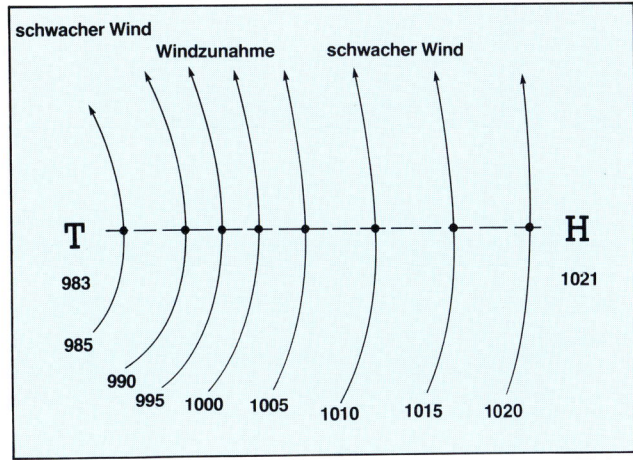

schwacher Wind
Windzunahme
schwacher Wind
T
983
H
1021
985
990
995
1000
1005
1010
1015
1020

Abb. 8.7 Änderung der Druckgradienten zwischen Hoch und Tief

Eine brauchbare Interpolationshilfe – besonders für Anfänger – ist eine *Hilfslinie* vom höchsten zum niedrigsten Luftdruckwert entsprechend der Angaben der Wetterlage. Mit Hilfe der Stationsmeldungen können dann auf dieser Linie die Schnittpunkte der zu zeichnenden Isobaren abgeschätzt werden. Dabei sollte nach Möglichkeit die *unterschiedliche Windstärke* berücksichtigt werden: im allgemeinen nimmt die Windstärke vom Hoch zum Tief zu, während im Bereich des Tiefkerns eine erneute Windabnahme eintritt. In gleicher Weise sollte der Isobarenabstand zunächst abnehmen und im Tiefzentrum wieder zunehmen. Derartige Verhältnisse gelten in erster Linie für größere und langsam ziehende Tiefdruckgebiete.

Übung 1:

In der Übung sollen die bislang gewonnenen Erkenntnisse angewendet werden. In den Kartenvordruck für den Nord- und Ostsee-Seewetterbericht (Bordwetterkarte Nr.9) sind zunächst nur die Druckwerte der Stationsmeldungen eingetragen. Wir

Übung 1
T
1000
995
990
985
1005
1002
00
95
90
85
994
990
995
993
1003
1001
1002
999
998
997
1000
1006

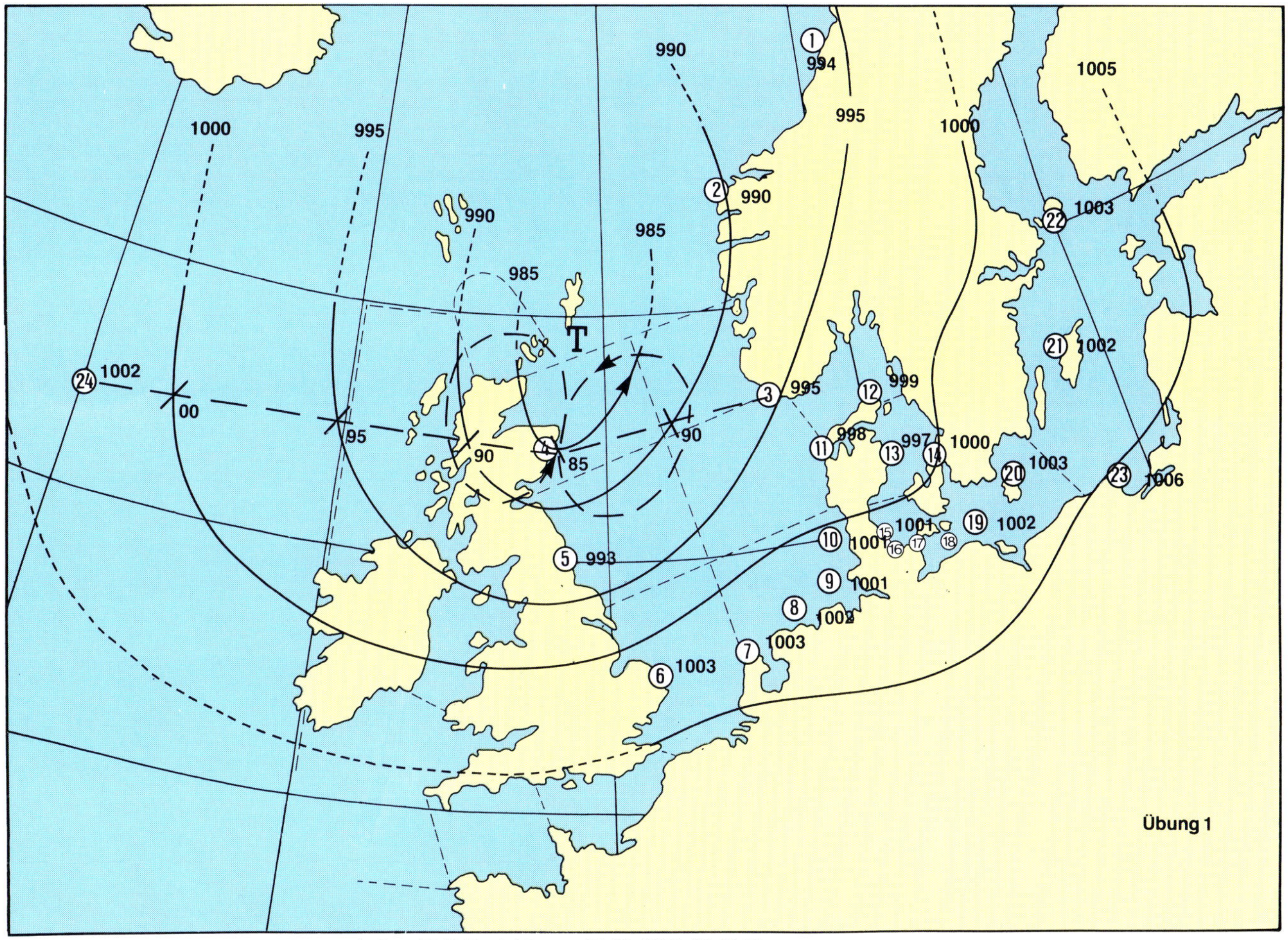

Abb. 8.8 Analyse des Druckfeldes nach dem DLF- Bericht vom 21.09.1988, 12.40 Uhr

empfehlen, diese Daten zunächst in einen leeren Vordruck zu übernehmen und ohne Hilfe der untenstehenden »Lösung« Isobaren in Abständen von 5 hPa zu zeichnen. Die eigene Version wird sicher an manchen Stellen von der hier dargestellten Analyse abweichen, vor allem im Bereich der nördlichen Nordsee und Schottlands. Zwischen den Stationen 3 und 4 sowie 4 und 24 wurden Hilfslinien gezeichnet, und die Schnittpunkte der dazwischen liegenden Isobaren markiert. Weitere Linien wären zwischen den Stationen 5 und 10 oder zwischen 4, 5 und 6 hilfreich. Der niedrigste Luftdruck ist 985 hPa bei Station 4. Alle Druckwerte südlich, östlich und westlich sind höher als 985 hPa. Die Isobare 985 hPa muß auf jeden Fall durch die Station 4 gelegt werden (wenn man ausschließt, daß 985 hPa der absolut tiefste Luftdruck in dieser Gegend ist). Da vorerst unbekannt ist, wo der tiefste Druck gemessen wurde, sind mit den vorhandenen Informationen drei verschiedene Versionen für die 985 hPa-Isobare möglich:

a) der tiefere Luftdruck liegt südwestlich, westlich oder nordwestlich von Station 4: die Isobare geht dann mit einer *südlichen* Strömungsrichtung durch Station 4,
b) der tiefere Luftdruck liegt südöstlich, östlich oder nordöstlich von Station 4, die Isobare zeigt in diesem Fall eine *nördliche* Strömungsrichtung bei Station 4 an,
c) der tiefere Luftdruck liegt genau nördlich oder südlich von Station 4, die Isobare tangiert dann die Station 4 mit einer *westlichen* oder *östlichen* Strömungsrichtung.
Da der Luftdruck nach Süden hin rasch zunimmt, wurde der Tiefkern nördlich von Station 4 angenommen. Die Fälle a) und b) sind gestrichelt dargestellt und würden über Schottland und der nördlichen Nordsee eine z.T. beträchtliche Modifikation des angenommenen Druckfeldes erforderlich machen. Auf den Hilfslinien müßten zunächst weitere Schnittpunkte für die 985 hPa-Isobare gewählt und die anderen Isobaren entsprechend angepaßt werden. Über der südlichen Nordsee und den Ostseegebieten ist die Analyse des Druckfeldes ohne große Probleme, unsicherer Isobarenverlauf wegen fehlender Meßwerte wurde gepunktet dargestellt.
Es ist festzuhalten: in dem vorliegenden Beispiel lassen die wenigen Druckwerte eine *eindeutige Darstellung des Druckfeldes nicht zu.* Die Angabe der Windrichtung bei Station 4 wird jedoch klären, ob Version a), b) oder c) richtig ist.

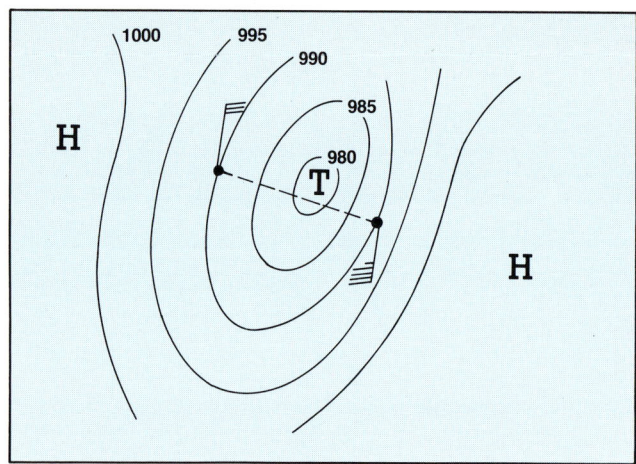

Abb. 8.9 Berücksichtigung von Windrichtung und -stärke bei Analyse des Druckfeldes

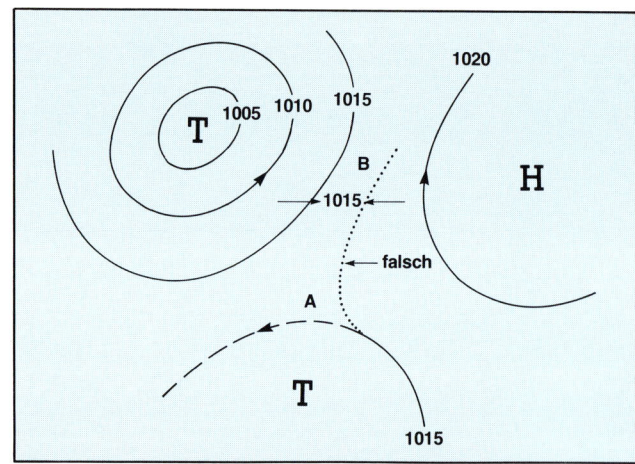

Abb. 8.10 Beispiel einer fehlerhaften Druckanalyse

Die Windrichtung

Auf den engen Zusammenhang zwischen Druck und Wind ist wiederholt hingewiesen worden. Windrichtung und -stärke erleichtern die Konstruktion der Isobaren wesentlich. In Abbildung 8.9 sind zwei Meldungen des Druckes 990 hPa dargestellt: einmal mit NNE-Wind Stärke Bft 6, einmal mit SSW-Wind Stärke Bft 9. Die gerade Verbindung (gestrichelt) zwischen beiden Beobachtungen ist *keine Isobare*, denn:

– die Windpfeile würden mit dieser kostruierten Isobare einen erheblich zu großen Winkel bilden und
– entlang dieser Isobare würde ein Windsprung von 180 Grad stattfinden.

Der richtige Isobarenverlauf – in Übereinstimmung mit Windrichtung und -stärke – ist in der Abbildung mit ausgezogenen Linien dargestellt:

– eine *nahezu isobarenparallele Windrichtung* mit einem geringen Winkel vom höheren zum tieferen Druck,
– eine überall *stetige Drehung des Windes von NNE auf SSW*.

Wegen des stärkeren SSW-Windes ist rechts der Isobarenabstand geringer als links. Außerdem muß infolge der allgemein hohen Windstärke innerhalb der 990 hPa-Isobare mindestens noch eine abgeschlossene Isobare mit einem Tiefkern liegen. Eine andere mögliche Fehlerquelle zeigt Abbildung 8.10. Würde die 1015 hPa-Isobare in der punktierten Weise gezeichnet, ergäbe sich bei Punkt B folgende Situation: vom Tief mit Kern unter 1005 hPa steigt der Druck nach rechts fortschreitend an und ist rechts von der ausgezogenen 1015 hPa-Isobare höher als 1015 hPa. Links vom Hoch mit dem umgebenden 1020 hPa-Isobare ist jedoch der Druck bei B niedriger als 1015 hPa. Da das Druckfeld *an jedem Ort nur einen bestimmten Wert annehmen kann*, ist die gestrichelte Version der 1015-hPa-Isobare richtig.

Auch folgende Wetterlage kann zu einer falschen Konstruktion führen: im Seewetterbericht werden ein Tief mit 992 hPa und ein Randtief mit 1003 hPa angegeben, beide sind relativ eng benachbart (Abb. 8.11). Zwischen den Tiefs existieren leider keine Stationsmeldungen. Problematisch ist für den Anfänger immer:
Welches ist die erste umfassende, d.h. beide Tiefs einschließende Isobare?
Es wäre z.B. möglich, die 1010 hPa-Isobare so zu zeichnen, wie es die gestrichelten Linien andeuten. Auf diese Weise

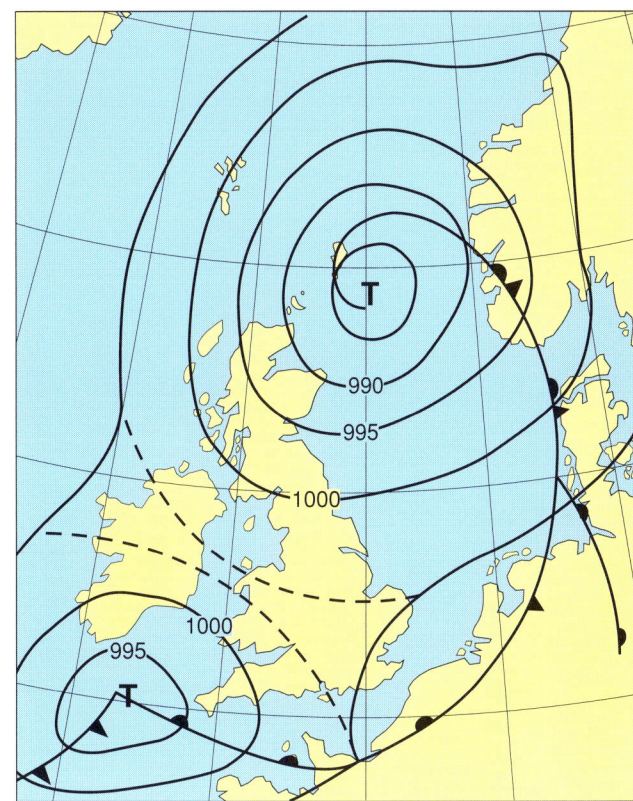

Abb. 8.11 Isobarenverlauf zwischen Tief und Randtief

entsteht jedoch im Norden des Randtiefs und im Süden des Haupttiefs ein starkes Druckgefälle mit entsprechend hohen Windstärken. Außerdem müßte zwischen beiden Tiefs auf engstem Raum eine Richtungsänderung dieser starken Winde von 180 Grad erfolgen. Den tatsächlichen Windverhältnissen wird durch die ausgezogenen Isobaren Rechnung getragen: zwischen beiden Tiefkernen existiert eine windschwache Zone.

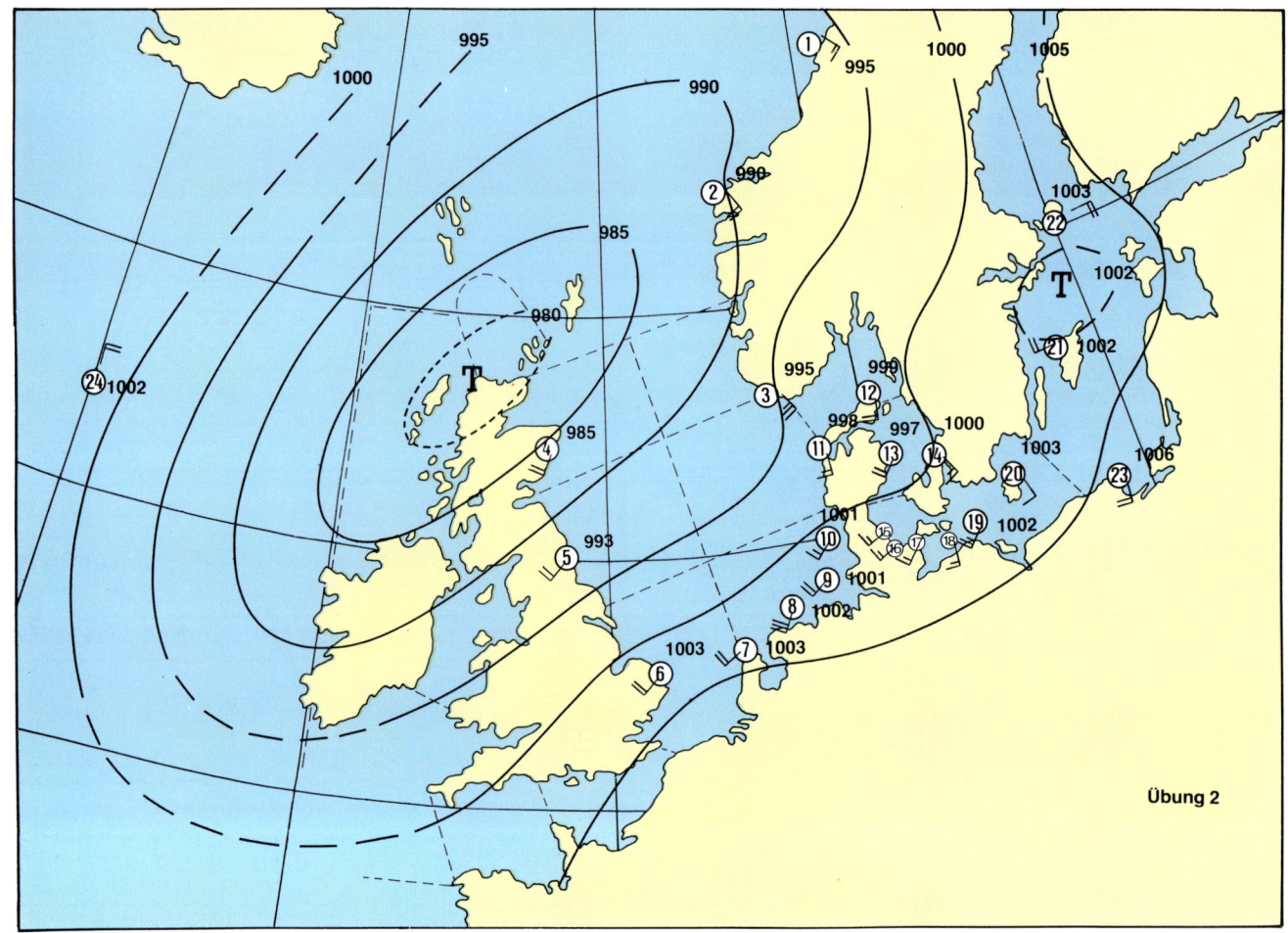

Abb. 8.12 Analyse des Druckfeldes mit Hilfe der Windbeobachtungen nach dem DLF-Bericht vom 21.09.1988, 12.40 Uhr

Übung 2:
In dieser Übung werden noch einmal die Druckwerte aus Übung 1 verwendet; zusätzlich sind Windpfeile eingetragen (Abb. 8.12). Damit ist zunächst geklärt, daß entgegen der Annahme in Übung 1 bei Südwestwind in Aberdeen (4) das Tiefzentrum *westlich* von dieser Station liegen muß. Da Aberdeen Stärke Bft 4 meldet, muß angenommen werden, daß zum Tiefkern hin noch eine weitere Isobare vorhanden ist (der Druckunterschied wäre bezüglich der Windstärke sonst zu gering), d.h. der tiefste Druck liegt noch unter 980 hPa. Die Abstände der Isobaren zum Ozeanwetterschiff »L« wurden etwa gleichgroß gewählt. Die nördliche Windrichtung beim »L«-Schiff sowie der Südwestwind an der Küste Ostenglands sind Hinweise für die *Existenz eines Troges über Irland*, wobei jedoch noch unklar ist, wie weit der Trog nach Südsüdwesten reicht. Ein weiterer, etwas kleinräumigerer Trog über dem Ost-teil der mittleren Nordsee und dem Kattegat tritt mit Hilfe der

Windbeobachtungen gegenüber Abbildung 8.8 (Übung 1) mar-kanter in Erscheinung.
Es sind jetzt aber auch neue Probleme aufgetaucht: der Süd-südostwind bei Bornholm (20) läßt sich mit der 1005 hPa-Isobare nur schwer darstellen. Arkona (19) hat eine um 2 Bft höhere Windstärke als die umliegenden Ostseestationen, was durch den gezeichneten Gradienten nicht repräsentiert wird. Hier macht sich der in Kap. 6.1: »Düsen- und Eckeneffekte« erwähnte Eckeneffekt bemerkbar. Gänzlich unmöglich ist es, den Westwind von Visby (21) und den Ostwind von Mariehamn (22) mit der 1005 hPa-Isobare in Einklang zu bringen. Ein *abgeschlossenes Tief* zwischen beiden Stationen, etwa mit einer Zwischenisobare 1002 hPa, trägt dieser Zirkulation am besten Rechnung.
Um bei Svinöy (2) eine Einströmkomponente der Luft in das Tief zu berücksichtigen, muß die 990 hPa-Isobare eine Aus-buchtung nach Nordosten beschreiben. In der Tat entstehen

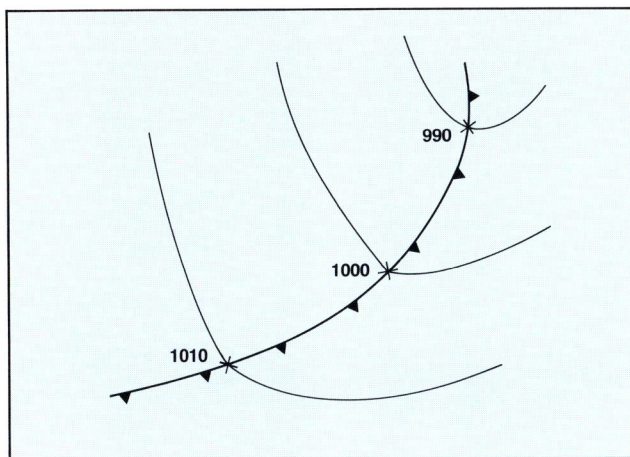

Abb. 8.13 Konstruktion einer Kaltfront

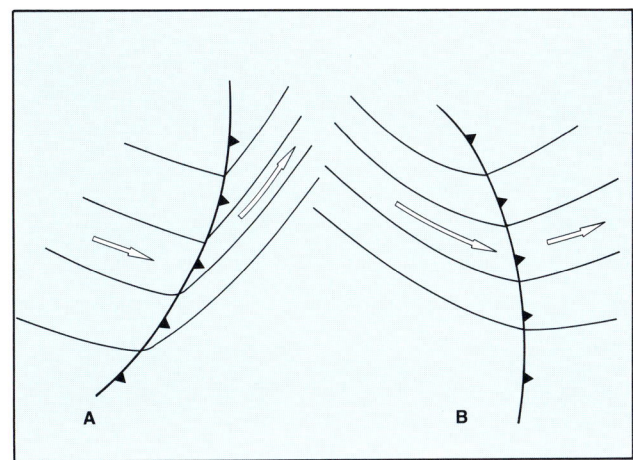

Abb. 8.14 Änderung der Windgeschwindigkeit an Fronten

bei Südostwinden in Lee des norwegischen Gebirges derartige Tröge oder sogar abeschlossene Tiefkerne, die als **Lee-Tiefs** bezeichnet werden.

Die Beschreibung der Strömungsverhältnisse ist damit ziemlich erschöpft. Eine noch genauere Darstellung des Druckfeldes ist erst durch die Einbeziehung der im Seewetterbericht angegeben Fronten, Tröge, Keile sowie der Druckzentren möglich.

8.2.3 Fronten

Zusammenhang zwischen Fronten und Isobarenbild

Fronten mit markanten Wettererscheinungen werden in der Wetterlage mit Hilfe von Schnittpunkten zwischen Fronten und ausgewählten Isobaren angegeben. Drei verschiedene Fronttypen kommen in den Seewetterberichten vor: Warmfront, Kaltfront und Okklusion (s. Kap. 5.5: »Fronten« und Kap. 8.1: »Interpretation von Seewetterberichten«). Hin und wieder werden Okklusionen auch als »Ausläufer« bezeichnet. Die Abbildung 8.13 zeigt, wie durch die Schnittpunkte dreier Isobaren eine Kaltfront zu legen ist. Allgemein sind vor allem Warm- und Kaltfronten in ihrem mittleren Teil wegen der dort höheren frontsenkrechten Komponente des Windes leewärts »ausgebeult« (s.a. Abb. 5.29).

Fronten sind als Begrenzungslinien unterschiedlicher Luftmassen definiert. Da die Luftströmung über See fast parallel zu den Isobaren verläuft und die Fronten im allgemeinen weit in den Tiefkern hineinreichen, müssen die Isobaren die Fronten schneiden. Da i.a. Fronten von ihrer Entstehung her mit Druckfall auf der Vorderseite und Druckanstieg rückseitig verbunden sind, erleiden Isobaren an Fronten einen Knick zum hohen Luftdruck hin. *Nur an Fronten können die Isobaren daher mit einem mehr oder weniger stark ausgeprägten Knick gezeichnet werden.*

Verbunden mit dem Isobarenknick ist eine starke Änderung der Windrichtung. Daneben ändert sich beim Durchgang einer Front meist auch die Windgeschwindigkeit, hervorgerufen durch eine sprunghafte Änderung des Isobarenabstandes. Die Abbildung 8.14 zeigt schematisiert die beiden Fälle:

a) Abflauen des Windes bei Frontdurchgang und
b) Zunahme des Windes bei Frontdurchgang.

In beiden Fällen ist jedoch ein Rechtdrehen des Windes festzustellen. Ursache ist der unterschiedliche Winkel zwischen Isobaren und Frontverlauf. Bilden Isobaren und Front nahezu einen *rechten Winkel, so ist der Isobarenabstand bei einem gegebenen Druckunterschied am größten.* Wird der Raum, in dem bestimmte Druckunterschiede herrschen, aus irgendeinen Grund auf einer Seite der Front eingeengt, reagiert das Druckfeld mit einem Umbiegen der Isobaren: der Winkel zwischen Front und Isobarenrichtung wird kleiner.

Fall a) ist häufig anzutreffen, wenn ein vom Nordatlantik ostwärts ziehendes Frontensystem durch ein stationäres Hoch über Skandinavien blockiert wird. Die folgende Abbildung 8.15 zeigt einen idealisierten Isobarenverlauf, wie er etwa einer solchen Wetterlage entspricht. Stürmische Südost- bis Südwinde vor der Front sind hierfür charakteristisch.

Fall b) tritt ein, wenn einer ostwärts abziehenden Kaltfront ein gut ausgebildeter Hochkeil mit starkem Druckanstieg folgt und auf diese Weise die Isobaren stark in Nord-Süd-Richtung drehen (»Aufsteilen« der Strömung) bei gleichzeitiger Verringerung des Isobarenabstandes. Herbstliche und winterliche Wetterlagen liefern hierfür typische Beispiele, für die auch der Ausdruck **Rückseitenwetter** gebräuchlich ist.

In den folgenden Beispielwetterlagen, aber auch in den ausgestrahlten DLF-Seewetterberichten für Nord- und Ostsee sowie den DW-Seewetterberichten für das Mittelmeer und die Biskaya *sind die Wetterlagen stets drei Stunden älter als die Stationsmeldungen*; letztere repräsentieren den aktuellen Stand. Aus technischen Gründen ist es nicht möglich, auch schon die

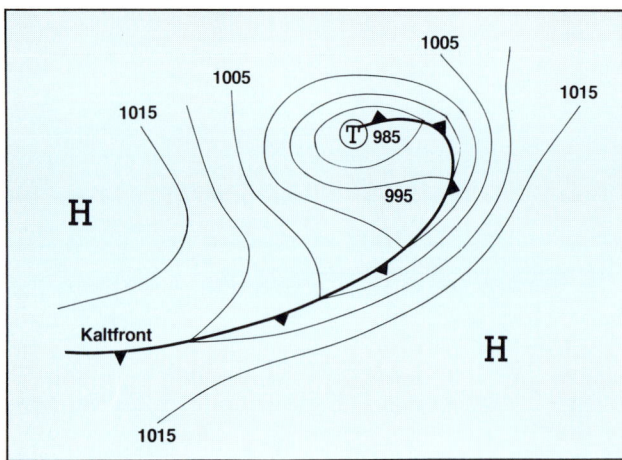

Abb. 8.15 Wirkung eines blockierenden Hochs auf das präfrontale Windfeld

In den Vordruck der Bordwetterkarte Nr. 9 ist der vollständige DLF-Seewetterbericht vom 06.09.1987, 06.40 Uhr MESZ eingetragen (Abb. 8.17a).

Die Erstellung der Bordwetterkarte (Abb. 8.17b) beginnt mit dem Eintragen der Stationsmeldungen (Kugelschreiber oder radierfester Stift!). Bei Berücksichtigung aller bereits angegebener Hinweise dürfte dieses keine Schwierigkeiten mehr bereiten. Bis auf das Ozeanwetterschiff »L« (24) und das Feuerschiff Mön (18) – das allerdings seit Frühjahr 1989 eingezogen und durch die Landstation Mön ersetzt wurde – handelt es sich ausschließlich um Küstenstationen. Deren Windrichtung und -stärke lassen nur bedingt Rückschlüsse auf die Windverhältnisse auf freier See zu (s.a. die »Kurzbeschreibung der Wetterstationen des DLF-Berichtes« im Anhang).

Im Bereich der westlichen Ostsee liegen die Stationen 15, 16 und 17 sowie 18 und 19 sehr gedrängt. Um alle Meldungen einzutragen, läßt man beim Luftdruck die Tausender- und Hunderterziffern weg (1015 -> 15, 995 -> 95). Mehrdeutigkeiten ergeben sich bei den in unseren Breiten üblichen Druckwerten nicht. Man beachte beim Eintragen der Windrichtungen an den Stationen die *stereographische Projektion* der Bordwetterkarte, die den Anfänger besonders am Kartenrand häufig zu fehlerhaften Windrichtungsübertragungen veranlaßt (nur der 0. Meridian läuft parallel zum Kartenrand).

Im zweiten Schritt werden die Druckgebilde und Fronten, die in der Wetterlage angegeben sind, in die Bordwetterkarte übernommen. Zunächst ist das Tief mit dem Kerndruck (minimaler Druckwert) von 981 hPa »knapp südlich« Island einzutragen. »Knapp südlich« Island heißt, daß der Kern sich in einer Entfernung von ca. 100 sm südlich von Island befindet. Er wird mit einem »T« und dem Kerndruckwert (9)81 gekennzeichnet. Wären im Einflußbereich des Tiefs Windstärken > 8 Bft gemessen worden, hätte das Tief die Bezeichnung *Sturmtief* erhalten. An einen bestimmten (niedrigen) Druckwert ist dabei die Bezeichnung »Sturmtief« nicht gebunden. Da das Tief seine Lage in den kommenden 24 Stunden nicht wesentlich verändert, werden Begriffe wie »stationär« oder »wenig ändernd« in den Seewetterberichten verwendet. Somit entfällt in der Bordwetterkarte der Verlagerungspfeil am entsprechenden Druckzentrum. Die zu dem Tief zugehörige *Okklusion* (manchmal auch *Ausläufer* genannt) wird anschließend markiert: drei Punkte mit Druckwerten sind genannt; sie werden mit kleinen Kreuzchen und zugehörigem Druckwert in die Bordwetterkarte eingetragen. Dabei ist natürlich die dreistündige Zeitdifferenz zwischen Wetterlage und Stationsmeldungen zu berücksichtigen. So liegt die Station List/Sylt (10) mit Regen und Südwind noch vor der Okklusion, Helgoland (9) mit der rechtgedrehten Windrichtung gegenüber List aber bereits kurz hinter der Front. Norderney (8) befindet sich auf jeden Fall in der Rückseitenkaltluft und meldet bei Westwind Schauer.

Mit Hilfe der Stationsmeldungen und zusätzlichen Druckangaben zur Festlegung der Frontposition kann nun die Okklusion, ausgehend vom Tiefkern, als Linie fixiert und mit den zugehörigen Symbolen versehen werden. Verlagerungen von Fronten und Trögen werden mit dem Begriff »schwenken« beschrieben, um zum Ausdruck zu bringen, daß sich diese Bewegung –

Wetterlage an den letzten Stand der Beobachtungswerte anzupassen.

Es gibt immer wieder Diskussionen mit Seglern darüber, warum das Seewetteramt bei dieser Praxis bleibt, denn durch die Zeitdifferenz wird gerade bei schnellen Entwicklungen die Analyse einer Bordwetterkarte nicht gerade erleichtert. Die dreistündigen Änderungen im Druckfeld, die aus den Angaben der Druckzentren in der Wetterlage und den Druckwerten der Stationswerte zum Ausdruck kommen, sind jedoch ein *zusätzliches Hilfsmittel zur Beurteilung der kurzfristigen Wetterentwicklung*. Man hat hier u.a. ein direktes Maß für Verlagerungsgeschwindigkeiten, Abschwächungs - oder Verstärkungsprozesse besonders bei schnellziehenden Tiefs. Unter Berücksichtigung dieser Abweichungen sollte die Lage der Fronten, Tröge, Hochs und Tiefs gemäß dem Druckfeld korrigiert werden.

8.3 Die Praxis an Bord: Ausgearbeitete Musterwetterlagen

In diesem Abschnitt werden eine Reihe von Seewetterberichten (Nord- und Ostsee-Seewetterberichte und Seewetterberichte für Mittelmeer und Biskaya) Schritt für Schritt durchgearbeitet, um das Anfertigen von Bordwetterkarten zu trainieren. Zunächst ein Wort vorweg: häufig beklagen sich Sportschiffer über Schwierigkeiten bei der Aufnahme der Seewetterberichte durch zu schnelles Verlesen der Texte. Es empfiehlt sich daher, die Berichte mit einem Tonbandgerät aufzunehmen und dann den Bericht zur Übertragung in die Bordwetterkarte abzuspielen; Hörfehler lassen sich dadurch weitgehend ausschließen.

Bft 6, Bug- und Heckwelle täuschen sehr hohen Seegang vor.

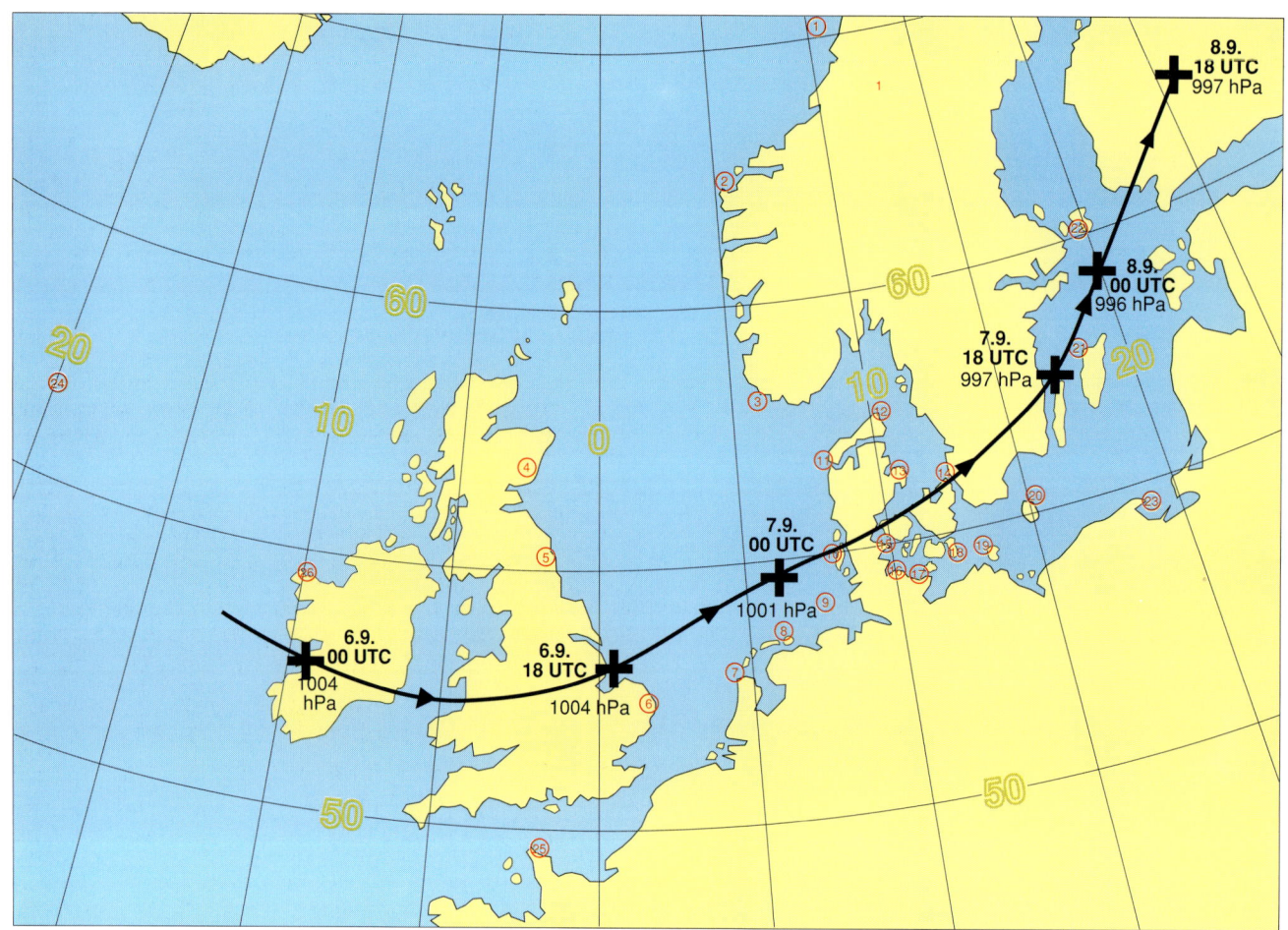

8.9.
18 UTC
997 hPa

8.9.
00 UTC
996 hPa

7.9.
18 UTC
997 hPa

7.9.
00 UTC
1001 hPa

6.9.
00 UTC
1004
hPa

6.9.
18 UTC
1004 hPa

Abb. 8.16 Zyklonenzugbahn vom 06.09.1987 bis 08.09.1987

in den meisten Fällen – aus einer *Drehbewegung um das jeweilige Tiefzentrum* und der Verlagerung des Tiefs zusammensetzt. Das Schwenken der Front wird schließlich in der Bordwetterkarte mit Pfeilen in Schwenkrichtung an der Frontlinie markiert.

In allen Seewetterberichten, die vom Deutschen Wetterdienst (DWD) verbreitet werden, wird folgende Reihenfolge im Berichtsschema eingehalten:

– Angabe des Tiefs mit Druckwert im Kern,
– Position des Tiefs,
– Position nach 24 Stunden oder Zugrichtung und Geschwindigkeit,
– die zu diesem Tief zugehörigen wetterwirksamen Fronten.

Eine Welle hat noch keine durch Isobaren markierte geschlossene Zirkulation. Die Welle über der Haltenbank ist durch zwei Stationsmeldungen gut belegt. So herrscht bei Sklinna (1) Ost Bft 4, während Svinöy (2) Westsüdwest 3 meldet. An dem Scheitel mit der Druckangabe wird der Zugrichtungspfeil in NE-Richtung eingetragen. Die Kaltfront wird anschließend mit den beiden angegebenen Punkten markiert. Eine weitere Welle befindet sich über Südirland, zieht rasch nach Ostnordost und wird nach 24 Stunden bereits über Süddänemark prognostiziert: es wird ein langer Zugrichtungspfeil eingetragen. Die zu dieser Welle gehörigen Fronten sowie deren Schwenkrichtungen sind in gleicher Weise zu übernehmen. Zuletzt sind die beiden genannten Hochs einzutragen und ihre Druckzentren jeweils mit einem »H« und ihrem Druckwert zu versehen. Der zu dem Hoch über Südfrankreich gehörende Keil läßt sich über der Nordsee anhand von Stationsmeldungen bezüglich seiner Achsenlage festlegen: so meldet Den Helder (7) WNW Bft 4, das ca. 200 km entfernte Hemsby (6) aber WSW Bft 3. Die Richtungsänderung im Windfeld zeigt, daß die Keilachse zwischen beiden Stationen liegt. Die zwei Punkte des Keils, die ihre Achsenlage angeben, helfen zusätzlich bei der Analyse des Druckfeldes.

Der schwierigste Teil beim Erstellen einer Bordwetterkarte ist das Zeichnen der Isobaren. Betrachtet man nur die Druckwerte der Stationsmeldungen westlich von ca. 5 Grad östlicher Länge, so wird ersichtlich: der Druck nimmt allgemein von Norden nach Süden zu. Entsprechend haben die Stationen Winde aus überwiegend westlichen Richtungen, und als Folge werden in diesem Gebiet auch die Isobaren einen ganz grob west-östlichen Verlauf annehmen. Dabei haben in Strömungsrichtung betrachtet der *tiefere Luftdruck stets links* und der *höhere stets rechts* von der betreffenden Isobare zu bleiben. Die Richtung der Windstärke-Fiedern ist jetzt von Nutzen, da sie – sofern richtig eingetragen ! – zum tiefen Luftdruck zeigen. Östlich ca. 5 Grad östlicher Länge nimmt der Druck von West nach Ost zu, so daß die Winde an den Stationen vorherrschend aus südlichen Richtungen wehen. Entsprechend weisen auch die Isobaren vorherrschend einen Nord-Süd-Verlauf auf.

Um Anhaltspunkte für die Abstände der Isobaren zu erhalten, können Hilfslinien dort gezogen werden, wo Stationen relativ weit auseinander liegen. Sinnvoll z.B. ist es, eine Hilfslinie zwischen den Stationen 6 und 4 zu ziehen und diese weiter zum Tiefkern 981 hPa zu verlängern. Zwischen den Druckwerten 1013 und 1004 hPa können die Schnittpunkte mit den Isobaren 1005 hPa (etwas südöstlich von Station 4) und 1010 hPa (südsüdöstlich von Station 5) markiert werden. Zwischen der Station 4 und der Tiefkernposition (981 hPa) können in erster Näherung gleiche Abstände für die Isobarenwerte 985, 990, 995 und 1000 hPa angenommen werden, da Windangaben in diesem Bereich nicht vorhanden sind. Die 1005 hPa-Isobare »beult« nach Südwesten hin aus und schließt die Welle über Südwestirland ein, da 4 einen SW-Wind meldet. Eine weitere Hilfslinie könnte zwischen Skagen (12) und Mariehamn (22) gelegt werden und die Analyse der Isobaren 1010 und 1015 hPa vereinfachen.

Generell sind Hilfslinien vom tiefen zum hohen Druck, die mehrere Isobaren schneiden, sinnvoller als solche in Gebieten mit geringen Druckgegensätzen. Bei der Festlegung der Schnittpunkte wird die an den Stationen gemessene Windstärke berücksichtigt: die Schnittpunkte werden nicht einfach entsprechend dem Verhältnis von Strecke und Druckunterschied festgelegt, sondern etwas zu den Stationen mit der höheren Windstärke verschoben, um dort einen engeren Isobarenabstand zu erhalten. Ein objektives Verfahren, um aus der Windgeschwindigkeit den Isobarenabstand zu ermitteln – oder umgekehrt –, wird am Ende dieses Kapitels erläutert.

Zweckmäßigerweise beginnt man mit dem Entwerfen der Isobaren (weicher Bleistift !) dort, wo der Verlauf aufgrund vieler Stationsmeldungen eindeutig ist. An den Fronten weisen die Isobaren »Knicke« auf. Besonders gut lassen sich die Richtungsänderungen an Hand der 1010-hPa-Isobare verfolgen, die von Ostengland aus nördlich von Norderney (8) nach Helgoland (9) und dann nach Nordosten bis Fornaes (13), weiter nach Südosten an die Kaltfront südsüdwestlich von Kullen (14) und von dort nach Norden durch Kullen gelegt werden muß.

Der Verlauf der 1010-hPa- und 1015-hPa-Isobaren läßt über der südwestlichen Nordsee deutlich eine kräftige antizyklonale Krümmung und damit den Keil des südfranzösischen Hochs erkennen. Wichtig für den weiteren Wetterverlauf ist die entwicklungsfähige Welle über Südwestirland, die rasch nach ostnordost ziehen wird. Mit ihrer Wetterwirksamkeit ist in der Nordsee bereits innerhalb der folgenden 24 Stunden zu rechnen.

Zusammenfassend: Es handelt sich hier um eine beginnende Westwindwetterlage, deren Einfluß sich von Westeuropa über die Nordsee bis zur Ostsee durchsetzen wird. Damit ist zu erwarten, daß sich der Hochdruckeinfluß über Nordosteuropa bald abschwächen wird.

Als Beobachter in der Deutschen Bucht hatte man eventuell noch mit einer Wetterberuhigung aufgrund des Hochkeiles gerechnet, zumal der Druck noch anstieg (das Barometer sollte ständig abgelesen werden). Beim Beobachten des Windes war aber festzustellen, daß ab Mittag ein Rückdrehen einsetzte und der Druckanstieg aufhörte. Damit hatte die Keilachse den Beobachter von West nach Ost passiert, und am westlichen Horzont waren als weitere Zeichen eines beginnden Aufzuges Cirren zu sehen.

01.05 (1539 und 1269 kHz), 06.40 (1269 kHz) Uhr GZ

Wetterlage von 6.9. , 02 Uhr	Stationsmeldungen vom 6.9. , 05 Uhr	Vorhersagen bis heute 24 Uhr - heute 12 Uhr - heute 18 Uhr	Aussichten bis morgen 12 Uhr - heute 24 Uhr - morgen 06 Uhr
TIEF 981 KNAPP SÜDLICH ISLAND FESTLIEGEND. OKKLUSION 1000 AUF 62N 00W, 1010 DEUTSCHE BUCHT, 1015 WESTDEUTSCHLAND WENIG OSTSCHWENKEND. WELLE 1004 HALTENBANK NORDOSTZIEHEND. SCHWACHE KALTFRONT 1010 KULLEN, 1015 CSSR WENIG OSTSCHWENKEND. WELLE 1003 SÜDWESTIRLAND RASCH OSTNORDOSTZIEHEND, MORGEN FRÜH SÜDDÄNEMARK. WARMFRONT 1015 WESTTEIL ENGL. KANAL RASCH OSTNORDOSTSCHWENKEND. KALTFRONT 1010 AUF SON 18W FOLGEND. HOCH 1023 FINN. MEERBUSEN FESTLIEGEND. HOCH 1027 SÜDFRANKREICH FESTLIEGEND. KEIL 1015 THEMSE, 1010 DOGGER RASCH OSTSCHWENKEND	1 Sklinna E 4, -, 12, 1009 2 Svinöy WSW 3, -, 13, 1006 3 Lista ESE 3, •, 12, 1007 4 Aberdeen SSW 1, -, 8, 1004 5 Tynemouth WSW 3, -, 10, 1008 6 Hemsby WSW 3, -, 10, 1013 7 Den Helder WNW 4, -, 15, 1012 8 Norderney W 4, ▽, 14, 1011 9 Helgoland SW 4, •, 16, 1010 10 List auf Sylt S 4, •, 15, 1009 11 Thyboron SSE 3, •, 13, 1008 12 Skagen STILLE , 9, 15, 1009 13 Fornae WSW 3, -, 13, 1010 14 Kullen SSE 3, 9, 14, 1010 15 Kegnaes 16 Kiel-Holtenau SSE 1, =, 14, 1012 17 Puttgrd.-Aut. SW 2, KB, 13, 1011 18 FS Mön Südost WSW 3, =, 15, 1011 19 Arkona W 2, =, 16, 1011 20 Bornholm SSE 4, -, 15, 1011 21 Visby ESE 2, -, 13, 1016 22 Mariehamn SSE 3, -, 12, 1019 23 Hel S 3, -, 14, 1015 24 O-wetterschiff L W 6, ▽, 12, 998 25 Cherbourg WSW 3, -, 13, 1018 26 Belmullet -	N10, Deutsche Bucht SÜDWEST 5, GUTE SICHT Südwestliche Nordsee (N11 Humber, N12 Themse) WEST BIS SÜDWEST 4, ZUNEHMEND 6, MITTLERE SICHT N9, Fischer SÜDWEST 4, ZUNEHMEND 5, DIESIG B14, Skagerrak SÜDOST 5, SÜDWESTDREHEND, DIESIG B13, Kattegat SÜDOST BIS SÜD 4, WESTDREHEND, DIESIG B12, Belte und Sund SÜDOST BIS SÜD 4, WESTDREHEND, DIESIG B11, Westliche Ostsee SÜD 4, WESTDREHEND, DIESIG B10, Südliche Ostsee SÜD 4, WESTDREHEND, DIESIG	SÜDWEST BIS SÜD 5 ZUNEHMEND 6 SÜD 6 BIS 7, SÜDWESTDREHEND SÜD BIS SÜDOST 5, ZUNEHMEND 6 SÜDWEST 5, SÜDDREHEND SÜDWEST BIS SÜD 5 SÜDWEST BIS SÜD 5 SÜDWEST 5 SÜDWEST 5

Abb. 8.17a DLF-Seewetterbericht vom 06.09.1987, 06.40 Uhr

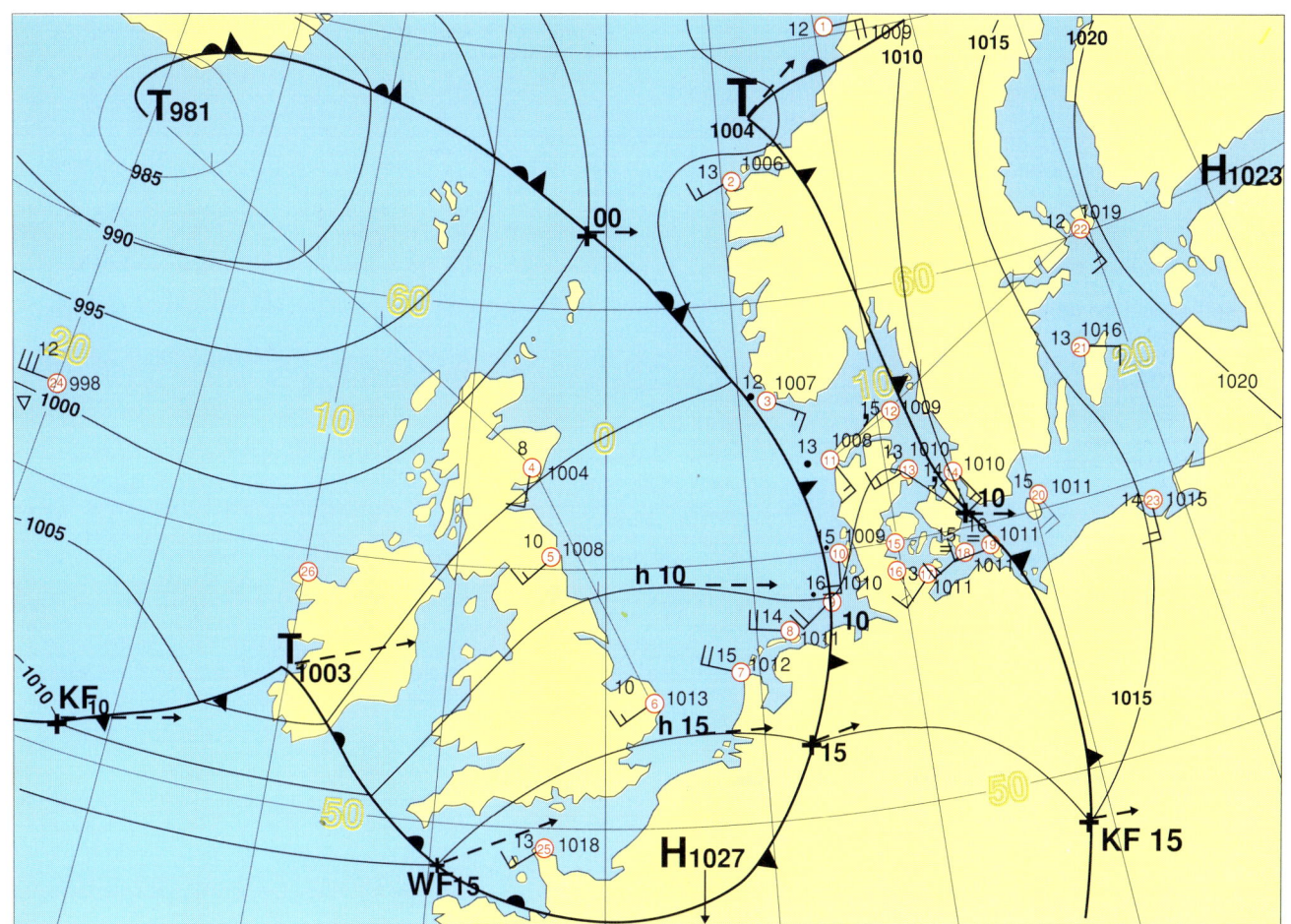

Abb. 8.17b Wetterlage vom 06.09.1987, 00/03 UTC

Wetterlage von 6.9, 20 Uhr	Stationsmeldungen vom 6.9, 23 Uhr	Vorhersagen bis ~~heute 24 Uhr~~ – heute 12 Uhr ~~– heute 18 Uhr~~	Aussichten bis ~~morgen 12 Uhr~~ – heute 24 Uhr ~~– morgen 06 Uhr~~
UMFANGREICHES TIEF 984 KNAPP SÜDÖSTLICH ISLAND FESTLIEGEND, ABSCHWÄCHEND. OKKLUSION 1000 HALTEN-BANK, 1010 SÜDWESTLICH STOCKHOLM, 1020 WESTPOLEN NORDOSTSCHWENKEND. RANDTIEF 1004 OSTENGLAND RASCH OSTNORDOST ZIEHEND, MONTAGABEND LITAUEN, VERTIEFEND. WARMFRONT 1015 BELGIEN NORDOSTSCHWENKEND. KALTFRONT 1015 WESTTEIL ENGL. KANAL OSTSCHWENKEND. HOCH 1023 DONAURAUM FESTLIEGEND. HOCH 1022 ÖSTLICH DES BALTIKUMS WENIG OSTVERLAGERND	1 Sklinna ESE 5, -, 13, 1003 2 Svinöy SSW 6, -, 13, 1002 3 Lista WSW 5, 0, 14, 1007 4 Aberdeen STILLE, -, 12, 1005 5 Tynemouth SSW 2, -, 12, 1007 6 Hemsby SSW 5, =, 16, 1006 7 Den Helder S 5, •, 14, 1010 8 Norderney — 9 Helgoland SW 4, -, 15, 1014 10 List auf Sylt SW 4, -, 15, 1012 11 Thyboron WSW 4, 0, 14, 1009 12 Skagen SSW 4, -, 13, 1010 13 Fornaes SSW 3, -, 14, 1012 14 Kullen SW 5, -, 15, 1013 15 Kegnaes SSW 5, 0, 15, 1014 16 Kiel-Holtenau WSW 1, •, 14, 1016 17 Puttgrd.-Aut. SSW 3, -, 14, 1015 18 FS Mön Südost SSW 3, -, 15, 1015 19 Arkona SSW 3, -, 12, 1016 20 Bornholm WSW 4, -, 15, 1016 21 Visby S 2, -, 13, 1013 22 Mariehamn SSE 4, -, 14, 1013 23 Hel SW 3, =, 16, 1016 24 O-wetterschiff L W 6, 0, 14, 1002 25 Cherbourg WSW 5, •, 17, 1016 26 Belmullet —	**N10, Deutsche Bucht** SÜD BIS SÜDWEST 5 BIS 6, ZUNEHMEND 7 BIS 8, DIESIG **Südwestliche Nordsee (N11 Humber, N12 Themse)** SÜDWEST 7 BIS 8, WEST- BIS NORDWEST-DREHEND, ABNEHMEND 5, GUTE SICHT **N9, Fischer** SÜDWEST 4 BIS 5, OST- BIS NORDOSTDREHEND, GUTE SICHT **B14, Skagerrak** SÜDWEST BIS SÜD 4 BIS 5, SPÄTER SCHWACHWINDIG, MITTLERE SICHT **B13, Kattegat** SÜDWEST BIS SÜD 4 BIS 5, OST-DREHEND, GUTE SICHT **B12, Belte und Sund** SÜDWEST BIS SÜD 4 BIS 5, SÜD-OSTDREHEND, ZUNEHMEND 6, GUTE SICHT, SPÄTER DIESIG **B11, Westliche Ostsee** SÜDWEST BIS SÜD 4 BIS 5, ZUNEHMEND 7, SPÄTER RECHTDREHEND, DIESIG **B10, Südliche Ostsee** SÜDWEST BIS SÜD 4 BIS 5, ZUNEHMEND 6 BIS 7, MITTLERE SICHT	AUF WEST BIS NORDWEST DREHENDE WINDE 5 BIS 6 WEST BIS NORDWEST 3 BIS 4 NORDWEST BIS WEST UM 6 SCHWACHWINDIG, SPÄTER NORDWEST 4 BIS 5 NORDWESTDREHENDE WINDE ZUNEHMEND 6 WEST BIS NORDWEST-DREHENDE WINDE 6 BIS 7 WEST BIS NORDWEST 6 BIS 7 WEST BIS NORDWEST 7

Abb. 8.18a DLF-Seewetterbericht vom 07.09.1987, 01.05 Uhr

DLF-Seewetterbericht vom 07.09.1987, 01.05 UHR

Erwartungsgemäß hat das Tief südlich von Island nur geringfügig seine Position und Intensität geändert. Es übt auf die Zirkulation im Kartenausschnitt eine steuernde Wirkung aus und wird daher auch mit dem Begriff »umfangreiches Tief« oder »Zentraltief« bezeichnet. Demgegenüber entwickelte sich aus der Welle über den Britischen Inseln ein Randtief, allerdings noch ohne wesentliche Luftdruckänderung im Kern. *Randtiefs haben mindestens noch eine mit dem vorgenannten Tief gemeinsame Isobare*, jedoch im Gegensatz zur Welle mindestens eine abgeschlossene Isobare im Kernbereich. Die Zuggeschwindigkeit des Randtiefs wird mit »rasch« beschrieben; somit liegt sie höher als 20 Knoten.

Die Lage der Warmfront ist durch zwei Stationsmeldungen gut erfaßt: so meldet Den Helder (7) bei S 5 Regen und 14 Grad Celsius, während Hemsby (6) SSW 5 und diesiges Wetter bei 16 Grad Celsius hat. Hemsby liegt somit im Warmsektor, während Den Helder von den Aufgleitprozessen der Warmfrontvorderseite erfaßt wird. Noch liegt Cherbourg (20) im Warmsektor mit 17 Grad Celsius, doch der Regen deutet schon die kurz bevorstehende Kaltfrontpassage an. Tynemouth (5) SSW 2 liegt im druckgradientschwachen Gebiet zwischen dem Tief bei Island und seinem Randtief über Südostengland. Aberdeen (4) meldet sogar Windstille, doch ist hier schon ein Druckgradient nach Nordwesten hin zum Tief zu erkennen; hier wirkt bei ablandigen Winden das gebirgige Hinterland modifizierend auf Windrichtung und -stärke. Man kann davon ausgehen, daß im Seegebiet östlich von Aberdeen noch schwache bis mäßige südwestliche Winde herrschen. Der in der Voranalyse über der südwestlichen Nordsee gelegene Keil ist anhand der Stationsmeldungen zwischen Helgoland (9) und Bornholm (20) kaum noch zu finden: alle Stationen melden Winde zwischen SSW und SW; somit wird auch in der Wetterlage der Keil nicht mehr

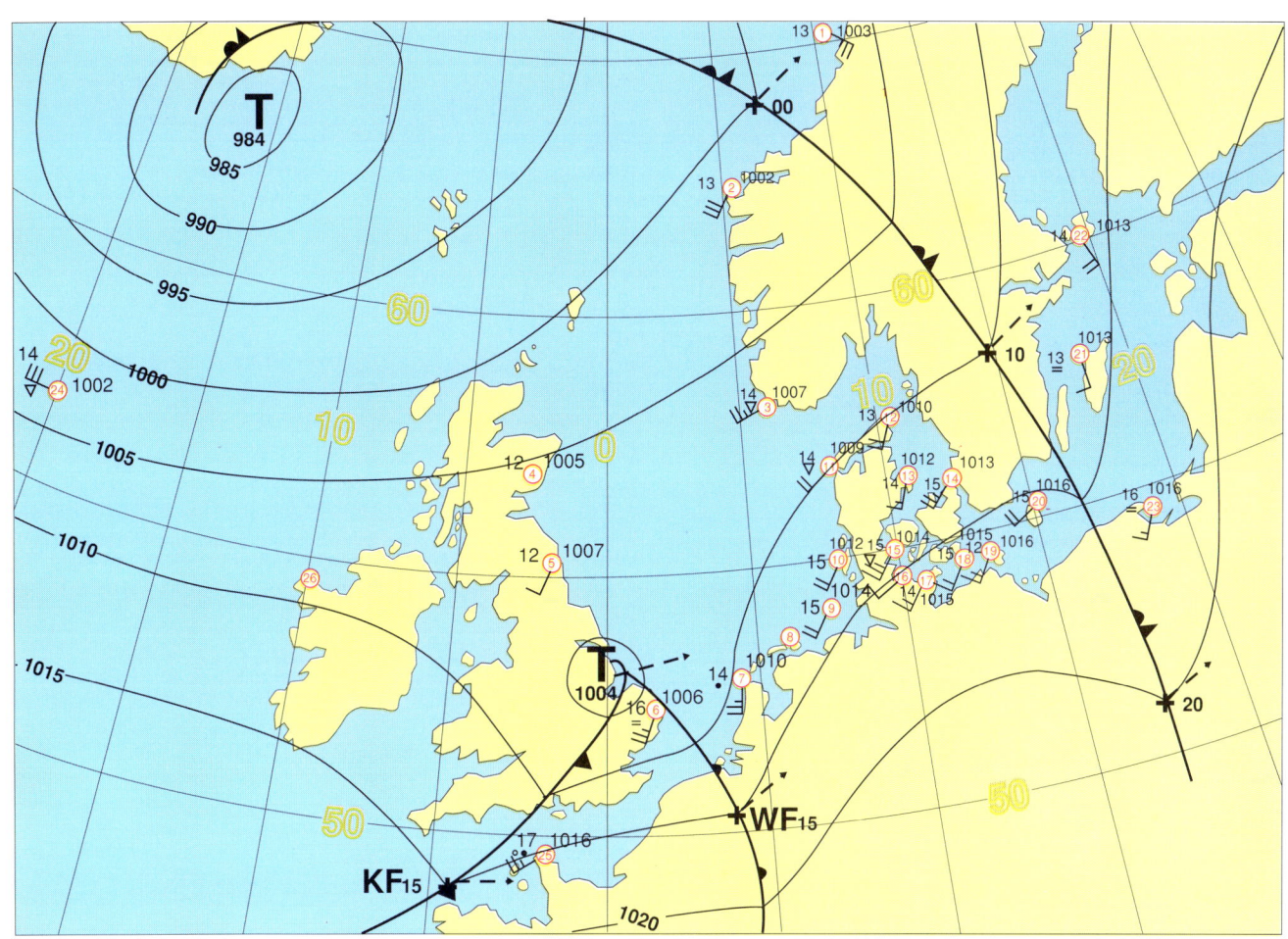

Abb. 8.18b Wetterlage vom 06.09.1987, 20/23 UTC

angesprochen. Das Hoch über Nordosteuropa hat seinen Schwerpunkt erwartungsgemäß nach Osten verlagert und verliert damit seinen Einfluß auch auf die östlichen und nördlichen Ostseegebiete. Gleichzeitig konnte die Okklusion (Ausläufer) des Zentraltiefs bei Island weiter nordostwärts über Skandinavien vordringen. Die in der Wetterlage vom 06.09.1987, 00 UTC genannte »schwache Kaltfront« der Welle über der Haltenbank hat weiter an Wetterwirksamkeit verloren und wird nicht mehr analysiert. Interessant bleibt jetzt die Entwicklung des Randtiefs über Südostengland. Würde sich das Tief jetzt stark vertiefen, müßte es in seiner Zugbahn eine stärker nordwärts gerichtete Bahn einschlagen (»Eindrehen« des Tiefs) und dabei gleichzeitig die Zuggeschwindigkeit verringern. Der Seewetterbericht nennt allerdings keine Änderung des Kerndrucks; das Tief wird dann in Richtung der Isobaren seiner Warmsektorströmung weiterziehen. Der Beobachter im Bereich der Zugbahn, z.B. bei

List/Sylt, muß die Windrichtung in den kommenden Stunden genau verfolgen: dreht der Wind fortwährend rück, zieht der Tiefkern südlich vorbei (auch wenn es dabei regnet !), kommt der Wind dagegen weiterhin aus südöstlichen Richtungen, wird der Tiefkern den Beobachter nördlich passieren.

Wetterlage von 7.9., 02 Uhr	Stationsmeldungen vom 7.9., 05 Uhr	Vorhersagen bis heute 24 Uhr / heute 12 Uhr / heute 18 Uhr	Aussichten bis morgen 12 Uhr / heute 24 Uhr / morgen 06 Uhr
UMFANGREICHES TIEF 981 AUF 62N 17W FESTLIEGEND, ABSCHWÄCHEND. RANDTIEF 1001 DEUTSCHE BUCHT OST-NORDOSTZIEHEND, MORGEN FRÜH ESTLAND. WARMFRONT 1015 THÜRINGEN NORDOST-SCHWENKEND. KALTFRONT 1010 NIEDERLANDE, 1015 NORDWEST FRANKREICH OST-SCHWENKEND. WEITERES RANDTIEF 994 KNAPP NORDWESTLICH HALTENBANK NORDZIEHEND. OKKLUSION 1010 NÖRDLICHE OSTSEE NORDOSTSCHWENKEND. HOCH 1023 OBERÖSTERREICH WENIG OSTWANDERND. HOCH 1023 SÜDOSTFRANKREICH FESTLIEGEND.	1 Sklinna ESE 5, -, 12, 1000 2 Svinöy SW 5, -, 12, 1001 3 Lista SSW 4, -, 14, 1001 4 Aberdeen SW 3, -, 9, 1006 5 Tynemouth W 3, -, 9, 1009 6 Hemsby W 4, •, 13, 1013 7 Den Helder NW 4, -, 16, 1008 8 Norderney W 6, •, 14, 1003 9 Helgoland SSW 7, 9, 15, 1003 10 List auf Sylt S 6, •, 14, 1003 11 Thyborön SSE 2, •, 12, 1006 12 Skagen SSW 4, -, 12, 1007 13 Fornaes SSW 4, •, 13, 1008 14 Kullen SSW 5, •, 13, 1009 15 Kegnaes S 6, •, 14, 1008 16 Kiel-Holtenau SSE 3, •, 13, 1008 17 Puttgrd.-Aut. S 4, -, 14, 1009 18 FS Mön Südost SSE 4, -, 15, 1011 19 Arkona S 4, -, 13, 1012 20 Bornholm S 3, -, 15, 1013 21 Visby SSW 3, =, 13, 1011 22 Mariehamn SSE 4, •, 12, 1010 23 Hel S 2, =, 14, 1015 24 O-wetterschiff L W 7, ▽, 12, 1003 25 Cherbourg W 2, -, 15, 1018 26 Belmullet —	**N10, Deutsche Bucht** WEST BIS NORDWEST 6 BIS 7, ABNEHMEND 5, MITTLERE SICHT **Südwestliche Nordsee (N11 Humber, N12 Themse)** WEST 6 BIS 7, ABNEHMEND 4, GUTE SICHT **N9, Fischer** WEST BIS NORDWESTDREHENDE WINDE 5 BIS 6, GUTE SICHT **B14, Skagerrak** SCHWACHWINDIG, SPÄTER NORDWEST 4, GUTE SICHT **B13, Kattegat** SÜDOST 4 BIS 5, RÜCKDREHEND, GUTE SICHT **B12, Belte und Sund** SÜD 6 BIS 7, NORD- BIS NORDWESTDREHEND, DIESIG **B11, Westliche Ostsee** SÜD 7, WEST- BIS NORDWESTDREHEND, DIESIG **B10, Südliche Ostsee** SÜD ZUNEHMEND 7, SPÄTER RECHTDREHEND, MITTLERE SICHT	WESTLICHE WINDE 4, SPÄTER SCHWACHWINDIG SCHWACHWINDIG WEST 5 BIS 6, SPÄTER SCHWACHWINDIG NORDWEST UM 4 NORDWEST 5 BIS 6, ABNEHMEND 4 NORDWEST 5 BIS 6, ABNEHMEND 4 WEST 5 BIS 6, ABNEHMEND 4 WEST BIS NORDWEST 7, ABNEHMEND 5

Abb. 8.19a DLF-Seewetterbericht vom 07.09.1987, 06.40 Uhr

DLF-Seewetterbericht vom 07.09.1987, 06.40 UHR

Noch immer liegt das umfangreiche Tief unverändert südsüdöstlich von Island, hat sich aber im Kerndruck etwas abgeschwächt. Es wird sich entsprechend der 24stündigen Prognosen weiter abschwächen und damit seine Steuerfunktion allmählich verlieren. Der Kern des Randtiefs über der Deutschen Bucht ist anhand von Stationsmeldungen gut belegt: er liegt westlich von List (10) bei Südwind und nördlich von Norderney (8) mit Westwind. Das Tief hat sich gegenüber dem Vortermin nur um ca. 3 hPa vertieft, so daß die Zugbahn fast richtungsgleich blieb. Alle Stationen an der deutschen und dänischen Nordseeküste melden Regen. Bei Thyborön (11) hat der Wind von WSW auf SSE rückgedreht und abgenommen. Diese Station liegt offensichtlich im druckgradientschwachen Gebiet zwischen dem Zentraltief bei Island und dem Randtief in der Deutschen Bucht. Der Regen beweist zwar die Aufgleitvorgänge der Tiefdruckvorderseite des Randtiefs, doch bleibt zu erwarten,

daß der Tiefkern südlich an Thyborön vorbeiziehen und damit der Wind bei weiterhin geringer Stärke rückdrehen wird. Schwieriger ist die Frage der Zugbahn des Tiefs bezüglich der Stationen List, Kegnaes (15) und Kullen (14) zu beantworten. Hier kann nur kontinuierliches Beobachten der Windverhältnisse »vor Ort« weiteren Aufschluß geben. Auf jeden Fall liegt Helgoland südsüdöstlich des Tiefkerns bereits im Warmsektor und meldet Sprühregen bei SSW Bft 7. Norderney wurde hingegen vor kurzer Zeit von der Kaltfront überquert: der Wind hat rechtgedreht, die Temperatur beginnt zu sinken und der gemeldete Regen wird bald aufhören. Ein Barograph an Bord würde hier Druckanstieg anzeigen. An der Okklusion des Islandtiefs hat sich ein kleinräumiges Randtief entwickelt, das nordwärts ziehen und damit bald außerhalb des Kartenausschnitts liegen wird. Die Okklusion ist über der nördlichen Ostsee zwischen Mariehamn (22) mit SSE Bft 4 und Regen sowie Visby (21) mit

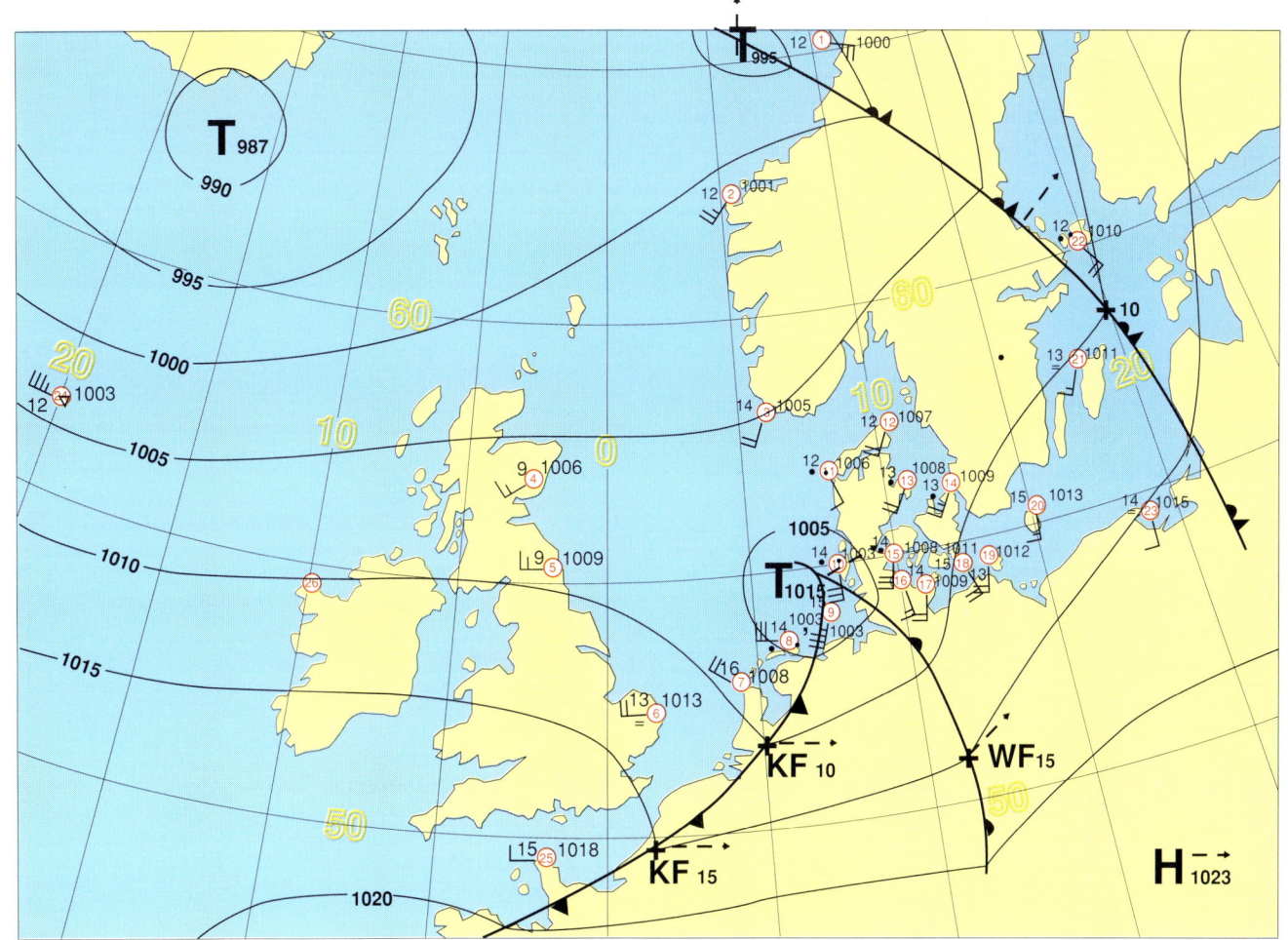

Abb. 8.19b Wetterlage vom 07.09.1987, 00/03 UTC

SSW Bft 3 gut zu finden. Im Vergleich zur Voranalyse ist deutlich die zunehmende Ausrichtung des Isobarenfeldes in WSW-ENE- Richtung bei meist südwestlichen Winden zu sehen, d.h. der tiefe Druck ist im Norden, der Hochdruck im Süden zu finden.

DLF-Sendung vom 08.09.1987   01.05 (1539 und 1269 kHz), ~~06.40~~ (1269 kHz) Uhr GZ

Wetterlage von 7.9., 20 Uhr	Stationsmeldungen vom 7.9., 23 Uhr	Vorhersagen bis ~~heute 24 Uhr~~ – heute 12 Uhr – ~~heute 18 Uhr~~	Aussichten bis ~~morgen 12 Uhr~~ – heute 24 Uhr – ~~morgen 06 Uhr~~
KLEINRÄUMIGES STURMTIEF 997 KNAPP WESTLICH GOTLAND NORDOSTZIEHEND. KALTFRONT 1015 SÜDÖSTLICHE DDR, 1020 NORDWESTFRANKREICH NORDOSTISCHWENKEND. TIEF 994 NORWEGISCHE SEE LANGSAM NORDZIEHEND, OKKLUSION 1002 KNAPP NÖRDLICH STOCKHOLM, 1005 NÖRDLICHES BALTIKUM NORDOSTSCHWENKEND. REST TIEF 997 SÜDOSTISLAND AUFFÜLLEND. HOCH 1024 SÜDLICH IRLAND OSTVERLAGERND, DIENSTAGNACHT SÜDDEUTSCHLAND. HOCH 1022 OSTALPEN FESTLIEGEND. HOCH 1013 FINNLAND FESTLIEGEND.	1 Sklinna S 4, -, 10, 1002 2 Svinöy S 4, -, 11, 1002 3 Lista WNW 5, -, 13, 1007 4 Aberdeen WSW 3, -, 10, 1012 5 Tynemouth W 4, -, 12, 1015 6 Hemsby WSW 2, -, 12, 1017 7 Den Helder WSW 3, -, 14, 1017 8 Norderney W 4, -, 14, 1016 9 Helgoland WNW 5, -, 15, 1014 10 List auf Sylt WNW 5, -, 14, 1012 11 Thyboron WNW 5, -, 14, 1009 12 Skagen W 6, -, 13, 1005 13 Fornaes W 3, -, 10, 1008 14 Kullen WNW 6, -, 13, 1007 15 Kegnaes WNW 3, -, 13, 1012 16 Kiel-Holtenau W 3, -, 12, 1013 17 Puttgrd.-Aut. W 4, -, 12, 1012 18 FS Mön Südost W 5, -, 14, 1011 19 Arkona WSW 5, -, 13, 1011 20 Bornholm W 6, -, 14, 1009 21 Visby SSE 1, -, 12, 998 22 Mariehamn ENE 3, •, 12, 1003 23 Hel SSE 2, -, 15, 1008 24 O-wetterschiff L WSW 5, -, 13, 1012 25 Cherbourg STILLE, ≡, 12, 1020 26 Belmullet ~	**N10, Deutsche Bucht** WEST BIS NORDWEST 5, GUTE SICHT **Südwestliche Nordsee (N11 Humber, N12 Themse)** WEST 4, GUTE SICHT **N9, Fischer** WEST 6, SCHAUERBÖEN, SONST GUTE SICHT **B14, Skagerrak** WEST 6, OSTTEIL: SÜDWEST 4, GUTE SICHT **B13, Kattegat** WEST 6, SCHAUERBÖEN, SONST GUTE SICHT **B12, Belte und Sund** WEST 6, SCHAUERBÖEN, SONST GUTE SICHT **B11, Westliche Ostsee** WEST 6, VORÜBERGEHEND ABNEHMEND 4, SCHAUERBÖEN, SONST GUTE SICHT **B10, Südliche Ostsee** WEST 8, RASCH ABNEHMEND 6, GEWITTERBÖEN, SONST GUTE SICHT	WEST BIS NORDWEST 6 WEST BIS NORDWEST 5 WEST BIS NORDWEST 6 WEST 6 WEST 5 WEST 5 WEST 6 WEST 6

Abb. 8.20a DLF-Seewetterbericht vom 08.09.1987, 01.05 Uhr

DLF-Seewetterbericht vom 08.09.1989, 01.05 UHR

Noch immer besitzt das jetzt bei Gotland liegende Tief Randtiefcharakter, aber es hat sich um weitere 6 hPa vertieft und in seinem Zirkulationsbereich an seiner Südseite Weststurm (≥ Bft 8) erzeugt. Somit wurde der Begriff »Sturmtief« dieser Zyklone zugeordnet. Es nimmt jetzt eine mehr nach Norden gerichtete Zugbahn unter gleichzeitig abnehmender Zuggeschwindigkeit an. Seine Kaltfront ist innerhalb von 18 Stunden von den Niederlanden bis Polen geschwenkt, liegt aber noch vor Hel (23). Das bislang steuernde Tief bei Island hat während der vergangenen Stunden rasch an Wetterwirksamkeit verloren und füllt sich auf. Gleichzeitig entwickelte sich das im Vorbericht genannte Randtief über der Norwegischen See zu einem neuen Zirkulationszentrum und hat damit die Steuerfunktion übernommen. Fast alle Stationen an der Nordsee und an den westlichen Teilen der Ostsee melden Winde aus West bis Nordwest. In der Rückseitenkaltluft hat sich südlich von Irland ein *flacher Hochkeil* gebildet, der nach Süddeutschland schwenken wird. Diese Prozesse sind nach Tiefdruckpassagen immer wieder zu beoachten.

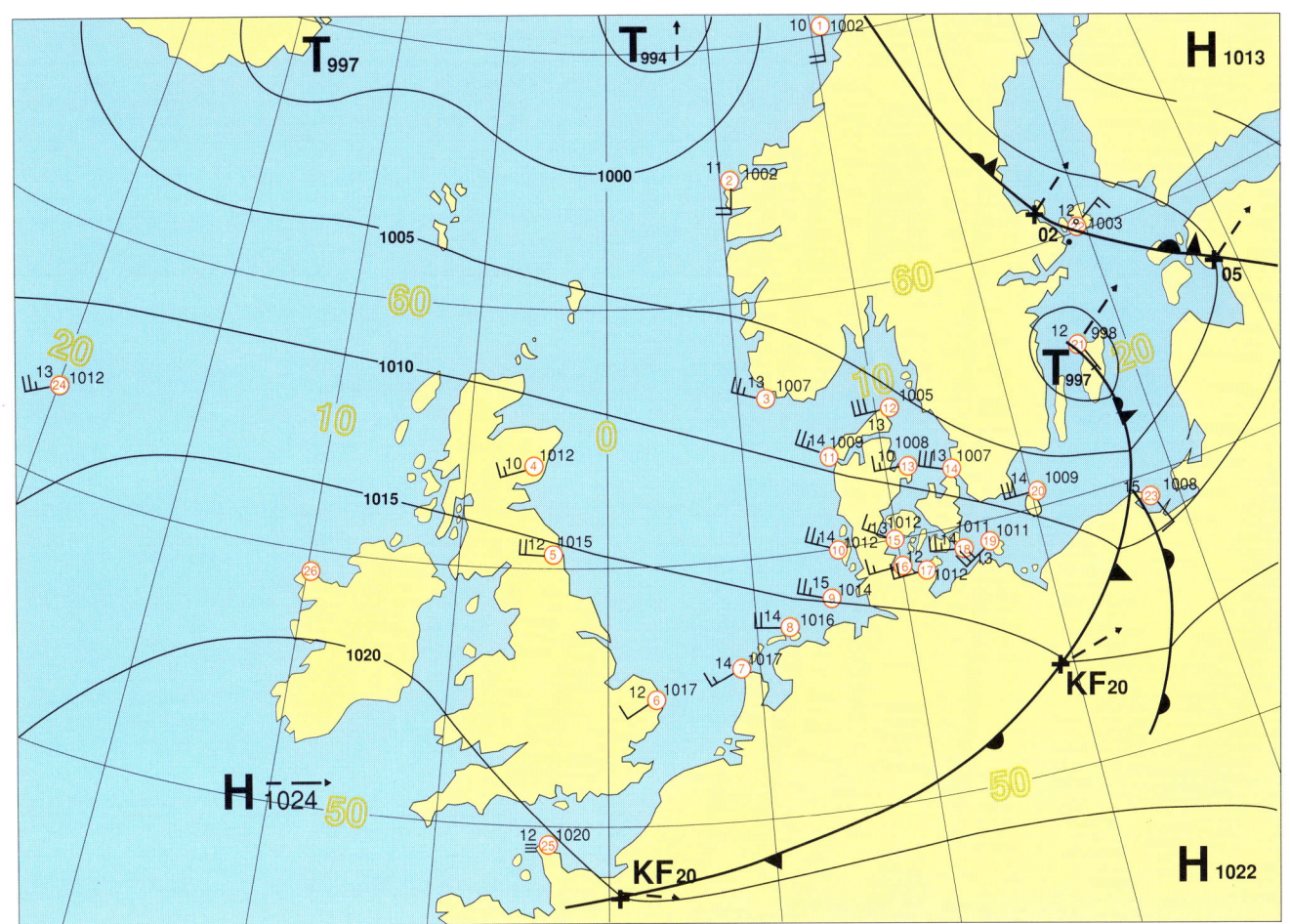

Abb. 8.20b Wetterlage vom 07.09.1987, 18/21 UTC

Wetterlage von 8.9., 02 Uhr	Stationsmeldungen vom 8.9., 05 Uhr	Vorhersagen bis heute 24 Uhr / heute 12 Uhr / heute 18 Uhr	Aussichten bis morgen 12 Uhr / heute 24 Uhr / morgen 06 Uhr
TIEF 996 NÖRDLICHE OSTSEE NORDNORDOST- ZIEHEND, ABSCHWÄCHEND. OKKLUSION 1005 BALTI- KUM, 1015 POLEN, 1020 SÜDWESTDEUTSCHLAND OSTSCHWENKEND. FLACHER TROG, 1005 NORDTEIL SKAGERRAK OSTSÜDOST- SCHWENKEND. TIEF 994 EUROPÄISCHES NORD- MEER WENIG NORDNORD- WESTZIEHEND. HOCH 1023 WESTAUSGANG KANAL OSTSÜDOSTVERLAGERND. HOCH 1024 SÜDWESTLICH IRLAND OSTNORDOSTVER- LAGERND. KEIL 1010 AUF 60N 17W OST- SCHWENKEND. WEITE- RER KEIL 1015 DOGGER 1005 NORDWESTLICH STOCKHOLM SÜDOST- SCHWENKEND.	1 Sklinna SSE 3, -, 10, 1003 2 Svinöy SSW 4, -, 11, 1002 3 Lista WNW 5, 0, 13, 1008 4 Aberdeen SW 3, -, 10, 1013 5 Tynemouth SW 2, -, 9, 1016 6 Hemsby W 2, -, 9, 1019 7 Den Helder W 3, -, 14, 1017 8 Norderney W 4, -, 14, 1016 9 Helgoland WNW 5, -, 15, 1014 10 List auf Sylt WNW 4, -, 14, 1012 11 Thyboron WNW 5, -, 14, 1009 12 Skagen W 6, -, 13, 1007 13 Fornaes WSW 3, -, 8, 1009 14 Kullen WNW 5, -, 13, 1005 15 Kegnaes W 3, -, 12, 1012 16 Kiel-Holtenau SW 2, -, 10, 1014 17 Puttgrd.-Aut. WSW 3, -, 12, 1012 18 FS Mön Südost W 4, -, 13, 1012 19 Arkona W 5, -, 12, 1012 20 Bornholm W 6, -, 13, 1010 21 Visby W 5, •, 12, 1002 22 Mariehamn N 3, •, 11, 1000 23 Hel SW 4, -, 13, 1008 24 O-wetterschiff L S 4, -, 13, 1012 25 Cherbourg NW 2, -, 12, 1021 26 Belmullet	N10, Deutsche Bucht WEST BIS NORDWEST 5, GUTE SICHT Südwestliche Nordsee (N11 Humber, N12 Themse) WEST BIS NORDWEST 4, GUTE SICHT N9, Fischer WEST BIS NORDWEST 6, GUTE SICHT B14, Skagerrak WESTTEIL: WEST 6, SONST WEST 4, GUTE SICHT B13, Kattegat WEST 6, GUTE SICHT B12, Belte und Sund WEST 5, GUTE SICHT B11, Westliche Ostsee WEST BIS SÜDWEST 5, GUTE SICHT B10, Südliche Ostsee WEST 6, GUTE SICHT	WEST 4 WEST BIS SÜDWEST 4 WEST 5 WEST BIS SÜDWEST 5 WEST 5 WEST 5 WEST BIS NORDWEST 5 WEST 6

Abb. 8.21a DLF-Seewetterbericht vom 08.09.1987, 06.40 Uhr

DLF-Seewetterbericht vom 08.09.1987, 06.40 UHR.

Innerhalb weiterer 6 Stunden hat sich auf der Rückseite des Tiefs nordöstlich von Gotland ein *Trog* gebildet, der im Seewetterbericht mit der Druckwertangabe »1005 hPa nördliches Skagerrak« angesprochen wird. Sein prognostiziertes Ostschwenken wird zumindest in den Ostteilen der Ostsee ein vorübergehendes Rückdrehen des Windes bewirken. Nach Passage der Trogachse muß aber wieder mit Starkwind aus W bis NW gerechnet werden. Das steuernde Tief liegt im Nordmeer zwar außerhalb des Kartenausschnitts der Bordwetterkarte, hat aber maßgeblichen Anteil an der Luftdruckverteilung in den Vorhersagegebieten. Zweckmäßigerweise kennzeichnet man die Lage des Tiefs mit einer »ausgezogenen« Pfeilrichtung zum Kern. Verwechslungen mit der gestrichelten Zugrichtung sind dann unmöglich. Dem jetzt im Westausgang des Kanals befindlichen Hoch hat sich eine neue Hochzelle von Westen angeschlossen. Dem aufmerksamen Beobachter wird aufgefallen sein, daß das Ozeanwetterschiff »L« Südwind meldet, die Windrichtung also innerhalb von 6 Stunden ca. 70 Grad rückgedreht hat. Es ist zu erwarten, daß sich hier von Westen her ein neues Tief nähert. Ein *Keil* hat sich in der absinkenden Kaltluft auf der Trogrückseite über Norwegen gebildet und ist in der Wetterlage mit zwei Druckwertangaben in seiner Achsenlage fixiert.

Zur Analyse des Isobarenfeldes bietet sich eine Hilfslinie von Cherbourg (25) bis zur Trogachsenlage »1005 hPa nördliches Skagerrak« an. Dabei ist natürlich dem schwächeren Wind an den Stationen Hemsby und Cherbourg (6), (25) durch einen größeren Isobarenabstand Rechnung zu tragen.

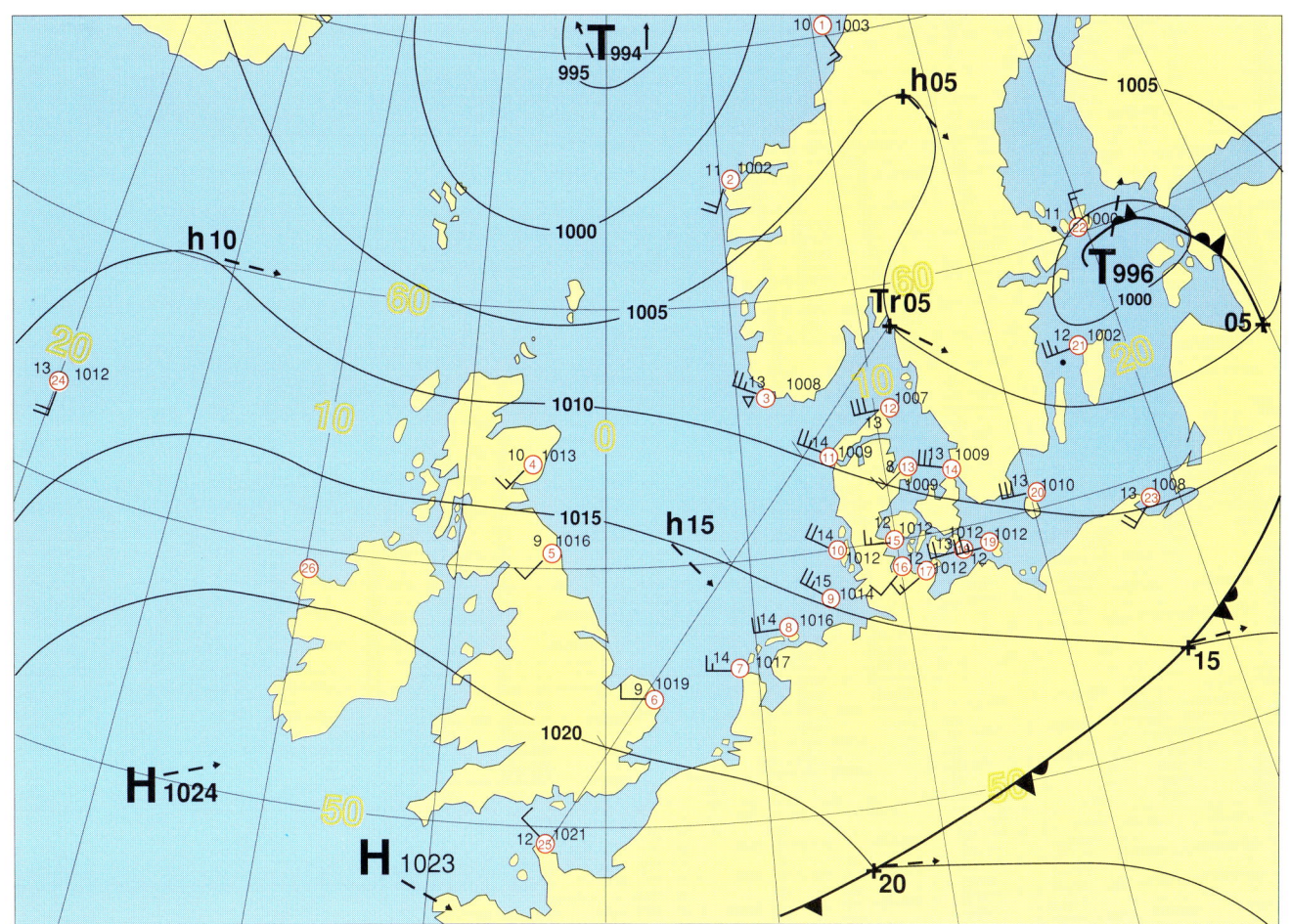

Abb. 8.21b Wetterlage vom 08.09.1987, 00/03 UTC

179

DLF-Sendung vom 09.09.1987   01.05 (1539 und 1269 kHz), ~~06.40~~ (1269 kHz) Uhr GZ

Wetterlage von 8.9, 20 Uhr

UMFANGREICHES HOCH 1024 SÜDDEUTSCHLAND LANGSAM OSTVERLAGERND. KEIL 1015 SÜDSCHOTTLAND, 1010 AUF 60N 04W, 1005 KNAPP SÜDÖSTLICH ISLAND OSTSCHWENKEND. TIEF 997 FINNLAND LANGSAM NORDZIEHEND. TIEF 994 EUROPÄISCHES NORDMEER WENIG NORDWESTZIEHEND. TIEF 994 AUF 58N 30W OSTNORDOSTZIEHEND, ETWAS VERTIEFEND. WARMFRONT 1010 AUF 54N, 16W OSTSCHWENKEND.

Stationsmeldungen vom 8.9, 23 Uhr

Nr	Station	Meldung
1	Sklinna	SW 2, -, 10, 1003
2	Svinöy	WSW 3, -, 11, 1004
3	Lista	WNW 5, -, 13, 1010
4	Aberdeen	WSW 1, -, 10, 1013
5	Tynemouth	W 4, -, 12, 1016
6	Hemsby	WSW 1, -, 13, 1019
7	Den Helder	SW 2, -, 13, 1019
8	Norderney	W 3, -, 13, 1018
9	Helgoland	WNW 5, -, 15, 1017
10	List auf Sylt	W 5, -, 13, 1015
11	Thyboron	W 5, -, 13, 1012
12	Skagen	W 5, -, 13, 1009
13	Fornaes	W 4, -, 9, 1012
14	Kullen	WNW 5, -, 13, 1012
15	Kegnaes	W 4, -, 13, 1015
16	Kiel-Holtenau	SW 2, -, 11, 1017
17	Puttgrd.-Aut.	WSW 3, -, 13, 1015
18	FS Mön Südost	WNW 3, -, 13, 1015
19	Arkona	WSW 4, -, 12, 1016
20	Bornholm	W 5, -, 13, 1014
21	Visby	WSW 4, -, 13, 1004
22	Mariehamn	W 2, -, 9, 1002
23	Hel	SSW 4, -, 13, 1014
24	O-wetterschiff L	SE 6, •, 15, 1003
25	Cherbourg	S 2, -, 14, 1021
26	Belmullet	—

Vorhersagen bis ~~heute 24 Uhr~~ – heute 12 Uhr ~~– heute 18 Uhr~~	Aussichten bis ~~morgen 12 Uhr~~ – heute 24 Uhr ~~– morgen 06 Uhr~~
N10, Deutsche Bucht — WEST 5, GUTE SICHT	WEST BIS SÜDWEST 5
Südwestliche Nordsee (N11 Humber, N12 Themse) — WEST 4, SÜDWEST DREHEND, GUTE SICHT	SÜDWEST ZUNEHMEND 6
N9, Fischer — WEST 6, GUTE SICHT	WEST BIS SÜDWEST 5 BIS 6
B14, Skagerrak — WEST 6, GUTE SICHT	WEST BIS SÜDWEST 5 BIS 6
B13, Kattegat — WEST 5 BIS 6, GUTE SICHT	WEST BIS SÜDWEST 5
B12, Belte und Sund — WEST 5, GUTE SICHT	WEST 4 BIS 5, RÜCKDREHEND
B11, Westliche Ostsee — WEST 4 BIS 5, GUTE SICHT	WEST BIS SÜDWEST 4
B10, Südliche Ostsee — WEST 6, GUTE SICHT	WEST 5

Abb. 8.22a DLF-Seewetterbericht vom 09.09.1987, 01.05 Uhr

DLF-Seewetterbericht vom 09.09.1987, 01.05 UHR

Immer noch ist – generell betrachtet – der tiefe Luftdruck im Norden und der hohe Druck im Süden zu finden. Vorübergehend schwächen sich die Luftdruckgegensätze über der Nordsee durch den ostwärts schwenkenden Keil des Hochs über Süddeutschland ab. Der Trog des Tiefs über Finnland wird zwar in der Wetterlage des Seewetterberichtes nicht mehr erwähnt, kann aber an den Stationsmeldungen noch erkannt werden: so melden Hel SSW Bft 4 und Visby WSW Bft 4, während die weiter westlich liegenden Stationen W- bis NW-Winde registrieren. Nur sehr langsam beginnt der Wind an der deutschen und dänischen Nordseeküste rückzudrehen, ist aber immer noch unverändert stark. Dies ist ein Zeichen dafür, daß sich die Keilachse des Hochs über Süddeutschland noch westlich dieser Stationen befindet. Die zu erwartende Wetterberuhigung wird aber nur von kurzer Dauer sein, da die »Aufwölbung« des Keils gegenüber der Voranalyse kaum stärker geworden ist: die 1010-hPa-Isobare erreicht in beiden Analysen jeweils 60 Grad Nord. Der Keil schwenkt somit nur ostwärts, ohne sich nordwärts auszuweiten. Es ist zu erwarten, daß die Frontensysteme des neuen Tiefs westlich vom Ozeanwetterschiff »L« rasch folgen und die Aufgleitvorgänge an seiner Vorderseite bereits nach 24 Stunden die Nordsee erreicht haben werden.

Die zu Beginn des Kapitels gezeigte Abbildung 8.16 stellt die zusammenhängende Zugbahn des Tiefs im beschriebenen Zeitraum dar. Trotz kleinerer Abweichungen tritt die Grundtendenz des Tiefs, während seiner Entwicklung nach links von seiner bisherigen Zugrichtung – zur kalten Seite der Frontalzone hin – einzudrehen, deutlich hervor.

Abb. 8.22b Wetterlage vom 08.09.1987, 18/21 UTC

181

Wetterlage von heute 09.00 UTC

TIEF 994 KNAPP NORDÖSTLICH DER BALEAREN NORDNORDOST-ZIEHEND. WARMFRONT MIT WELLE 1001 HPA FRANKREICH WENIG NORDNORDWESTSCHWENKEND. KALTFRONT MIT WELLE 998 HPA NORDÖSTLICHES ALGERIEN, 1005 HPA WESTTEIL GROSSE SYRTE NORD-OSTSCHWENKEND. TROGTIEF 997 HPA SÜDPORTUGAL OSTZIEHEND. UMFANGREICHES HOCH 1019 HPA RUMÄNIEN WENIG NORDOSTWAN-DERND. KEIL 1015 HPA SÜDLICHES IONISCHES MEER WENIG OST-SCHWENKEND. TIEF 1006 HPA TÜRKEI FESTLIEGEND. HOCH 1026 HPA SÜDWESTLICH IRLAND SÜD-VERLAGERND.

Stationen mit "*" sowie Stationskreise in der Karte ohne Nummer werden vom ORF gemeldet.

Stationsmeldungen vom 25.4., 17.00 UTC

Nr.	Station	Wind		Temp	Druck
1	Brest *	NNE 5	-,	8°	1010
	Bordeaux	NNE 3	~,	10°	1002
	Biarritz	NNE 3	-,	11°	1000
2	La Coruna *	NNW 7	-,	11°	1010
	Lissabon	NNW 4	•,	12°	999
3	Gibraltar *	WSW 5	-,	14°	1003
	Almeria	WSW 4	-,	14°	1003

Stationsmeldungen vom 25.4., 12.00 UTC

Nr.	Station	Wind		Temp	Druck
4	Palma de Mallorca *	NW 4	-,	19°	997
	Barcelona	N 2	•,	16°	996
5	Marseille *	ESE 7	-,	18°	999
	Oran	SW 3	-,	17°	1006
6	Genova *	E 4	=,	14°	1010
	Algier	W 4	○,	18°	1001
	Tunis	SE 4	↓,	24°	1003
7	Grosseto	SSE 5	-,	20°	1011
8	Ajaccio *	SE 5	=,	18°	1005
9	Ponza	SE 5	=,	14°	1004
10	Cagliari *	ESE 6	=,	19°	1004
11	Messina *	S 2	-,	17°	1016
12	Malta *	ESE 5	-,	19°	1014
13	Brindisi *	SSW 2	=,	17°	1015
14	Ancona *	ESE 4	~,	18°	1013
15	Venezia	NNE 3	•,	13°	1015
	Triest	—			
16	Pula *	SE 2	-,	15°	1015
17	Split *	ESE 2	-,	18°	1015
	Dubrovnik	E 2	-,	18°	1015
18	Ulcinj *	WSW 2	-,	17°	1015
	Korfu	STILLE	=,	18°	1017
19	Kithira	NE 5	-,	20°	1014
20	Athen	E 3	-,	24°	1014
21	Mytilene (Lesbos)	NNW 2	-,	22°	1016
22	Heraklion	NW 3	-,	20°	1013
23	Rhodos	W 5	-,	23°	1009

Vorhersagen bis morgen mittag

Golfe du Lion
SE - E 7, später zeitweise umlaufend, zeitweise Regen, mittlere Sicht

Balearen
umlaufende Winde 3-5, west drehend 5-6, Schauerböen, sonst gute Sicht

Ligurisches Meer
E - SE zunehmend 7-8, morgen etwas rechtdrehend, abnehmend 6-7, mittlere Sicht

Westlich Korsika/Sardinien
SE um 7, rechtdrehend, mittlere Sicht

Tyrrhenisches Meer
SE 7-8, mittlere Sicht

Adria
SE zunehmend 5-6, gute Sicht

Ionisches Meer
NE - E 4-5, gute Sicht

Ägäis
NE um 6, gute Sicht

Biskaya
N - NW um 5, gute Sicht

SEEWETTERBERICHT DES ORF

26. März - Oktober (1989).
1) Im Rahmen des Reise- und Urlauberservice, der um 05.30 UTC beginnt, um 05.45 UTC auf 6.155, 13.730.
2) Im Rahmen des Reise- und Urlauberservice, der um 10.05 UTC beginnt, um 10.15 UTC auf 6.155 und 13.730 kHz.
3) Sonntags nicht um 10.15, nur um 05.45 UTC

Abb. 8.23a DW-Seewetterbericht vom 25.04.1989, 17.50 UTC

Deutsche Welle-Seewetterbericht
vom 25.04.1989, 17.50 UTC

Mit Hilfe des Bordwetterkartenvordrucks Nr. 11 werden die Wetterlagen vom 25. bis 28.04.1989 bearbeitet. Außer den Stationen 1 bis 23, die über die Deutsche Welle (DW) verbreitet werden, wurden für diese Übungen noch weitere 11 Stationsmeldungen, die im Wetterbericht des Österreichischen Rundfunk (ORF) gesendet werden, herangezogen. Damit stehen im Mittelmeerraum 29 Stationsmeldungen für die Analyse zur Verfügung. Auch beim Seewetterbericht über die Deutsche Welle besteht zwischen Wetterlage und Stationsmeldungen eine dreistündige Zeitdifferenz. Anders als beim Seewetterbericht für Nord- und Ostsee werden Vorhersagen und Aussichten nicht unterteilt: der gesamte Vorhersagezeitraum erstreckt sich über 24 Stunden.

Der Tiefkern knapp nordöstlich der Balearen ist anhand der Stationsmeldungen gut zu erkennen: Marseille (5) meldet Süd- ostwind, Barcelona Nordwind und Palma de Mallorca (4) Nordwestwind. Deutlich tritt die starke südliche bis südöstliche Vorderseitenströmung hervor, mit der Warmluft aus Nordafrika in Richtung Mitteleuropa geführt wird. Eine derartige Wetterlage: Tiefdruck über dem südlichen Mittelmeer und/oder Nordafrika ist typisch für den *Scirocco*. Mit Nordostschwenken der Kaltfront über Libyen ist aber zu erwarten, daß der Scirocco in diesem Raum schon bald seinen Höhepunkt erreicht haben und sich dann weiter ostwärts ausweiten wird. Die Kaltluft zwischen dem ostatlantischen Hoch und dem o.a. Tief fließt zwar unter Umrundung des Trogtiefs über Südportugal noch hauptsächlich über die Biskaya nach Südwesten aus, doch wird mit der erwarteten Ostbewegung des Trogtiefs die Kaltluftzufuhr aus Norden in das westliche Mittelmeer verstärkt werden. Relativ ruhige Wetterverhältnisse herrschen in der Adria am

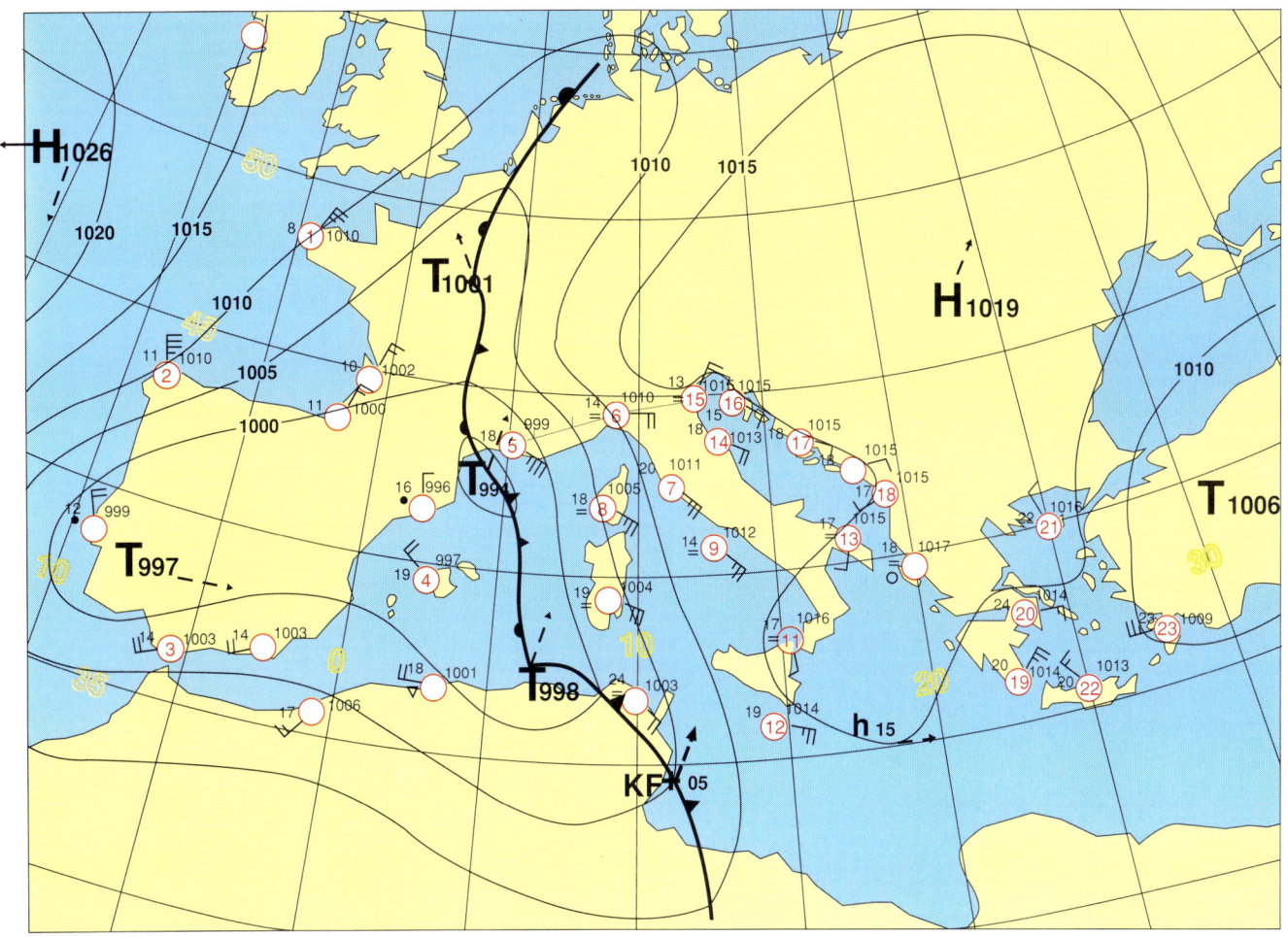

Abb. 8.23b Wetterlage vom 25.04.1989, 12/15 UTC

Rande des umfangreichen Hochs über Rumänien. Bei sonnigem Wetter kommt es dort auch Ende April schon zu lokalen Land-Seewind-Zirkulationen, die die Analyse des Druckfeldes für den Anfänger erschweren. Der tiefe Luftdruck über Kleinasien bildet sich im Frühjahr durch Hitzeentwicklung und starkem Tagesgang aus. Er erzeugt im Sommerhalbjahr die *Etesien* mit nördlichen Winden in der Ägäis und westlichen Winden an der türkischen Südküste (Rhodos, 23). Eine Hilfslinie zwischen den Stationen 5 und 15 erleichert das Zeichnen der Isobaren. Dabei tritt auch deutlich der durch Stau an der Alpensüdseite entstandene Hochkeil des rumänischen Hochs in Erscheinung.

Deutsche Welle Köln - Seewetterbericht vom 26.04.1989 montags bis freitags 17.50 UTC, sonnabends 17.35 UTC (6075 und 9545 KHz)
Im Rahmen des Reisejournals sonn- und feiertags 17.10 UTC

Wetterlage von heute 09.00 UTC

TIEF 998 WESTSCHWEIZ NORDNORDOSTZIEHEND. WELLE 1002 NORDTEIL TYRRHENISCHES MEER NORDOSTZIEHEND. KALTFRONT 1010 SÜDTEIL IONISCHES MEER NORDOSTSCHWENKEND. TROG 1002 KNAPP SÜDLICH DER BALEAREN OSTSCHWENKEND. HOCH 1025 WESTLICH KAP FINISTERRE SÜDVERLAGERND, ABSCHWÄCHEND. HOCH 1018 UKRAINE WENIG ÄNDERND. KEIL 1015 SÜDOSTTEIL IONISCHES MEER FESTLIEGEND. TIEF 1006 KLEINASIEN WENIG OSTZIEHEND.

Stationen mit "*" sowie Stationskreise in der Karte ohne Nummer werden vom ORF gemeldet.

Stationsmeldungen vom 26.04. 12.00 UTC

1	Brest *	W 3, -, 10°, 1014
	Bordeaux	NNW 4, -, 11°, 1011
	Biarritz	NNW 5, -, 11°, 1013
2	La Coruna *	N 3, ⌐, 12°, 1022
	Lissabon	NNW 6, -, 12°, 1021
3	Gibraltar *	W 6, -, 17°, 1017
	Almeria	W 5, -, 17°, 1012

Stationsmeldungen vom 26.4. 12.00 UTC

4	Palma de Mallorca *	ENE 2, 9, 14, 1005
	Barcelona	N 4, -, 15°, 1008
5	Marseille *	NW 5, -, 10°, 1006
	Oran	W 7, -, 16°, 1012
6	Genova *	SSW 2, -, 15°, 1004
	Algier	W 6, 0, 15°, 1007
	Tunis	WSW 4, -, 18°, 1009
7	Grosseto	S 4, -, 20°, 1004
8	Ajaccio *	NNW 1, •, 15°, 1003
9	Ponza *	SSE 2, =, 15°, 1007
10	Cagliari *	WNW 4, -, 21°, 1005
11	Messina *	SSW 4, -, 18°, 1008
12	Malta *	WSW 5, -, 17°, 1012
13	Brindisi *	S 5, -, 24°, 1009
14	Ancona *	ENE 1, =, 18°, 1004
15	Venezia	NE 2, •, 15°, 1005
	Triest	ENE 2, •, 13°, 1006
16	Pula *	SSE 4, •, 16°, 1005
17	Split *	ESE 4, -, 19°, 1007
	Dubrovnik	ESE 2, -, 18°, 1011
18	Ulcinj *	WSW 1, -, 20°, 1012
	Korfu	SSE 4, =, 24°, 1014
19	Kithira	NE 4, -, -, 1014
20	Athen	SW 3, -, 21°, 1014
21	Mytilene (Lesbos)	N 2, -, 20°, 1014
22	Heraklion	STILLE, -, 21°, 1014
23	Rhodos	W 4, -, 22°, 1012

Vorhersagen bis morgen mittag

Golfe du Lion	NW ZUNEHMEND 9, MORGEN N 8-9, MITTLERE SICHT
Balearen	N ZUNEHMEND 8, MORGEN N 7, MITTLERE SICHT
Ligurisches Meer	E'LICHE WINDE 6-7, MORGEN N 7-8, MITTLERE SICHT
Westlich Korsika/Sardinien	W 6, MORGEN NW-N ZUNEHMEND 8, MITTLERE SICHT
Tyrrhenisches Meer	SE 6-7, MORGEN N-NW 6, MITTLERE SICHT
Adria	SE-E 6, MORGEN SE 6-7, DIESIG
Ionisches Meer	SE 4-5, MORGEN SE 6-7, GUTE SICHT
Ägäis	NE 5, MORGEN NE 6, GUTE SICHT
Biskaya	N UM 6, MORGEN ETWAS RÜCKDREHEND, MITTLERE BIS GUTE SICHT

SEEWETTERBERICHT DES ORF

26. März - Oktober (1989)
1.) Im Rahmen des Reise- und Urlauberservice, der um 05.30 UTC beginnt, um 05.45 UTC auf 6.155, 13.730, 21.490 und 15.410 kHz.
2.) Im Rahmen des Reise- und Urlauberservice, der um 10.05 UTC beginnt, um 10.15 UTC auf 6.155 und 13.730 kHz.
3.) Sonntags **nicht** um 10.15, nur um 05.45 UTC

Abb. 8.24a DW-Seewetterbericht vom 26.04.1989, 17.50 UTC

Deutsche Welle-Seewetterbericht vom 26.04.1989, 17.50 UTC

4 Stunden später ist das Tief vom Golfe du Lion bis in die westliche Schweiz gezogen und hat sich dabei um ca. 4 hPa im Kerndruck abgeschwächt. Seine zugehörige Welle hat sich noch nicht zu einem Tief weiterentwicklelt und ist anhand von Meldungen der Stationen 7, 8, 9 und 10 gut belegt; Sardinien und Korsika liegen mit nordwestlichen Winden auf ihrer Rückseite, Grosseto und Ponza noch auf ihrer Vorderseite in der Warmluft mit Süd- bis Südostwind. Die Kaltfront ist bereits über Sizilien nordostwärts hinweggeschwenkt und hat auch die Große Syrte weitgehend überquert. Damit wird die Warmluftzufuhr aus Nordafrika zum westlichen Mittelmeer und nach Italien unterbunden und die *Scirocco-Lage* geht hier zu Ende.

Diese neue Wetterlage: Hoch westlich von Spanien, Tief über dem Ligurischen Meer und Korsika/Sardinien ist eine *Mistralwetterlage*, bei der die (von Norden) über Frankreich angelangte Kaltluft durch das Rhônetal nach Süden beschleunigt wird. Da sich mit weiterem Ostnordostschwenken des Troges mit gleichzeitig noch stärkerem Druckanstieg über Nordspanien und Südwestfrankreich der Luftdruckgegensatz zwischen Pyrenäen und Alpen intensiviert, ist im Golfe du Lion in Kürze mit Nordwest- bis Nordwind in Sturmstärke zu rechnen. Bei einem vorhergesagten Mittelwind von Stärke Bft 8 bis 9 ist erfahrenen Mittelmeerseglern klar, daß gerade bei Mistrallagen in Böen Bft 10 bis 11 durchaus überschritten werden können (im Kapitel 10: »Regionale Windsysteme im Mittelmeer« wird der Mistral ausführlich behandelt). Eine Hilfslinie zwischen den Stationen 2 und 5 erleichtert hier das Zeichnen der Isobaren. Ebenfalls heftige Böen mit Sturmstärke aus West bis Nordwest sind an der algerischen und tunesischen Küste zu erwarten, zumal dort die Temperaturen nur Werte um 15 Grad Celsius

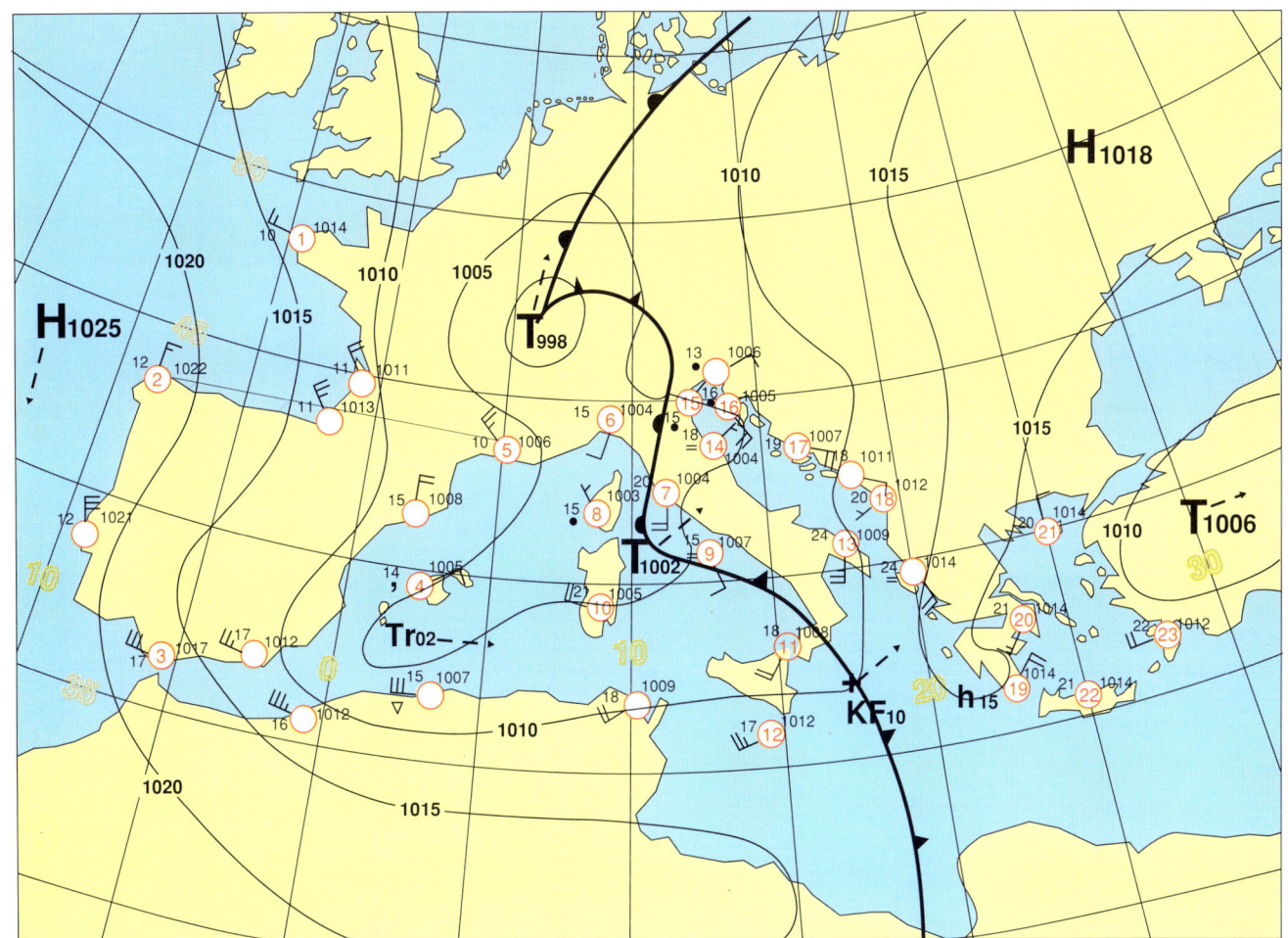

Abb. 8.24b Wetterlage vom 26.04.1989, 12/15 UTC

erreichen. Ende April liegt die Wassertemperatur bei ca. 17 bis
18 Grad Celsius, so daß eine starke Labilisierung der Kaltluft
erfolgen wird. Zusätzlich entstehen Schauer und Gewitter.

Deutsche Welle Köln - Seewetterbericht vom 27.04.1989 montags bis freitags 17.50 UTC, sonnabends 17.35 UTC (6075 und 9545 KHz)
Im Rahmen des Reisejournals sonn- und feiertags 17.10 UTC

Wetterlage von heute 09.00 UTC

TIEF 1003 LIGURISCHES MEER LANGSAM NORDOSTZIEHEND. RANDTIEF 1003 NORDITALIEN LANGSAM NORDOSTZIEHEND. KALTFRONT 1005 WESTJUGOSLAWIEN, 1010 NORDGRIECHENLAND NORDOSTSCHWENKEND. TROG 1004 SÜDITALIEN LANGSAM OSTNORDOSTSCHWENKEND. TIEF 1002 WALES RASCH SÜDOSTZIEHEND. OKKLUSION 1015 BISKAYA RASCH SÜDOSTSCHWENKEND. HOCH 1029 WESTLICH MAROKKO FESTLIEGEND. KEIL 1015 SÜDWESTFRANKREICH SÜDSCHWENKEND. HOCH 1019 UKRAINE NORDOSTWANDERND. TIEF 1008 OSTTÜRKEI AUFFÜLLEND.

Stationen mit "*" sowie Stationskreise in der Karte ohne Nummer werden vom ORF gemeldet.

Stationsmeldungen vom 27.4., 12.00 UTC

1	Brest *	WNW 5, -, 10°, 1010
	Bordeaux	W 4, -, 11°, 1016
	Biarritz	W 5, -, 12°, 1018
2	La Coruna *	WSW 3, =, 13°, 1020
	Lissabon	WNW 3, -, 14°, 1023
3	Gibraltar *	W 6, -, 20°, 1024
	Almeria	NW 5, -, 21°, 1022

Stationsmeldungen vom 27.4., 12.00 UTC

4	Palma de Mallorca *	WNW 4, -, 15°, 1017
	Barcelona	NW 5, -, 16°, 1016
5	Marseille *	WNW 5, -, 16°, 1009
	Oran	WNW 6, -, 19°, 1022
6	Genova *	SSE 2, -, 16°, 1004
	Algier	NW 6, ▽, 18°, 1018
	Tunis	NW 6, ▽, 17°, 1010
7	Grosseto	S 4, -, 16°, 1004
8	Ajaccio *	W 7, ▽, 15°, 1005
9	Ponza *	NW 4, -, 14°, 1006
10	Cagliari *	NW 6, -, 14°, 1009
11	Messina *	N 3, -, 19°, 1006
12	Malta *	WNW 4, -, 21°, 1006
13	Brindisi *	S 5, -, 24°, 1005
14	Ancona *	SE 3, -, 17°, 1004
15	Venezia	SE 2, -, 16°, 1003
	Triest	E 2, -, 16°, 1004
16	Pula *	SE 2, •, 16°, 1003
17	Split *	ESE 3, -, 19°, 1004
	Dubrovnik	W 2, •, 16°, 1005
18	Ulcinj *	W 2, -, 20°, 1006
	Korfu	S 4, -, 21°, 1008
19	Kithira	ENE 2, -, 20°, 1012
20	Athen	SSW 3, -, 23°, 1012
21	Mytilene (Lesbos)	SSE 3, -, 21°, 1012
22	Heraklion	S 5, -, 27°, 1010
23	Rhodos	WNW 3, -, 25°, 1013

Vorhersagen bis morgen mittag

Golfe du Lion	NW 8, ZUNEHMEND 9, MITTLERE SICHT
Balearen	N 6, ZUNEHMEND 7-8, GUTE SICHT
Ligurisches Meer	NE-N 4, ZUNEHMEND 7-8, RÜCKDREHEND, MITTLERE SICHT
Westlich Korsika/Sardinien	W-NW 5, ZUNEHMEND 8, MITTLERE SICHT
Tyrrhenisches Meer	W 4, SPÄTER NW 6, DIESIG
Adria	SE BIS S 4-5, DIESIG
Ionisches Meer	SE 6-7, SPÄTER NW 5, DIESIG
Ägäis	SE 2, ZUNEHMEND 4, MITTLERE SICHT
Biskaya	NW 6-7, MORGEN ABNEHMEND 5, SCHAUERBÖEN, GUTE SICHT

SEEWETTERBERICHT DES ORF

26. März - Oktober (1989)
1.) Im Rahmen des Reise- und Urlauberservice, der um 05.30 UTC beginnt, um 05.45 UTC auf 6.155, 13.730, 21.490 und 15.410 kHz.
2.) Im Rahmen des Reise- und Urlauberservice, der um 10.05 UTC beginnt, um 10.15 UTC auf 6.155 und 13.730 kHz.
3.) Sonntags nicht um 10.15, nur um 05.45 UTC

Abb. 8.25a DW-Seewetterbericht vom 27.04.1989, 17.50 UTC

Deutsche Welle-Seewetterbericht vom 27.04.1989, 17.50 UTC

Am nächsten Tag ist der angekündigte Mistral voll wirksam geworden. Gleichzeitig bildete sich im Lee des Alpenbogens knapp südwestlich von Genua ein Lee-Tief; somit blieb der Luftdruck mit 1003 hPa über dem Ligurischen Meer innerhalb der vergangenen 24 Stunden nahezu konstant, während er in Barcelona um 8 hPa stieg. Als Folge nahm der Mittelwind in Marseille (5) um zwei Bft-Stärken zu und blieb richtungskonstant. Sehr deutlich tritt jetzt auch die Zunahme des Luftdruckgradienten zwischen Korsika und den Balearen hervor: Ajaccio (8) hat einen um 2 hPa höheren Luftdruck als am Vortag, während er in Palma de Mallorca um 12 hPa angestiegen ist. Damit setzte sich der Mistral weit nach Süden über das Mittelmeer hinaus durch, und auch alle nordafrikanischen Küstenstationen melden noch NW-Starkwind. Gerade hier ist bei hinreichend großem Fetch mit hoher See zu rechnen. Eine Besonderheit bei Mistrallagen ist der auf der Südseite des Tiefs über dem Ligurischen Meer auftetende *Libeccio*, der in der Straße von Bonifacio häufig Westorkan verursacht.

Das Trogtief hat sich etwas abgeschwächt, kann aber anhand der Windrichtungen der Stationen 13 (Brindisi) und 11 (Messina) mit ihren Süd- bzw. Nordwinden gut lokalisiert werden. Der Verlauf der Isobaren dürfte nach den bisherigen Übungen ohne Hilfslinien relativ einfach zu finden sein. Auffallend ist, daß die Windrichtungen bei einigen Stationen – inbesondere Athen – kaum oder gar nicht auf das Druckfeld »reagieren«. Derartige Abweichungen der Windrichtung und -stärke vom großräumigen Gradienten sind – neben dem Einfluß der Bodenreibung – Hinweise für das Vorhandensein lokaler Zirkulationen, die in den Seewetterberichten nicht angesprochen werden. Für die weitere Entwicklung im westlichen Mittelmeer ist das Tief über

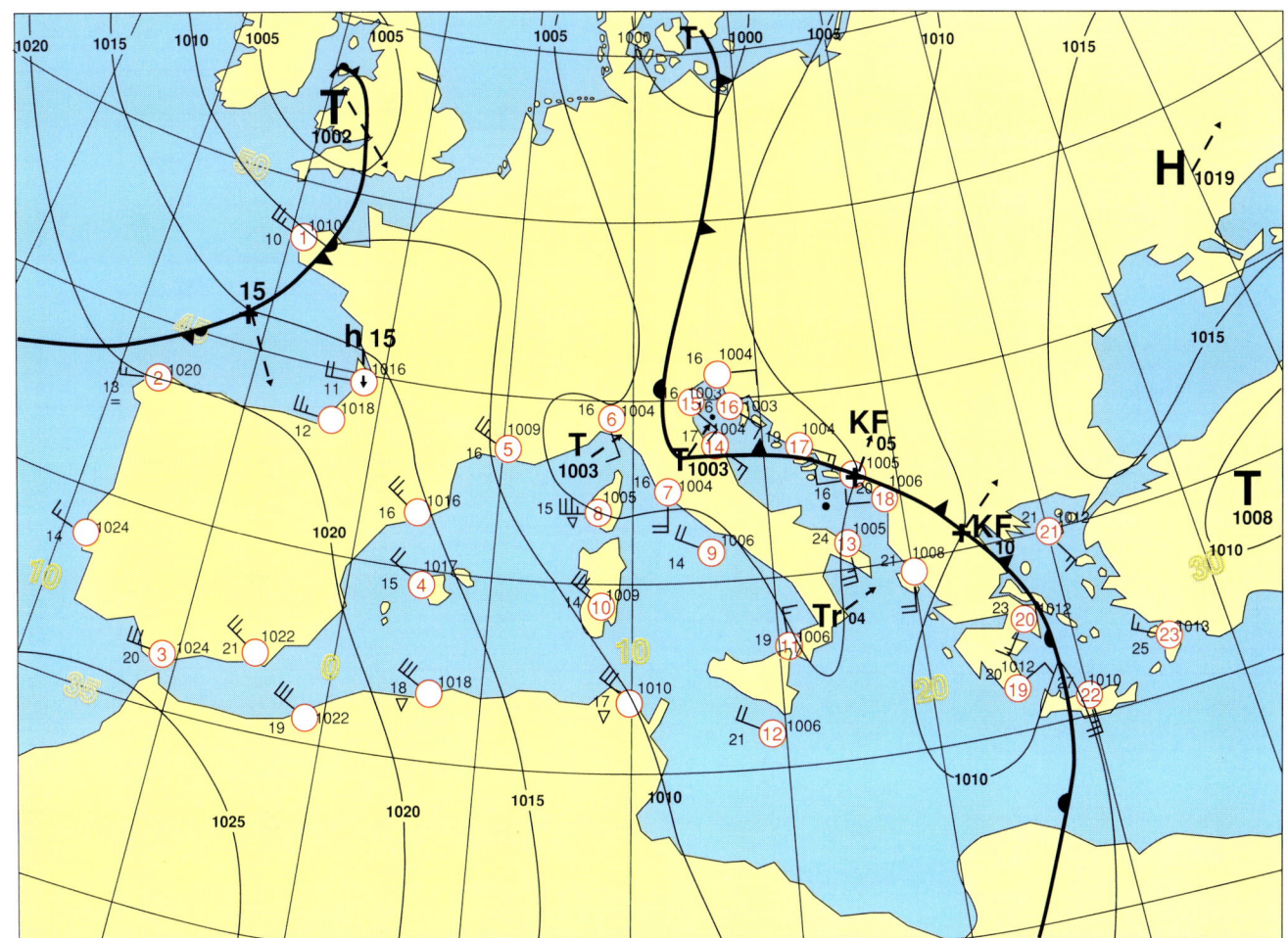

Abb. 8.25b Wetterlage vom 27.04.1989, 12/15 UTC

Südwestengland von Bedeutung, das nach den Prognosen südostwärts ziehen wird. Mit gleichzeitigem Abschwächen des Hochkeils über Frankreich ist zu erwarten, daß der Mistral, kurzzeitig unterbrochen, nach Passage des Tiefs aber wieder auflebt.

Deutsche Welle Köln - Seewetterbericht vom 28.4.1989 montags bis freitags 17.50 UTC, sonnabends 17.35 UTC (6075 und 9545 KHz)
Im Rahmen des Reisejournals sonn- und feiertags 17.10 UTC

Wetterlage von heute 09.00 UTC

TIEF 1001 LIGURISCHES MEER OSTSÜDOSTZIEHEND. KALTFRONT 1010 SÜDÖSTLICH DER BALEAREN, 1020 SÜDOSTSPANIEN SÜDSÜDOSTSCHWENKEND. TIEF 1003 NORDITALIEN LANGSAM NORDZIEHEND. KALTFRONT 1003 UNGARN NORDOSTSCHWENKEND. FLACHES TIEF 1006 IONISCHES MEER NORDNORDOSTZIEHEND. KALTFRONT 1008 PELEPONNES, 1010 SÜDLICH KRETA OSTNORDOSTSCHWENKEND. HOCH 1033 WESTLICHE BISKAYA SÜDVERLAGERND. HOCH 1023 NORDOSTTEIL SCHWARZES MEER FESTLIEGEND.

Stationen mit "*" sowie Stationskreise in der Karte ohne Nummer werden vom ORF gemeldet.

Stationsmeldungen vom 28.4., 12.00 UTC

1	Brest *	NNW 2, -, 13°, 1025
	Bordeaux	N 4, -, 13°, 1021
	Biarritz	N 4, -, 12°, 1022
2	La Coruna *	N 3, -, 16°, 1028
	Lissabon	WNW 4, -, 16°, 1027
3	Gibraltar *	WNW 6, -, 18°, 1025
	Almeria	WNW 5, -, 19°, 1022

Stationsmeldungen vom 28.4., 12.00 UTC

4	Palma de Mallorca *	NW 6, -, 17°, 1013
	Barcelona	N 6, -, 17°, 1014
5	Marseille *	NW 8, -, 13°, 1006
	Oran	WNW 5, -, 20°, 1022
6	Genova *	NNE 1, -, 13°, 1004
	Algier	W 6, -, 18°, 1017
	Tunis	W 4, -, 21°, 1014
7	Grosseto	SSE 3, -, 11°, 1004
8	Ajaccio *	W 5, -, 12°, 1003
9	Ponza *	WSW 4, -, 15°, 1007
10	Cagliari *	WNW 5, -, 14°, 1007
11	Messina *	NNW 3, -, 17°, 1010
12	Malta *	WSW 5, -, 16°, 1012
13	Brindisi *	E 3, •, 15°, 1007
14	Ancona *	SE 3, -, 13°, 1005
15	Venezia	SSE 2, -, 16°, 1004
	Triest	—
16	Pula *	WNW 1, -, 17°, 1004
17	Split *	SSW 2, -, 16°, 1005
	Dubrovnik	NE 2, •, 16°, 1007
18	Ulcinj *	SE 2, -, 18°, 1007
	Korfu	E 3, =, 19°, 1007
19	Kithira	W 4, =, 17°, 1009
20	Athen	SSE 3, -, 21°, 1008
21	Mytilene (Lesbos)	ESE 2, -, 20°, 1008
22	Heraklion	S 5, -, 26°, 1007
23	Rhodos	STILLE, -, 24°, 1010

Vorhersagen bis morgen mittag

Golfe du Lion	NW-N ZUNEHMEND 9-10, ORKANARTIGE BÖEN, MITTLERE SICHT
Balearen	NW ZUNEHMEND 8-9, SCHWERE SCHAUERBÖEN, MITTLERE SICHT
Ligurisches Meer	AUF NORDWEST DREHENDE WINDE ZUNEHMEND 8, GUTE SICHT
Westlich Korsika/Sardinien	NW ZUNEHMEND 8-9, SCHWERE GEWITTERBÖEN, SONST GUTE SICHT
Tyrrhenisches Meer	W-SW 5, MORGEN UMLAUFENDE WINDE 2-4, GEWITTERBÖEN, GUTE SICHT
Adria	UMLAUFENDE WINDE 2-4, GUTE SICHT
Ionisches Meer	W-SW UM 4, GUTE SICHT
Ägäis	SE 3, SPÄTER W 4-5, MITTLERE SICHT
Biskaya	OSTTEIL ANFANGS NW 5, SONST SCHWACHWINDIG, GUTE SICHT

SEEWETTERBERICHT DES ORF

26. März - Oktober (1989)
1.) Im Rahmen des Reise- und Urlauberservice, der um 05.30 UTC beginnt, um 05.45 UTC auf 6.155, 13.730, 21.490 und 15.410 kHz.
2.) Im Rahmen des Reise- und Urlauberservice, der um 10.05 UTC beginnt, um 10.15 UTC auf 6.155 und 13.730 kHz.
3.) Sonntags **nicht** um 10.15, nur um 05.45 UTC

Abb. 8.26a DW-Seewetterbericht vom 28.04.1989, 17.50 UTC

Deutsche Welle-Seewetterbericht vom 28.04.1989. 17.50 UTC

Erwartungsgemäß ist das Tief, das am 27. über Wales angelangt war, zum Ligurischen Meer gezogen. Zwischen diesem und dem über der westlichen Biskaya liegenden Hoch haben sich die Luftdruckgegensätze gegenüber dem Vortag durch Luftdruckanstieg über Südwestfrankreich um 4 bis 5 hPa und Druckfall im Bereich des Ligurischen Meeres um 2 hPa verstärkt. Der Mistral hat wieder stark zugenommen. Marseille meldet daher auch NW Bft 8, ein Zeichen dafür, daß im Golfe du Lion nun voller NW- bis N-Sturm herrscht. Demgegenüber herrschen im Bereich der Adria bei geringen Luftdruckgegensätzen schwache Winde aus unterschiedlichen Richtungen, die durch lokale Einflüsse an den Stationen maßgeblich beeinflußt sind. Die Kaltfront des flachen Tiefs im Ionischen Meer ist über Griechenland gut durch Stationsmeldungen belegt: Athen (20) und Heraklion (22) liegen noch vor, Kithira (19) hinter der Front.

Für die Isobarenanalyse kann eine Hilfslinie vom Tiefkernwert 1001 hPa im Ligurischen Meer bis La Coruna (2) gezogen werden. Dabei ist natürlich den erheblich unterschiedlichen Windstärken von Marseille, Biarritz und La Coruna durch entsprechende Veränderung des Isobarenabstandes Rechnung zu tragen.

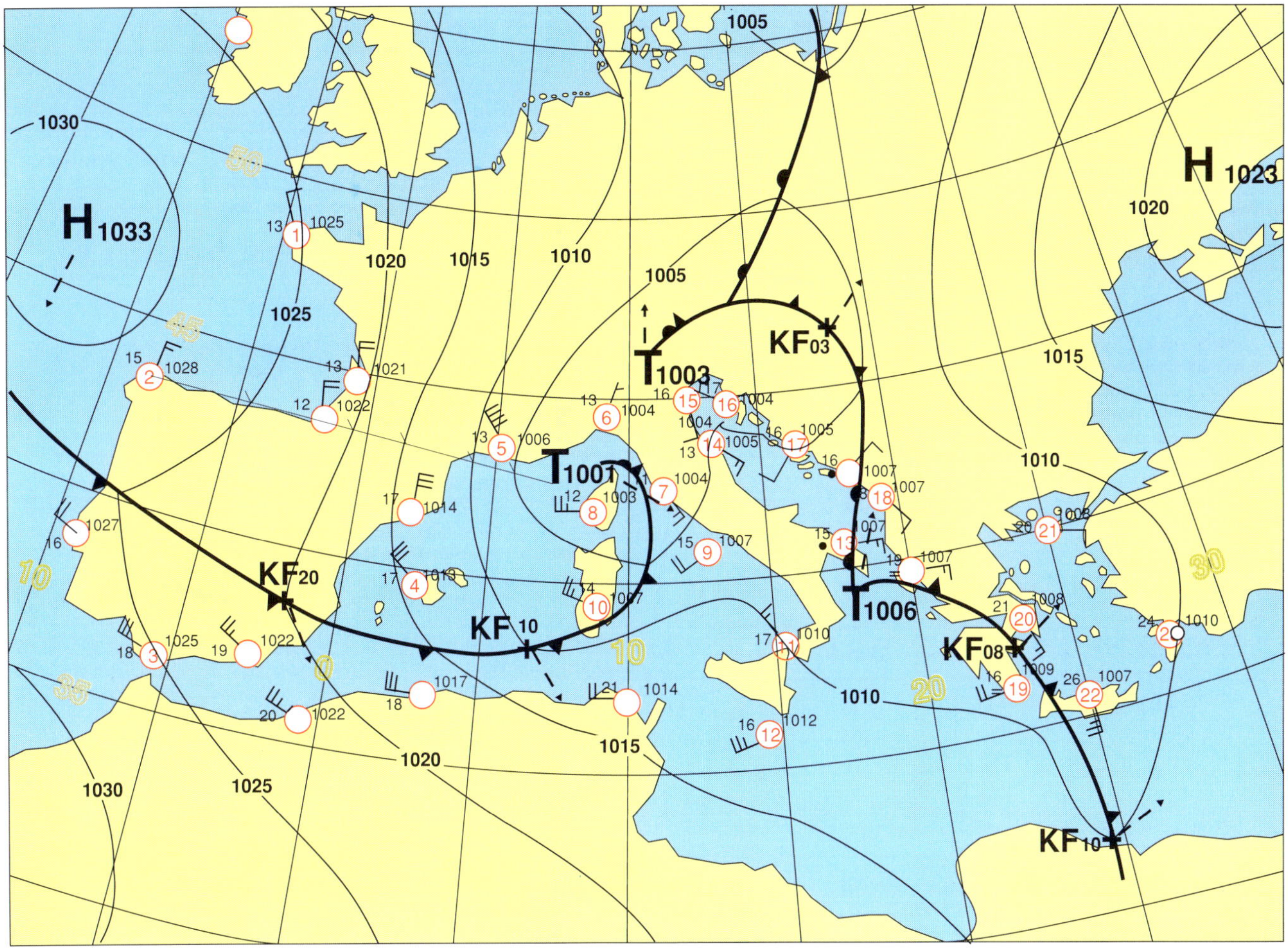

Abb. 8.26b Wetterlage vom 28.04.1989, 12/15 UTC

8.4 Beispiel einer intensiven Zyklonentätigkeit im Nord- und Ostseebereich

In Abbildung 8.27 ist die Zugbahn eines sehr kräftigen Tiefs wiedergegeben, das südlich von Island entstand und zunächst unter Vertiefung nach Ostsüdost Richtung Shetlands zog. Es vertiefte sich am 07.10. bis unter 955 hPa. Unter leichter Abschwächung erreichte es am Abend des gleichen Tages die Südspitze Norwegens und zog dann über Skagen hinweg nach Norden. Derartige Zugbahnen sind nicht sehr häufig; meist ziehen gutentwickelte Tiefs aus dem Raum Island nach Nordosten in das Europäische Nordmeer.

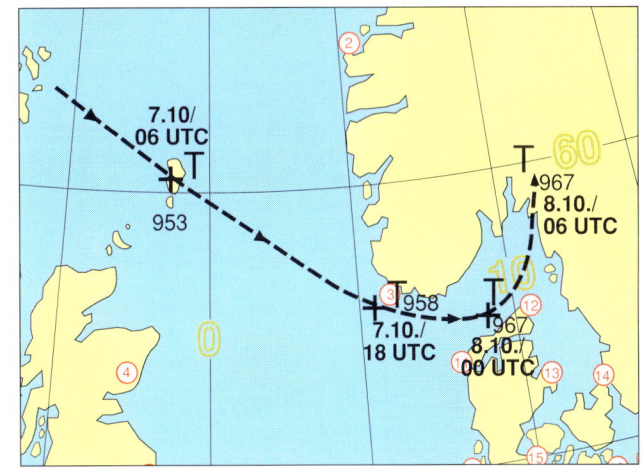

Abb. 8.27 Zyklonenzugbahn vom 07.10. bis 09.10. 1988

Wetterlage von 07.10. 07 Uhr	Stationsmeldungen vom 07.10., 10 Uhr	Vorhersagen bis heute 24 Uhr ~~heute 12 Uhr~~ ~~heute 18 Uhr~~	Aussichten bis morgen 12 Uhr ~~heute 24 Uhr~~ ~~morgen 06 Uhr~~
ORKANTIEF 953 SHETLANDS OSTSÜDOSTZIEHEND MORGEN MITTAG KATTEGAT LANGSAM ABSCHWÄCHEND. OKKLUSION 960 UTSIRA-NORD 970 SKAGERRAK, 980 SCHLESWIG-HOLSTEIN, 990 RHEINLAND OSTNORDOST-SCHWENKEND. RESTTIEF 963 TRONDHEIM WENIG NORDZIEHEND. OKKLUSION 970 MITTELSCHWEDEN, 980 KNAPP SÜDLICH STOCKHOLM, 990 NORDPOLEN OSTNORDOSTSCHWENKEND.	1 Sklinna ES, -, 12, 968 2 Svinöy ESE 3, ., 8, 967 3 Lista W 4, -, 10, 967 4 Aberdeen SW 4, -, 8, 968 5 Tynemouth WSW 6, -, 9, 976 6 Hemsby WSW 6, -, 11, 989 7 Den Helder WSW 7, 0, 12, 988 8 Norderney WSW 6, -, 12, 983 9 Helgoland W 8, -, 11, 981 10 List auf Sylt WSW 6, -, 12, 978 11 Thyboron W 5, -, 11, 971 12 Skagen S 7, -, 10, 972 13 Fornaes SW 6, 9, 8, 975 14 Kullen SSW 9, 9, 9, 978 15 Kegnaes SW 6, -, 11, 979 16 Kiel-Holtenau WSW 4, -, 11, 984 17 Puttgrd.-Aut. SW 6, -, 11, 983 18 FS Mön Südost SW 7, -, 11, 983 19 Arkona SSW 7, 0, 11, 984 20 Bornholm SW 7, -, 11, 985 21 Visby S 5, -, 11, 984 22 Mariehamn SSW 4, -, 10, 981 23 Hel S 4, -, 13, 991 24 O-wetterschiff L WNW 6, 0, 12, 997 25 Cherbourg W 6, -, 12, 1001 26 Belmullet —	**N10, Deutsche Bucht** WEST 8 BIS 9, SCHWERE STURMBÖEN, SEE BIS 8 M, GUTE SICHT **Südwestliche Nordsee (N11 Humber, N12 Themse)** WEST 8 BIS 9, SCHWERE STURMBÖEN, SEE BIS 8M, GUTE SICHT **N9, Fischer** SÜDWEST BIS WEST 8 BIS 9, SCHWERE STURMBÖEN, SEE BIS 8 M, GUTE SICHT **B14, Skagerrak** SÜDWEST 7, SCHAUERBÖEN, SONST GUTE SICHT **B13, Kattegat** SÜDWEST 8, SCHAUERBÖEN, SONST GUTE SICHT **B12, Belte und Sund** SÜDWEST 8, SCHAUERBÖEN, SONST GUTE SICHT **B11, Westliche Ostsee** SÜDWEST 8, SCHAUERBÖEN, SONST GUTE SICHT **B10, Südliche Ostsee** SÜDWEST 8, SCHAUERBÖEN, SONST GUTE SICHT	WEST 8, ABNEHMEND 6, SCHAUERBÖEN WEST BIS NORDWEST 8, ABNEHMEND 5, SÜDWESTDREHEND WEST 8 SÜDWEST 6, WESTTEIL ZUNEHMEND 8 SÜDWEST 7 BIS 8 SÜDWEST 7 BIS 8 SÜDWEST 7 BIS 8 SÜDWEST 8

Abb. 8.28a DLF-Seewetterbericht vom 07.10.1988, 12.30 Uhr

DLF-Seewetterbericht vom 07.10.1988, 12.30 UHR

Das nahezu den ganzen Kartenvordruck ausfüllende Zirkulationssystem ist die im Seewetterbericht mit dem Begriff »Orkantief« bezeichnete Zyklone mit Kern bei den Shetlands. In ihrem Einflußbereich herrschen Windstärken > Bft 10. Gleichzeitig wird verständlich, daß die Isobarenabstände recht klein sein werden und somit auch viele Isobaren im Kartenvordruck zu analysieren sind. Die Lage des Tiefkerns mit dem Kerndruckwert von 953 hPa ist bei den Shetlands zu markieren, und die prognostizierte Zugrichtung wiederum mit einem Pfeil zu versehen. Die Lage der Okklusion ist durch vier Ortsangaben und deren Drucke fixiert und kann auch leicht mit Hilfe der Stationsmeldungen festgelegt werden: so liegt die Okklusion noch südlich von Svinöy (2) mit ESE-Wind und Regen, aber auf alle Fälle östlich von Lista (3) mit Westwind. Weiter südlich ist sie zwischen Skagen (12) mit Südwind und Thyborön (11) mit Westwind gut zu finden. Über Süddänemark und Schleswig-Holstein wird die Frontenanalyse schwieriger: Fornaes (13) meldet bei Südwestwind Bft 6 Sprühregen, dürfte damit also noch kurz vor der Front liegen, während sie Kiel (16) bei WSW 4 gerade überquert haben wird; weiter östlich meldet Puttgarden-Automat (17) nämlich noch SW 6. Nach Markierung der Front und der entsprechenden Symbolik wird ein Pfeil für die Schwenkrichtung der Front eingetragen. Das »Resttief 963 Trondheim« wird anschließend im Kartenvordruck vermerkt. Es kann nur noch eine geschlossene Isobare (965 hPa) um dieses Resttief gezeichnet werden, da Svinöy (2) mit 967 hPa und ESE-Wind bereits auf die Zirkulation des o.a. Orkantiefs anspricht. Die Okklusion mit drei Druckwertangaben ist aufgrund der Stationsmeldungen relativ einfach festzulegen: Mariehamn (22) mit SSW 4, Visby (22) mit S 5 sowie Hel (23) mit S 4 liegen noch vor, Bornholm befindet sich mit SW 7 aber bereits hinter der Front.

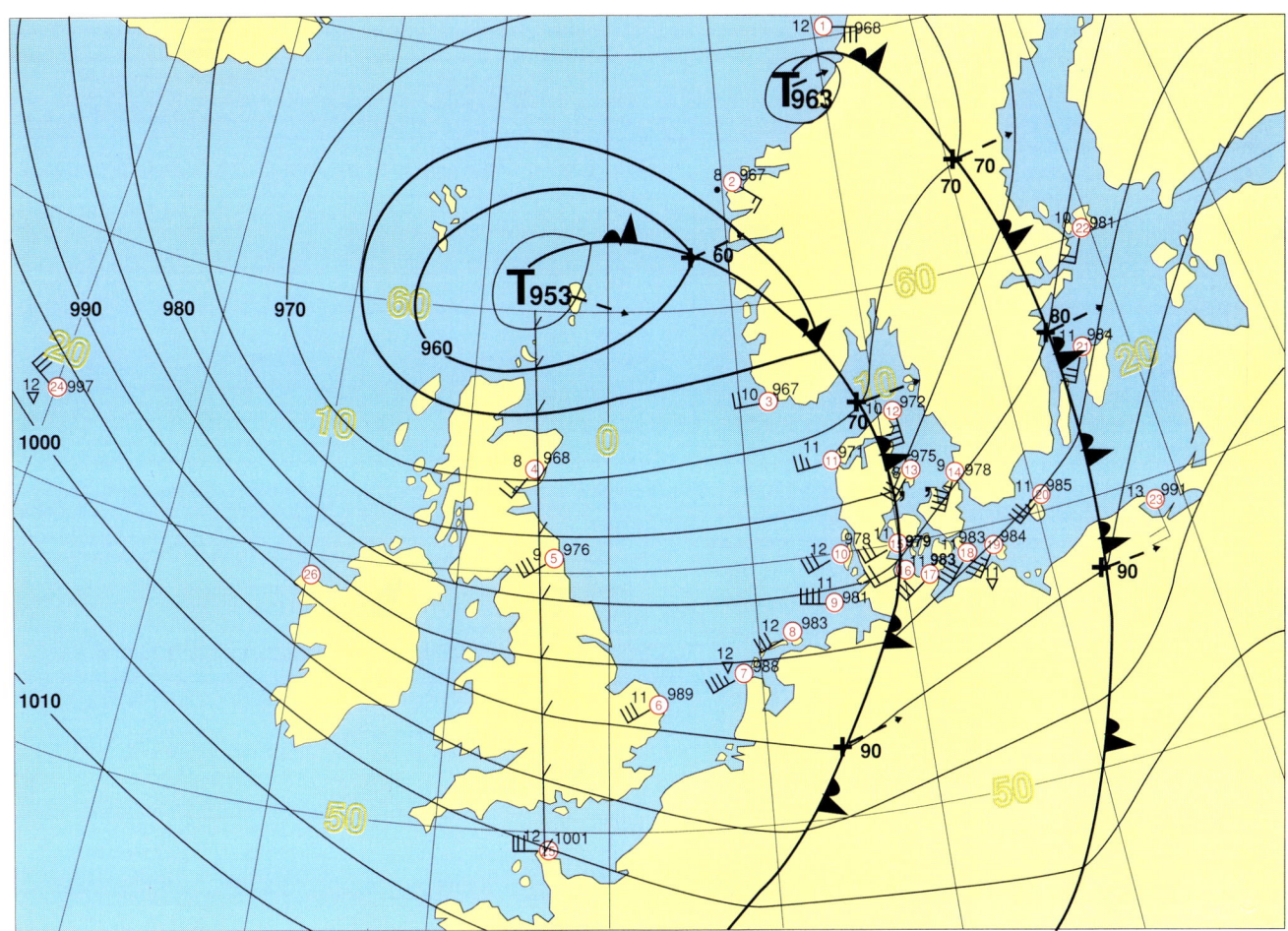

Abb. 8.28b Wetterlage vom 07.10.1988, 06/09 UTC

Für die Analyse der Isobaren bietet sich eine Hilfslinie von Cherbourg (25) bis zum Tiefkern bei den Shetlands an. Schwierigkeiten könnte dabei der relativ schwache Wind in Aberdeen (4) bereiten, doch weht der Wind hier ablandig aus dem gebirgigen Schottland und unterliegt somit starker Reibung. Unter Berücksichtigung des Druckwertes beim Ozeanwetterschiff »L« ergibt sich der stärkste Luftdruckgradient nordwestlich von Irland, während er über der Nordsee noch etwas geringer ist, die Isobaren also noch etwas weiter auseinander liegen! Bei Ostsüdostzugrichtung des Tiefs ist aber zu erwarten, daß das Hauptwindfeld über die Britischen Inseln ostwärts ausgreifen und damit in Kürze die Nordsee erfassen wird.

Wetterlage von *07.10*, *19* Uhr	Stationsmeldungen vom *07.10*, *22* Uhr	Vorhersagen bis ~~heute 24 Uhr~~ - heute 12 Uhr ~~- heute 18 Uhr~~	Aussichten bis ~~morgen 12 Uhr~~ - heute 24 Uhr - morgen 06 Uhr
SCHWERES STURMTIEF 958 UTSIRA SÜD LANGSAM OST-SÜDOSTZIEHEND. OKKLUSION 972 OSLO, 985 SÜDOST-SCHWEDEN, 1000 NORD-BAYERN OSTNORDOSTSCHWEN-KEND. TROG 975 DEUTSCHE BUCHT OST-SCHWENKEND. STURMTIEF 956 NÖRDLICH SVINÖY WENIG OSTNORDOSTZIE-HEND.	1 Sklinna S 7, •, 8, 966 2 Svinöy WSW 6, 0, 9, 968 3 Lista S 5, 0, 10, 964 4 Aberdeen WNW 5, 0, 9, 982 5 Tynemouth W 5, -, 10, 985 6 Hemsby W 7, -, 10, 992 7 Den Helder W 8, 0, 11, 988 8 Norderney SW 6, 0, 10, 984 9 Helgoland WSW 7, 0, 11, 982 10 List auf Sylt W SW 7, -, 10, 978 11 Thyborön SSW 5, 0, 11, 970 12 Skagen S 6, -, 10, 975 13 Fornaes SSW 6, -, 10, 978 14 Kullen SSW 8, -, 10, 981 15 Kegnaes SW 8, 0, 9, 981 16 Kiel-Holtenau SW 4, -, 8, 985 17 Puttgrd.-Aut. SSW 5, -, 9, 985 18 FS Mön Südost SSW 6, -, 9, 986 19 Arkona SSW 6, -, 9, 987 20 Bornholm SW 7, -, 11, 988 21 Visby SSW 5, -, 9, 983 22 Mariehamn SSW 6, 0, 10, 981 23 Hel SSW 4, -, 10, 992 24 O-wetterschiff L W 4, -, 8, 999 25 Cherbourg W 5, -, 10, 1007 26 Belmullet	**N10, Deutsche Bucht** WEST 9 BIS 10, ABNEHMEND 8, ORKANBÖEN, MITTLERE SICHT **Südwestliche Nordsee (N11 Humber, N12 Themse)** WEST BIS NORDWEST 9, ORKAN-ARTIGE BÖEN, MITTLERE SICHT **N9, Fischer** SÜDWEST 9, WESTDREHEND, SCHWERE SCHAUERBÖEN, MITTLERE SICHT **B14, Skagerrak** SÜD BIS SÜDWEST 6 BIS 7, ETWAS ABNEHMEND, GUTE SICHT **B13, Kattegat** SÜDWEST 7, SCHAUERBÖEN, SONST GUTE SICHT **B12, Belte und Sund** SÜDWEST 8, SCHAUERBÖEN, SONST GUTE SICHT **B11, Westliche Ostsee** SÜDWEST 8, SCHAUERBÖEN, SONST GUTE SICHT **B10, Südliche Ostsee** SÜDWEST 8, SCHAUERBÖEN, SONST GUTE SICHT	WEST BIS NORDWEST 7 BIS 8, ABNEHMEND 6 NORDWEST BIS WEST 7 BIS 8, ABNEHMEND 6, RÜCKDREHEND WEST BIS NORDWEST 7 BIS 8, ETWAS ABNEHMEND AUF NORDWEST DREHENDE WINDE 5 BIS 6 AUF WEST DREHENDE WINDE 6 SÜDWEST 7 BIS 8, WEST-DREHEND SÜDWEST 7 BIS 8, WEST-DREHEND SÜDWEST 8, SPÄTER WEST-DREHEND

Abb. 8.29a DLF-Seewetterbericht vom 08.10.1988, 01.05 Uhr

DLF-Seewetterbericht vom 08.10.1988, 01.05 UHR

Zwölf Stunden später ist die Sturmzyklone bis zur Südwest-spitze Norwegens gezogen und wird im Seewetterbericht »schweres Sturmtief« genannt – ein Zeichen, daß immer noch in seinem Einfluß Windstärken von mindestens 10 Bft auftreten. Erwartungsgemäß hat sein Hauptwindfeld die östlichen Nord-seegebiete erreicht. So melden List/Sylt (10), Den Helder (7) und Hemsby (6) einen um eine Bft-Stärke höheren Mittelwind als 12 Stunden zuvor. Gleichzeitig hat sich ein Trog gebildet. Die Lage der Trogachse ist anhand von Stationsmeldungen gut zu finden: während Norderney (8) mit SW 6 einen im Vergleich zum Vortermin rückgedrehten Wind aufweist, meldet Hemsby (6) mit Westwind einen rechtgedrehten Wind und liegt damit trogrückseitig. Die Okklusion ist im Ostseebereich auch unter Berücksichtigung der Stationen schwer zu finden: die drei im Seewetterbericht genannten Lagepunkte der Front sind somit von besonderer Wichtigkeit. Der aufmerksame Leser stellt eine

leichte Richtungsänderung des Windes zwischen Visby (21) und Bornholm (20) von SSW auf SW fest; ein Zeichen, daß die Front östlich von Bornholm zu finden ist. Die Lage der Frontlinie zeigt eine starke zyklonale Rotation der Luftmassen um den Tiefkern, die die Zuggeschwindigkeit der Zyklone verringern läßt und der Zugbahn des Tiefs eine nördliche Komponente aufzwingt.

Interessant ist die »Wiedergeburt« des Resttiefs bei Trond-heim, das jetzt als Sturmtief in der Norwegischen See nördlich von Svinöy (2) und westlich von Sklinna (1) liegt. Nicht selten regenerieren sich gealterte hochreichende Tiefs beim Übertritt von Land auf das noch relativ warme Meer.

Dieses Tief übernimmt wieder eine steuernde Funktion und wird damit auch die Zugbahn des o.a. »schweren Sturmtiefs« beeinflussen. Für die Analyse des Bodendruckfeldes kann eine Hilfslinie vom Tiefkern 958 hPa (Utsira-Süd) bis Den Helder (7)

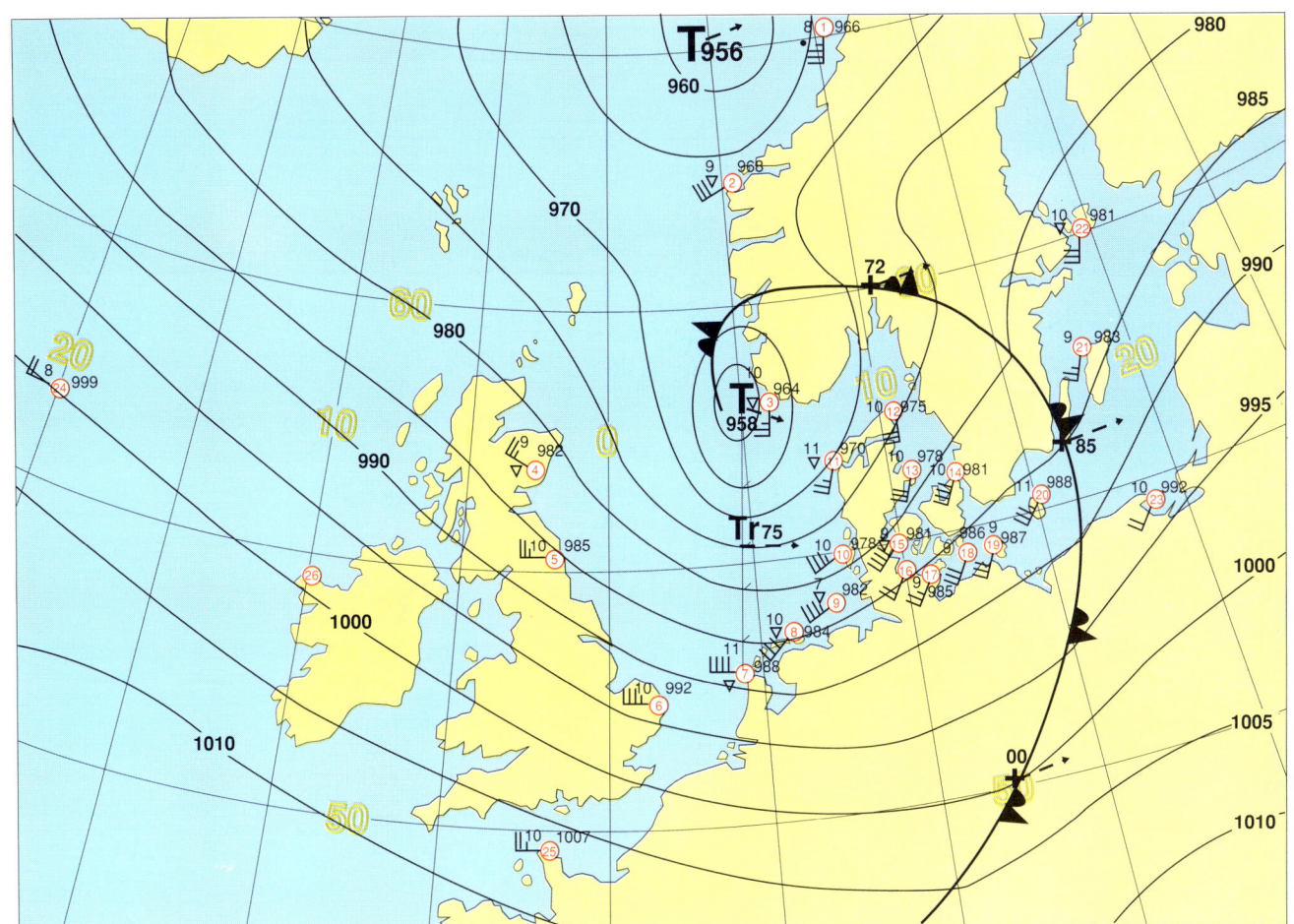

Abb. 8.29b Wetterlage vom 07.10.1988, 18/21 UTC

gezogen werden. Sicherlich wird aufgefallen sein, daß der Wind beim Ozeanwetterschiff »L« bereits rückgedreht hat und der Isobarenverlauf westlich der Britischen Inseln somit von der NW-SE-Richtung in eine W-E-Richtung übergeht. Diese Beobachtung deutet auf beginnende Warmluftzufuhr vom zentralen Nordatlantik in die Rückseite des Sturmtiefs bei Südnorwegen hin, das sich dann weiter abschwächen wird. Kurzfristig muß jedoch vor allem in den Westteilen der Ostsee mit Trogpassage und dabei sehr böigen und rechtdrehenden Winden mit Sturmstärke gerechnet werden.

Wetterlage von 08.10, 01 Uhr	Stationsmeldungen vom 08.10, 04 Uhr	Vorhersagen bis heute 24 Uhr / heute 12 Uhr / heute 18 Uhr	Aussichten bis morgen 12 Uhr / heute 24 Uhr / morgen 06 Uhr
STURMTIEF 961 HALTEN-BANK NORDOSTZIEHEND, MORGEN FRÜH NORDSCHWE-DEN, ABSCHWÄCHEND. KRÄFTIGES TIEF 967 SKAGERRAK NORDNORDOST-ZIEHEND, MORGEN FRÜH WESTSCHWEDEN. TROG 973 JÜTLAND, 980 SCHLESWIG-HOLSTEIN OSTSCHWENKEND. HOCH 1017 WESTFRANKREICH OSTVERLAGERND. KEIL 1000 OESTERREICH OSTAUSWEITEND. KEIL 1005 SÜDLICH IRLAND, 995 KNAPP NORDWEST-LICH IRLAND OST-SCHWENKEND. TIEF 986 AUF 53N 20W RASCH OSTZIEHEND, MORGEN FRÜH IRISCHE SEE. WARMFRONT 995 SÜDWESTLICH IRLAND OSTNORDOST SCHWENKEND.	1 Sklinna S 8, •, 8, 964 2 Svinöy N 4, -, 10, 971 3 Lista NNE 6, 0, 10, 971 4 Aberdeen WSW 5, -, 9, 986 5 Tynemouth W 5, -, 9, 991 6 Hemsby W 6, -, 8, 997 7 Den Helder W 7, 0, 10, 993 8 Norderney W 8, -, 13, 985 9 Helgoland W 8, -, 13, 981 10 List auf Sylt WNW 8, -, 12, 976 11 Thyboron NW 4, -, 11, 971 12 Skagen S 6, 0, 11, 972 13 Fornaes SSW 7, 0, 10, 971 14 Kullen SSW 8, -, 10, 979 15 Kegnaes WSW 8, 0, 10, 975 16 Kiel-Holtenau SW 5, -, 9, 980 17 Puttgrd.-Aut. SSW 7, -, 9, 981 18 FS Mön Südost — 19 Arkona SSW 7, -, 8, 984 20 Bornholm SSW 7, -, 10, 985 21 Visby S 5, -, 10, 984 22 Mariehamn S 5, -, 9, 980 23 Hel S 3, -, 9, 991 24 O-wetterschiff L STILLE, -, 10, 992 25 Cherbourg W 5, -, 10, 1010 26 Belmullet —	N10, Deutsche Bucht WEST BIS NORDWEST 8 BIS 9, ABNEHMEND 7, SCHAUER BÖEN, SONST GUTE SICHT Südwestliche Nordsee (N11 Humber, N12 Themse) WEST BIS NORDWEST 8 BIS 9, ABNEHMEND 7, SCHAUERBÖEN, SONST GUTE SICHT N9, Fischer WEST BIS NORDWEST 8 BIS 9, ABNEHMEND 7, SCHAUERBÖEN, SONST GUTE SICHT B14, Skagerrak OSTTEIL: SÜDOST 5 BIS 6, RÜCKDREHEND. WESTTEIL NORDOST BIS NORD 4 BIS 5, RÜCKDREHEND, GUTE SICHT B13, Kattegat SÜD BIS SÜDWEST 8 RECHTDREHEND, SCHAUER BÖEN, SONST GUTE SICHT B12, Belte und Sund SÜDWEST 9, RECHTDREHEND ABNEHMEND 7, GUTE SICHT B11, Westliche Ostsee SÜDWEST 9, RECHTDREHEND, ABNEHMEND 7, GUTE SICHT B10, Südliche Ostsee SÜDWEST 9, RECHTDREHEND, SONST GUTE SICHT	WEST 6 BIS 7, SPÄTER SÜDWEST 8 WEST 6 BIS 7, SPÄTER SÜDWEST 8 NORDWEST BIS WEST 5 BIS 6, SÜDDREHEND WESTLICHE WINDE 5 BIS 6 WEST 6 BIS 7, ABNEHMEND 5 WEST 6 BIS 7, ABNEHMEND 5 WEST 6 BIS 7, ABNEHMEND 5 WEST 7 BIS 8, ABNEHMEND 6

Abb. 8.30a DLF-Seewetterbericht vom 08.10.1988, 06.40 Uhr

DLF-Seewetterbericht vom 08.10.1988, 06.40 UHR

Das über dem Skagerrak liegende Tief ist anhand der Stations-meldungen Lista, Thyborön und Skagen gut zu analysieren, es hat sich aber im Kern innerhalb der letzten 6 Stunden um 9 hPa abgeschwächt. Dagegen gewinnt das Sturmtief über der Hal-tenbank zunehmend für die Zirkulation über dem nördlichen Mitteleuropa an Bedeutung: so drehte der Wind bei Svinöy (2) von SW auf N; und bei 971 hPa *muß* die 990 hPa-Isobare knapp östlich in Nord-Süd-Richtung verlaufen. Es deutet sich damit ein »Einfangen« des Skagerrak-Tiefs in die Haltenbank-Zyklone an, das dann im weiteren Verlauf einen von Ost nach Nord gerichteten Kurs nehmen muß. Der Trog über Jütland hat sich noch verschärft; so meldet Fornaes (13) SSW 7, Thyborön (11) ca. 150 km westnordwestlich bereits NW 4 und List/Sylt (10) sogar WNW 8. Die Trogachse verläuft also von Nord nach Süd durch Jütland. Unvermindert stark blieb der Wind über der Nordsee, weil im Vergleich zum Vortermin der Luftdruck an

allen britischen Ostküstenstationen zwischen 5 und 6 hPa stieg, und der Druckgradient somit erhalten blieb. Eine schwa-che Hochdruckbrücke hat sich nördlich des neuen ostatlanti-schen Tiefs gebildet. Das Ozeanwetterschiff »L« meldete Windstille und befindet sich in der Achse dieser Brücke, auch wenn der Luftdruckwert nur 992 hPa beträgt! Das Isobarenfeld kann aufgrund der nahezu gleichförmigen Strömungsverhält-nisse (im Nordseebereich vorherrschend aus West, im Ostsee-bereich aus Süd bis Südwest) ohne größere Schwierigkeiten auch ohne Hilfslinien gezeichnet werden.

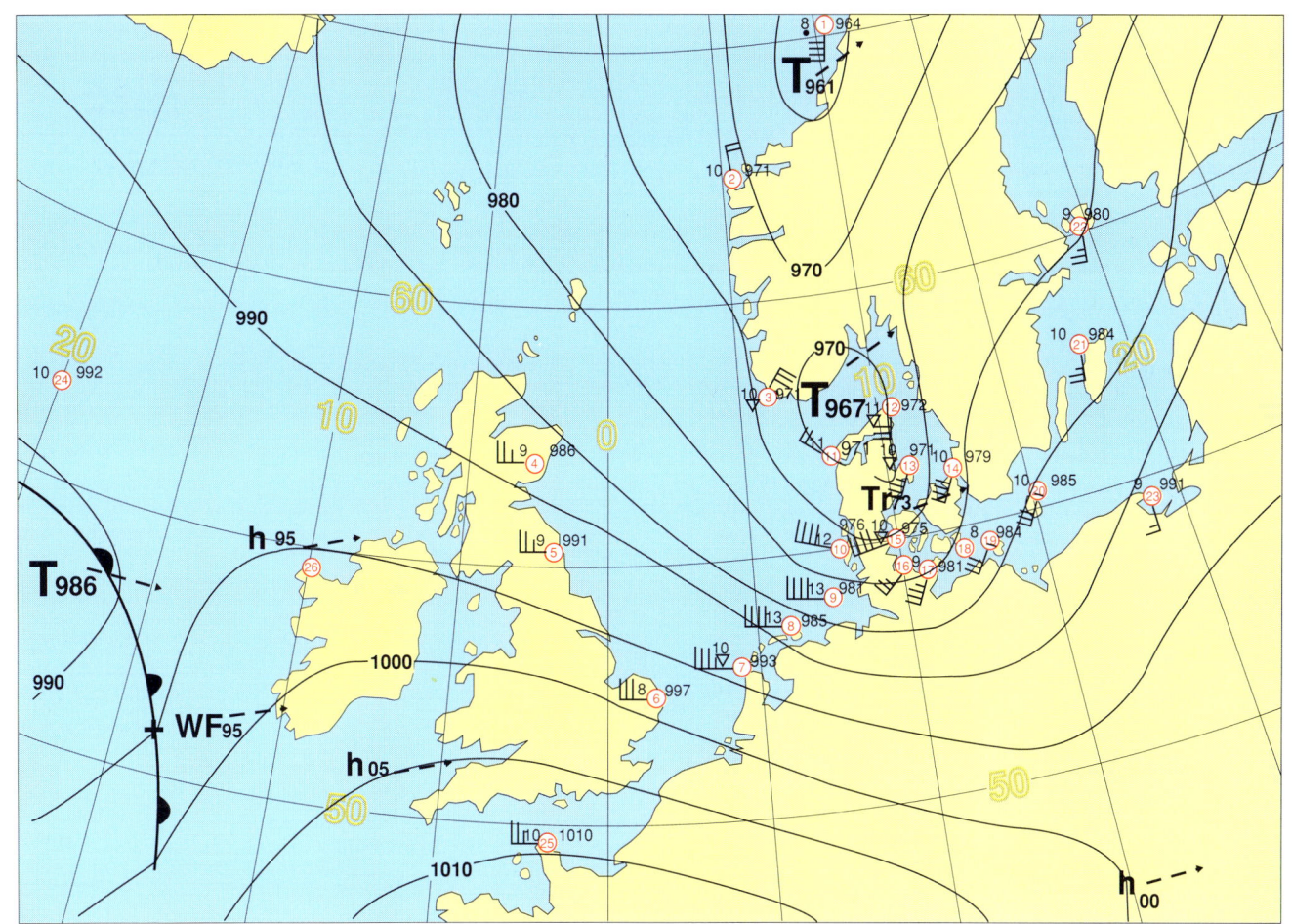

Abb. 8.30b Wetterlage vom 08.10.1988, 00/03 UTC

Wetterlage von 08.10, 07 Uhr	Stationsmeldungen vom 08.10., 10 Uhr	Vorhersagen bis heute 24 Uhr ~~heute 12 Uhr~~ ~~heute 18 Uhr~~	Aussichten bis morgen 12 Uhr ~~heute 24 Uhr~~ ~~morgen 06 Uhr~~
STURMTIEF 962 NÖRDLICH DER HALTENBANK LANGSAM NORDNORDOSTZIEHEND, ABSCHWÄCHEND. RESTTIEF 972 OSLO AUFFÜLLEND. TROG 980 SÜDSCHWEDEN 990 POLEN, 995 CSSR OSTSCHWENKEND. HOCH 1017 MITTELFRANKREICH OSTVERLAGERND, MORGEN MITTAG ALPENRAUM. KEIL 995 NORDIRLAND RASCH OSTSCHWENKEND. FLACHES HOCH 999 SÜDWESTLICH ISLAND FESTLIEGEND. TIEF 985 55N 19W OSTZIEHEND MORGEN MITTAG GROSSBRITANNIEN. WARMFRONT 1000 SÜDIRLAND, OSTSCHWENKEND. KALTFRONT 995 AUF 51N 15W OSTSCHWENKEND.	1 Sklinna W 6, -, 9, 967 2 Svinöy NNW 4, 0, 9, 972 3 Lista WNW 1, -, 10, 980 4 Aberdeen W 4, -, 8, 991 5 Tynemouth WSW 5, -9, 995 6 Hemsby WSW 5, -, 10, 1003 7 Den Helder W 6, -, 11, 1000 8 Norderney W 7, -, 12, 994 9 Helgoland WNW 7, -, 13, 991 10 List auf Sylt WNW 7, -, 13, 987 11 Thyboron WNW 6, -, 13, 981 12 Skagen WNW 5, -, 11, 978 13 Fornaes NW 1, -, 11, - 14 Kullen W 8, 0, 10, 978 15 Kegnaes WNW 5, -, 9, 986 16 Kiel-Holtenau W 5, -, 11, 989 17 Puttgrd.-Aut. WSW 5, -, 11, 990 18 FS Mön Südost — 19 Arkona W 9, - 12, 986 20 Bornholm WSW 9, 0, 10, 982 21 Visby S 4, -, 10, 983 22 Mariehamn S 5, -, 11, 982 23 Hel SSE 5, -, 10, 991 24 O-wetterschiff L ENE 4, •, 10, 990 25 Cherbourg WSW 4, •, 12, 1011 26 Belmullet —	**N10, Deutsche Bucht** NORDWEST BIS WEST 8 BIS 9, ABNEHMEND 7, STURMBÖEN, GUTE SICHT **Südwestliche Nordsee (N11 Humber, N12 Themse)** WEST 8, RÜCKDREHEND, MITTLERE SICHT **N9, Fischer** NORDWEST 8, ABNEHMEND 7, RÜCKDREHEND, GUTE SICHT **B14, Skagerrak** NORDWEST 8, SPÄTER ABNEHMEND 6 BIS 7, GUTE SICHT **B13, Kattegat** WEST 8, MITTLERE SICHT **B12, Belte und Sund** WEST 8, ABNEHMEND 7, MITTLERE SICHT **B11, Westliche Ostsee** WEST 8, ABNEHMEND 7, MITTLERE SICHT **B10, Südliche Ostsee** SÜDWEST 8 BIS 9, RECHTDREHEND, MITTLERE SICHT	SÜDWEST 8 BIS 9 SÜDWEST 9 SÜDWEST 6 BIS 7 SÜDWEST 6 BIS 7 SÜDWEST 6 BIS 7 SÜDWEST 7 SÜDWEST 7 WEST BIS SÜDWEST 7

Abb. 8.31a DLF- Seewetterbericht vom 08.10.1988, 12.30 Uhr

DLF-Seewetterbericht vom 08.10.1988, 12.30 UHR

Erwartungsgemäß ist das Tief aus dem Skagerrak unter Abschwächung nach Norden gezogen und wurde vollends in das Zirkulationssystem des Sturmtiefs nördlich der Haltenbank einbezogen. Der zugehörige Trog ist über Südschweden mit Hilfe der Stationswerte gut zu erkennen; in Kullen (14), Arkona (19) und Bornholm (20) drehte der Wind von S auf W und nahm auf Sturmstärke zu. Die Trogachse befindet sich demnach über Südostschweden und Polen, aber noch westlich von Hel (23) bei SSE- Wind. Noch immer herrscht im Ostteil der Nordsee starker bis stürmischer West- bis Nordwestwind, da sich der Luftdruckunterschied zwischen Helgoland im Süden und Thyborön im Norden nicht änderte. Erst mit Herannahen des Tiefs westlich der Britischen Inseln ist bei rückdrehendem Wind mit kurzzeitiger Windabnahme zu rechnen. In den westlichen und südlichen Teilen der Ostsee hingegen muß mindestens noch für den Tag mit Weststurm gerechnet werden, weil sich der Luftdruckanstieg des herannahenden Keils vor allem südlich der Ostsee auswirken wird. Die Luftdruckgegensätze über der Ostsee bleiben daher zunächst noch sehr groß.

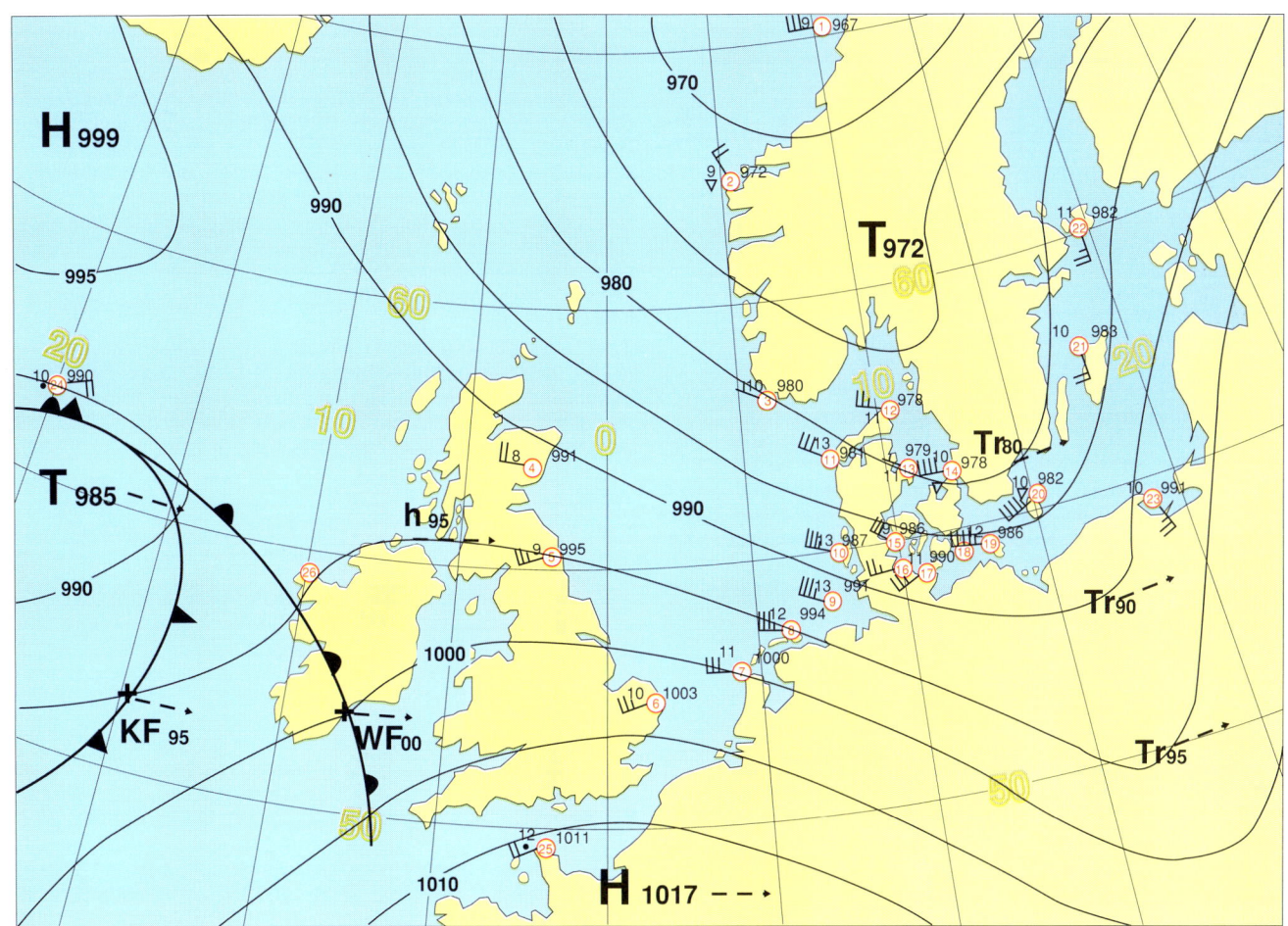

Abb. 8.31b Wetterlage vom 08.10.1988, 06/09 UTC

8.5 Weitere Auswertung der Bordwetterkarte

Nur um die Richtigkeit der amtlichen Prognosen zu überprüfen, wären Aufwand und Mühe zur Erstellung einer Bordwetterkarte sicher zu groß. Eine gut analysierte Wetterkarte liefert jedoch neben einem allgemeinen Überblick über die Wetterlage weitere Informationen, die Einfluß haben auf
– die Wahl des Kurses
– das Törn-Ziel.
Außerdem werden im Kapitel 9.7: »Praktische Seegangsvorhersage an Bord« Hilfsmittel zur Seegangsbestimmung vorgestellt. Die dafür erforderlichen Windverhältnisse liefert das Druckfeld.

Bestimmung von Windrichtung und -stärke

Bei einiger Erfahrung im Umgang mit Wetterkarten läßt sich die Windgeschwindigkeit aus dem Isobarenabstand abschätzen, wenn die im Kapitel 3.2: »Wind« beschriebenen Gesetzmäßigkeiten (*Reibung, Zentrifugalkraft, Abhängigkeit der Corioliskraft von der geographischen Breite, thermische Schichtung und Böigkeit*) beachtet werden.
Eine genaue Bestimmung der Windgeschwindigkeit ist mit Hilfe von **Nomogrammen** und sogenannten **Windlinealen** möglich. Wind-Nomogramme haben den Vorteil, daß sie für alle Kartenprojektionen und Maßstäbe anwendbar sind. Zur Ermittlung der Windgeschwindigkeit wird der jeweilige Isobarenabstand in Bruchteilen bzw. Vielfachen eines Breitengrades aus der Bordwetterkarte abgelesen.
Bei der abgebildeten Tafel (Abb. 8.32) wurde *ein geradliniger Isobarenverlauf* zugrunde gelegt, d.h. die **Isobarenkrümmung**, verantwortlich für die Zentrifugalkraft, wurde hier nicht berücksichtigt. Soll die Windgeschwindigkeit im Bereich von Tiefdruckgebieten mit mittlerer **zyklonaler Isobarenkrümmung** gemessen werden, so ist der aus der Tafel entnommene Wert um ca. 15% zu reduzieren. Bei **antizyklonaler Krümmung** der Isobaren (um Hochdruckgebiete) wird die Windgeschwindigkeit mit einem Zuschlag von 20 bis 25% versehen.
In der Tafel ist nach oben die geographische Breite (Φ) aufgetragen. Der Isobarenabstand d wird in *Breitengraden* abgele-

sen. Da Isobaren stets in Abständen von 5 zu 5 hPa gezeichnet werden, nennen wir diesen Abstand d_5. Er ist in der Tafel unten waagerecht aufgetragen. Man findet dort auch noch Maßstäbe für Isobarenabstände 10 hPa (d_{10}) und 1 hPa (d_1, oberer Rand). Die Umrechnung ist einfach. Beträgt der Abstand zwischen 2 Isobaren z. B. 3 Breitengrade ($d_5 = 3$), so wäre der 1-hPa-Abstand $d_1 = d_5/5 = 0,6$. *Dieser 1-hPa-Abstand ist in den Nomogrammen als senkrechte Linie enthalten.*
Die Linien konstanter Windgeschwindigkeit verlaufen von rechts unten nach links oben in Abständen von 5 zu 5 Knoten (ein ganzer Strich entspricht 10, ein halber 5, ein Fähnchen 50 Knoten). Beim Ablesen ist zwischen diesen Linien zu interpolieren.
Zwei Beispiele für geradlinigen Isobarenverlauf: Für obigen Fall ($d_1 = 0,6$ Breitengrade) entnehmen wird in 50° Nord eine Windgeschwindigkeit von 15 Knoten entsprechend Stärke 4 Bft.
Im Falle sehr enger Isobarenabstände messen wir die Distanz zwischen 10 hPa Druckunterschied und erhalten $d_{10} = 2$ Breitengrade, entsprechend $d_1 = 0,2$. Bei 40° Nord resultiert als Windgeschwindigkeit 54 Knoten entsprechend Stärke 10 Bft.
– In kalter Luft, die über warmes Wasser strömt, muß die so ermittelte Windgeschwindigkeit um 10 bis 20% erhöht werden.
– Bei sehr gleichmäßiger Luftströmung (warme Luft über kaltem Wasser) ist die Nomogramm-Windgeschwindigkeit um 5 bis 15% zu reduzieren.

Übung:

Rechnen Sie mehrere Beispiele durch und vergleichen Sie die Windgeschwindigkeiten aus diesem Nomogramm mit den Tabellen für den *geostrophischen Wind* im Kapitel 3.2: »Wind«. Bei der Ermittlung der Windrichtung wird daran erinnert, daß eine Komponente des Windes zum tiefen Druck gerichtet ist. Bei mittleren Windgeschwindigkeiten ist über See ein Winkel von 10° bis 20° zwischen Wind- und Isobarenrichtung realistisch, bei schwachen Winden kann dieser Winkel auch 30° und mehr betragen.
Achtung: *Im Bereich steiler und sehr gegliederter Küsten besteht kein eindeutiger Zusammenhang mehr zwischen Isobarenverlauf und Windrichtung.*

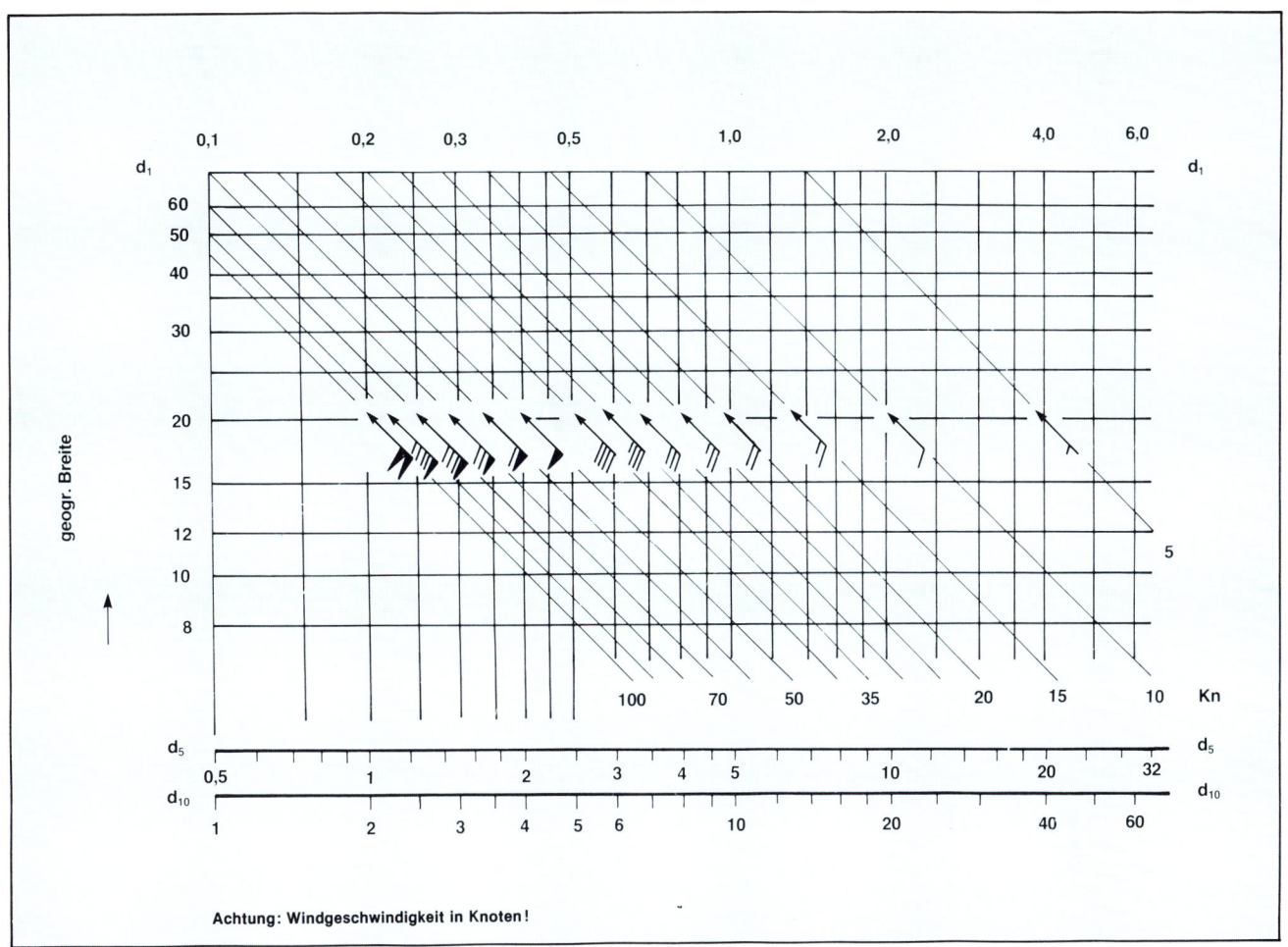

Abb. 8.32 Nomogramm (nach Rudloff) zur Abschätzung der Windgeschwindigkeit auf See nach der Bordwetterkarte

9 Seegang, Wassertemperaturen

Seewetterberichte enthalten im allgemeinen keine Angaben über den zu erwartenden **Seegang.** Da die Entwicklung des Seegangs neben der Windgeschwindigkeit auch von der Ausdehnung des Windfeldes und von der Wassertiefe abhängt, würde eine aussagekräftige Seegangsvorhersage eine drastische Verkleinerung der Vorhersagegebiete voraussetzen, was wiederum eine unvertretbare Verlängerung der Seewetterberichte zur Folge hätte. In diesem Kapitel werden daher einige Grundkenntnisse vermittelt und Verfahren an die Hand gegeben, die eine Abschätzung des Seegangs »mit Bordmitteln« aufgrund der Windvorhersage ohne große Schwierigkeiten gestatten.

9.1 Arten des Seegangs

Solange der Seegang im wesentlichen durch den am Ort oder in näherer Umgebung herrschenden Wind angefacht und aufrecht erhalten wird, bezeichnen wir ihn als **Windsee.** Sie ist charakterisiert durch eine spitze Form der Wellenkämme und Ungleichmäßigkeit der Einzelwellen (Abb. 9.1).
Dünung ist alter Seegang. Ihre Wellenzüge sind deutlich länger als die der Windsee und stark abgerundet. Dadurch und wegen des verhältnismäßig großen Abstandes zwischen den Wellenbergen ist eine Dünung mitunter auf hoher See nur schwer auszumachen (Abb. 9.2).

Überlagert sich einer Dünung unter merklichen Winkeln eine ausgeprägte Windsee, so durchdringen sich beide Wellensysteme, und es entsteht eine **Kreuzsee,** die wegen oft unvermutet auftretender sehr hoher Einzelwellen außerordentlich gefährlich werden kann. Sie entsteht am häufigsten im kernnahen Bereich von tropischen Wirbelstürmen, aber auch von Sturmzyklonen sowie bei der Passage von markanten Fronten und Trögen (Abb. 9.3).

Abb. 9.2 Dünung

Abb. 9.1 Windsee

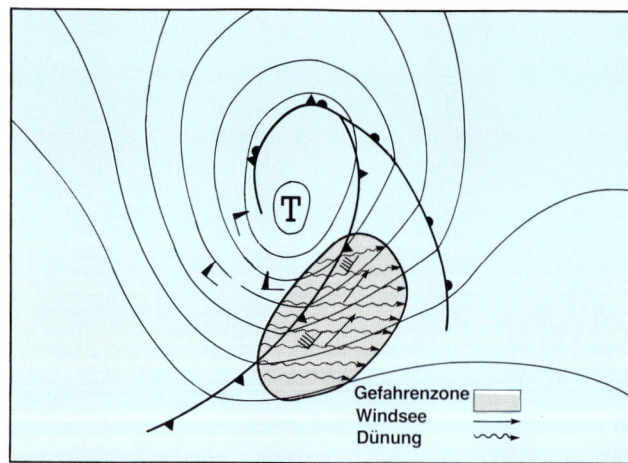

Abb. 9.3 Kreuzsee

Schwerer Sturm Bft 10. Windsee 6–8 m, aufgenommen vor Labrador

Laufen die Wellen, wobei es keinen Unterschied macht, ob es sich um Windsee oder Dünung handelt, in flaches Wasser, so ändern sich ihre Eigenschaften, da die Wellenbewegung nun bis zum Meeresboden reicht. Auf Bänken kann es zur Bildung von **Grundseen** kommen. Sie sind steiler und höher als Windsee oder Dünung über tiefem Wasser. Kommt es zum Überbrechen der Wellenkämme, so sprechen wir von **Brandung.** Grundseen sind nicht nur an Küsten gebunden, sondern können auch über Untiefen im offenen Meer entstehen.

9.2 Beschreibung des Seegangs

Betrachtet man eine bewegte Wasseroberfläche, so erliegt man leicht der Täuschung, als wandere mit der Welle gleichsam ein Wasserberg vorüber. Tatsächlich aber vollführt ein im Wasser schwebendes Teilchen bei Herannahen eines Wellenberges zunächst eine aufwärts-, bei dessen Ablaufen eine abwärtsge-richtete Bewegung. Die Wasserteilchen schwingen also auf der Stelle.

Bei noch genauerer Betrachtung stellt man neben dieser vertikalen Schwingung auch eine periodische horizontale Auslenkung der Wasserteilchen um ihre Ruhelage fest. Bei genügend großer Wassertiefe vereinigen sich diese beiden Schwingungen zu einer nahezu kreisförmigen **Orbitalbewegung.** Durch die Beweglichkeit der Wasserteilchen wird diese Schwingung benachbarten Teilchen mitgeteilt, so daß auch diese aus ihrer Ruhelage ausgelenkt werden. So pflanzt sich die einmal angeregte Schwingung fort.

Es ist also nicht die Materie – das Wasser – , die in einer Wellenbewegung fortschreitet, sondern allein die Energie des (im Falle der Windsee) durch den Wind angeregten Schwingungszustandes der Wasseroberfläche.

Während in der untenstehenden Abbildung (Abb. 9.4) das Teilchen (1) bereits seine Orbitalbahn durchlaufen hat, erreichen Teilchen (2) bis (4) ihren höchsten Bahnpunkt erst später. So befindet sich Teilchen (3) erst am tiefsten Punkt seiner Bahn (180 °), während Teilchen (2) und (4) sich auf halber Höhe (entsprechend 270 ° bzw. 90 °) ihrer Kreisbahn befinden.

Zur Beschreibung der Oberflächenwellen des Wassers benutzt man die gleichen Begriffe wie bei anderen Wellenvorgängen auch: **Wellenlänge (L), Wellenperiode (T) und Wellenhöhe (H),** letztere als Höhendifferenz zwischen Wellenkamm und Wellental (doppelte Amplitude) (Abb. 9.5).

Die Orbitalbewegung der Wasserteilchen läßt sich noch bis zu einer Wassertiefe t von einer halben Wellenlänge (L/2) nachweisen. So lange also die Bedingung t > L/2 erfüllt ist, wirkt sich der vorhandene Meeresgrund nicht auf die Beschaffenheit der Oberflächenwellen aus, man spricht auch von Seegang in tiefem Wasser.

Die Meeresoberflächenwellen bestehen nicht aus gleichmäßigen, langen Wellenzügen, sondern vor allem die Windsee hat ein wenig regelmäßiges Aussehen. Der Seegang setzt sich aus einer Vielzahl von Einzelwellen unterschiedlicher Wellenlänge, Wellenperiode und Wellenhöhe zusammen, die sich gegenseitig überlagern. Alle Wellen im Seegang bilden ein **Seegangsspektrum.** Da sich die einzelnen Wellenanteile mit unterschiedlicher Geschwindigkeit fortpflanzen, ist das Aussehen der Meeresoberfläche einer ständigen Veränderung unterworfen. In der Praxis der Seegangsvorhersage muß man sich im allgemeinen auf einige wenige den Seegang kennzeichnende, statistische Parameter beschränken. Es sind dies: die **kennzeichnende Wellenhöhe ($H_{1/3}$)** und die dazugehörige **kennzeichnende Wellenperiode ($T_{1/3}$)** sowie die daraus ableitbare **kennzeichnende Wellenlänge ($L_{1/3}$).** Die kennzeichnende Wellenhöhe ist die durchschnittliche Höhe des höchsten Drittels aller Wellen im Seegang (Abb. 9.6). Exakt läßt sich die

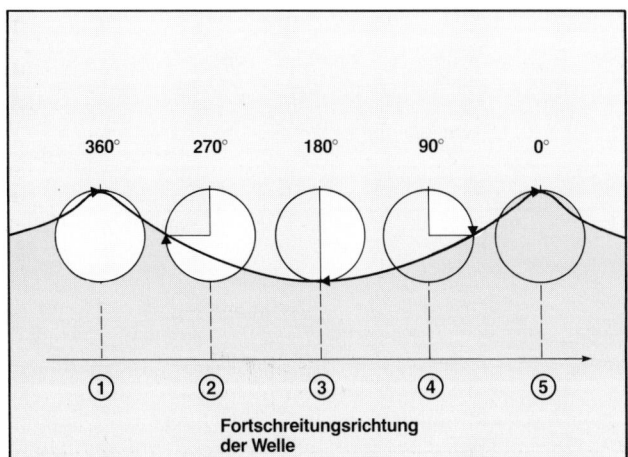

Abb. 9.4 Orbitalbewegung und Fortschreiten einer Welle

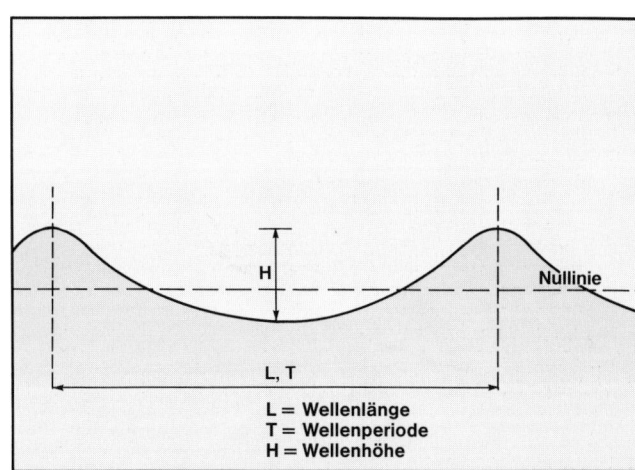

Abb. 9.5 Seegangsparameter

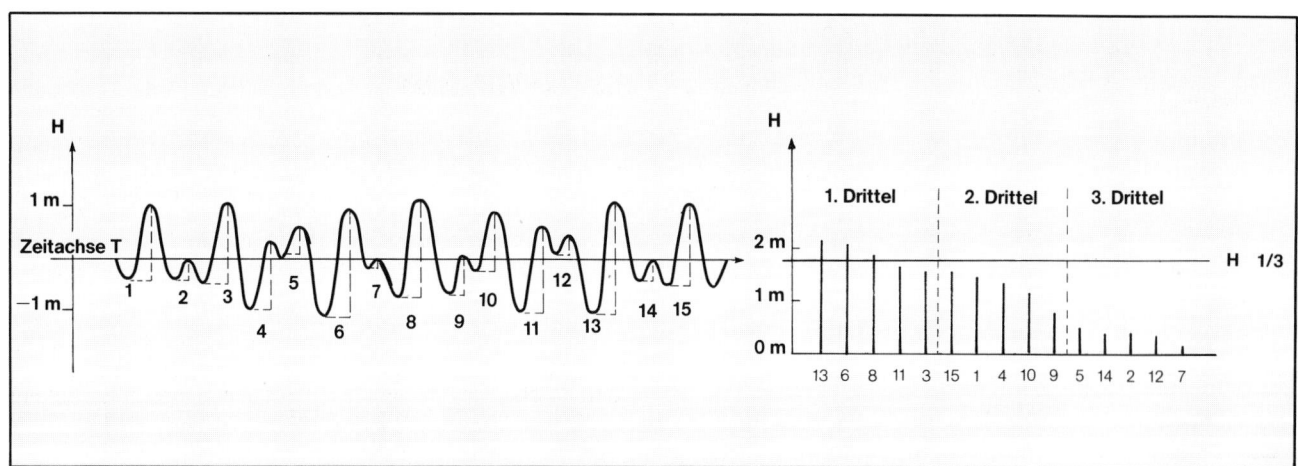

Abb. 9.6 Ableitung der kennzeichnenden Wellenhöhe aus einer Seegangsregistrierung

kennzeichnende Wellenhöhe allerdings nur aus Seegangsregistrierungen gewinnen.

Offensichtlich sind es also die Wellen des oberen Drittels, die das Aussehen der See prägen. Daher genügt es bei der Seegangsbeobachtung von Bord aus, die Höhe und die Periode der gut ausgeprägten – nicht der extremen – Wellen zu bestimmen. Die **charakteristische Wellenhöhe (H_c)** entspricht näherungsweise der aus Registrierungen gewonnen kennzeichnenden Wellenhöhe $H_{1/3}$. Zur charakteristischen Wellenhöhe gehört eine **charakteristische Wellenperiode (T_c)**; das ist die Zeit, die zwischen den Durchgängen zweier gut ausgeprägter Wellenberge am festen Ort verstreicht (Messung mehrmals wiederholen!). Die **charakteristische Wellenlänge (L_c)** läßt sich vom Schiff aus nicht bestimmen. In tiefem Wasser ($t > L_c/2$) ist sie allerdings auf einfache Weise mit der Wellenperiode T_c verknüpft (Abb. 9.7):

$$L_c = 1{,}56 \cdot T_c^2.$$

Aufgrund statistischer Überlegungen kann man bei realistischen Andauerzeiten des Seegangs Aussagen über das Auftreten bestimmter Wellenhöhen im Seegang machen: Etwa 13,5 % aller Wellen im Seegang sind höher als die kennzeichnende Wellenhöhe $H_{1/3}$, die wir für unsere Zwecke gleich der charakteristischen Wellenhöhe H_c setzen wollen (Abb. 9.8). Etwa 1 % aller Wellen im Seegang überschreiten das 1½-fache der kennzeichnenden Wellenhöhe. Bei einer Wellenhöhe von 3 m und einer Periode von 6 Sekunden treten daher im Mittel alle 10 Minuten Einzelwellen von 4,5 m auf. Jede 3000. Welle, also 0,3 Promille aller Wellen überschreiten das Doppelte der kennzeichnenden Wellenhöhe. Als maximale Wellenhöhe kann man etwa das 2,15fache der kennzeichnenden Wellenhöhe ansetzen. Wellen dieser Höhe treten schon äußerst selten auf; ihre Häufigkeit ist eine Welle auf 10000. Bei einer Wellenperiode von 10 Sekunden bedeutet dies eine Wiederholungsdauer von etwa 27 Stunden.

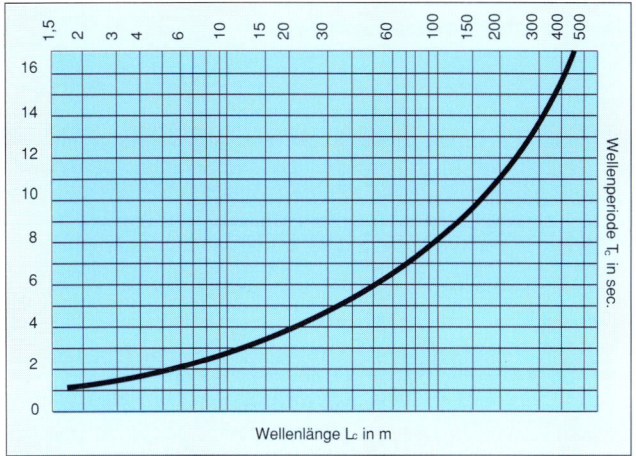

Abb. 9.7 Zusammenhang zwischen Wellenlänge und Wellenperiode in tiefem Wasser

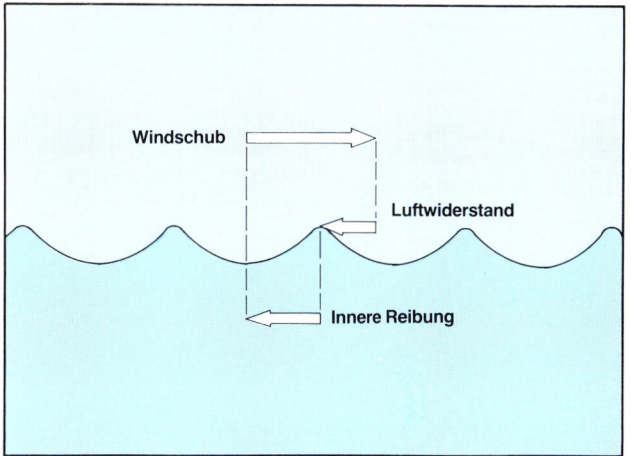

Abb. 9.9 Kräftegleichgewicht im Seegang

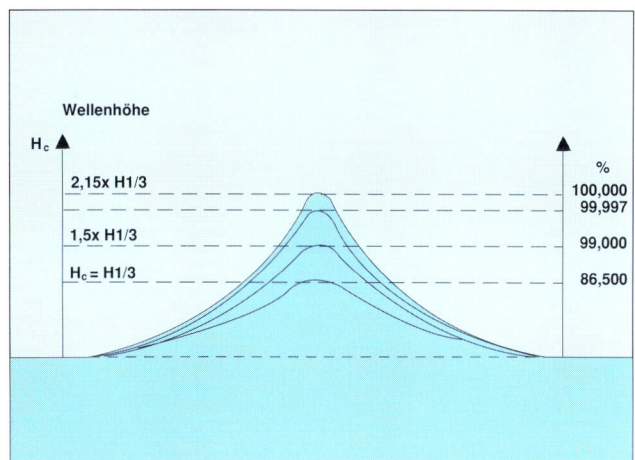

Abb. 9.8 Prozentuale Häufigkeit verschiedener Wellenhöhen im Seegang

9.3 Die Windsee

Überschreitet die Windgeschwindigkeit in 10 m Höhe den Wert von 0,7 m/s, so reicht die atmosphärische Turbulenz aus, um auf einer anfänglich glatten Wasserfläche winzige Wellen zu erzeugen. Unter dem Einfluß der Luftreibung an der Wasseroberfläche wachsen diese **Initialwellen** mit zunehmender Windgeschwindigkeit an. Dabei nehmen sowohl die Wellenhöhe als auch die Wellenlänge stetig zu.

Bei längerer Andauer des Windes stellt sich ein Gleichgewicht zwischen den wellenerzeugenden Kräften des Windfeldes und den wellenverzehrenden Kräften der inneren Reibung und des Luftwiderstandes ein (Abb. 9.9). Betrachtet man zunächst nur Oberflächenwellen in tiefem Wasser – d.h. die Wassertiefe ist größer als die halbe Wellenlänge ($t > L_c/2$) – so kann man die Bodenreibung der Wasserteilchen auf ihren Orbitalbahnen außer Betracht lassen.

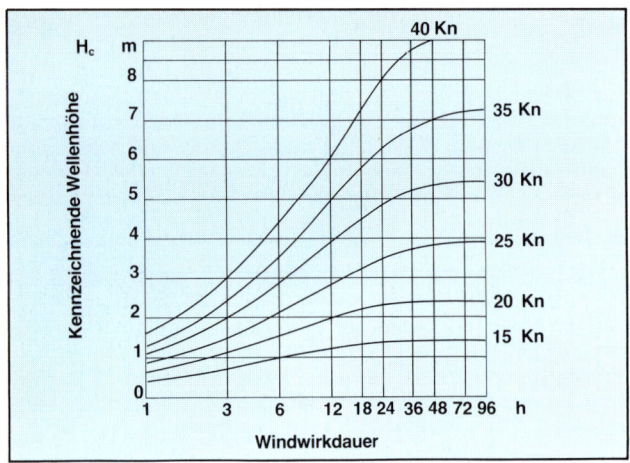

Abb. 9.10 Anwachsen der Wellenhöhe bei zunehmender Wirkdauer

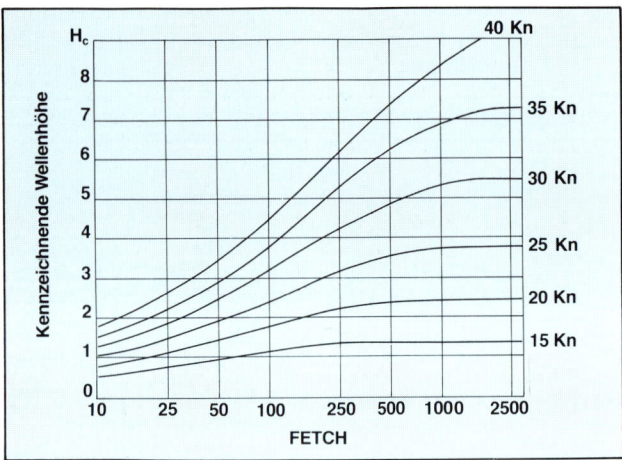

Abb. 9.11 Anwachsen der Wellenhöhe bei zunehmender Wirklänge (Fetch)

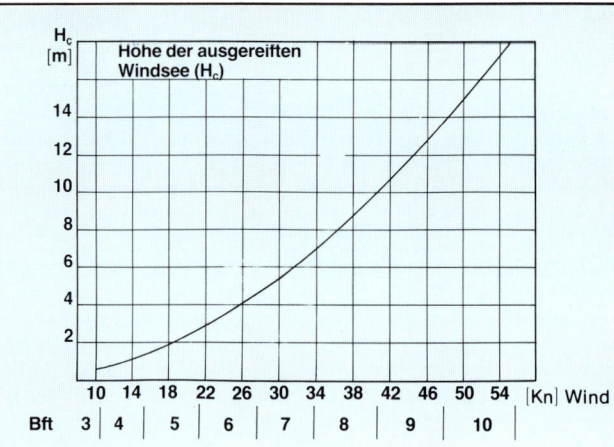

Abb. 9.12 Höhe der ausgereiften Windsee

Die Wellenhöhe wächst mit zunehmender **Wirkdauer** des Windes zunächst rasch an und strebt dann einem konstanten Wert zu (Abb. 9.10), der noch von der Windgeschwindigkeit abhängig ist.

Die Wirkdauer ist jedoch nur eine von zwei Randbedingungen für die Seegangsentwicklung. Neben den zeitlichen Parameter Wirkdauer tritt ein räumlicher, die **Wirklänge (Fetch),** sozusagen die »Anlaufstrecke« des Windes auf dem Wasser. Auch hier gilt: Je größer der Fetch, desto höher werden die Wellen bei einer vorgegebenen Windgeschwindigkeit, bis ein »Sättigungswert« erreicht wird (Abb. 9.11). Die Wellenhöhe, die auch bei beliebig langer Wirkdauer und bei beliebig langer Wirklänge nicht überschritten wird, ist die Höhe der ausgereiften Windsee (Abb. 9.12). Die Wirkung beider Einflüsse (Andauer und Fetch)

ist in dem Diagramm zur Seegangsvorhersage (Seite 208, Abb. 9.19) vereinigt. Aus Abb. 9.11 folgt unmittelbar, daß die Windsee bei hohen Windgeschwindigkeiten nur in sehr ausgedehnten Seegebieten (u.U. mehrere Tausend Kilometer) – d.h. auf den freien Ozeanen – und bei mehrtägiger Andauer ausreifen kann.

Allerdings können in den Rand- und Nebenmeeren des Atlantiks bei bestimmten Windrichtungen Wirklängen erreicht werden, die Seegang bei Windstärke 7 Bft ausreifen lassen: In der Deutschen Bucht bei Nordwestwind (800 km Fetch), im Skagerrak bei Südwestwind (ebenfalls 800 km Fetch), östlich der Straße von Gibraltar bei Ost- und Nordostwind (800 bis 1000 km Fetch), in der nördlichen Adria bei Südostwind (700 km Fetch), um nur einige Beispiele zu nennen.

9.4 Die Dünung

Die Reibung im Wasser und der Luftwiderstand der Wellen zehren fortwährend an der Wellenenergie. Diese **Dämpfung** des Seeganges setzt vorzugsweise im Bereich kurzer Wellenlängen ein. Flaut der Wind ab oder verlassen die Wellen das sie erzeugende Windfeld, verschwinden daher auch die kurzwelligen Seegangsanteile zuerst. Übrig bleiben daher die langwelligen Dünungsanteile mit ihren langgestreckten Wellenzügen und dem runden Wellenprofil.

Die Verlagerungsgeschwindigkeit von Wellen über tiefem Wasser ist um so größer, je größer ihre Wellenlänge ist. Wegen ihrer geringen Dämpfung und ihrer relativ hohen Geschwindigkeit (eine Welle von $L_c = 100$ m verlagert sich mit etwa 12,5 m/s, eine solche von 200 m mit etwa 17,5 m/s) können lange Dünungswellen in verhältnismäßig kurzer Zeit große Seegebiete durchwandern.

Insbesondere bei tropischen und subtropischen Stürmen sind Dünungswellen häufig das erste Anzeichen für das Heranna-

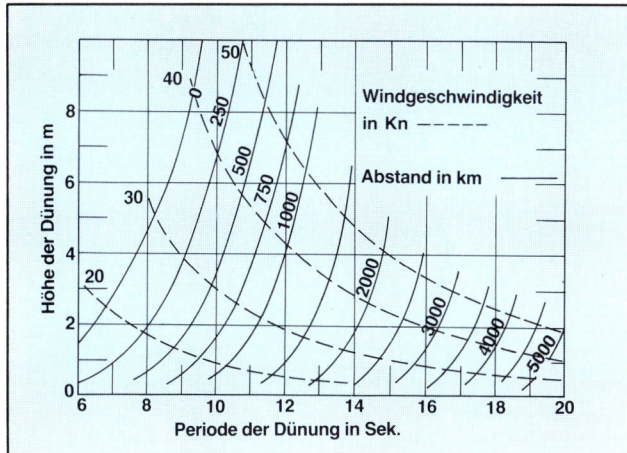

Abb. 9.13 Diagramm zur Abschätzung der Entfernung und Stärke eines Windfeldes aus der einlaufenden Dünung

hen eines Sturmgebietes, da sie wegen ihrer großen Fortpflanzungsgeschwindigkeit dem Windfeld vorauseilen.

Aus der *Wellenlaufrichtung*, der *Wellenperiode* und der *Höhe* der anlaufenden Dünungswellen kann man auf die Lage und Intensität des sie erzeugenden Windsystems schließen. Mit Hilfe der Abb. 9.13 kann man eine solche Abschätzung leicht selbst durchführen.

Beispiel:

Geschätzte Höhe der Dünung 4 m, Dünungsperiode 12 s. Mit Hilfe des Diagramms ergibt sich eine Entfernung zum Ursprungsgebiet von ca. 1 000 km, wo z. Z. der Entstehung der Wellen eine Windgeschwindigkeit von etwa 39 kn (Bft 8) herrschte.

9.5 Seegang in flachem Wasser

Das Verhalten des Seegangs im flachen Wasser läßt sich nur schwer vorhersagen, da sowohl die Wassertiefe als auch die Topographie und die Beschaffenheit des Meeresbodens Einfluß auf die Seegangsentwicklung haben. Praktische Vorhersagehilfen lassen sich daher nur für wenige Spezialfälle angeben.

In flachem Wasser sind Höhen- und Längenwachstum der Windsee begrenzt; die maximale Wellenhöhe hängt stark von der Wassertiefe ab. Eine ungefähre Vorstellung, wie weit die Windsee in flachem Wasser anwachsen kann, zeigt die folgende Abbildung (Abb. 9.14). Die Kurven stellen für verschiedene Windgeschwindigkeiten die erreichbare Wellenhöhe als Funktion einer (konstanten) Wassertiefe dar. Die Kurven streben bei größer werdender Wassertiefe einem konstanten Wert zu, der Wellenhöhe in tiefen Wasser (Abb. 9.15). Voraussetzung für die Anwendung des Diagramms ist allerdings ein Fetch von wenigstens der 3000-fachen Wassertiefe, d.h. bei einer Wassertiefe von 10 m muß der Fetch wenigstens 30 km betragen.

Läuft Seegang von tiefem Wasser in Schelf- oder Küstenbereiche, so ändert sich bekannterweise sein Aussehen. Sobald die Wassertiefe die halbe Wellenlänge unterschreitet (t < L_c/2), greift die Orbitalbewegung bis zum Meeresboden durch; die Wellen beginnen, den Meeresboden zu »fühlen«. Bis auf die Wellenperiode ändern sich beim Übergang zum flachen Wasser alle Seegangsparameter (Fortpflanzungsgeschwindigkeit, Wellenhöhe, Wellenlänge), die Wellensteilheit nimmt zu, bis das Wellenbrechen beginnt.

Brechung von Meereswellen setzt dann ein, wenn die Orbitalgeschwindigkeit der Wasserteilchen in den Kämmen größer als die Wellengeschwindigkeit selber ist. Dies ist nach der Theorie dann der Fall, wenn die Wellenhöhe 1/7 der Wellenlänge übersteigt.

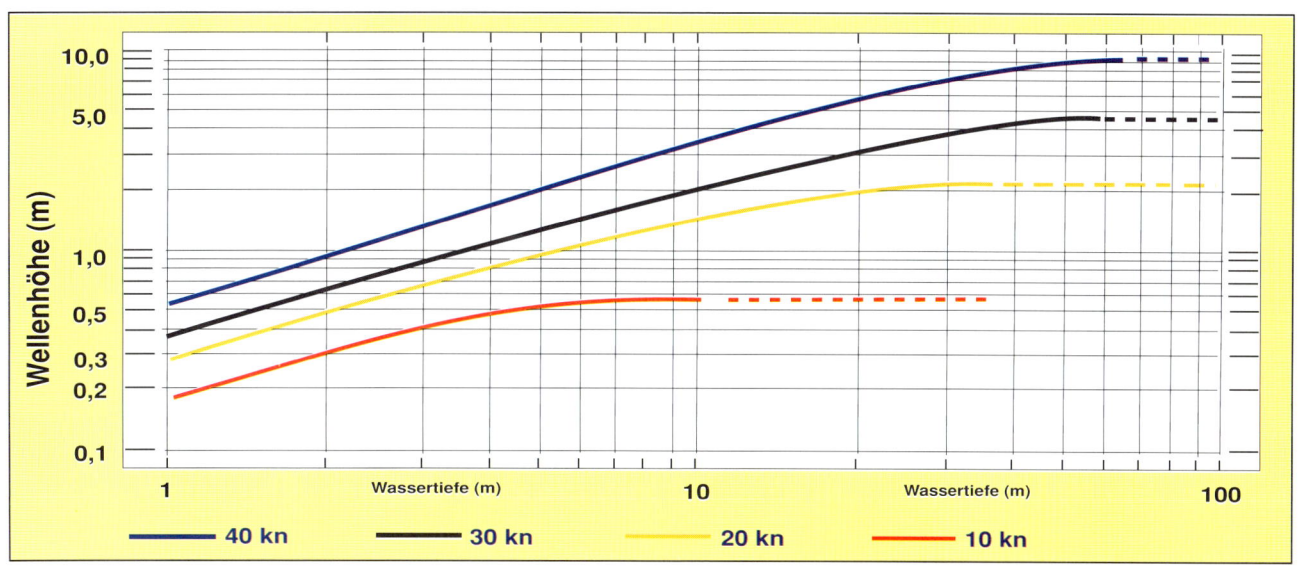

Abb. 9.14 Diagramm zur Bestimmung der maximal möglichen Wellenhöhe in flachem Wasser

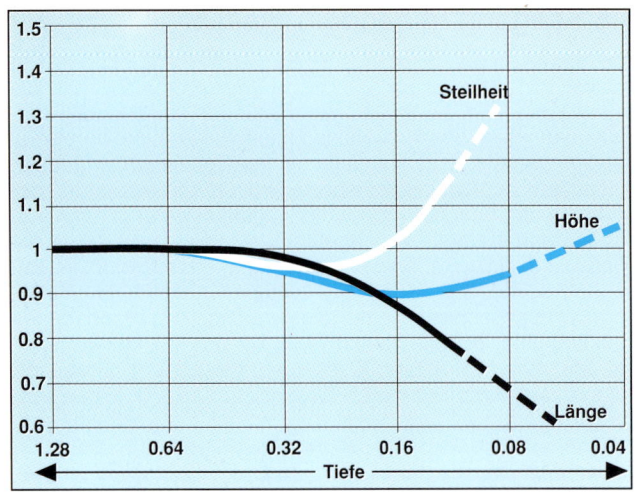

Abb. 9.15 Schematische Darstellung von Wellenhöhe, Wellenlänge und Steilheit als Funktion der Wassertiefe in flachem Wasser (Wassertiefe normiert mit der »Tiefwasser«-Wellenlänge).

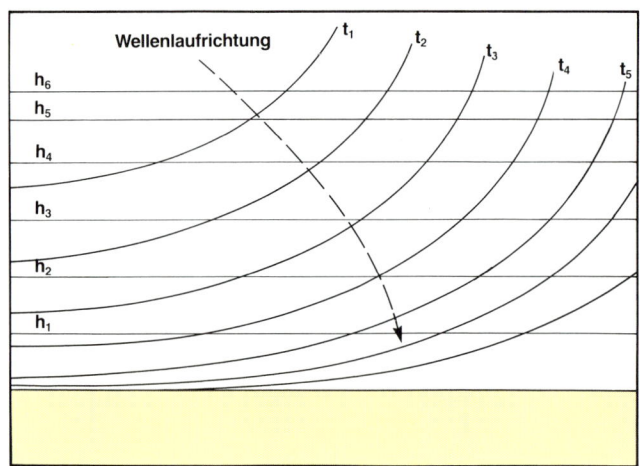

Abb. 9.16 Änderung der Wellenlaufrichtung bei abnehmender Wassertiefe

Mit abnehmender Wassertiefe nehmen Wellengeschwindigkeit und Wellenlänge zunächst langsam, dann immer stärker ab; auch die Wellenhöhe und die Wellensteilheit verringern sich zunächst (Abb. 9.15). Bei etwa ¼ der Tiefwasser-Wellenlänge jedoch erreicht die Wellensteilheit bei etwas geringerer Wellenhöhe wieder ihren Ausgangswert. Das bedeutet : Unterhalb einer Wassertiefe $t < L_c/4$ setzt sofort Brechung von Wellen mit der Steilheit von ⅟₇ ein. Da in der Natur die Wellensteilheiten jedoch meist weitaus geringer als der theoretische Wert von ⅟₇ sind, kommt es erst später zur Brechung, wobei die Brecher um so höher werden, je geringer die Anfangssteilheit der Wellen ist.

Neben Wellenhöhe und Steilheit ändert sich in flacher werdendem Wasser auch die Laufrichtung der Wellen. Laufen die Wellen auf einen Strand auf, so beobachtet man bereits weit draußen ein Ausrichten der Wellenkämme parallel zu den Tiefenlinien (Abb. 9.16). Da die Wellen in flachem Wasser langsamer fortschreiten als in tiefem, bleiben die Teile der Wellenkämme in Strandnähe gegenüber den seewärtigen zurück, so daß die Wellen auf den Strand zuschwenken. Den gleichen Effekt stellt man auch abseits der Küstenlinie über Untiefen fest. Selbst Wellen, deren Fronten sich über tiefem Wasser küstenparallel fortbewegen, schwenken durch diesen **Refraktion** genannten Prozeß auf die Küste zu.

Refraktion ist auch dafür verantwortlich, daß auf der Leeseite kleiner Inseln bei höherem Seegang keineswegs ruhiges Wasser angetroffen wird, sondern häufig eine kurze, steile und sehr kabbelige See durch Überlagerung verschiedener Wellenfronten (Abb. 9.17).

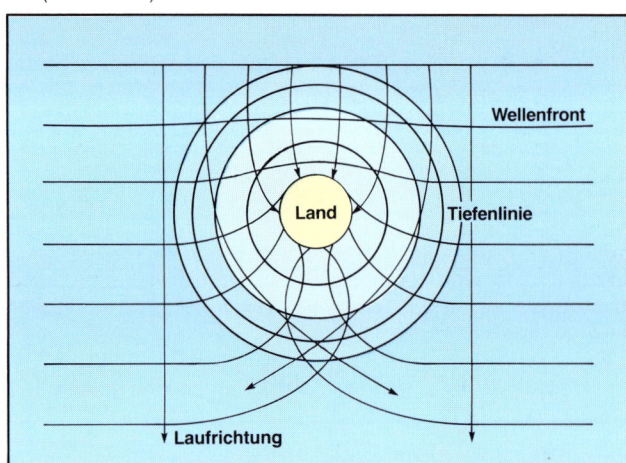

Abb. 9.17 Refraktion von Meereswellen um eine Insel herum

9.6 Seegang im Strom

Bisher wurde stillschweigend vorausgesetzt, daß das Wasser, auf dem sich die Oberflächenwellen ausbreiten, nicht strömt – wenigstens jedoch sollte die Stromversetzung wesentlich geringer als die Wellengeschwindigkeit sein.
In Gezeitengewässern trifft diese Vereinfachung in der überwiegenden Zeit aber nicht zu. Insbesondere in Küstennähe und in Meerengen können die **Gezeiten** erhebliche, periodisch Richtung und Stärke wechselnde Strömungen im Wasser hervorrufen. Es gilt:

> Strömungskomponenten in Richtung der Wellenlaufrichtung vergrößern die Wellenlänge, Komponenten gegen die Wellenlaufrichtung verkürzen sie.

Die unmittelbar daraus ableitbare Folge ist, daß bei »Strom gegenan« die Wellen steiler werden, daß bei »Strom mit« die Steilheit abnimmt.
Dieser Effekt wird noch dadurch verstärkt, daß sich nicht nur die Wellenlänge, sondern auch die Wellenhöhe verändern. Hier gilt:

> Strömungskomponenten in Richtung der Wellenlaufrichtung verringern die Wellenhöhe, Komponenten gegen die Wellenlaufrichtung vergrößern sie.

Auch die Wellensteilheit wird durch die Strömung im Wasser im gleichen Sinne beeinflußt (Abb. 9.18):

> Strömungskomponenten in Richtung der Wellenlaufrichtung verringern die Wellensteilheit, Komponenten gegen die Wellenlaufrichtung vergrößern sie.

Wenn also der Strom gegen die einfallenden Wellenfronten läuft, werden sie steiler. Ob der Grenzwert der Wellensteilheit s von $1/7$ erreicht wird oder nicht, hängt von der Anfangssteilheit (s_0) ab. Beträgt diese beispielsweise $1/15$, so wird nach Abb. 9.18 bei Wellen der Periode 6 sec der Grenzwert von $1/7$ bei

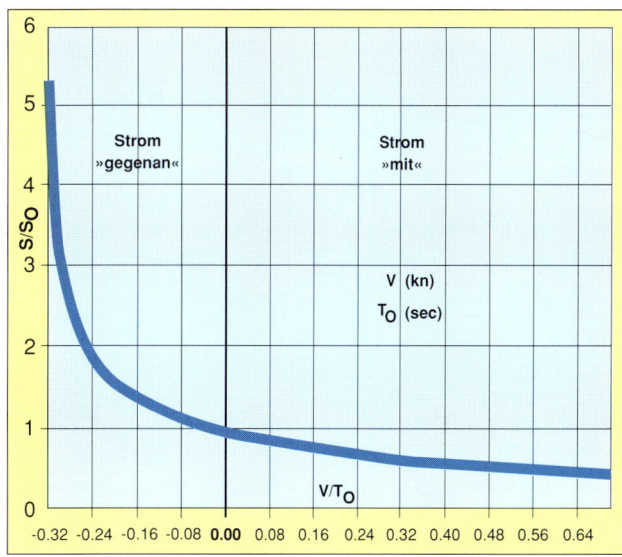

Abb. 9.18 Veränderung der Wellensteilheit als Funktion unterschiedlicher Strömungsgeschwindigkeiten im Wasser. s/s_0: mit der »Tiefwasser«-Steilheit normierte Wellensteilheit; v/T_0: mit der »Tiefwasser«-Wellenperiode normierte Strömungsgeschwindigkeit im Wasser.

einem Strom von etwa 0,78 m/s bzw. 1,5 kn erreicht: $T_0 = 6$ s, $s/s_0 \approx 2 \rightarrow V/T_0 \approx -0,25 \rightarrow V = -0,25 \cdot 6 = 1,5$ kn.
Dies gilt wiederum nur unter der Voraussetzung, daß die Wassertiefe größer als die halbe Wellenlänge ist ($t > L_0 /2$). Allerdings sind die Fehler im Übergangsbereich $L_0/2 < t < L_0/25$ in der Praxis zu vernachlässigen. Bei der Abschätzung des Brechungspunktes in flacher werdenden Gewässern ist jedoch sowohl der Veränderung der Steilheit durch die veränderte Wassertiefe als auch der durch den Strom Rechnung zu tragen: Strom gegen die Wellenlaufrichtung führt in flacher werdenden Gewässern zu vorzeitigem Brechen der Wellen, da beide Effekte in gleichem Sinne wirken; Strom mit den Wellen kompensiert dagegen zumindest teilweise das Steilerwerden der See in flachem Wasser und schiebt den Brechungspunkt hinaus.

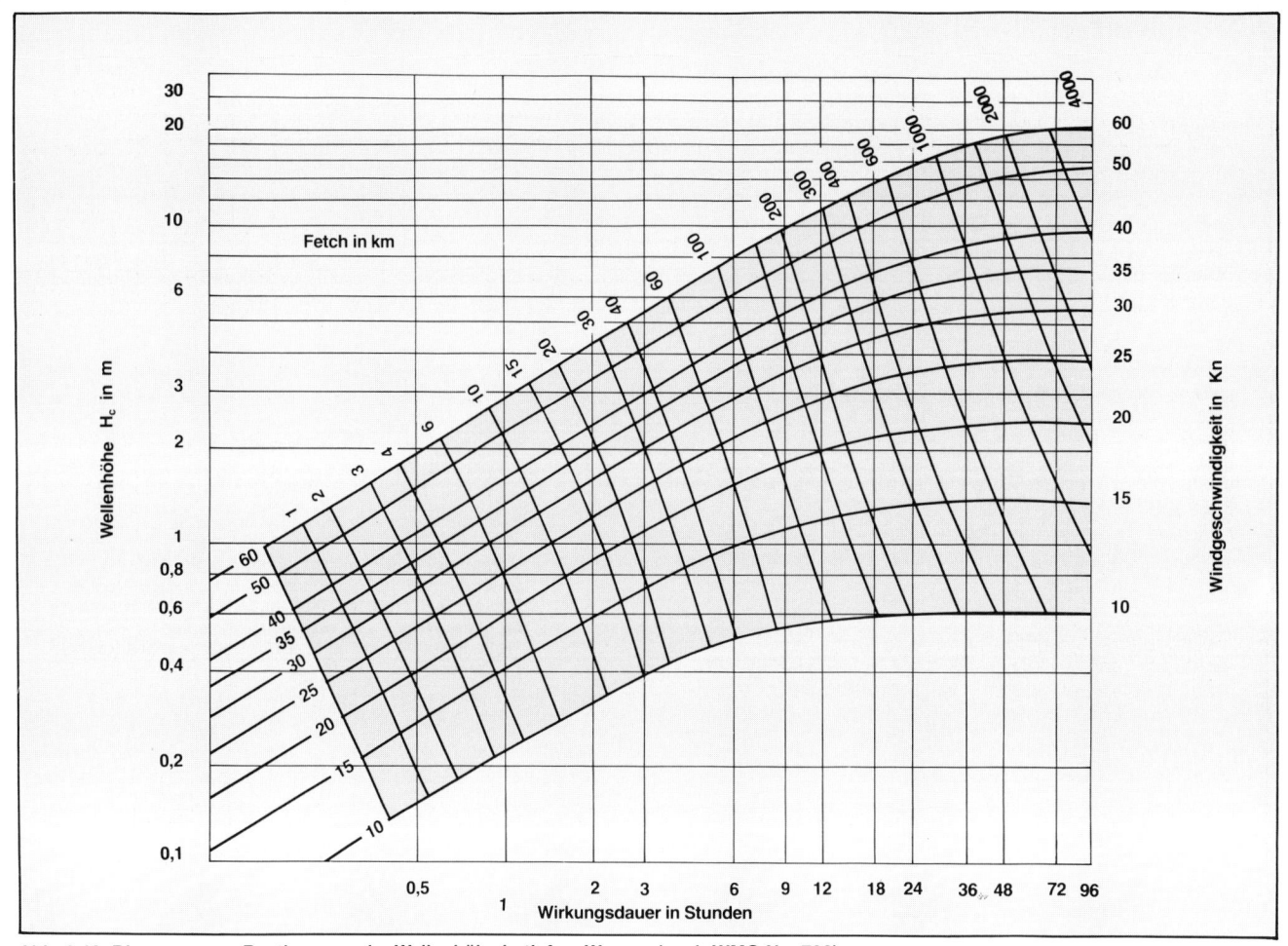

Abb. 9.19 Diagramm zur Bestimmung der Wellenhöhe in tiefem Wasser (nach WMO No. 702)

9.7 Praktische Seegangsvorhersage an Bord

Die **Seegangsvorhersage** an Bord beschränkt sich im wesentlichen auf die Vorhersage der Windsee unter Berücksichtigung von Windstärke, Wirkdauer und Fetch. Dazu müssen die in den Seewetterberichten enthaltenen Informationen möglichst erschöpfend ausgewertet werden.

Wellenhöhe und Wellenlänge (aus der Wellenperiode!) der charakteristischen Wellen einer Windsee über tiefem Wasser lassen sich mit Hilfe der folgenden Diagramme (Abb. 9.19 und 9.20) bestimmen.

Ihre praktische Anwendung soll zunächst allgemein und dann anhand einiger Beispiele erläutert werden:

Am unteren Rand des Wellenhöhen-Diagramms (Abb. 9.19) ist die Wirkdauer aufgetragen. Die Wellenhöhe wird am linken Rand abgelesen. Die dunkel unterlegte, von links unten nach rechts oben verlaufende Kurvenschar gibt das Wellenhöhenwachstum für verschiedene Windgeschwindigkeiten in Knoten (am rechten Rand beziffert) in Abhängigkeit von der Wirkdauer wieder. Dem begrenzenden Einfluß der Wirklänge in km (Fetch) wird durch die annähernd diagonal von links oben nach rechts unten verlaufende Linienschar Rechnung getragen.

Am unteren Rand des Wellenperioden-Diagramms (Abb. 9.20) ist die aus dem vorigen Diagramm ermittelte Wellenhöhe aufgetragen. Die Wellenperiode wird am linken Rand abgelesen. Parameter der von links unten nach rechts oben verlaufenden Geradenschar ist die Wirkdauer des Windes.

Zur Erläuterung des Gebrauchs zwei Beispiele:

Beispiel 1: Auf der Rückseite eines Tiefs über Skandinavien herrscht im Seegebiet um Helgoland Westnordwestwind Stärke 5 Bft (20 kn), die beobachtete Wellenhöhe H_c beträgt

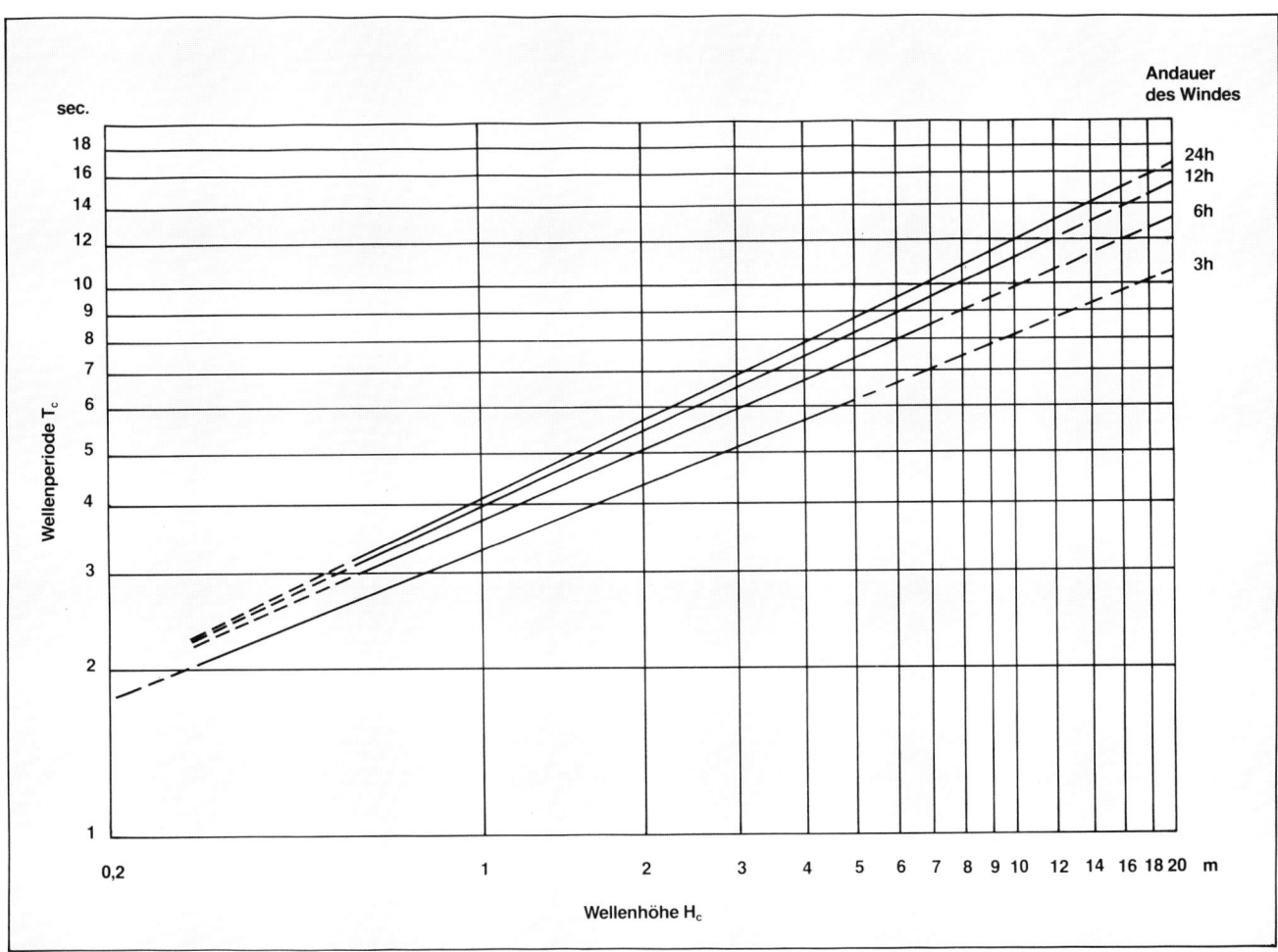

Abb. 9.20 Diagramm zur Bestimmung der Wellenperiode in tiefem Wasser

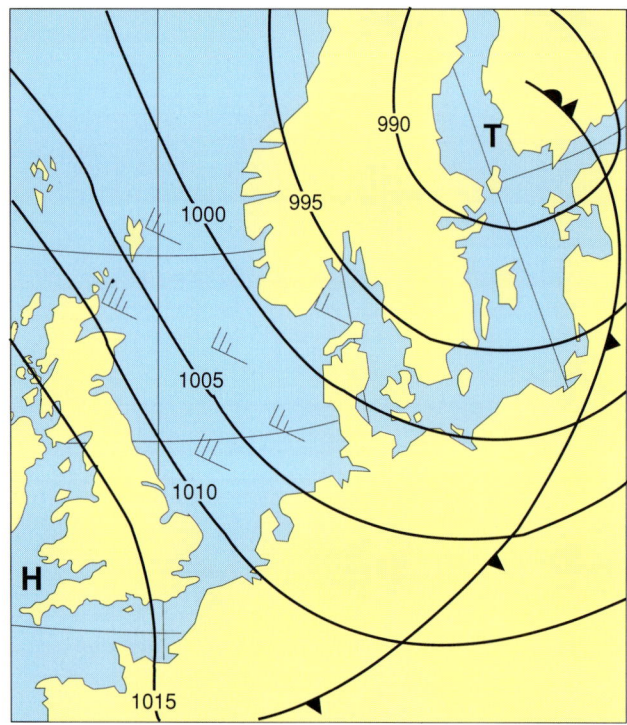

Abb. 9.21 Beispiel 1 zur Seegangsabschätzung

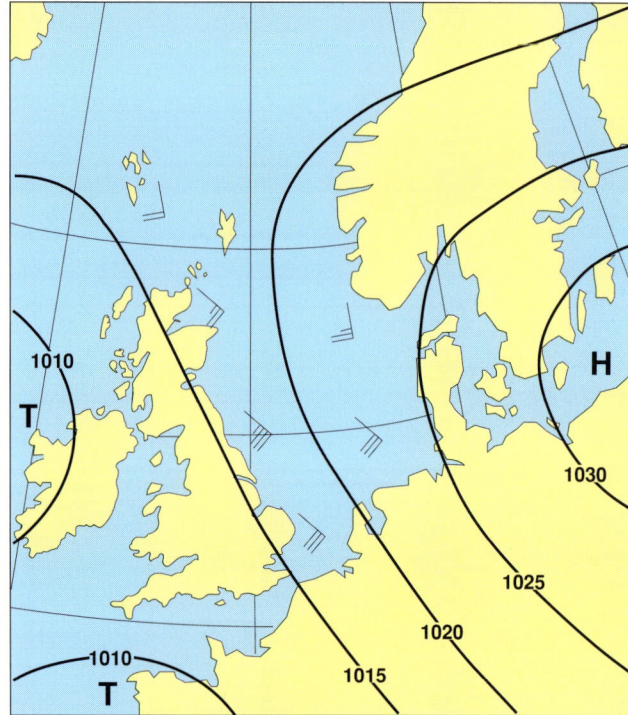

Abb. 9.22 Beispiel 2 zur Seegangsabschätzung

1,5 m (Abb. 9.21). Aufgrund kräftigen Druckanstiegs über den Britischen Inseln wird für die folgenden 12 Stunden eine Windzunahme erwartet.

Vorhersage für die Deutsche Bucht: West bis Nordwest 5, langsam zunehmend 6.

Die Wellenhöhe von 1,5 m ist bei Windstärke 5 Bft nach etwa 6 Stunden erreicht (Abb. 9.19). Die Vorhersage wollen wir so interpretieren, daß noch weitere 6 Stunden Windstärke 5 Bft, danach Stärke 6 Bft herrschen.

Nach dem Diagramm nimmt die Höhe der Windsee bei 20 kn innerhalb von 6 Stunden von 1,5 auf 2 m zu. Bei Windstärke 6 Bft (25 kn) wäre diese Wellenhöhe jedoch schon 1 Stunde früher, also nach 5 Stunden erreicht worden. Der 25-kn-Linie folgend liest man bei einer Dauer von 5 + 6 = 11 Stunden eine charakteristische Wellenhöhe H_c von 2,8 m ab.

Die Aussichten für die nächsten 12 Stunden : Nordwest 6 zunehmend 7.

Von der Wellenhöhe 2,8 m bei 25 kn ausgehend läßt man den Seegang weitere 6 Stunden entlang der 25-kn-Linie anwachsen und liest bei 17 Stunden Wirkdauer eine Wellenhöhe von etwa 3,2 m ab. Sucht man für diese Wellenhöhe die entsprechende Wirkdauer bei 30 kn Windgeschwindigkeit (7 Bft) auf, so erhält man den Wert von etwa 7 Stunden auf der unteren Skala. Innerhalb weiterer 6 Stunden wächst die Wellenhöhe bei einer Windgeschwindigkeit von 30 auf etwa 4 m (Wirkdauer: 13 Stunden).

Nach Abb. 9.20 gehört zu dem Wertepaar H_c = 4 m, Dauer = 13 Std. eine Wellenperiode von 7 bis 8 Sekunden. Nach unserer Umrechnungsformel bzw. nach Abb. 9.7 ergibt sich eine Wellenlänge von etwa 90 m. Bei Wassertiefen von etwa 40 m im Seegebiet um Helgoland ist bei der angenommenen Seegangsentwicklung (H_c = 4 m, T_c = 7,5 s) das Tiefwasserkriterium t > L_c /2 nicht mehr erfüllt. Da die Anfangssteilheit noch nicht einmal 1/20 beträgt, ist bei dieser Wassertiefe noch nicht mit Brechungserscheinungen zu rechnen.

Allerdings ist der Seegang mit einer charakteristischen Wellenhöhe von 4 m noch nicht ausgereift. Seine Höhe kann auch in der Deutschen Bucht bei Nordwestwind Stärke 7 Bft und längerer Wirkdauer noch auf 5 m anwachsen, begrenzender Faktor ist hier der maximal mögliche Fetch von etwa 800 km. Die dazugehörige Wellenlänge beträgt etwa 120 m.

Beispiel 2: An der Westflanke eines kräftigen Hochs über Osteuropa herrscht in der Nordsee verbreitet Südostwind. Bei Helgoland wird bei Südost Stärke 6 Bft eine kennzeichnende Wellenhöhe von 1,5 m beobachtet (Abb. 9.22). Vorhersage für die nächsten 12 Stunden für die Deutsche Bucht : Südost 6.

Die Wellenhöhe von 1,5 m wird bei Stärke 6 Bft (25 kn) bereits nach 2½ Stunden erreicht. Aufgrund des geringen Fetchs von nur 70 km wachsen die Wellen in den nächsten 12 Stunden nur auf wenig mehr als 2 m (2,2 m) an.

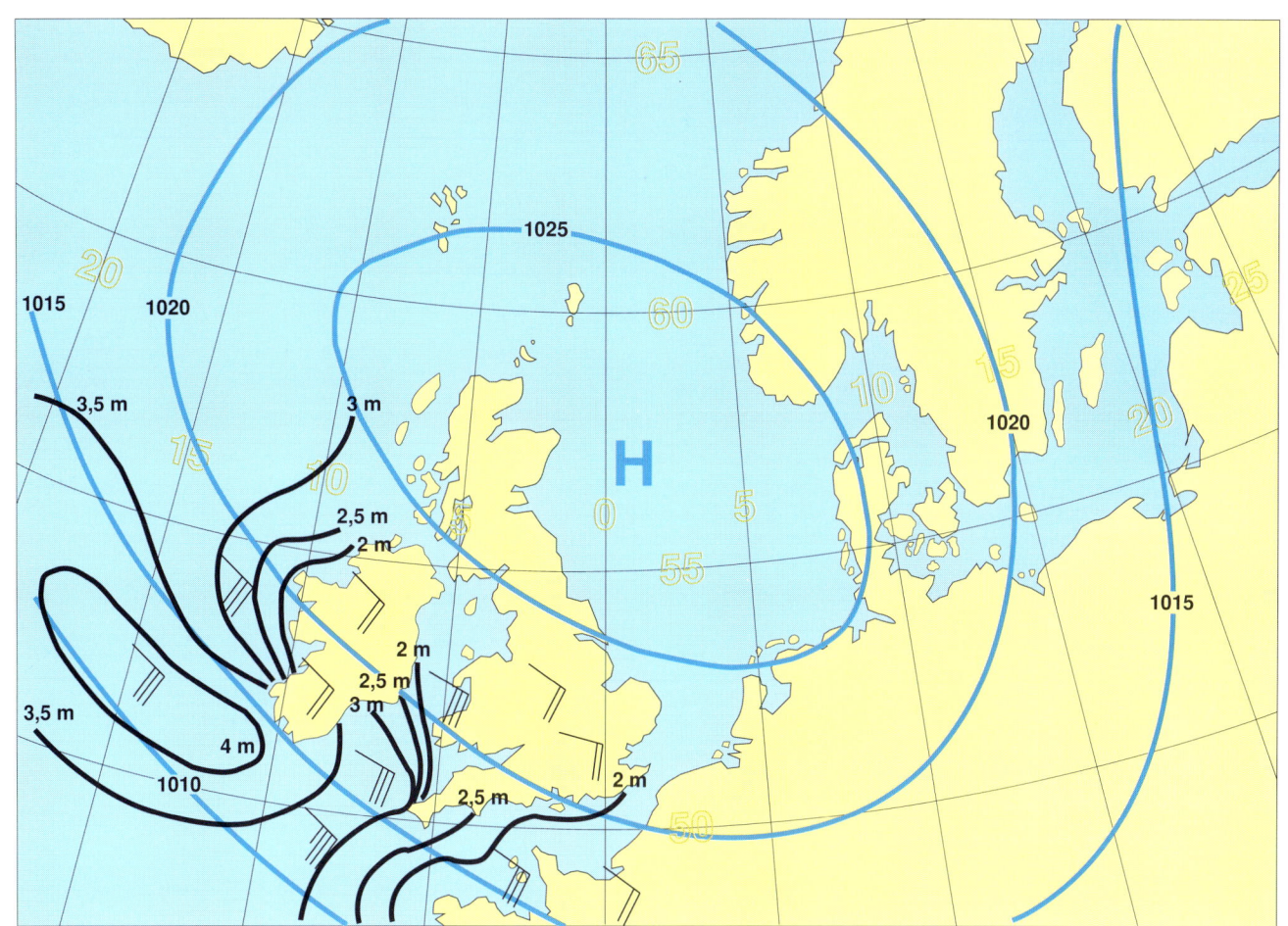

Abb. 9.23 Beispiel 3 zur Seegangsabschätzung

Aussichten für die nächsten 12 Stunden : Südost 7. Ausgehend von einer Wellenhöhe von 2,2 m, die bei Stärke 7 Bft (30 kn) nach 4 Stunden erreicht wird, verfolgt man das Wellenwachstum entlang der 30-kn-Linie. Wegen der kurzen Wirklänge endet das Wellenwachstum schon bald bei 2,8 m. Nach Abb. 9.20 beträgt die zu erwartende Wellenperiode für eine Wellenhöhe von 2.8 m und eine Wirkdauer von 16 Stunden (4 + 12 Std) 6 bis 7 Sekunden, was einer Wellenlänge von 60 bis 70 m entspricht. Die Wassertiefe von 40 m entspricht dann schon »Tiefwasser«-Verhältnissen.

Zum Abschluß noch ein Beispiel, das den Einfluß der Wirklänge auf die Seegangsentwicklung demonstriert. An der Südwest-

flanke eines kräftigen Hochs über der Nordsee herrscht im Englischen Kanal und südlich Irlands ein starker Ost bis Südostwind (Abb. 9.23). Mit Hilfe der Abbildung 9.18 läßt sich das durch das Windfeld angeregte Seegangsfeld ermitteln (schwarz). Auffällig ist die starke Drängung der Isohypsen des Seegangs an der Südwestecke Irlands, die auf ein für kleinere Fahrzeuge gefährliches Gebiet aufmerksam machen. Binnen weniger Stunden kann hier auf Südkurs der Seegang von 1 bis 2 m auf 3,5 bis 4 m zunehmen, da der Fetch von 10 bis 20 sm auf 300 sm anwächst. Durch Refraktion an der Südspitze Irlands verschieben sich die Isohypsen entlang der Westküste etwas nach Norden.

9.8 Oberflächentemperaturen von Nord- und Ostsee

Die nachfolgenden Abbildungen 9.24 bis 9.30 zeigen das mittlere monatliche Verhalten der Oberflächentemperatur von Nord- und Ostsee während der Segelsaison von April bis Oktober. Auch wenn wetterlagenabhängige Änderungen vom Monatsmittel üblich sind, so zeigen die Abbildungen doch deutlich die Verzögerung der Erwärmung des Oberflächenwassers (im Bereich bis 1 m Tiefe) im Frühjahr und Frühsommer. So liegt beispielsweise zur Zeit des Sonnenhöchststandes im Juni die Wasseroberflächentemperatur im Mittel noch deutlich unter 15 °C im Bereich der westlichen Ostsee, während im Zentralbereich der Ostsee kaum 10 °C überschritten werden. Auch die Nordsee weist im Mittel nur Temperaturen um 13 °C zu dieser Zeit auf. Im August hingegen, trotz stark abnehmender Sonnenscheindauer und -höhe, werden noch häufig Werte zwischen 15 und 19 °C für beide Seegebiete angetroffen. Das Segeln im Frühjahr erfordert also auf den Nord- und Ostseerevieren besondere Kälteschutzmaßnahmen für die Besatzungen.

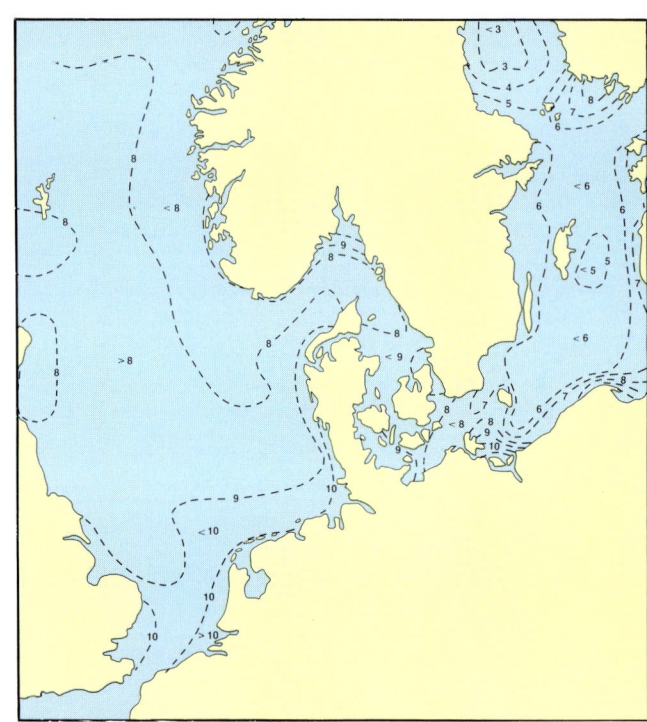

Abb. 9.25 Monatsmittel der Oberflächentemperatur [°C] im Mai

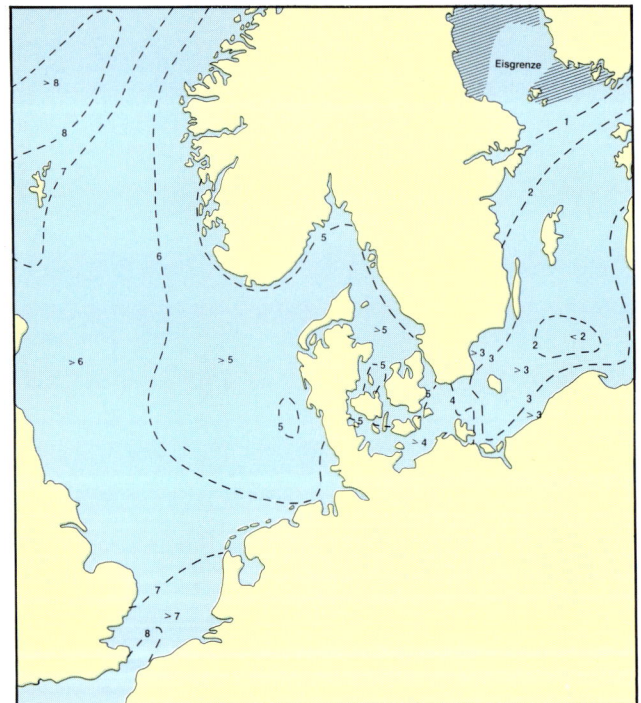

Abb. 9.24 Monatsmittel der Oberflächentemperatur [°C] im April

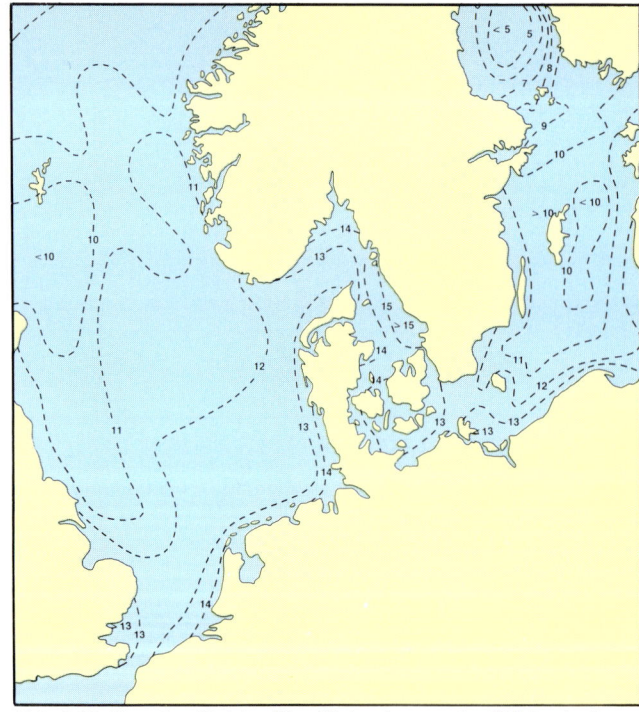

Abb. 9.26 Monatsmittel der Oberflächentemperatur [°C] im Juni

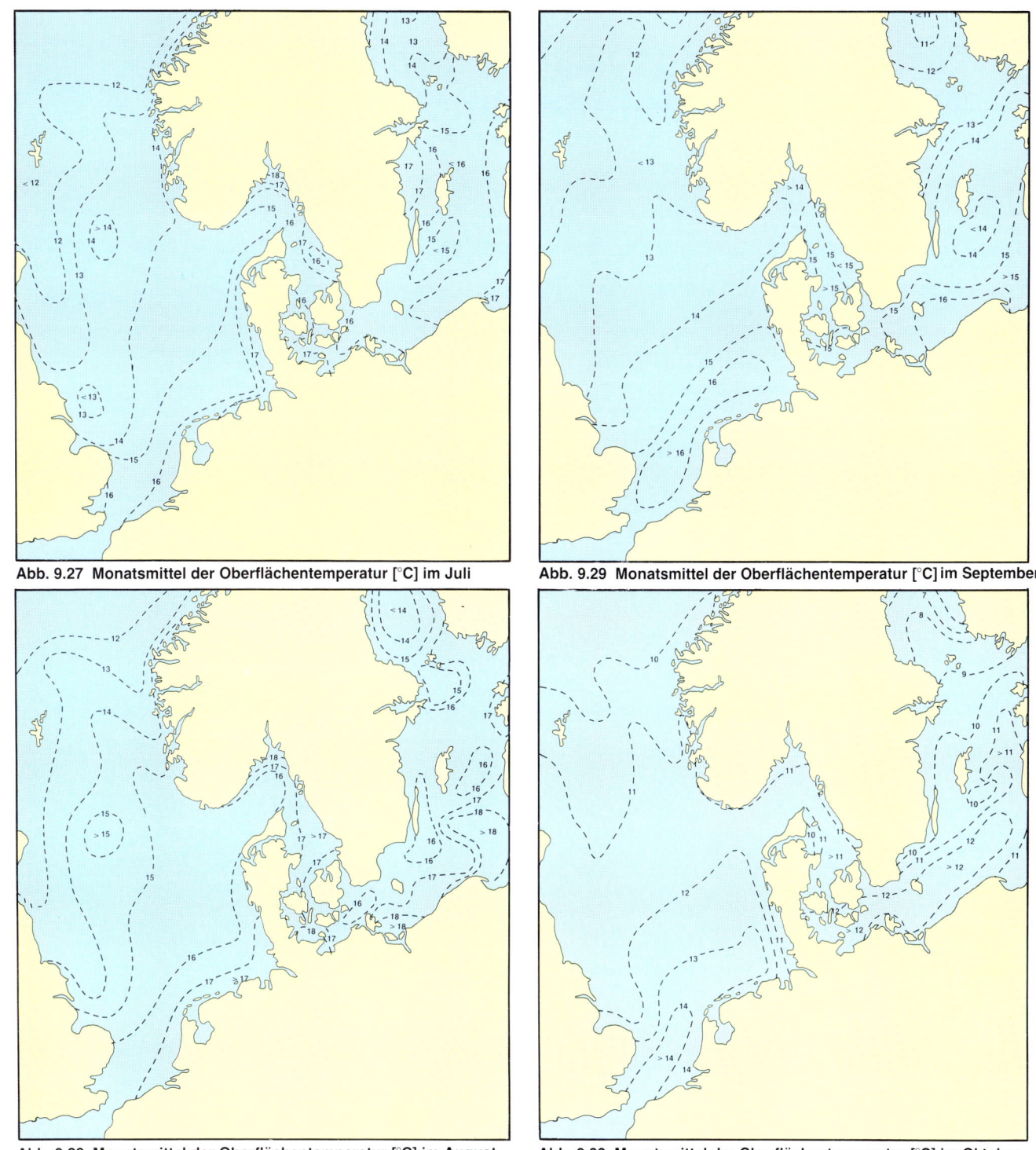

Abb. 9.27 Monatsmittel der Oberflächentemperatur [°C] im Juli

Abb. 9.29 Monatsmittel der Oberflächentemperatur [°C] im September

Abb. 9.28 Monatsmittel der Oberflächentemperatur [°C] im August

Abb. 9.30 Monatsmittel der Oberflächentemperatur [°C] im Oktober

213

10 Regionale Windsysteme und lokale Wettererscheinungen im Mittelmeer

Da das Mittelmeer außerhalb des Bereiches der Westwinddrift liegt, ist insgesamt die Häufigkeit von Sturmentwicklungen geringer als in den gemäßigten Breiten. Stürme sind, abgesehen von Mistral und Bora (s. u.), meist nur von kurzer Dauer und geringer Ausdehnung. Da jedoch der Coriolisparameter im Mittelmeer einen wesentlich geringeren Betrag hat als in Nord- und Ostsee, ergeben sich bei gleichem Isobarenabstand im Mittelmeer höhere Windgeschwindigkeiten als in den nördlichen Breiten. Ein Abstand der Isobaren (5 hPa) von 3 Breitengraden bedeutet z. B. in 55° Breite 12 Knoten, in 40° Breite 15 Knoten und in 35° Breite 17 Knoten Windgeschwindigkeit (bei stabil geschichteter Atmosphäre).

Der Gradientwind im Mittelmeer wird durch die Topographie stark gestört, so daß die Möglichkeiten, aus dem Isobarenabstand Aussagen über Windrichtung und -stärke zu machen, in weiten Teilen des Mittelmeeres eingeschränkt sind. Die Land-See-Windzirkulation ist vor allem im Küstenbereich Nordafrikas aufgrund des großen Temperaturunterschiedes zwischen Land und Wasser erheblich effektiver als wir es von Nord- und Ostsee gewohnt sind. Lokale Oberflächeneffekte wie stark gegliederter Küstenverlauf, bis zur Küste heranreichende Gebirgszüge, Inseln mit hohen Steilküsten modifizieren die Winde bis ins 850-hPa-Niveau erheblich.

Aus diesen orographischen Besonderheiten folgt, daß die Windverhältnisse besonders in Teilen des westlichen Mittelmeeres in benachbarten Seegebieten sehr unterschiedlich sein können. Weite Gebiete im Lee der bis 3000 m hohen Gebirgsbarrieren der Pyrenäen und Alpen sind vor den Kaltluftvorstößen, die regelmäßig auf der Rückseite ostziehender Zyklonen über West- und Mitteleuropa stattfinden, geschützt. Andererseits werden die Kaltluftmassen durch diese Gebirge gezwungen, zwischen ihnen, also über Frankreich hinweg, nach Süden vorzudringen (s. Mistral).

Diese Kaltluftvorstöße führen im westlichen Mittelmeer häufig zur Bildung von Tiefdruckgebieten. Die Zyklogenese wird dadurch begünstigt, daß die Luft über dem warmen Wasser labilisiert und mit Feuchtigkeit angereichert wird. Meist liegt über dem Bodentief ein Höhentrog, so daß – anders als die im Bereich der Frontalzone über den Atlantik zügig ostziehenden Zyklonen – diese Tiefdruckgebiete über dem Golfe du Lion und dem Genuagolf sich nur langsam bewegen. Die Tiefdruckbildung im westlichen Mittelmeer findet vor allem im Winter und Frühjahr statt, wenn die Kaltluftvorstöße von Norden her häufig sind. Im Februar ist der Golfe du Lion eines der sturmreichsten Seegebiete der Erde, vergleichbar den winterlichen Bedingungen bei Kap Hoorn, wo sogar weniger schwere Stürme und Orkane (Bft 10 bis 12) auftreten.

Im Sommer ist Zyklogenese über dem westlichen Mittelmeer weniger häufig, da sich das Gebiet dann im Bereich des subtropischen Hochdruckgürtels befindet und die Kaltluftvorstöße seltener und schwächer sind. Übrigens entstehen 90% der Tiefdruckgebiete im Mittelmeer an Ort und Stelle. Nur 10% ziehen herein, meist vom Atlantik.

Hier sei schon auf die Abbildungen 10.9a und 10.9b im nächsten Abschnitt (Mistral) hingewiesen. Sie zeigen die mittleren Windverhältnisse in einigen Gebieten im westlichen Mittelmeer für die Monate Februar und August. Auffällig sind insbesondere die deutlichen Unterschiede zwischen dem sturmreichen Golfe du Lion und dem Seegebiet zwischen den Balearen und der spanischen Küste, wo in ca. 75% der Fälle Windstille oder Schwachwind beobachtet werden. Im Sommer liegt hier dieser Prozentsatz noch höher.

Diese charakteristischen Unterschiede werden auch durch die Abbildung 10.1 veranschaulicht. Hier ist der Jahresgang der Windgeschwindigkeit im Golfe du Lion und im Seegebiet zwischen den Balearen und dem spanischen Festland dargestellt. Die unmittelbare Nachbarschaft von kontinentalen Landmassen und abgeschlossenen Seegebieten im Osten des Mittelmeeres sowie die Existenz großer Wüstengebiete im Süden des Mittelmeeres führen zu einigen spezifischen Windsystemen. Die Namen der verschiedenen Winde zeigt die Übersichtskarte Abb. 10.2.

In den folgenden Abschnitten werden Mistral, Bora, Etesien (Meltemi) und Scirocco eingehender behandelt.

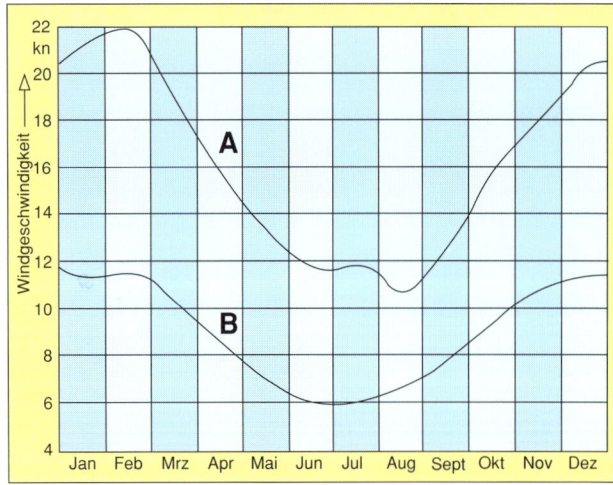

Abb. 10.1 Jahresgang der Windgeschwindigkeit in den Seegebieten: Golfe du Lion (A) und nw-lich Balearen (B)

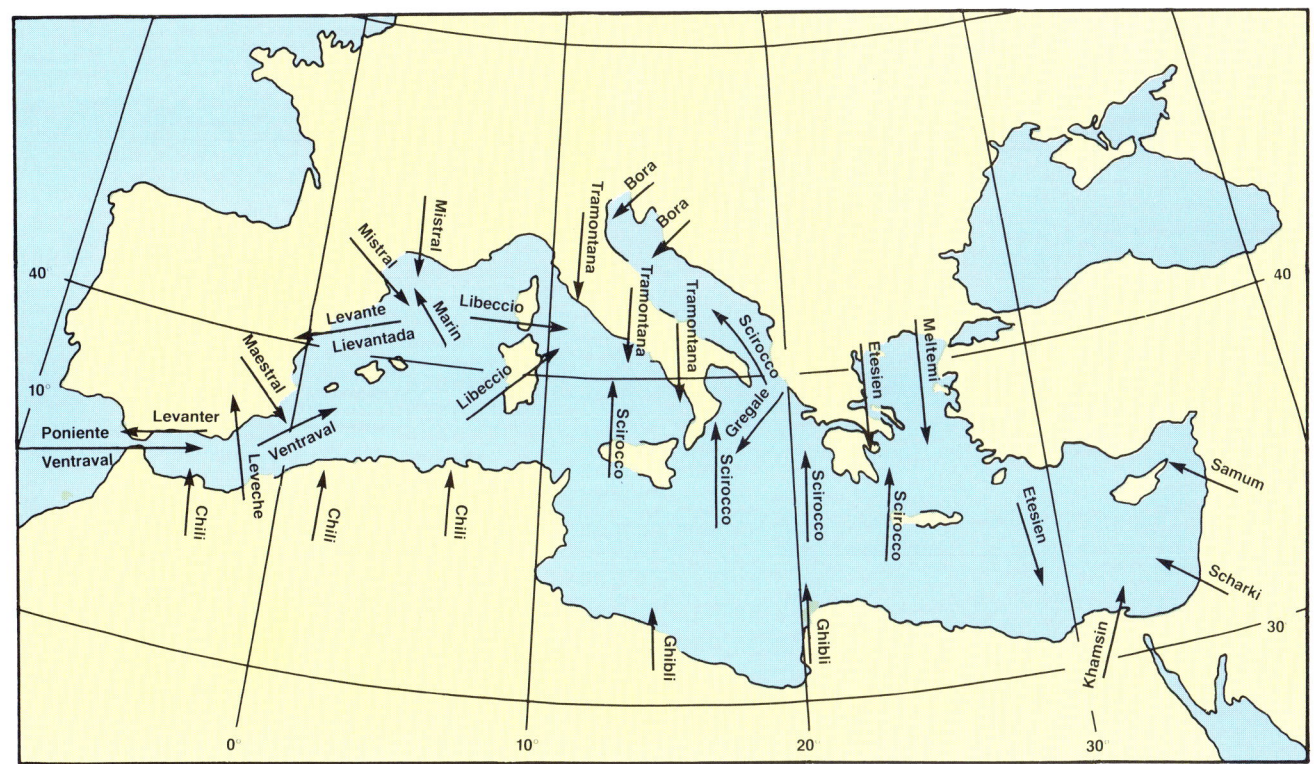

Abb. 10.2 Bezeichnung der verschiedenen Winde im Mittelmeer

10.1 Mistral

Es existieren eine Reihe weiterer Namen; Mistral ist die übliche
französische Form. Spanisch: Maestral, italienisch: Maestro,
Maestrale. Sie leiten sich alle vom lateinischen »ventus magi-
stralis« (Meisterwind) ab.

10.1.1 Synoptische Entstehungsbedingungen

Voraussetzung für Mistral sind ein kräftiges Tief über Nord- und
Osteuropa sowie ein Kaltluftvorstoß auf der Rückseite dieses
Tiefs über Frankreich hinweg nach Süden. Nachfolgender
Druckanstieg über West- und Südwesteuropa verstärkt die
Kaltluftadvektion ins westliche Mittelmeer. *Verstärkend wirkt
Tiefdruckbildung im Genua-Golf.* Die Abbildung 10.3 zeigt eine
spätwinterliche Mistralwetterlage.

10.1.2 Geographische »Randwerte«

Die französische Mittelmeerküste ist gegenüber *dem Zustrom
atlantischer wie polarer Kaltluft* relativ offen. Durch die Pyrenäen im Westen und die französischen Alpen im Osten wird ein
nach Nordwesten offener Trichter mit einem Öffnungswinkel
von fast 90 Grad gebildet. In der Mitte des Trichters liegt als
Hindernis das Zentralmassiv, so daß die Luftmassen durch das
Garonne-Tal und den Rhone-Saone-Graben geführt werden.
Diese *Querschnittsverringerung* bewirkt eine *Zunahme der
Strömungsgeschwindigkeit* bis ins 500-hPa-Niveau.

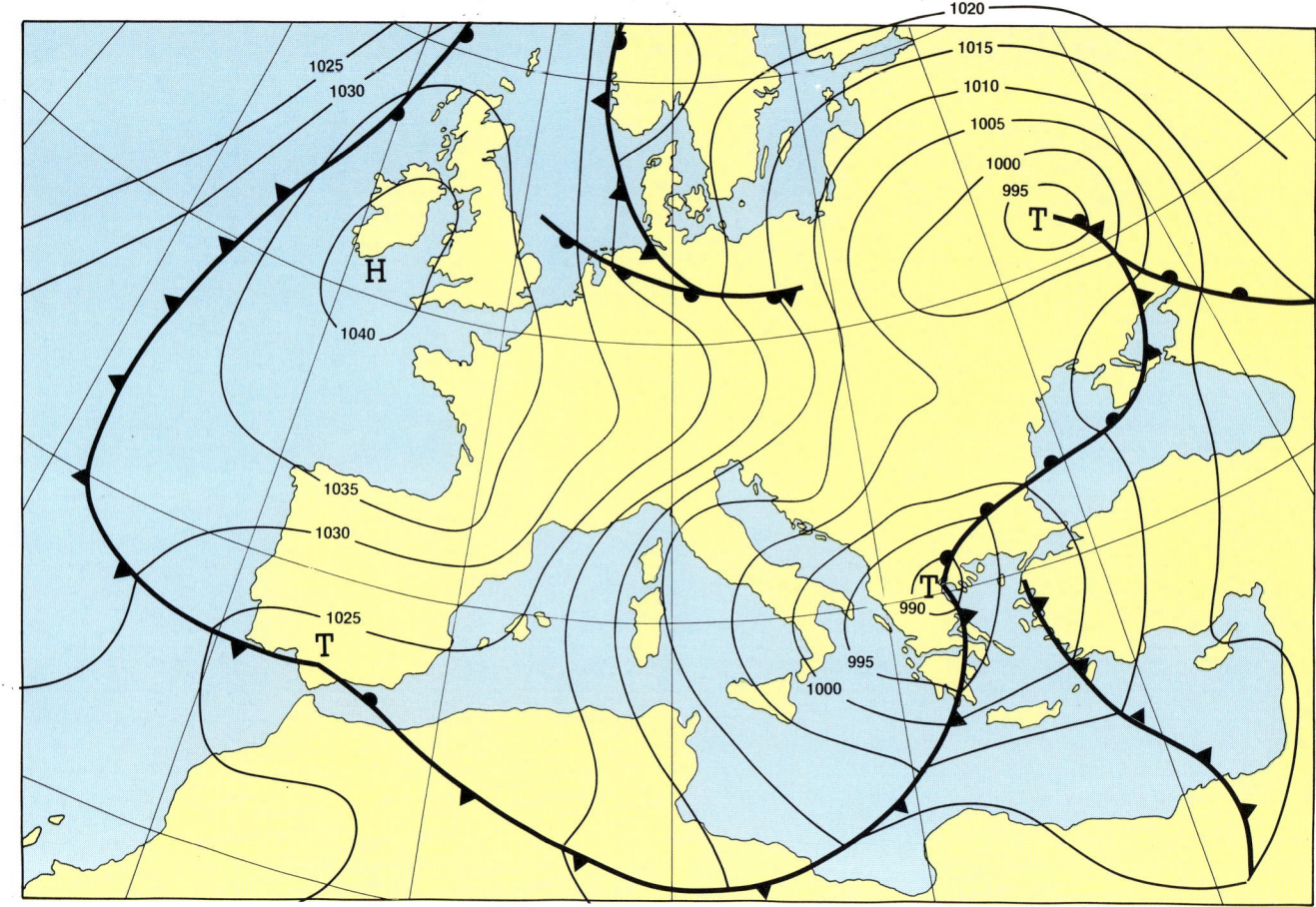

Abb. 10.3 Mistral im nordwestlichen Mittelmeer, Randtief über Nordgriechenland, März

10.1.3 Wetterablauf

Polare Kaltluft überquert in Nord-Süd- oder West-Ost-Richtung Frankreich. Nur der Teil der Kaltluft erzeugt den Mistral, der in den von den Alpen und Pyrenäen gebildeten Trichter geraten ist. Die Dauer des Mistrals hängt daher wesentlich von der Wanderungsgeschwindigkeit der Kaltluft über Frankreich ab.

Damit Mistral entsteht, ist eine bestimmte Luftdruckverteilung erforderlich. In Abbildung 10.4 ist eine Mittelung der Bodendruckfelder einer Reihe von Mistralwetterlagen vorgenommen worden. Der Verlauf der Isobaren hat über Südfrankreich immer eine zur Küste senkrechte Richtung. Mistral ist somit abhängig von der Richtung des Druckgradienten; er weht nur dann, wenn ein *Druckgradient mit küstenparalleler Komponente* aufgebaut wird. Das in den Wetterkarten bei Mistral oft auftauchende westeuropäische Hoch hat für die Kaltluft steuernde Funktion.

Verlagert sich das Hoch ostwärts, so hört die Kaltluftadvektion auf. Der Mistral erlischt.

Die Alpen stellen ein erhebliches Hindernis für die nach Süden fließenden Luftmassen dar, da sie bei einer Nord- oder Nordwestlage fast senkrecht angeströmt werden. Der horizontalen Strömung werden Vertikalkomponenten aufgezwungen, auf der Luvseite aufsteigend, im Lee absinkend. Diese Vertikalbewegungen führen über dem *Luvhang zu antizyklonaler,* über dem *Leehang zu zyklonaler* Strömungstendenz. In der nach Süden gerichteten Strömung nimmt ferner die Coriolis-Kraft laufend ab. Beide Effekte führen dazu, daß die Luftpartikel vor den Alpen zunächst nach Osten ausbiegen, über dem Luvhang durch antizyklonale Krümmung nach Westsüdwest fließen und dann auf der Leeseite, durch zyklonale Krümmung, erneut nach Osten umgebogen werden. Im Druckfeld entsteht dadurch ein

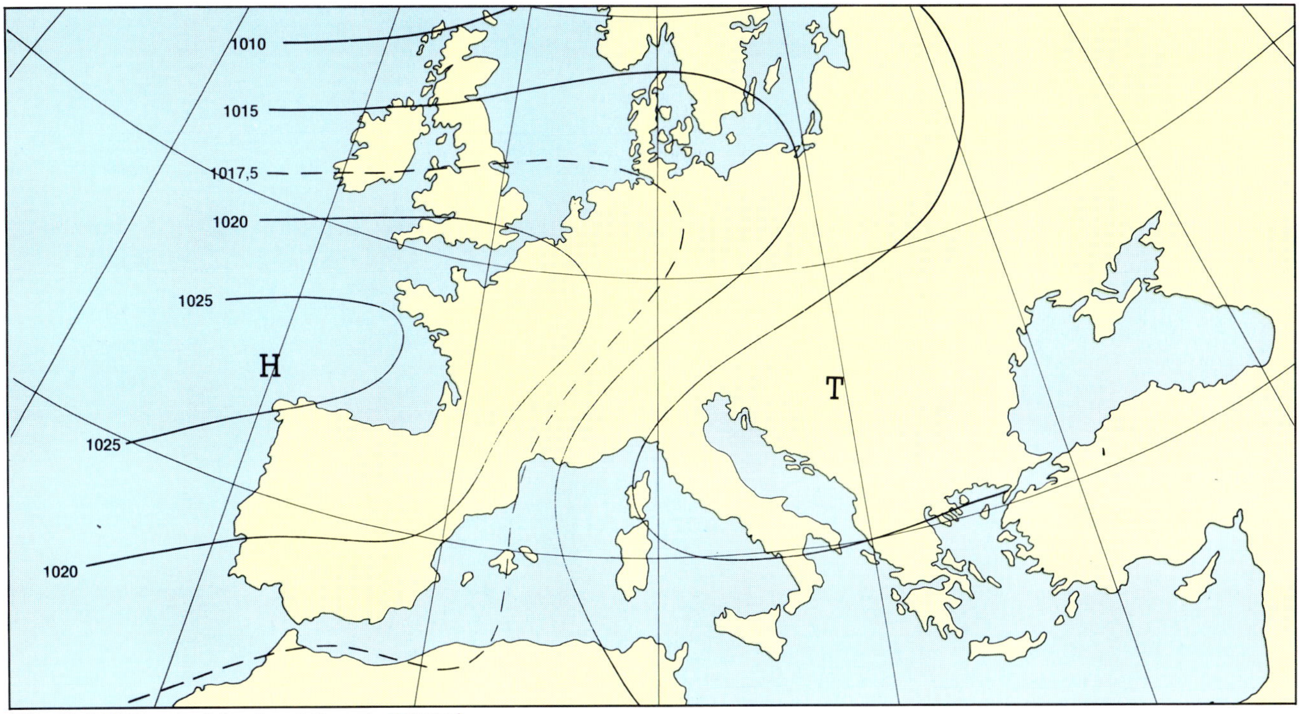

Abb. 10.4 Mittlere Luftdruckverteilung bei Mistral

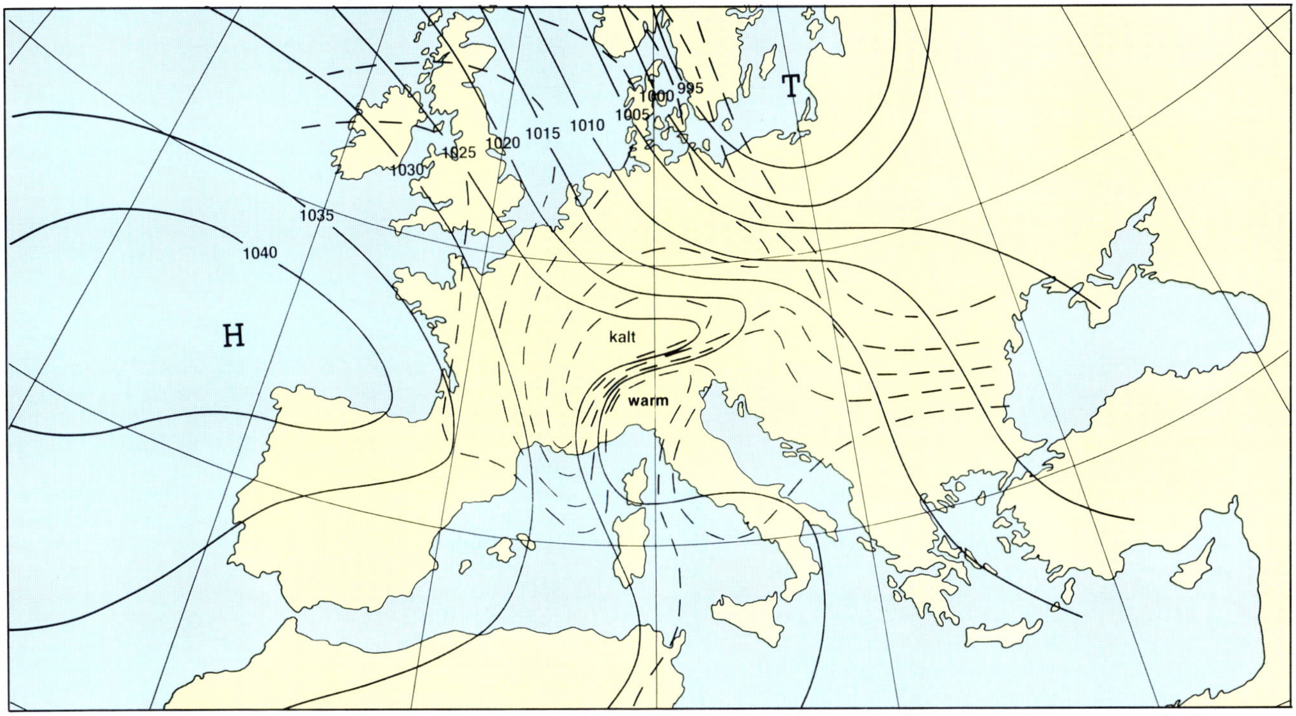

Abb. 10.5 Schematischer Verlauf des Druck- und Temperaturfeldes bei Nordwestanströmung der Alpen — : Isobaren, – – – – : Isothermen

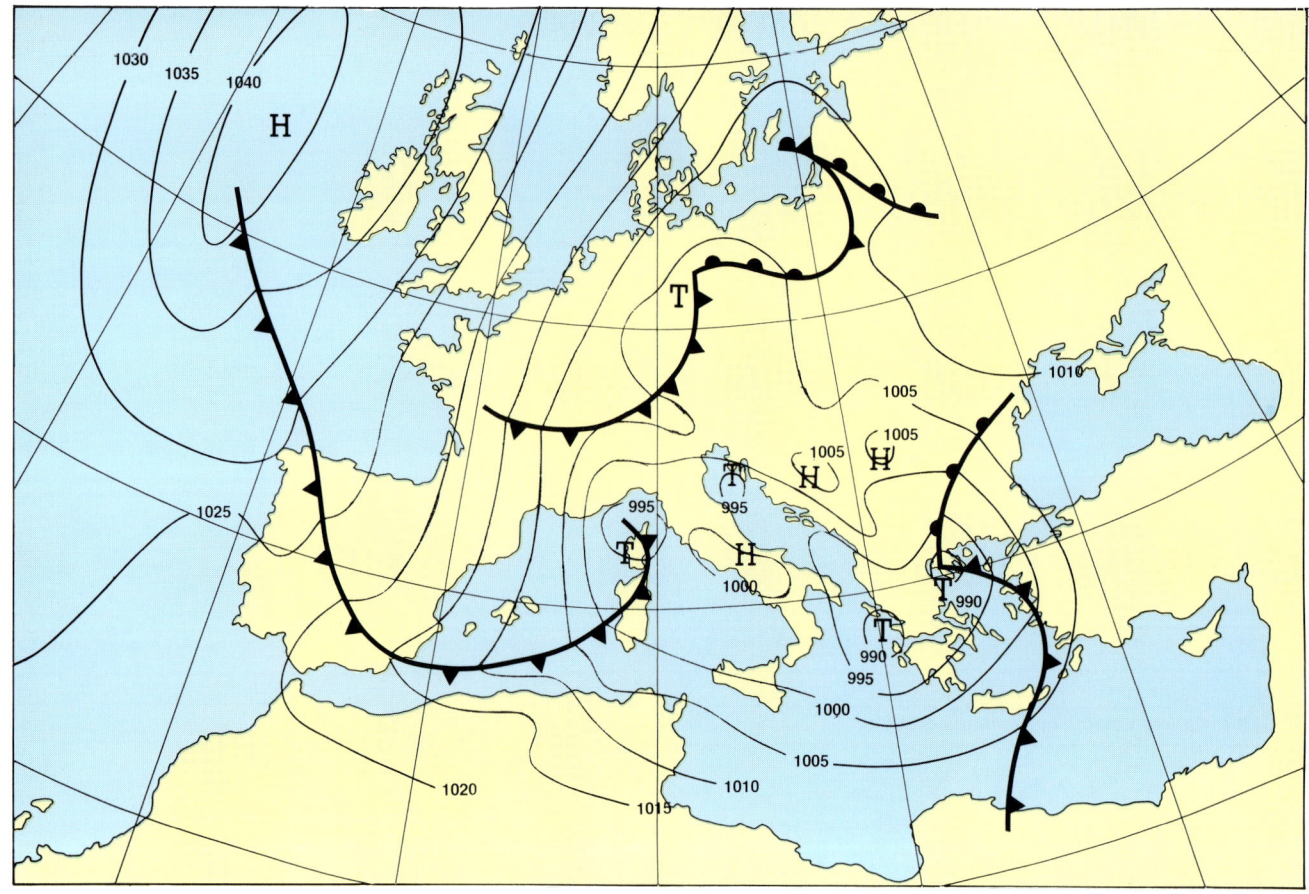

Abb. 10.6 Mistral mit Genua-Zyklone, Februar

Rücken-Trog-System, wie es die Abbildung 10.5 schematisch zeigt.

In der gleichen Abbildung ist auch das Temperaturfeld skizziert. Der Kaltluftvorstoß zwischen Westalpen und Pyrenäen erzeugt eine erhebliche *thermische Deformation* in zonaler Richtung, die noch dadurch verstärkt wird, daß der Anteil der direkt über die Alpen fließenden Kaltluft (ageostrophisch) infolge Absinkens in Lee *adiabatisch erwärmt* wird (*Föhn*). Auf der Vorderseite des Troges erfolgt außerdem advektiv Warmlufttransport in Richtung Genua-Golf. Beide Effekte, die erhebliche Asymmetrie zwischen thermischem Feld und Druckfeld (*Kaltluft auf der Trog-Rückseite*) sowie die dynamisch erzwungene Lee-Trog-Bildung führen bei derartigen Wetterlagen regelmäßig zu **Zyklogenese** im Genua-Golf oder über Norditalien. Dadurch erhält der Mistral im Golfe du Lion erst seine typische Ausbil-

dung, denn für Windstärken ≥8 Bft ist hier ein Druckunterschied zwischen Pyrenäen und Golf von Genua von etwa 15 hPa erforderlich. D.h. 3 bis 4 Isobaren drängen sich zwischen Pyrenäen und Alpen. Die Abbildung 10.6 zeigt eine typische winterliche Mistral-Wetterlage.

In der das relativ warme Mittelmeer passierenden Kaltluft bilden sich besonders in der kälteren Jahreszeit Cb's mit Schauern, Gewittern und starken Böen.

West 6, ausgereifte Dünung aus NW, dadurch Kreuzsee.

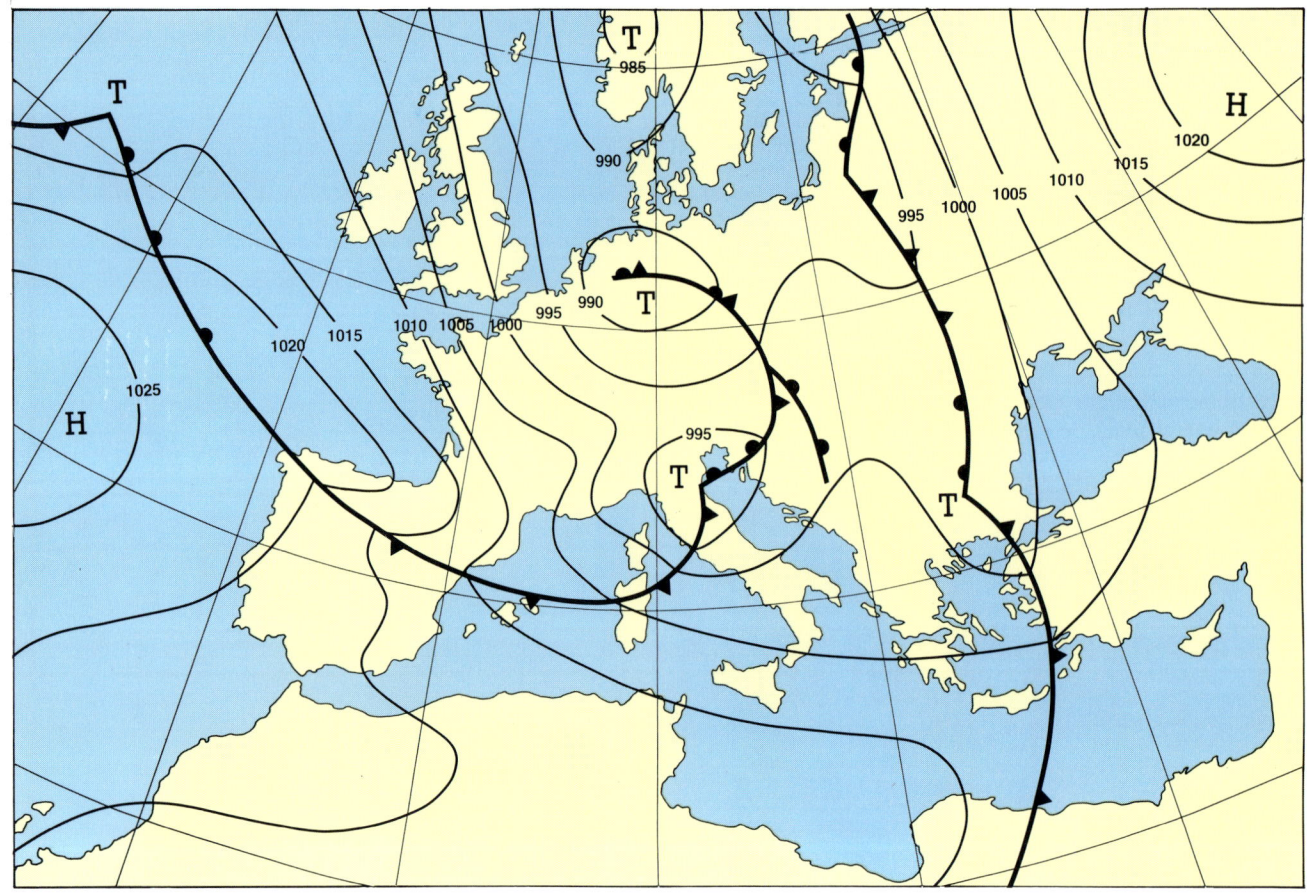

Abb. 10.7 Nordwest-Mistral im Golfe du Lion und im Golf von Genua, extreme Fallböen an der korsischen Ostküste, September

10.1.4 Lokale Effekte

Entsprechend der Topographie weichen Richtung und Stärke des Mistral oft beträchtlich vom Luftdruckgradienten ab. Die Änderungen entlang der Küstenlinie sind groß. Führungseffekte durch Täler, die zur Küste führen, verursachen eine Zunahme der Windgeschwindigkeit.
Bekannt sind:
– die Öffnung des Ebro-Tales zwischen Tortosa und Tarragona
– die Gegend von Perpignan
– die Rhone-Mündung.
Gut geschützte Teile der Küste liegen zwischen San Felix und Vilanova in Katalonien und im Golf von Genua. Eine besondere Erscheinung bei starkem nordwestlichen Mistral sind *kalte Fallböen, verursacht durch stark ansteigendes Gelände nach Nordwesten hin.* Fallböen in Lee intensiv angeströmter Berge sind eine allgemeine Erscheinung.

Berüchtigt bei Nordwest-Mistral sind:
– die Bucht von Ciotat zwischen Marseille und Toulon und
– der Hafen von Bastia (Korsika).
Bei der abgebildeten Wetterlage (Abb. 10.7) liegt das entstandene Randtief über Norditalien und der Adria. Im Nordwestmistral wurden in Bastia Böen von Bft 10 bis 11 gemessen.

10.1.5 Tagesgang des Mistral

Normalerweise erfolgt eine *Windzunahme am Nachmittag durch konvektive Vorgänge* (Höhenkaltluft). Besonders im Frühjahr und im Sommer wirkt in Küstennähe die Ausbildung des Seewindes jedoch gegen den Mistral. Dadurch verschiebt sich im Sommer das tägliche Maximum der Windstärke auf etwa 10.00 Uhr, im Winter auf 12.00 Uhr Ortszeit.

Mittlere Windrichtungen bei Mistral-Lagen:
– Balearen: Nord bis Nordnordost
– Golf von Genua: West bis Südwest
– Straße von Bonifacio: Nordwest bis West.

Im Golfe du Lion treten die häufigsten Windstärken ≤8 Beaufort des ganzen Mittelmeeres auf. Die dabei häufigste Windrichtung ist Nordwest.

Im Golf von Genua ist allgemein bei Stürmen die häufigste Windrichtung Nord bis Nordost und Südwest. An der Westküste Korsika/Sardinien ist die häufigste Sturmrichtung im Mistral Nordwest. In der Straße von Bonifacio wirkt sich der Mistral oft als Westnordweststurm aus, der sich bis in das Tyrrhenische Meer fortsetzt.

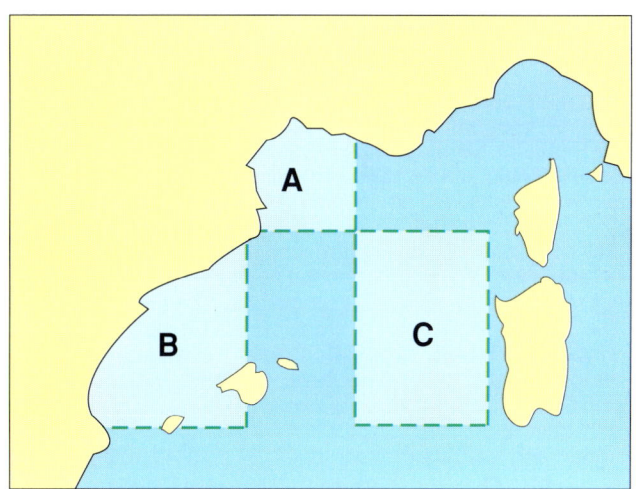

Abb. 10.8 Lage der Seegebiete A, B, und C

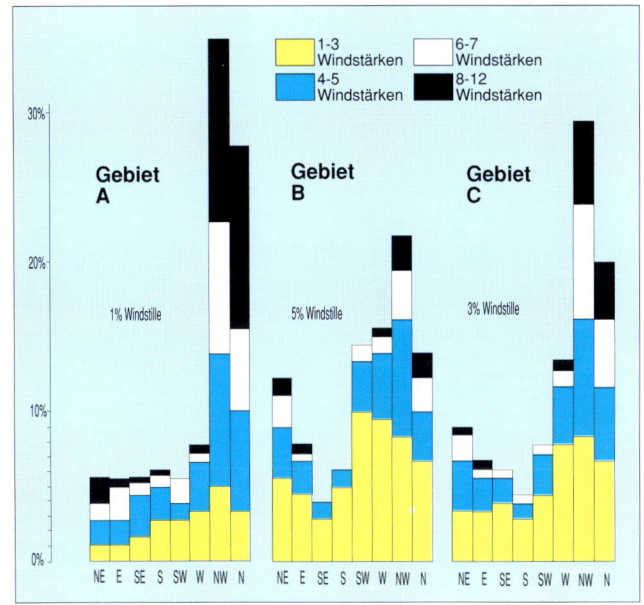

Abb. 10.9a Mittlere Windverhältnisse im Februar

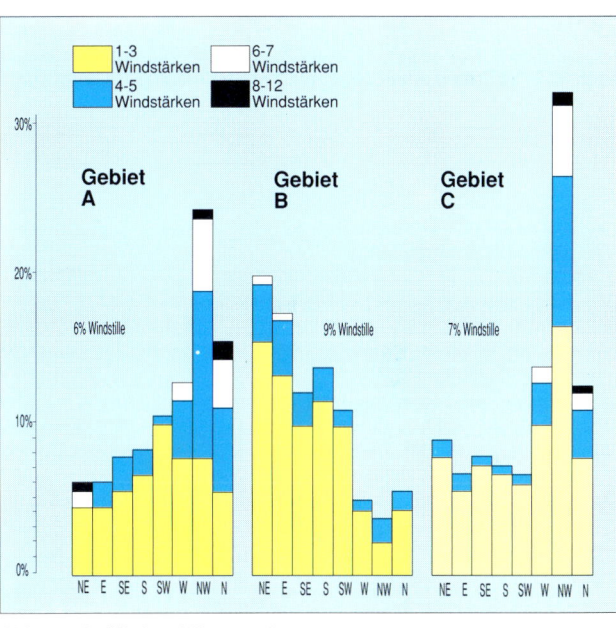

Abb. 10.9b Mittlere Windverhältnisse im August

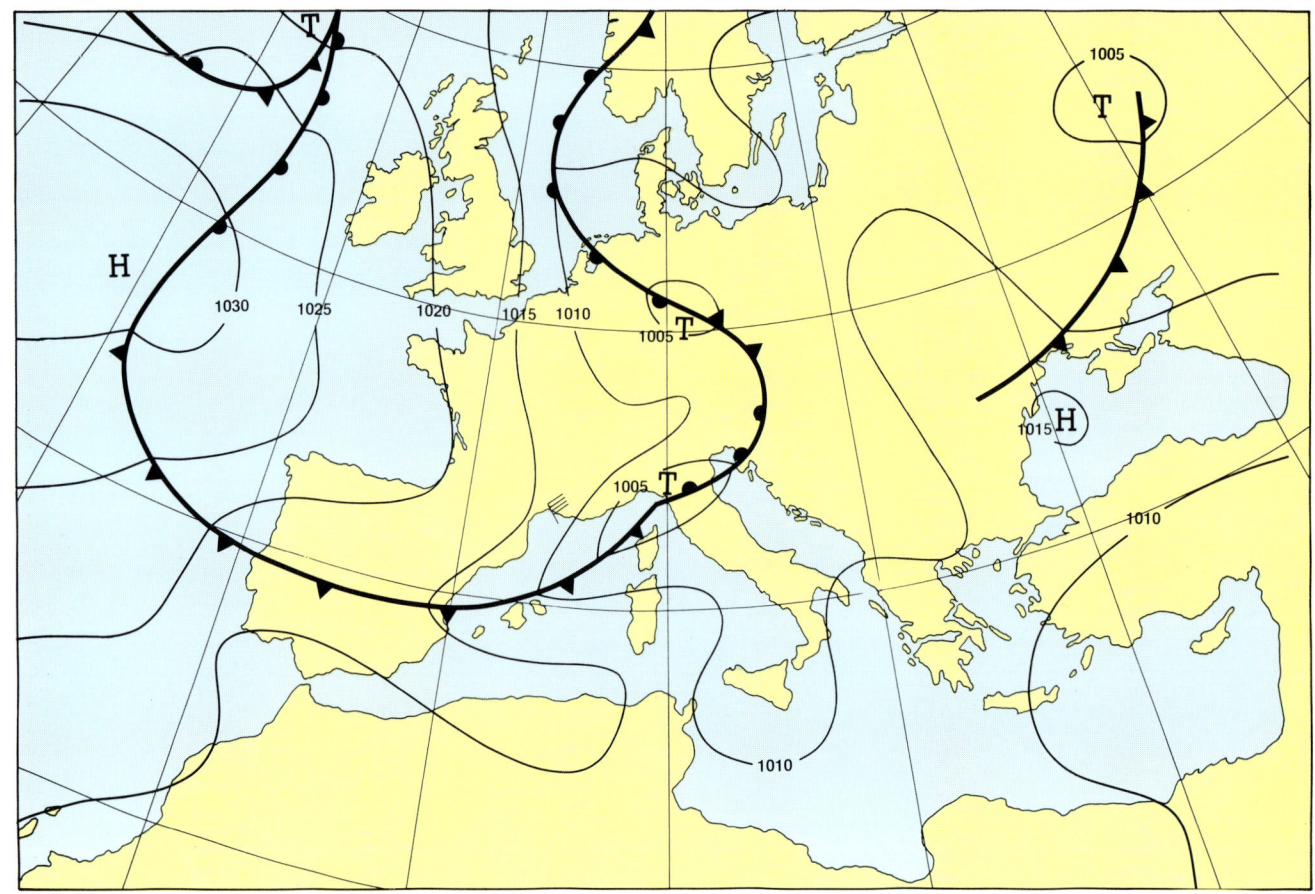

Abb. 10.10 Mistral aus Nordwest bis Nordost, Leetief-Bildung, Juli

10.1.6 Häufigkeiten, Dauer

Die häufigste Dauer einer Mistral-Periode beträgt 3,5 Tage (meist gebunden an den Höhentrog über Frankreich). *Als obere Geschwindigkeiten in Böen bei Mistral können etwa 70 Knoten angesehen werden.* Volle Sturmstärke an der Küste wird im Mistral nur an wenigen Tagen im Jahr erreicht: in Perpignan und Marseille z. B. an 10 bis 15 Tagen im Jahr. Die Häufigkeit nimmt über See zu: im Golfe du Lion haben im jährlichen Mittel 7% aller Beobachtungen Sturmstärke. Die Abbildung 10.10 zeigt eine sommerliche Mistral-Wetterlage.

Worauf bei »mistralverdächtigen« Wetterlagen im nordwestlichen Mittelmeer zu achten ist:
– Verlagerung einer Kaltfront über Frankreich nach Süden oder Südosten.
– merkbarer Temperaturrückgang hinter der Kaltfront
– Bildung eines Leetiefs im Golf von Genua.
– Azorenhoch mit Ausbildung eines Keils über Biskaya/Spanien.

Abschließend sei der viel seltener und hauptsächlich im Sommer auftretende »Anti-Mistral« erwähnt. Er weht aus Süd bis Südost, wenn sich z. B. ein Tief über der Biskaya befindet und über Süd- und Mitteleuropa hoher Luftdruck herrscht. Er führt feuchtwarme Luft mit Niederschlägen nach Frankreich und wird hier Marin genannt (s. Scirocco).

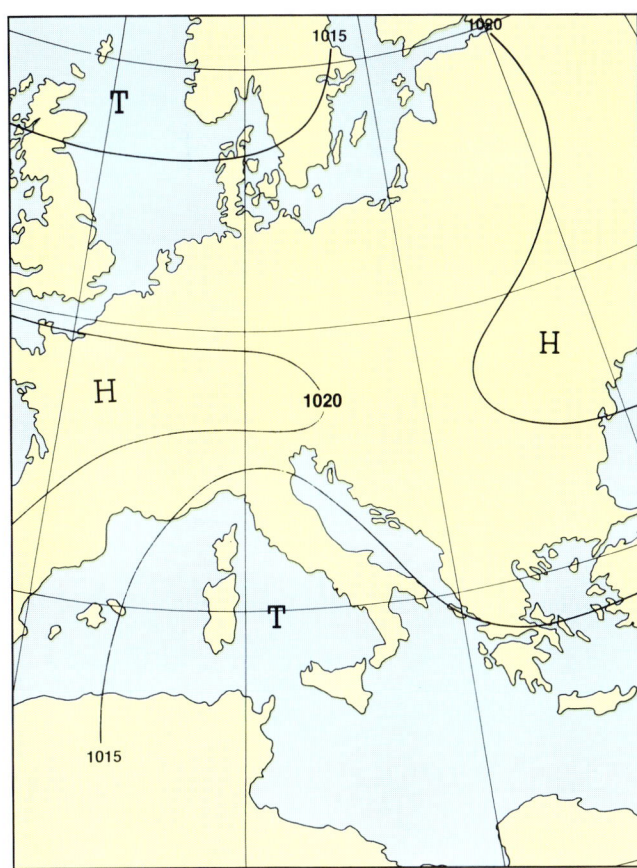

Abb. 10.11 Mittlere Druckverteilung bei Bora

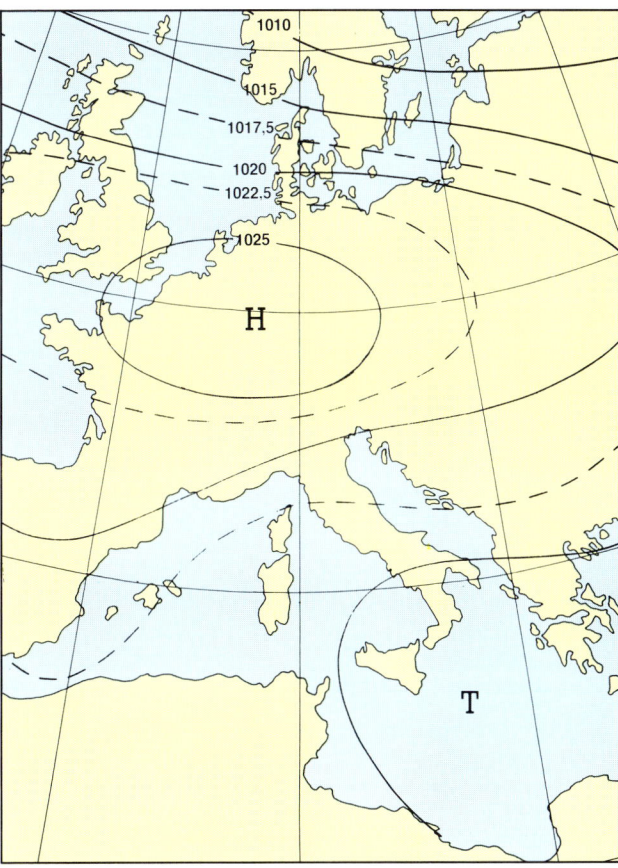

Abb. 10.12a Mittlere Luftdruckverteilung bei antizyklonaler Bora

10.2 Bora

Der Name leitet sich vom Lateinischen und Griechischen ab: *boreas = der Nordwind.* Im Gegensatz zum Mistral handelt es sich um *kontinentale polare oder arktische Luft,* die aus Nordosten durch die Triest-Ebene oder über die Berge der adriatischen Ostküste aus Ostnordost in die Adria einfällt.

10.2.1 Synoptische Entstehungsbedingungen

Notwendig für das Auftreten von Bora ist, daß der Luftdruck auf der nördlichen Seite der kroatischen und bosnischen Gebirge höher ist als südlich davon. Somit sind ein *kräftiges Hoch über Mittel- und Nordeuropa und tiefer Druck über dem westlichen Mittelmeer* Voraussetzungen für starke östliche Winde in der Adria. Die mittlere Druckverteilung ist in Abbildung 10.11 dargestellt. Oft kommt es bei Bora-Wetterlagen über der Adria zusätzlich zu zyklonalen Entwicklungen, wodurch der Wind beträchtlich verstärkt wird.

10.2.2 Einteilungen

Bei dem Nord-Süd-Gegensatz kann antizyklonaler oder zyklonaler Einfluß überwiegen. Entsprechend lassen sich Bora-Wetterlagen in *antizyklonale und zyklonale Typen* einteilen.

10.2.2.1 Antizyklonale Bora

Die Abbildung 10.12a zeigt die mittlere Luftdruckverteilung für antizyklonale Bora.

Dieser Bora-Typ tritt im Südostsektor eines ausgedehnten mitteleuropäischen Hochs auf. Eine Nordostströmung, aus Südrußland über Ungarn und Rumänien kommend, mündet in das Bora-Gebiet. Dies ist eine *relativ beständige, länger andauernde Lage.*

Wettercharakteristika bei antizyklonaler Bora: Die kontinentale Luft ist kalt und trocken. Wolkenbänke sind allenfalls an den Bergkämmen zu sehen. Die absinkende Luft ist wolkenlos. In einiger Entfernung von der Küste entstehen *über dem warmen Wasser im Winter und Frühjahr Cu/Cb Wolken.*

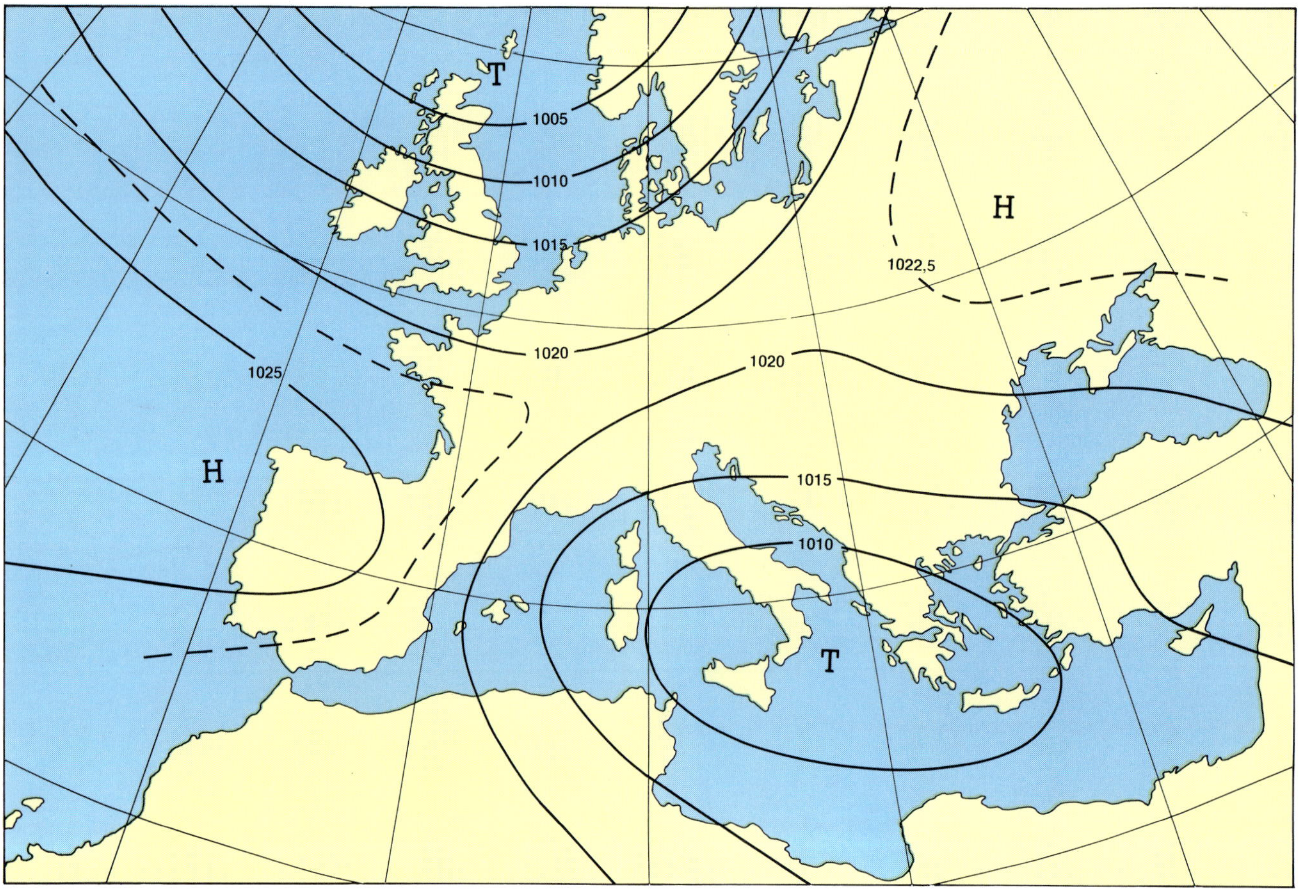

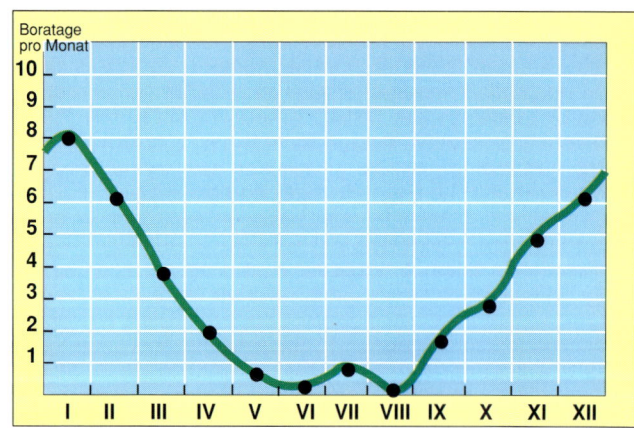

Abb. 10.12b Mittlere Luftdruckverteilung bei zyklonaler Bora

10.2.2.2 Zyklonale Bora

Die mittlere Luftdruckverteilung für zyklonale Borawetterlagen zeigt die Abbildung 10.12b.

Ein Tief mit Zentrum über Süditalien oder der Mitte des Mittelmeeres schließt das Bora-Gebiet ein. Die Hauptwindrichtung dreht mehr auf Nordost oder Ostnordost. Die Fronten des Tiefs überdecken einen großen Bereich südlich der Alpen bis zu den Balkanländern. Auch über Nordwesteuropa herrscht meist tiefer Druck.

Wettercharakteristika: Die zyklonale Bora ist weitaus gefährlicher. Sie wird *meist von heftigen Sturmböen begleitet,* die der eigentlichen Kaltfront vorauseilen. Die Kaltfront selbst bringt Regen oder Hagel (im Winter Schnee), der sehr stark sein kann, insbesondere, wenn die Luft vor der Kaltfront sehr warm und feucht ist. Nach Passage der Kaltfront folgen As- und Ac-Bewölkung.

Abb. 10.13 Bora bei Triest im Jahresgang

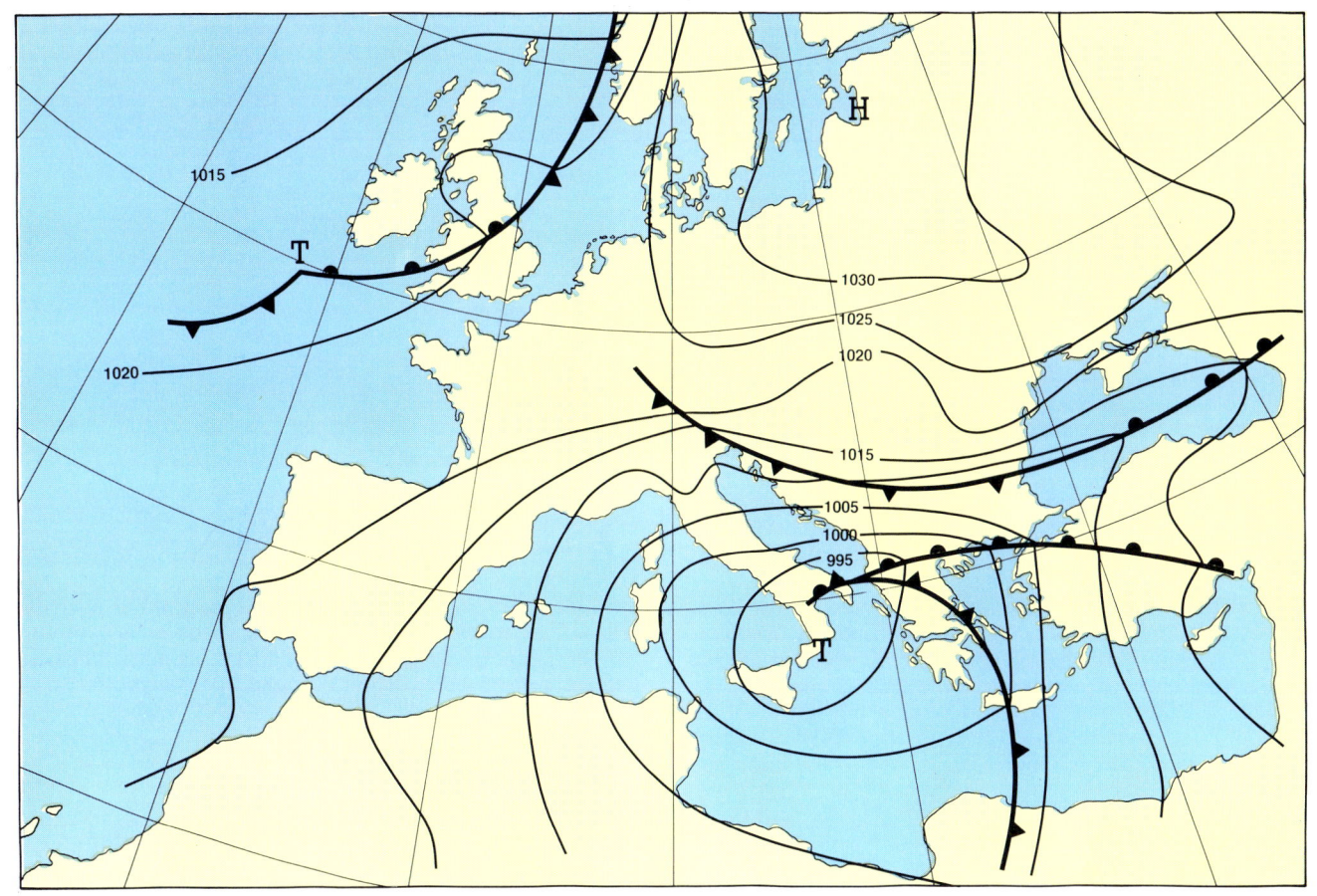

Abb. 10.14 Stark ausgeprägte winterliche zyklonale Borawetterlage

Die Kaltluft wird oft in Staffeln herangeführt. Zwischen ihnen tritt vorübergehend Windabnahme ein. Jeder *Kaltfrontdurchzug* setzt *mit sehr starken Böen* ein, gefolgt von einer Zunahme des Mittelwindes, oft bis *Sturmstärke*. Wegen der geringen Bewölkung vor der Kaltfront und des nur geringen vorauslaufenden Druckfalles gibt es kaum eine Warnung vor den sehr plötzlich einsetzenden Böen. Da außerdem der Wind quer über die Adria zur italienischen Küste weht, die keinen Schutz bietet, sind Bora-Wetterlagen besonders für Segelboote äußerst gefährlich.

Die Stärke der Bora und ihrer Böen hängt direkt vom Temperaturunterschied der kalten Festlandsluft (meist arktischen oder nordsibirischen Ursprungs) und der feuchten Warmluft über der Adria ab. Dementsprechend tritt die Bora besonders häufig und stark in den Wintermonaten auf (vgl. Abbildungen 10.13 und 10.14).

Die mittlere Dauer einer Borawetterlage liegt bei 40 Std (davon ca. 12 Std Sturm), kann aber auch 5 Tage und länger (mit bis zu 2 Tagen Dauersturm) betragen. Dabei können im Winter die Böen 110 kn erreichen. Sogar im Sommer treten in seltenen Fällen überraschend Böen um 50 kn auf.

An der jugoslawischen Küste wird die Böigkeit durch den *Mechanismus der kalten Fallwinde (was die Bora ja berüchtigt gemacht hat) sowie durch Ecken- und Düseneffekte der Berge verstärkt.*

10.2.3 Zur Mechanik kalter Fallwinde

Kalte »**Fallwinde**« treten praktisch überall da auf, wo eine scharfe thermische Trennung zwischen einem kalten (höheren) Plateau und einer warmen Grundschicht vorliegt. Eine gut ausgebildete Inversion, etwa zwischen 900 und 850 hPa, sowie eine bestimmte Hangneigung sind Voraussetzungen für stärkere Fallwinde. Neben der Kraft des Druckgradienten wirkt dann noch die Schwerkraft auf die Luftpartikel. Wenn die Corioliskraft gegenüber der Schwerkraft keine Rolle spielt (bei kleinräumigen Luftbewegungen ist das der Fall), heißen diese Fallwinde »**katabatische**« Winde.

Wenn der zunächst stetige katabatische Wind durch ein Hindernis (z.B. Bergkette) gestört wird, bleibt er bis zu einer kritischen Hangneigung stabil. Kleine Anfangsstörungen breiten sich in der Strömung als Wellen aus; unter dem Einfluß der Reibungskraft verschwinden sie wieder. Wenn der *kritische Winkel der Hangneigung* (ca. 1:100) überschritten wird, wachsen kleine Anfangsstörungen exponentiell mit der Zeit an: *die Strömung wird turbulent.* Wichtig ist: Die Störungen (= Böen) laufen schneller als die stetige »Grundströmung«: sie laufen der Strömung voraus. Dadurch entsteht die böige Struktur kalter Fallwinde.

Berüchtigt für heftige Fallböen ist neben der *dalmatinischen Küste* auch die *Ostküste Korsikas* bei starkem Nordwest-Mistral. Analoge starke Fallböen treten in der Ägäis bei starkem Nordostwind auf:

- an den steilen Kliffs der türkischen Küste und des Dodekanes
- an den Lee-Hängen der höheren Cycladen-Inseln, Euböas und im Golf von Thermai sowie bei Kreta
- vor Kap Tainaron (Matapan), 36°23' Nord, 22°29'Ost
- ein starker Talwind bei Timbakion an der Südküste von Kreta bei dem Berg Idhi (über 3000 m). Bei nördlichen Winden erreicht die Windgeschwindigkeit bei Timbakion den 2 bis 2,5fachen Wert des Windes an der Nordseite der Insel.

10.3 Etesien (Meltemi)

Aus dem Griechischen: *etesios = jährlich,* türkisch: *Meltemi.* Es sind überwiegend nordöstliche Winde in der nördlichen Ägäis und nordwestliche Winde im Südosten nahe Rhodos und der türkischen Südküste.

Mit den Etesien wird meist *kontinentale Polarluft,* zeitweise mit Beimischungen *kontinentaler Subtropikluft* aus Südrußland und dem Gebiet des Kaspischen Meeres in die Ägäis transportiert: sie bringen *sehr gute Sichten* und *wolkenlosen Himmel.*

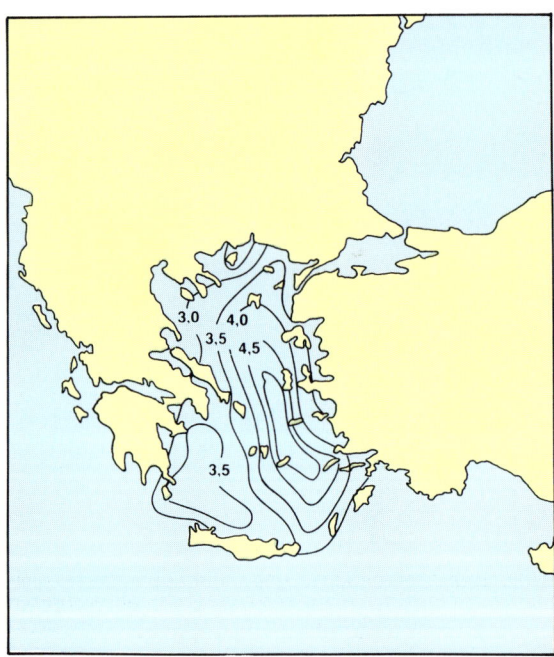

Abb. 10.15 **Intensität der Etesien im Juli (Bft)**

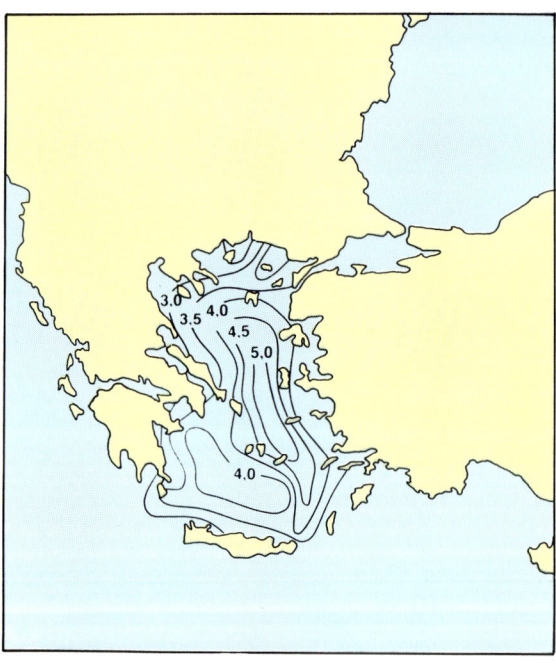

Abb. 10.16 **Intensität der Etesien im August (Bft)**

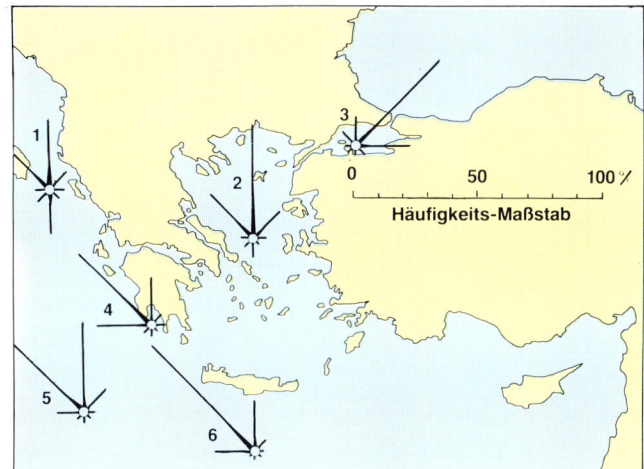

Abb. 10.17 Mittlere Windverhältnisse im Juli

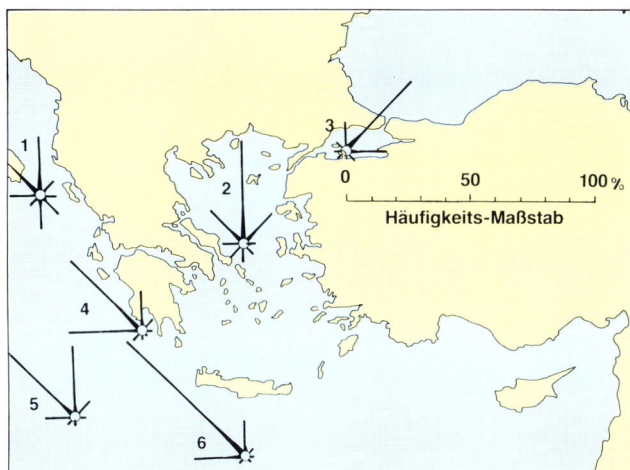

Abb. 10.18 Mittlere Windverhältnisse im August

10.3.1 Synoptische Bedingungen

Entsprechend der Windrichtung sind für das Entstehen der Etesien *hoher Druck über Süd- und Osteuropa* oder dem westlichen Mittelmeer und *tiefer Druck über Asien, speziell Kleinasien,* verantwortlich. Derartige Druckverhältnisse haben während der Sommermonate eine hohe Beständigkeit (asiatisches Monsuntief, vgl. die Abb. 5.5), so daß die Etesien zeitweise den Charakter von Passatwinden annehmen. Auftreten der Etesien: Mai bis September, *maximale Windstärken im Juli und August. Die Abb. 10.15 und 10.16 zeigen mittlere Bft-Windstärken in der Ägäis bei Etesien-Wetterlagen, Abb. 10.17 und 10.18 Windrosen einzelner Gebiete für Juli und August.*
Die nachfolgende Tabelle gibt u. a. Häufigkeiten von Starkwind oder Sturm an.

10.3.2 Beispiele

Aufgrund synoptischer Kriterien lassen sich mehrere Etesien-Wetterlagen unterscheiden, von denen hier die beiden häufigsten beschrieben werden:

Häufigkeit der Windstärke-Gruppen in Prozent						
Seegebiete	Stürme und Orkane Starkwind (6 — 12 Bft)		Windstärken Mäßiger Wind (4 — 5 Bft)		Schwachwind Windstille (0 — 3 Bft)	
	Juli	August	Juli	August	Juli	August
1	4	4	18	21	78	75
2	7	9	29	29	64	62
3	2	6	21	30	77	64
4 + 5	4	4	32	27	64	69
6	14	13	38	41	48	46

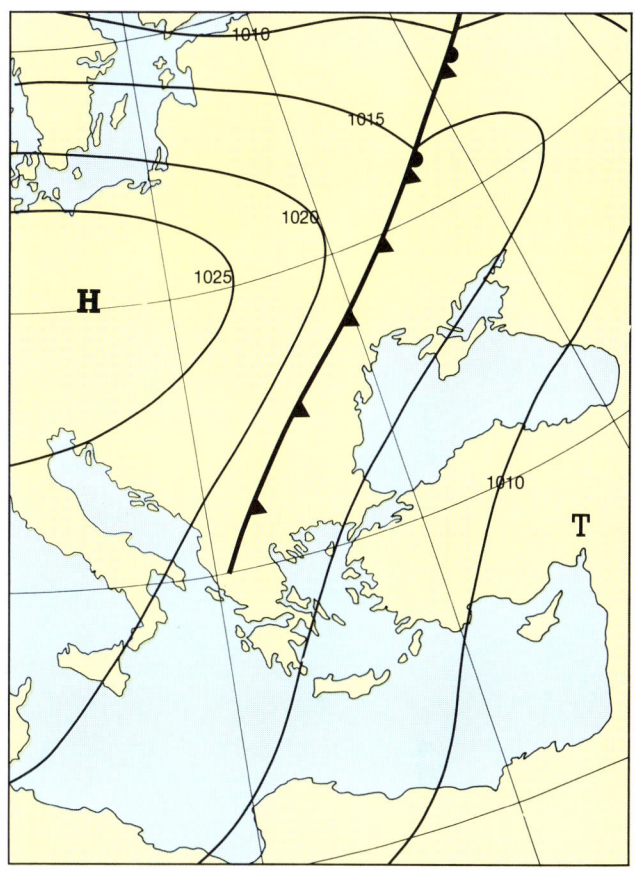

Abb. 10.19 Etesienwetterlage a)

a) Abb.10.19: Das Azorenhoch ist gegenüber dem jahreszeitlichen Mittel etwas nach Norden verschoben. Ein gut ausgebildeter Hochkeil reicht bis nach West- und Mitteleuropa. Zusammen mit dem Tief über Asien sind die Druckgegensätze über dem östlichen Mittelmeer größer als über dem westlichen. Fast

227

70% aller Tage mit Etesien basieren auf dieser oder einer ähnlichen **antizyklonalen** Wetterlage, die daher auch als »klassischer Typ« der Etesien gilt. Während bei dieser Wetterlage im Norden der Ägäis wolkenloser Himmel vorherrscht, haben die Luftmassen weiter im Süden so viel Wasserdampf aufgenommen, daß es im Bereich der Inseln zu Cu-Bildung kommt.

b) Abb.10.20: Das Zentrum des hohen Druckes liegt über Rußland, ein kräftiger Keil reicht ins mittlere Mittelmeer. Über dem östlichen Mittelmeer bildet sich ein Trog oder sogar ein abgeschlossenes Tief aus, so daß Windrichtung und -stärke überwiegend durch das Tief bestimmt werden. Diesem mehr **zyklonalen** Typ gehören etwa **30%** aller Etesien-Tage an.

Den zyklonalen Etesien-Typen gemeinsam ist die charakteristische Verteilung der Windrichtung von Norden nach Süden in der Ägäis: Nordost – Nord – Nordwest, während bei antizyklonalem Strömungscharakter eine mehr nordöstliche Windrichtung in der ganzen Ägäis vorherrscht.

c) Abb 10.21: *Ein Beispiel für antizyklonale Etesien:* Durch den kräftigen Keil des weit nach Südosten reichenden westeuropäischen Hochs herrschen *starke bis stürmische Nordostwinde in der gesamten Ägäis.*

Keine Etesien sind die nordöstlichen Stürme in der nördlichen Ägäis, verbunden mit Ausbrüchen kontinentaler Polarluft vom Schwarzen Meer her während der kälteren Jahreszeit. Dies sind mehr bora-artige Winde. Im *Golf von Thermai* entsteht dann der berüchtigte *Vardarac* (aus Nordwest bis Nord), im *Doro-Kanal* (Durchfahrt Euböa/Andros) wird die Windrichtung auf *Nord* bis *Nordwest* gelenkt.

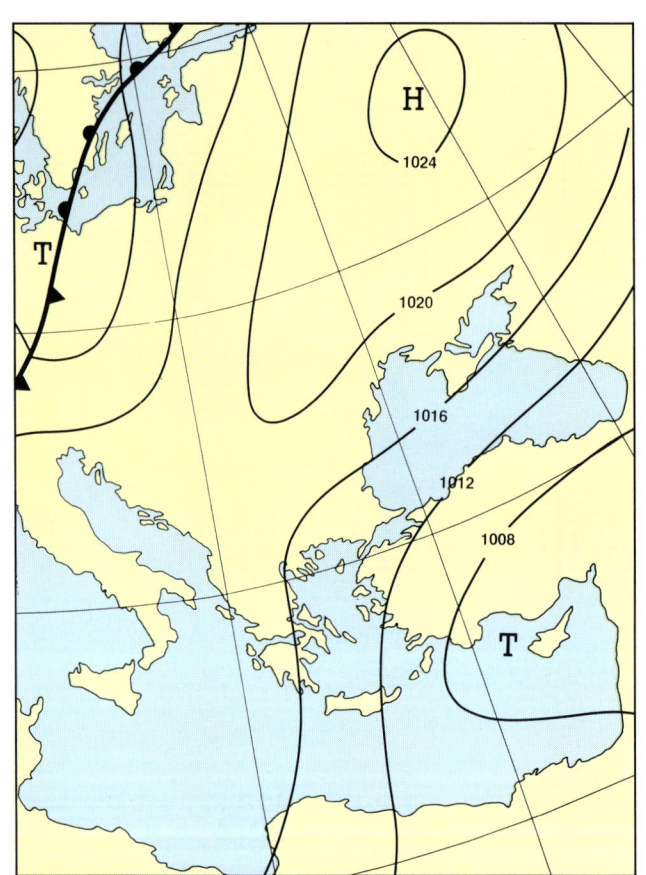

Abb. 10.20 Etesienwetterlage b)

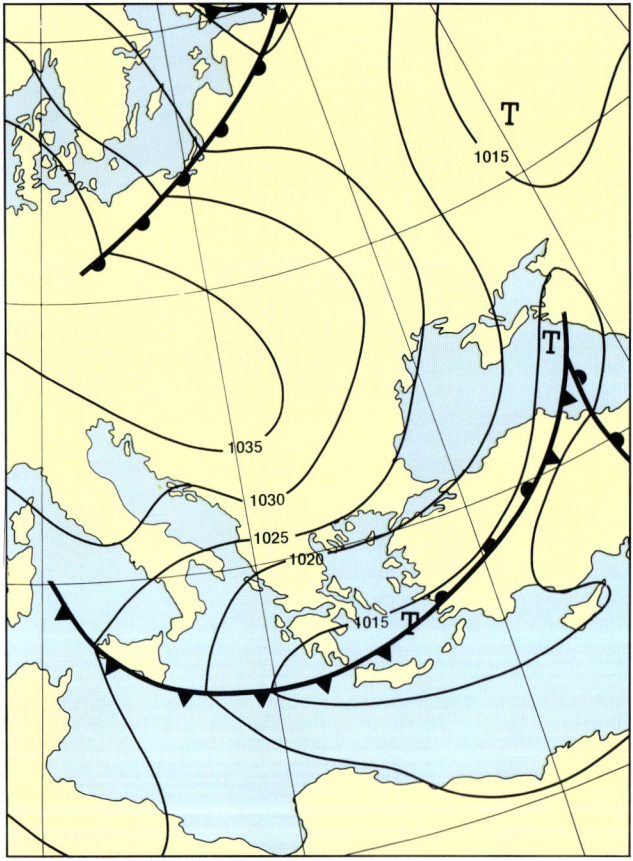

Abb. 10.21 Antizyklonale Etesien im Frühjahr

10.4. Scirocco

Der italienische Name ist eine allgemeine Bezeichnung für alle Winde kontinentalen Ursprungs, die das Mittelmeer und seine südlichen Küsten beeinflussen. Entstehungsgebiete sind die Wüsten Nordafrikas und Arabiens. Im Unterschied zu den vorangegangenen mehr lokalen Winden tritt der *Scirocco praktisch im gesamten Mittelmeerraum* auf und hat daher in den Küstengebieten der einzelnen Regionen eigene Namen:

Chili in Marokko, Algerien und Tunesien
Ghibli in Libyen
Khamsin in Ägypten
Scharki in Israel und Gaza
Samum im Libanon
Leveche in Südostspanien
Marin im Golfe du Lion

Scirocco ist im Prinzip *die ganze Vorderseite eines in der Regel über der Sahara entstandenen Tiefs* (Strömung vor der Warmfront, im Warmsektor und vor allem vor der Kaltfront). Die Intensität des Sciroccos hängt daher von der Zugbahn, der Zugrichtung und dem Kerndruck des Tiefs ab.

10.4.1 Synoptische Entstehungsbedingungen

Günstigste Voraussetzung für die Entwicklung von Sahara-Tiefs ist eine weit südwärts bis in die westliche Sahara reichende atlantische Frontalzone (mit einer Trogbildung über dem Atlas). Bei nordwestlicher bis nördlicher Strömung besteht in Lee des Atlas, wie bei den Alpen, aus dynamischen Gründen zyklonale Strömungstendenz. Auf der Rückseite des Troges fließt *maritime Polarluft südwärts,* wodurch z. T. als Kompensationsbewegung, *kontinentale Tropikluft* auf der Vorderseite des Troges *nach Norden* geführt wird. Da an der Küste tagsüber meist landeinwärts gerichtete Windkomponenten vorherrschen, werden zyklonale Strömungstendenzen weiter verstärkt. Ausschlaggebend für die rasche Vertiefung ist jedoch die stark labile Schichtung durch *Aufheizung der Luftmassen vom Boden* her. Der vertikale Temperaturgradient wird bereits in der trockenen Luft sehr groß.

Aufgrund der niedrigen Taupunkte kommt es vorerst nur zu geringer Wolkenbildung, jedoch werden bei starken Bodenwinden und langem Fetch über der Wüste große Staubmengen in die Luft getragen. Beim Übertritt aufs Wasser nimmt die über der Sahara in Bodennähe aufgeheizte Luft wegen des intensiven Vertikalaustausches eine hohe Feuchte auf, die als latente Energie aufsteigt und bei Kondensation die Luftmasse weiter labilisiert: die Schichtung wird **konvektiv instabil.** Zunächst unscheinbar aussehende Warmfronten intensivieren sich dabei rasch zu großen Regengebieten mit *hoher Gewitterneigung. Maximale Häufigkeit dieser Entwicklungen:* **April/Mai**.

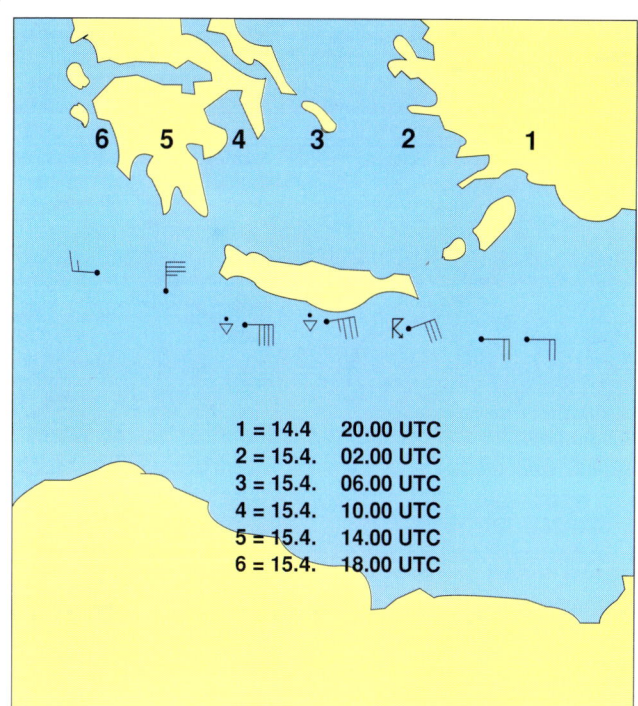

Abb. 10.22 Typisches Streckenwetter bei Scirocco

1 = 14.4	20.00 UTC
2 = 15.4.	02.00 UTC
3 = 15.4.	06.00 UTC
4 = 15.4.	10.00 UTC
5 = 15.4.	14.00 UTC
6 = 15.4.	18.00 UTC

10.4.2 Charakteristischer Wetterablauf

Die Abbildung 10.22 zeigt *typisches Streckenwetter* südlich von Kreta bei Scirocco. Starker Druckfall vor der Warmfront bedingt Verstärkung des Gradienten, wodurch die Ost- bis Südostwinde bis Sturmstärke auffrischen: In unmittelbarer Küstennähe sind das *reine Sandstürme mit Sichtreduzierung bis 100 m.* Weiter seewärts vermischen sich *Sand, Niederschlag und Gischt,* die sich an Deck ablagern und eine sehr große Rutschgefahr bedeuten. Die Sicht wird ebenfalls auf wenige 100 m reduziert.

Neben dem Starkwind und Sturm im Bereich der Warmfront tritt bei Sahara-Tiefs ein *zweites ausgeprägtes Starkwindband mit maximalem Sandgehalt vor der Kaltfront auf.* Diese Starkwindzone kann sich bis zu mehreren 100 km in Strömungsrichtung ausdehnen, ist jedoch verhältnismäßig schmal, 30 bis höchstens 100 km. Erst mit Winddrehung auf Nordwest bis Nord verschwindet (bei markantem Temperaturrückgang und aufklarendem Himmel) der Staub. Gleichzeitig erfolgt Druckanstieg, nachfolgend Windabnahme.

Allen Scirocco-Winden ist gemeinsam:
– Windrichtung Südost bis Südwest,
– niedrige Wolken,
– starke Sichtreduzierung,
– erhebliche Niederschläge,
– Gewitter, dadurch schwere Böen.

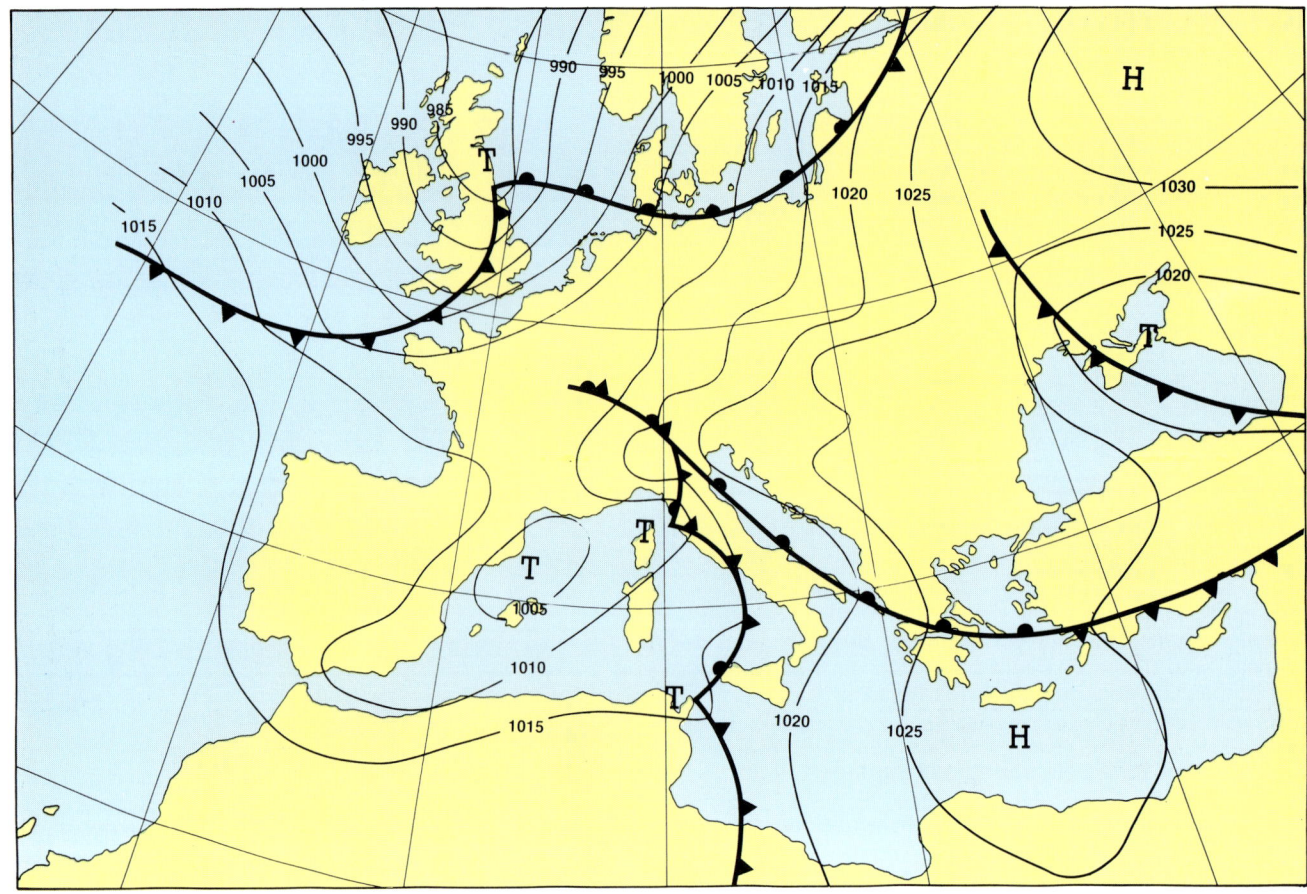

Abb. 10.23 Winterliche Siroccolage über der Adria

10.4.3. Lokale Effekte

Speziell der *Genua-Golf* ist bei Sturm aus südlichen Richtungen stark *gefährdet*. Hier treten im Hafen von Genua oft erhebliche Schäden auf, da entlang der Golf-Küste eine sehr hohe Dünung entsteht, die zeitweise noch von sog. internen Wellen überlagert wird. Wasserstandsänderungen von 3 bis 4 m sind nicht selten. Im Februar 1955 wurden bei Genua während einer Scirocco-Lage Wellen um 20 m beobachtet. Der Anstieg des Wasserstandes läuft dem Windfeld um etwa 24 Stunden voraus. Schon bei Süd- bis Südwestwinden zwischen 5 und 7 Bft werden im inneren Teil des Golfes von Genua *signifikante Wellenhöhen zwischen 4 und 6 m* gemessen.

Auch an der Adria entsteht bei Scirocco wegen des langen Fetches im Norden eine sehr hohe See. Dabei sind die Windstärken im Süden der Adria gewöhnlich höher als im Norden. In der *Ägäis* sind die durch Scirocco am *meisten gefährdeten Seegebiete die Meerengen zwischen den Inseln des Dodekanes und dem türkischen Festland.*

Die Abbildungen 10.23 bis 10.27 zeigen Sciroccowetterlagen in verschiedenen Seegebieten des Mittelmeeres.

Kriterien, die auf das Heranziehen von Sahara-Tiefs hinweisen:
- südwestliche Höhenströmung (Zugrichtung der hohen Wolken beobachten!),
- östliche Winde am Boden,
- starker Druckfall,
- auffallender Dunstschleier am südwestlichen Horizont.

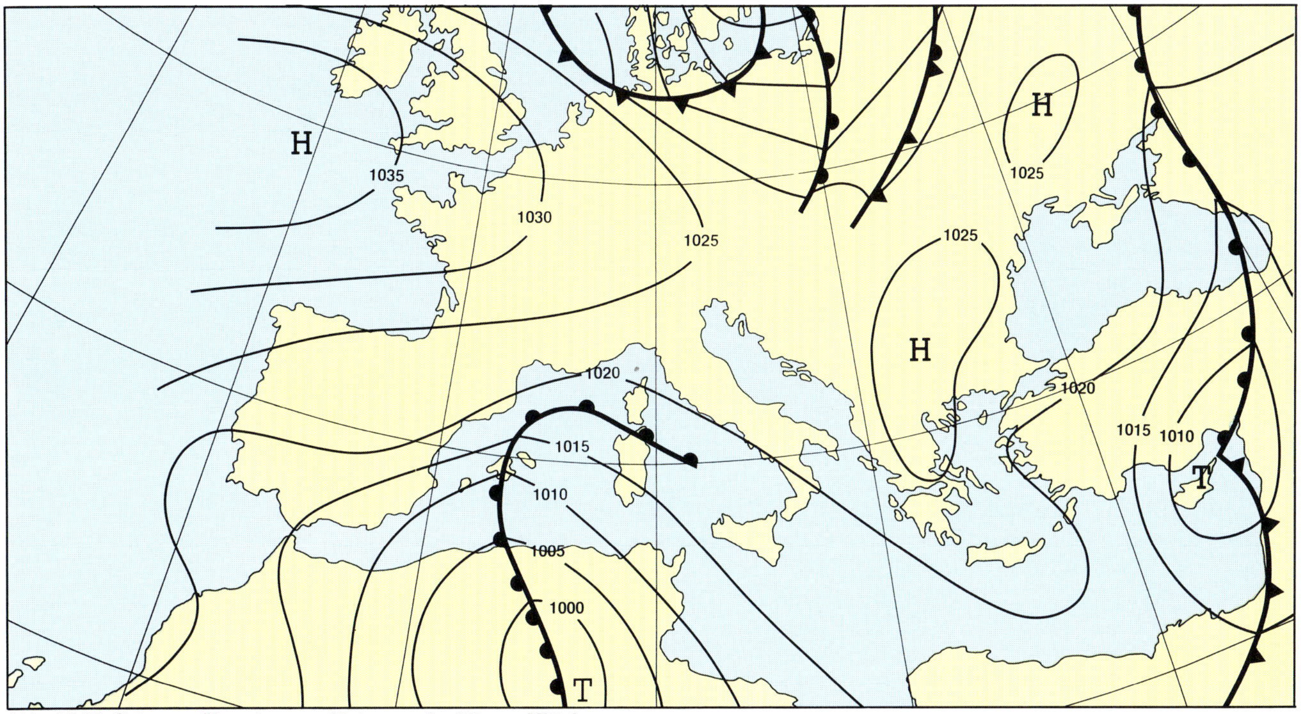

Abb. 10.24 Scirocco über dem westlichen und mittleren Mittelmeer

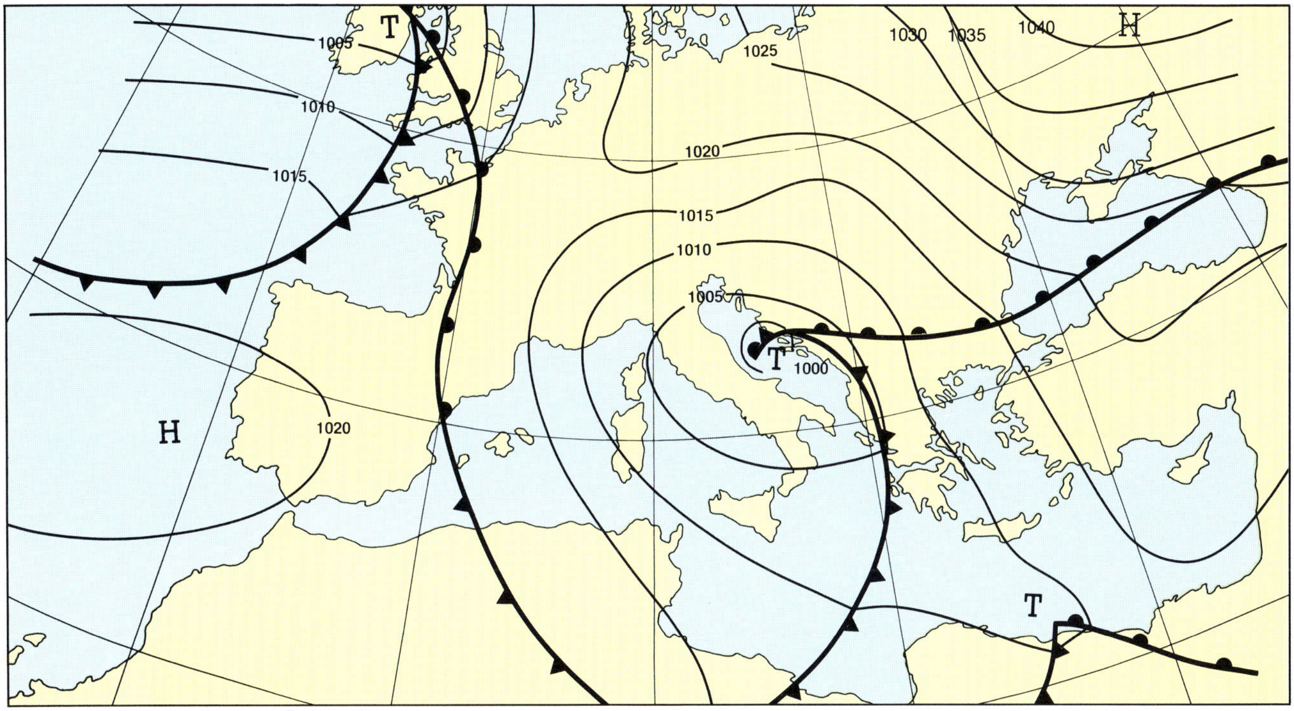

Abb. 10.25 Scirocco über der Ägäis, Oktober

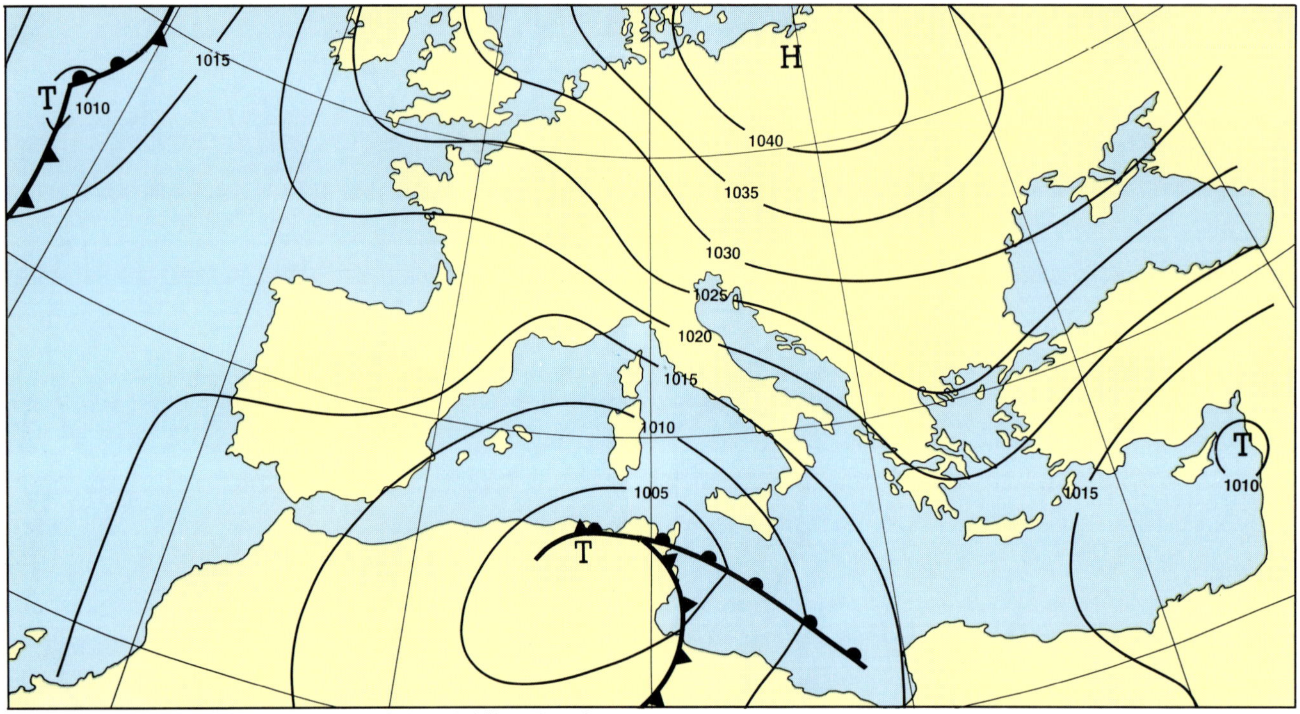

Abb. 10.26 Winterliche Sciroccolage mit Saharatief über Tunesien

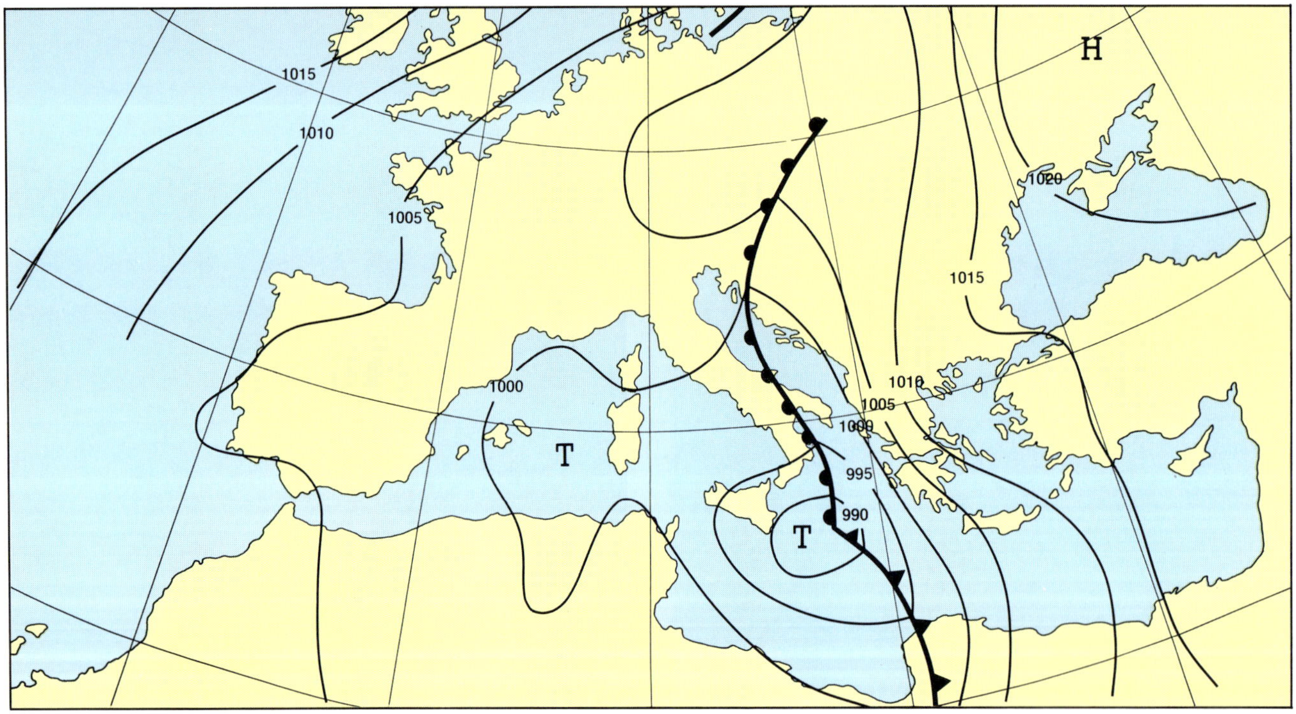

Abb. 10.27 Scirocco über dem Ionischen Meer und Südwestgriechenland, März

11 Wetterregeln

11.1 Regeln über die Bewegung von Zyklonen und Antizyklonen

Regel 1:
Eine junge Zyklone bewegt sich in Richtung der Isobaren des Warmsektors.
Regel 2:
Druckgebilde mit starkem Gradienten auf allen Seiten schreiten meist langsam fort.
Regel 3:
Druckgebilde mit geringem Druckgradienten schreiten meist rasch fort.
Regel 4:
Kleine (»kalte«) Hochdruckgebiete wandern schneller als große (»warme«).

Abb. 11.1 und 11.2 zeigen Regel 1, 3 und 6
Das Tief bei den Hebriden (1. Tag) zieht in Richtung der Warmsektorströmung (offener Pfeil) nordostwärts bis Svinøy (2. Tag). Es ist eine junge, sich noch erheblich vertiefende Zyklone mit starken SSW-Winden im Warmsektor (Regel 1). Auf der »kalten« Seite (Gebiet westlich und nordwestlich der Hebriden) herrschen dagegen schwache Winde. Das Tief zieht daher rasch (Regel 3). Seine Zuggeschwindigkeit ist mit 25 kn typisch (Regel 6).

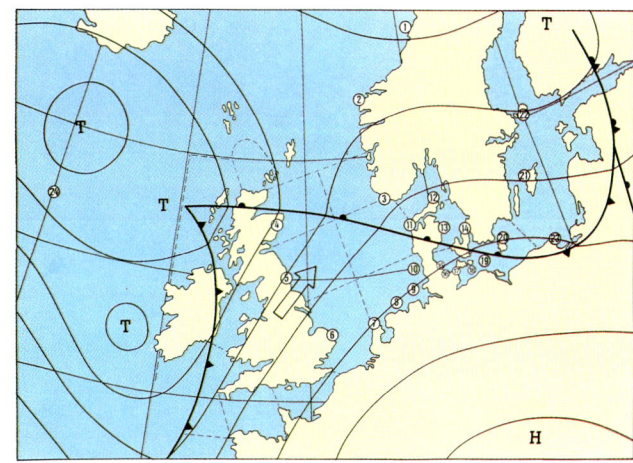

Abb. 11.1 Regel 1, 3 und 6

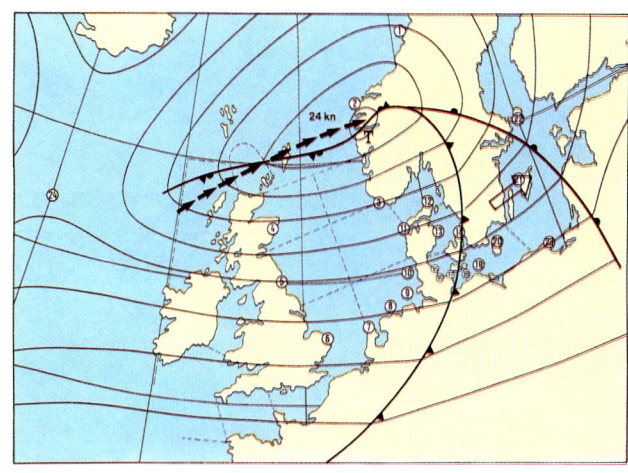

Abb. 11.2 Regel 1, 3 und 6

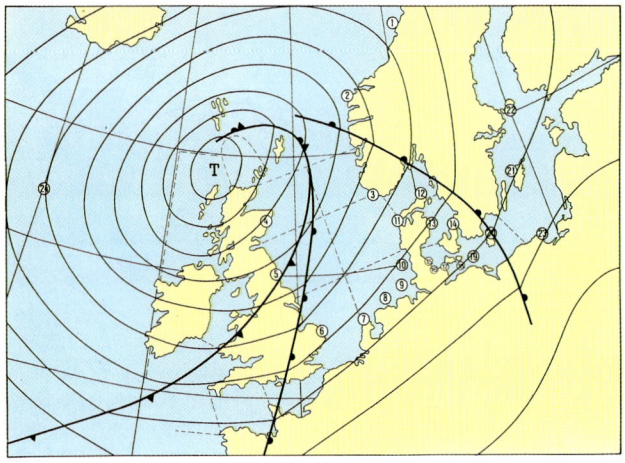

Abb. 11.3 Regel 2 und 6

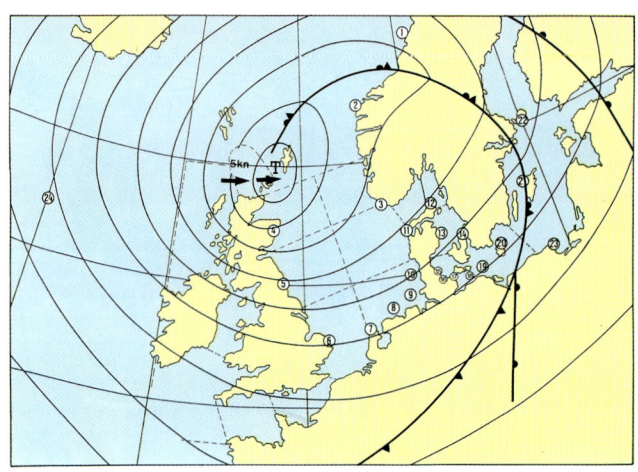

Abb. 11.4 Regel 2 und 6

Abb. 11.3 und 11.4 zeigen Regel 2 und 6
Das Sturmtief hart nördlich der Hebriden zieht, da es allseitig von starken Winden umgeben und schon im Okklusionsprozeß begriffen ist, nur langsam (Regel 2). Der stärkste Wind herrscht an der Südflanke des Tiefs, so daß es mit 5 kn etwas nach Osten vorankommt und nach 24 Std. die Shetlands erreicht hat (Regel 6).

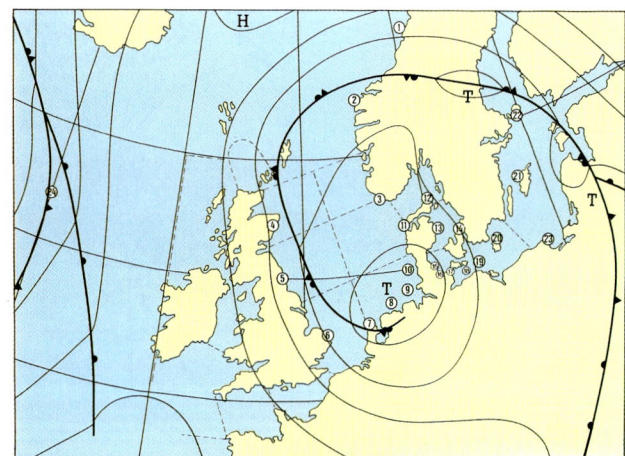

Abb. 11.5 Regel 5

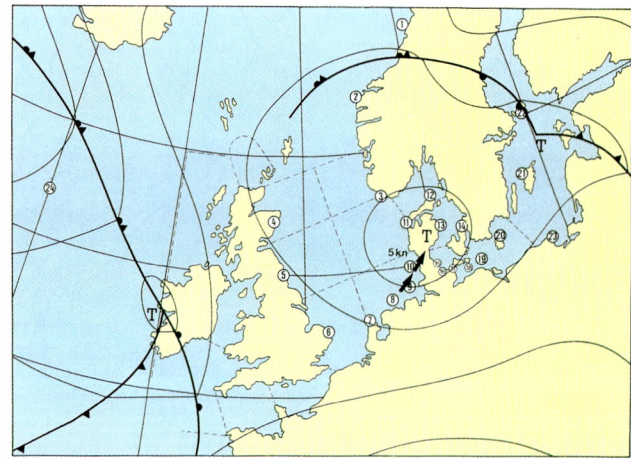

Abb. 11.6 Regel 5

Regel 5
Eine sich auffüllende Zyklone schreitet langsamer fort als eine sich vertiefende.

Abb. 11.5 und 11.6 zeigen Regel 5
Das Tief über der Deutschen Bucht verlagert sich unter Auffüllung um 5 hPa in 24 Stunden nur um 120 sm nordostwärts nach Jütland.

Vordere Begrenzung einer sehr gut ausgeprägten Böenwalze in der Drake-Straße. Der dazugehörende Cumulonimbus ist nicht zu erkennen.

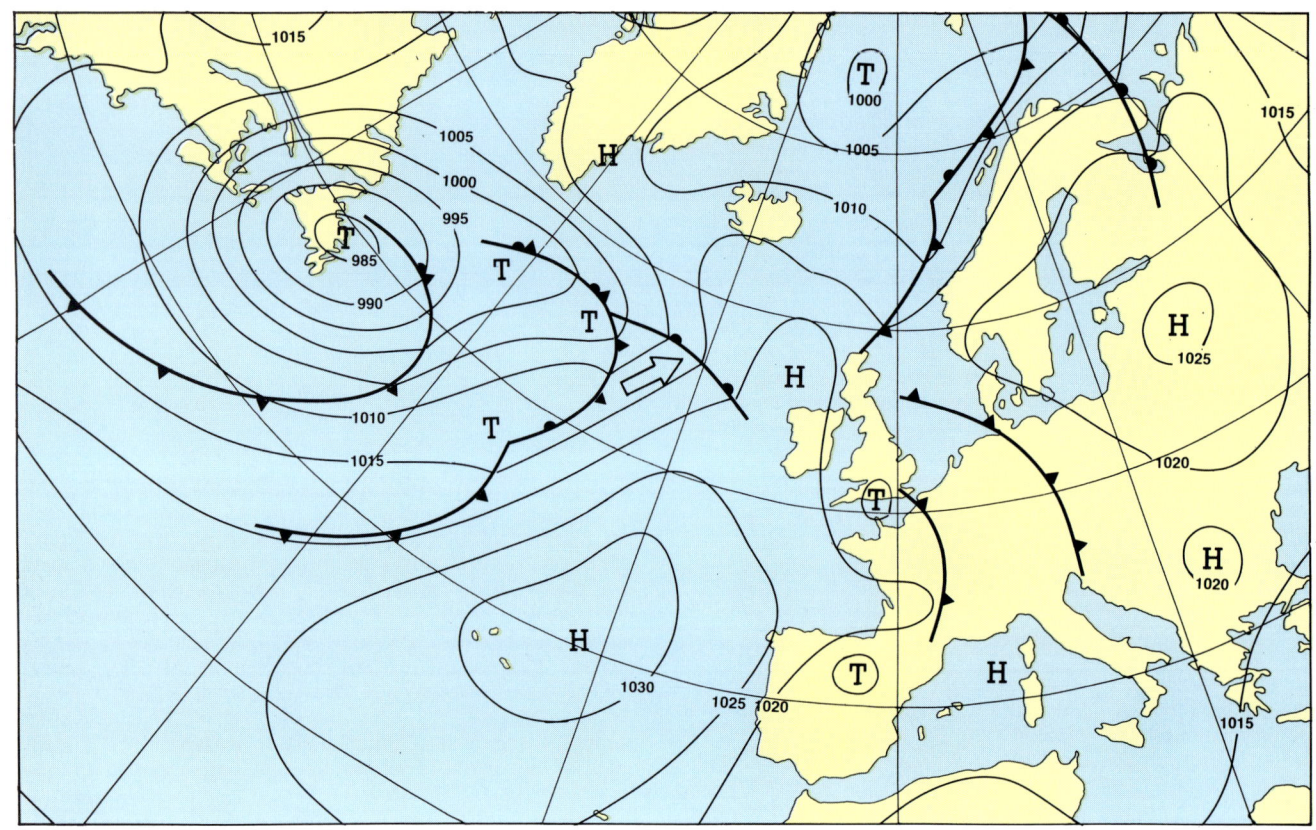

Abb. 11.7 Regel 4 und 7, 1. Tag

Regel 6
Mittlere Zuggeschwindigkeiten von Zyklonen:
jung: 25 – 30 kn (10 -12 Breitengrade pro Tag);
okkludiert: 10 -15 kn (4 – 6 Breitengrade pro Tag);
im Sommer allgemein 5 – 10 kn weniger;
in USA (im Winter) bis zu 30 kn;
in Westeuropa (im Winter) etwa 15 kn.

Regel 7
Eine festliegende Antizyklone wird von kleineren Zyklonen im
Uhrzeigersinn umkreist.

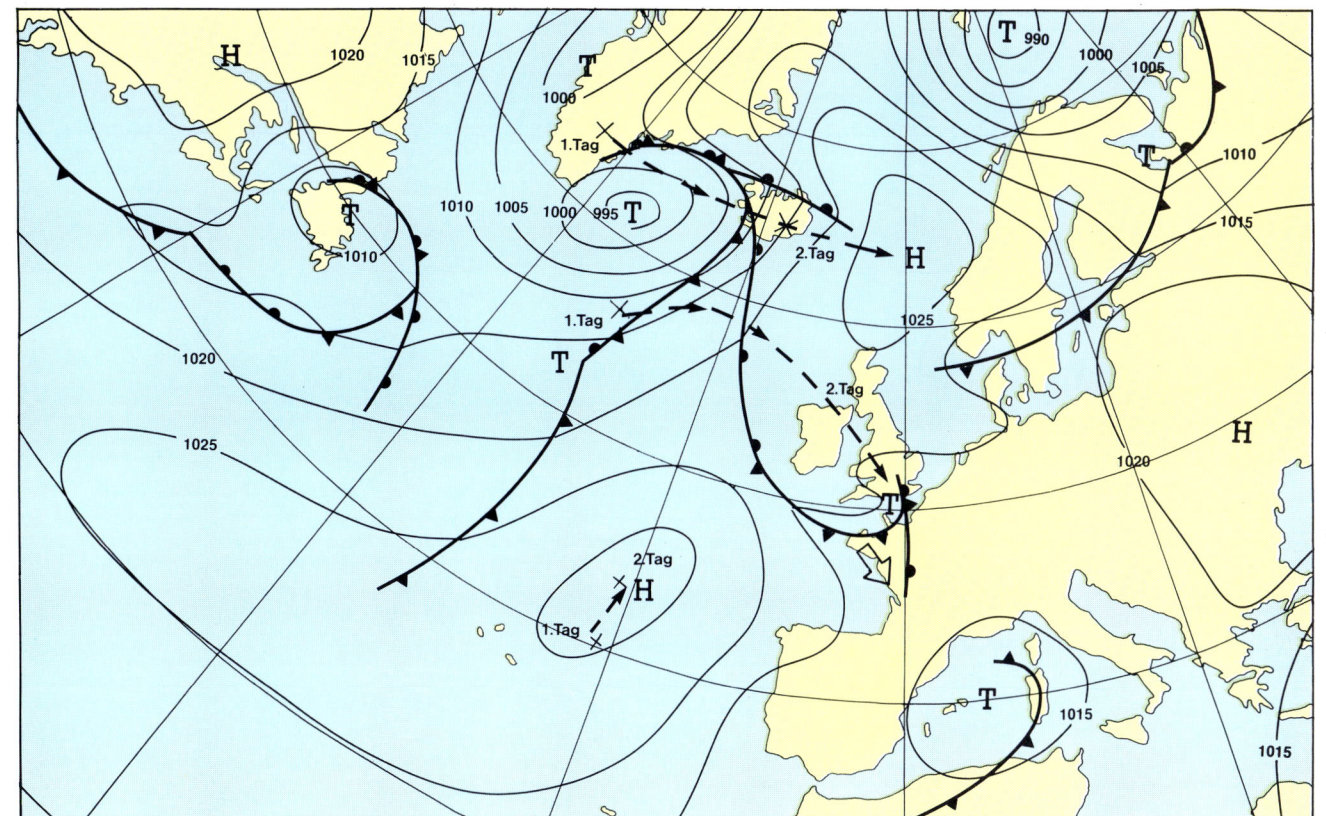

Abb. 11.8 Regel 4 und 7, 3. Tag

Abb. 11.7 und 11.8 zeigen Regel 4 und 7

Das kleine Teiltief auf 56 Grad N, 32 Grad W umkreist das nahezu festliegende Hoch bei den Azoren und erreicht zwei Tage später London. Nach der Warmsektorregel (Regel 1) hätte es zum Nordmeer ziehen müssen (Regel 7). Das kleine (»kalte« oder »thermische«) Hoch über Südgrönland wandert rasch ostwärts und erreicht am 3.Tag die Norwegische See (Regel 4).

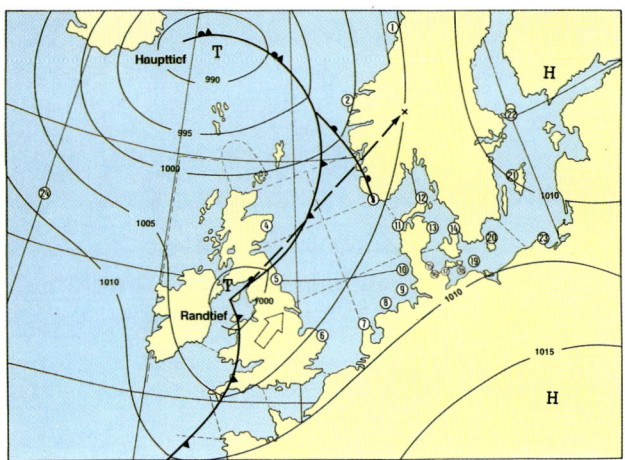

Abb. 11.9 Regel 8, Bewegung eines Randtiefs

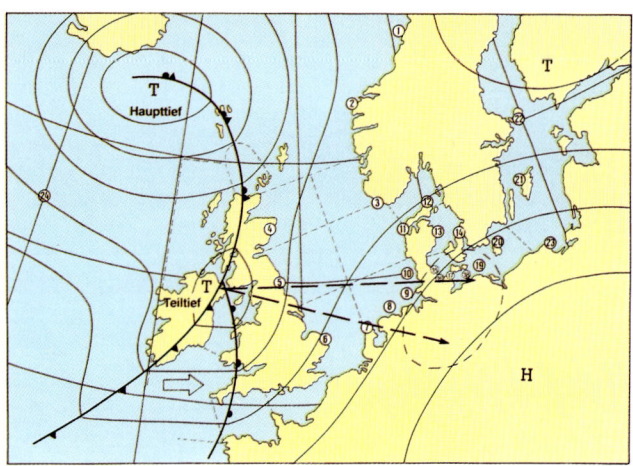

Abb. 11.10 Regel 9

Regel 8

Ein Randtief umkreist das Haupttief gegen den Uhrzeigersinn (Rodewald-Regel: ein Randtief »schwenkt« um das zugehörige Haupttief gerne so, daß das Zentrum des Randtiefs nach 24 Stunden etwa auf der tiefsten 5 hPa-Isobare liegt, die das Randtief mit dem Haupttief verbindet).

Regel 9:

Am Okklusionspunkt entstehende Teiltiefs schwenken nicht um das Haupttief, sondern bewegen sich nach der Warmsektorregel oder scheren sogar weiter nach rechts aus.

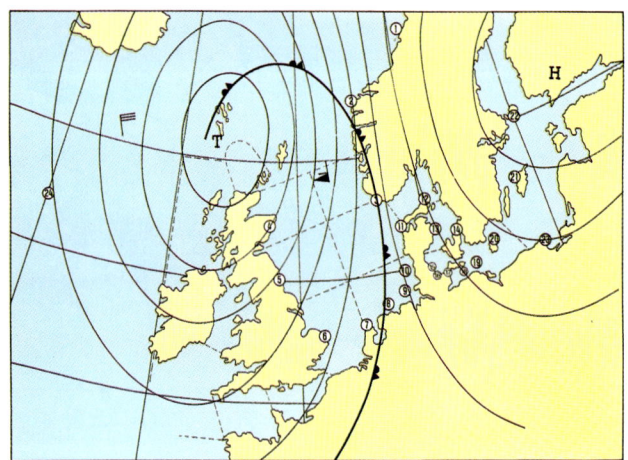

Abb. 11.11 Regel 10

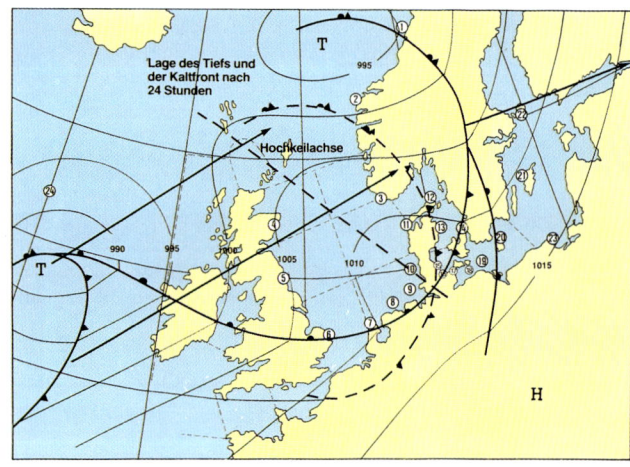

Abb. 11.12 Regel 11

Regel 10:

Eine Zyklone mit starkem Wind an der Vorderseite wird stationär und schwächt sich ab.

Regel 11:

Ein Tiefausläufer schreitet mit Vorliebe in 24 Stunden nach der Stätte des ihm vorangehenden Hochkeils und umgekehrt (Guilbert-Grossmann). Im Winter oft »halber Guilbert-Grossmann«. Nach Erfahrungen kommt der neue Tiefausläufer in 24 Stunden oft bis zur Mitte zwischen vorangehendem Tief und nachfolgendem Hochkeil voran.

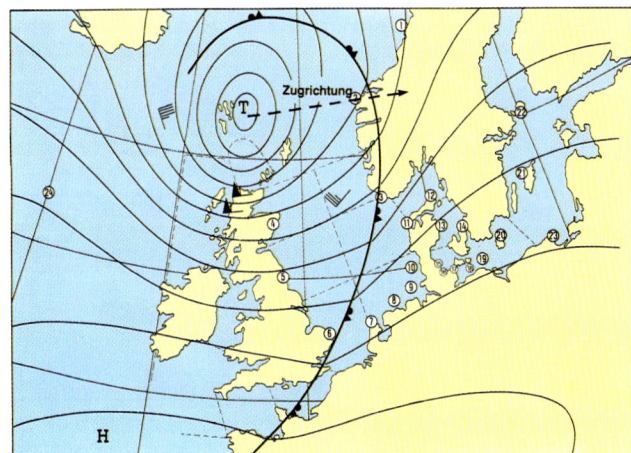

Abb. 11.13 Regel 13

Regel 12:
Druckgebilde mit sehr starker Isobarenkrümmung schreiten nur langsam fort oder bleiben stationär.

Regel 13:
Vollentwickelte Sturmtiefs bewegen sich häufig in Richtung der stärksten Winde.

Regel 14:
Größere festliegende Tiefs können lange lebensfähig bleiben, wenn sie an der Grenze zwischen kalter und warmer Unterlage liegen (z.B. an der Küste oder an der Eisgrenze).

11.2 Regeln über die Entwicklung von Luftdruckgebilden

Regel 15:
Zyklonen mit ausgeprägtem Warmsektor vertiefen sich und beschleunigen meist ihre Bewegung.

Regel 16:
Eine sich abschwächende Zyklone wird reaktiviert, wenn neue Kaltluft in ihre Rückseite gelangt oder neue Warmluft in ihre Vorderseite.

Regel 17: Eine Zyklone vertieft sich, wenn die Labilität ihrer Luftmasse zunimmt, so im Sommer beim Übertritt vom Meer aufs Land und im Winter umgekehrt.

Regel 18:
Ziehen sich die Isobaren einer okkludierten Zyklone in die Länge, so spaltet sich häufig ein Teiltief ab, das in Richtung der Längsachse weiterzieht.

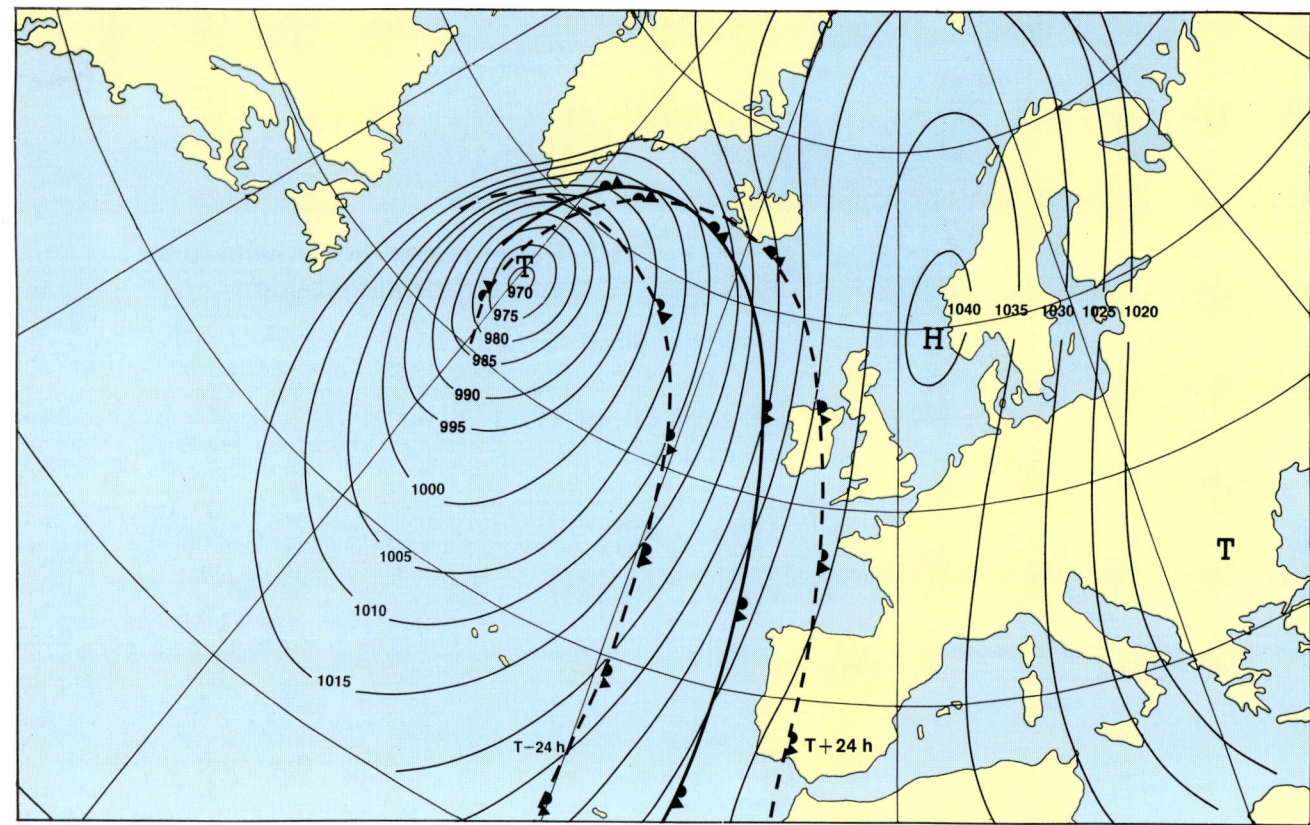

Abb. 11.14 Regel 21

11.3 Regeln über die Bewegung von Fronten

Regel 19:
Eine Front bewegt sich umso rascher, je mehr Isobaren sie schneidet.

Regel 20:
Eine Front bewegt sich umso rascher, je größer der Luftdruckfall an ihrer Vorderseite (bei der Warmfront) oder der Luftdruckanstieg an ihrer Rückseite (bei einer Kaltfront) ist.

Regel 21:
Nähert sich eine Front einem stationären Hochdruckgebiet, so verlangsamt sie sich in ihrer Bewegung.

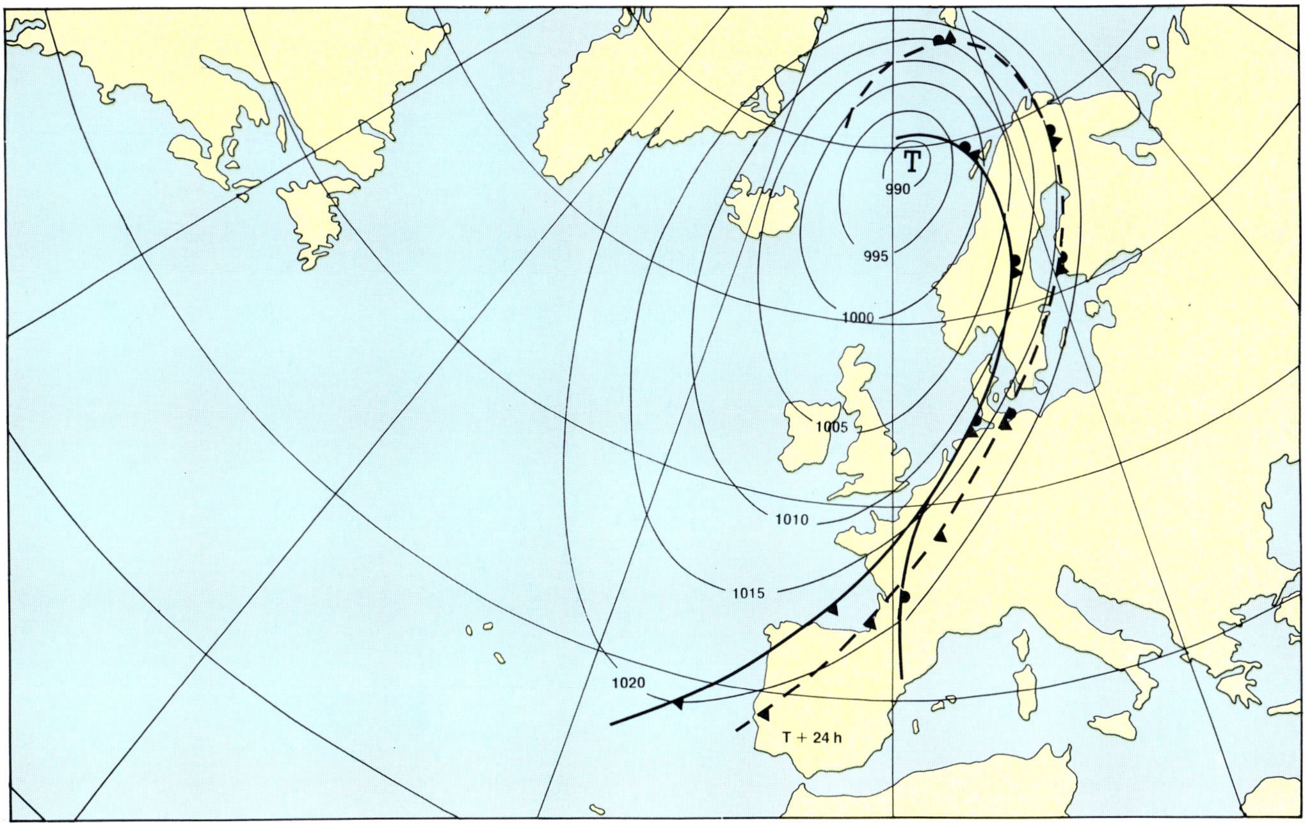

![Wetterkarte mit Isobaren und Fronten über dem Nordatlantik und Europa, Beschriftung T 990, 995, 1000, 1005, 1010, 1015, 1020 und T + 24 h]

Abb. 11.15 Regel 22

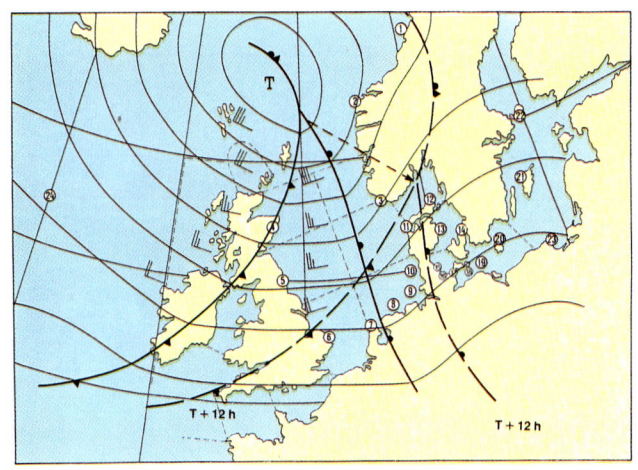

Abb. 11.16 Regel 23

Regel 22:
Isobarenparallele Fronten sind stationär oder verlagern sich nur sehr langsam.

Regel 23:
Fronten verlagern sich in Richtung des Windes, und zwar Kaltfronten und Okklusionen fast mit der Geschwindigkeit des Bodenwindes hinter ihnen, Warmfronten etwas langsamer.

241

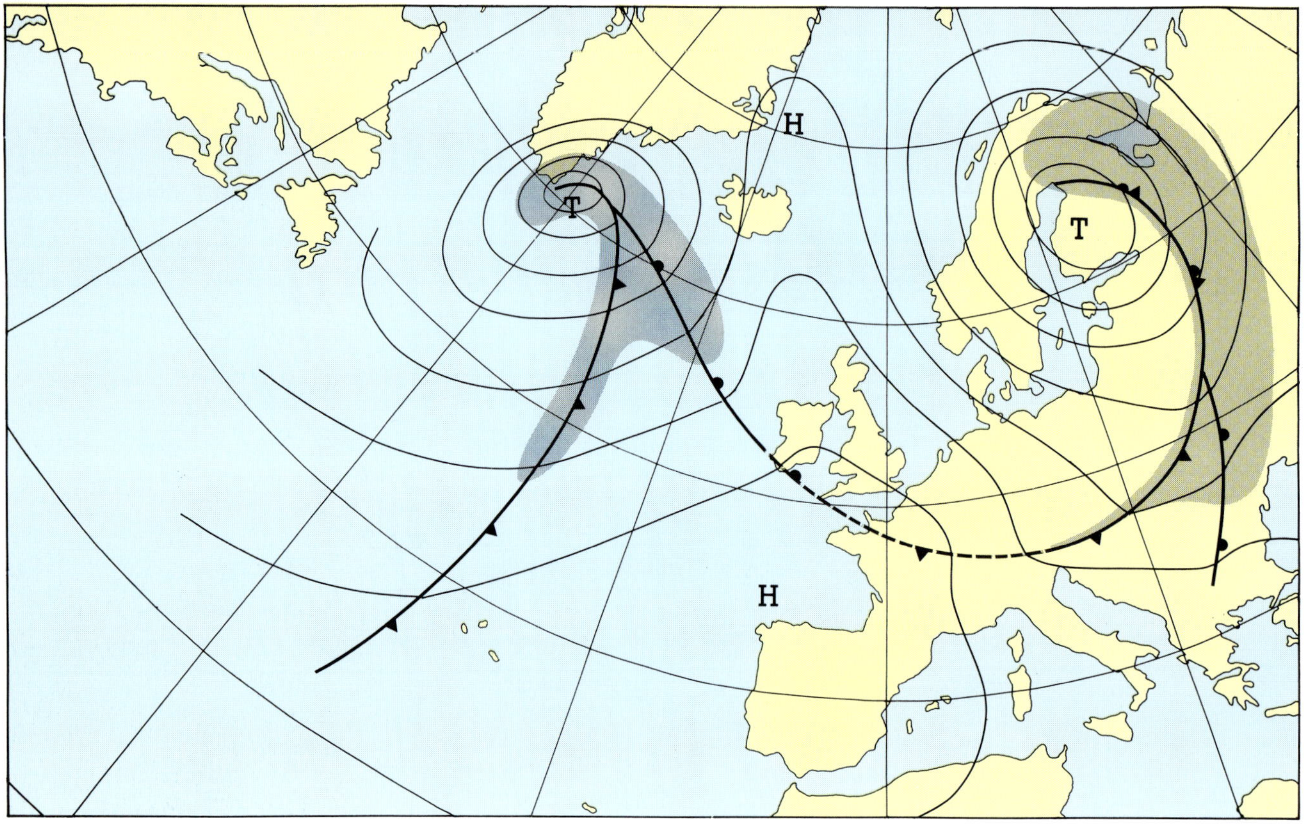

Abb. 11.17 Regel 24

11.4 Regeln über die Entwicklung von Fronten

Regel 24:
Fronten lösen sich in antizyklonalen Gebieten auf.
Regel 25:
Nähert sich ein Trog einer Front, intensiviert sie sich.

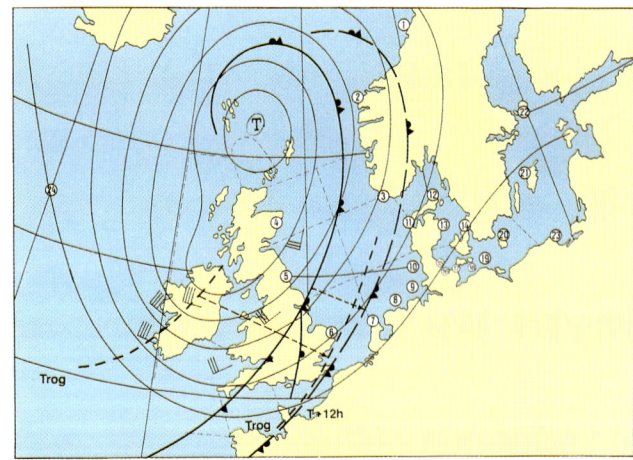

Abb. 11.18 Regel 25

Postfrontale Aufheiterung nach Kaltfrontpassage, Cumuli und Cumulonimbus mit Schauern im Hintergrund.

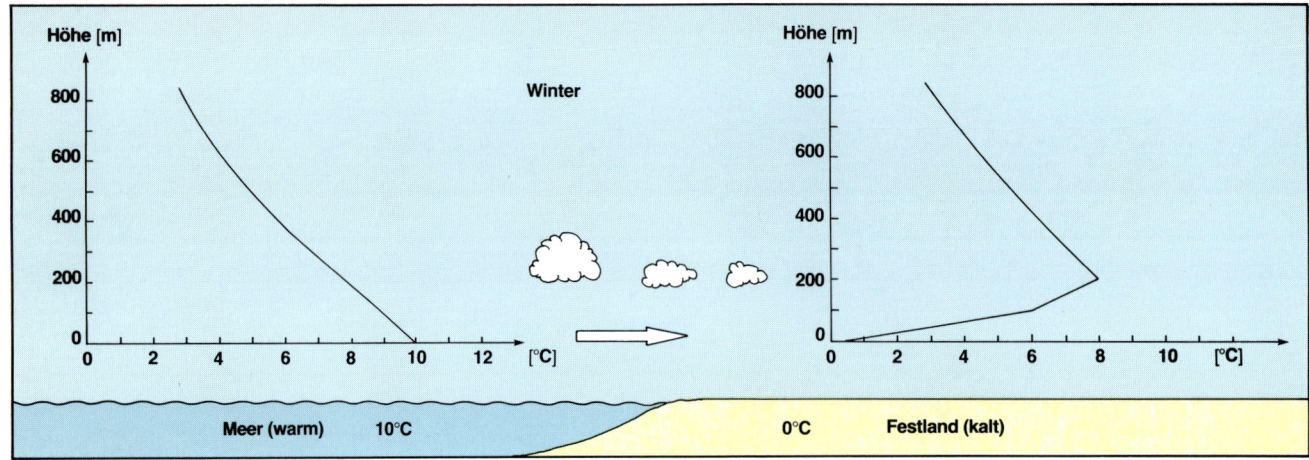

Abb. 11.19 Regel 26

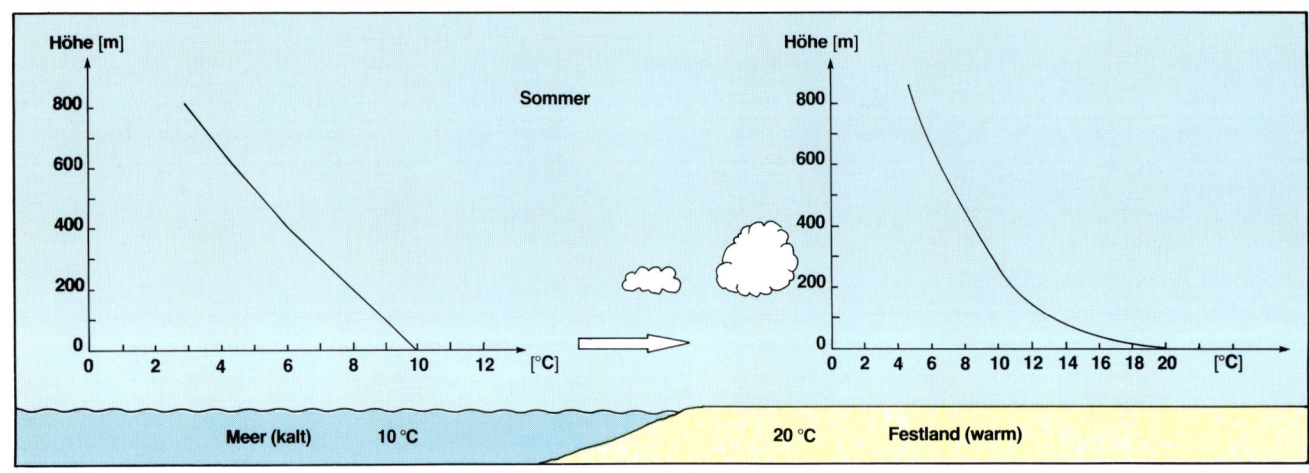

Abb. 11.20 Regel 27

11.5 Regeln über Luftmasseneigenschaften

Regel 26:
Bewegt sich eine Luftmasse über eine kältere Unterlage, nimmt die Stabilität ihrer Schichtung zu (z.B. vom warmen Meer auf das kalte Festland, vorzugsweise im Winter).

Regel 27:
Bewegt sich eine Luftmasse über eine wärmere Unterlage, so nimmt die Stabilität ihrer Schichtung ab (z.B. vom kalten Meer auf das warme Festland, vorzugsweise im Sommer).

Regel 28:
Tiefblaue Himmelsfarbe zeigt meist reine Kaltluft an. Hellblaue Färbung des Himmels deutet auf eine tropische Luftmasse hin.

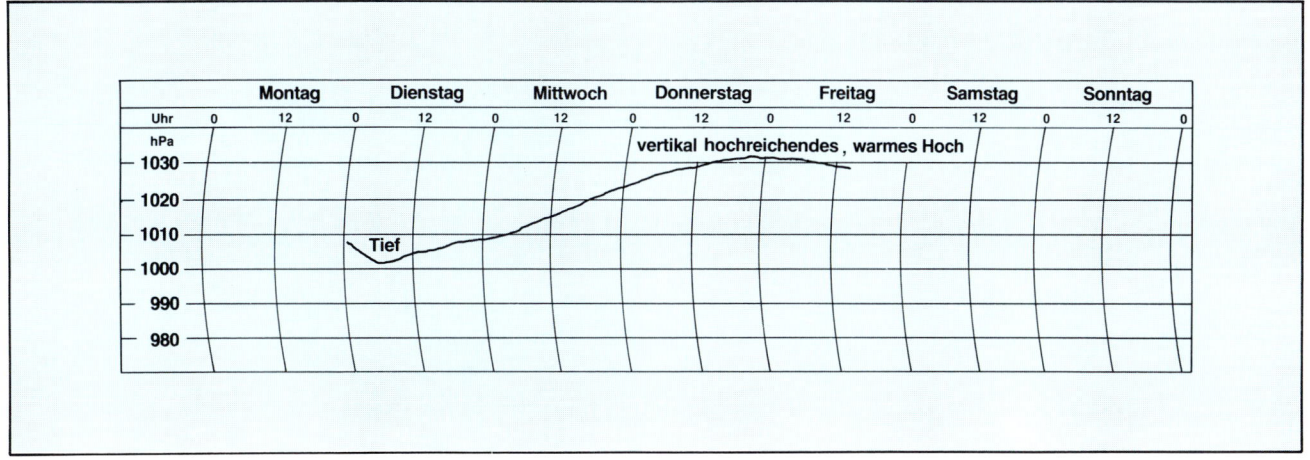

Abb. 11.21 Regel 30

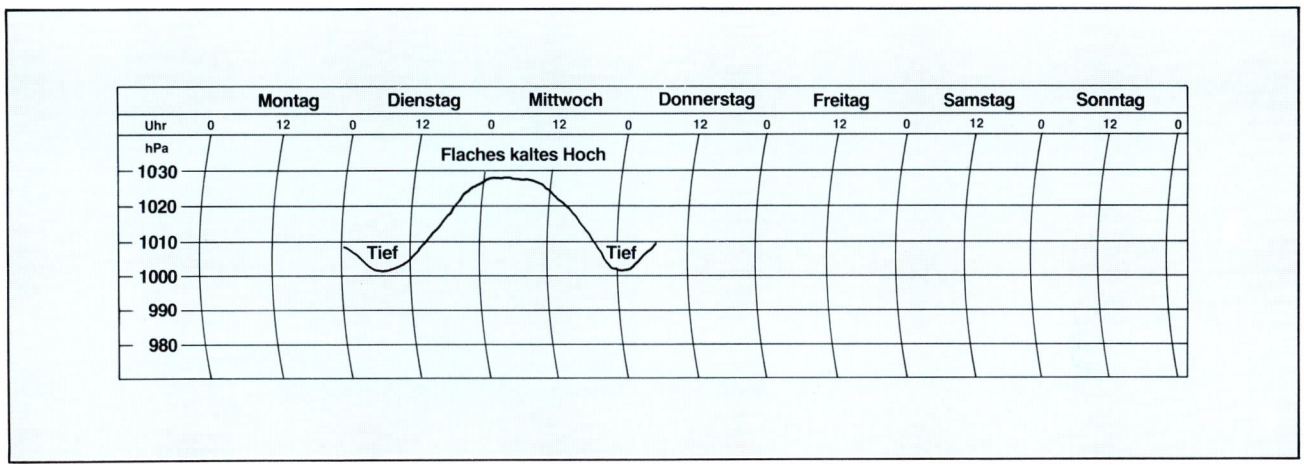

Abb. 11.22 Regel 31

11.6 Luftdruckregeln

Regel 29:
Gleichbleibender Luftdruck deutet auf beständiges Wetter hin.
Regel 30:
Langsamer und gleichmäßiger Luftdruckanstieg bedeutet
meist nachhaltige Wetterbesserung.
Regel 31:
Schneller Druckanstieg läßt meist nur eine vorübergehende
Besserung erwarten.
Regel 32:
Druckänderungen von mehr als 4 hPa in 3 Stunden können
Windzunahme auf Stärke 6 – 8 Bft zur Folge haben.
Regel 33:
Druckänderungen von mehr als 10 hPa in 3 Stunden bedeuten
meist zweistellige Windstärken.

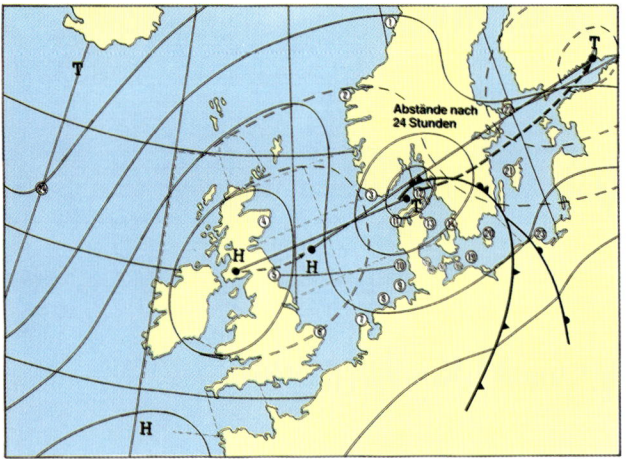

Abb. 11.23 Regel 37

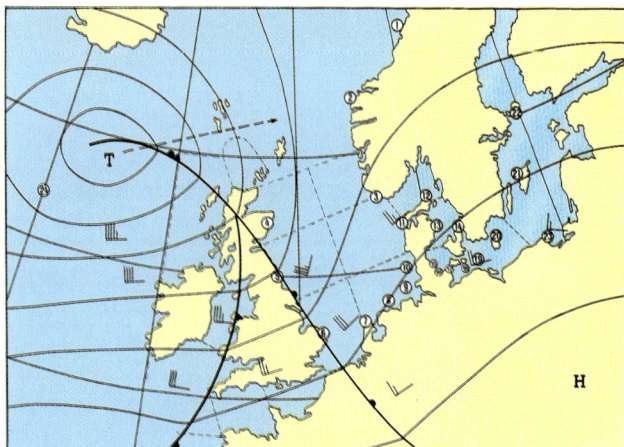

Abb. 11.24 Regel 38

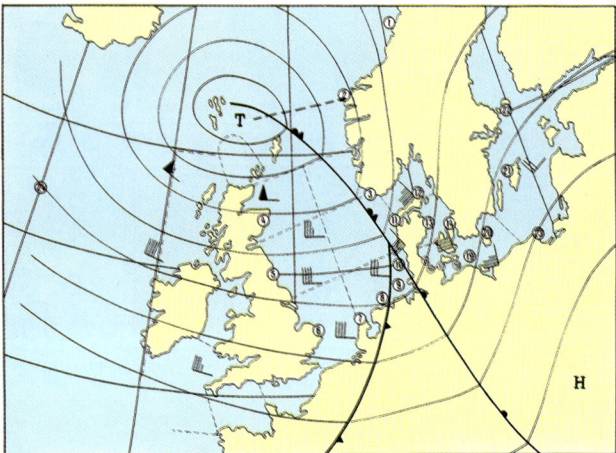

Abb. 11.25 Regel 38

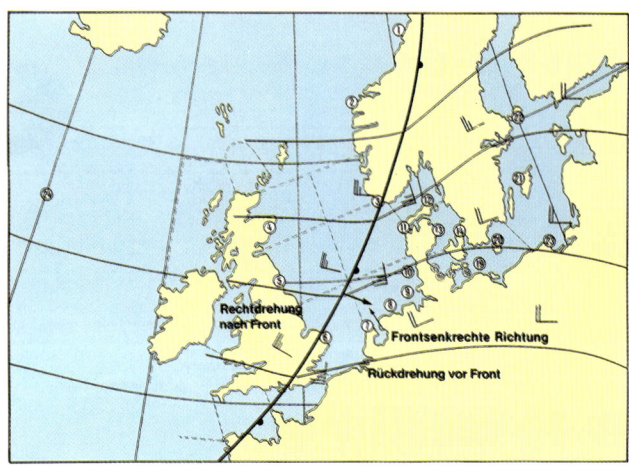

Abb. 11.26 Regel 40

11.7 Regeln über den Wind

Regel 34:
Ändert sich die schon längere Zeit beständige Richtung des
Windes, so deutet dieses auf Wetteränderung hin.

Regel 35:
Land- und Seewind sind Anzeichen auf beständiges Wetter.

Regel 36:
Weder Druckfall noch Druckanstieg an einem einzelnen Ort
deuten auf Windzunahme oder -abnahme hin. Es kommt vielmehr auf die Änderung des Luftdruckgefälles an: Verstärkung
eines Tiefs und/oder Verstärkung eines Hochs bringen Windzunahme. Abschwächung eines Tiefs und/oder Abschwächung eines Hochs bringen Windabnahme.

Regel 37:
Vergrößert sich der Abstand zwischen einem Tief und einem
Hoch, so nimmt der Wind dazwischen ab (Beispiel: beständi-

ges Hoch Britische Inseln, Tief Skagerrak, ostziehend: der
Nord- bis Nordwestwind dazwischen nimmt ab).

Regel 38:
Verringert sich der Abstand zwischen Hoch und Tief, so nimmt
der Wind dazwischen zu (Beispiel: beständiges Hoch Rußland,
Sturmtief Westeuropa, langsam ostziehend: Verstärkung des
Süd- bis Südostwindes über Mitteleuropa).

Regel 39:
Bei Nordweststarkwind- oder -sturmlagen steht der Nordwest
in der Nordsee länger, während er im Ostseeraum (unterstützt
durch größere Reibung) schneller abflaut.

Regel 40:
Dreht der Wind bei Annäherung einer Warmfront oder Okklusion nicht rück, so nähert sich eine »schleifende« oder isobarenparallele Front.

Typische Aufzugsbewölkung: Altostratus translucidus (siehe Anhang, Abb. 13) mit einigen Altocumuli und Cumuli.

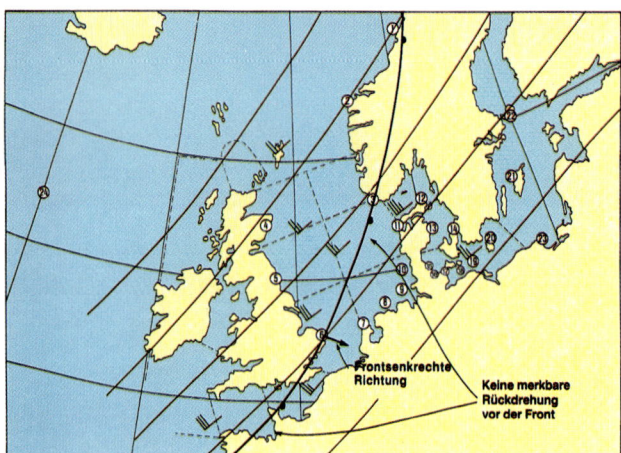

Abb. 11.27 Regel 41

11.8 Regeln über Bewölkungsänderungen

Regel 41:
Bei Fehlen des Tagesganges der Bewölkung über Land, etwa Abnahme der Cumuli am Nachmittag oder Wolkenaufzug gegen Abend, ist Wetteränderung bzw. Fortdauer des schon veränderlichen Wetters zu erwarten.

Regel 42:
Schneller Bewölkungsaufzug aus einer Richtung, die stark von der Bodenwindrichtung abweicht, führt zu Wetterverschlechterung (»Querwindregel«, Kap.5.4).

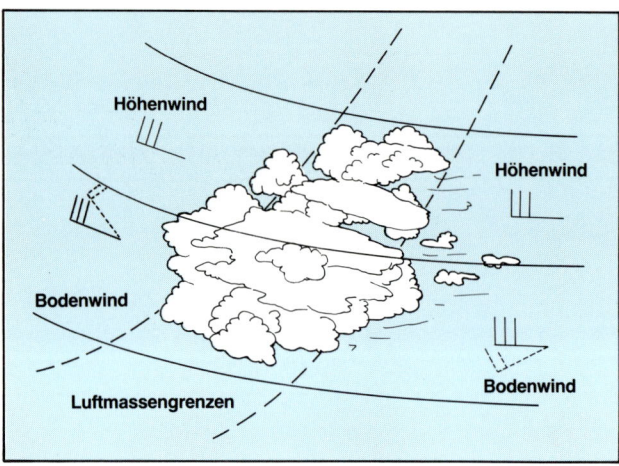

Abb. 11.28 Regel 42

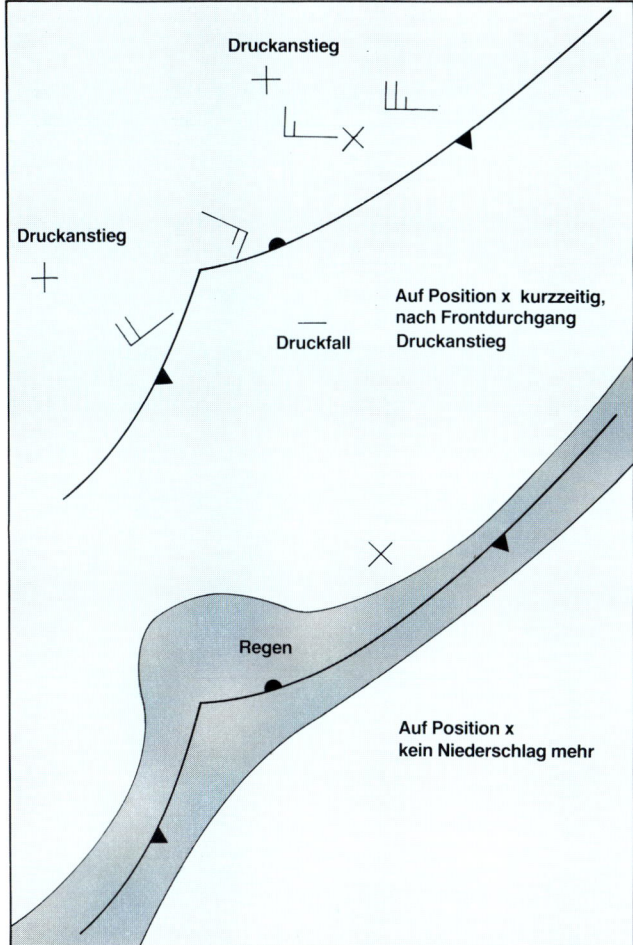

Abb. 11.29a Regel 45

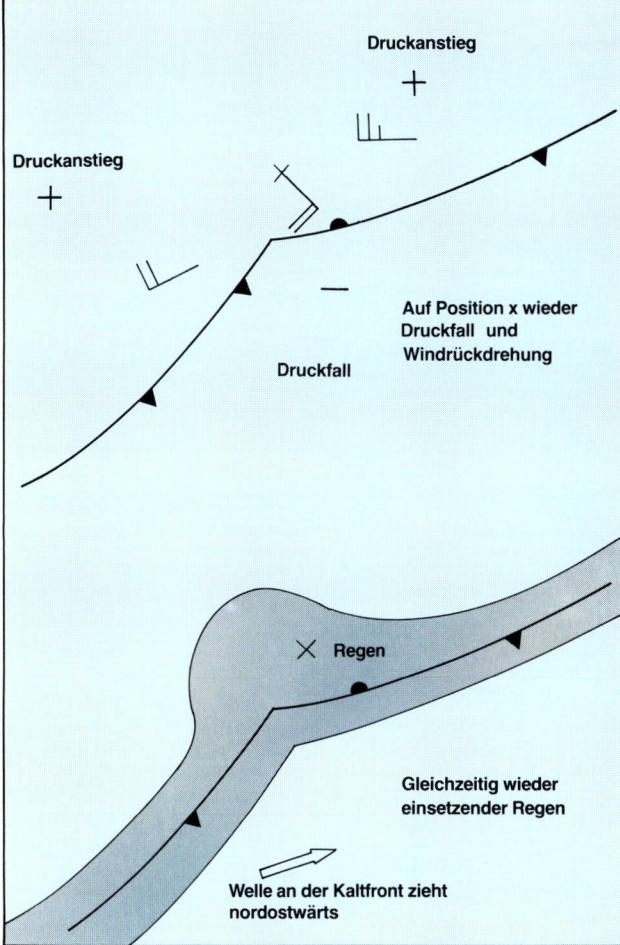

Abb. 11.29b Regel 45

Regel 43:
Schneller Wolkenaufzug mit sinkender Wolkenuntergrenze, fallendem Luftdruck und rückdrehenden, auffrischenden Winden deutet auf eine sich nähernde Warmfront hin.

Regel 44:
Ac cast oder Ac floc am Morgen kündigen meist eine Gewitterfront für die zweite Tageshälfte an.

Regel 45:
Neuerlicher Regen oder andauernder Regen mit wieder einsetzendem Druckfall nach Passage einer Kaltfront erster Art (postfrontale Niederschläge) deuten auf Wellenbildung an dieser Kaltfront hin.

12 Anwendung von Prognoseregeln auf konkrete Wetterlagen

Die im Kapitel 11 aufgelisteten »Wetterregeln« sind z.T. empririscher Natur, z.T. auch theoretischen Ursprungs, aber sie haben sich bewährt.

In einigen Regeln spiegelt sich die synoptische Erfahrung wider, wenn auch im Zeitalter numerischer Vorhersagemethoden solche Prognosehilfen immer mehr in den Hintergrund geraten. Für den Segelsportler sind sie aber gerade deswegen von Interesse, weil diese Regeln auf die mit einfachen Mitteln erstellten Bordwetterkarten angewendet werden können. Die folgenden vier Beispiele sind reine »Bordwetterkarten«, die

während eines Segeltörns in der Deutschen Bucht im Juli 1988 jeweils um 01.05 Uhr, am 30.07. auch um 06.40 Uhr, angefertigt wurden.

27.07.1988

Das kräftige Tief südöstlich von Island wird als festliegend angenommen und kann als steuerndes Tief betrachtet werden. Kaltfront und Trog sind bereits weit östlich der Deutschen Bucht und daher von geringerem Interesse.

Wichtig ist das neue Randtief 1009 hPa bei 50 Grad N, 14 Grad

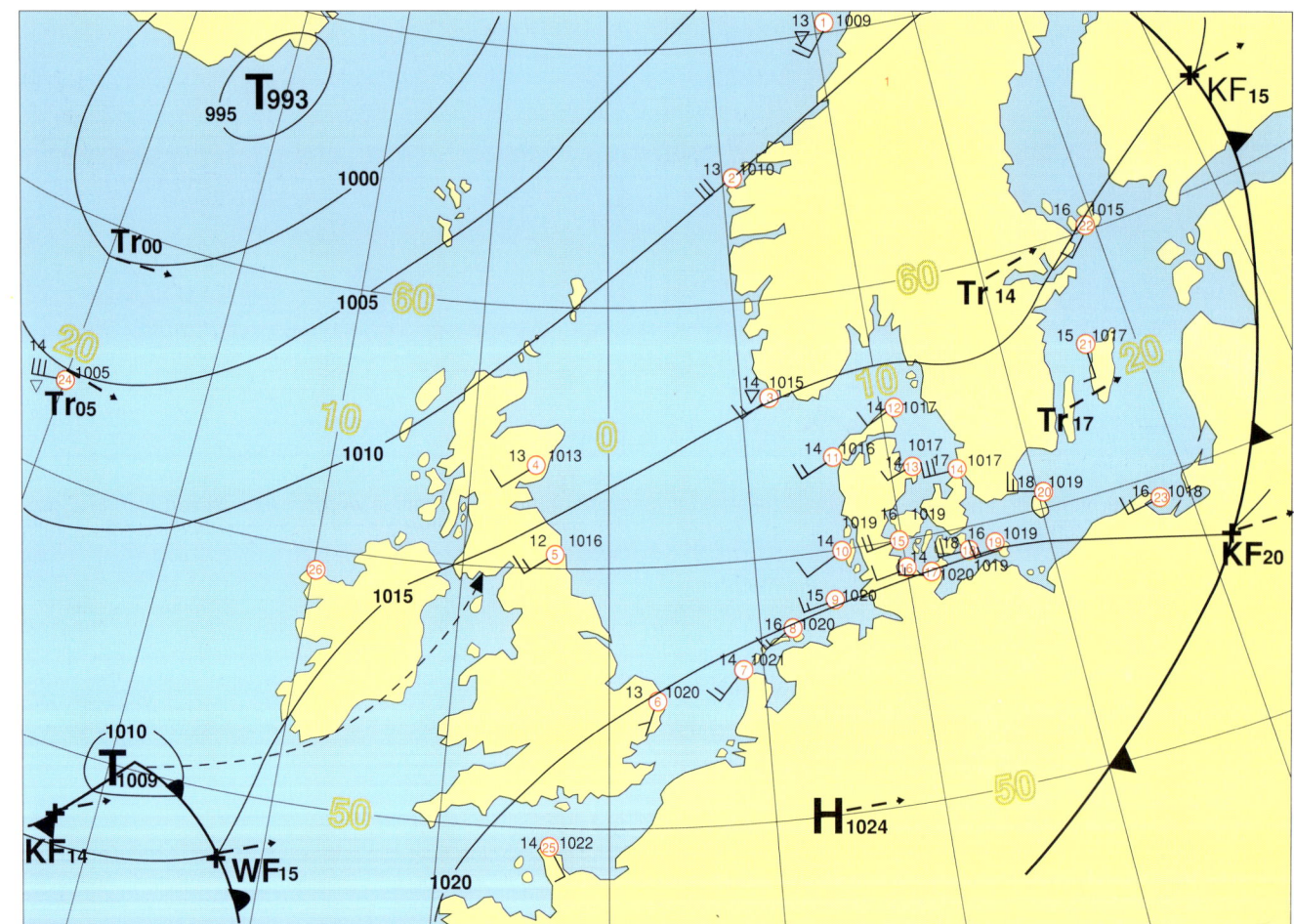

Abb. 12.1 Wetterlage vom 27.07.1988, 18/21 UTC

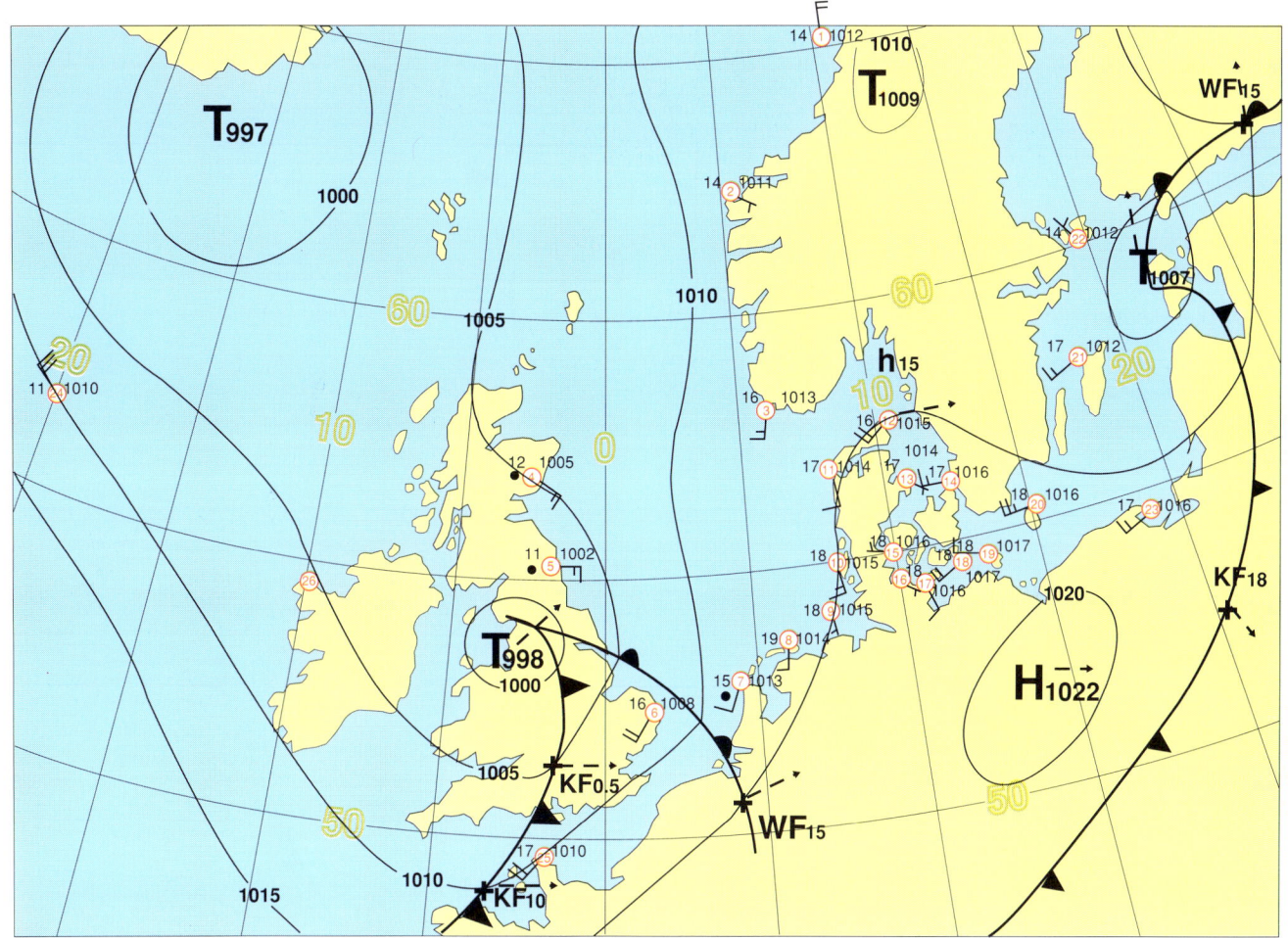

Abb. 12.2 Wetterlage vom 28.07.1988, 18/21 UTC

W, das sich weiter vertiefen und ostnordostwärts ziehen soll. Wir haben hier also die Druckverteilung »steuerndes Zentraltief/Randtief« vorliegen. Die Bewegung von Randtiefs wird durch die Rodewald-Regel recht gut beschrieben: »*Ein Randtief schwenkt um das zugehörige Haupttief gern so, daß das Zentrum des Randtiefs nach 24 Stunden etwa auf der tiefsten 5-hPa-Isobare liegt, die das Randtief mit dem Haupttief verbindet*«. Im vorliegenden Fall ist die 1015 hPa-Isobare die tiefste, die Rand- und Haupttief verbindet, d.h. irgendwo »*stromabwärts*« wird nach 24 Stunden der Kern des Randtiefs liegen. Die mittlere Zuggeschwindigkeit junger Zyklonen liegt zwischen 25 und 30 Knoten; das entspricht 10 bis 12 Breitengraden pro Tag. Im Sommer ist sie allerdings häufig 5 bis 10 Knoten geringer (auch eine Regel!), also kann sie im vorliegenden Beispiel mit etwa 20 Knoten – entsprechend 7 Breitengrade pro Tag – angesetzt werden. Steckt man diese Entfernung vom Zentrum des Randtiefs nordostwärts auf der 1015 hPa-Isobare ab, so liegt das Randtief mit Kern am 28.07. um 18 Uhr UTC im Raum Südschottland. Eine so hohe Zuggeschwin-

digkeit kann angenommen werden, da *sich vertiefende Zyklonen allgemein rascher ziehen als sich auffüllende* (ebenfalls eine Regel!).
Über den nach 24 Stunden zu erwartenden Kerndruck gibt es keine allgemeinen Regeln. Nimmt man eine mittlere Falltendenz von 1 hPa/h über 24 Stunden an (was allerdings für sommerliche Verhältnisse sehr viel ist), müßte der Kerndruck um mehr als 20 hPa auf 985 hPa fallen!. Da das Haupttief selbst im Kern 993 hPa mißt, würde eine solche Entwicklung eine markante Umstellung des Druckfeldes in der Nordsee bedeuten. Im Winterhalbjahr sind derart kurzfristige Entwicklungen häufig, im Sommer selten.

28.07.1988
Nach 24 Stunden liegt das ehemalige Randtief mit Kerndruck 998 hPa über dem nördlichen Mittelengland und damit ca. 1 Breitengrad südlicher als prognostiziert. Die Vertiefung betrug 11 hPa innerhalb von 24 Stunden, war also nicht allzu intensiv. Zum beherrschenden Druckgebilde hat sich das Tief

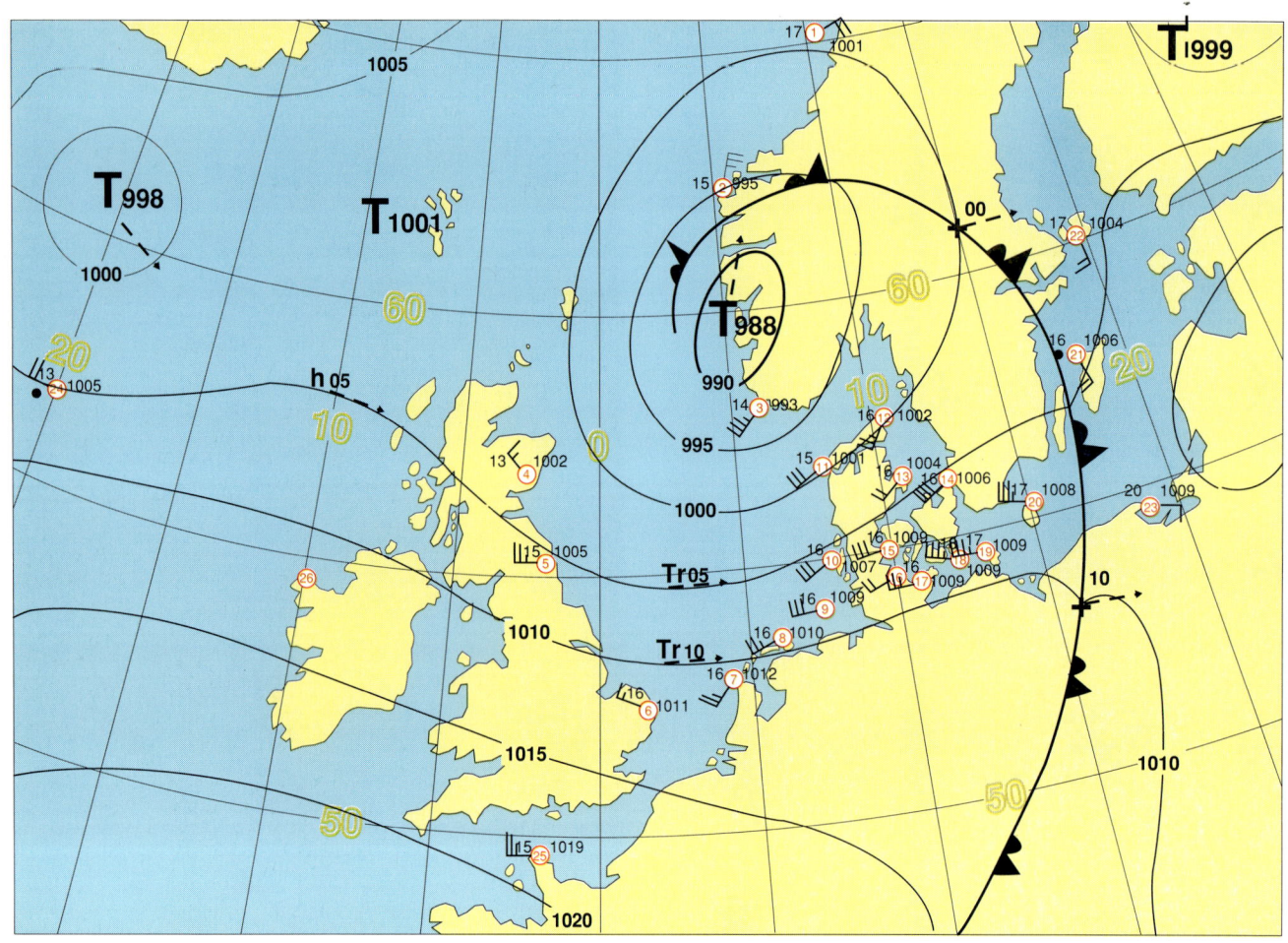

Abb. 12.3 Wetterlage vom 29.07.1988, 18/21 UTC

zwar noch nicht entwickelt, doch hat es noch einen markanten Warmsektor. Eine Regel besagt, daß sich Tiefs mit ausgeprägtem Warmsektor vertiefen. Das Haupttief südöstlich von Island hat nahezu den gleichen Kerndruck. Daher sind in der Analyse zwei abgeschlossene 1000 hPa-Isobaren eingetragen.

Nach welchen Regeln ist die weitere Entwicklung des neu entstandenen Tiefs zu beurteilen? Auffallend bei diesem Tief ist die kräftige Warmsektorströmung. Eine weitere Regel besagt, daß sich Tiefs in Richtung der Isobaren ihrer Warmsektorströmung bewegen. Danach müßte es zur Westküste Südnorwegens ziehen. Bei weiterer Vertiefung jedoch, die aufgrund des Warmsektors wahrscheinlich ist, »drehen« Zyklonen (hier im Beispiel: nach Norden hin) ein. Auffallend bei diesem Tief ist der auf der Nordwestseite (kalte Seite) noch relativ schwache Luftdruckgradient. Über Zyklonen mit rundherum starkem Druckgradienten besagen die Regeln, daß sie nur noch langsam ziehen; so wird sich die Zuggeschwindigkeit »unseres« Tiefs zunächst noch kaum verringern. Faßt man die Regeln zusammen, so ergibt sich für das Tief eine anfänglich nordöstli-

che, später mehr nördliche Zugrichtung und eine Strecke von weiterhin ca. 7 Breitengraden. Das Tief kann also nach 24 Stunden bei Utsira-Nord erwartet werden.

Über der nördlichen Ostsee befindet sich ein weiteres Tief mit breitem Warmsektor. Es zieht gemäß des Isobarenverlaufs im Warmsektor nach Norden und wird sich dabei vertiefen.

29.07.1988

Die Lage des jetzt zum steuernden Zentrum werdenden Tiefs vor Südwestnorwegen wurde gut prognostiziert. Es hat sich zum beherrschenden Druckgebilde entwickelt, während das ehemalige Haupttief nur noch als relatives Druckminimum knapp westlich der Faröer zu finden ist. Bei einem in den vergangenen 24 Stunden um weitere 10 hPa gesunkenen Kerndruck ist der Druckgradient schließlich so stark geworden, daß im Einflußbereich des Tiefs der Wind auf Sturmstärke zunahm.

Welche Prognose kann nun aufgestellt werden? 988 hPa ist bereits ein relativ niedriger Luftdruck für Juli, so daß eine wei-

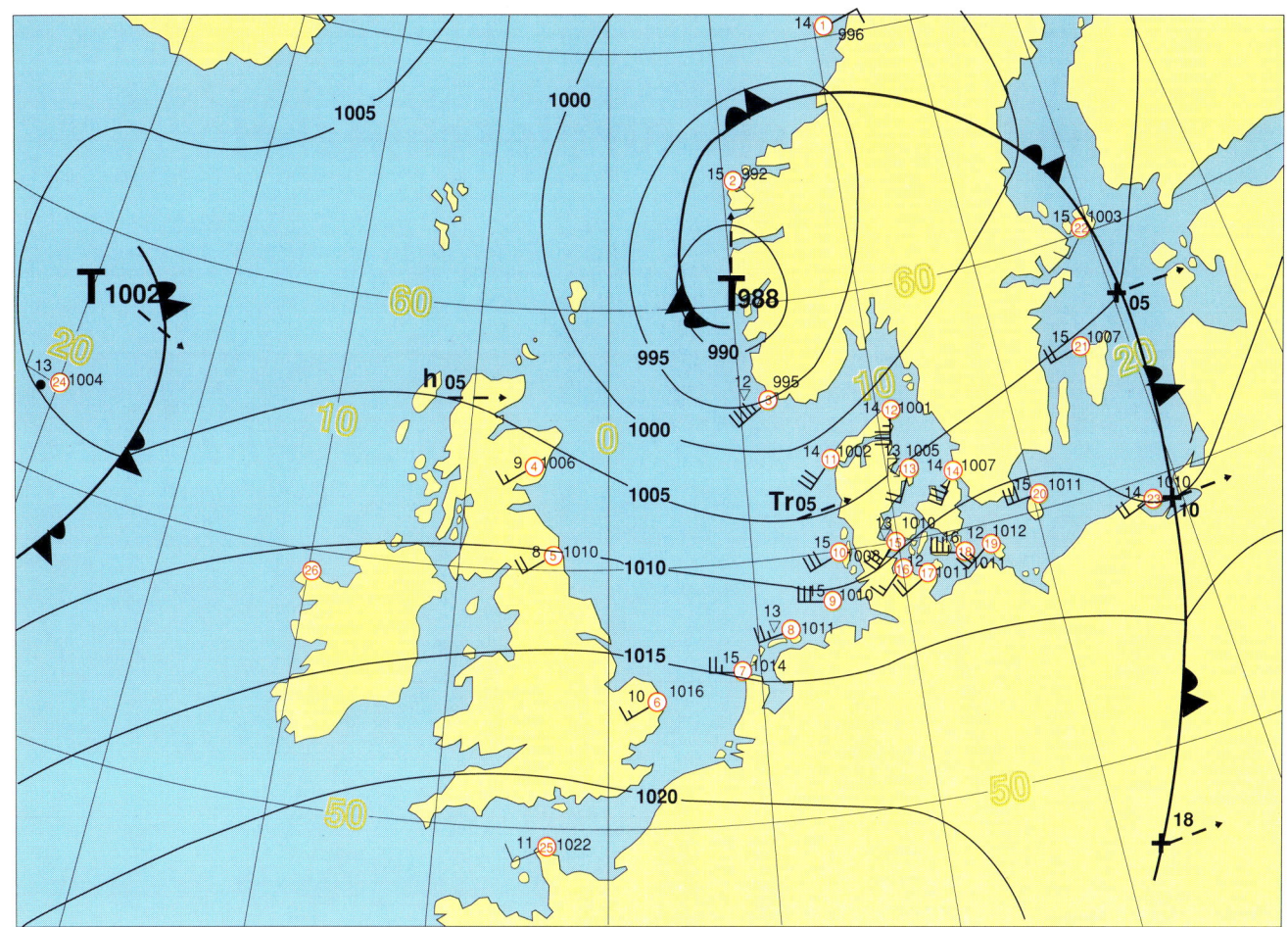

Abb. 12.4 Wetterlage vom 30.07.1988, 00/03 UTC

tere Vertiefung nur noch wenig wahrscheinlich ist. Auffallend bei diesem Tief ist der jetzt rundherum ausgeprägte Druckgradient. Über solche Zyklonen besagen die Regeln, daß sie *nur noch langsam ziehen*. Eine weitere Regel besagt, daß sich *alternde Sturmtiefs häufig in Richtung der Isobaren des Sturmgebietes bewegen*. Faßt man die Regeln zusammen, ergeben sich für das Tief eine nordöstliche bis nördliche Zugrichtung und eine erheblich langsamere Zuggeschwindigkeit von *höchstens 4 Breitengraden pro Tag*. Der sich über der südwestlichen Nordsee bildende Trog ist ein weiteres Zeichen für ein ausgereiftes Tief; *Tröge schwenken stets um den Tiefkern in zyklonaler Richtung*. Somit wird auch der genannte Trog die Seegebiete der östlichen Nordsee und zumindest die Westteile der Ostsee mit Sturmböen beeinflussen.

30.07.1988

Die Nacht vom 29.07 zum 30.07. verlief, wie prognostiziert, stürmisch. Im Bereich des die Deutsche Bucht überquerenden Troges traten Gewitter auf. Das Sturmtief hat sich innerhalb der vergangenen 6 Stunden nicht mehr vertieft und damit den Höhepunkt seiner Entwicklung erreicht. Auch die Zuggeschwindigkeit lag mit ca. 1 Breitengrad/6 Stunden im erwarteten Rahmen. Der Zwischenhochkeil über den Hebriden schwenkt ostwärts und wird nur vorübergehend Wetterberuhigung bringen, denn das Tief südlich von Island folgt bereits nach: die Westwinddrift bleibt erhalten.

Für viele Leser mag verwunderlich sein, daß mit verhältnismäßig einfachen Wetterregeln recht gute Prognoseergebnisse erzielt wurden, zumindest, was die Lage von Tiefdruckgebieten nach 24 Stunden betrifft. Hierzu ist zu bemerken: die meisten dieser Regeln sind bei Wetterlagen mit gut ausgeprägter Tiefdrucktätigkeit – eben in intensiver Westwinddrift – entwickelt worden und sollten auch nur bei derartigen Lagen angewendet werden. Sommerliche Schwachwindlagen mit geringen Druckgegensätzen in unseren Breiten eignen sich nicht für solche Betrachtungen.

13 Faksimileprogramm für die Schiffahrt

Seit vielen Jahren strahlt auch der Deutsche Wetterdienst (DWD) ein **Faksimile-Programm** über verschiedene Sender aus.

Für die Berufsschiffahrt wurde der Kurzwellensender in Pinneberg eingerichtet. Ein vollständiges Verzeichnis der *Sendepläne* mit Angaben über die technischen Daten der Ausstrah-

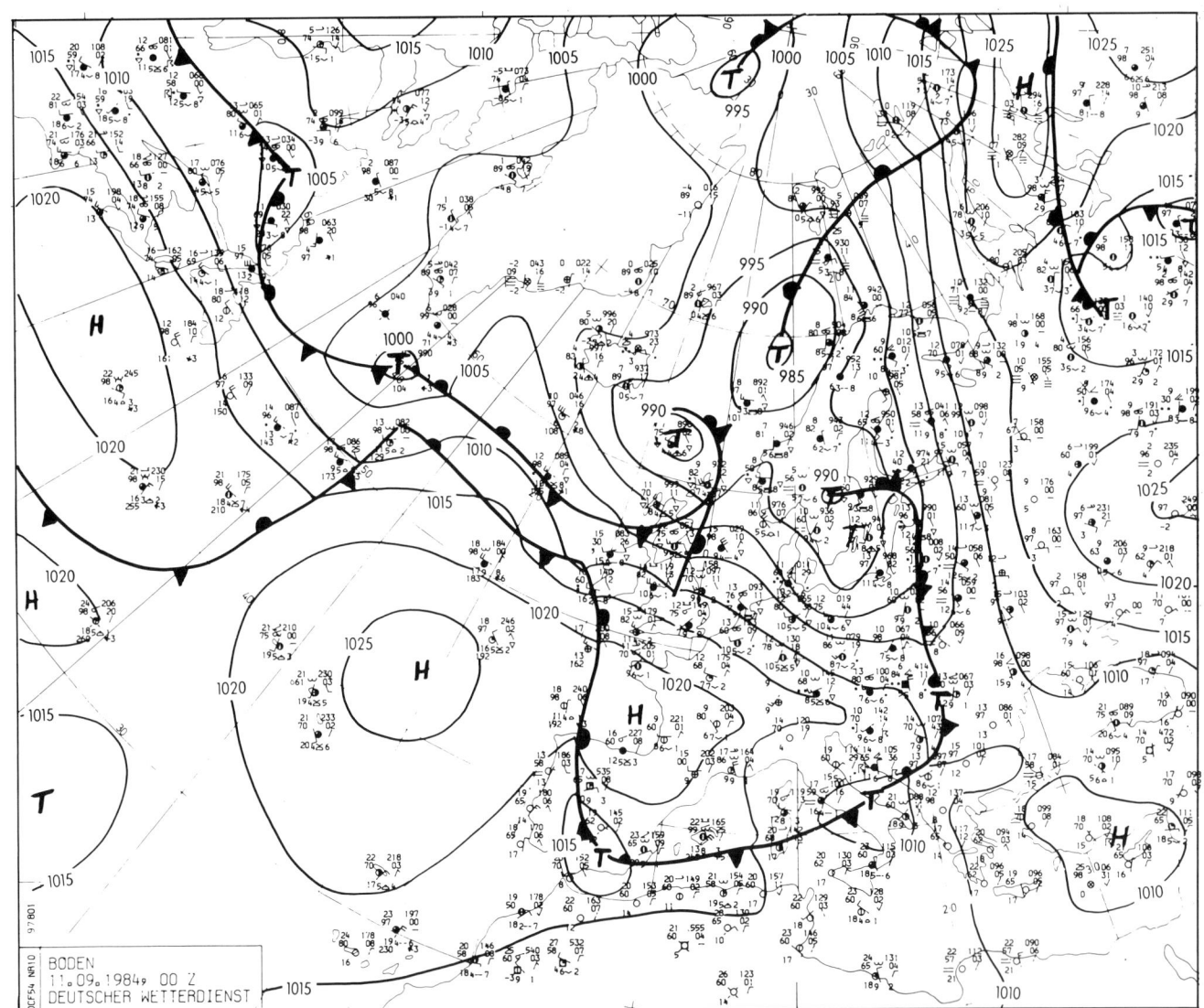

Abb. 13.1 Bodenwetterkarte

254

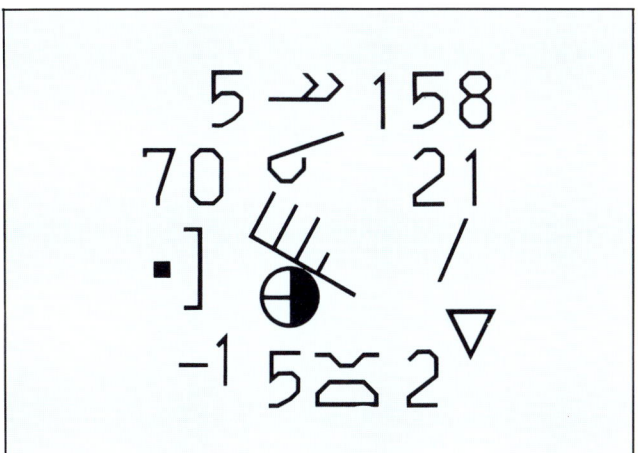

Abb. 13.2 Vollständiges Stationsmodell für maschinell eingetragene Bodenwetterkarte

lung (Frequenzen, Zeiten, Sendeleistung u.a.) ist im *Nautischen Funkdienst Bd. III* des Deutschen Hydrographischen Instituts veröffentlicht und wird jährlich ergänzt bzw. aktualisiert. Da die Industrie gerade für Sportbootfahrer handliche Kleinfaxgeräte anbietet, sind die Faksimile-Ausstrahlungen auch für die Sportschiffahrt interessant geworden. Daher soll in diesem Kapitel das See-Fax-Programm des Deutschen Wetterdienstes (DDK/DDH) vorgestellt werden.

Das Kartenprogramm ist weitgehend dem auf Langwelle (132,4 kHz) ausgestrahlten Arbeitsprogramm des DWD entnommen. Zusätzlich werden Seegangs-, Wassertemperatur- und Eiskarten gesendet.

Das Programm kann auf den Frequenzen *3.885 kHz, 7.880 kHz* und *13.882,5 kHz* empfangen werden. Alle Karten mit meteorologischem Inhalt weisen eine **stereographische Projektion** in 60° N auf.

Die in Abb. 13.1 dargestellte *Bodendruckanalyse* in Meeresniveau enthält auch vollständige *Stationseintragungen.* Der Inhalt geht über das in Kap. 8 besprochene Stationsmodell hinaus, da außer Luftdruck, Wind, Temperatur und Wetter noch Sicht, Wolkenarten und -höhe sowie Taupunkt, Luftdrucktendenz und andere für die synoptische Arbeit wichtige Parameter dargestellt werden. Abb. 13.2 zeigt ein solches vollständiges Stationsmodell einer Landstation.

Von allen *synoptischen Hauptterminen* wird eine Bodendruckanalyse mit Stationseintragungen ausgestrahlt. Das Druckfeld ist manuell analysiert; der Frontenverlauf wird nicht nur anhand der Stationswerte festgelegt, sondern mit der Voranalyse sowie mit Satellitenbildinformationen und aerologischen Meßdaten abgestimmt.

Neben der Bodendruckanalyse wird auch eine Analyse der *500-hPa-Fläche* mit Stationseintragungen ausgestrahlt (Abb. 13.3). Auf die Bedeutung der Strömung im 500-hPa-Niveau für die atmosphärische Dynamik wurde in den Kap. 3 und 5 eingegangen. Im Vergleich zur Bodendruckanalyse sind die Datenlücken über dem Ozean noch größer, und über den Kontinenten ist die Stationsdichte geringer. Daher nutzt man Satellitendaten, aus denen *Temperatur, Geopotentialwert und Wind* berechnet werden können.

Von besonderer Bedeutung für den Nutzer sind die *Vorhersagekarten.* Sie werden mit Hilfe aufwendiger numerischer Vorhersagemodelle auf der Grundlage mathematisch-physikalischer Gleichungssysteme erstellt und manuell überarbeitet. Die Abb. 13.4 zeigt eine **24-stündige Bodenvorhersage**. Im gleichen Format werden auch Bodenvorhersagekarten für die Zieltermine T+48 Std. und T+72 Std. ausgestrahlt. Wegen der komplexen Wechselwirkungsprozesse in der Atmosphäre, können anfänglich kleine Analyse-Fehler zu Prognose-Fehlern führen, die sich mit zunehmender Vorhersagezeit vergrößern. Dennoch ist die Trefferquote in den letzten Jahren durch verbesserte Vorhersagemodelle und schnellere Rechner deutlich gesteigert worden.

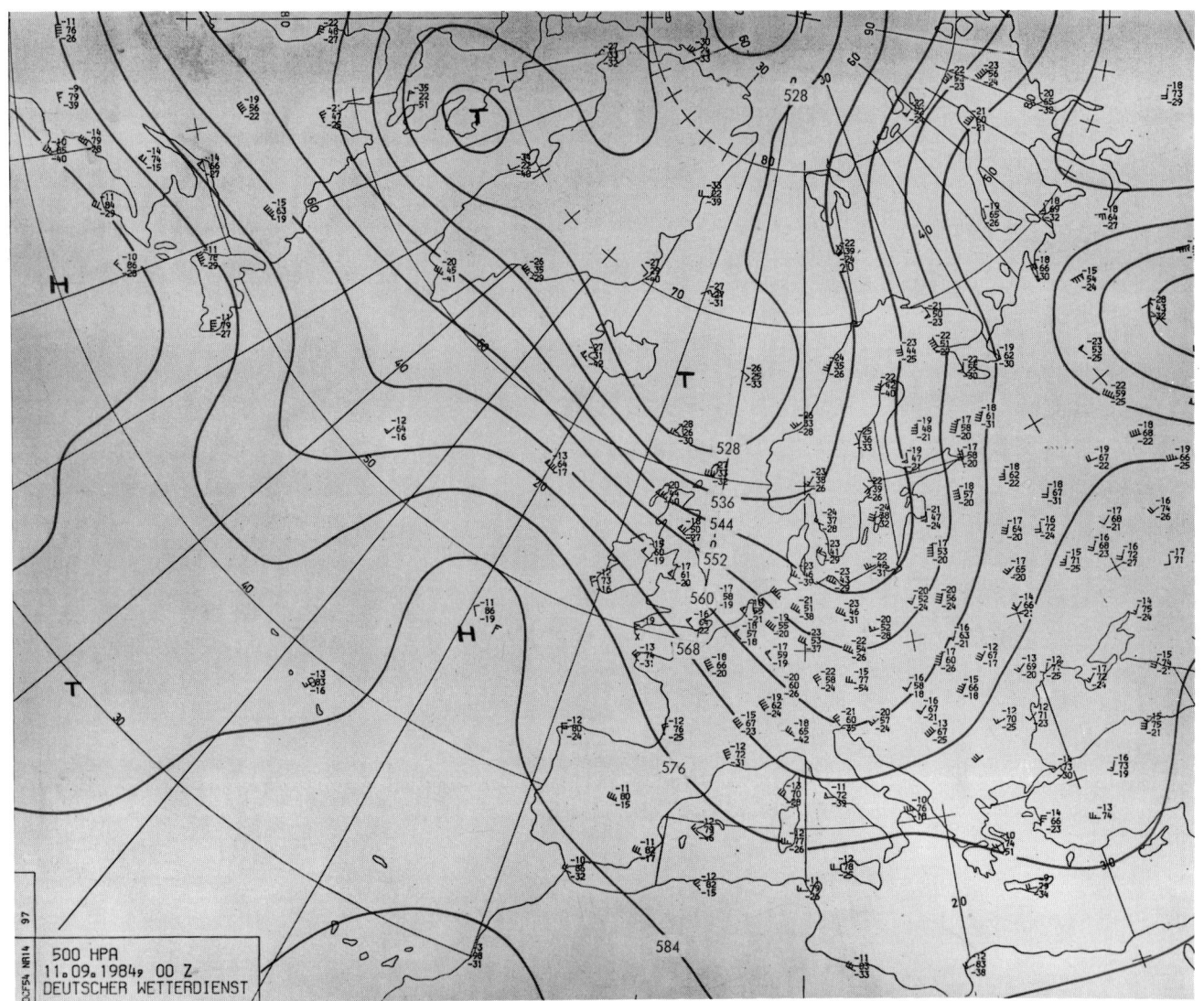

Abb. 13.3 Analyse der 500-hPa-Fläche

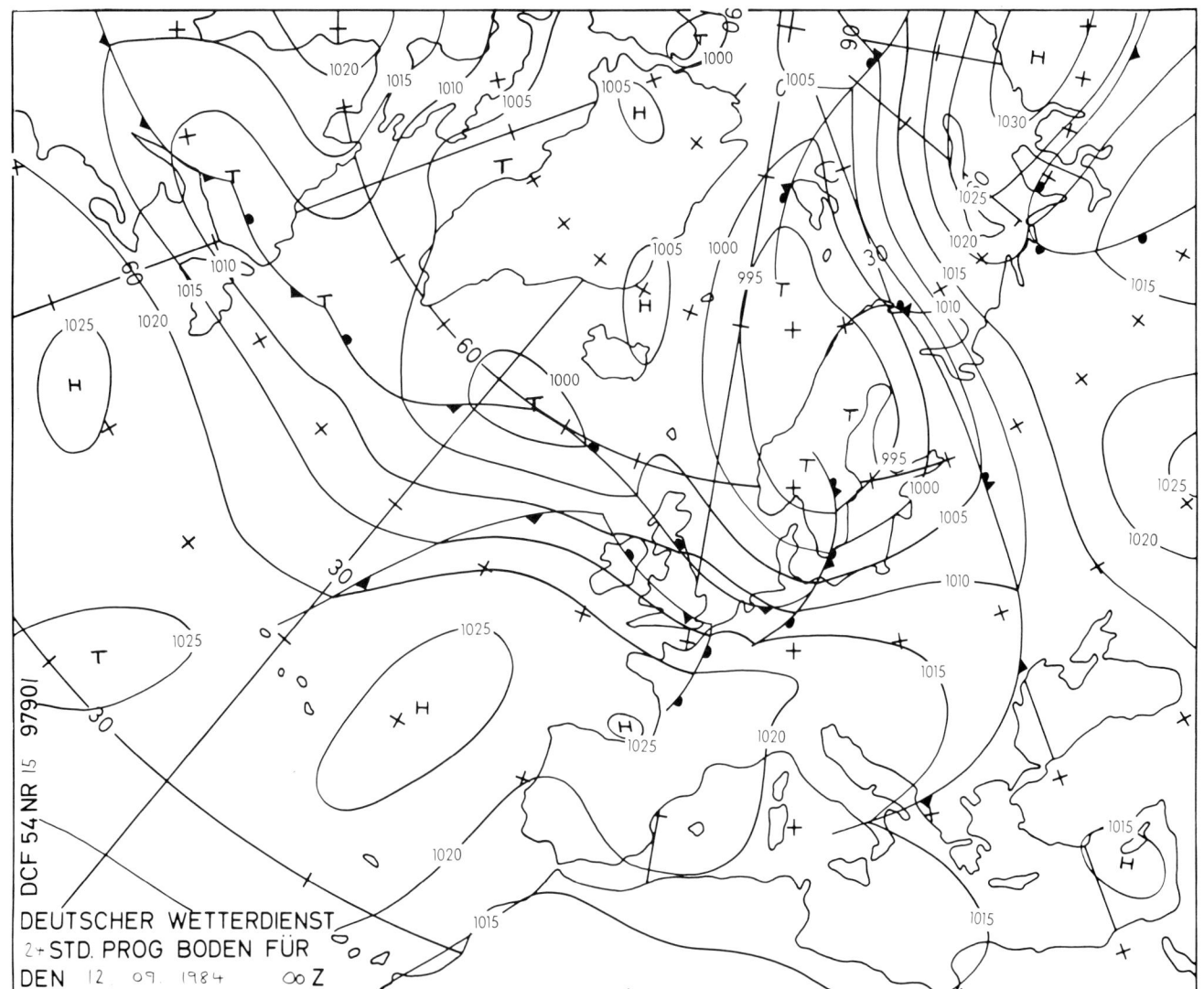

Abb. 13.4 Bodendruckvorhersage für T+24 Std.

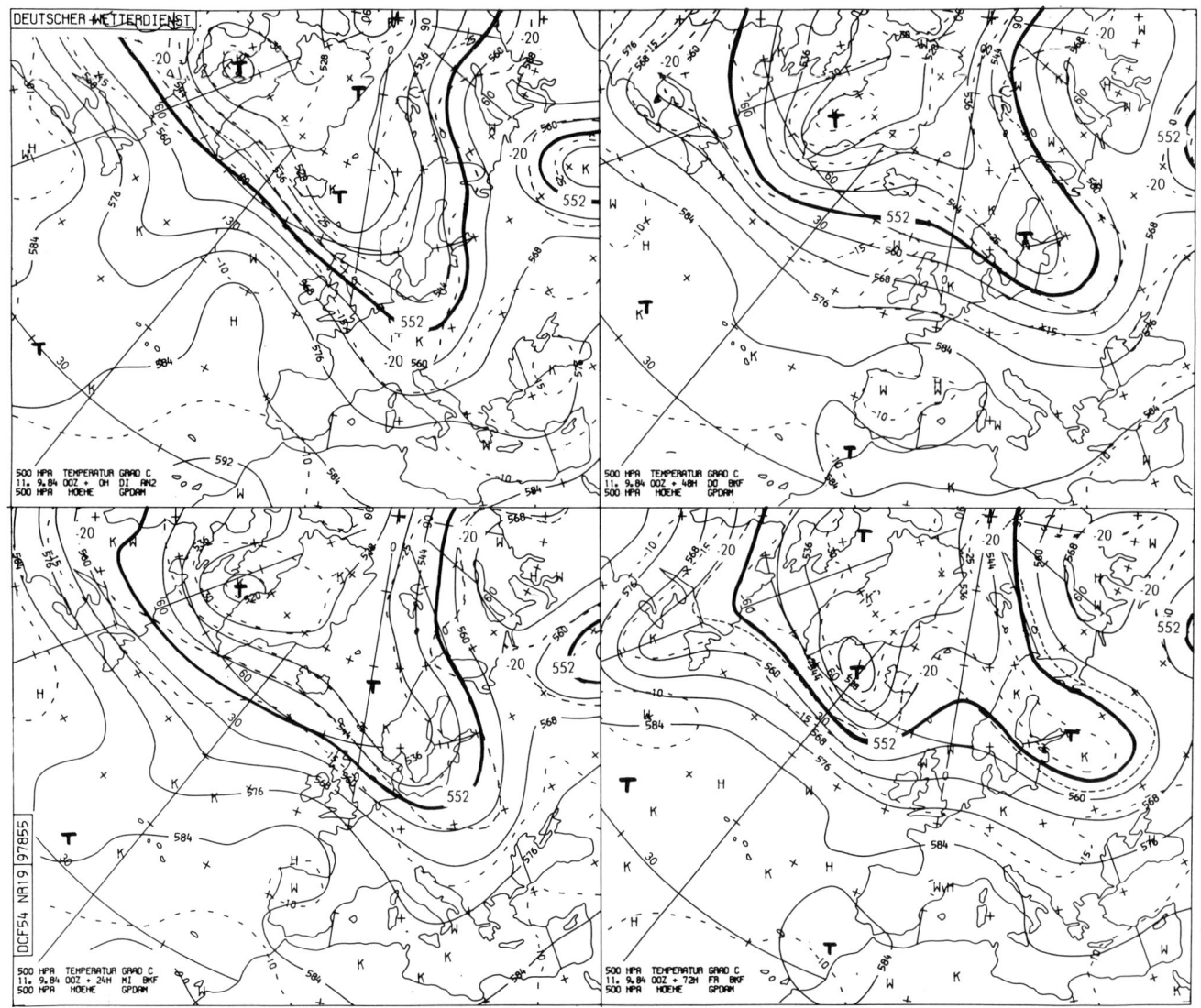

Abb. 13.5 Analyse der 500-hPa-Fläche und Vorhersage für T+24 Std., T+48 Std., T+72 Std.

Die Veröffentlichung von **500-hPa-Vorhersagekarten** im Seefax-Programm (Abb. 13.5) ist besonders für die Versorgung der **Bordwetterwarten** gedacht. Hier werden Meteorologen des Seewetteramtes eingesetzt, um für die Fischerei und für Forschungs-Expeditionen Vorhersagen zu erstellen. Wie bereits dargestellt, hat die 500-hPa-Fläche eine Steuerungsfunktion für die Entwicklung und Verlagerung von Hoch- und Tiefdruckgebieten. Ihre Struktur wird von den Vorhersagemodellen wesentlich besser simuliert als das Bodendruckfeld, da Rei-

bungseinflüsse und andere Wechselwirkungen mit der bodennahen Schicht fehlen.

Wie die Vorhersagekarten für das 500-hPa-Niveau sind auch **weiterführende Prognosekarten** (Abb. 13.6) reine Maschinenprodukte. Neben den Prognosen für das Bodendruckfeld für die Zieltermine T+96 Std. bis T+144 Std. sind auf der linken Seite die entsprechenden Prognosen für das 500-hPa-Niveau dargestellt. Die ausgezogenen Linien sind die Isohypsen, die gestrichelten sind die Isothermen im Abstand von 5 °C.

258

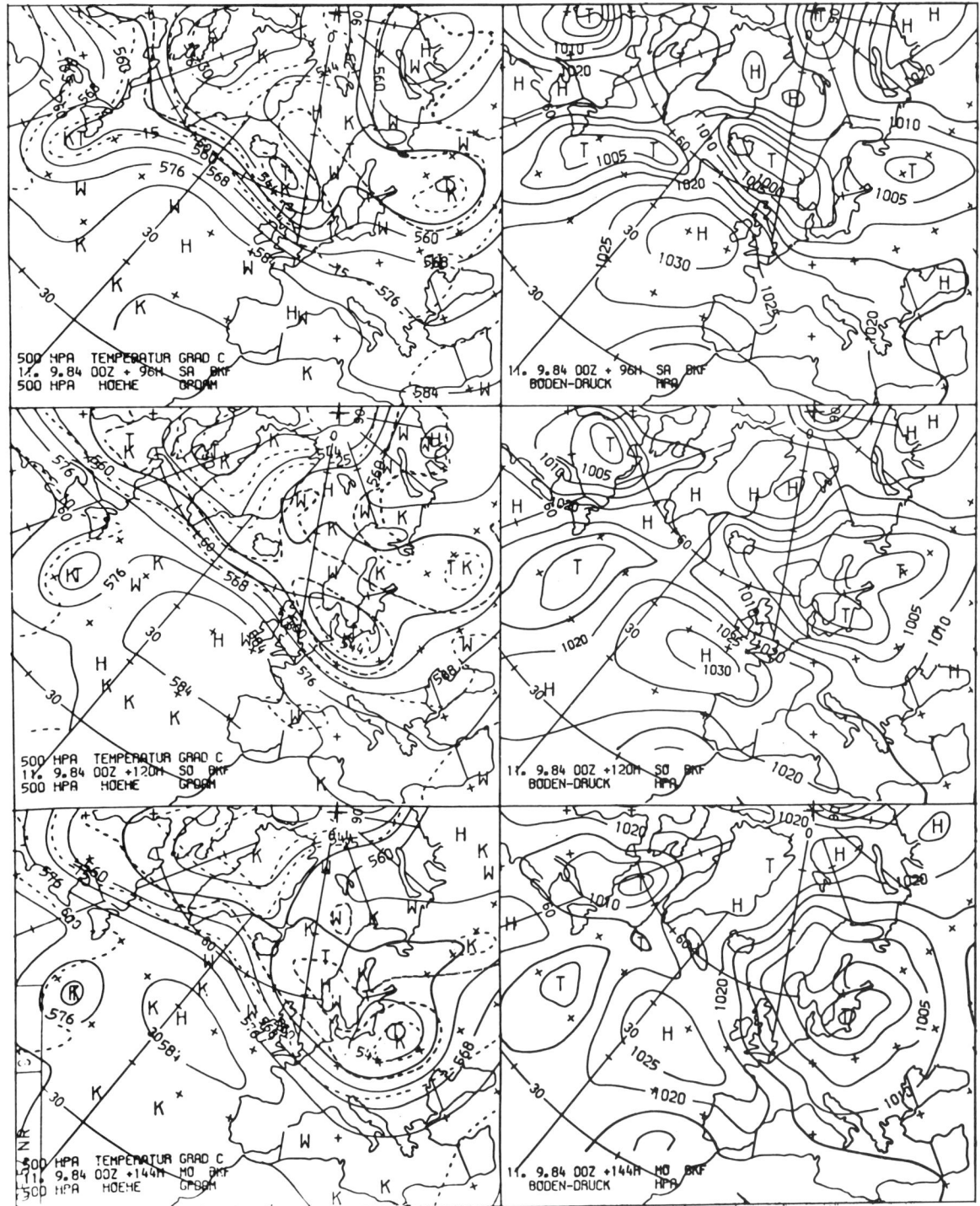

Abb. 13.6 Vorhersagekarten für Bodendruck und 500-hPa-Fläche für T+96 Std., T+120 Std., T+144 Std.

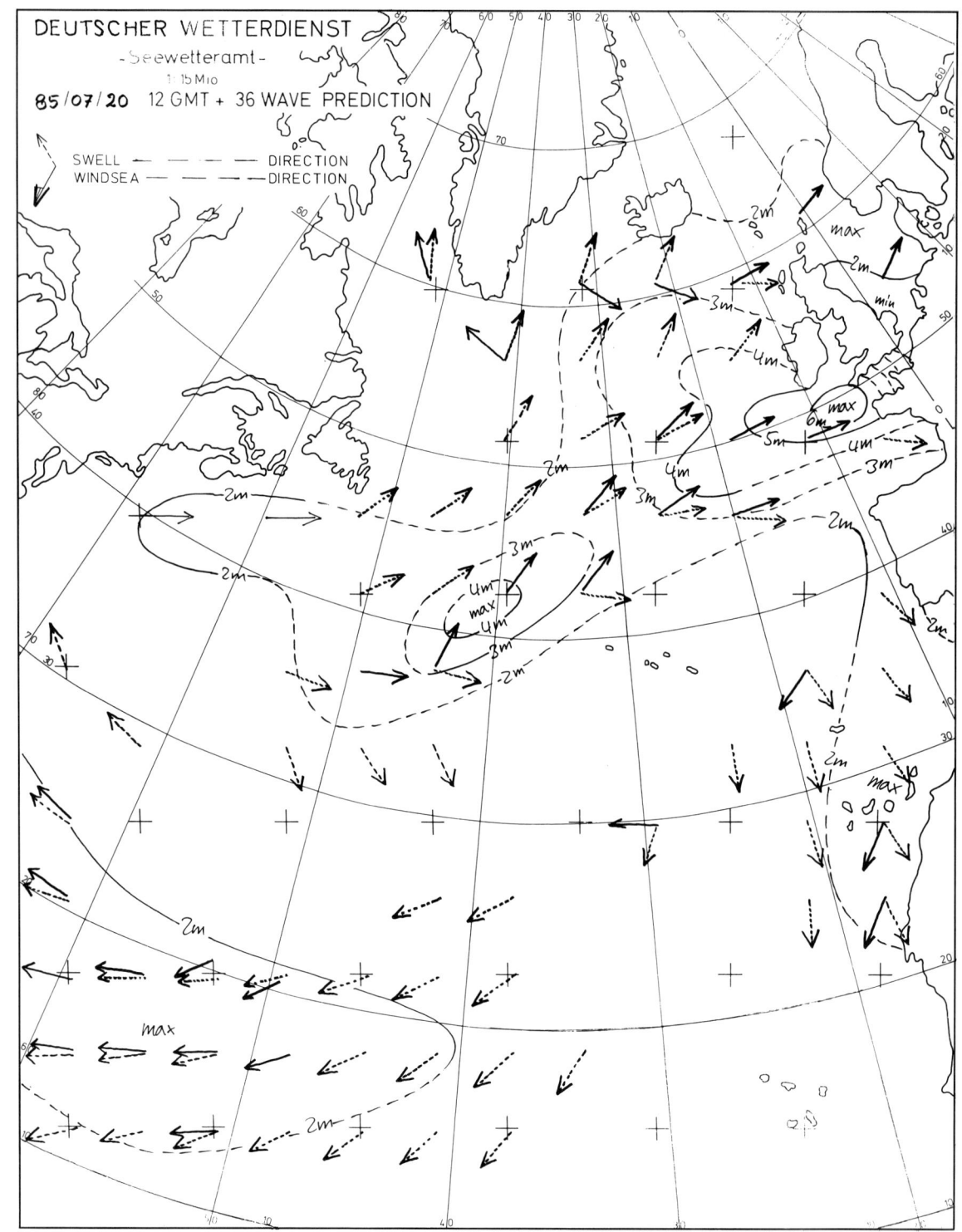

Abb. 13.7 Seegangsvorhersage T+36 Std. für den Nordatlantik

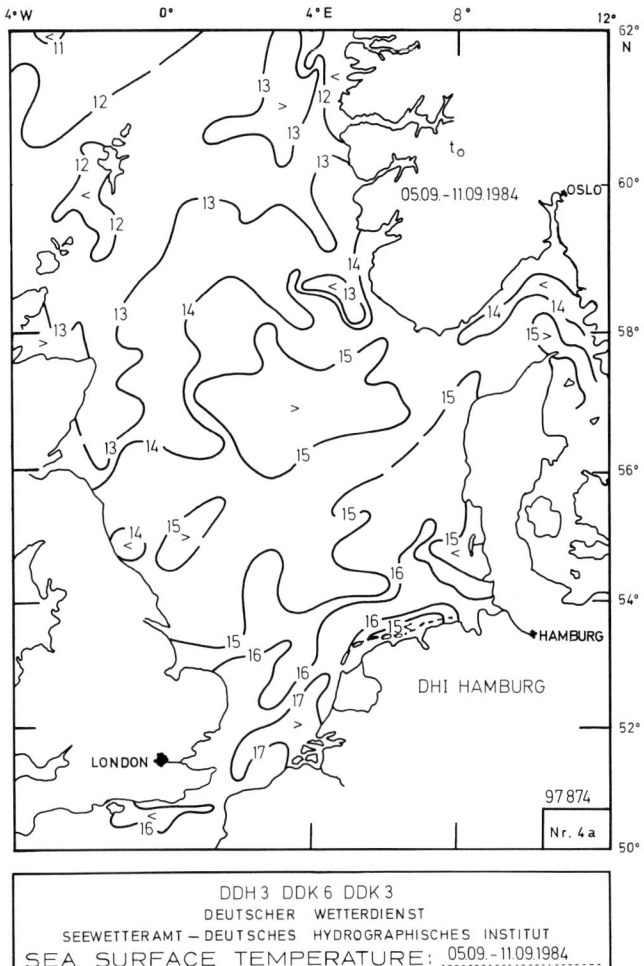

DDH 3 DDK 6 DDK 3
DEUTSCHER   WETTERDIENST
SEEWETTERAMT — DEUTSCHES   HYDROGRAPHISCHES   INSTITUT
SEA SURFACE TEMPERATURE: 05.09. – 11.09.1984

Abb. 13.8 Wassertemperaturkarte der Nordsee

Die Abb. 13.7 zeigt eine 36-Std.-Prognose des Seegangs auf dem Nordatlantik. Sie enthält zusätzlich Informationen über Laufrichtung und Periode von Dünung und Windsee.
Abb. 13.8 gibt die mittlere Wassertemperatur eines Wochenzeitraumes im Bereich der Nordsee wieder. Diese Karte wird vom Deutschen Hydrographischen Institut angefertigt.

14 Anhang

Die Wolken

Die Beschreibungen der folgenden farbigen Wolkenbilder geben Hinweise für das Bestimmen von Wolken. Die Bilderserie ist nicht als Ersatz für einen Wolkenatlas gedacht. Sie soll mit den Grundformen und Bezeichnungen der Wolken bekannt machen und enthält daher nicht alle Unterarten.

In der Wetterkunde haben sich lateinische Wolkennamen seit langem eingebürgert. Sie gestatten – ebenso wie die Klassifikation im Tier- und Pflanzenreich – die Arten auch über Sprachgrenzen hinweg eindeutig zu benennen. Lateinische Bezeichnungen finden sich bisweilen schon in elementaren Darstellungen zur Wolken- und Wetterkunde. Als sprachliche Hilfe ist daher am Schluß eine Übersetzung der wichtigsten lateinischen Begriffe angefügt.

TIEFE WOLKEN

Abb. 1 Cumulus humilis
flache Haufenwolke (Schönwetterwolke)

Abb. 2 Cumulus congestus und mediocris
aufgetürmte Haufenwolke

Diese Wolken bilden sich meist an schönen Sommertagen. Wie kleine Wattebäusche erscheinen sie im Laufe des Vormittags zuerst in großen Abständen und regelmäßig verteilt am blauen Himmel. Sie wachsen bis zum Mittag weiter, lassen aber immer große Zwischenräume blauen Himmels zwischen sich. Ihre Oberseite hat runde Formen und leuchtet weiß im Sonnenlicht. Die Unterseite ist etwas dunkler, glatt und waagerecht. Beobachtet man eine einzelne Wolke längere Zeit, so erkennt man schnelle Formveränderungen. Mitunter löst sie sich schon bald nach ihrer Bildung in einzelne Fetzen wieder auf. Diese Fetzen nennt man cumulus fractus. Die Haufenwolken verdanken ihre Entstehung aufsteigender Luftbewegung. Sie nehmen daher im Laufe des Nachmittags wieder ab und sind bei Sonnenuntergang verschwunden. Findet stärkere Kaltluftadvektion statt, etwa bei Rückseitenwetter, können die Wolken auch nachts existieren. Wenn sie nicht anwachsen (Abb. 2), ist aus ihrer Existenz keine Wetterverschlechterung abzuleiten.

An manchen Tagen sind die aufsteigenden Luftströme (Konvektion) so stark, daß die am Vormittag entstehenden Haufenwolken sich zu mehr oder weniger mächtigen Wolkenbergen mit scharf gekennzeichneten Rändern und weißen blumenkohlförmigen Gipfeln (congestus) entwickeln, an denen man eine quellende aufwärtsgerichtete Bewegung erkennen kann. Ihre Unterseite ist infolge ihrer großen Mächtigkeit und Dichte recht dunkel. Mitunter wachsen mehrere große Haufenwolken zu einem Wolkenmassiv zusammen und können dann größere Teile des Himmels bedecken, ohne diesen jedoch ganz zu überziehen. Gegen Abend lösen sich auch diese Wolken gewöhnlich auf. Tun sie es aber nicht, so steht schlechtes Wetter innerhalb der nächsten Stunden bevor. Häufig beginnt nun der Luftdruck zu fallen.

Abb. 3 Cumulus congestus pileus
aufgetürmte Haufenwolke mit Wolkenkappe

Bei rascher Vertikalentwicklung werden die Luftschichten über der empor-
wachsenden Haufenwolke gehoben. Wenn diese relativ feucht sind, bilden
sich in ihnen flache, weißlich-graue Wolken von geringer horizontaler Erstrek-
kung, die wie kleine Kappen (pileus) über dem Gipfel der Haufenwolke liegen
oder ihn berühren. Gelegentlich entwickeln sich diese flachen Wolken zu
horizontal ausgedehnteren Schleiern (velum) wie auf dieser, vom Flugzeug
aus aufgenommenen Haufenwolke. Wird diese dünne Schicht vom Cumulus
durchstoßen, erscheint sie wie ein Kragen. Aus diesen Haufenwolken fallen
Schauer. Sie sind ein Zeichen hochreichender Labilität.

Abb. 5 Cumulonimbus calvus virga
Schauerwolke mit Fallstreifen

Auf diesem Bild sieht man den dunklen Rand einer mächtigen Haufenwolke.
Aus ihr fällt ein kräftiger Regenschauer, erkennbar an den dunklen Fallstreifen, die im rechten Bildteil den Boden erreichen.

Abb. 4 Cumulonimbus capillatus incus
Gewitterwolke mit Amboß

Über dem mächtig aufgetürmten Wolkengebirge hat sich, in hohe Schichten
hinaufreichend, ein Wolkenfächer gebildet, dessen Aussehen häufig einem
Amboß (incus) ähnelt. Wir sehen deutlich den Übergang von der aus Wassertröpfchen bestehenden Haufenwolke zu der aus Eiskristallen gebildeten
Amboßwolke. In diesem Entwicklungsstadium ist das Wolkenmassiv der Sitz
von Gewittern oder starken Regenschauern. Je höher die Wolke hinaufreicht
(8 000 bis 10 000 m), desto schwerer das Unwetter. Ein solcher ausge-
wachsener Cb kann immer Böen Stärke 8 bedeuten (s. Kap. Feuchte,
Wind).

Abb. 6 Cumulonimbus praecipitatio arcus
Schauerwolke mit Böenwalze

Auf diesem Bild ist die Passage einer Böenwalze zu sehen. Sie steht im
Zusammenhang mit der Windbö, die einen Regenschauer zu begleiten
pflegt. Wenn die Böenwalze den Zenit erreicht hat, kommt der erste Wind-
stoß, und dann setzt mit großen Tropfen der Regen ein.

Abb. 7 Cumulonimbus mamma
Schauerwolke mit mamma-Formen

An der Unterseite von Schauer- oder Gewitterwolken zeigen sich bisweilen rundliche Wolkenelemente, die busenförmig nach unten hängen (mamma). Diese Wolkenformen sind ein Zeichen für das Durchsacken kälterer, feuchter Wolkenluft in wärmere, trockene Luft unterhalb der Wolkenbasis.

Abb. 9 Stratocumulus stratiformis opacus undulatus
dichte Haufenschichtwolke mit Wogenbildungen

Dichte Haufenschichtbewölkung überzieht den ganzen Himmel, nur an einzelnen Stellen scheint das Himmelsblau etwas hindurch. Im Bild links sind wogenartige Formen zu erkennen, die bei dieser Wolkengattung häufig auftreten. Die dunkle Unterseite der Wolken zeigt uns, daß sie ziemlich dicht sind. Es fällt aber kein Regen aus ihnen; erst wenn sie sich zu einer gleichmäßig grauen Schicht ohne deutliche Formen weiter verdichten, kann Niederschlag einsetzen. Das passiert bei Frontnäherung meist innerhalb von ein bis zwei Stunden.

Abb. 8 Stratocumulus cumulogenitus
Haufenschichtwolke aus Haufenwolken entstanden

Die Wolken auf diesem Bild sind Reste von Haufenwolken-Feldern, deren Aufwärtsentwicklung mit sinkender Sonne erlahmte. Auch bei ihnen zeigt sich eine seitliche Ausbreitung, so daß diese Übergangsform von der Haufen- zur Schichtbewölkung entsteht. Bei Sonnenuntergang lassen uns diese Wolken, bevor sie sich ganz auflösen, durch eindrucksvolle Farbkontraste einen besonders schönen Abendhimmel erleben. Sind keine mittelhohen und hohen Aufzugswolken feststellbar und gleichzeitig kein Druckfall, bleibt das Wetter wahrscheinlich während der nächsten zwölf Stunden gut.

Abb. 10 Stratus nebulosus und stratus fractus
tiefe Schichtwolke, darunter Wolkenfetzen

Die niedrige Wolkendecke auf diesem Bild hängt so tief herab, daß sie die Küstenberge z. T. verdeckt. Einzelne Wolkenfetzen (Stratus fractus) scheinen fast die Wasseroberfläche zu berühren. Die Wolkenart ist nahe verwandt dem Nebel, der im Grunde eine am Erdboden aufliegende Wolke ist; niedriger Stratus wird auch als Hochnebel bezeichnet. Bei sehr großer Dichte kann aus ihm feiner Sprühregen fallen.

Abb. 11 Seenebeleinbruch

Nebel ist zwar wolkenphysikalisch eine (auf dem Boden aufliegende) Wolke, wird aber dennoch nicht als Wolke klassifiziert. Plötzliche Seenebeleinbrüche, besonders im Wattenmeer gefürchtet, kommen durch Advektion von Luft, die mit Feuchtigkeit gesättigt ist, bei auflandigem Wind an den Küsten zustande. Die Sichtweite im Nebel beträgt unter einer halben Seemeile. Von oben gesehen unterscheidet sich eine Nebelschicht nicht von einer tiefen Schichtwolke. (Nebelentstehung s. Kap. 4.5).

MITTELHOHE WOLKEN

Abb. 13 Altocumulus und Altostratus
    mittelhohe Schicht- und Haufenschichtwolke in mehreren
    Schichten

Mittelhohe Bewölkung tritt in verschiedenen Schichten, die teilweise miteinander verwachsen sind, auf. Schleierartige Formen wechseln mit Streifen- und Ballenformen. Der Himmel zeigt daher große Unterschiede in Helligkeit und Farbtönen; besonders bei Sonnenauf- und -untergang können eindrucksvolle Beleuchtungseffekte entstehen. Diese Art Bewölkung befindet sich häufig am Rand von Schlechtwettergebieten, die bisweilen seitlich am Beobachtungsort vorbeiziehen, ohne hier Regen zu bringen.

Abb. 12 Altostratus translucidus
    mittelhohe Schichtwolke, Sonne durchscheinend

Die mittelhohe Schichtwolke (zwischen 3 000 und 5 000 m) auf diesem Bild ist so dünn, daß Sonne und Mond wie ein diffuser Lichtfleck erscheinen. Diese Schichtwolke überzieht den Himmel wie ein gleichmäßiger hellgrauer Schleier ohne deutliche Umrisse. Darunter treiben meist einzelne niedrige zerrissene Haufenwolken (Cumulus fractus), die keinerlei Verbindung mit der höheren Schicht haben. Altostratus ist ein Teil der »Aufzugs«-Bewölkung eines Schlechtwettergebietes, mit dem man innerhalb von 1 bis 3 Stunden – je nach Frontintensität – rechnen kann (s. Kap. 5.7 und Abb. S.
●)

Abb. 14 Altocumulus stratiformis translucidus perlucidus
    mittelhohe, dünne Haufenschichtwolke (»Schäfchenwolke«)

Die einzelnen Wolkenballen, die in ziemlich gleichmäßiger Größe eine einzige Schicht mit Zwischenräumen blauen Himmels bilden, sind meist so dünn, daß Sonne und Mond hindurchscheinen können. Nur an einzelnen Stellen sind dunklere Schatten vorhanden. Das Aussehen der Wolken erinnert an Eisschollen, deren Ränder aneinanderstoßen. Zum Horizont hin schieben sich infolge der Perspektive die Schollen zu streifenförmig erscheinenden Bänken zusammen. Diese Wolken treten in Hochdrucklagen, aber auch am Rand von Warmsektoren auf.

Abb. 15 Altocumulus lenticularis
mittelhohe, linsenförmige Wolke (»Föhnwolke«)

Die hier abgebildeten linsenförmigen Wolken sind oft so dünn, daß sie, wie im Bild oben, ganz durchscheinend sind und in Sonnennähe in Regenbogen- oder Perlmutterfarben schillern (irisieren). Im Flachland sind die Wolken nicht so häufig wie an Gebirgsketten, wo sie ein typisches Anzeichen von Föhn sind. Selbst bei stärkstem, das Gebirge überströmendem Wind stehen sie immer an gleicher Stelle in Lee der Bergketten.

Abb. 16 Altocumulus castellanus
Quellwolke im mittelhohen Niveau mit türmchenartigen Quellungen

Ein Vorbote von Gewittern ist diese langgestreckte, schmale Wolkenbank im wesentlichen über dem Festland und den Küstengewässern. Die kleinen turmartigen Quellungen erinnern an Zinnen einer Burgmauer. Bisweilen treten mehrere solcher, dann parallel verlaufender Wolkenbänke am Himmel auf. Sie erscheinen bevorzugt in den frühen Morgenstunden, können sich gelegentlich aber noch bis in den Vormittag hinein halten. Sie gehen nicht in Gewitter- oder Schauerwolken über, sondern verschwinden wieder. Die Gewitter kommen meist erst am Nachmittag.

Abb. 17 Cirrus fibratus
hohe, faserige Eiswolke

Sie treten in großer Höhe (6 000 bis 10 000 m) auf und bestehen aus Eisnadeln. Manche Formen erinnern an Eisblumen. Auch eine gewisse Ähnlichkeit mit Federn ist oft unverkennbar (Volksmund: Federwolken). Diese Wolken lassen die Sonne fast ungehindert hindurchscheinen und sind daher auch an ihren dichtesten Stellen weiß. Am Abendhimmel leuchten sie oft lange nach Sonnenuntergang in gelben und roten Farben. Es handelt sich nicht um eine typische Aufzugswolke, wenn auch bei Frontnäherung solche Bewölkung mit auftritt. Cirrus fibratus ist häufig auch der Rest eines Kondensstreifens.

Abb. 18 Cirrus uncinus
hohe hakenförmige Eiswolke

Eine andere Form von Eiswolken sind die hier abgebildeten, fadenartiger oder hakenförmigen Cirren. Ihr Aussehen deutet auf große Windgeschwindigkeiten in der Höhe hin. Sie sind oft erste Anzeichen für ein heranziehendes Tiefdruckgebiet, besonders dann, wenn die Bewölkung zum Horizont hin dichter wird (Aufzug). Daher ist die weitere Wolkenentwicklung und die Luftdrucktendenz zu beachten.

Abb. 19 Cirrus und Cirrostratus
hohe Eiswolkenschicht; beginnender Aufzug.

Die hohen Wolken ziehen vom Horizont her auf und verdichten sich hier zu einer zusammenhängenden schleierartigen Schicht; im Vordergrund sind noch Haken oder Krallen und kleinere Schäfchenwolken zu erkennen. Der Winkel zwischen dem vorderen Wolkenaufzugsrand und dem Horizont ist noch kleiner als 45°. Die Zunahme der Bewölkung (Wolkenaufzug) verkündet uns Wetterverschlechterung je nach Intensität der Front nach 12 bis 24 Stunden; der Rand eines Tiefdruckgebiet hat uns erreicht.

Abb. 20 Cirrus und Cirrostratus nebulosus
hohe schleierförmige Schichtwolken; fortschreitender Aufzug, der den Himmel aber noch nicht ganz bedeckt.

Ein weißlicher Schleier von hohen Schichtwolken überzieht große Teile des Himmels. Der vordere Rand des Wolkenaufzugs bildet einen Winkel von über 45° zum Horizont. Die Sonne scheint hindurch und verbreitet ein diffuses gelbweißes Licht, das für empfindliche Augen unangenehm sein kann. Diese Wolke ist oft das erste Zeichen einer Wetterverschlechterung. Nach ca. 24 Stunden wird die Front den Betrachter passieren. Die dunkleren Haufenwolken im Bild stehen in keinerlei Verbindung mit der hohen Eiswolkenschicht, sondern sind Reste der Kaltluftbewölkung in den unteren Atmosphärenschichten.

Abb. 21 Cirrostratus nebulosus (mit Halo)
hohe, schleierförmige, dünne Schichtwolke (mit Sonnenring), den ganzen Himmel bedeckend

Bisweilen sind hohe Schichtwolken so dünn, daß sie mit dem Auge kaum wahrnehmbar sind. Nur die blaue Farbe des Himmels erscheint etwas blasser. Um Sonne und Mond zeigen sich dabei eindrucksvolle Lichterscheinungen, meist in Form eines großen Ringes (Halo) wie auf diesem Bild oder auch als helle Lichtflecke neben, über oder unter der Sonne (Nebensonnen), seltener in Form von Säulen oder Bögen. Die Erscheinungen entstehen durch Brechung und Reflexion des Sonnen- bzw. Mondlichtes an den Eiskristallen der Wolken.

Abb. 22 Cirrocumulus floccus
hohe Schichtquellwolken (»hohe Schäfchenwolken«)

Eine besondere Form von hohen Eiswolken sind die sogenannten kleinen Schäfchenwolken, weiße Bällchen, dicht beieinanderliegend und in Reihen angeordnet. Sie sind leicht zu verwechseln mit Altocumulus, wirken aber kleiner und zarter, weil sie höher liegen (6 000 bis 8 000 m). Meist treten in derselben Schicht zugleich auch reine Cirrusformen auf, oder die Schäfchenformen bilden sich am Rande von Cirrostratusfeldern, die in Auflösung begriffen sind. Bei Sonnenuntergang zeigen Cirrocumuluswolken besonders intensiv leuchtende Farben. Ein zuverlässiger Regenkünder sind die Schäfchenwolken nicht, denn das Tief, an dessen Rand sie auftreten, kommt nicht immer bis zu uns heran.

Aus dem Lateinischen abgeleitete Bezeichnungen, die zur Klassifizierung von Wolken dienen:

alto ...	in Verbindung mit einer Wolkenform: (von altus = hoch); Bezeichnung mittel hoher Wolken (z.B. Altocumulus – mittelhohe Haufenwolke)	cirrus	Haarlocke, Federwolke	nebulosus	neblig
		congestus	aufgehäuft, aufgetürmt	nimbo	in Verbindung mit einer Wolkenform :
		cumulus	Haufenwolke		
		cumulogenitus	aus Haufenwolken entstanden	... nimbus	Niederschlag, Regen
				opacus	schattig, dicht
		duplicatus	doppelt, doppelschichtig	pileus	Wolkenkappe
		fibratus	faserig	praecipitatio	Fall, Niederschlag
arcus	Bogen, Böenwalze	floccus	Flocke	radiatus	strahlenförmig
calvus	kahl, glatt	fractus	zerbrochen, zerfetzt	spissatus	dicht
capillatus	(behaart) mit Cirrus-Schirm	humilis	niedrig, klein	stratus	Schichtwolke
		incus	Amboß	translucidus	durchscheinend (dünn)
castellanus	zinnenartig	lacunosus	mit Lücken	uncinus	hakenförmig
cirro ...	in Zusammensetzungen: hohe Wolken (Cirrus Niveau)	lenticularis	linsenförmig	undulatus	wogenförmig
		mamma	Brust	virga	Schleppe, Fallstreifen
		mediocris	von mittlerer Größe	velum	Schiffssegel

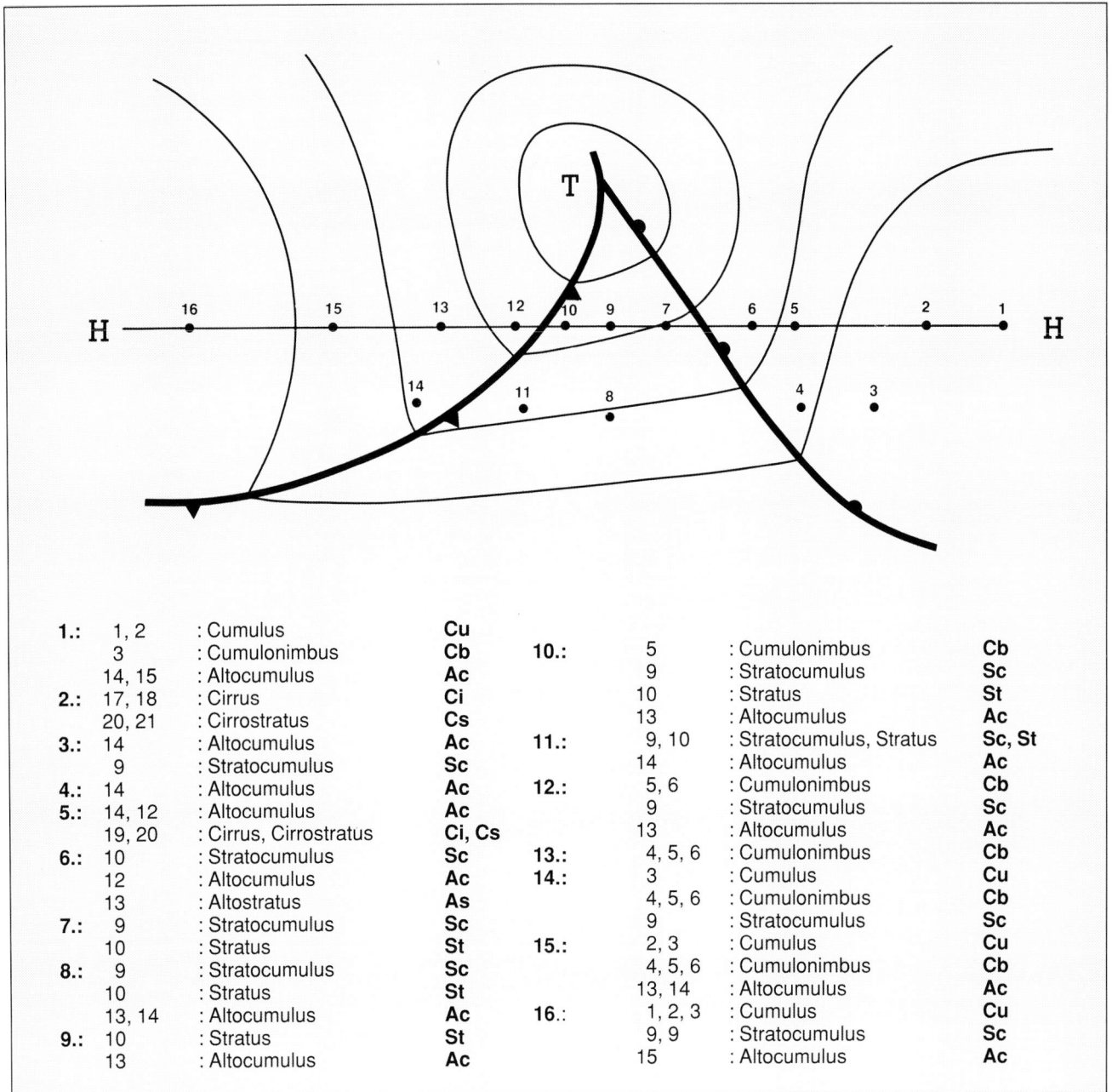

1.:	1, 2	: Cumulus	**Cu**				
	3	: Cumulonimbus	**Cb**	**10.:**	5	: Cumulonimbus	**Cb**
	14, 15	: Altocumulus	**Ac**		9	: Stratocumulus	**Sc**
2.:	17, 18	: Cirrus	**Ci**		10	: Stratus	**St**
	20, 21	: Cirrostratus	**Cs**		13	: Altocumulus	**Ac**
3.:	14	: Altocumulus	**Ac**	**11.:**	9, 10	: Stratocumulus, Stratus	**Sc, St**
	9	: Stratocumulus	**Sc**		14	: Altocumulus	**Ac**
4.:	14	: Altocumulus	**Ac**	**12.:**	5, 6	: Cumulonimbus	**Cb**
5.:	14, 12	: Altocumulus	**Ac**		9	: Stratocumulus	**Sc**
	19, 20	: Cirrus, Cirrostratus	**Ci, Cs**		13	: Altocumulus	**Ac**
6.:	10	: Stratocumulus	**Sc**	**13.:**	4, 5, 6	: Cumulonimbus	**Cb**
	12	: Altocumulus	**Ac**	**14.:**	3	: Cumulus	**Cu**
	13	: Altostratus	**As**		4, 5, 6	: Cumulonimbus	**Cb**
7.:	9	: Stratocumulus	**Sc**		9	: Stratocumulus	**Sc**
	10	: Stratus	**St**	**15.:**	2, 3	: Cumulus	**Cu**
8.:	9	: Stratocumulus	**Sc**		4, 5, 6	: Cumulonimbus	**Cb**
	10	: Stratus	**St**		13, 14	: Altocumulus	**Ac**
	13, 14	: Altocumulus	**Ac**	**16.:**	1, 2, 3	: Cumulus	**Cu**
9.:	10	: Stratus	**St**		9, 9	: Stratocumulus	**Sc**
	13	: Altocumulus	**Ac**		15	: Altocumulus	**Ac**

Horizontalschnitt durch eine Idealzyklone, wie Abb.5.48. Entlang der Schnittlinie von Hochkeil zu Hochkeil, dicht am Tiefkern vorbei sowie südlich davon sind an 16 Positionen die dort gewöhnlich anzutreffenden Wolken angegeben. Die Tabelle enthält die Nummern der Wolken und die Bezeichnungen gemäß den Abbildungen auf den vorhergehenden Seiten.

Kurze Beschreibung der Wetterstationen des Deutschlandfunk-Seewetterberichts (DLF-Bericht)

Norwegen:

(1) Sklinna — WMO-Kennz. 01 102 — Position: 65°12'N
— Stationshöhe: 23 m ü.NN 11°00'E

Sklinna ist eine Inselgruppe von etwa 20 Inseln und Felsen. Die größte unter ihnen ist Heimøy mit einer maximalen Erhebung von 36 m ü. NN. Die Wetterstation liegt an der Nordwestseite der Insel am Leuchtturm. Die kürzeste Entfernung zur norwegischen Küste beträgt etwa 20 sm. Die Station gibt im wesentlichen die Windverhältnisse über See in ihrer Umgebung wieder. Nordost- und Südwestwinde treten infolge des Küstenverlaufs bevorzugt auf.

(2) Svinøy — WMO-Kennz. 01 205 — Position: 62°20'N
— Stationshöhe : 38 m ü. NN 05°16'E

Die Insel Svinøy liegt 7 sm norwestlich der Halbinsel Stadlandet etwa 6 sm westlich von Skorpa. Die Station gibt im wesentlichen die Windverhältnisse über See in ihrer Umgebung wieder. Nordost- und Südwestwinde treten infolge des Küstenverlaufs bevorzugt auf.

(3) Lista — WMO-Kennz. 01 427 — Position: 58°07'N
— Stationshöhe : 14 m ü.NN 06°34'E

Die Station liegt am Leuchtturm im äußersten Südwesteingang des Listafjordes. Der Sektor von Südost über Süd nach Nordwest ist zur See hin offen. Etwa 3 sm östlich der Station erheben sich Berge mit Höhen bis 400 m ü. NN. Der Fjord verläuft von der Station in Richtung Nord bis Nordnordost. Er verursacht bei NNE-Winden Düseneffekte an der Station. Die gemessenen Windstärken sind nur repräsentativ für den küstennahen Bereich um die Station.

Großbritannien:

(4) Aberdeen — WMO-Kennz. 03 091 — Position: 57°12'N
— Stationshöhe : 65 m ü.NN 02°13'E

Die Station liegt nordnordwestlich der Stadt Aberdeen etwa 5 sm von der Küste entfernt am Flughafen. Bei kräftigen Westwinden herrscht im Lee des schottischen Hochlandes Föhn. Bei östlichen Winden repräsentiert die Station annähernd die Windverhältnisse im küstennahen Seegebiet.

(5) Tynemouth — WMO-Kennz. 03 262 — Position: 55°01'N
— Stationshöhe : 30 m ü.NN 01°25'W

Die Station liegt an der Nordseite der Tyne-Mündung im Stadtgebiet. Der Wind ist daher bei allen Richtungen nicht repräsentativ für die Windverhältnisse auf See (größerer Ablenkungswinkel, geringere Geschwindigkeit).

(6) Hemsby — WMO-Kennz. 03 496 — Position: 52°41'N
— Stationshöhe : 13 m ü.NN 01°41'E

Die Station liegt südlich von Hemsby einige Seemeilen landeinwärts in Gorleston. Insbesondere bei Westwinden wird die Windgeschwindigkeit reduziert. Im Sommer herrscht bei Strahlungswetter häufig Seewind aus Ost bis Nordost.

Niederlande:

(7) Den Helder — WMO-Kennz. 06 235 —— Position: 52°55'N
— Stationshöhe : 0 m ü.NN 04°47'E

Die Station liegt etwa 3 sm südlich von Den Helder in De Kooij. Die Entfernung zur Küste beträgt etwa 5 sm. Östliche und südliche Winde werden gegenüber den Verhältnissen auf See abgeschwächt.

Bundesrepublik Deutschland:

(8) Norderney — WMO-Kennz. 10 113 — Position: 53°43'N
— Stationshöhe : 11 m ü.NN 07°09'E

Die Station liegt am Nordrand der Stadt Norderney im welligen Dünengelände ca. 150 m vom Strand entfernt. Repräsentiert bei Winden aus WNW über N bis ENE die Windverhältnisse in der südlichen Deutschen Bucht. Im Sommer Seewindeinfluß bei schwachgradientigen Lagen.

(9) Helgoland — WMO-Kennz. 10 015 — Position: 54°11'N
— Stationshöhe : 4 m ü.NN 07°54'E

Die Station befindet sich auf der äußersten Südostecke des flachen Unterlandes im Südhafen. Das Oberland (etwa 50 m hoch) erhebt sich ca. 750 m entfernt im Nordwesten der Station. Bei Winden aus dem Nordwestsektor verfälscht das Oberland die Windrichtung und vermindert die Windgeschwindigkeit an der Station.

(10) List/Sylt — WMO-Kennz. 10 020 — Position: 55°01'N
— Stationshöhe : 26 m ü.NN 08°25'E

Die Station liegt am Nordende der Insel Sylt auf einer Düne südwestlich des Ortes List. Die Entfernung zum Wattenmeer beträgt ca. 500 m. Bei westlichen Winden werden die Windverhältnisse im Nordostteil der Deutschen Bucht gut wiedergegeben, östliche Winde sind schwächer als auf See. An sommerlichen Strahlungstagen Seewind.

Dänemark:

(11) Thyborøn — WMO-Kennz. 06 052 — Position: 56°42'N
— Stationshöhe : 3 m ü.NN 08°13'E

Die Station liegt am Eingang zu Limfjord. Bei westlichen Winden werden die Windverhältnisse im Ostteil der mittleren Nordsee (Fischer) gut wiedergegeben, östliche Winde sind schwächer als auf See. An sommerlichen Strahlungstagen Seewind.

(12) Skagen — WMO-Kennz. 06 041 — Position: 57°46'N
— Stationshöhe : 3 m ü.NN 10°39'E

Die Station liegt auf der Landzunge Grenen nordöstlich der Stadt Skagen in freier Lage am Leuchtturm. Bei Südwinden Landreibungseinfluß.

(13) Fornaes — WMO-Kennz. 06 71 — Position: 56°27'N
— Stationshöhe : 8 m ü.NN 10°58'E

Östlichster Punkt Jütlands. Die Station liegt am Leuchtturm in flacher Umgebung. Bei westlichen Winden durch höhere Rauhigkeit Windabschwächung gegenüber der freien See.

Schweden:
(14) Kullen – WMO-Kennz. 02 606 – Position: 56°18'N
– Stationshöhe : 72 m ü.NN 12°27'E
Die Station befindet sich an der Nordseite der Einfahrt zum Sund auf einer Halbinsel. Aufgrund der Stationshöhe liegen die Windgeschwindigkeiten bei Winden aus Südwest bis Nordwest deutlich höher als über See. Bei Windstärken zwischen 4 und 7 Bft beträgt die Erhöhung an der Station häufig bis zu 2 Bft.

Dänemark:
(15) Kegnaes – WMO-Kennz. 06 119 – Position: 54°51'N
– Stationshöhe : 23 m ü.NN 09°59'E
Die Station liegt am Leuchtturm oberhalb eines Steilufers. Bei südlichen Winden verursacht die Steilküste erhöhte Windgeschwindigkeiten an der Station. Bei westlichen Winden Landreibungseinfluß.

Bundesrepublik Deutschland:
(16) Kiel-Holtenau – WMO-Kennz. 10 046 – Position: 54°23'N
– Stationshöhe : 31 m ü.NN 10°09'E
Die Station liegt zwischen der Kieler Förde im Osten und dem Nord-Ostsee-Kanal im Süden. Bei ablandigen Winden starker Landreibungseinfluß. Lokale Einflüsse durch Bebauung und das benachbarte Steilufer vorhanden.

(17) Puttgarden – WMO-Kennz. 10 063 – Position: 54°30'N
– Stationshöhe : 1 m ü.NN 11°13'E
Die Station liegt im Nordosten der Insel Fehmarn in der Nähe des Fährhafens, 100 m vom Fehmarn Belt entfernt. Winde aus südlichen und westlichen Richtungen werden an der Station abgeschwächt.
Besonderheit: Automatische Wetterstation, daher nur Meßwerte, keine Wetterbeobachtungen!

Dänemark:
(18) Møn – WMO-Kennz. 06 179 – Position: 54°57'N
– Stationshöhe : 15 m ü.NN 12°33'E
Die Station befindet sich im Leuchtturm an der Ostküste von Møn am Südende der Kreidefelsen. Nordöstliche Winde durch Orographie etwas verstärkt. Nordwestliche Winde durch Reibungseinfluß schwächer als auf See.

Deutsche Demokratische Republik:
(19) Arkona – WMO-Kennz. 09 091 – Position: 54°41'N
– Stationshöhe : 42 m ü.NN 13°26'E
Die Station liegt an der Nordspitze der Insel Rügen bei Kap Arkona. Durch die exponierte Lage verden Ost- und Westwinde verstärkt und in der Windrose überbetont. Bei sommerlichem Strahlungswetter Seewinde vorwiegend aus Nordost.

Dänemark:
(20) Bornholm – WMO-Kennz. 06 191 – Position: 55°19'N
– Stationshöhe : 13 m ü.NN 15°11'E
Die Station liegt auf Christansø etwa 12 sm ostnordöstlich der Hauptinsel. Durch die freie Lage der Station repräsentiert der gemessene Wind gut die Windverhältnisse der umliegenden Seegebiete. Bei West- und Ostwinden treten an der Nordspitze Bornholms (Allinge) Eckeneffekte auf.

Schweden:
(21) Visby – WMO-Kennz. 02 590 – Position: 57°40'N
– Stationshöhe : 51 m ü.NN 18°21'E
Die Station liegt am Flugplatz in freier Lage an der Westküste Gotlands. Bei Ostwinden infolge Reibung über Land Geschwindigkeitsabnahme.

Finnland:
(22) Mariehamn – WMO-Kennz. 02 970 – Position: 60°07'N
– Stationshöhe : 5 m ü.NN 19°54'E
Die Station liegt im Stadtgebiet von Mariehamn in flacher Umgebung auf der Südseite der Insel Åland in unmittelbarer Küstennähe. Winde aus dem Nordquadranten werden abgeschwächt.

Polen:
(23) Hel – WMO-Kennz. 12 135 – Position: 54°36'N
– Stationshöhe : 1 m ü.NN 18°49'E
Die Station liegt an der Südostspitze der Halbinsel Hel (Hela) in der Danziger Bucht. Windrichtung und -stärke an der Station nur repräsentativ für das unmittelbar benachbarte Seegebiet.

International:
(24) OWS »L« – Rufz.: C7L – Position: 57°00'N
– Stationshöhe : NN 20°00'W
Die Sollposition des bemannten Ozeanwetterschiffs (OWS) »LIMA« liegt etwa 360 sm südlich Islands und ca. 380 sm westlich der Hebriden.

Frankreich:
(25) Cherbourg – WMO-Kennz. 07 024 – Position: 49°39'N
– Stationshöhe : 139 m ü.NN 01°28'W
Die Station liegt östlich von Cherbourg im küstennahen Hügelland. Bei ablandigen Winden (Ost über Süd bis West) starker Reibungseinfluß.

Irland:
(26) Belmullet – WMO-Kennz. 03 976 – Position: 54°14'N
– Stationshöhe : 9 m ü.NN 10°00'W
Die Station befindet sich am Südwestende der Donegal Bucht ca. 5 km südlich von Erris Head auf einer flachen Halbinsel. Bei Westwetterlagen liefert die Station wichtige Informationen für spätere Wetterentwicklungen im Nord- und Ostseebereich.

15 Register

Literaturverzeichnis

G.H. Liljequist: *Allgemeine Meteorologie*, Braunschweig 1974

J.P. Triplet, R. Roche: *Météorolgie Générale*, Ecole Nationale de la Meteorologie, 1971

DWD, Zentralamt: *Handbuch für den synoptischen Dienst*, Offenbach 1962

Leitfaden Nr. 1, Allgemeine Meteorologie, Offenbach 1987

Leitfaden Nr. 2, Grundlagen der Wettervorhersage, Offenbach 1963

Leitfaden Nr. 8, Synoptische Meteorologie, Offenbach 1977

Berichte des DWD, Nr. 113, Katalog der Großwetterlagen Europas

DWD, Seewetteramt: *Wetterkundliche Lehrmittel, Nr. 13*, Hamburg 1980

Wetterkundliche Lehrmittel, Nr. 15, Hamburg 1982

Wetterkundliche Lehrmittel, Nr. 9, Hamburg 1984

Heinz Fortak: *Meteorologie*, Darmstadt 1971

Meteorological Office: *Meteorological Glossary*, London 1972

DHI: *Ergänzungsheft zur Deutschen Hydrographischen Zeitschrift Nr. 7*

Nr. 11, Hamburg 1971

Nautischer Funkdienst, Band III, Hamburg 1989

WMO/World Meteorological Organization: *Guide to Wave Analysis and Forecasting, WMO-No. 702*, Genf 1988

World Weather Watch, Hurricane Operational Plan, WMO-No. 524, Genf 1985

Coastal Winds — Marine Met. and Related Ocean Activities Report No. 21, WMO-TD-No. 275, Genf 1988

Operational Techniques for Forecasting Tropical Cyclone Intensity and Movement, WMO-No. 528, Genf 1976

Tropical Cyclone Operational Plan for South-West Indian Ocean, WMO-No. 618, Genf 1983

Martin Rodewald *Die Faxfibel*, Kiel 1983

G. Dietrich, K. Kalle *Allgemeine Meereskunde*, Berlin 1957

F. Möller *Einführung in die Meteorologie Bd. 1 u. 2*, Mannheim 1973

W. Schnappauff *Fachliche Mitteilungen*, Porz-Wahn 1971

H, Prügel *Wetterführer*, Hamburg 1973

W. Binhua *Sea Fog*, Berlin 1983

E. Kessler *Thunderstorm Morphology and Dynamics*, Oklahoma 1988

O.-W. Naatz *Ein Plotverfahren zum Ausmanövrieren von tropischen Wirbelstürmen*, Seewart Jg. 41, Nr. 3, Hamburg 1980

Beerth, Keller, Scharnow *Wetterkunde*, Berlin 1979

P. Groen, R. Dorrestein *Zeegolven*, KNMI Opstellen op Oceanogr. en Maritiem Met. Gebied Nr. 11, 1976